“十二五”国家重点图书
出版规划项目

液体生物燃料技术与工程

Technology and Engineering for Liquid Biofuels

陆　强　赵雪冰　郑宗明　编著

上海科学技术出版社

图书在版编目(CIP)数据

液体生物燃料技术与工程/陆强，赵雪冰，郑宗明编著．—上海：上海科学技术出版社，2013.1
(新能源出版工程)
ISBN 978-7-5478-1541-0

Ⅰ.①液… Ⅱ.①陆… ②赵… ③郑… Ⅲ.①生物燃料—液体燃料—研究 Ⅳ.①TK6

中国版本图书馆 CIP 数据核字(2012)第263170号

上海世纪出版股份有限公司
上海科学技术出版社 出版、发行
(上海钦州南路71号 邮政编码200235)
新华书店上海发行所经销
上海中华商务联合印刷有限公司
开本 787×1092 1/16 印张：28 插页：4
字数：630千字
2013年1月第1版 2013年1月第1次印刷
ISBN 978-7-5478-1541-0/TK·7
定价：120.00元

内容提要

由生物质转化生产的液体生物燃料由于具有可再生性和环境友好性而受到广泛的关注和支持，液体生物燃料（生物燃油）也是我国今后开发利用生物质能的一个主要方向。

本书系统阐述生物液体燃料的分类、发展历程和现状，围绕微生物代谢工程、生物反应器、液体燃料分离精制等，结合基础研究和应用研究，系统介绍液体生物燃料的合成原理、调控机制和过程优化等。主要内容包括生物质原料及特性；木质纤维素的结构特性及其生物转化的预处理；液体生物燃料的生化基础；燃料乙醇；生物柴油及其制备技术；生物质热解液化技术；生物油的组成、性质、应用以及精制等。

本书可供生物质燃料行业科研人员和企业技术人员参考，也可供高等院校相关专业师生学习参考。

《新能源出版工程》

学术顾问（以姓氏笔画为序）

《新能源出版工程》

编委会

序

历史的积淀与演变造就了化石燃料，人类以此创造了现代社会的舒适、便利、效率与速度。然而历史的馈赠有限，人类不能永远依赖化石燃料存活与发展，作为未来能源的保障之一，液体生物燃料将成为一种重要的石油替代燃料，在社会发展与人民生活中发挥越来越重要的作用。

顺应时代发展的要求，世界各国特别是发达国家在液体生物燃料技术与工程领域中投入了大量的人力、物力和财力，在基础与应用层面都开展了深入研究，发展了一系列的液体生物燃料，如燃料乙醇、生物柴油、生物油等。相对成熟的燃料乙醇技术、生物柴油技术已经在一些国家实现了商业化应用，进入了人们的生活；其他技术如生物油技术等目前正处于高速发展阶段，可望很快进入工业化应用。

我国是人口大国，人均能源储量很低；但我国是农业大国，农作物秸秆等废弃物的资源量极为丰富，有利于发展液体生物燃料。在"可再生能源中长期发展规划"等国家政策的支持与激励下，我国的高校、科研院所以及企业在液体生物燃料技术与工程领域也开展了大量的研究工作，并取得了一定的成绩。

本书为我们系统介绍了国内外液体生物燃料的技术现状与发展趋势，可以让读者在短时间内全面了解液体生物燃料的技术原理、研究方法、已有成果、应用领域与应用前景，为现有或未来科研工作者提供参考与帮助。

董长青
生物质发电成套设备国家工程实验室常务副主任

前　言

人类正面临着巨大的能源与环境压力。当今的能源主要来自于矿物燃料，包括煤炭、石油和天然气等。一方面，矿物能源的应用推动了社会发展，但其资源却在日益耗尽；另一方面，矿物能源的过量使用已引起日益严重的环境问题，如全球气温变暖、臭氧层破坏、生态圈失衡、有害物质排放、酸雨等自然灾害。因此，开发新的可替代能源已成为人类社会亟待解决的重大问题之一，生物质能源则是未来最重要的一种可替代能源。

生物质的蕴藏量是巨大的，根据生物学家的估算，地球上每年生长的生物质总量为1 400亿～1 800亿t（干重），相当于目前世界总能耗的10倍。生物质能的载体是有机物，所以这种能源是以实物的形式存在的，是唯一一种可存储和可运输的可再生能源，而且生物质分布广泛，不受气候和地理位置的限制。从利用方式上来看，生物质能与煤、石油的内部结构和特性相似，可以采用相同或相近的技术进行处理和利用，转化为电力、气体、固体或液体燃料，以及各种化学品等。因此，在所有新能源中，生物质能与现代化的工业技术和现代化的生活有着最大的兼容性，它可以在对现有工业技术不改动或小改动的前提下替代常规能源。但同时，由于生物质的多样性和复杂性，其利用技术远比化石燃料多样和复杂。

本书共分8章，介绍了目前国内外在液体生物燃料领域的技术现状和发展趋势。根据编者的研究方向，本书的第2、3章由赵雪冰编写，主要介绍生物质组成结构特性与预处理技术；第4、5章由郑宗明编写，主要介绍液体生物燃料的生化基础与燃料乙醇技术；第6章由宋源泉编写，主要介绍生物柴油技术；第7、8章由陆强编写，主要介绍生物质热解液化技术与生物油技术；第1章由四位作者共同编写，对本书内容进行概述。

由于编者的水平和经验有限，书中难免有不妥之处，恳请有关专家和读者批评与指正。

编　者

前言

目　录

第1章

概　述

化石燃料（又称化石能源）短缺，以及由化石燃料燃烧释放的酸性气体和温室气体导致日益严峻的环境污染和温室效应，迫使人们寻找可再生的替代液体燃料。由生物质转化生产的液体生物燃料，由于其具有可再生性和环境友好性而广泛受到世界多国的关注和支持。目前，以燃料乙醇和生物柴油为代表的液体生物燃料已在全球范围内有了一定规模的发展，而生物质热解生产生物油的技术和装备也取得了显著进展。

生物质原料来源及特性是影响生物燃料发展最为关键和基本的因素之一。广义上讲，生物质是指由植物光合作用所产生的各种生物有机体的总称，包括所有的植物、微生物以及以植物、微生物为食物的动物及其生产的废弃物、海产物、纸浆废物、可降解的城市垃圾、有机废水等。狭义上讲，生物质主要是指农林业生产过程中除粮食、果实以外的秸秆、树木等木质纤维素、农产品加工业下脚料、农林废弃物等物质。与化石资源相比，生物质资源储量巨大且具有可再生性，而且生物质液体燃料燃烧过程产生的二氧化碳（CO_2）可被植物体重新吸收并用于生物质的合成，因此有利于降低 CO_2 的净排放量，保持碳平衡。然而，生物质原料的多样性及其结构复杂性也导致了生物质加工转化过程的多样性和复杂性。我国是生物资源丰富的国家之一，每年工业有机废水总量达 25.94 亿 t，禽畜粪便 14.7 亿 t，秸秆及农业废弃物 7.2 亿 t，薪材及林业加工剩余物 2.0 亿 t，城市生活垃圾 1.5 亿 t，可获得生物质资源总量相当于 3.1 亿 t 标准煤。农业废弃物资源是我国主要的生物质资源之一，秸秆类生物质资源年产量即达 6.5 亿～8.0 亿 t，相当于 3.5 亿 t 标准煤。我国的秸秆资源中，玉米秸秆最为丰富，约占总秸秆量的 37%，稻草秸秆占 27.5%，小麦秸秆占 15.2%。50%以上的秸秆资源分布在四川、河南、山东、河北、江苏、湖南、湖北、浙江等地，西北地区和其他省份的秸秆资源量较少。稻草主要分布在长江以南的省份，小麦和玉米秸秆主要分布在黄河与长江流域之间以及黑龙江和吉林等省。林业生物质也是发展生物液体燃料的重要资源。与农业生物质资源相比，林业生物质资源具有能量密度高、便于收集和运输、易生产、易储存、使用安全等优点。同时，林业造林可以有效吸收 CO_2、保持水土、绿化环境。开发荒山荒地、沙区、盐碱地等边际土地进行能源林、经济林种植，既能有效促进植被恢复，加快荒山荒地的绿化，又能为当地带来一定的经济和环境效益。针对生物柴油发展的原料问题，有关部门和企业已开发利用荒山荒地种植木本油料植物，其中麻风树等油脂植物的种植已初具规模。此外，人们还不断开发各种能源植物，包括糖类、淀粉类、纤维素类、油脂类等能源植物等，以及微生物油脂资源等，以为液体生物燃料的发展提供原料。

木质纤维素是自然界中最为丰富的有机物质，也是非粮生物质液体燃料生产的主要原料之一。以木质纤维素生产乙醇可显著降低 CO_2 的排放量，但木质纤维素的利用是一个世界性的难题。这主要是由于木质纤维素结构致密、复杂，且半纤维素和木素的存在降低了反应试剂和纤维素酶与纤维素的接触，使得纤维素难以水解。木质纤维素的这种抵抗微生物及酶降解的各种特性统称为木质纤维素的“抗生物降解屏障”。我们所说的木质纤维素主要是植物体死亡后剩余的细胞壁部分，细胞壁的化学组成和物理结构不同程度地影响木质纤维素的酶催化水解性能。木质纤维素的主要化学组成是纤维素、半纤维素和木素，同时还包括少量的低分子物质，如灰分和有机溶剂抽出物。木质纤维素具有多样性，源于不同植物的木质纤维素在主要化学组成上有所差异，即使同一种植物品种，不同部位的木质纤维素化学组成也不同。此外，木质纤维素的化学组分还受地域、收割时期、储存期限等因素的影响。植物的细胞壁微观结构是构成木质纤维素抗生物降解屏障的主要物理因素。在光学显微镜下，木材细胞壁可分为胞间层、初生壁和次生壁，其中次生壁分为外层(S_1)、中间层(S_2)和内层(S_3)。木质纤维素的主要组分在这些层中有不同的分布。纤维素和半纤维素主要分布在次生壁中，而复合胞间层中木素的浓度明显高于次生壁中的木素浓度，且在次生壁中木素浓度从外到内逐渐降低。这些主要组分的分布，特别是半纤维素和木素的分布对纤维素的酶解性能有着重要的影响。鉴于植物细胞壁化学组成和物理结构的复杂性，木质纤维素的酶解性能也就受到多种因素的影响，且这些因素间往往具有交互作用。总体来讲，影响木质纤维素酶解的因素可分为两部分，即化学组成和物理结构，这些因素统称为木质纤维素的结构特性。由于木质纤维素的结构特性具有非均质性和多样性的特点，同时木质纤维素在酶解过程中其结构特性也在不断改变，因此，我们很难完全了解酶与木质纤维素之间的作用关系。目前，人们已确定地知道木质纤维素的酶解性能受到以下化学组成和物理结构因素的影响：木素含量、半纤维素含量、乙酰基含量、细胞壁蛋白质含量、纤维素结晶度、纤维素聚合度、孔体积、可及表面积、原料粒径、细胞壁厚度等。这些因素可归类为直接因素和间接因素。直接因素即可及表面积。间接因素又可分生物质结构相关因素(包括孔径、孔体积、粒径和比表面积)、化学组成因素(主要包括木素、半纤维素和乙酰基)和纤维素结构相关因素(主要包括结晶度和聚合物)。这些因素之间又存在交互作用。预处理的最终目的即是通过改变间接因素提高直接因素(可及表面积)的过程。在过去的几十年里，人们开发了多种木质纤维素预处理技术，包括物理法、物理-化学法、化学法、生物法以及这些方法的结合，但仅有少数的几种方法具有工业化前景。预处理过程还需要向低能耗、无污染、低成本的方向发展。

生物要维持生命、生长和繁殖必须利用能量，进行一系列能量转化过程。利用底物中的化学能合成复杂的、高度有序的大分子，将化学能转化为浓度梯度、电势梯度、动能以及热量，某些生物甚至将化学能转化为光能。生命过程与其他自然过程一样，其能量转化遵守物理和化学规律。

碳水化合物降解释放的能量主要用于以下目的：以ATP形式储能，给其他细胞反应提供能量；以辅助因子NADPH形式为生物合成反应提供还原力；生成生物合成结构单元所需的代谢前体物。糖类代谢始于糖酵解，末端产物为丙酮酸。然后，丙酮酸进入发酵途径、回补途径、用于氨基酸合成的转氨途径、三羧酸循环（TCA循环）或戊糖磷酸途径而进一步加工。生物合成结构单元所需全部前体代谢物都是由糖酵解、TCA循环和戊糖磷酸途径生成的。

在细胞生化反应过程中，涉及细胞生长、底物消耗、初级代谢产物或次级代谢产物的合成。生物化工所用的反应器可粗略划分为两类：搅拌罐式反应器和管式反应器。其中，搅拌罐式反应器是普遍采用的反应器。

生物柴油是近些年来大规模发展的生物液体燃料之一，具有无污染、可再生、来源广泛、石化柴油能以任何比例互溶等一系列优点，适用于任何柴油机。生物柴油是指由动植物油脂、回收厨用油或微生物油脂等油脂类生物质与短链醇（甲醇、乙醇等）在催化剂作用下或其他条件下经过酯交换反应得到的长链脂肪酸酯。发展生物柴油具有重要的意义，包括增强国家能源安全、促进农村经济的发展、创造新的就业机会等。此外，以地沟油为原料生产生物柴油还可以防止其进入食用油系统，保障食品安全。自2000年以来，世界生物柴油的产量快速增长，2009年总产量近1 400万t，主要生产国包括德国、法国、美国、巴西和阿根廷等，我国的生物柴油产业尚处于起步阶段，还需要从技术开发和政策等方面加以支持。此外，制约生物柴油发展的最大瓶颈是原料的供给，原料供给的持续性和稳定性是决定生物柴油产业稳定发展的主要因素之一。生物柴油生产的工艺主要有酸法、碱法、超临界法和生物法，这些方法有各自的优缺点，而评价这些技术的产业化前景除需考虑技术本身外，还需对整体流程进行优化和评估。

第2章

生物质原料及特性

人类目前的生产和生活主要是建立在以化石燃料(石油、煤、天然气)为基础的炼制体系基础之上。随着日趋严峻的能源和环境问题,人们越来越清楚地认识到这种以化学能源为基础的生产和生活方式是一种不可持续发展的模式。根据国际能源机构的预测,全球可采石油资源总量预测为5 000亿t,到目前为止,累计采出原油超过1 300亿t,还有探明的剩余可采石油储量超过1 700亿t。按年产油38亿t计算,石油储采比40∶1。若今后不再发现新的石油资源,理论上仅可以再开采40年[1]。中国已探明石油可采储量约65.1亿t,人均占有石油可采储量仅为世界平均水平的1/6。自1993年中国成为石油净进口国之后,我国石油对外依存度从1995年的7.6%[2]增加到2011年的55.2%,预计到2020年,我国石油的对外依存度很可能达到65%～70%[3]。随着未来经济的快速发展和能源结构的调整,中国对石油的需求还会增大。另外,化石燃料燃烧后产生的CO_2、氧化氮、氧化硫以及排放的黑烟等导致了严重的环境污染问题。特别是化石燃料燃烧产生的大量CO_2,从根本上改变了地球的大气结构。现在地球表面CO_2浓度已达到400×10^{-6}～450×10^{-6},接近临界值500×10^{-6}～550×10^{-6}。全球气候开始变暖,冰川融化,海平面上升,恶劣气候频繁发生。长此下去,环境不可持续,经济和社会发展将不可持续[4]。2005年7月6日至8日在英国苏格兰佩思郡鹰谷举行的八国集团首脑峰会指出,全球变暖是由于人类长期活动大量排放温室气体造成的,人类应从现在开始积极减少温室气体的排放。严重的能源危机和环境问题促使人们进行石油替代能源的研究和开发。同时,人们也在探索以可再生的生物质资源为原料的生物炼制模式,用以取代传统的不可再生化石燃料炼制模式,以期实现以生物质为原料的规模化生产燃料、材料和化学品的可持续发展模式,如图2-1所示。

生物质是自然界中最为丰富的一类有机物质的总称。与化石资源相比,生物质资源具有许多明显的优点。例如,生物质资源是可再生资源,且产量大、来源广,加工利用的方式多样化;含氮、硫量较低,燃烧后产生的SO_2含量很低;生物质资源转化过程中产生的CO_2可被植物或微生物吸收和利用,因此,CO_2的净排放量很低甚至为零,可以减少温室气体的排放;生物质转化后产生的残渣较少,可以用作肥料还田等[6]。因此,近年来生物质是生物炼制的主要加工对象,其转化利用受到世界多国政府、企业和学术界的广泛关注。

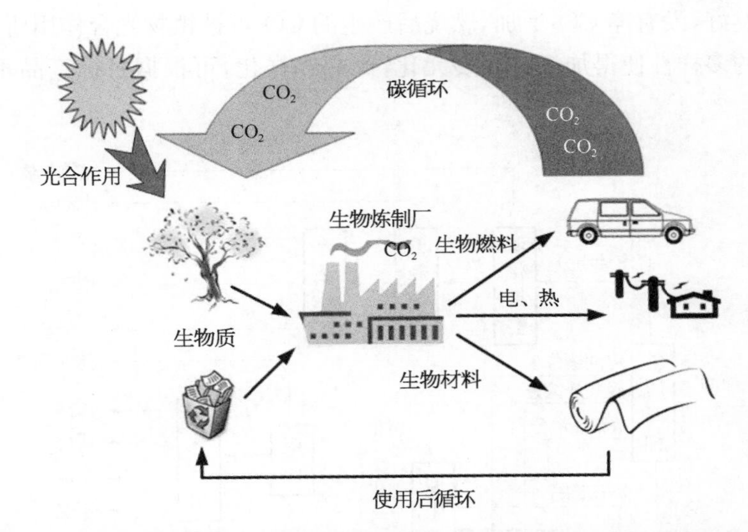

图 2－1　生物质原料生物炼制生产能源、材料等产品示意图(改自参考文献[5])

2.1　生物炼制概述

事实上，生物质的利用已有几千年的历史，燃烧木材、秸秆等木质纤维素类生物质获得热量的过程其实就是生物质最直接、最原始的一种利用形式。随着人类生产力的发展，生物质的利用也逐渐从简单燃烧向过程多元化、产品多样化的利用方向发展。基于这种多元化、多样化的利用方式，人们提出了生物质“生物炼制”或“生物精炼”(Biorefining)以及“生物炼制厂”或“生物精炼厂”(Biorefinery)的概念。事实上，生物炼制的概念大约在一个世纪前就已经提出。需要指出的是，“生物炼制”和“生物炼制厂”的概念有所区别，但目前多数书籍中将它们作为同一概念讲解。根据美国国家可再生能源实验室(The National Renewable Energy Laboratory，NREL)的定义，“生物炼制厂”是指将生物质原料转化为燃料、电力和化学品的过程和设备集成[7]。而“生物炼制”是指以生物质为原料，通过物理、化学、生物方法或这几种方法的集成将其加工成我们需要的化学品、功能材料和能源物质(如液体燃料)的过程[7]，强调的是过程。可以说，“生物炼制厂”是由“生物炼制”过程和装备集成的炼制厂。

生物炼制的概念与当今的石油炼制概念类似。目前石油的加工工艺(图 2－2)中，原油通过蒸馏、催化重整等过程可获得多种气体、液体燃料以及化学品原料，这些原料进一步加工可获得多种化工产品和纤维材料等。而生物炼制过程中，根据不同来源的生物质原料，选择不同的加工方式，可获得不同的平台化合物，这些化合物可进一步通过生物、化学等方法转化为多种液体燃料和化学品。生物炼制和石油炼制相比，具有以下特点：

① 原料可再生，不受石油资源枯竭的影响。

② 环境友好，没有净CO_2增加，燃烧后产生的CO_2可被植物光合作用所利用。

③ 原料的多样性使得加工过程多元化，产品多样化，可根据目标产品不同选择不同的加工方式。

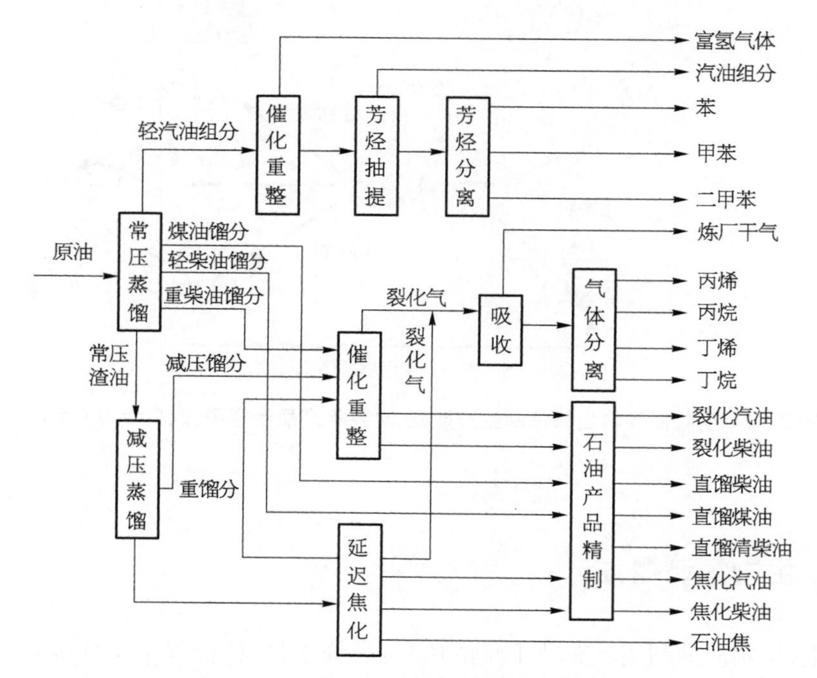

图 2-2 石油炼制生产燃料和化学品过程

生物炼制过程中，不同的前体材料可转化为不同的平台原料，如合成气、糖类、木素、油脂、蛋白质等。这些平台原料进一步通过物理、化学和生物方法转化为C1～C6平台化合物(图2-3)。

C1平台化合物主要指生物质热解后产生的合成气，主要组分是H_2、CO，可以直接燃烧发电。中国科学院广州能源研究所在生物质气化发电方面已具有较好的研究基础，而且也建立了多套MW级生物质气化发电装置。生物质合成气经过调整后，亦可以经过费托合成(F-T合成)生产甲醇、二甲醚和异构烷烃等[9]。另外，生物质经过厌氧发酵可产生主要组分为CH_4、H_2和CO_2等的沼气，可用于农村家庭的炊事能量来源并逐渐发展到照明和取暖。

C2平台化合物主要是乙醇。乙醇作为一种常用的化工原料广泛应用于化工、医药等领域。近年来，乙醇作为一种可再生的生物燃料受到了世界多国的广泛关注。目前，乙醇主要是以玉米、小麦、薯类等淀粉质原料或糖蜜、蔗糖加工废料为原料经发酵、蒸馏、脱水等工艺制得。本着“不与民争粮，不与粮争地”的发展思想，以农作物废弃物、林产废弃物等非食用性生物质原料生产乙醇越来越受到人们重视。纤维乙醇的发展也正在向低成本产业化道路前进。乙醇的另外一个重要用途是脱水生产乙烯。乙烯是世界上产量最大的化学产品之一，乙烯工业亦是石油化工产业的核心，乙烯产品占石化产品的70%以上，在

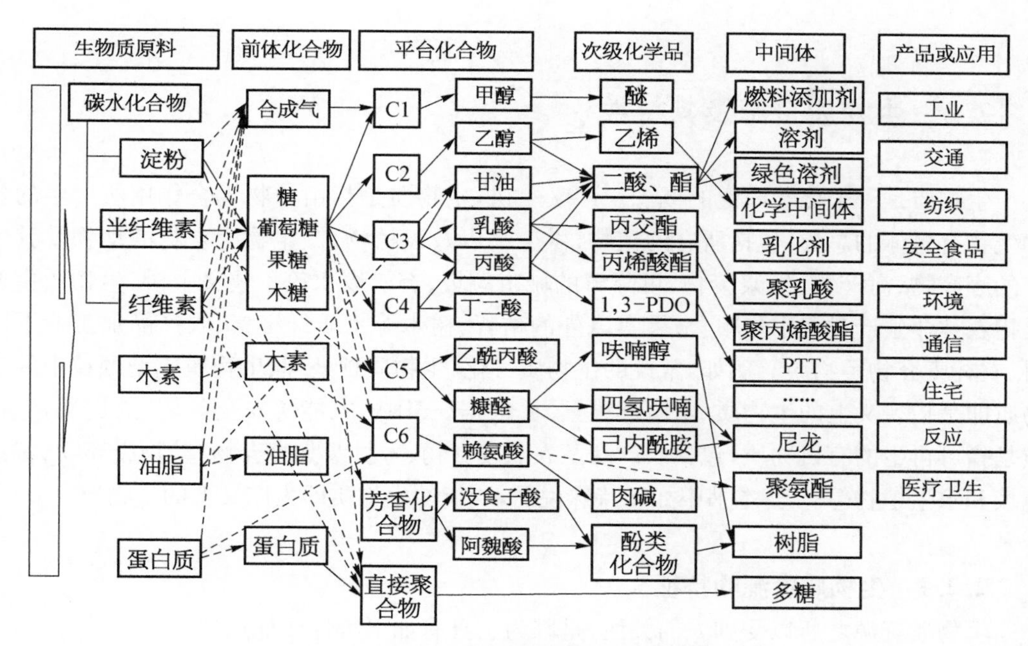

图 2-3　生物炼制生产燃料和化学品过程[8]

国民经济中占有重要的地位。如能以生物乙醇大规模生产乙烯，将大大降低人类对化石燃料的依赖程度。乙醇转化乙烯的转化率可控制在 99%以上。因此，乙烯的成本可以控制在 6 000 元/t。而原油价格以 60 美元/桶计算时，石油乙烯的成本在 6 000～6 500 元/ t。可见，生物法生产乙烯在经济上是可行的[9]。

C3 平台化学品主要包括甘油、乳酸、丙酸等。甘油是非常重要的中间平台化合物，可通过化学方法和生物方法转化生产多种产品。甘油经过微生物发酵可转化为 1,3-丙二醇。后者与对苯二甲酸聚合后，可生产高分子材料聚对苯二甲酸丙二醇酯(PTT)。此外，甘油也是油脂原料转化为生物柴油的副产物，将甘油进行高值化利用不仅可以获得高附加值产品，还可以降低生物柴油的生产成本。3-羟基丙酸和乳酸也是重要的平台化合物，可以生产多种化合物，包括丙烯酸、丙烯酰胺、丙烯腈等。

C4 平台化合物包括琥珀酸、富马酸、天冬氨酸等。琥珀酸可进一步转化为 1,4-丁二醇、四氢呋喃、*N*-甲基吡咯烷酮等产品。

C5 平台化合物包括谷氨酸、木质酸、糠醛等。

C6 平台化合物包括柠檬酸、赖氨酸、葡萄糖酸等。这些化合物可作为化工和医药原料，生产人们所需的多种化学品、药物等产品[9]。

从以上分析可知，以生物质为原料通过生物炼制过程可获得多种产品，这些产品可应用于工业、交通、纺织、医药、农业、环境等多个领域。以可再生的生物质资源为加工对象的生物炼制，可以使人类生活从碳氢化合物(石油)的经济模式向碳水化合物(糖)的经济模式转变。而了解生物质资源的种类、特性及分布，是推动生物炼制过程发展的前提。

2.2　生物质资源及其特性

生物质是一个比较广泛的概念。广义上讲，生物质是指由植物光合作用所产生的各种生物有机体的总称，包括所有的植物、微生物以及以植物、微生物为食物的动物及其生产的废弃物、海产物、纸浆废物、可降解的城市垃圾、有机废水等。狭义上讲，生物质主要是指农林业生产过程中除粮食、果实以外的秸秆、树木等木质纤维素、农产品加工业下脚料、农林废弃物等物质。例如，常说的生物质气化、生物质预处理、生物质成型颗粒中的生物质即是指狭义上的生物质（木质纤维素）。根据《美国国家能源安全条例》的定义，生物质是指可再生的有机物质，包括农产品及农业废弃物、木材及其废弃物、动物废弃物、城镇垃圾和水生植物等[10]。本书中如无特殊说明，所指的生物质即为广义上的生物质。

2.2.1　生物质资源的特征

生物质资源之所以受到人们关注，是因为它具有如下特性或优点[10]：

① 可再生性：生物质资源是由植物体通过光合作用所产生的有机物质，因此是可再生的，不像化石燃料那样终究会枯竭。

② 可储存性与替代性：生物质是有机资源，因此可方便地储存原料本身或其液体或气体燃料产品，也可应用于已有的石油、煤炭动力系统之中。

③ 储量巨大：生物质资源是自然界中最丰富的有机资源，其年生产量相当于全世界一次能源的 7～8 倍，可以满足能源供给要求。

④ 分布和来源广泛：生物质资源种类繁多、产品丰富，且分布范围广，可根据当地实际情况选择合适的生物质资源进行开发利用。

⑤ 碳平衡：生物质燃烧或加工过程中释放出来的 CO_2 可以在再生时重新被固定和吸收，所以不会增加净 CO_2 排放，破坏地球的碳平衡。以淀粉和木质纤维素燃料乙醇为例，全生命周期分析（Life Circle Analysis，LCA）表明，生物乙醇生产过程中的净 CO_2 排放量显著低于化石燃料燃烧产生的净 CO_2 排放量，且纤维乙醇对净 CO_2 排放量的减少尤为显著[11]。因此，生物质的利用有利于减缓温室效应，缓解全球气候变暖的问题。

生物质原料是化石原料的优良替代品。但是，生物质资源作为化工与能源原料亦有一定的限制性，表现在[10]：

① 生物质的生长需要大量的土地和空间。如果大规模利用生物质生产燃料或作为化工原料生产化学品，将需要更多的土地和生长空间。

② 生物质的生长受气候、地域的限制。由于生物质的生长具有季节性，而能源需求和化工生产则是连续的、天天进行的过程。因此，能否在一年四季、同一地域里获得足够的生物质亦是生物质利用的一个限制。

③ 生物质的分布分散，能量密度低，收集和运输成本高。

④ 生物质的含水量高,直接燃烧时水分的大量存在影响着火和燃烧的稳定性,同时造成大量能量损失。同时,原料含水量高可能导致产品含水率高,不利于产品的储存和使用。另外,产品除水过程亦会增加额外的能耗。

⑤ 单位质量生物质的热值低,要求能量转化设备有足够的空间投入原料。

2.2.2　生物质资源的种类和分布

生物质资源按来源可分为七大类,即农业生物质资源、林业生物质资源、生活污水生物质资源、工业有机废水生物质资源、城市有机固体废弃物生物质资源、禽畜粪便生物质资源和微生物生物质资源。而按照生物质资源的具体特征又可分为木质纤维素生物物质(包括农作物秸秆、林业废弃物、废旧纸板纸张等)、淀粉类生物质(包括玉米、小麦等粮食作物及木薯、甜薯、菊芋等富含淀粉的有机物)、油脂类生物质(包括各种食用和非食用的动植物油、地沟油、潲水油、微生物油脂)、其他可被加工利用的有机物质(如生活污水、工业废水等)。我国主要的生物质资源产量如表2-1所示。其中,农、林废弃物是我国最丰富的生物质资源。下面按来源对生物质资源及其分布进行介绍。

表2-1　我国主要的生物质资源及其产量[10]

种　　类	总量(亿t)	可获得量	可获得量(万标准煤)	所占比例(%)
工业有机废物	25.94	107.5亿m^3(工业沼气)	920	3
禽畜粪便	14.70	130亿m^3(农业沼气)	930	3
秸秆及农业加工剩余物	7.20	3.6亿t	1 700	54
薪材及林业加工剩余物	2.00	2.0亿t	11 400	36
城市生活垃圾	1.49	0.6亿t	800	3
能源植物	0.56(甜高粱)	0.035亿t(乙醇)	300	1
合　　计			31 350	100

2.2.2.1　农业生物质资源

农业生物质资源是指各类农作物、能源植物、农业生产过程中的废弃物,如农作物秸秆(玉米秆、麦秆、稻草、豆秆、棉秆、甘蔗渣、高粱秆等)以及农产品加工废弃物(稻壳、麸皮、玉米芯、花生壳、果皮等)。我国是农业大国,具有丰富的农业生物质资源,秸秆类生物质资源年产量达6.5亿～8.0亿t,相当于3.5亿t标准煤,是世界上秸秆资源最丰富的国家,2000年秸秆产量约占世界产量的17.3%(表2-2)[12]。近些年,由于粮食产量不断增加,秸秆的产量也随之增加。秸秆是农业生物质资源中最重要的一类生物质,主要是指农作物经加工提取籽实后的剩余物。秸秆中蛋白质含量约为5%,纤维素含量约为30%,还有一定量的钙、磷等矿物质,其热值相当于标准煤的50%。我国的秸秆资源中玉米秸秆最为丰富,约占总秸秆量的37%,稻草秸秆占27.5%,小麦秸秆占15.2%。50%以上的秸秆资源分布在四川、河南、山东、河北、江苏、湖南、湖北、浙江等地,西北地区和其他省份的秸秆资源量较少。稻草主要分布在长江以南的省份，而小麦和玉米秸秆主要分布在黄河与长江流域之间以及黑龙江和吉林等省[13]。根据蔡亚庆等的研究结果，2009 年我国农作物秸秆理论资源量为 7.48 亿 t，可获得资源量为 6.34 亿 t，可能源化利用量为 1.52 亿 t，我国可能源化利用秸秆资源区域分布极不均匀。长江中下游、东北、华北等区域可能源化利用秸秆潜力较大，分别为 0.42 亿 t、0.37 亿 t 和 0.35 亿 t，青藏高原、黄土高原和西南地区可能源化利用秸秆资源潜力较低[14]。不同地区的秸秆产量如表 2-3 所示。从秸秆产量密度(图 2-4)来看，山东、河南、江苏和安徽的区域秸秆密度达 3～4 t/hm²，北京、河北、吉林的区域秸秆密度为 2～3 t/hm²，湖北、湖南和黑龙江的区域秸秆密度为 1～2 t/hm²，其他省份的区域秸秆密度低于 1 t/hm²。

表 2-2　2000 年全球秸秆产量过亿的国家及秸秆产量[12]

排序	国家和地区	秸秆总产量(万 t)	占世界产量的比例(%)	秸秆耕地单产(kg/hm²)	人均秸秆产量(kg)
0	世界	438 862.37	100.00	3 210	725
1	中国*	75 893.15	17.29	5 850	595
2	美国	69 925.19	15.93	3 945	2 477
3	印度	45 981.10	10.48	2 835	453
4	巴西	32 066.36	7.31	6 015	1 885
5	阿根廷	12 760.42	2.91	5 100	3 446
6	印度尼西亚	11 728.48	2.67	5 715	569
7	法国	10 418.24	2.37	5 640	1 769
8	俄罗斯	10 313.49	2.35	825	708

* 不包括港、澳、台地区。

我国秸秆资源的利用主要包括直接还田、饲料化利用、作为工业原料、食用菌基料、农村生活能源(如作为家庭能源直接燃烧或作为沼气原料等)以及废弃等。不同地区秸秆的利用比例不同，从全国平均水平来看，30.7%的秸秆用于农村生活能源，24.5%用于动物饲料，14.6%用于还田，3.9%用于工业(如造纸)，2.3%用于食用菌基料，还有 23.9%可进一步资源化利用[14]。不同地区秸秆用于不同用途的比例如表 2-3 所示。可见，我国能资源化利用的秸秆量丰富，可为生物炼制产业提供丰富的原料供应。特别是近些年，露天焚烧秸秆造成大气污染，影响空气质量，导致空气中总悬浮颗粒数量明显升高，对人体健康产生不良影响。此外，焚烧秸秆产生的浓烟直接影响民航、铁路、高速公路的正常运营，对交通安全构成潜在威胁。同时，秸秆露天焚烧还会导致火灾事故频发。因此，多地政府禁令焚烧秸秆，多余秸秆的处理成为急需解决的问题。

农业生物质资源中的农作物秸秆类木质纤维素是生物质转化工业中的主要加工对象之一，可通过各种化学转化(如热解、水解、液化等)或生物转化(如酶解、好氧、厌氧发酵等)获得多种能源和化学产品。关于木质纤维素资源的主要组分、物理结构特性等将在第

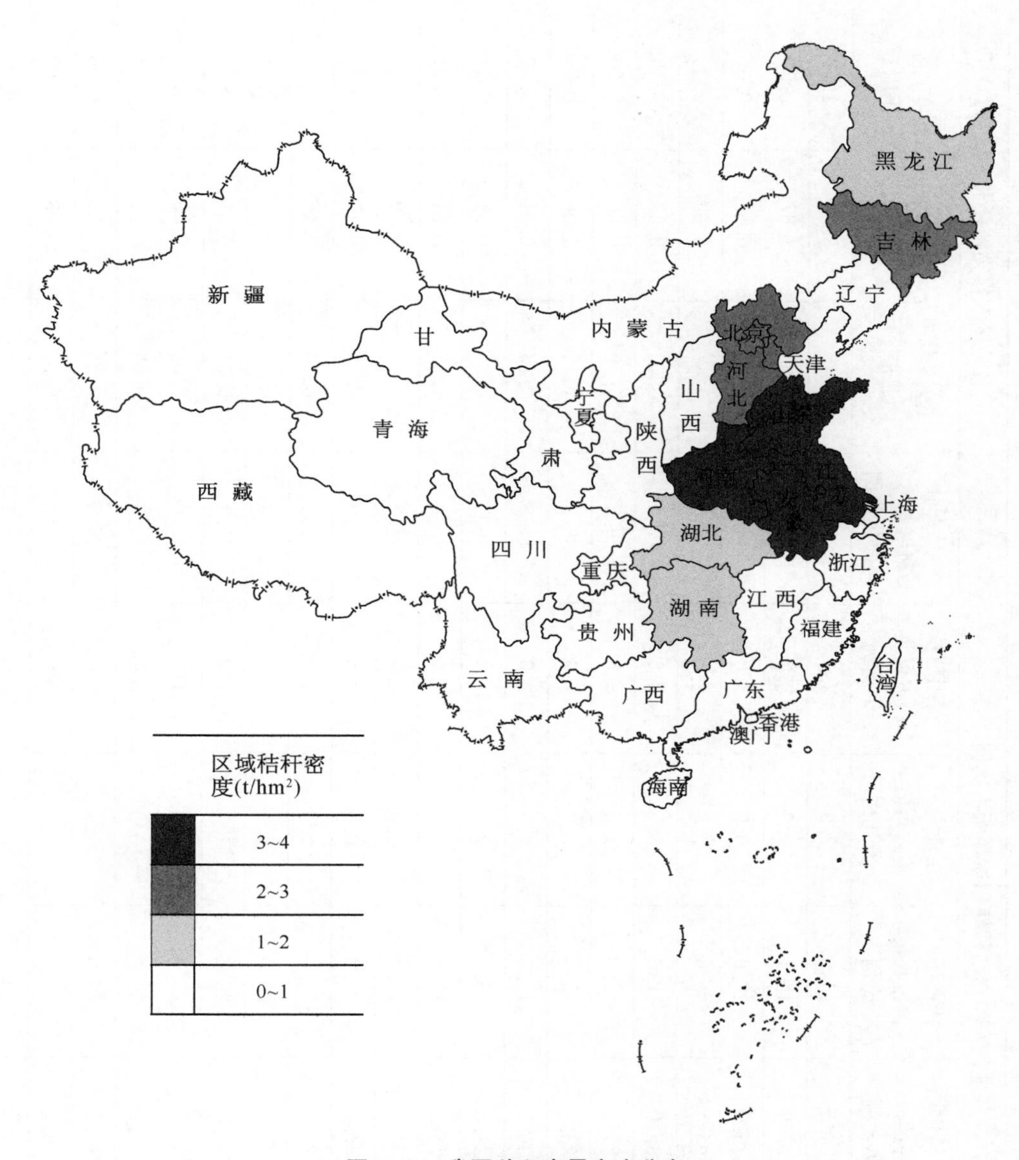

图 2-4 我国秸秆产量密度分布

3 章中详细介绍。

2.2.2.2 林业生物质资源

林业生物质资源亦是一类重要的生物质，主要包括各种油料能源林（如油桐、麻风树、乌桕、油翅果、文冠果、黄连木、棕榈等油料树种）、薪炭林、灌木林、经济林、用材林、森林抚育和间伐作业中的零散木材、残留的树枝、树叶和木屑等，木材采运和加工过程中的枝丫、锯末、木屑、梢头、板皮和截头等，林业副产品的废弃物（如果壳和果核等）[10]。林业生物质资源的种类如图 2-5 所示。与农业生物质资源相比，林业生物质资源具有能量密度高、便于收集和运输、易生产、易储存、使用安全等优点。同时，林业造林可以有效吸收 CO_2、

表 2-3 我国各地区农作物秸秆使用途径及资源量[14]

区域	各地区农作物秸秆使用途径所占比例(%)						各地区农作物秸秆资源量(亿 t)		
	农村生活能源占可收集比例	饲料化用途占可收集比例	秸秆还田占可收集比例	工业化用途占可收集比例	食用菌基料占可收集比例	可能源化利用量占可收集比例	理论资源量	可收集资源量	可能源化用量
华北区	30.7	24.5	14.6	3.9	2.3	23.9	7.48	6.34	1.52
北京	24.6	27.9	14.1	9.3	3.0	21.2	1.95	1.67	0.35
天津	26.8	36.0	20.0	0.0	3.0	14.2	0.02	0.02	0.00
河北	27.3	29.1	20.0	7.6	2.4	13.6	0.44	0.39	0.05
山东	24.5	35.0	12.0	8.8	2.6	17.1	0.67	0.58	0.10
河南	22.7	21.0	12.0	11.0	3.6	29.5	0.79	0.66	0.20
东北区	26.9	23.2	15.0	0.0	1.6	33.3	1.18	1.06	0.37
辽宁	36.3	34.4	15.0	0.0	2.5	11.8	0.23	0.21	0.02
吉林	22.1	21.5	15.0	0.0	1.2	40.3	0.37	0.34	0.14
黑龙江	25.5	18.1	15.0	0.0	1.4	40.0	0.58	0.51	0.21
黄土高原区	36.3	30.7	20.0	4.0	2.0	7.0	0.44	0.39	0.03
山西	39.3	36.2	20.0	0.0	0.5	3.9	0.15	0.13	0.01
陕西	33.8	27.4	20.0	6.5	4.9	7.4	0.16	0.16	0.01
甘肃	35.6	27.4	20.0	6.1	0	10.9	0.13	0.11	0.01
蒙新区	23.8	32.4	20.0	1.7	1.0	21.1	0.61	0.55	0.12
内蒙古	26.3	33.8	20.0	0.0	1.9	18.0	0.32	0.29	0.05
宁夏	20.4	45.9	20.0	0.0	0.2	13.5	0.05	0.04	0.01
新疆	21.2	28.1	20.0	4.1	0.1	26.5	0.25	0.22	0.06
青藏区	39.0	36.2	20.0	0.0	0.0	4.8	0.03	0.03	0.00
西藏	39.0	36.9	20.0	0.0	0.0	4.1	0.01	0.01	0.00

（续表）

区域	各地区农作物秸秆使用途径所占比例(%)						各地区农作物秸秆资源量(亿 t)		
	农村生活能源占可收集比例	饲料化用途占可收集比例	秸秆还田占可收集比例	工业化用途占可收集比例	食用菌基料占可收集比例	可能源化利用量占可收集比例	理论资源量	可收集资源量	可能源化用量
青海	39.0	35.7	20.0	0.0	0.0	5.3	0.02	0.02	0.00
长江中下游区	32.1	18.4	12.0	4.2	2.8	30.4	1.76	1.30	0.43
上海	0.0	17.8	12.0	0.0	7.3	62.9	0.01	0.01	0.01
江苏	30.5	8.3	12.0	9.1	5.2	34.9	0.38	0.30	0.10
浙江	32.6	14.8	12.0	0.0	1.3	39.3	0.09	0.07	0.03
安徽	28.6	15.0	12.0	9.3	0.9	34.2	0.43	0.34	0.12
湖北	30.1	24.0	12.0	0.0	3.1	30.8	0.32	0.26	0.08
湖南	38.8	31.5	12.0	0.0	2.7	14.9	0.31	0.26	0.04
江西	36.7	17.4	12.0	0.0	2.0	31.9	0.21	0.16	0.05
西南区	49.1	23.1	15.0	1.5	1.3	10.0	0.93	0.78	0.08
重庆	46.4	19.0	15.0	0.0	0.7	18.9	0.13	0.11	0.02
四川	51.9	23.4	15.0	3.5	2.5	3.8	0.41	0.34	0.01
贵州	46.4	24.2	15.0	0.0	0.3	14.1	0.16	0.13	0.02
云南	47.8	24.2	15.0	0.0	0.3	12.7	0.24	0.21	0.03
华南区	30.4	22.5	12.0	0.0	3.3	31.9	0.58	0.48	0.15
福建	30.8	22.7	12.0	0.0	20.0	14.6	0.07	0.05	0.01
广东	32.3	23.7	12.0	0.0	2.1	29.9	0.17	0.13	0.04
广西	29.8	22.5	12.0	0.0	0.8	34.9	0.32	0.27	0.09
海南	25.0	14.6	12.0	0.0	1.5	46.9	0.03	0.02	0.01

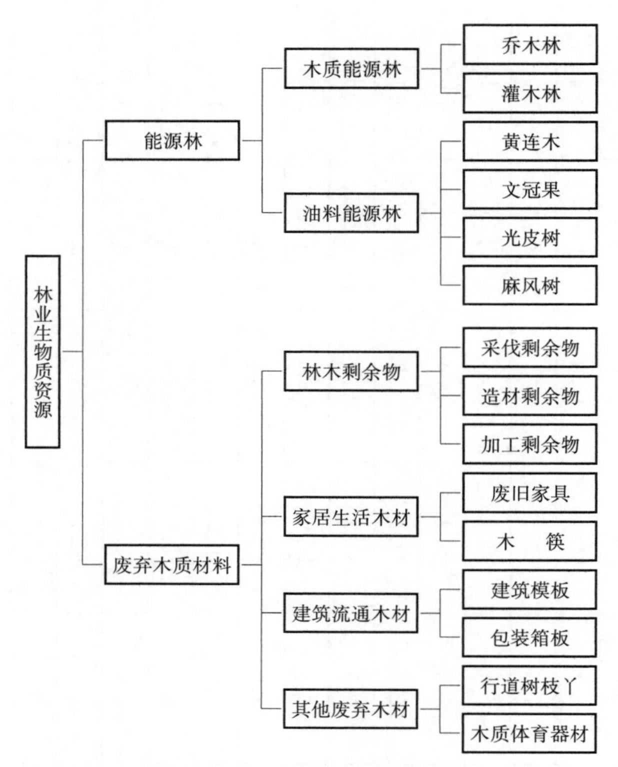

图 2-5 林业生物质资源种类[9]

保持水土、绿化环境。开发荒山荒地、沙区、盐碱地等边际土地进行能源林、经济林种植，既能有效促进植被恢复，加快荒山荒地的绿化，又能为当地带来一定的经济和环境效益。

根据第六次全国森林资源清查结果显示，我国林业用地面积 2.85 亿 hm^2，森林面积 1.75 亿 hm^2，森林蓄积量 124.56 亿 m^3，人工林面积 0.53 亿 hm^2，蓄积量 15.05 亿 m^3。森林面积居俄罗斯、巴西、加拿大、美国之后，居第 5 位；森林蓄积量居俄罗斯、巴西、美国、加拿大、刚果(民)之后，居第 6 位。其中，防护林、用材林、薪炭林、特用林面积百分率分别为 55.07%、38.34%、2.12%和 4.47%；蓄积量百分率分别为 45.57%、45.57%、0.46%和 8.50%[15]。从森林资源的地理分布来看，我国大部分森林资源集中分布在主要江河流域和山地丘陵地带；从地域上来看，森林资源总的分布趋势是东南部多、西北部少；在东北、西南边远省(市、区)及东南、华南丘陵山地森林资源分布多，而辽阔的西北地区、内蒙古中西部、西藏大部，以及人口稠密、经济发达的华北、中原及长江、黄河下游地区，森林资源分布较少[15]。我国现有薪炭林面积约 303.44 万 hm^2，可提供的薪柴总量约 2 124 万 t，可替代 1 211 万 t 标准煤。我国灌木林地总面积约 4 530 万 hm^2，西部地区可种植灌木约 6 000 万 hm^2，以 60%作为能源林和每公顷年产生物量 4 t 计算，每年产生物量约 2.4 亿 t，可替代 1.56 亿 t 标准煤。根据国务院批准的“十一五”期间森林采伐限额和木材采伐出材率推算，“十一五”期间我国木材采伐剩余物和加工剩余物总计约 8 056 万 t[16]。对于木本油料植物，我国现已查明的能源油料植物(种子植物)种类为 151 科 697 属 1 553 种，占全国种子植物的5%，其中，油脂植物138科1 174种，挥发性油植物83科449种。而我国现有木本植物约8 000种，引进1 000多种，其中含油量15%以上的油料树种约1 000种，含油量20%以上的约300种，如油茶、文冠果、山杏、油桐、乌桕等，有的含油量高达79%，远远高于花生、芝麻的含油量[17]。目前，我国麻风树、黄连木、光皮树、文冠果、油桐和乌桕6个树种的成片分布面积约为135万hm^2，其中约60万hm^2可经改造培育为油料能源林，果实年产量约114万t。我国西南地区适宜种植麻风树的面积约200万hm^2，已人工栽培约2万hm^2，每公顷果实产量可达3 000 kg[16]。目前，除现有的耕地、林地和草地外，我国尚有近1亿hm^2的荒地荒山可用于发展能源农林业。这些土地若有效用于种植生物质资源，将为我国生物质转化产业的发展提供有利的原料供应保障。

林业生物质资源，特别是木本油料植物是保证生物柴油产业向前发展的主要原料资源之一。近年来，开发边际土地种植木本油料植物受到了国家林业局、中国石油等国家部门和企业的高度关注。据报道，今后十年我国林业生物质能源建设的发展目标是：到2015年，全国建设能源林962.63万hm^2，林业剩余物能源化利用率达15%以上。林业生物质能源替代700万t标准煤的石化能源，占可再生能源的1.52%。其中，生物质热利用贡献率为90%，生物柴油贡献率为10%。到2020年，能源林建设达到1 899.03万hm^2，林业生物质能源可替代2 025万t标准煤的石化能源，占可再生能源的2%，其中，生物质热利用贡献率为70%，生物柴油贡献率为25%，燃料乙醇贡献率为5%[18]。可见，林业生物质资源，特别是木本油料植物资源是我国生物质能源发展的重要原料。关于木本油料植物资源及其油脂的主要特性将在本章2.5节详细介绍。

2.2.2.3　生活污水和工业有机废水

生活污水主要指居民生活中排放的污水，主要包括洗浴用水、盥洗排水、粪便和洗涤污水。城市中，每人每日排出的生活污水量为150～400 L，其污水量与生活水平有密切关系。生活污水中含有大量有机物，如纤维素、淀粉、糖类、脂肪、蛋白质等，以及无机盐类的氯化物、硫酸盐、磷酸盐、碳酸氢盐、钠、钾、钙、镁等。2000～2010年，随着我国城镇人口的增加，生活废水排放量也从2000年的220.9亿t增加到2010年的379.8亿t，增长了71.9%(表2-4)。

表2-4　2000～2006年我国污水及主要污染物排放量

年份	废水排放量(亿t)			化学需氧量排放量(万t)			氨氮排放量(万t)		
	工业	生活	合计	工业	生活	合计	工业	生活	合计
2000	194.3	220.9	415.2	704.5	740.5	1 445	—	—	—
2001	202.7	230.3	433	607.5	797.3	1 404.8	41.3	83.9	125.2
2002	207.2	232.3	439.5	584	782.9	1 366.9	42.1	86.9	128.8
2003	212.4	247.6	460	511.9	821.7	1 333.6	40.4	89.3	129.7
2004	221.1	261.3	482.4	509.7	829.5	1 339.2	42.2	90.8	133

(续表)

年份	废水排放量(亿 t)			化学需氧量排放量(万 t)			氨氮排放量(万 t)		
	工业	生活	合计	工业	生活	合计	工业	生活	合计
2005	243.1	281.4	524.5	554.7	859.4	1 414.2	52.5	97.3	149.8
2006	240.2	296.6	536.8	542.3	885.9	1 428.2	42.5	98.8	141.3
2007	246.6	310.2	556.8	511.1	870.7	1 381.8	34.1	98.3	132.4
2008	241.7	330.0	571.7	457.6	863.1	1 320.7	29.7	97.3	127.0
2009	234.5	355.2	589.7	439.7	837.8	1 277.5	27.3	95.3	122.6
2010	237.5	379.8	617.3	434.8	803.3	1 238.1	27.3	93.0	120.3

注：数据来源于国家环境保护部。

工业有机废水主要是指乙醇、酿酒、制糖、食品、制药、造纸、屠宰等行业生产过程中排放的废水。工业有机废水中含有丰富的有机物质，可采用微生物发酵转化为沼气、乙醇等生物能源产品。2000 年我国的工业有机废水排放量为 194.3 亿 t，2010 年增加到 237.5 亿 t，增加了 22.2%(表 2-4)。工业有机废水来源不同，其中的有机物组成和含量有明显差别。食品工业的有机废水中，主要污染物有漂浮在废水中的固体物质，如菜叶、果皮、碎肉、禽羽等；悬浮在废水中的物质，如油脂、蛋白质、淀粉、胶体物质等；溶解在废水中的酸、碱、盐、糖类等；原料夹带的泥沙及其他有机物等。造纸废水主要来自造纸工业生产中的制浆和抄纸两个生产过程。制浆产生的废水，污染最为严重。洗浆时排出的废水呈黑褐色，称为黑水，黑水中污染物浓度很高，生物需氧量(BOD)高达 5～40 g/L，含有大量纤维、无机盐和色素，漂白工序排出的废水含有大量的酸碱物质；抄纸机排出的废水，称为白水，其中含有大量纤维和在生产过程中添加的填料和胶料[19]。制糖工业废水主要是以甜菜或甘蔗为原料制糖过程中排出的废水。废水中一般含有有机物和糖分，化学需氧量(COD)、BOD 很高，废水色度深，氮、磷、钾等元素含量较高，其中主要来自斜槽废水、榨糖废水、蒸馏废水、地面冲洗水等。废水量为每生产 1 t 糖产生 0.2～21 m^3 废水(每吨甜菜排废水约 2.5 m^3)[20]。

2.2.2.4 有机固体废弃物

有机固体废弃物主要指居民生活垃圾，商业、服务业垃圾和少量建筑业垃圾等固体废物。其中，城镇生活垃圾是最主要的有机固体废弃物之一。随着我国城镇规模的扩大和城市化进程的加速，生活垃圾排放量逐年增加。1990 年我国城市生活垃圾清运量为 0.68 亿 t，2000 年为 1.2 亿 t，到 2002 年增至 1.4 亿 t，年均增长率为 8.20%，少数发达城市的垃圾增长率则超过 15%，大大高于工业发达国家水平(2.5%～5.0%)[21]。据统计，2008 年城市生活垃圾清运量约为 1.54 亿 t，县城和建制镇生活垃圾清运量约为 0.50 亿 t；另据调查估算，村庄生活垃圾清运量约为 1.16 亿 t。即全国城镇生活垃圾清运量约为 2.04 亿 t，全国城乡生活垃圾清运量约为 3.20 亿 t[22]。

城市生活垃圾的组成、含水率、有机质、碳氮比、热值随着垃圾来源和排放时间不同而不同，其中市场垃圾、商业垃圾含水率较高，最高可达 50%左右，而居民垃圾含水率略低。此外，生活垃圾的组成还与生活习惯、生活水平、能源结构、城市建设等因素有关。表 2-5 列出了一些国家和我国一些城市的生活垃圾主要组成。我国城市生活垃圾碳氮比规律并不明显，居民生活垃圾常年变化不明显，市场垃圾夏季低于冬季，商业垃圾碳氮比冬季高于夏季。总体来讲，市场垃圾碳氮比最低，居民垃圾碳氮比居中，商业垃圾碳氮比略高；对于垃圾高位热值，居民垃圾最高，市场垃圾、商业垃圾略低。城市生活垃圾组成还与城市所在地的燃料结构相关。根据我国国情，对于发展中的城镇，居民住宅不能完全实现“双气”（煤气、暖气），致使生活垃圾中煤渣含量很高，甚至有些地区达 50%，垃圾热值较低，利用价值不高[21]。

表 2-5　不同国家和城市生活垃圾的主要组成[13]　（%）

国家或城市	餐厨垃圾	废纸	废塑料	废纤维	炉渣	碎玻璃	废金属	有机物总量
美国	12	50	5	—	7	9	9	
英国	17	38	2.5	—	11	9	9	
法国	22	34	4	—	20	8	8	
德国	15	23	3	—	28	9	9	
北京	27	3	2.5	0.5	63	2	2	33
天津	23	4	4		61	4	4	31
杭州	25	3	3		5	2	2	31
重庆	20				80			20
哈尔滨	16	2	1.5	0.5	76	2	2	21
深圳	27.5	14	15.5	8.5	14	5	5.5	65.5
上海	71.6	8.6	8.8	3.9	1.8	4.5	0.6	92.9

与城市相比，农村人均生活垃圾产量较低、垃圾收运难度大、清理过程简单、面积广、产生源分散。近些年来，农村生活垃圾表现为厨余垃圾相对减少，废旧家具及工业消费品、产品包装与应用材料如纸、金属、玻璃等可回收垃圾成分增多，电池、油漆等危险品不容忽视。目前，我国农村生活垃圾年产生约为 1.8 亿 t，人均日生活垃圾排放量的变化趋势是：东部地区为 0.96 kg，中部地区为 0.88 kg，西部地区为 0.77 kg，东北地区为 0.81 kg，平均为 0.86 kg。农村生活垃圾以厨余物和无机垃圾为主。经济发达地区，垃圾排放量普遍较高。夏季有机垃圾量比其他季节多，北方冬季煤渣量增加。表 2-6 给出了文献报道的不同地区农村生活垃圾组分构成调查结果。如果能将这些垃圾的有机物质，如厨余垃圾用于沼气生产，既能实现垃圾的清洁处理，又能为农户提供炊事、照明等能源。

表 2-6 双气户、单气户和纯煤户生活垃圾的化学成分[21]

	pH值	含水率(%)	氮(%)	磷(%)	钾(%)	灰分(%)	燃失量(%)	有机质(%)	全硫(%)
双气户	6.89	53.82	1.258	0.568	1.722	39.24	60.77	28.23	0.285
单气户	6.96	53.24	0.523	0.183	1.614	75.59	64.41	17.26	0.348
纯煤户	7.22	20.90	0.365	1.532	0.120	79.92	20.28	13.16	0.342

表 2-7 不同地区农村生活垃圾组分构成[22] (%)

地 区	年份	农 村	厨余	渣土	玻璃	金属	纸类	塑料	织物	其他
北京	2008	抽样农村	26.28	58.97	0.90	0.16	3.94	5.48	1.16	3.11
沈阳沈北新区	2009	柳条河村	31.03	63.98	0.07	0.08	2.64	2.20	—	—
	2009	中寺村	8.83	63.56	3.08	—	2.84	21.69	—	—
	2007	大甸子村	4.43	94.00	0.97	0.03	0.08	0.14	0.13	0.08
	2007	小岭村	6.46	93.22	0.13		0.05	0.12	0.02	0.03
南通	2008	抽样农村	49.40	29.10	2.40	2.20	3.30	8.40	3.80	1.4
太湖流域	2005	洋渚渭渎	53.90	16.10	2.10	0.40	8.80	14.60	3.20	0.9
合肥	2008	合肥	74.37	12.76	0.38	0.11	2.29	2.39	2.40	5.3
三峡库区	2009	长寿巴南等地	57.59	24.38	—	—	2.02	3.04	1.48	—
海南	2009	琼海农村	40.40	25.10	3.90	0.70	7.70	13.30	1.0	5.60
平均值			35.29	48.12	1.39	0.37	3.37	7.14	1.32	1.64
中国城市	2000	城市均值	43.60	23.14	2.33	1.07	6.64	11.49	2.22	9.51

2.2.2.5 禽畜粪便

禽畜粪便是禽畜排泄物的总称，包括禽畜排出的粪便、尿液及垫草混合物。禽畜粪便是其他生物质形态(粮食、农作物秸秆、牧草等)的转化产物。对于大规模的养殖场，禽畜粪便是一类丰富的生物质资源，也是亟须处理的废弃物。禽畜每天排出的粪便数量很大。据分析，每头家畜一天的粪便量与其体重之比如下：牛为7%～9%，猪为5%～9%。特别是随着禽畜生产集约化程度的提高、经营规模的扩大和饲养密度的增长，在极有限的空间能产生大量的禽畜粪便。根据文献报道，万头养猪场年排污量3 500万～5 000万kg；万只蛋鸡场，年排放粪便73万kg，每年出栏1万只肉鸡可排放鲜鸡粪3万～4万kg；一个千头奶牛场年排放粪尿1 800万～2 000万kg[23]。根据计算，目前我国禽畜粪便资源总量约8.5亿t，相当于7 840万t标准煤，其中牛粪5.78亿t，相当于4 890万t标准煤；猪粪2.59亿t，相当于2 230万t标准煤；鸡粪0.14亿t，相当于717万t标准煤。

禽畜粪便在农村可作为庄稼种植的有机肥料。在有些牧区，禽畜粪便可作为燃料焚烧，而禽畜粪便最主要的用途是用作沼气发酵的原料。特别是在大规模的养殖场区，将禽畜粪便用于沼气生产，既可以对其进行无害化、减量化处理，又可以获得清洁的沼气能源。据报道，首农集团三元种业公司奶牛出栏 4.4 万头，年产粪污 57.3 万 t；生猪年出栏 10 万头，年产粪污 6.6 万 t；北京鸭出栏 1 000 万只，年产粪污 10 万 t，在传统处理方式中，仍然是沿用堆肥后直接还田的办法，不仅造成资源的极大浪费，又给环境带来较大的压力。2010 年 12 月，三元种业旗下的德仁务奶牛场大型沼气综合利用工程通过农业部、北京市农业局两级验收。沼气站每天可处理牛粪 50 t，日产沼气 1 080 m^3，沼气发电量 1 500 kW · h，不仅可以解决牛场 1 000 头牛的粪污问题，还节省了生产用电成本。当前采用无害化处理、资源化利用的粪污量仅占粪污产生量的 10%左右[24]。

2.2.2.6　微生物生物质资源

微生物生物质资源主要是指由微生物生产的可进一步转化为燃料或化学品的有机物质，如酵母蛋白质、微生物油脂、微藻生物质等。一般来讲，微生物生物质资源属于“二级生物质”，即由微生物将生物质资源转化得到的可用于进一步加工利用的油脂、蛋白质、聚糖等。特别地，微藻因其可以利用 CO_2 和阳光合成油脂和碳水化合物而广受青睐。

目前来看，木质纤维素、淀粉和油脂类生物质资源是生物能源和化学品生产的主要原料，也是人们栽培能源植物的主要生物质目标产品。下面分别对这些资源进行介绍。

2.3　木质纤维素资源

木质纤维素，如农作物废弃物、林业废弃物等是自然界最为丰富的一类碳水化合物和酚类化合物资源，也是生物质化工的主要加工对象之一。据估计，地球上每年光合作用的产物高达 1 500 亿～2 000 亿 t，是地球上唯一可超大规模再生的实物性资源[25]。从全世界范围来看，农作物秸秆是人们研究和利用最多的一类木质纤维素资源，特别是玉米秆，是美国、中国等国家最为丰富的农作物秸秆。此外，在加拿大、美国等国家，林产资源较为丰富，开发利用林产加工剩余物以及因虫害病死的枯木也受到相关部门的高度关注。同时，人们还不断开发各种能源植物，为生物炼制产业提供原料。

2.3.1　木质纤维素资源种类

天然木质纤维素原料可分为木材纤维原料和非木材纤维原料，按使用次数可分为一次纤维原料和二次纤维原料[26]。

木材纤维原料是直接从树木中获得的木质纤维素，包括针叶木纤维和阔叶木纤维两类。绝大部分针叶木的叶是尖细的，故称针叶木，其质地较软又称为软木，如云杉、冷杉、落叶松、红松、马尾松、柏木等。阔叶木的叶较宽阔，故称阔叶木，因其质地较硬又称为硬木，如白杨、桦木、枫木、桉木等[26]。在木材加工过程中产生的各种剩余物，如枝丫、锯末，以及遭受虫害而难以有商业利用价值的木材纤维原料，都可以作为燃料和化学品生产的原料来源。在森林资源比较丰富的一些国家，如加拿大、美国，可采用木材纤维原料加工生产燃料和化学品，建立基于林产生物质转化为核心的生物炼制体系。

非木材纤维原料指除木材以外的其他植物纤维原料，主要包括以下几个种类[27]。

① 禾本科纤维原料：主要包括竹类纤维，如毛竹、慈竹、白夹竹、楠竹等；禾草类纤维，如稻草、麦草、芦苇、甘蔗渣、高粱秆、玉米秆、棉秆等。其中，禾草类纤维是分布最广的一类生物质原料，也是目前人们研究最多的可用于燃料和化学品生产的木质纤维素资源。

② 韧皮纤维原料：如大麻、亚麻、黄麻、桑皮、构树皮、檀皮等。由于这类原料纤维较长，往往具有一些特殊的性质，因此普遍用于造纸、纺织、合成材料、建筑等行业，但这些植物的茎杆部分亦可作为木质纤维素生物质进行进一步加工利用。

③ 叶纤维原料：如龙须草、剑麻等。

④ 籽毛纤维原料：如棉花、棉短绒等。这类纤维原料中纤维素含量很高，木素和半纤维素含量很少，理论上很适合用作生物炼制的原料，但其价格相对较高，往往用作纺织原料。

二次纤维原料主要是指各种废纸纤维原料，包括废旧书刊、报纸、破损废纸、旧纸板、破纸箱等。二次纤维原料除可循环用于造纸外，亦可作为纤维素资源用于葡萄糖等可发酵糖的生产。据统计，2005 年，全球十大产纸国的纸和纸板生产量为 3.6 亿 t，回收量为 1.3 亿 t，平均回收率为 60%，我国造纸行业纸和纸板生产量约为 5 600 万 t，废纸回用量约 1 810 万 t，回收利用率仅为 30%，远低于发达国家 70%左右的水平，造成再生植物纤维废纸的极大浪费。因此，加大废纸资源的利用将具有很好的经济和环境效益[28]。

2.3.2 木质纤维素资源产量及分布

2.3.2.1 农、林木质纤维素资源

据统计，2003 年我国秸秆及农业加工剩余物达 7.2 亿 t，林产加工剩余物达 2.0 亿 t，农林废弃物总量可达 5.6 亿 t，相当于 2.8 亿 t 标准煤(表 2－8，表 2－9)。2010 年，我国主要农作物秸秆产量 7.8 亿 t。其中，玉米秆(包括玉米芯)达 3.54 亿 t，占全国总秸秆量的 45.5%；小麦秸秆和稻草秸秆量分别占总秸秆量的 20.2%和 15.6%。

表 2－8 2003 年我国农林废弃物资源的可获得量[29]

种　　类	资源总量(亿 t)	实际获得量(亿 t)	获得量当量(万 t 标准煤)	比例(%)
秸秆及农业加工剩余物	7.2	3.6	17 000	57
林业加工剩余物	2.0	2.0	11 400	38
合计	9.2	5.6	28 400	95

表 2-9　2010 年我国主要农作物秸秆产量

农作物	产量(万 t)	谷草比	秸秆量(万 t)	所占比例(%)
稻谷	19 576.1	1∶0.623	12 195.9	15.6
小麦	11 518.1	1∶1.366	15 733.7	20.2
玉米	17 724.5	1∶2	35 449.0	45.5
其他谷物	818.4	1∶1	818.4	1.0
豆类	1 896.5	1∶1.5	2 844.8	3.6
薯类	3 114.1	1∶0.5	1 557.1	2.0
油料	3 230.1	1∶2	6 460.2	8.3
棉花	596.1	1∶3	1 788.3	2.3
甘蔗	11 078.9	1∶0.1	1 107.9	1.4
合计			77 955.2	100.0

注：数据来源于国家统计局；谷草比数据来自参考文献[30]。

从全世界范围来看，2000 年全世界农业剩余物的产量约 30 亿 t。其中，稻谷秸秆产量最多，为 8.36 亿 t，占总量的 28%；小麦秸秆约 7.5 亿 t，占总量的 25%(图 2-6)。此外，玉米秸秆、蔗渣等也是丰富的禾草类木质纤维素资源。从世界主要的粮食产区分布来看，稻谷主要分布在东亚、南亚、东南亚等高温多雨地区，这些地区的稻谷秸秆资源较为丰富；小麦秸秆资源的全球分布范围较广，主要集中在温带地区和亚热带地区，包括欧洲平原至西伯利亚南部，地中海沿岸、南亚平原，中国东北、华北、长江中下平原，北美洲中部平原和南半球的不连续生产地带；玉米秸秆资源主要分布在美国中部玉米带，中国的华北平原、东北平原、关中平原和四川盆地以及欧洲南部平原，其中，美国、中国和巴西是世界玉米秸秆资源最多的三个国家。据国际谷物理事会(International Grains Council，IGC)预测[31]，2011～2012 年度美国玉米产量为 3.45 亿 t，中国玉米产量为 1.65 亿 t，按照 1∶2.0 的谷草比计算，相应的玉米秸秆产量将达 7.9 亿 t 和 3.3 亿 t。甘蔗渣类资源主要分布在南美洲、南亚、东南亚热带地区，其中巴西和印度是世界甘蔗种植最多的两个国家，具有丰富的蔗渣资源。

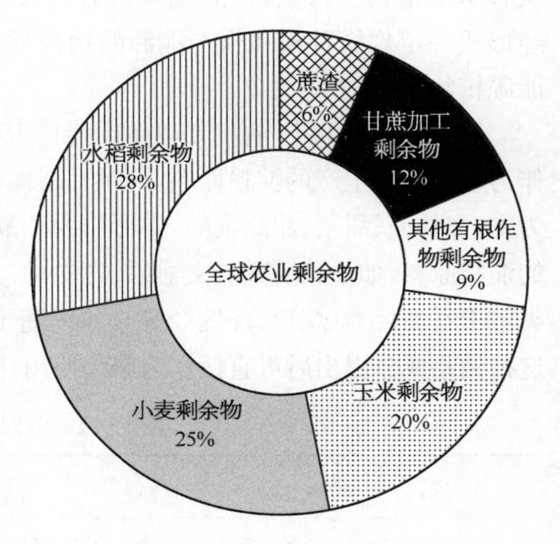

图 2-6　全球主要农业剩余物组成[32]

对于木材类木质纤维素，如表 2-10 所示，欧洲拥有最大的森林面积，但南美洲拥有最为丰富的木材类生物质[33]。在木材加工过程中产生的树皮、枝丫、木屑、锯末等都可作为生物炼制的木质纤维素原料。

表 2-10 世界各洲的森林资源以及地上生物量体积总量和质量[33]

	森林面积 ($\times10^9$ hm^2)	体积产量 (m^3/hm^2)	体积总量 ($\times10^9$ m^3)	木质生物量产量 (t/hm^2)	木质生物量总量 ($\times10^9$ t)
非　洲	649	72	46	109	70
亚　洲	547	63	34	82	44
欧　洲	1 039	112	116	59	61
北美及中美洲	549	123	67	95	52
大洋洲	197	55	10	64	12
南美洲	885	125	110	203	179
全世界	3 869	100	386	109	421

2.3.2.2 木质纤维素类能源植物

能源植物(Energy Plant)是以生产糖料、淀粉、纤维素、油脂等为目的,为生产固体、液体或其他形式能源产品而栽培的一年生或多年生植物。能源植物广泛分布于植物界的大量科、属中,既有低等植物,又有高等植物;既有陆生植物,又有水生植物;既有草本植物,又有木本植物。目前,研究发现具有巨大开发潜力的能源植物只有 70 种左右,而现在已经形成一定规模种植和生产能源的物种只有 23 种左右[30]。表 2-11 列出了一些主要的能源植物种类。

这些能源植物中,有的是以生产淀粉为主,如玉米、小麦、大麦、木薯、甘薯、马铃薯等,可作为生物乙醇生产的淀粉原料,同时其植株茎杆是优良的木质纤维素原料;有的以生产蔗糖为主,如甘蔗、甜菜、甜高粱等,亦可作为乙醇生产的发酵原料;有的主要用于生物柴油生产的油脂原料,如油菜、棕榈、文冠果、光皮树、黄连木等。此外,还有一些植物富含的分子结构类似于石油烃类(烷烃、环烷烃等),如续随子、绿玉树、西谷椰子、西蒙得木、巴西橡胶树等。这种油脂成分提出后可直接作为柴油使用,因此,这些植物是很具有发展前景的能源植物。

表 2-11 能源植物的主要科类[34]

科　名	能　源　植　物
禾本科(禾亚科)	玉米(*Zea mays*)、大麦(*Hordeum vulgare*)、小麦(*Triticum aestivum*)、柳枝稷(*Panicum virgatum*)、甘蔗(*Saccharum officinarum*)、甜高粱(*Sorghum bicolar*)、芒草(*Miscanthus sinensis*)、虉草(*Phalaris arundinacea*)、芦竹(*Arund odonax*)
禾本科(竹亚科)	印度刺竹(*Bambusa bambos*)、刺竹(*Bambusa blumeana*)、牡竹(*Dendrocalamus strictus*)、刚竹(*Phyllostachys viridis*)、毛竹(*Phyllostachys pubescens*)
豆　科	大豆(*Glycine max*)、紫花苜蓿(*Medicago sativa*)、油楠(*Sindora glabra*)、紫穗槐(*Amorphaf ruticosa*)

（续表）

科 名	能 源 植 物
大戟科	木薯（*Maninot esculenta*）、蓖麻（*Ricinus communis*）、续随子（*Euphorbia lathyris*）、绿玉树（*Euphorbia tirucalli*）、麻风树（*Jatropha curcas*）、油桐（*Aleurites fordii*）
杨柳科	毛枝柳（*Salix dasyclados*）、蒿柳（*Salix viminalis*）、杨树（*Populus* sp.）
十字花科	甜菜（*Beta vulgaris*）、油菜（*Brassica campestris*）
菊 科	向日葵（*Helianthus annuus*）、菊芋（*Helianthus tuberosus*）
胡颓子科	沙棘（*Hippohgae rhamnoides*）、沙枣（*Elaeagnus angustifolia*）
茄 科	马铃薯（*Solanum tuberosum*）
旋花科	甘薯（*Ipomoea batatas*）
桃金娘科	桉树（*Eucalyptus* sp.）
漆树科	中国黄连木（*Pistacia chinensis*）
棕榈科	油棕榈（*Elaeis guineensis*）
无患子科	文冠果（*Xanthoceras sorbiflia*）
山茱萸科	光皮树（*Cornus wisoniana*）
莎草科	油莎豆（*Cyperus esculentus*）
卫矛科	扶芳藤（*Euonymus fortunei*）
柽柳科	柽柳（*Tamarix chinensis*）
藜 科	梭梭（*Haloxylon ammodendron*）
漆树科	火炬树（*Rhus typhina*）
壳斗科	橡子（*Nassarius glans*）
桑 科	大麻（*Cannabis sativa*）

一般来讲，能源植物应具有如下特点[30]：具有较强的抗逆性，能适应比较贫瘠的边际性土地；有较高的生物量产出和较好的原料加工品质；有较高的可获得性和可持续供应性；有经济上的可行性；有与粮、油、糖等传统农产品在供应和市场方面的协调性。

根据 Heaton 等的总结，理想的能源植物应具有较强的捕获太阳能并将其最大量地转化为生物质的能力，同时最大限度地减少能量的投入以及尽可能减小对环境的影响。一般来讲，能源植物需要具备如下的优良特性[35]。

① 具有较高的能量平衡性，即相对于能量产出所需的能量投入较低。能源植物栽培、收获过程以及氮肥的施用均需要使用化石燃料，从这点来看，多年生植物如短轮伐期的白杨、灌木柳和多年生的草本植物比一年生植物更具优势，因为多年生植物只需要一次的栽种过程，因而可以减少栽种过程中投入的各种能耗、人力和物力。

② 最大的光利用效率，即最大地将光能转化为生物质。

③ 较高的水利用效率和较低的含水量。收获的生物质水分含量越高，所需干燥的能

量越多，或者燃烧时带走的热量越多。

④ 较高的氮和肥料利用效率，理想的能源植物应可以利用氮气作为氮肥。

⑤ 具有C4光合系统。C4植物由于光合作用能力较强，因而具有更高的光合作用效率。

⑥ 较低的栽种能耗投入，较强的抗病虫害能力。

⑦ 对土地的适应性强，可使用农业机械化操作。

⑧ 具备很好的环境效益。

⑨ 具有广泛的工业加工性能，即可用于生产多种终端产品，如纸浆、生物材料或发酵产品。

木质纤维素类能源植物是以生产木质纤维素为目的的能源植物，可为燃料乙醇、成型颗粒燃料、合成气、裂解生物油等能源产品的生产提供纤维素原料。当前，中国、美国、欧盟等国家和地区也在积极探索和开发富含纤维素的能源作物，并取得了一系列进展。其中，我国的甜高粱、美国的柳枝稷和欧洲的短轮伐期灌木柳、芒草等的栽培已初具规模。下面对这些能源植物进行简要介绍。

(1) 甜高粱

甜高粱属于C4作物，具有很强的光合作用能力，是普通粒用高粱的一个变种，具有适应性强、抗旱、耐涝、耐盐碱、对土壤及肥料要求不高、生长迅速、糖分积累快、生物学产量高等优点。甜高粱顶部可以获得富含淀粉的高粱籽，茎秆中含有糖浓度为18%～23%，榨糖后的残渣是很好的木质纤维原料，可谓是一种理想的能源植物。甜高粱植株可高达4 m以上，鲜生物量产量可达160 t/hm^2，其所合成的碳水化合物的产量为玉米的3.2倍[36]。我国适合栽培甜高粱的地区有东北、华北、西北和黄淮地区。近年来，黑龙江、新疆、内蒙、山东、河北等地甜高粱种植面积逐步扩大[37]。目前，甜高粱作为能源植物主要用于燃料乙醇的生产，因为其茎秆的糖分经榨取后即可用于乙醇发酵。据分析，以甜高粱为原料生产乙醇比甘蔗和玉米原料更具有经济优势[38]，如表2-12所示。甜高粱秸秆可用作动物饲料、造纸原料或纤维乙醇的生产原料。甜高粱茎秆榨汁后的秆渣与杨木、小麦秸秆等木质纤维素原料成分相似，主要是由纤维素、半纤维素和木素等成分组成，其中，纤维素、半纤维素含量高达50%～70%[39]，经适当的预处理后可用于同步糖化发酵生产乙醇。

表2-12　甜高粱、甘蔗和玉米生产乙醇的成本比较[38]

项　　目	甜高粱①	甘蔗①	玉米②
生长周期(月)	4	12	4
需水量(m^3)	4 000	36 000	8 000
谷物产量(t/hm^2)	2.0	—	3.5
谷物乙醇产量(L/hm^2)	760	—	1 400

（续表）

项目	甜高粱①	甘蔗①	玉米②
新鲜茎秆产量(t/hm^2)	35	75	45
茎汁乙醇产量(L/hm^2)	1 400	5 600	0
残渣(t/hm^2)	4	13.3	8
残渣乙醇产量(L/hm^2)	1 000	3 325	1 816
总乙醇产量(L/hm^2)	3 160	8 925	3 216
玉米油(L/hm^2)③	—	—	140
玉米油收入(美元/hm^2)	—	—	−61
种植成本(美元/hm^2)	220	995	272
包含灌溉用水的种植成本(美元/hm^2)④	238	995	287
乙醇生产成本(美元/m^3)⑤	69.6	111.5	65.6
乙醇生产成本(美元/m^3)⑥	75.3	111.5	89.2

注：① 甜高粱谷物乙醇产量按 380 L/t 计算；甜高粱汁乙醇产量按 40 L/t 计算；甜高粱和甘蔗残渣乙醇产量按 250 L/t 计算。
② 玉米乙醇产量按 400 L/t；玉米茎秆乙醇产量按 227 L/t 计算。
③ 玉米油产量按 40 L/t 计算。
④ 甜高粱需要 2 次灌溉，玉米需要 4 次灌溉，每次灌溉的费用按 19 美元/hm^2 计算。
⑤ 不含水成本。
⑥ 含水成本。

(2) 柳枝稷

在过去的几十年里，美国以生物质生产燃料的生物能源计划筛选出了 30 多种生产纤维素类物质潜力大的草本植物[40]，其中柳枝稷(*Panicum virgatum*)是最具代表性的能源草本植物之一。柳枝稷是美国本土植物，因具有适应性广、耐贫瘠、产量高、多年生和易于管理等特性被美国能源部和农业部用作纤维素乙醇转化模式植物[41]。目前已培育出了一些具有前景的柳枝稷品种，其主要生物学特性列于表 2-13 中。David 和 Ragauskas 对一些柳枝稷品种的化学特性进行了较为详细的综述[42]。这些柳枝稷品种的元素组成、主要组分含量和聚糖含量分别列于表 2-14、表 2-15 和表 2-16 中。一般来讲，柳枝稷碳元素组成为 42%～48%，氢元素组成为 5.3%～6.8%，氮元素组成为 0.03%～1.16%，氧元素组成为 37%～43%，纤维素含量为 31%～39%，半纤维素含量为 25%～33%，木素含量为 17%～19%。半纤维素含量明显高于木材纤维素原料，而木素和纤维素含量低于木材纤维素原料。总而言之，柳枝稷由于适应性广而产量大，能在贫瘠土地上种植，因此是一种颇具发展前景的能源植物。

表 2-13 美国部分柳枝稷品种及其生物学特性[41]

品 种	生态型	倍 性	起 源	千粒重(g)	备 注
Alamo	低地型	4 倍体	得克萨斯南部	940	成熟晚、高大、产量高
Blackwell	高地型	8 倍体	俄克拉荷马北部	1 420	抗病，茎杆粗壮、根系发达、适于作水土保持植物
Caddo	高地型	8 倍体	南部大平原	1 590	—
Carthage	—	—	北卡罗来纳	1 480	—
Cave-in-Rock	—	8 倍体	伊利诺伊南部	1 660	抗病、适应性好
Dacotah	高地型	4 倍体	达科塔北部	1 480	耐盐碱、耐旱
Forestburg	高地型	4 倍体	达科塔南部	1 460	早熟、耐旱
Kanlnv	低地型	4 倍体	俄克拉荷马中部	850	耐涝、幼嫩时可放牧用
Nebraska28	高地型	—	内布拉斯加北部	1 620	适应性广泛，可在沙地生长
Pangbum	低地型	4 倍体	阿肯色	960	—
Pathfinder	高地型	8 倍体	内布拉斯加/堪萨斯	1 870	易于建植、耐寒、成熟晚
REAP921	高地型	4 倍体	内布拉斯加南部	900	—
Shelter	—	—	维吉尼亚西部	1 790	抗逆性强
Sunmmer	高地型	8 倍体	内布拉斯加	1 850	耐寒、可消化营养高
Sunburst	高地型	—	达科塔南部	1 980	易于建植、种子产量高
Trailblazer	高地型	—	内布拉斯加	1 850	耐寒、可消化营养高
Shawnee	低地型	—	东南部	—	适应性广
Performer	低地型	—	北卡罗来纳	—	牧草品质优良

表 2-14 一些柳枝稷品种的主要元素组成[42]

品 种	碳(%)	氢(%)	氮(%)	氧(%)	高热值(MJ/kg)
Cave-in-Rock	47.53	6.81	0.51	42.54	18.57
Cave-in-Rock	47.30	5.30	0.54	41.10	
Cave-in-Rock (<90 μm)	42.33	5.98	0.23	37.58	
(>90 μm)	44.32	5.99	0.03	38.24	
Alamo	47.27	5.31	0.51	41.59	18.75
Alamo	48.00	5.40	0.42	41.70	
Trailblazer	45.86	6.00	0.96		
Blackwell	46.29	6.01	1.08		
Kanlow	48.00	5.40	0.41	41.40	
Kanlow 茎杆	47.57	6.08			
Kanlow 叶子	47.10	6.02	1.16		

表 2-15 一些柳枝稷品种的主要组分含量[42] (%)

品　　种	纤维素	半纤维素	木　　素
Alamo	33.48	26.10	17.35
Alamo	38.10	32.80	
Blackwell	33.65	26.29	17.77
Blackwell	37.50	31.90	
Cave-in-Rock	32.85	26.32	18.36
Cave-in-Rock	37.80	32.00	
Kanlow	38.50	32.80	17.29
Kanlow 叶子	31.66	25.04	18.11
Kanlow 茎杆	37.01	26.31	18.14
Trailblazer	32.06	26.24	
Trailblazer	36.80	32.50	

表 2-16 一些柳枝稷品种的聚糖含量[42] (%)

品　　种	葡聚糖	木聚糖	半乳聚糖	阿拉伯聚糖	甘露聚糖	糖醛酸
Alamo	30.97	20.42	0.92	2.75	0.29	1.17
Alamo	37.80	24.90	1.10	3.40	0.40	
Alamo	45.60	26.10	1.10	3.10	0.50	
Cave-in-Rock	32.81	21.15	1.16	2.99	0.30	
Blackwell	33.08	20.93	1.04	3.01	0.27	
Trailblazer	34.44	21.17	0.98	2.93	0.39	
Kanlow	36.60	21.00	1.00	2.80	0.80	
Kanlow 茎杆	36.90	23.42	0.61	2.50	0.22	1.56
Kanlow 叶子	33.81	20.09	2.12	3.34	0.46	2.43

(3) 芒草

芒草是各种芒属(*Miscanthus*)植物的统称，属于禾本科(Poaceae)黍亚科(Panicoideae)蜀黍族(Andropogoneae)。芒草的种间、种内多样性复杂，据《中国植物志》记载，全世界芒属植物可分13个种，我国有8个种[43]。芒草为多年生C4草本植物，一般寿命18～20年，最长可达25年以上。植株高大，茎杆粗壮、中空，高度通常为1～3 m，在热带、亚热带可达5 m以上。芒草具有光合固碳效率高、生长快、适应性强、病虫害抗性强、生产力高等优点，干物质产量可达75 t/hm^2，是优良的能源植物。1986年欧美国家开始研究芒属植物的能源利用。到目前为止，国外已培育出几个生物量高的芒属植物新品系，并计划将其作为优良的能源植物大面积推广利用[40]。根据 Lewandowski 等的综述，3 倍体芒草在欧洲种植 3～5 年后可获得最大的干物质产量，在南欧灌溉条件下可达30 t/hm^2以上，而在中北欧无灌溉条件下也可达 10～25 t/hm^2。Heaton 等在美国伊利诺伊州的试验表明，在投入极少的条件下，芒草的光能利用率平均为 1.0%，最高达 2.0%，平均生物质产量为 30 t/hm^2，最高达 61 t/hm^2[40]。不同品种欧洲芒草的元素分析结果见表 2-17[44]。我国各地的试验表明，芒草产量在黑龙江省可达 37.5 t/hm^2；在山东省微山县可达 43.76 t/hm^2；在北京地区，种植当年可达 4.33～14.77 t/hm^2，第二年可达 18.49～20.36 t/hm^2，第三年可达 39.05 t/hm^2[45]。对于芒草的主要化学组分，Le Ngoc Huyen 等研究结果表明，晚期收割的芒草细胞壁和醚键连接的酚型化合物含量增加，如表 2-18 和表 2-19 所示[46]。总体来讲，欧洲地区的芒草干物质中纤维素、半纤维素总含量为 64%～71%；中国北京地区的芒草物质中纤维素含量为 43.36%～48.12%，半纤维素含量为21.11%～23.21%，木素含量为 5.64%～6.09%[45]。可见，芒草中综纤维素含量很高，是一种优良的生物燃料生产的原料来源。

表 2-17 不同欧洲芒草的元素分析[44]

国 家	奥地利	德 国	德 国	德 国	丹 麦	丹 麦	希 腊
属型	*M. x glaganteus*	*M. x glaganteus*	*M. x glaganteus*	*M. x glaganteus*	*M. x glaganteus*	*M. sinensis*	*M. x glaganteus*
生长年龄	3 年	3 年	3 年	3 年	3～5 年	3～5 年	2～3 年
收割月份	1月或2月	2月或3月	2月	2月或3月	1～4月	1～4月	生长季末
水分含量（%，新重）	30	20～40	16～28		23～62	21～48	38～44
灰分（%，干重）	2.79	3.26～3.59	1.62～4.02				1.60
氮（%，干重）	0.49	0.54～0.60	0.19～0.39	0.19～0.62	0.55～0.66	0.58～0.67	0.33
磷（%，干重）		0.06～0.08		0.04～0.11			
钾（%，干重）		1.17～1.28	0.52～0.94	0.52～1.21	0.60～1.03	0.31～0.48	
钙（%，干重）		0.08	0.09～0.14	0.05～0.14			
镁（%，干重）		0.06～0.07		0.02～0.06			
硫（%，干重）	0.04		0.07～0.10	0.08～0.19			
氯（%，干重）	0.24		0.10～0.17		0.18～0.50	0.04～0.12	
碳（%，干重）	48.30		47.8～49.7	48.20～48.80			
氢（%，干重）	5.46		5.64～5.92				
氮（%，干重）			41.40～42.90				
热值(MJ/kg)	19.12(H_0)	18.1～19.2	17.05～18.54				

表 2-18　早期收割芒草的主要化学组分[46]

		地上整体部分	节部 2	节部 11	绿叶	绿鞘	统计 F 值
NDF(%,干物质)		76.37^{b}	89.16^{a}	91.05^{a}	76.86^{b}	78.27^{b}	133
糖(%,NDF)	阿拉伯糖(A)	3.26^{b}	1.33^{a}	1.48^{a}	4.56^{d}	4.32^{c}	720
	半乳糖	0.62^{b}	0.31^{a}	0.26^{a}	1.34^{d}	1.14^{c}	283
	葡萄糖	49.52^{c}	52.42^{d}	$50.52^{c,d}$	39.12^{a}	45.10^{b}	67
	木糖(X)	22.13^{c}	17.78^{a}	19.88^{b}	20.28^{b}	20.63^{b}	17
X/A		6.78^{b}	13.37^{c}	13.73^{c}	4.44^{a}	4.78^{a}	239
总糖(%,NDF)		75.53^{c}	71.84^{b}	72.10^{b}	65.32^{a}	71.18^{b}	33
Klason 木素(%,NDF)^{a}		18.86^{b}	22.29^{c}	$17.21^{a,b}$	$17.45^{a,b}$	16.33^{a}	26
非缩合木素(%,Klason 木素)		19.07^{b}	36.22^{d}	24.00^{c}	7.0^{a}	17.12^{b}	66
S/G		0.56^{c}	0.64^{c}	0.64^{c}	0.43^{b}	0.34^{a}	29
酯键连接的酚型结构(μmol/g,NDF)	PCA	76.32^{b}	81.76^{c}	83.07^{c}	34.05^{a}	73.43^{b}	219
	FA	22.01^{c}	14.00^{a}	19.22^{b}	23.62^{c}	28.54^{c}	44
PCA/FA		3.47^{c}	5.84^{e}	4.41^{d}	1.44^{a}	2.60^{b}	83
乙酰基(%,NDF)		4.21	3.41	3.36	3.30	3.69	NS

注：NDF—中性洗涤纤维；NS—不显著；S/G—紫丁香基/愈创木基比例；PCA—对香豆酸；FA—阿魏酸。
a、b、c、d 为统计分析上的显著性差异。

表 2-19　晚期收割芒草的主要化学组分[46]

		地上整体部分	节部 2	节部 11	绿鞘	F
NDF(%,干物质)		86.75^{b}	91.19^{a}	91.13^{a}	83.98^{b}	100
糖(%,NDF)	阿拉伯糖(A)	2.78^{b}	1.53^{a}	1.81^{a}	3.89^{c}	154
	半乳糖	0.35^{a}	0.33^{a}	0.31^{a}	1.12^{b}	184
	葡萄糖	50.47	50.49	49.63	43.65	NS
	木糖(X)	21.68^{c}	18.13^{a}	19.33^{b}	19.70^{b}	23
X/A		7.81^{b}	11.90^{c}	10.73^{c}	5.07^{a}	64
总糖(%,NDF)		75.28^{c}	70.48^{b}	71.08^{b}	68.36^{b}	NS
Klason 木素(%,NDF)^{a}		19.23^{a}	22.95^{b}	19.04^{a}	18.16^{a}	21
非缩合木素(%,Klason 木素)		24.46^{b}	29.80^{c}	22.66^{b}	14.82^{a}	29
S/G		0.64^{c}	0.71^{c}	0.83^{c}	0.48^{a}	19

（续表）

		地上整体部分	节部 2	节部 11	绿鞘	*F*
酯键连接的酚型结构(μmol/g,NDF)	PCA	93.04[b]	88.00[b]	96.14[b]	68.69[a]	13
	FA	18.28	15.81	20.59	14.32	NS
PCA/FA		5.09	5.57	4.67	4.80	NS
乙酰基(%,NDF)		3.43	3.46	3.28	3.50	NS

注：NDF—中性洗涤纤维；NS—不显著；S/G—紫丁香基/愈创木基比例；PCA—对香豆酸；FA—阿魏酸。
a、b、c、d 为统计分析上的显著性差异。

（4）灌木柳

灌木柳是一种耐水、具有生态修复功能、同时能吸收氮、磷以及土壤中的金属元素的柳属植物，具有喜光抗寒、耐水湿、根系发达、萌蘖力强、易繁殖、成活率高等特点，是理想的能源植物。灌木柳在欧洲，特别是瑞典已有广泛种植。瑞典政府从 20 世纪 70 年代起就开始了用于燃料生产的灌木柳“能源林”培育。在瑞典南部，大约有 1 250 名农民进行商业化种植灌木柳，种植面积约 13 500 hm^2。人为管理栽培的灌木柳生长周期一般为 3～5 年，干物质产量每年可达 8～10 t/hm^2，但生物质产量与地域和收获年份有显著关系。为鼓励农民种植灌木柳，瑞典政府从 20 世纪 80 年代末开始实施了一系列的鼓励政策，目前，农民种植灌木柳初期能从政府获得大约 500 欧元的补贴[47]。灌木柳和其他一些能源植物的燃料特性分析如表 2 - 20 所示。我国灌木柳种类繁多，野生种类全国各地皆有分布。目前我国人工栽培利用的灌木柳种类主要有杞柳（*Salix integra*）、乌柳（*Salix cheilophila*）、簸箕柳（*Salix suchowensis*）、三蕊柳（*Salix triandra*）、细枝柳（*Salix gracilior*）、沙柳（*Salix pammophila*）等，灌木柳栽培主要集中在山东、江苏、河南、湖北、安徽、河北、内蒙古及东北三省沿河地区。山东省临沂市沂沭河两岸、济宁市的微山湖周围及东营市黄河三角洲，江苏省苏北地区，河南省、安徽省的淮河流域，湖北省的汉江流域是杞柳的主要栽培区。辽宁台安发展的主要是三蕊柳、细枝柳、簸箕柳及蒿柳。内蒙古、宁夏等沙地，山西、陕西省的黄土地栽植沙柳，主要是防风固沙，保持水土。虽然我国的灌木柳种质资源丰富，但绝大多数处于自生自灭状态；尽管灌木柳适应性强，仍有许多树种、品种濒临灭绝；同时，森林火灾、人为破坏及不合理的开发利用也使许多宝贵的种质资源流失严重。因此，必须加强灌木柳种质资源的保护[48]。灌木柳作为能源植物的开发和广泛种植还需进一步管理和规划。

表 2 - 20 不同能源植物的燃料特性分析[47]

	柳 树	大麻(春材)	草庐(春材)	杨 树	软 木
收割时水含量(%)	50	10～15	10～15	50～55	50
干物质产量(t/hm^2)	6～10	5～10	4～10	10～20	3～5

（续表）

	柳　树	大麻（春材）	草庐（春材）	杨　树	软　木
灰分含量（%，干重）	2.9	1.5	1.0～8.0	0.5～1.9	1.0～2.0
总热值（MJ/kg，干重）	19.97	18.79	19.20	19.43	20.30
净热值（MJ/kg，干重）	18.62	17.48	17.28～18.72	18.10	18.97
碳（%，干重）	49.8	47.3	48.6	39.7	50.6
氢（%，干重）	6.26	6.00	6.10	7.70	6.24
硫（%，干重）	0.03	0.04	0.04～0.17	0.20	0.03
氮（%，干重）	0.39	0.70	0.30～2.00	0.90	0.10
氯（%，干重）	0.03	0.01	0.01～0.09	0.04	0.01
铝（g/kg，灰分）	2.2	2.1	2.8	16.7	16.0
钙（g/kg，灰分）	243.0	240.0	66.5	189.3	238.9
钾（g/kg，灰分）	123.3	44.7	129.5	28.6	80.7
镁（g/kg，灰分）	23.4	24.0	21.7	42.9	31.4
钠（g/kg，灰分）	2.5	3.5	7.0	3.6	4.6
磷（g/kg，灰分）	36.9	49.3	32.3	17.9	12.4
硅（g/kg，灰分）	93.3	160.0	218.3	178.0	73.9
灰分熔点（℃）	1 490	1 610	约 1 400	1 160	1 200

（5）其他木质纤维素类能源植物

除了上述几种木质纤维素能源植物外，还有多种植物为人们所看好。特别是草本植物，因其种类繁多、生长迅速、适应性广，特别适合生产木质纤维素资源。富含纤维的草本植物资源还包括豆科的草木樨（*Melilotus suaveolens*），全草纤维素含量为 42.23%；白车轴草（*Trifolium repens*），纤维素含量为 17.93%。禾本科的小糖草（*Agrostis alba*），茎纤维素含量为 36.64%；野古草（*Arundinella hirta*），全草纤维素含量为 26.66%；羊草（*Leymus chinensis*），全草纤维素含量为 35.46%；拂子茅（*Calamagrostis epigeios*），全草纤维素含量为 48%；小叶章（*Calamagrostis angustifolia*），全草纤维素含量为 40%；披碱草（*Elymusdahuricus Turcz*），全草纤维素含量为 30%；垂披碱草（*Elymusdahuricus sibiricus*），全草纤维素含量为 37.92%；硬质早熟禾（*Poa sphondylodes*），全草纤维素含量为 30.24%；星星草（*Puccinellia tenuiflora*），全草纤维素含量为 38.9%；纤毛鹅观草（*Roegneria ciliaris*），全草纤维素含量为 28.7%；大油芒（*Podiopogon sibiricus*），全草纤维素含量为 31.93%。莎草科的乌拉草（*Carex meyeriana*），全草纤维素含量为 50%；水葱（*Scirpus tabernaemontani*），全草纤维素含量为 35%。灯心草科的灯心草（*Juncus effusus*），全草纤维素含量为 49.03%[40]。

2.4 淀粉类生物质资源

淀粉类生物质资源包括各种谷物粮食(如玉米、小麦、大麦、高粱等)和薯类作物(如甘薯、木薯、马铃薯等),以及菊芋等禾本科植物。虽然淀粉是目前生产燃料乙醇的主要生物质原料,且淀粉加工工艺成熟,糖化成本也相对较低,但大规模采用谷物淀粉原料生产燃料和化学品必然导致“与人争粮,与粮争地”的问题,造成粮食安全危机。因此,开发非谷物类淀粉原料受到人们的高度重视。具有发展前景的淀粉类能源植物主要包括木薯、甘薯、菊芋等。

2.4.1 木薯

木薯(*Manihot esculenta*)是世界三大薯类之一,为灌木状多年生作物,原产于美洲热带,现广泛栽培于全世界热带地区,主要分布在巴西、墨西哥、尼日利亚、玻利维亚、泰国、哥伦比亚、印度尼西亚等国。我国于19世纪20年代引种栽培,现已广泛分布于华南地区,盛产于广东、广西、福建、台湾等地[49]。在我国和南亚热带地区,木薯是仅次于水稻、甘薯、甘蔗和玉米的第五大作物。木薯所含的淀粉质量较纯,而且淀粉颗粒大,加工方便,素有“淀粉之王”的美称。木薯属于高产作物,容易栽培,在平均气温为26℃的亚热带产量较高。其适应性很强,耐肥耐瘠、耐水耐旱,而且在任何颜色的土壤中均可以生长栽培。木薯植株高2~3 m,茎杆直径为5 cm,多髓心。叶片呈掌状,根为块根,呈柱形或纺锤形,直径为5~10 cm,根长30~40 cm,长者可达80~100 cm,根的表面为一层棕色或黄色的表皮[50]。随着各种深加工技术的逐渐成熟,木薯已成为世界公认的综合利用价值极高的经济作物和重要的工业原料。从全世界范围来看,木薯在非洲的种植面积和产量最大,主要用于解决粮食问题(表2-21)。近年来,我国木薯产业发展很快,已经成为热带作物产业的重要组成部分。“十一五”期间,国家在保持原有玉米区域的基础上,优先支持以薯类和甜高粱及纤维素资源等非粮原料种植基地的发展。形成以木薯等非粮原料为主,以玉米为补充和调剂的原料结构。2005年,中国木薯种植面积约60万 hm^2,总产量1 100万 t。目前,全国已有木薯淀粉和乙醇加工厂200多家,年生产淀粉50万 t、木薯乙醇25万 t[49]。根据张彩霞等的分析结果[51],木薯在中国分布的总面积约为12 369.62万 hm^2,主要分布在广西、云南、广东、江西、湖南,分别占总分布面积的17.2%、13.3%、12.5%、10.8%和10.0%,其次是四川东部、福建、湖北南部、浙江、贵州南部、重庆西部和海南等地,分别占总分布面积的7.6%、7.6%、4.0%、3.6%、3.0%、3.0%和2.5%。但适宜木薯种植的未利用地面积较少,仅有1.53万 hm^2,其作为原料生产乙醇的潜力仅能满足目前中国E10汽油约1.0%的乙醇需求量,要满足中国目前E10汽油的全部乙醇需求,需要扩大目前木薯总种植耕地面积的4.4~5.7倍,而中国的粮食安全需求则限制了该目标的实现。因此,木薯乙醇企业的发展规划需充分考虑原料的可获性。

表 2-21　世界木薯生产和利用概况[49]

地　　区	种植面积（万 hm^2）	单产（kg/hm^2）	用　　途	备　　注
非　洲	1 221.7	8 300～9 000	粮食、淀粉、饲料、乙醇	主要解决粮食问题
亚　洲	370.2	16 762	淀粉衍生物粮食、乙醇、饲料	综合利用
拉丁美洲	277.7	13 000	粮食、淀粉、乙醇	能源生产
欧　洲			休闲食品	
大洋洲			淀粉、乙醇	
合　计	1 869.6	10 000		

2.4.2　甘薯

甘薯（Sweet Potato）又名甜薯、红薯、白薯、地瓜等，属旋花科一年生或多年生蔓生草本植物，为性喜温、短日照作物，根系发达，较耐旱，对土质要求不严，被称为荒地开发的先锋作物。甘薯用途很广，可以作粮食、饲料和工业原料作物，种植于世界上 100 多个国家。据联合国粮农组织统计，2002 年世界甘薯总种植面积为 976.5 万 hm^2，总产量为 1.36 亿 t，平均鲜薯单产 13.9 t/hm^2。甘薯主要分布在全球的热带和温带地区南部，从赤道到北纬 45°均有栽培。中国作为世界上最大的甘薯生产国，已有 400 多年的栽培历史，每年种植面积约 600 万 hm^2，产量约 1.2 亿 t，占世界甘薯总产量的 85.9%。甘薯生育期短、淀粉含量高、高产稳产、适应范围广、抗旱性强、生产乙醇的成本较玉米和小麦等低，因而被国内外很多研究者认为是极具生物乙醇生产潜力的非粮乙醇原料来源[52]。甘薯原料在生产乙醇时具有如下优点：淀粉纯度高；结构松脆，易于蒸煮糊化，为后续的糖化发酵创造有利条件；含脂肪及蛋白质较少，在发酵过程中生酸幅度小，降低了对淀粉的破坏作用；生产乙醇时，出酒率较高。但是甘薯原料也有一定的缺点，如树脂会抑制发酵过程；果胶含量较其他原料多一些，所以甲醇的生成量稍大；产量虽大，但鲜甘薯容易腐败，不易保存，这一缺点比任何农作物都显著。同时，一般作物多是夏季易腐败，而甘薯却在秋末或冬季寒冷的季节里也会腐败。由于甘薯含有大量水分和糖分，营养充足，给腐败菌造成了有利机会，特别是表皮擦伤后，杂菌更易侵入，引起腐败[50]。

据分析，以甘薯为原料生产乙醇的成本明显低于以甘蔗、玉米、小麦或马铃薯为原料生产乙醇的成本（表 2-22）[53]。根据张彩霞等的研究结果，甘薯在中国的分布区域极广，主要分布在我国北纬 40°以南的东南部地区，其中未利用地总面积为 593.7 万 hm^2，适宜用于发展燃料乙醇原料来源的未利用地面积为 29.7 万 hm^2。按照目前的生产技术水平计算，其乙醇生产潜力为 83.3 万～166.6 万 t/年，主要分布在山东省和河北省，其次是湖南、江西、福建等地。若未来提高生产、管理及储存技术水平，在保证粮食安全的前提下，甘薯乙醇生产潜力可达391.6万t/年，可满足我国目前E10乙醇汽油50%以上的乙醇需求。因此，甘薯是我国极具乙醇生产潜力的原料来源[52]。

表2-22 甘薯与其他农作物生产乙醇的经济效益比较 (元/t)

项　目	鲜木薯	木薯干片	甘　蔗	甘蔗糖蜜	玉　米	小　麦	马铃薯	红　薯
原料价格	400	1 150	280	800	1 330	1 440	600	380
原料单耗	7	2.7	16	5	3.2	3.28	9	8.7
原料成本	2 800	3 150	4 480	4 000	4 256	4 732	5 400	3 306
加工费	800	600	700	500	800	800	800	800
生产成本	3 600	3 705	5 180	4 500	5 056	5 532	6 200	4 106
乙醇售价	4 500	4 500	4 500	4 500	4 500	4 500	4 500	4 500
盈亏额	900	795	−680	0	−556	−1 032	−1 700	394

2.4.3 菊芋

菊芋(*Jerusalem artichoke*)俗名洋姜，是一种多年生菊科向日葵属宿根性草本植物。菊芋原产北美，经欧洲传入中国，分布广泛，在中国南北各地均有栽培。菊芋秋季开花，长有黄色的小盘花，形如菊，生产上一般用块茎繁殖，其地下块茎富含淀粉、菊糖等果糖多聚物，可作为乙醇生产的原料。菊芋适应性强、种植简易，一次播种可多次收获，产量极高。鲜菊芋块茎中含水79.8%，碳水化合物16.6%，蛋白质1.0%，粗纤维16.6%，灰分2.8%及一定量的维生素。其中，78%的碳水化合物为菊糖[54]。从生态学特性上来看，菊芋具有很强的耐寒、耐旱、耐风沙、耐贫瘠能力，可作为治理沙漠、保持水土的优良植物。优良菊芋品种在沿海滩涂地、盐碱地种植时，地下块茎产量可达1.2 t/亩(1亩=667m^2)。更重要的是，菊芋块茎中菊粉含量相当高，可达鲜重的14%～19%。与传统淀粉质原料不同，菊粉为链状多聚果糖，通常是由D-呋喃果糖通过β-2,1-糖苷键相连而成，其还原末端为葡萄糖残基。与其他菊粉含量高的植物，如大丽花和菊苣相比，菊芋块茎中菊粉的聚合度(DP值)一般较低，其中DP值大于10的寡聚糖仅占20%左右，因而较容易实现微生物转化[55]。根据杨梅等的研究结果，菊芋生料联合生物加工处理可以降低高浓度菊芋生料醪液的黏度，使菊芋发酵乙醇浓度达到或超过目前玉米乙醇的行业水平，其最佳工艺条件为：45℃水拌料，pH=5.0，添加0.10%乙醇复合酶，发酵初始干粉浓度为240 g/L，分别在发酵12 h和24 h补料，菊芋干粉终浓度可达到300 g/L，发酵时间48 h，乙醇浓度达到91.6 g/L，乙醇对糖的得率为0.464，为理论值的90.6%[56]。袁文杰等的研究结果表明，以菊芋为原料生产的乙醇比玉米乙醇更具有经济优势，生产成本可降低1 000元/t以上(表2-23)，且提出了一条可行的生产乙醇和副产品的工艺路线(图2-7)[57]。但目前我国尚没有推广利用菊芋生产液体燃料(如乙醇)的产业化项目。菊芋制备生物燃料的推广还需要进一步推进菊芋的广泛种植并给予相应的政策支持。

表 2－23　菊芋原料生产乙醇的成本构成[57]　（元/t）

项　目	玉　米	菊　芋
原料成本	4 650	3 210
酶成本	50～60	0
辅料成本	132	0
设备折旧	258	258
水、电、汽	346	242
设备维护	113	113
人力成本	－765	164
副产品	5 248	0
总　计		3 847

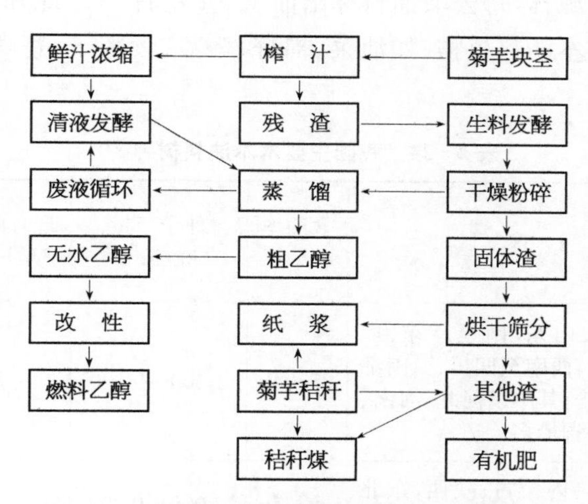

图 2－7　菊芋生产乙醇及副产物的工艺路线图

2.5　油脂类生物质资源

油脂类生物质资源也是生物炼制过程的主要加工对象。特别是对于生物柴油产业，原料油是制约其大规模发展的主要瓶颈。我国是食用油消费大国，食用油对外依存度高达 60％以上。2011 年食用植物油进口 779.8 万 t，同比增长 25.8％。其中，棕榈油进口 591.2 万 t，豆油进口 114.3 万 t，菜籽油进口 55.1 万 t，食用油贸易逆差 88.0 亿美元[58]。可见，我国发展生物柴油不可能以食用油为原料。因此，开发非食用油脂资源势在必行。近年来，油料植物油、废弃油脂和微生物油脂资源的开发和研究受到了政府、企业、高校和科研院所的高度关注，为油脂类生物质资源的开发及其高值化加工利用带来了良好的机遇。

2.5.1 油料植物油

油料植物油指来自各种油料植物、作物的油脂原料。虽然大豆油、玉米油、花生油等是生物炼制过程很好的加工原料，但这些油料是可食用的，因此，本书中将不对其进行详细介绍。本书所述的油料植物油主要指那些非食用的、可用于油脂衍生物生产的植物油脂资源。正如前面所述，我国具有丰富的油脂植物资源。近年来，油脂植物资源的开发、选育、栽培和管理受到了国家政府部门和企业的高度关注，特别是在我国南方地区，已形成一定的油脂植物种植规模，一些企业已和东南亚国家合作种植油料植物，获得油脂原料。目前为人们所看好的具有大规模种植前景的木本油料植物主要有光皮树、黄连木、文冠果、麻风树、油桐、乌桕等（表 2－24）。目前，我国木本油料林面积达 342.9 万 hm^2，6 个树种的现有成片分布面积有 135 万 hm^2，其中约有 60 万 hm^2 可经过改造培育作为油料能源林，每公顷油料林出油 1.5 t 左右[30]。此外，热带木本油料植物（如油棕）和一些非木本油料植物（如油菜、棉籽、莎豆、续随子、苍耳、蓖麻等）亦是为人们所看好的油料植物。

表 2－24 我国主要木本油料树种[30]

树种	分布区域	含油率（%）	种子产量（kg/hm^2）	现有面积（万 hm^2）	利用初始（年）	利用年限（年）
黄连木	北自河北、山东，南至广东、广西，东到台湾，西南至四川、云南都有野生和栽培，其中以河北、河南、山西、陕西等省最多	35～40	1 500～9 000	8.70	4～8	50～80
文冠果	宁夏、甘肃、内蒙古、陕西、东北各省（区）及华北北部	30～40	3 000～9 000	0.50	4～6	30～80
光皮树	集中分布在长江流域至西南各地的石灰岩区，黄河及其以南流域也有分布	30～36	4 500～10 500	0.45	3～6	40～50
麻风树（小桐子）	四川、云南、贵州、重庆、广西、海南、福建	30～60	3 000～7 500	2.10	3～5	30～50
乌桕	主产长江流域及珠江流域，浙江、湖北、四川	35～50	2 250～7 500	4.80	3～8	20～50
油桐	甘肃、陕西、云南、贵州、四川、河南、湖北、湖南、广东、广西、安徽、江苏、浙江、福建、江西等 15 个省（区）	40～50	3 000～12 000	118.80	3～5	20～50
合计		—	—	135.35	—	—

2.5.1.1　木本油料植物及其油脂特性

木本油料植物不仅可利用占我国国土面积约69%的山地、高原、丘陵地区甚至沙地生长，改善生态环境，还有利于调整我国农村产业结构，增加农民收入，解决部分农村剩余劳动力的就业问题。木本油料植物抗逆性强，管理粗放，不与粮食争地，而且是栽种一次，收获多年，采集时需要大量的劳动力，合乎我国国情[59]。

(1) 黄连木

中国黄连木为漆树科黄连木属落叶乔木，树高可达30 m以上，在长江中下游及华北、西南各地均有分布。黄连木有着极强的适应性，在温带、亚热带、热带地区均能够正常生长，是重要的荒山、荒滩造林树种和观赏树种，也是优良的油料及用材树种[59]。黄连木种子的含油率较高，一般约为40%，主要成分为棕榈酸、硬脂酸、十六碳烯酸、油酸和亚油酸，其脂肪酸组成与菜籽油非常相似，可作为食用油使用。此外，黄连木的种仁和果肉的平均含油率为50%，可作为生物柴油生产的原料油。海南正和生物能源有限公司以黄连木树果油为原料加工生物柴油，并有6 000 hm^2 的原料基地。2007年，中国石化石油化工科学研究院在石家庄建立了以黄连木为原料年产5 000 t生物柴油的示范厂。符瑜等对黄连木分布地区及气候特征的分析研究得到黄连木生长的气候指标：年均温不低于5.8℃，1月均温不低于－8℃，1月极端低温不低于－26.5℃，7月均温高于13.8℃，年降水量不少于300 mm；主要分布于年均温10℃左右或以上、1月均温约为0℃、7月均温20～30℃、年降水量1 000 mm左右、无霜期平均不少于140 d、最冷月极端低温大于－20℃的地区。因此，在我国华北、华东、中南、西南、华南、西北等地的23个省(区)均可广泛种植黄连木[60]。不同地区的黄连木种子含油率和脂肪酸组成有所差异。陈隆升等对黄连木主要分布区内10个不同种源地种子的形态特征及脂肪油品质的差异性进行了分析，发现不同种源黄连木种子的形态特征有显著差异($P<0.05$)，种子的千粒重29.22～39.90 g，种子长度4.47～5.17 mm，种子宽度4.15～4.92 mm，长宽比为1.02～1.13；不同种源黄连木果实各部分的含油率均有极显著差异($P<0.01$)，果实、果肉和种仁的平均含油率分别为29.61%～38.61%、40.38%～64.54%和44.81%～55.97%，以江西彭泽、陕西商洛和云南石林种源的黄连木果实含油率较高。不同种源黄连木籽油的理化性质差异极显著($P<0.01$)，各种源黄连木籽油的折射率为1.469 6～1.475 1，碘值为748～924 g/kg，酸值为9.7～79.7 mg/g，水分含量为0.12%～1.40%；含棕榈油酸、油酸、亚油酸、亚麻酸、棕榈酸、硬脂酸和花生酸7种脂肪酸成分，其中不饱和脂肪酸的总相对含量高达73.97%～87.41%(表2-25)[61]。胡小泓等对黄连木种子组分及其籽油的理化特性进行的分析结果表明，黄连木全籽含油量为34.46%，种仁含油量为50.4%，蛋白质含量为10.58%，粗纤维含量为1.28%，灰分含量为5.07%；提取油脂后的饼粕含水11.9%，总氮含量为8.08%，粗脂肪含量为4.23%，粗纤维含量为28.51%和灰分含量为3.5%，可作为高营养价值的无毒动物饲料[62]。黄连木种子油可以很好地被酸-碱[63]、固体碱[64]或脂肪酶[65]催化转酯化制备合格的生物柴油，表明黄连木籽油是很好的生物柴油生产原料。

表 2－25 不同种源黄连木种子油中脂肪酸组成及相对含量[61] (%)

种 源	不饱和脂肪酸相对含量					饱和脂肪酸的相对含量		
	POA	PA	LOA	LA	总计	PA	SA	AA
云南石林	0.71	33.06	51.66	1.20	86.63	11.32	2.04	微量
江西彭泽	1.08	46.67	29.58	0.89	78.22	20.39	1.40	微量
河北十堰	0.68	47.71	31.01	0.91	80.31	17.95	1.57	0.15
河北保定	1.06	46.43	32.85	1.33	81.67	16.39	1.39	微量
安徽滁州	0.69	37.27	48.42	1.03	87.41	10.94	1.67	微量
安徽金寨	1.97	48.24	23.52	1.03	74.76	23.53	1.56	0.14
陕西商洛	1.06	43.04	41.74	0.79	86.63	11.96	1.30	0.12
四川攀枝花	0.84	41.39	32.38	1.47	76.08	22.65	1.27	微量
河南三门峡	0.68	47.71	31.05	0.89	80.33	17.95	1.57	微量
江苏南京	0.76	41.39	30.84	0.98	73.97	24.21	1.59	0.15

注：POA—棕榈油酸；OA—油酸；LOA—亚油酸；LA—亚麻酸；PA—棕榈酸；SA—硬脂酸；AA—花生酸。

(2) 文冠果

文冠果是我国特有的一种优良木本食用油料树种，属无患子科文冠果属，落叶小乔木，树高可达 8 m，胸径 90 cm 以上。文冠果是我国北方首选的木本油料植物，天然分布于我国北纬 32°～46°、东经 100°～127°的地区。20 世纪七八十年代，我国北方许多地区都曾大面积栽培。全国曾有文冠果林 80 万亩(包括 10 万亩野生林)，仅辽宁省种植面积在 1976 年达 17 万亩。2006 年的调查研究表明，文冠果遍布北京、内蒙古、辽宁、山东、安徽、宁夏、新疆、河北、河南、陕西、山西、甘肃、青海、西藏等 14 个省(市、区)，前 7 个省(市、区)为人工种植或栽培区，其他地区为天然混交林区。文冠果主要呈小面积块状零星分布，天然林中文冠果的覆盖度不到 20%，且多呈灌木状，因其价值增加，野生资源屡遭破坏，文冠果已进入濒危状态，亟待保护[66]。文冠果耐干旱、贫瘠，抗风沙，在石质山地、黄土丘陵、石灰性冲积土壤、固定或半固定的沙区均能成长，甚至在裸露的岩石缝隙中也能生长发育、开花结果。成龄文冠果根系发达，既扎得深又分布广；根的皮层占 91%，能充分吸收和储存水分，是防风固沙、小流域治理和荒漠化治理的优良树种。在国家林业局2006～2015 年的能源林建设规划中，文冠果已成为三北地区的首选树种[67]。文冠果挂果早，一般头年栽苗，2 年见花，5 年生时亩产种子达 200 kg 以上，进入盛果期后单株产量可达 2 kg以上，亩产种子量超过 600 kg，相当于每亩能生产生物柴油 150 kg 或更多。文冠果种子含油率为 30%～36%，种仁含油率为 55%～67%。文冠果油在常温下为淡黄色，透明无杂质，气味芳香，芥酸含量低，为 2.7%～7.9%[68]，不饱和脂肪酸含量高，其中油酸含量约为 30%，亚油酸约为 45%，棕榈酸约为 6%，硬脂酸约为 2%[69]。然而，不同提取工艺和产地的文冠果油在脂肪酸组成上会有所差异。邓红等对文冠果籽油的不同提取工艺及其组成成分进行比较，结果如表 2－26 所示。3 种方法萃取的文冠果油主要化学成分均为亚油酸、油酸、棕榈酸、二十烯酸，3 种萃取方法的 4 种成分的总量分别为 90.29%、79.92% 和 80.69%[70]。以文冠果油作为生产生物柴油的原料油有着显著的优点和广阔的发展前景，其显著优势主要表现在：

① 文冠果种子含油率高，是一种丰富的木本油料资源。

② 文冠果油的酸值小，制备生物柴油时不用预先处理，可以直接进行酯交换反应。

③ 文冠果油的碳链较长，属于半干性油，作为生物柴油的原料有良好的理化性能。

④ 文冠果油脂肪酸成分以 C18 脂肪酸（油酸和亚油酸）为主，与理想柴油替代品的分子组成相类似。

以文冠果油和甲醇为原料，采用 KOH 为催化剂进行酯化反应，所制备的生物柴油质量符合《柴油机燃料调合用生物柴油（BD100）标准》，如表 2－27 所示。但由于文冠果油不饱和脂肪酸含量较高，因而在加工及储存过程中易与空气、光等作用发生自氧化反应，致使油品酸败劣变。因此，文冠果油往往需要低温和避光保存，以降低氧化速率，延长储存时间[69]。

表 2－26　不同方法提取文冠果籽油的主要脂肪酸组成[70]　（%）

化合物名称	冷榨提取	超声波提取	微波提取
棕榈酸	10.04	9.02	7.12
亚油酸	42.36	38.75	38.62
油　酸	31.81	23.56	25.34
硬脂酸	2.60	3.35	3.25
11－二十碳烯酸	6.08	8.59	9.61
花生酸	—	0.34	0.42
二十二碳烯酸	5.29	8.68	10.77
二十二烷酸	0.38	0.49	0.72
二十四碳烯酸	1.44	2.81	3.73
二十四烷酸	—	0.33	—
二十一烷酸	—	—	0.42
丙丁酚	—	4.08	—

表 2－27　文冠果油生物柴油的质量指标[71]

项　目	测试结果	质量指标	
		S500	S50
密度（20℃）（g/cm³）	0.872	0.820～0.900	0.820～0.900
运动黏度（40℃）（mm²/s）	4.181	1.6～6.0	1.6～6.0

(续表)

项　目	测试结果	质量指标	
		S500	S50
冷凝点(℃)	−3	报告	报告
硫含量	14 mg/L(参考)	≤0.05%	≤0.005%
10%蒸余物残碳(%)	0.23	≤0.30	≤0.30
硫酸盐灰分(%)	0.014	≤0.020	≤0.020
水分含量(%)	0.035 1	≤0.05	≤0.05
机械杂质	无	无	无
铜片腐蚀(50℃·3 h)	la 级	≤1 级	≤1 级
十六烷值	58.0	≥49.0	≥49.0
酸值(KOH)(mg/g)	0.36	≤0.80	≤0.80
游离甘油含量(%)	未检出	≤0.020	≤0.020
总甘油含量(%)	0.110	≤0.240	≤0.240
90%回收温度(℃)	362	≤360	≤360

(3) 光皮树

光皮树又称花皮树、光皮梾木等,山茱萸科梾木属,属落叶灌木或乔木,树高 8～10 m,原产中国。喜生长在排水良好的壤土,深根性,萌芽力强,喜光、耐旱、耐寒,一般可忍受−18～25℃气温。适应性较强,在微盐、碱性的砂壤土和富含石灰质的黏土中均能正常生长,抗病虫害能力强。果熟期 10～11 月,核果球形,紫黑色。实生苗造林一般 5～7 年始果,人工林林分群体分化严重,产量高低不一;嫁接苗造林一般 2～3 年始果,结果早,产量高,树体矮化,便于经营管理。果实千粒重为 62～89 g,平均为 70 g,其果实(带果皮)含油率 33%～36%,盛果期平均每株产油 15 kg 以上。光皮树广泛分布于黄河以南地区,集中分布于长江流域至西南各地的石灰岩区,分布于陕西、甘肃、浙江、江西、福建、河南、湖南、湖北、广东、广西、四川、贵州等省(区),以湖南、江西、湖北等省最多,垂直分布在海拔 1 000 m 以下。我国现有光皮树野生资源较多,主要为散生分布。主产区处于中亚热带季风气候区的气候温和、光照充足、雨水充沛之地[72]。光皮树果实果肉和核仁均含油脂,干全果含油率 33%～36%,油脂主要含 C16 和 C18 系脂肪酸,其中亚油酸含量可达 50%。曾虹燕等的研究结果表明,不同提取方法所提取的光皮树籽油中的脂肪酸有较大差异。超临界萃取的光皮树籽油中主要脂肪酸为油酸和棕榈酸,占相对含量的 87.46%,不饱和脂肪酸的相对含量为 57.28%;超声波和微波萃取的主要脂肪酸为亚油酸和棕榈酸,分别占相对含量的 92.46%和 83.48%,不饱和脂肪酸的相对含量分别为 56.17%和 72.47%[73]。刘光斌等[74]和李昌珠等[75]考察了光皮树籽油制备生物柴油的特性,结果表明,光皮树油制取的生物柴油的物化性质与 0#柴油类似(表 2-28),是一种理想的 0#柴油替代品。

表2-28　光皮树生物柴油与0＃柴油比较

	密度(20℃)(g/cm³)	黏　度(mm²/s)	十六烷值	熔点(℃)	闪点(℃)	灰分(%)	馏程(℃)	参考文献
生物柴油	0.897	3.800(40℃)	63.58	—	147	无	360	[74]
生物柴油	0.891	5.600(20℃)	38.41	−29.5	>105	<0.003	—	[75]
0＃柴油	0.851	4.736(20℃)	46.00	−7.0	>60	<0.025	365	[74],[75]

(4) 麻风树

麻风树又名小桐子、膏桐、黑皂树等，为大戟科麻风树属落叶灌木或小乔木，高2～5 m，分枝多，单叶互生，掌状形。麻风树为多年生耐旱型木本植物，适于在贫瘠和边际地栽种，栽植简单、管理粗放、生长迅速，麻风树林3年可挂果投产，5年进入盛果期。果实采摘期长达50年。卵圆形肉质蒴果成熟时呈黄色，纵径2.5～3.0 cm，横径2.0～2.5 cm，每果一般具种子3枚，少数2枚；种子呈长椭圆形、黑色，一般每千克干籽有1 800粒，种子重量占成熟果重的50%以上，含油率40%～60%。麻风树是近年来热带地区颇受关注的木本油料植物。麻风树原产热带美洲，广布世界热带地区，资源非常丰富。现主要分布于热带和亚热带地区，非洲的南非、莫桑比克、赞比亚等国，澳大利亚的昆士兰及北澳地区。美国佛罗里达的奥兰多、夏威夷群岛等地有分布，绝大多数生长在美洲和亚洲热带地区。在我国分布于云南、四川、广西、广东、海南、贵州、台湾、福建等地，以云南最多，四川次之。在云南广泛分布于全省各区，以干热河谷地区最为常见，海拔1 600 m以下，年均温在17℃以上的地区均能正常生长[76]。

麻风树生长结实与温度、水分、坡度及土壤等因素之间有密切关系，表现为[77]：

① 温度条件：麻风树属于热带喜温植物，一般而言，温度越高越有利于其生长结实。通常年极端低温不能小于0℃，否则麻风树无法安全越冬；当年均温度低于15～17℃时，结果情况不佳。

② 水分条件：麻风树耐干旱能力较强，在一定水分条件范围内，麻风树生长结实与水分条件有正相关性，而水分过多时不利于其生长结实。据观测，在我国西南地区当年均降水量低于700 mm或大于1 300 mm时，麻风树结果量将受影响，也就是说过于干旱或过于湿润均不利于麻风树生长结果。

③ 坡度条件：地形坡度对排水、灌溉和土壤侵蚀等有直接影响，是决定土地是否适宜耕种的重要指标。一般将农业用地坡度分级为5个等级，其中大于25°为陡坡地，侵蚀强烈，水土流失严重，不宜垦种。对于麻风树而言，适宜种植的坡度≤15°。

④ 土壤条件：土壤质量取决于多种因素。它包括土壤类型、土层厚度、土壤有机质含量、土壤有机碳含量、土壤pH值和土壤质地等一系列理化指标。麻风树具有较强的耐贫瘠能力，因此可以在贫瘠和边际地栽种。

麻风树生长对温度、水分与坡度条件的要求如表2-29所示。

表 2-29 麻风树生长对温度、水分与坡度条件的要求[77]

		适 宜	较适宜	不适宜
温度条件	年均气温(℃)	≥20	17～20	≤17
	年均极端最低气温(℃)	≥2	0～2	≤0
水分条件	Thornthwaite 指数	100～33.3	−33.3～−66.7	>100 或<−66.7
坡度条件		≤15°	15°～25°	≥25°

麻风树种子收获后经过简单压榨和提纯即可得到麻风果油。粗油经过滤、蒸发水分后可得到精制油。麻风果油在组成上和菜籽油非常相似，其主要油脂特性如表 2-30 所示。麻风果油的脂肪酸组成中，不饱和脂肪酸含量可达 75%以上，其中，油酸约占总脂肪酸的 42%，亚油酸约占 35%；饱和脂肪酸组成主要是棕榈酸，约占总脂肪酸的 14.5%[78]。然而，不同地区来源的麻风果油在油脂特性和脂肪酸组成上有所差别(表 2-31)，但油酸、亚油酸和棕榈酸是主要的脂肪酸，三者含量占总脂肪酸的 90%以上。

表 2-30 麻风果油的主要油脂特性[78]

指 标	范 围	平 均 值
密度 (g/cm^3)	0.860～0.933	0.914
热值(MJ/kg)	37.83～42.05	39.63
倾点(℃)	−3	
浊点(℃)	2	
闪点(℃)	210～240	235
十六烷值	38.0～51.0	46.3
皂化值(mg/g)	102.9～209.0	182.8
30℃时的黏度(cSt)	37.00～54.80	46.82
游离脂肪酸含量(%，质量分数)	0.18～3.40	2.18
不可皂化物(%，质量分数)	0.79～3.80	2.03
碘值(mg 碘/g)	92～112	101
酸价(mg KOH/g)	0.92～6.16	3.71
甘油单脂(%，质量分数)	ND～1.7	
甘油二酯(%，质量分数)	2.50～2.70	
甘油三酯(%，质量分数)	88.20～97.30	
残炭值(%，质量分数)	0.07～0.64	0.38
硫含量(%，质量分数)	0～0.13	

麻风果油可通过多种方法转化为生物柴油。Kandpal 等报道了以甲醇钠为催化剂，用麻风树油与甲醇进行均相酯交换反应，所得的生物柴油与柴油混合后在 Kubota 四冲程

柴油发动机上试验，结果表明，混合油与柴油的燃烧性能相近，而且混合油燃烧几乎不产生 SO_2；Foidl 等以 KOH 为催化剂，进行麻风果油与甲醇、乙醇的均相酯交换反应制取生物柴油，该生物柴油具有较好的流动性，易与柴油、汽油、乙醇混合。实验表明，这两种酯燃烧后碳的残积量均很低，符合 1994 年德国制定的标准(DINV 51606，1994)。Pramanik 通过对麻风果油与柴油按不同的比例混合，测定相应的黏稠度，并进行了柴油内燃机刹车马力的最低油耗、热效率及空气消耗量的实验，结果发现，麻风果油以 20%～30%的比例与柴油混合时，可达到与纯柴油相近的黏稠度，而动力实验表明，添加了 50%麻风果油的混合油达到了与纯柴油相近的燃烧性能。2004 年，罗羽林申请了以麻风果油为原料生产生物柴油的专利，对麻风果油进行精炼和工艺改性，并用 NaOH 为催化剂进行酯交换，精炼过程降低了麻风果油中的硬脂酸含量，消除了邻苯二甲酸等致癌芳烃化合物，且提高了生物柴油的燃烧性能，减少了发动机汽缸积碳，提高了发动机的动力性能，改善了排放指标。Shah 等报道了用黏稠色杆菌、皱落假丝酵母和猪胰脏三种脂肪酶催化麻风树果油的酯交换反应，发现将黏稠色杆菌脂肪酶固定在硅藻土 2545 上对酯交换反应有显著的催化作用。Hanny Johanes Berchmans 等开发了酸-碱二步法催化麻风果油生产生物柴油的工艺，此工艺特别适用于具有较高脂肪酸含量的油料，第一步是采用 1%硫酸催化脂肪酸转酯化反应，达到去除脂肪酸的目的，第二步即采用碱催化剩余的油转化为生物柴油。

表 2－31　不同地区来源的麻风果油油脂特性及脂肪酸组成[79]

指标		福建	海南	云南	贵州	广西	四川
密度(g/ml)		0.913	0.911	0.911	0.913	0.912	0.913
折光率(n_D^{20})		1.470 1	1.467 7	1.467 3	1.469 8	1.468 5	1.469 5
酸价(mg/ml)		12.80	18.70	27.80	19.92	15.30	25.60
皂化价(mg/ml)		191.7	189.6	196.4	188.2	193.4	192.3
平均分子质量		877.9	887.6	856.9	894.3	870.2	875.2
脂肪酸组成	棕榈酸(C16：0)	13.9	13.8	14.4	12.6	11.2	13.9
	棕榈油酸(C16：1)	—	0.70	0.80	2.16	—	0.90
	硬脂酸(C18：0)	7.8	7.1	6.3	7.1	5.2	5.9
	油酸(C18：1)	55.9	46.1	42.5	31.0	32.4	37.2
	亚油酸(C18：2)	19.6	32.3	35.6	44.2	29.4	41.6
	亚麻酸(C18：3)	1.4	—	0.4	—	1.8	0.2
	花生酸(C20：0)	1.2	—	—	—	—	0.3
	9-二十烯酸(C21：1)	—	—	—	2.94	6.80	—
	芥酸(C22：1)	0.2	—	—	—	1.2	—
	总和	100	100	100	100	88	100

麻风树良好的经济效益和生态效益使其成为世界公认的最有可能成为未来替代化石燃料的树种，也是国际上研究最多的能生产生物柴油的能源植物之一。世界多国的大型企业也相继加入到麻风树的投资和种植之上。2007 年 6 月，BP 公司与英国生物柴油生产商 DI 油品(DlOil)公司投资 1.6 亿美元组建合资企业，旨在到 2011 年成为世界最大的麻风果油生产商。新组建的公司计划在 4 年内种植近 300 万英亩(1 英亩=4 046.856 m^2)麻风树，并使年加工产量达 200 万 t，或占欧洲预计的生物柴油需求量的 18%。2007 年 7 月，巴西第一套商业化麻风树生物柴油装投产，BioDiesel 技术公司(BDT)将再建 4 套加工装置以使生产力到年底扩增至 4 万 t/年，现已确立了 4.8 万 hm^2 麻风树种植面积。全球清洁能源控股公司(Global Clean Energy)于 2008 年 2 月中旬宣布，将粗麻风果油交付 Allegro 生物柴油公司位于美国路易斯安那州 Pollock 的生物柴油装置，用于生产生物柴油燃料。全球清洁能源控股公司在拉丁美洲开展麻风树种植，两家公司已签署试验和加工合同，将麻风果油转化为符合美国 ASTM 和欧盟规范的生物柴油燃料。

我国“十五”期间，麻风树油制备生物柴油项目就已被国家列入“十五”科技攻关项目，由四川长江科技有限公司承担。该公司与红河哈尼族彝族自治州政府签署协议，在种植推广取得成效的基础上，将在红河工业园区内建设 10 万 t 生物柴油加工厂。四川省攀枝花市、四川大学生命科学学院、四川省长江造林局和长江科技有限公司加大合作力度，利用麻风树开发生物柴油也取得一定成效。目前，四川省长江造林局已经在攀枝花建起 200 亩麻风树种苗基地、4 000 亩麻风树基因库。2005 年，贵州江南航天生物能源科技有限公司利用麻风树、蓖麻籽、菜籽油油脚等油料林木果实和油料农作物，在已建成的年产 500 t 实验装置基础上，建成年产 1 万 t 的中试规模装置，为实现产业化奠定技术基础。2006 年 9 月，中国海洋石油基地集团有限责任公司(简称中海油基地公司)与攀枝花市人民政府签订了“攀西地区麻风树生物柴油产业发展项目”。该项目计划投资额高达 23.47 亿元，拟为中海油基地公司在攀枝花建设麻风树种植基地 50 万亩，同时建设年产 10 万 t 的生物柴油炼油基地。根据远期目标，攀枝花市将培育麻风树能源林 48 万 hm^2，并将利用麻风树生物柴油新加工工艺和生物催化工艺技术，建立若干万吨生物柴油生产示范工程。自 2006 年开始，我国云南、四川、贵州相继制定了麻风树生物柴油发展规划，计划在未来的 10～15 年内利用荒山荒地人工种麻风树 166.7 万 hm^2，其中云南 66.7 万 hm^2，四川 60.0 万 hm^2，贵州 40.0 万 hm^2。据国家林业局统计，到 2008 年年底，三省合计种植麻风树超过 15.0 万 hm^2，占中国人工种植麻风树面积的 95%以上。与此同时，2008 年 6 月，国家发改委正式批准了中国石油、中国石化和中国海洋石油总公司以麻风树为原料的林业生物柴油产业化示范项目，合计生产能力约为 20 万 t/年[77]。一些在我国投资种植麻风树的项目如表 2-32 所示。

表 2-32　我国一些投资种植麻风树的项目[79]

项目或公司名称	种植面积 (hm^2)	项目地点	投资金额(元)
中石油四川攀枝花麻风树油原料林基地	12.0 万	四川攀枝花	20 亿
中石油云南麻风树油原料基地	3.0 万	云南元阳	

（续表）

项目或公司名称	种植面积（hm^2）	项目地点	投资金额(元)
中石化攀枝花能源林基地和生物产油厂	3.0万～3.5万	四川攀枝花	
中石油和国家林业部关于建立油料林基地的协议	1 500.0万	云南、四川、湖南、安徽、河北、陕西	
国家发改委麻风树标准化种植和商业化示范基地	4.0万	我国西南，贵州	
中海油攀西麻风树生物柴油产业基地	15.0万	四川攀枝花	23.47亿
中海油	6万t生物柴油	海南东方	
海南中海油新能源实业有限公司	1 500	海南	
柳州明惠生物燃料有限公司	30万t生物柴油	广西柳州	
海南宏昌正科生物能源发展有限公司	8.5万	海南	5 300万，一期投资
英国阳光技术集团	2.0万	云南红河谷	

虽然麻风树被认为是颇具前途的油料植物，但麻风树产业的发展仍然面临多重困难，尚存在一些问题需要解决，表现在：缺乏优良品种，生产上应用的品种总体质量不高；农业比较效益优势不明显；育种、栽培与加工等研究基础薄弱，生长、经济性状等技术标准不规范；区域栽培试验示范林规模小，范围窄，缺乏代表性和说服力；政策体制尚未完善，认识上存在一定差距。因此，麻风树产业的发展还需进一步从育种、政策、标准、技术等方面进行引导，如切实加快良种选育步伐；加强政策引导，实施产业化体系布局和功能区划；实行集约经营，加快栽培与加工技术配套体系建设；规范技术标准，建立种植技术服务体系；为大面积种植提供种苗支撑和技术指导等[80]。

（5）乌桕

乌桕又名蜡树、腊子树、桕子树、卷子、木梓、木子树，属于大戟科乌桕属乔木，树高可达15 m，为中国特有的经济树种，已有1 400多年的栽培历史。乌桕是我国的原生树，分布于北纬18°30′～35°15′，东经98° 40′～122° 00′，分布区的陆域面积达262万km^2。我国乌桕分布区包括江苏、上海、浙江、福建、台湾、广东、广西、海南、安徽、江西、湖北、湖南、贵州13省(市、区)的全境，四川、云南的大部，山东、河南、陕西、甘肃4省的部分。分布区内有秦巴山地、四川盆地、云贵高原、金沙江谷地、长江中下游平原、东南丘陵6大地形地貌区，从近海平面到海拔2 800 m的高地均有分布[81]。乌桕种子既含油又含脂。用种子外被的蜡层榨出的固体脂，叫做皮油(Vegetable Tallow)；用种子的种仁榨出的液体油，叫做梓油(Stillingia Oil)，又称青油；用种子的全子榨出的混合油脂，叫做毛油(Crude Oil)。乌桕的蜡皮一般占全子重的36%，种仁占30%，种壳占34%。100 kg桕籽可榨取桕脂23～25 kg、梓油16～18 kg，得到皮饼8～9 kg、梓饼10～11 kg。经营较好的桕林，每公顷可收柏籽3 t以上，可产油脂1.3 t，单位面积油脂产量高于油茶、油桐，也高于号称“油王”的油棕[82]。乌桕种子的含油量及其油脂特性和脂肪酸组成随种子来源而有所差异(表2-33)。顾庆龙和刘金林通过对全国11个省的21个市(县)74份乌桕种子样品的油脂成分含量及其与环境因素之间的关系进行分析，发现皮油中棕榈酸含量与纬度呈负相关，而皮油中油酸含量与纬度呈正相关；皮油含量与经度呈正相关；皮油含量、皮油中棕榈酸含量与年积温呈正相关，而皮油中油酸含量与年积温呈负相关；皮油含量、皮油中棕榈酸含量与年降水量呈正相关，皮油中油酸含量与年降水量呈负相关[83]。乌桕籽油可通过多种方法转化为生物柴油，所制得生物柴油与0＃柴油具有类似的燃料特性。

表2-33 不同来源的乌桕种子油油脂特性及脂肪酸组成[82]

中文名	分布地区	种子含油量(%)	碘值(mg)	皂化值(mg KOH/g)	脂肪酸组成(%)				
					棕榈酸	硬脂酸	油酸	亚油酸	亚麻酸
斑子乌桕	福建、江西、湖南、广东	42.13	118.2	152.8	6.77	2.16	14.42	29.19	44.14
浆果乌桕	云南	43.20	135.3	224.1	4.70	0.40	7.20	69.60	8.50
桂林乌桕	甘肃、四川、湖北、贵州、云南、广西	31.54	174.0	213.8	3.60	1.30	15.12	31.60	44.19
山乌桕	广东、广西、云南、贵州、江西、浙江、福建、台湾	40.80～46.70	112.7	209.2	24.90	2.00	27.70	19.50	20.60
异序乌桕	云南、四川、海南	35.60	158.6	197.5	26.80	1.70	16.50	28.20	17.90
白木乌桕	陕西、山东、浙江、安徽、河南、江西、湖南、湖北、福建、广东、广西、贵州、四川	54.70	169.5	184.1	6.70	2.00	11.10	40.50	31.30
多果乌桕	贵州、河南	42.70	195.5	203.1	5.20	1.70	15.30	48.10	26.30
圆叶乌桕	广东、广西、湖南、贵州、云南	32.40	146.3	202.4	13.00	2.20	22.80	28.50	29.70
乌桕	广东、广西、福建、台湾、江苏、浙江、河南、山东、安徽、江西、湖北、湖南、贵州、云南、四川、陕西、甘肃	22.80～41.00	26.1	203.4	18.90	微量	31.10	微量	34.20

(6) 油桐

油桐属大戟科落叶乔木，高3～8 m，种子可提炼出桐油，是世界上最优质的干性油。油桐是我国特有经济林木，它与油茶、核桃、乌桕并称我国四大木本油料植物。广义的油桐是大戟科油桐属植物的统称，包括三年桐、千年桐（又名皱桐）和日本油桐；狭义的油桐是指三年桐。油桐属典型的亚热带落叶乔木，在我国有 184 个油桐品种，主要分布在长江流域及其以南地区，包括湖南、湖北、贵州、重庆、四川、广西、广东、云南、陕西、河南、安徽、江苏、浙江、江西、福建、台湾等省（市、区），以四川、湖南、湖北和贵州较为集中。国外种植油桐的国家主要有南美洲的阿根廷、巴拉圭和巴西。油桐性喜温暖湿润、畏严寒，要求年平均温度 16～18℃，10℃以上的活动积温 4 500～5 000℃，全年无霜期 240～270 d。冬季短时低温利于油桐发育，但长期 −10℃以下会引起冻害。花期日均温度需稳定在 14.5℃以上才能正常授粉结实；果实生长发育和花芽分化期需 25℃以上的高温和充足的水分[84]。桐果含油量高，全干桐仁的含油率高达 71.91%。桐油为三酰甘油的混合物，可检测到的脂肪酸有 9 种，主要的有 5 种，即棕榈酸、硬脂酸、油酸、亚麻酸和桐油酸，其中以桐油酸含量最高，约为 80%。我国不同产区桐油的主要脂肪酸组成见表 2-34[85]。桐油已被证明是一种优势明显的生物柴油生产原料。我国在 2005 年制定了桐油质量分析测定标准，主要包含了桐油的酸价、碘值、水分及挥发物、皂化值及磷脂含量、过氧化值、色泽等方面的指标值。近年来，不少研究者也开展了油桐育种、栽培与管理、桐油榨取与精制以及桐油制备生物柴油的工艺技术等方面的研究工作[86]。根据赵伟等的研究结果，酯交换法制备桐油生物柴油的最佳工艺条件为：甲醇与桐油物质的量之比 6∶1，催化剂 KOH 用量为桐油质量的 1.0%，反应温度 30℃，反应时间 20 min，平均转化率为 82.8%；在此最佳条件下制备的桐油生物柴油的主要性能指标，除运动黏度、酸值较高外，基本符合 0# 柴油标准[87]。而玄伟东等以 NaOH 为催化剂研究了桐油转化为生物柴油的最佳条件，发现催化剂的用量对转化率有显著影响，最佳反应条件为：甲醇用量为桐油质量的 50%、催化剂用量为 1.0%（油重）、反应温度为 60℃、反应时间为 30～40 min；所制得生物柴油各项性能指标符合国家生物柴油标准，可与石化柴油按照任意比例混合使用[88]。

表 2-34　我国不同产区桐油的主要脂肪酸组成[85]

脂肪酸组成(%) \ 省份	四　川	浙　江	湖　南	贵　州	陕　西	河　南
棕榈酸	2.66	2.94	2.83	2.66	2.92	2.68
硬脂酸	2.35	2.81	2.60	2.22	1.82	2.42
油　酸	5.49	6.74	6.64	5.20	5.64	6.30
亚油酸	7.88	9.50	8.53	7.43	10.10	8.19
亚麻酸	0.98	1.18	1.14	0.99	0.97	0.93
花生酸	0.19	0.21	0.25	0.14	0.17	0.19
花生二烯酸	0.53	0.45	0.40	0.42	0.35	0.28
桐油酸	80.01	76.16	77.86	80.99	78.29	79.10

（7）油棕

油棕属棕榈科，多年生乔木，是热带地区重要的木本油料作物之一，也是世界上生产效率最高的产油植物，其亩产油量是花生的 7～8 倍，是大豆的 9～10 倍，被誉为“世界油王”。近年来，油棕产业发展迅速，到 2004 年，棕榈油的产量和国际贸易量已超过大豆油与菜籽油，成为全世界最主要的植物油。目前，棕榈油的产量在世界油脂总产量中已达 30%。我国不产棕榈油，每年需进口的棕榈油超过 500 万 t，进口依存度 100%，其年消费量已达中国食用植物油消费总量的 25%[89]。油棕原产地在南纬 10°～北纬 15°、海拔 150 m 以下的非洲潮湿森林边缘地区，现主要产地分布在亚洲的马来西亚、印度尼西亚、非洲的西部和中部、南美洲的北部和中美洲，现有油棕成熟林面积达 1 120 万 hm^2。马来西亚、印度尼西亚是两个最重要的油棕种植国家，其中，印度尼西亚的油棕收获面积约为 500 万 hm^2，马来西亚油棕收获面积约为 390 万 hm^2。世界棕榈油产量逐年上升，2008 年印度尼西亚已经超过马来西亚成为世界第一大棕榈油生产国，其棕榈油产量高达 1 980 万 t，约占世界棕榈油总产量的 45%。马来西亚棕榈油产量达 1 708 万 t，约占世界棕榈油总产量的 40%。目前全球对棕榈油的需求量高达 4 100 万 t/年[89]。棕榈油是从油棕的棕果中榨取出来的，果肉压榨出的油称为棕榈油，果仁压榨出的油称为棕榈仁油，两种油的成分大不相同。棕榈油主要含棕榈酸(C_{16})和油酸(C_{18})，棕榈油的饱和程度可达 50%；棕榈仁油主要含月桂酸(C_{12})，饱和程度达 80%以上。根据张惠娟等的测定结果，棕榈油中饱和脂肪酸含量达到 45.92%，其中棕榈酸含量为 39.47%。由于较高的饱和脂肪酸含量，棕榈油凝固点都较高，达 24℃[90]。以棕榈油为原料制备的生物柴油可以满足替代石化柴油的要求。范焱虎等通过 ZX195 柴油机燃用 0#柴油和分别掺混 20%、50%、100%生物柴油的混合燃料的排放对比试验发现，棕榈油为原料油制备的生物柴油在燃油消耗率方面比 0#柴油略有升高；在 HC 排放量方面明显低于 0#柴油，CO 排放量也低于 0#柴油[91]。但由于棕榈油含有较高的饱和脂肪酸，棕榈油生物柴油冷滤点较高，限制了其在寒冷天气下的使用。

2.5.1.2 非木本油料植物及其油脂特性

除以上所述的几种木本油料植物外，一些非木本油料植物亦具有发展前景。与木本油料植物相比，非木本油料植物具有如下优势：投资收益周期短；育种改良周期相对较短；相对于主要在山区生长的木本油料而言，非木本油料更易于收运，利于降低成本。危文亮和金梦阳对 42 份分布于 17 个科(属)的非木本油料植物资源的能源利用潜力进行了研究评价，发现这些资源含油量差异很大。其中，卫矛科的圆叶卫矛(来源于成都)种子含油量高达 53.35%；64.3%的样品油脂脂肪酸组成中棕榈酸($C_{16:0}$)、硬脂酸($C_{18:0}$)、油酸($C_{18:1}$)和亚油酸($C_{18:2}$)总含量超过 90%。笔者对这些资源的产量、含油量、脂肪酸组成、适应性、抗逆性等进行综合评价后认为油莎豆、续随子、苍耳、紫苏、秋葵是适合我国国情、适宜在边际地种植、油脂适合作生物柴油原料、具有发展潜力的新型能源油料植物[92]。这 5 种油料植物的产量、含油量及生物学特性列于表 2-35 中。总体来讲，非木本油料植物种子单位面积产量和含油量较低，将其作为生物能源生产的原料油来源尚须进一步开发。

表2-35　5种非木本油料植物的种子产量、含油量及生物学特性[92]

编号	名　称	产量（kg/hm²）	含油量（%）	生物学特性及适应性等
1	油莎豆（干块茎）	6 000～9 000	20～30	莎草科1年生草本，具有适应性广、根系发达、分蘖再生能力强、抗旱耐涝、耐肥耐瘠、抗逆性较强、综合利用价值高等特点，最适宜砂壤土、滩涂地种植
2	续随子	1 650	＞45	大戟科1～2年生草本，耐旱耐瘠，适应性广，适宜在林间空地、荒坡地等边际地发展
3	苍　耳	2 250	10～20	菊科苍耳属1年生草本，全国广泛分布，主产于陕西、湖北、江西、江苏等省荒山荒地，资源相当丰富，仅陕西省年产量可达1.35万t
4	紫　苏	1 350	＞27	唇形科紫苏属1年生草本，适应性很强，种子油中亚麻酸含量近60%，开发利用价值较高，主产江浙、河南、河北等地
5	秋　葵	1 125	16～20	锦葵科秋葵属1年生草本，喜温耐热，耐旱，很适合在长江以南种植

2.5.2　微生物油脂

采用边际土地种植油料植物可以提供生物柴油生产的油脂原料，但油料植物生长缓慢、管理困难，而且受到地域、气候等条件限制，短时间内难以大规模开发和利用。而许多微生物，如酵母、霉菌等，在一定条件下能将碳水化合物转化为油脂储存在菌体内，即微生物油脂，又叫单细胞油脂。大部分微生物油脂的脂肪酸组成和一般植物油相近，以C16和C18系脂肪酸，如油酸、棕榈酸、亚油酸和硬脂酸等为主。微生物油脂发酵周期短，不受场地、季节、气候变化等影响，一年四季除设备维修外，都可连续生产[59]。而且产油微生物菌种资源丰富，能利用和转化各种农林废弃物。因此，利用微生物转化法获取油脂具有非常大的发展潜力。虽然微藻油脂亦属于微生物油脂的范畴，但由于微藻可以以CO_2为碳源合成油脂，属于自养型微生物，而大多数产油的酵母、霉菌是以糖类或有机物为碳源的，属于异养型微生物。因此，本节中重点讨论酵母、霉菌类微生物油脂，微藻油脂将在下一节中另作介绍。

2.5.2.1　微生物油脂研究的发展

利用微生物生产油脂的研究最早可追溯到第一次世界大战期间，当时德国曾准备利用内孢霉属（*Endomyces*）和单细胞藻类镰刀属（*Fusarium*）的某些菌种生产油脂以解决食用油匮乏问题。随后，美国、日本等国也开始研究微生物油脂的生产。第二次世界大战前夕，德国科学家筛选到了适于深层培养的菌种，并进行规模生产。后来发现利用微生物生产普通油脂成本太高，无法与动、植物来源的油脂相竞争。有关微生物油脂的探索此后一度集中在获取功能性油脂上，如富含多不饱和脂肪酸的油脂。

近年来，随着现代生物技术的发展，已获得更多具有高产油能力或其油脂组成中富含稀有脂肪酸的产油微生物资源，提高了微生物产油的效率。日本、德国、美国等国目前已有商品菌油面市。同时，在油脂积累代谢调控的分子机制方面也取得了一些重要成果，利用生物技术改良菌种或选择不同的培养基，可使微生物生产经济价值高的功能性油脂，如γ-亚麻酸、花生四烯酸、二十碳五烯酸(EPA)、二十二碳六烯酸(DHA)以及代可可脂等。更重要的是，随着人类社会资源压力和环境问题日益突出，迫切需要开发化石资源的可替代能源——生物柴油(Biodiesel)、燃料乙醇等可再生能源。目前，生产生物柴油油脂的主要来源是大豆和油菜籽等油料作物、油棕和黄连木等油料林木果实、工程微藻等油料水生植物以及动物油脂、废餐饮油等。因为某些微生物油脂在脂肪酸组成上同植物油，如菜籽油、棕榈油、大豆油等相似，富含饱和和低度不饱和的长链脂肪酸，是生产生物柴油的潜在原料，为生物柴油制备的油脂原料提供了一个新的发展方向。

2.5.2.2 产油微生物及其油脂特性

在适宜条件下某些微生物能将碳水化合物、碳氢化合物和普通油脂等碳源转化为菌体内大量储存的油脂，如果油脂含量超过生物总量20%，即称为产油微生物(Oleaginous Microorganisms)。相应地从产油微生物中提取的油脂称为微生物油脂(Microbial Oils)，又称为单细胞油脂(Single Cell Oil, SCO)[93]。微生物油脂具有如下特点[94]：

① 微生物生长周期短，生长繁殖快，代谢活力强，适应性强，易于培养和品种改良。

② 微生物产油脂所需劳动力低，占地面积小，且不受场地、气候和季节变化等的限制，能连续大规模生产。

③ 微生物生长所需原材料来源丰富且便宜，可利用农副产品、食品加工及造纸业的废弃物(如乳清、糖蜜、木材糖化液等)为培养基原料，有利于废物再利用和环境保护。

④ 微生物油脂的生物安全性好。

⑤ 不同的菌株和培养基的产品构成变化较大，适合开发一些功能性油脂，如富含油酸、γ-亚麻酸、花生酸(AA)、EPA、DHA、角鲨烯、二元羧酸等的油脂以及代可可脂等。

⑥ 微生物油脂组成和植物油脂相似，可替代植物油脂制取生物柴油。

(1) 常见的产油微生物

细菌、酵母、霉菌类中都有产油菌株，但以酵母菌和霉菌类真核微生物居多。一般来讲，产油微生物需要具备如下条件：

① 具备或改良后具备合成油脂能力，油脂积累量大，含油量稳定在50%以上，且油脂转化率不低于15%。

② 易于进行工业化大量培养，培养装置简单。

③ 生长速度快，抗污染能力强。

④ 油脂易于提取[94]。

常见产油细菌有：嗜酸乳杆菌、混浊红球菌、弧菌等。细菌产油的研究对象主要集中在产多不饱和脂肪酸(PUFA)的深海细菌和极地细菌。对产PUFA的细菌而言，PUFA的组成和含量与培养温度密切相关，降低培养温度PUFA产量相应提高[94]。

常见的产油酵母有：浅白隐球酵母(*Cryptococcus albidus*)、弯隐球酵母

(*Cryptococcus curvata*)、斯达油脂酵母(*Lipomyces starkeyi*)、茁芽丝孢酵母(*Trichospiron pullulans*)、产油油脂酵母(*Lipomy slipofer*)、粘红酵母(*Rhodotorula glutinis*)、圆红冬孢酵母(*Rhodosporidium toruloides*)等。酵母油脂的脂肪酸分布较单一,绝大多数酵母仅有C16和C18脂肪酸,基本的饱和脂肪酸是棕榈酸,多不饱和脂肪酸在酵母中也存在,油酸含量一般较丰富,但亚油酸含量很少。

常见的产油霉菌有:高山被孢霉(*Moriterella alpina*)、长被孢霉(*Mortierella elongata*)、水霉(*Saprolegnia* sp.)、轮枝霉(*Diasporangium* sp.)、樟疫霉(*Phytophthora cinnamomi*)、毛霉(*Mucor* sp.)、小克银汉霉(*Cunnighamella* sp.)、被孢霉(*Mortierella* sp.)、卷枝毛霉(*Mucor circinelloides*)、鲁氏毛霉(*Mucor rouxianus*)、畸雌腐霉(*Pythium irregulare*)、破囊壶菌(*Thraustochytrium auneum*)、终极腐霉(*Pythium ultimum*)、头孢霉(*Cephalosporium* sp.)等。霉菌产油通常具有油脂含量高的优点,且油脂中含有丰富的γ-亚麻酸、花生四烯酸等功能性多不饱和脂肪酸,因此霉菌常用于生产添加到保健品中的多不饱和脂肪酸[94]。

一些常见的产油微生物及其油脂含量见表2-36[95]。

表2-36　常见产油微生物及其油脂含量[95]

菌　　种	油脂含量(%,干重)
细菌	
节杆菌(*Arthrobacter* sp.)	>40
醋酸钙不动杆菌(*Acinetobacter calcoaceticus*)	27～38
不透明红球菌(*Rhodococcus opacus*)	24～25
嗜碱芽孢杆菌(*Bacillus alcalophilus*)	18～24
酵母	
弯假丝酵母(*Candida curvata*)	58
浅白隐球酵母(*Cryptococcus albidus*)	65
斯达油脂酵母(*Lipomyces starkeyi*)	64
粘红酵母(*Rhodotorula glutinis*)	72
真菌	
米曲霉(*Aspergillus oryzae*)	57
深黄被孢霉(*Mortierella isabellina*)	86
面包腐质霉(*Humicola lanuginosa*)	75
葡酒色被孢霉(*Mortierella vinacea*)	66

(2) 微生物油脂的特性

微生物油脂是菌体生命活动的代谢产物之一,和动、植物油脂一样主要以两种形式存在。一种是体质脂形式，即作为细胞的结构组成部分而存在于细胞质中，在微生物细胞中含量非常恒定，如微生物细胞膜上的磷脂；另一种形式是储存脂形式，油脂在微生物细胞内以脂滴或脂肪粒形式储存于细胞质中。微生物合成的脂质主要是甘油酯和磷脂，甘油酯约占80%以上，磷脂约占10%以上。磷脂主要有磷脂酰胆碱、磷脂酰乙醇胺、磷脂酰丝氨酸的脂肪酸酯等。这些脂质由多种脂肪酸组成，以油酸、棕榈酸、亚油酸的含量最高，其他脂肪酸，如亚麻酸、花生酸、花生油酸、花生四烯酸、二十碳五烯酸、二十二碳六烯酸以及一些特殊脂肪酸存在于一些变异株中，且含量差异大[94]。一些酵母和霉菌油脂的脂肪酸组成列于表2-37中。可见，大部分的微生物油脂组成与一般的植物油相近，可作为生物柴油生产的原料油来源。

表2-37 不同微生物菌种产油脂的主要脂肪酸含量[94,96-97] (%)

菌种	棕榈酸($C_{16:0}$)	棕榈油酸($C_{16:1}$)	硬脂酸($C_{18:0}$)	油酸($C_{18:1}$)	亚油酸($C_{18:2}$)	亚麻酸($C_{18:3}$)
斯达油脂酵母	33.0	4.8	4.7	55.1	1.6	ND
类酵母红冬孢	24.3	1.1	7.7	54.6	2.1	ND
浅白隐球酵母	16.0	1.0	3.0	56.0	ND	3.0
产油油脂酵母	37.0	4.0	7.0	48.0	3.0	ND
粘红酵母	18.0	1.0	6.0	60.0	12.0	2.0
茁芽丝孢酵母	15.0	ND	2.0	57.0	24.0	1.0
弯隐球酵母	25.0	ND	10.0	57.0	7.0	ND
解脂假丝酵母	11.0	6.0	1.0	28.0	51.0	1.0
黑曲霉-1	19.3	ND	6.9	40.7	31.6	ND
黑曲霉-2	19.4	0.9	2.9	14.8	51.1	10.6
米曲霉	23.3	ND	8.3	28.7	30.8	ND
土曲霉	23.0	ND	ND	14	40	21
少根根霉	18.0	ND	6.6	31.6	32.8	ND

注：ND—数据未知。

2.5.2.3 影响微生物油脂合成的因素

微生物发酵产油脂大体分两个阶段，即细胞增殖期和油脂积累期。发酵的前期为细胞增殖期，这个时期微生物要消耗培养基中丰富的碳、氮源，以保持菌体旺盛的代谢和增殖过程。当培养基中碳源充足而某些营养成分（特别是氮源）缺乏时，菌体细胞分裂速度锐减，代谢活动转为消耗碳源并合成和积累油脂为主，这个时期称为油脂积累期。在油脂积累期，微生物基本上不再进行细胞繁殖，而是将过量的碳水化合物转化为脂类。已有研究表明，影响微生物油脂合成的因素主要有以下几个。

(1) 培养时间

微生物细胞的油脂含量随微生物生长阶段的不同而有显著差异，如油脂酵母的油脂含量在生长对数期较少，在生长对数期末期开始急剧增加，至稳定期初期达到最多。培养时间的长短也是一个影响因素。培养时间不足，菌体总数少而影响油脂产量；培养时间过长，细胞变形、自溶，合成的油脂进入培养基中难以收集，同样影响油脂产量。此外，不同微生物的最佳培养时间也不相同，如黑曲毒、米曲毒、根毒、红酵母、酿酒酵母的最佳培养时间分别为 3 d、7 d、7 d、5 d、6 d。

(2) 培养基组成

培养基中氮源浓度和碳氮比是影响微生物油脂含量的主要因素。一般来说，培养基中含氮化合物越多，则细胞蛋白质含量越多。因此，在实际生产中，培养初期供给大量氮源使微生物迅速增殖，以获取大量菌体细胞，后期改为含糖量多的培养条件以使油脂积累，这样可从蛋白质合成初期百分之几的油脂含量提高到后期百分之几十的油脂含量。此外，氮源的种类（无机氮源如 NH_4Cl、$NaNO_3$，有机氮源如尿素、酵母膏、蛋白胨）也会影响油脂的积累。

(3) 无机盐类

对真菌而言，适当增加无机盐和微量元素的量，可提高油脂合成速度和产油量。研究发现，增加培养基的 Fe^{3+} 浓度可使油脂合成速度加快，而增加 Zn^{2+} 浓度可使油脂含量增加。许多离子可作为去饱和酶的激活剂和抑制剂，从而影响不饱和脂肪酸的产生。王莉等考察了不同浓度金属离子（Mg^{2+}、Mn^{2+}、Cu^{2+}、Zn^{2+}）对发酵性丝孢酵母（*Trichosporon fermentans*）发酵产油脂的影响，发现培养基中添加适量的 Mg^{2+}、Cu^{2+}、Zn^{2+} 有利于细胞积累油脂，但 Mn^{2+} 的添加对菌体生长及油脂积累不利[98]。

(4) 培养温度

温度对微生物合成油脂具有显著影响，通常油脂合成的最适温度为 30℃，低于 20℃ 或高于 40℃ 油脂产量均明显降低。温度可调节微生物油脂的脂肪酸成分，这是由细胞对外界温度变化的一种适应性反应引起的。通常情况下，不饱和脂肪酸的熔点比饱和脂肪酸低，短链脂肪酸比长链脂肪酸低。因此，当菌株从高温转移到低温生长时，细胞膜中不饱和脂肪酸及短链脂肪酸含量增加，主要是棕榈油酸或油酸等含量的增加；而当温度升高时，平均链长就增长。这些变化都是为了保证细胞膜的正常流动性和通透性[94]。

(5) pH 值

不同种类的微生物产油脂的最适 pH 值也不同。酵母的最适 pH 值为 3.5～6.0，油脂酵母培养基的 pH 值越接近中性，稳定期菌体的油脂含量越高。霉菌的最适 pH 值为中性至偏碱性。构巢曲霉（*Aspergillus nidulans*）在 pH 值为 2.8～7.4 的培养基中培养时，随着 pH 值的上升，油酸含量增加，而产油脂酵母培养基的最初 pH 值越接近中性，稳定期细胞油脂含量越高。施安辉等在发酵罐中研究发现，粘红酵母培养的初始 pH 值为 5.0～6.0，培养后期 pH 值下降到 2.0～3.0，为了保证油脂的含量，培养期间需要将 pH 值回调至 5.2～5.5[99]。

(6) 接种量

微生物油脂产量与菌种的接种量有很大关系,接种量不同,产脂量也不同。接种量过大,培养基中的营养就相对不足,使菌体细胞生长提前进入饥饿状态,制约了细胞菌体繁殖;接种量过小,使培养基中营养大量过剩,干菌体含量较小,也不利于微生物油脂的生产。

(7) 溶解氧

微生物利用糖类基质合成油脂及不饱和脂肪酸时都需要氧气,因此,必须供给充足的氧。研究表明,产油真菌在供氧不足的条件下,三酰甘油合成会强烈受阻,并引起磷脂和游离脂肪酸的大量积累;增加通气量时,游离脂肪酸会部分转化成含 2 个或 3 个双键的脂肪酸,从而使不饱和脂肪酸大量增加。

(8) 其他添加物

在培养基中添加乙醇、乙酸盐、乙醛等脂肪酸合成的中间产物或能形成中间产物的 C2 化合物,可增加菌体油脂含量。对于有些菌株,添加 B 族维生素可以促进油脂的合成。此外,添加 EDTA 可抑制糖和盐类复合物的形成,减少同化性糖的损失,并增加油脂的含量。

2.5.2.4 微生物油脂的提取

微生物油脂为胞内积累油脂,需要将其提取出来才能进一步加工利用。常用的油脂提取方法有:有机溶剂法、索氏抽提法、超临界 CO_2 萃取法(SCF - CO_2法)、酸热法等[94]。

有机溶剂法最为简便易行,但因其细胞破碎能力差因而油脂提取效果较差,难以提取胞内油脂。有机溶剂法提取酵母菌油脂的效果较提取霉菌油脂好,因为酵母菌的细胞壁较霉菌脆弱,易于被破坏。在工业大生产中,经球磨机或高压匀浆处理后的破碎菌体,可以考虑采用有机溶剂浸提油脂。

索氏法油脂得率最高,但耗时最长,样品的需要量大且需先经烘干处理。索氏法不能满足菌株初筛的要求,但索氏法因其准确高效的特点,在高产菌株的复筛及培养条件的优化时,可作为首选方法。

SCF - CO_2法可在常温下操作,因具有有效防止提取物氧化分解、无溶剂残留、安全性高等特点在生理活性物质的提取、分离上获得广泛应用。SCF - CO_2法提取真菌油脂的效果虽较索氏法略差,但油脂的脂肪酸组成及含量相近,且样品需要量小,样品处理能力较索氏法大为提高。但 SCF - CO_2法需要高压过程,工业放大时对设备要求较高。

酸热法是利用盐酸对细胞壁中糖及蛋白质等成分的作用,使原来结构紧密的细胞壁变得疏松,再经沸水浴及速冻处理,使细胞壁进一步被破坏,有机溶剂可有效地浸提出细胞中的油脂。酸热法将细胞破碎与油脂提取结合在一起,提取能力大大加强,油脂提取效果与 SCF - CO_2法相近。该方法操作简便、快速,样品不需任何处理,单位时间内可处理大量样品,较适合菌株筛选之用。但由于该法使用了盐酸,对设备具有严重腐蚀性,难以在大规模生产中应用。

李植峰等采用索氏法、SCF - CO_2法、酸热法和有机溶剂法分别提取雅致枝霉、拉曼被孢霉、少根根霉、畸雌腐霉和橙黄红酵母的油脂，从样品要求、最小样品量、仪器要求、处理样品能力及油脂得率等方面对这 4 种提取方法进行综合评价，发现索氏法的油脂得率最高，但耗时较长；SCF－CO_2法和酸热法的油脂得率相近，较索氏法略低，但酸热法更为简便，单位时间内样品处理能力强；有机溶剂法提取效果最差；其结果表明，酸热法是一种适合油脂及多不饱和脂肪酸高产菌株筛选的简便、有效的真菌油脂提取方法[100]。

2.5.2.5　微生物油脂生产的碳源

微生物油脂生产中碳源成本是决定油脂生产成本的主要因素。葡萄糖是微生物生长的最适碳源，以葡萄糖作为碳源生产微生物油脂已有不少研究报道，在合适的培养条件下菌体油脂含量可达到 60%～70%[101-102]。但利用葡萄糖及淀粉质原料大规模生产微生物油脂时，难免会造成“与人争粮，与粮争地”的局面，而且，淀粉质原料成本相对较高。因此，微生物油脂的生产需要面向其他非食用原料，如农林废弃物(各种作物秸秆)和非食用粮糖质原料(如菊芋、木薯等)的水解液和工业废弃物、副产物等。

1) 以工业废弃物、副产物为碳源生产微生物油脂

工业有机废弃物亦是一类丰富的生物质资源，可作为原料被产油微生物转化为油脂原料进而用于生物柴油生产。废糖蜜是制糖工业副产物，富含碳水化合物。Zhu 等以废糖蜜为主要原料，优化了发酵性丝孢酵母产油脂的发酵条件，菌体生物量达 28.1 g/L，菌体油脂含量为 62.4%；所提取的油脂脂肪酸组成与植物油类似，主要含有棕榈酸、硬脂酸、油酸和亚油酸，其中不饱和脂肪酸含量占总脂肪酸的 64%[102]。Karatay 和 Dönmez 以糖蜜为原料培养解脂假丝酵母(*Candida lipolytica*)、热带假丝酵母(*Candida tropicalis*)和黏性红圆酵母(*Rhodotorula mucilaginosa*)，菌体油脂分别达到 60%、46% 和 69%[103]。粗甘油是生物柴油生产过程的副产物。近些年来，以粗甘油为碳源生产微生物油脂的研究越来越多。Liang 等以粗甘油为碳源，以单级补料批式发酵过程培养弯隐球酵母，12 d 后生物量浓度达 31.2 g/L，油脂含量为 44.2%；而以二级补料批式发酵培养时，生物量浓度达 32.9 g/L，油脂含量为 52%[104]。笔者的实验室考察了生物柴油副产物粗甘油中可能存在的杂质对圆红冬孢酵母生长和产油脂的影响，发现以粗甘油为碳源时甚至可以获得比精甘油、葡萄糖为碳源时更高的生物量浓度和油脂得率，在 5 L 发酵罐中生物量浓度达 26.7 g/L，油脂含量高达 70%；粗甘油中可能存在的杂质中，除甲醇对菌体生长和油脂积累稍有负面影响外，其他杂质无负面影响。相反地，少量的无机盐和皂类反而可以促进菌体生长和油脂积累[105]。以上结果表明，生物柴油副产物粗甘油可以作为微生物油脂生产的理想碳源材料。此外，Xue 等考察了利用工业废水生产油脂的可行性。当直接以味精生产废水为原料培养粘红酵母时，由于其碳氮比太低，不适合积累油脂，菌体油脂含量在 10%左右，但补加碳源提高废水碳氮比后，菌体油脂含量提高到 20%，废水 COD 降解率达 45%[106]。在 300 L 发酵罐规模下，利用淀粉废水培养粘红酵母，发酵 30～40 h 生物量达到 40 g/L，菌体油脂含量为 35%，COD 降解率达 80%[107]。

2) 以甲壳素类生物质和菊芋等高糖植物为碳源生产微生物油脂

甲壳素又名几丁质、甲壳质或壳多糖，是一种含氮多糖类物质，主要存在于节肢动物

(如虾、蟹等)和软体动物中,是自然界中含量仅次于纤维素的一种多糖,也是地球上储量最丰富的含氮有机化合物。甲壳素水解得到的 *N*-乙酰-D-葡糖胺(GlcNAc)和氨基葡萄糖可作为微生物油脂生产的碳源。中国科学院大连化学物理研究所赵宗保实验室筛选出了多株能转化 GlcNAc 为油脂的产油酵母,包括浅白隐球酵母、弯隐球酵母、发酵性丝孢酵母和皮状丝孢酵母,菌体油脂含量达到 40%以上;通过发酵条件优化,弯隐球酵母菌体油脂含量和油脂得率分别达到 54%和 16%[108]。此外,富含低聚果糖的菊芋可作为微生物油脂生产的碳源。华艳艳等的研究结果表明,菊芋浸提汁、酸水解液或菊芋浆均可直接被圆红冬孢酵母利用,发酵积累油脂,但白皮菊芋比紫皮菊芋更有利于油脂发酵;发酵菊芋浸提汁或酸水解液时,无需添加外源营养物,干菌体油脂含量可达到 40%;发酵菊芋浆时,白皮菊芋转化率达到 12.1 g 油/100 g 去皮干菊芋;菊芋油脂发酵产品主要以 C16 和 C18 脂肪酸为主,与常规植物油的脂肪酸组成相似[109]。当在 15 L 发酵罐中采用重复补料方式补充菊芋水解液时,最终油脂含量可提高至 57%[110]。

3) 以木质纤维素为碳源生产微生物油脂

除以上有机物质之外,以木质纤维素为原料生产微生物油脂近些年来也颇受关注。木质纤维素中的纤维素、半纤维素水解后可获得葡萄糖、木糖等可发酵糖,可作为产油微生物生长和积累油脂的碳源。但木质纤维素水解过程中会产生诸如乙酸、糠醛、酚类化合物等对菌体生长具有抑制作用的物质,因此,木质纤维素水解液在用于发酵生产微生物油脂前往往需要经过脱毒处理。Huang 等以稻草水解液为碳源,采用发酵性丝孢酵母进行微生物油脂发酵生产,发现水解液未脱毒时油脂产量仅为 1.7 g/L,远低于纯葡萄糖或木糖为碳源时的情形,而经脱毒后的水解液可以很好地被菌体利用,发酵 8 d 后总生物量达 28.6 h/L,胞内油脂含量为 40.1%[111]。笔者所在的研究室研究结果也发现,当甘蔗渣采用 1%稀酸水解后,只经过简单中和的水解液不能被圆红冬孢酵母菌利用,而通过活性炭吸附脱毒后才能被菌体用于生长和油脂积累[112]。可见,木质纤维素稀酸水解的副产物对于油脂酵母生长具有较强的抑制作用。Chen 等考察了各种副产物对不同产油酵母的毒性,发现乙酸、甲酸、糠醛、香草醛对产油微生物均有较强抑制作用[113]。Hu 等研究了培养基中单一或多种水解副产物存在下,圆红冬孢酵母的油脂发酵行为,发现 1 mmol/L 糠醛可显著抑制该酵母菌生长和油脂积累[114]。笔者所在的研究室以甲酸、乙酸、糠醛、香兰素和木素磺酸钠为模型化合物,研究了这些化合物对圆红冬孢酵母生长和油脂积累特性的影响,发现不同的化合物单独存在时其对圆红冬孢酵母的抑制作用强弱取决于抑制物的浓度大小,而当抑制物同时存在时,抑制物的协同作用表现出更强的抑制性[115]。

(1) 甲酸的影响

在限氮培养基中添加的甲酸浓度分别为 2 g/L、4 g/L、6 g/L、8 g/L 时,培养过程中细胞生物量浓度和糖的消耗如图 2-8 所示。随着甲酸浓度增加,菌体生长速率降低,表现为相同发酵时间时菌体生物量降低,糖的消耗率也相应降低。当甲酸浓度分别为2 g/L 和 4 g/L 时,与对照(未添加甲酸的培养基)相比,培养 168 h 后菌体生物量分别降低了 26%和 39%。当甲酸浓度大于 6 g/L 时,菌体的生长出现明显的抑制,只有在第 90 h 后生物量才有所增加。比较不同单糖的消耗速率可知，木糖的消耗受到葡萄糖的抑制，只有在葡萄糖浓度较低时，木糖才开始被菌体利用。而阿拉伯糖浓度在发酵过程中基本不变。因此，要使菌体能够较好地生长，当甲酸单独存在时，其浓度需低于 2 g/L。

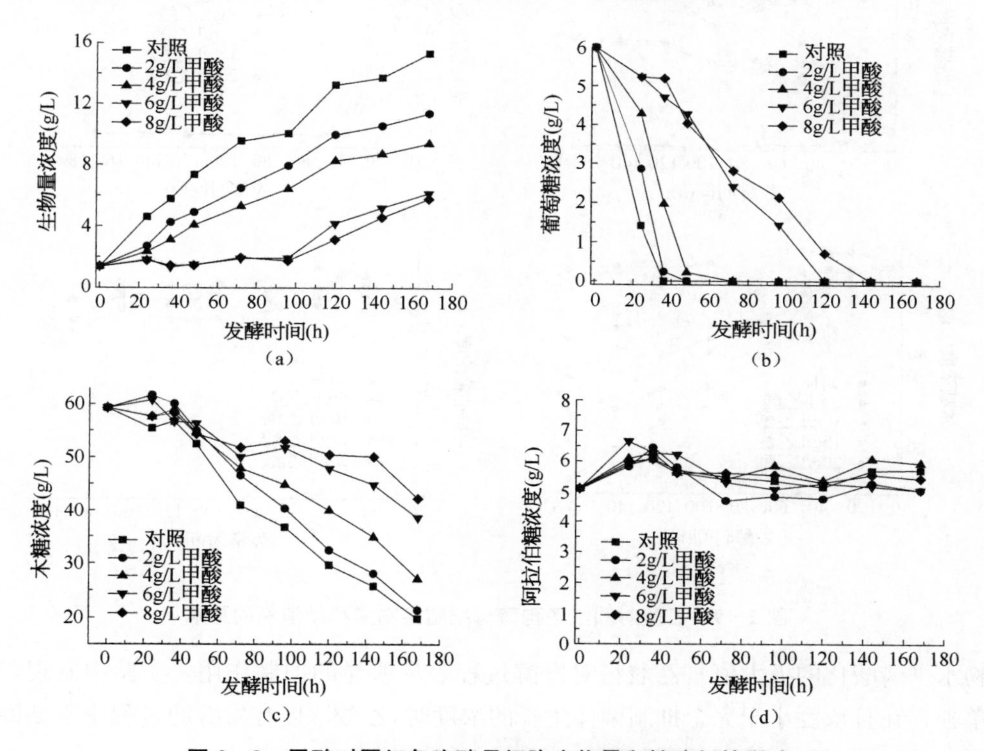

图 2-8 甲酸对圆红冬孢酵母细胞生物量和糖消耗的影响

(2) 乙酸的影响

乙酸是由半纤维素侧链上的乙酰基水解产生的，是木质纤维稀酸水解液中最为常见的对菌体生长有抑制作用的副产物之一。在培养基中添加乙酸至浓度分别为 5 g/L、10 g/L、15 g/L 和 20 g/L，培养过程中的菌体浓度和糖的消耗如图 2-9 所示。随着乙酸浓度增加，菌体生长速率降低，表现为相同发酵时间时菌体生物量降低，糖的消耗率也相应降低。当乙酸浓度为 5 g/L 和 10 g/L 时，发酵 168 h 后，菌体浓度分别为对照的 84% 和 50%，而乙酸浓度提高至 20 g/L 时，菌体生长完全受到抑制。从图 2-9b 可知，当乙酸浓度低于 15 g/L 时，葡萄糖的消耗速率随着乙酸浓度增加而降低，但 48 h 后葡萄糖均能完全被消耗。木糖的消耗受到葡萄糖的抑制，且随着乙酸浓度增加，木糖消耗速率降低。阿拉伯糖浓度在发酵过程中基本不变。因此，要使菌体能够较好地生长，当乙酸单独存在时，浓度需低于 5 g/L。

乙酸的抑制作用与甲酸的类似，取决于未解离的形式，而这种形式与浓度和 pH 值有显著关联。在酸性 pH 值下乙酸可扩散到细胞质中，并在胞内解离，使得胞内 pH 值降低，最后导致 ATP 能量产生去偶联化，使得营养物质进入到细胞内所需的 ATP 量增加。因此，随着乙酸浓度的增加，ATP 的需求也随之增加，一旦这种需求超过某一极限(ATP

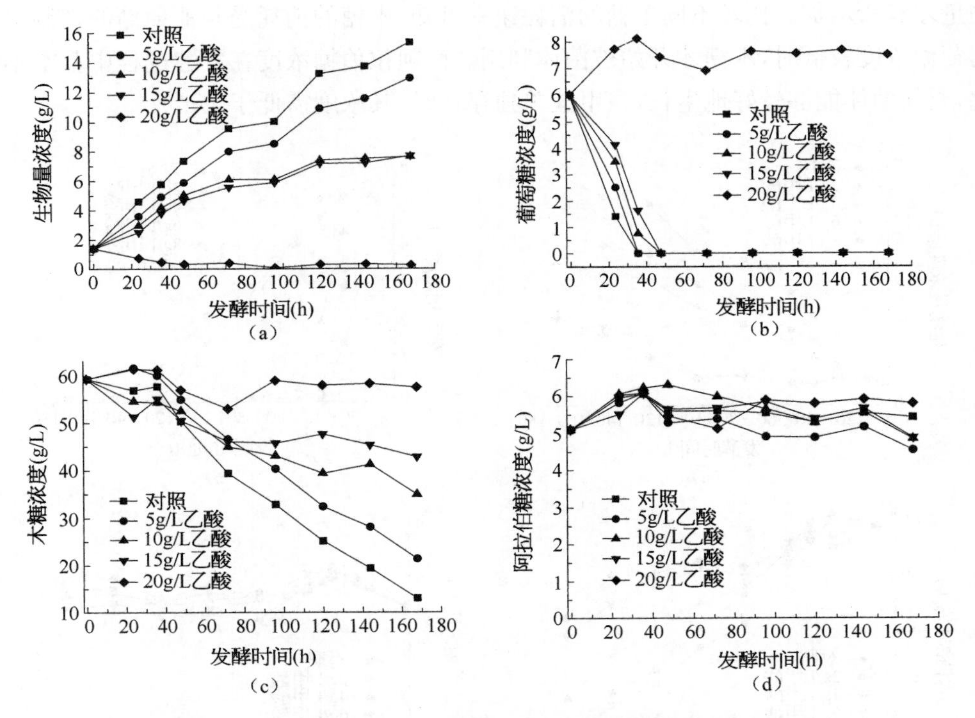

图 2-9 乙酸对圆红冬孢酵母细胞生物量和糖消耗的影响

底物水平磷酸化的极大值),乙酸将对发酵过程表现明显的抑制作用。实验中发现,当乙酸单独存在且浓度小于完全抑制菌体生长的浓度时,乙酸浓度在发酵的过程中不断降低,表明乙酸可被圆红冬孢酵母菌利用。

(3) 糠醛的影响

在木质纤维素酸水解的过程中,戊糖会降解成糠醛。糠醛的存在会抑制细胞生长,降低细胞的比生长速率,导致单位 ATP 的细胞产量减少。在限氮培养基中添加糠醛至浓度分别为 1.0 g/L、1.5 g/L、2.0 g/L 和 2.5 g/L 时,发酵过程中细胞生物量浓度和糖消耗如图 2-10 所示。类似地,随着糠醛浓度增加,菌体生长速率降低,糖的消耗率也相应降低。且糠醛浓度为 1.0 g/L 时即对细胞生长和糖消耗表现出明显的抑制作用,发酵 168 h 后生物量浓度降低至对照的 41%。从图 2-10b 和图 2-10c 可以看出,添加糠醛后 48 h 内葡萄糖能够被菌体消耗完。但木糖的利用受到明显抑制,因此,菌体生物量浓度在 48 h 后没有明显增长。该结果表明,糠醛的抑制作用比甲酸和乙酸的抑制作用更强。

(4) 木素降解产物的影响

木质纤维素原料在酸水解过程还会生成一系列酚类化合物,这些酚类化合物是由木素降解产生的。笔者所在的研究室以木素磺酸钠(SL)和香兰素为模型抑制物添加至限氮发酵培养基中,考察其对圆红冬孢酵母生长的影响。其中,木素磺酸钠的相对分子质量大于 1 500,而香兰素的相对分子质量为 152。

在培养基中添加木素磺酸钠至浓度分别为 0.5 g/L、1.0 g/L、1.5 g/L 和 2.0 g/L,培

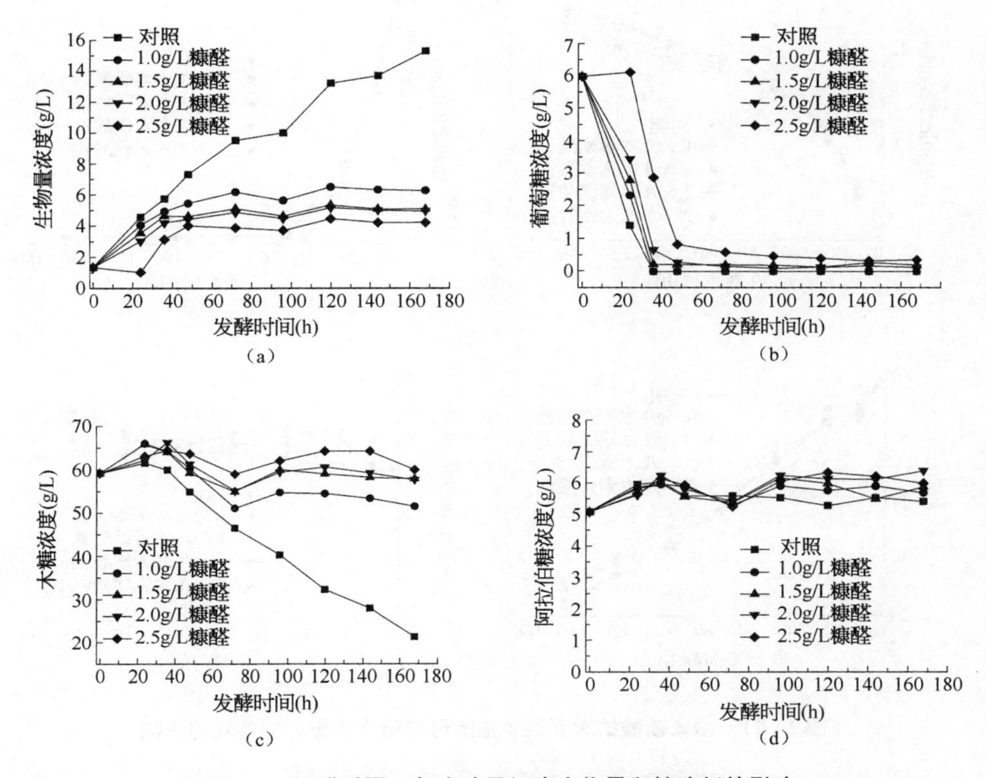

图 2－10　糠醛对圆红冬孢酵母细胞生物量和糖消耗的影响

养过程中细胞生物量浓度和糖消耗过程如图 2－11 所示。可看出木素磺酸钠对细胞生物量的积累不但没有抑制作用，反而能够提高生物量浓度，相应的糖消耗速率也有所提高。当木素磺酸钠的浓度为 1.5 g/L 时，生物量浓度比对照提高了 10%。事实上，木素磺酸钠是一种离子型表面活性剂，培养基中添加木素磺酸钠后菌体生物量有所增加，有可能是由于添加木素磺酸钠增加了细胞膜通透性从而促进菌体生长的缘故。总之，该结果也证明大分子木素降解产物对圆红冬孢酵母菌生长的抑制作用可以忽略。

在培养基中添加香兰素至浓度分别为 0.5 g/L、1.0 g/L、1.5 g/L 和 2.0 g/L 时，培养过程中细胞生物量浓度和糖消耗的过程曲线如图 2－12 所示。随着香兰素浓度增加，菌体生长速率降低，糖的消耗率也相应降低。当香兰素浓度小于 1.5 g/L 时，圆红冬孢酵母亦能良好生长，但香兰素浓度为 2.0 g/L 时，菌体生长完全受到抑制。与木素磺酸钠的影响相比可知，小分子的酚类化合物对菌体生长具有较强的抑制作用。从图 2－12 可知，要使菌体能够较好地生长，当香兰素单独存在时，浓度需低于 1.0 g/L。

(5) 抑制物的协同作用对菌体生长的影响

各种物质的抑制作用大小与其浓度有很大关系。当它们单独存在时，有可能在较高的浓度下才会表现出明显的抑制作用。但在实际过程中，这些有毒物质往往同时存在，而且当它们同时存在时，即使浓度远低于以上浓度，也会反映出很强的抑制作用。这说明木质纤维素酸水解中的副产物对发酵的抑制作用并非来源于某一种，而是几种或几类产物

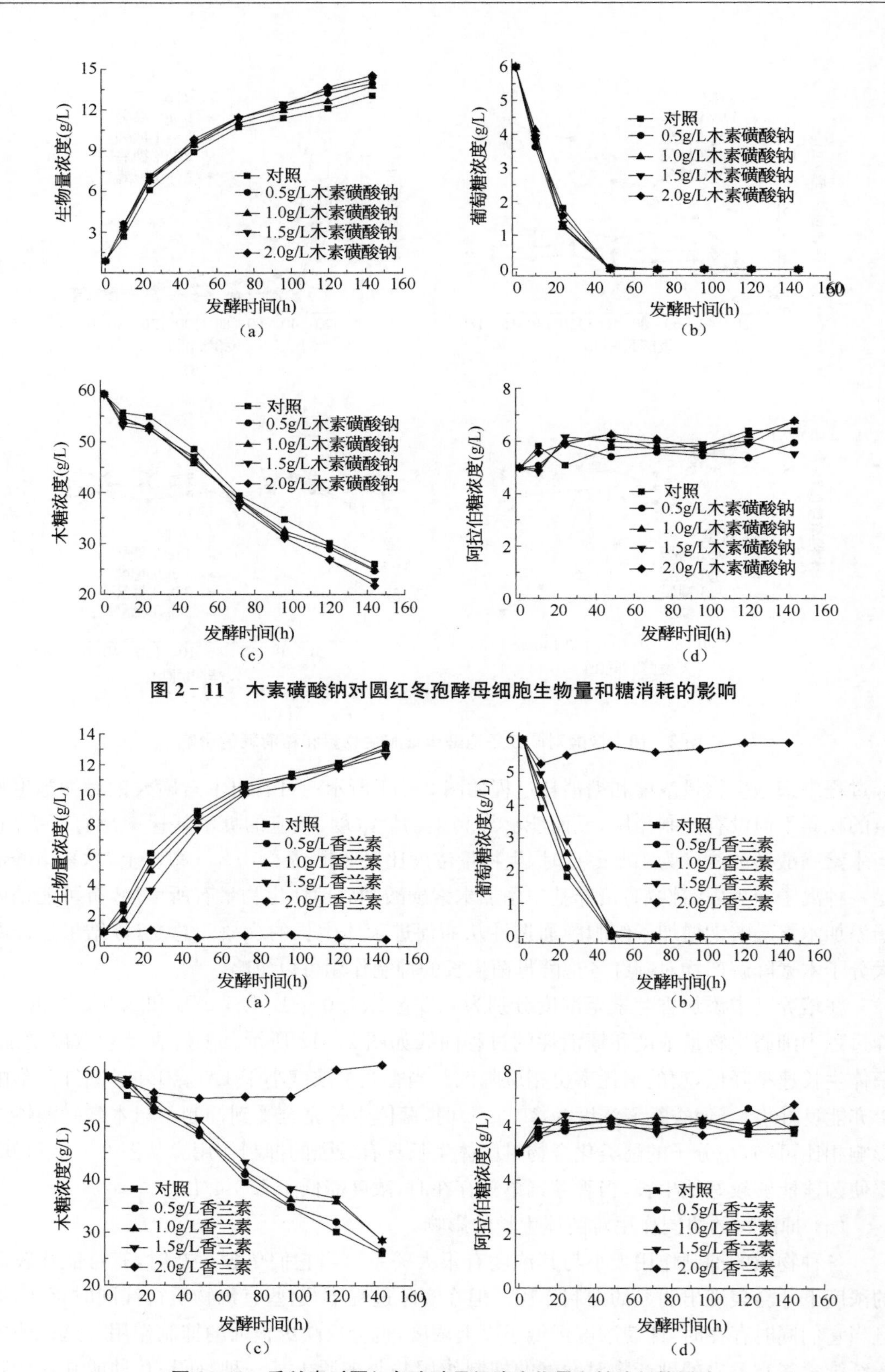

图 2－11　木素磺酸钠对圆红冬孢酵母细胞生物量和糖消耗的影响

图 2－12　香兰素对圆红冬孢酵母细胞生物量和糖消耗的影响

共同作用的结果，而且这种共同的抑制结果并非是各物质抑制结果的简单叠加，即这些物质之间还存在一定的协同作用。

在单因子实验的基础上，通过正交实验对各种抑制物的协同作用进行考察。采用 $L_9(4^3)$ 正交表安排实验。实验中，甲酸的浓度选择为 0～1.0 g/L，乙酸浓度为 0～2.5 g/L，糠醛浓度为 0～0.5 g/L，香兰素浓度为 0～0.5 g/L。实验中发现除对照组（未添加任何抑制物）外，其余实验组中菌体均未生长，表明各有毒物质之间确实存在明显的协同作用。进一步降低抑制物浓度水平，结果如表 2-38 所示。

表 2-38 抑制物协同作用对圆红冬孢酵母生长影响的正交实验及其结果

序号	因素				实验结果	
	甲酸浓度(g/L)	乙酸浓度(g/L)	糠醛浓度(g/L)	香兰素浓度(g/L)	24 h OD	144 h OD
1	0	0	0	0	10.71	26.2
2	0	1.0	0.125	0.125	7.1	18.57
3	0	2.0	0.25	0.25	1.39	0.87
4	0.125	0	0.125	0.25	7.46	18.75
5	0.125	1.0	0.25	0	1.56	5.31
6	0.125	2.0	0	0.125	1.54	0.87
7	0.25	0	0.25	0.125	5.67	13.59
8	0.25	1.0	0	0.25	1.32	0.97
9	0.25	2.0	0.125	0	1.54	1.0

从表 2-38 可知，这些抑制物之间存在很显著的协同作用。当它们同时存在时，即使在较低的浓度下也会表现出显著的抑制性。例如，乙酸单独存在时，其浓度高达 20 g/L 时才会完全抑制圆红冬孢酵母菌的生长。但当培养基中存在 0.5 g/L 糠醛和香兰素时，乙酸的浓度为 2 g/L 时即可完全抑制菌体的生长。

由以上实验结果可知，当抑制物单独存在时，其对圆红冬孢酵母菌的抑制作用需要在较高的浓度下才表现出来，但抑制物间的协同作用可以显著降低其表现出抑制作用的“临界”浓度。由此可知，木质纤维素酸水解液的脱毒过程不仅需要考虑降低抑制物浓度，还需要从如何破坏这种协同作用方面入手。例如，当木质纤维素在较温和的条件下水解时，糠醛的浓度较低，经过简单蒸馏后可以除去糠醛；圆红冬孢酵母菌对乙酸的耐受性较高，酚类化合物的毒性较强，因此脱毒策略的制定重点应放在降低酚类化合物的浓度上，而不用考虑乙酸的去除。

(6) 不同抑制物对微生物油脂得率和脂肪酸组成的影响

在限氮培养基中添加 0.5 g/L 的抑制物，测定发酵 120 h 后菌体生物量、油脂含量以及油脂得率等，结果如表 2-39 所示。当浓度为 0.5 g/L 时，除糠醛外，其他化合物均未对圆红冬孢酵母生长造成抑制。相反地，120 h 后的菌体生物量稍有增加，其中添加木素磺酸钠时，菌体生物量增加最为明显。该结果进一步证明了木素磺酸钠可以促进菌体生长。添加糠醛时，生物量显著降低，仅为对照组的38%。从菌体油脂含量来看，添加抑制物后的菌体油脂含量稍有降低，但油脂得率稍有增加，其中添加木素磺酸钠时，油脂得率与对照相比提高了30%。添加糠醛时，由于显著抑制菌体生长，菌体油脂含量和油脂得率均显著较低。油脂脂肪酸组成如表2-40所示。由表中结果可知，油酸(C18：1)是圆红冬孢酵母油脂中含量最高的脂肪酸组分，占总脂肪酸组成的50%左右。其次是棕榈酸(C16：0)，占总脂肪酸组成的25%左右。硬脂酸(C18：0)和亚油酸(C18：2)的含量相当，约占10%。四种脂肪酸的总含量占脂肪酸组成的95%以上。此外，该油脂中还含有豆蔻酸(C14：0)、棕榈油酸(C16：1)、亚麻酸(C18：3)、花生酸(C20)等，但含量较低。与精制大豆油相比，圆红冬孢酵母油脂的饱和脂肪酸(棕榈酸、硬脂酸等)和单不饱和脂肪酸(油酸)含量较高，而多不饱和脂肪酸(亚油酸、亚麻酸)含量较低，特别是亚油酸的含量明显较低。培养基中添加甲酸、乙酸、香兰素和木素磺酸钠后，油脂脂肪酸组成无明显变化，但添加糠醛后硬脂酸含量降低，相应的油酸含量增加。该结果表明，糠醛的添加抑制了菌体的生长，有可能使油脂合成途径中代谢通量发生变化。

表2-39　不同化合物对圆红冬孢酵母菌体油脂含量和得率等的影响

添加的化合物	120 h后的菌体生物量(g/L)	菌体油脂含量(%)	油脂得率(g/100 g消耗糖)	生物柴油制备的可转化率(%)
对　照	15.1	39.2	10.20	93.00
甲　酸	15.6	32.5	12.50	91.78
乙　酸	17.6	30.3	12.80	87.61
糠　醛	5.8	25.4	4.55	70.35
香兰素	16.9	31.7	11.10	92.83
木素磺酸钠	18.4	36.5	13.50	88.66

注：抑制物浓度为0.5 g/L。

表2-40　不同化合物对圆红冬孢酵母油脂脂肪酸组成的影响　(%)

添加的化合物	油脂中脂肪酸组成								
	C14：0	C16：0	C16：1	C18：0	C18：1	C18：2	C18：3	C20	C22
精制大豆油	0.00	10.39	0.13	3.62	25.64	53.34	6.09	0.40	0.39
对　照	1.28	25.90	0.44	9.53	49.93	10.53	1.72	0.41	0.25
甲　酸	1.39	27.00	0.72	9.39	49.52	9.82	1.60	0.39	0.17
乙　酸	1.19	24.34	0.73	9.99	52.88	9.16	0.97	0.46	0.29
糠　醛	0.75	18.26	1.03	4.32	59.47	14.54	0.94	0.21	0.48
香兰素	1.25	25.65	0.58	10.72	49.92	9.57	1.71	0.46	0.15
木素磺酸钠	1.20	26.07	0.69	10.52	49.12	9.98	1.78	0.46	0.18

注：抑制物浓度为0.5 g/L。

(7) 甘蔗渣稀酸水解液用于微生物油脂合成

从以上实验结果可知，木质纤维素水解液的脱毒策略需考虑如何破坏抑制物间的协同作用。因此，将甘蔗渣稀酸水解液先经过蒸馏浓缩以提高糖浓度并除去大部分糠醛，进一步采用活性炭吸附脱除木素降解产物，然后采用石灰中和至 pH＝6.0。以脱毒后的水解液为碳源，添加适当的营养物后，在 5 L 发酵罐中进行限氮培养发酵微生物油脂，以纯葡萄糖和木糖按比例混合后作碳源的培养基为对照。发酵 120 h 后菌体生物量浓度、油脂含量等数据总结于表 2-41 中。脱毒后稀酸水解液为碳源时的菌体生物量比对照组的菌体生物量高 30%左右，相应的糖消耗量也较高。这可能是由于稀酸水解液中还含有一定量的蛋白质水解产物可被菌体用作氮源的缘故。此外，水解液中含有的一些微量金属元素也可能促进菌体生长以及对糖的利用。从表 2-41 还可知，以甘蔗渣稀酸水解液为碳源时，菌体油脂含量和油脂得率比对照组高，但油脂的生物柴油可转化率较低。这主要是由于菌体生物量较高时，提取的油脂中磷脂等类脂物含量较高的缘故。对提取的油脂进行脂肪酸组成分析，结果见表 2-42，可知采用稀酸水解液为碳源生产的油脂与纯糖碳源生产的油脂在脂肪酸组成上无明显差别。

表 2-41　以甘蔗渣稀酸水解液为碳源生产微生物油脂的菌体油脂含量和得率

	120 h 后的菌体生物量 (g/L)	菌体油脂含量 (%)	油脂得率 (g/100 g 消耗糖)	生物柴油可转化率 (%)
对　照	18.71	38.33	16.31	86.04
酸水解液	24.82	43.52	17.79	75.89

表 2-42　以甘蔗渣稀酸水解液为碳源进行微生物油脂发酵的油脂脂肪酸组成　(%)

	油脂中脂肪酸组成								
	$C_{14:0}$	$C_{16:0}$	$C_{16:1}$	$C_{18:0}$	$C_{18:1}$	$C_{18:2}$	$C_{18:3}$	C_{20}	C_{22}
对　照	1.21	26.78	0.71	9.51	49.71	9.39	2.13	0.40	0.18
酸水解液	1.20	29.28	0.73	9.38	46.36	9.92	2.66	0.35	0.12

木质纤维素可作为微生物油脂生产的碳源原料，但需要控制木质纤维素水解液中的抑制物浓度，以免菌体生长受到抑制。另一方面，木质纤维素水解液中除葡萄糖外还存在木糖等五碳糖。当葡萄糖和木糖同时存在时，大多数产油微生物会优先利用葡萄糖，然后再利用木糖，即“葡萄糖效应”。因此，以水解液为原料进行生物转化时存在发酵周期长、底物利用率低、产物得率低、废水处理成本高等一系列问题。所以，通过生物工程手段降低或消除“葡萄糖效应”可以缩短发酵周期、提高底物利用率。此外，也可以通过菌株筛选、驯化等方法获得可以同步利用六碳糖和五碳糖的菌株。中国科学院大连化学物理研究所赵宗保研究员的实验室在早期的研究工作中筛选了多株能够利用多种单糖合成油脂的菌株，并通过优化培养基组成及发酵条件，使得以葡萄糖和木糖为碳

源培养斯达油脂酵母时混合糖利用率、菌体油脂含量和油脂得率分别达 99%、52%和 14%。同时，发现皮状丝孢酵母能够同步转化葡萄糖和木糖，底物利用和产物积累都没有出现延滞期，并且混合糖发酵时间与同等浓度单糖发酵时间相当，提高了混合糖发酵效率[108]。

2.5.2.6 微生物油脂合成的生物化学机制

微生物产生油脂的过程本质上与动、植物产生油脂的过程相似，都是从利用乙酰 CoA 羧化酶的羧化催化反应开始，经过多次链的延长或再经去饱和酶的一系列去饱和作用等，完成整个生化过程。其中，去饱和酶是微生物通过氧化去饱和途径生成不饱和脂肪酸的关键酶，去饱和作用是由一个复杂的去饱和酶系来完成的，该过程称之为脂肪酸氧化循环。不饱和脂肪酸的合成途径如图 2-13 所示。在酵母和霉菌中存在的去饱和酶主要是酰基辅酶 A 去饱和酶(acyl-CoA desaturase)，它可将双键引入到 CoA 结合的脂肪酸中。铁离子参加了去饱和酶催化中心的构成。脂肪酸去饱和酶在脂肪酰链的特殊位置引入双键，目前已发现在酵母和霉菌中存在 Δ^9、Δ^{12}、Δ^6、Δ^{15}、Δ^5 位的去饱和酶，这些酶大多存在于细胞的微粒体上。去饱和酶有严格确定的催化顺序，第一个双键由 Δ^9 位去饱和酶引入到硬脂酸中，Δ^{12} 和 Δ^6 去饱和酶在 Δ^9 位形成双键后可引入第二个双键，Δ^{15} 去饱和酶在 Δ^{12} 位已有双键后可将双键引入到脂肪酸中。许多因素可影响去饱和酶的活性，如温度、酸碱度、离子、小分子有机物等。这些因素的改变可以影响脂肪酸的组成、含量、不饱和度等[116]。

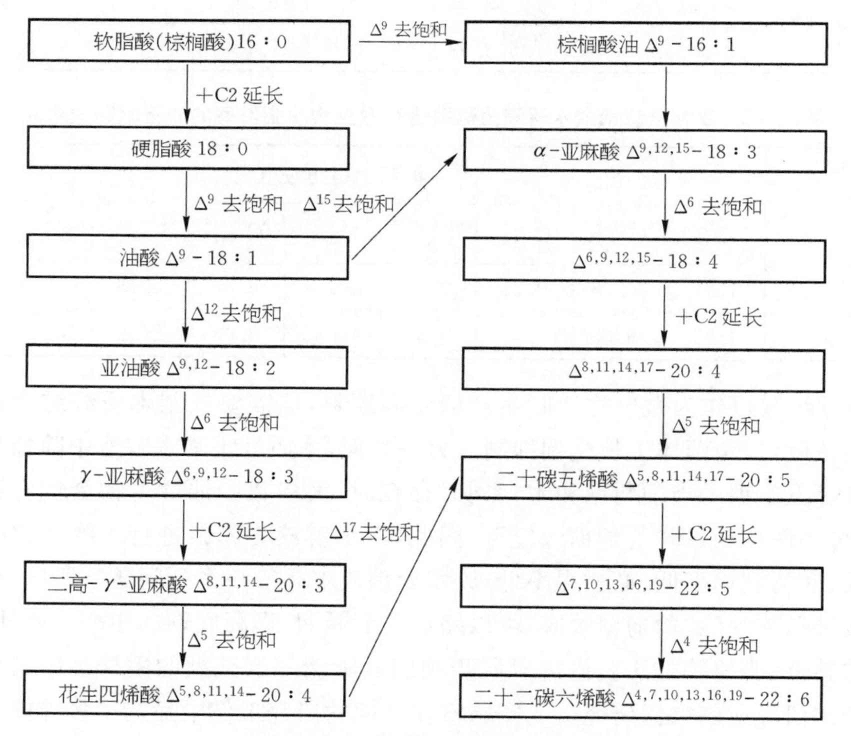

图 2-13 不饱和脂肪酸的合成途径

关于产油酵母三酰甘油(又称甘油三酯,TAG)合成多酶体系的研究工作还处于起步阶段。实验表明,粘红酵母三酰甘油合成多酶体系存在于细胞溶胶中,主要通过蛋白质间相互作用复合在一起。所分离出的多酶体系包含酰基载体蛋白(ACP)、酰基2ACP合成酶、脂肪酰转移酶(AGAT)、磷脂酸磷酸酶(PAP)和二酰甘油(又称甘油二酯)酰基转移酶(DAGAT)。该多酶体系不仅能利用溶血磷脂酸(LPA)和脂肪酰CoA合成三酰甘油,而且还可接受游离脂肪酸,合成三酰甘油及其相关中间体。此外,人们还发现一个铁超氧化物歧化酶(FeSOD)也和三酰甘油合成多酶体系复合在一起,其作用可能是防止底物(如不饱和脂肪酸)和多酶体系中的蛋白质受到活性氧化物的损害。EMS基因突变法使粘红酵母细胞溶胶三酰甘油合成多酶体系失活,导致细胞生长和三酰甘油生物合成速率下降[117]。可见,产油微生物合成油脂的生物化学机制还有待进一步研究。

2.5.3　微藻油脂

2.5.3.1　微藻的概念、分布、多样性等

微藻是一类在任何有光的潮湿地方都能生存的微观单细胞或丝状体群体,是营养丰富、光合利用度高的自养植物。海洋、淡水湖泊等水域或潮湿的土壤、树干等处都有微藻的存在[118]。微藻是地球上最早出现的能利用太阳光能和无机物制造有机物的原始低等植物,某些微藻可以把光合作用产物转化成油脂,如葡萄藻、盐藻、小球藻、栅藻、雨生红球藻等。有些藻类在缺氮条件下,可大量积累油脂,含油量高达80%[119]。微藻每公顷年产油可达20～30 t,是陆生油料作物的10～25倍[120],藻类与非藻类原料的产油估计量对比见表2-43[119]。微藻细胞内的油脂可以通过萃取、热裂解等方法提取出来,再通过转酯化后可转变为生物柴油,即脂肪酸甲酯[119]。

表2-43　藻类与非藻类原料的产油估计量[119]　[kg/(hm² · 年)]

原　　料	产　油　量
玉米油和棉籽油	<224
豆油	449
菜籽油和红花籽油	约673
花生油	857
富油藻类	>56 000

藻类按大小常常分为大藻(如海带、紫菜、裙带菜等)和高度多样化的微藻。据估计,藻类数量为100万～1 000万,其中大部分是微藻。目前发现的藻类有3万余种,其中微小类群就占了70% ,约2万种,广泛分布于各种水体中。藻类的生物多样性、分布和预估种类数量见表2-44。

2.5.3.2　微藻油脂

藻类油脂主要以三酰甘油或脂肪酸形式存在。其平均含量为1%～70%不等,但在某些条件下能达到干重的90%[121],远超过最好的产油作物。微藻种类不同,产生的油脂

表 2-44 藻类的生物多样性、分布和预估种类数量[121]

类别①（普通命名）	区别性特征②	主要归类①［普通命名和(或)特征］	微藻分布				预估种类数量（微藻和大型藻类）③
			海洋	淡水	陆地	共生	
蓝藻门(蓝绿藻类)	叶绿素 a,叶绿素 b;藻胆色素,β-胡萝卜素;玉米黄素,海胆酮,角黄素,蓝藻叶黄素,3 种小叶黄素;原核的;革兰阴性细胞壁	色球藻目(单细胞;球状或棒状;以二分裂和出芽方式繁殖)	+	+	+	+	被描述的≈125
		宽球藻目(单细胞或多细胞聚集;多分裂繁殖)	+	+	−	−	被描述的≈35
		颤藻目(丝状;二分裂繁殖;无专门细胞)	+	+	+	−	1 000
		念珠藻目(丝状;二分裂繁殖;专门细胞;异形细胞可以孢子繁殖)	+	+	+	+	1 000
		真枝藻目(丝状;分枝;细胞在 3 个平面生分裂;专门细胞;异形细胞,可以孢子繁殖,分化是能动的、顺滑的)	−	+	+	−	≈35 个属
原绿藻门(原绿藻类)	叶绿素 a,叶绿素 b;β-胡萝卜素;几种叶黄素;藻胆色素,原核的;革兰阴性细胞壁	原绿藻目(球菌状和丝状;二分裂繁殖)	+	?	?	+	被描述的<10
灰藻门(灰藻类)	叶绿素 a,叶绿素 b;藻胆色素;β-胡萝卜素;玉米黄素,β-隐黄质;淀粉;纤维素细胞壁		−	+	−	−	被描述的有 3 种
红藻门(红藻类)	叶绿素 a;β-胡萝卜素;藻胆色素;玉米黄素,5 种小叶黄素;红藻淀粉;纤维素和其他细胞壁原料	红毛菜亚纲	+	+	+	+	5 500～20 000(两类)
		真红藻亚纲	+	+	−	−	
隐藻门(隐藻类)	叶绿素 a,叶绿素 c_2;α-胡萝卜素,β-胡萝卜素,ε-胡萝卜素;藻胆色素;异黄素,玉米黄素,α-1,4 葡聚糖淀粉;外部有机胞质		+	+	?	?	1 200

(续表)

类别[①] (普通命名)	区别性特征[②]	主要归类[①][普通命名和(或)特征]	微藻分布				预估种类数量 (微藻和大型藻类)[③]
			海洋	淡水	陆地	共生	
绿藻门(绿藻类)	叶绿素a,叶绿素b;α-胡萝卜素,β-胡萝卜素,γ-胡萝卜素;玉米黄素,黄体素,紫黄素,新黄素;几种小叶黄素;淀粉;各种细胞壁原料,包括纤维素	绿团藻目	+	+	?	?	500
		轮藻纲(轮藻,丝状微藻)	+	+	+	?	20 500
		石莼纲 (海藻,丝状微藻)	+	+	+	?	3 000
		绿藻鞭毛藻纲	+	+	+	+	6个属
		绿藻纲	+	+	+	+	10 000~100 000
裸藻门(眼虫藻类)	叶绿素a,叶绿素b;β-胡萝卜素,γ-胡萝卜素;新黄素,硅甲藻黄素,硅藻黄素;裸藻淀粉;细胞膜内壁有像墙一样的有机薄膜		+	+	+	?	2 000
甲藻门[④](甲藻类)	叶绿素a,叶绿素c;β-胡萝卜素;硅甲藻黄素,硅藻黄素,墨角藻黄素,多甲藻黄素,5种小叶黄素;α-1,4葡聚糖淀粉;纤维素细胞壁		+	+	?	+	3 500~11 000
杂色植物门(不等鞭毛藻)[③]	叶绿素a,叶绿素c_1,叶绿素c_2,叶绿素c_3;α-胡萝卜素,β-胡萝卜素和ε-胡萝卜素;几种大叶黄素和小叶黄素;金藻昆布多糖,其他的葡聚糖,油脂;各种细胞壁原料	金藻纲(黄-棕色藻)	+	+	?	?	3 400
		硅藻纲(硅藻类)	+	+	+	?	100 000~10 000 000
		黄藻纲(黄绿藻类)	+	+	+	?	2 000
		双毛菌纲	+	+	+	?	1 000~10 000
		针胞藻纲(绿鞭藻类,绿滴虫)	+	+	?	?	100
		定鞭藻纲(单倍体植物,包括球石藻)	+	+	?	?	2 000
		硅鞭藻纲(硅鞭藻类)	+	—	—	—	≈15
		褐藻纲(褐色海藻,无微藻)	+	+	+	?	2 000

注:① Sensu Castenholtz 和 Waterbury 给蓝藻植物排序,Lewin 给蓝菌排序,van den Hoek 等给所有真核生物分类。
② 并不是在所有大类中的小类都显示了所有的区别性特点。尤其是杂色植物门下的各小类在光合色素和光合作用产物性质上有很大的不同。
③ 来自 Andersen 和 Norton 等。
④ 一些甲藻包含共生的褐藻,因此虽然大部分品种以多甲藻黄素作为主要的叶黄素,其他有一些却以墨角藻黄素作为叶黄素。

种类也不同[122]，部分含油微藻的含油量见表 2-45。微藻油脂可以作为食用油代替蔬菜油满足人们对食用油脂的需要。此外，微藻所产生的油脂通过酯化后可转变为生物柴油（脂肪酸甲酯等），提取油脂后的藻渣可以综合利用，生产动物饲料、有机肥料和甲烷等，具有重要的工业应用价值。美国国家可再生能源实验室（NREL）的报告指出，微藻油脂生产可能是生物柴油产业和生物经济的重要研究方向[125]。

表 2-45 部分含油微藻的含油量[120,126-127]

微 藻 名	含油量(%，干重)
布朗葡萄藻(*Botryococcus braunii*)	25～75
小球藻(*Chlorella* sp.)	28～32
隐甲藻(*Crypthecodinium cohnii*)	20
细柱藻(*Cylindrotheca* sp.)	16～37
杜氏盐藻(*Dunaliella primolecta*)	23
金藻(*Isochrysis* sp.)	25～33
单肠盐藻(*Monallanthus salina*)	>20
微绿球藻(*Nannochloris* sp.)	20～35
微拟球藻(*Nannochloropsis* sp.)	31～68
新绿藻(*Neochloris oleoabundans*)	35～64
菱形藻(*Nitzschia* sp.)	45～47
三角褐指藻(*Phaeodactyium tricornutum*)	20～30
裂壶藻(*Schizochytrium* sp.)	50～77
干扁藻(*Tetraselmis sueica*)	15～23

2.5.3.3 微藻生产生物柴油工艺

微藻产生物柴油工艺路线如图 2-14 所示，其基本工艺过程包括以下几个步骤：产油微藻筛选、在开放环境或封闭体系中进行微藻大规模培养、收获微藻、提取藻油、油脂酯化或转酯化制备生物柴油、生物柴油后处理[119-120]。微藻的生产成本主要由微藻培养、收

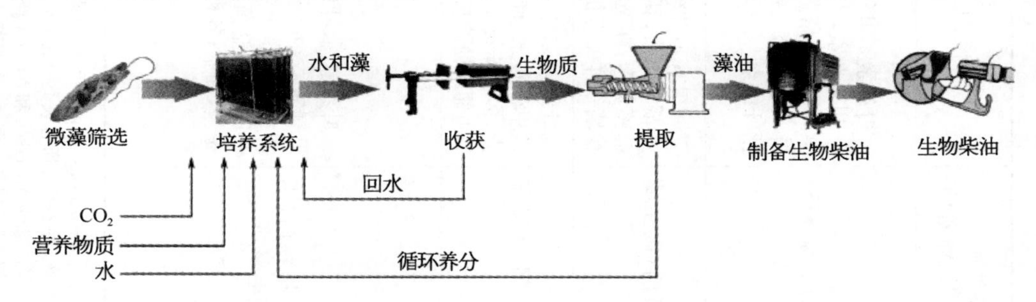

图 2-14 微藻生产生物柴油工艺路线[120]

获、提取和转化等过程的成本构成。各单元操作目前可供选择的技术如表 2-46 所示。要获得高的生产效率，关键是要筛选高产油微藻、开发高效光生物反应器和低成本的收获提取技术[120]，各环节研究发展的主要约束条件如表 2-47 所示。

表 2-46　微藻产生物柴油过程中单元操作可供选择的技术[120]

单元操作	方法选择				
培养系统	开放渠	封闭渠	光生物反应器		
收获单元	沉淀和过滤	离心	絮凝	浮分离	电泳
提取单元	压榨	正己烷萃取			
转化单元	均相催化	非均相催化			

表 2-47　微藻生物柴油开发的各环节要求[128]

技术环节	技术要求	技术选择
微藻的筛选和培育	含油量高； 生长快速； 耐高浓度的 CO_2、高温以及高强度的光照等环境条件； 易于基因工程改造	从表 2-45 所列的富油微藻中筛选
光生物反应器	传光，提高光能利用效率； 传质，解决光生物反应器中反应物混合的效率与手段问题； 传动，解决微藻规模养殖中的“水力学”问题，保证反应器内介质顺利流动、混合，不发生细胞损伤、沉降； 传热，控制光生物反应器中的温度； 清洁； 成本低	跑道池； 垂直柱光生物反应器； 平板光生物反应器； 封闭管式光生物反应器
生物质采收与提取	降低采收成本； 减少藻油提取耗能	离心（运行成本高，设备故障多）； 过滤（膜污染和堵塞）； 絮凝（絮凝剂和运行设备成本）； 超声波（能耗偏高）
生物质加工与转化	根据微藻油脂的性质选择具体的酯交换工艺	以酸、碱或脂肪酶为催化剂，以甲醇与植物脂肪反应获得脂肪酸甲酯（生物柴油）和甘油； 超临界条件下的酯交换技术

（1）藻种选育

获得大量的微藻生物质是微藻生物能源发展的首要前提，而优良的微藻种质是提高微藻生物质产量、降低原料成本的关键。目前，高含油量藻种的获得一般有三种方式。第一,对自然微藻进行筛选。1978～1996 年,美国能源部通过国家可再生能源实验室(NREL)启动了利用水生植物作为能源原料的 ASP(Aquatic Species Program)计划。研究人员对 3 000 余种微藻资源进行了油脂含量普查,从中选出了 300 余种,花费了十多年的时间对其中生长速度快、脂肪含量高的微藻进行了实践性的规模培养。这一项目的启动,大大推动了微藻可再生能源的开发和利用。1990～2000 年,日本国际贸易和工业部资助了一项名为"地球研究更新技术计划"的项目,从 10 000 多种微藻中筛选出多株耐高 CO_2 浓度和高温、生长速度快、能形成高细胞密度的藻种[129]。中国海洋大学已收集了 600 余株海洋藻类种质资源,目前保有油脂含量接近 70%的微藻品种。中国科学院海洋研究所获得了多株油脂含量在 30%～40%的高产能藻株,微藻产油研究取得了重要进展[134]。第二种获得优良藻种的方式是对藻株进行诱变筛选。向文洲等[135]对绿球藻进行诱变,使其在未被充分诱导条件下含油量便提高到了 46%,而且提高了其在极端适应条件下的生长速率。张学城等[136]通过对普生小球藻进行紫外诱变育种,使小球藻的生长速率提高了 6%,同时蛋白质含量提高了 2.5%。诱变育种虽然可以得到某些优良性状的菌株,但耗费人力、物力、时间较多,还容易引发生态问题,且风险性很大[129]。利用现代分子遗传技术对藻株进行遗传改造是筛选优良藻种的第三种方式。此方法可以有针对性地对藻株的特定性状进行改进,从而大大缩短育种周期,并降低风险。因而,近年来人们越来越倾向于利用该技术对微藻进行光合效率、油脂含量、生长速度、环境适应性以及自裂解释放油脂等相关性状的改良研究[129]。

(2) 微藻的规模培养

微藻的大规模培养是将微藻生物柴油推向商业化应用的前提。根据工程和流体力学的特性,微藻类的大规模培养系统一般可以分为两大类:开放式培养系统和封闭式培养系统。开放培养系统技术简单,成本低廉,已经广泛应用于经济藻类的规模培养中。但由于开放培养系统建在室外,稳定性受环境影响较大,不利于控制微藻的培养条件,因此其培养效率和所获产品附加值较低。封闭培养系统一般建于室内,条件参数相对易控制,培养环境稳定,容易控制污染,实现无菌培养,全年生产期较长,产率较高,能够维持较高的藻液浓度,能在一定程度上降低采收成本,但其反应器造价与运行成本较高,目前多用于能生产一些高附加值产品的藻类培养中[129]。

设计光生物反应器一般遵循如下原则:尽可能充分利用光能;尽可能保持最高的光能转化效率;选用适宜的材料并根据所培养藻类的特点确定反应器大小、形状及结构;反应器的建设运行费用低;反应器总体结构简单、实用[120]。

(3) 微藻的收集

目前常用的微藻富集分离方法有膜过滤、离心、絮凝及泡沫分离等方法。膜过滤多使用改性纤维素作为滤膜,滤膜易污染,采用逆流操作可在一定程度上得到改善。离心是一种常用的细胞分离方法,采用离心分离不会引入其他的化学试剂,但能耗成本较高。絮凝是工业化常用的分离手段,通过将微藻细胞絮凝成块后分离,该方法需要加入 $AlCl_3$、$FeCl_3$ 或壳聚糖作絮凝剂,在后续的分离过程中絮凝剂较难除去。泡沫分离通常需要先使用絮凝剂絮凝微藻细胞，然后鼓泡微藻浮渣，从而收集分离。考虑到微藻细胞表面的带电特性，采用电泳的方法富集分析细胞也有报道[120]。

（4）藻油的提取

微藻油脂多分布在细胞壁中，可通过各种方法提取，如有机溶剂法、机械破碎法、酶法、超临界 CO_2 流体萃取法等。有机溶剂法是提取微藻油脂的常用方法。常用的有机溶剂有苯、乙醚、正己烷等[120]。Bligh 等[137]曾以氯仿-甲醇为溶剂提取微藻油脂，采油率约90%。机械破碎法操作相对简单，但是由于细胞破碎率低，采油率也较低（约75%），而且不同的藻类物理特性差别较大，需选用不同的破碎方式。酶法提取利用酶分解细胞壁释放藻油，但酶法成本比正己烷萃取高。另外，通过高渗透压冲击和超声波辅助提取等技术，都可加速细胞壁的破裂和胞内物质的释放，使提取更容易。通常将机械破碎法与化学法联合使用进行微藻油脂的提取。还有一种方法是超临界 CO_2 流体萃取方法，该方法采油率最高，可接近100%，但是这一方法设备比较昂贵、操作条件要求高、工业化也存在困难。因此，目前急需发展操作简单、经济可靠的微藻油脂提取技术[129]。

2.5.3.4　微藻油脂制备生物柴油工艺

微藻中油脂主要以三酰甘油或脂肪酸形式存在，因此可通过转酯化和酯化反应转化为生物柴油（脂肪酸单酯），其反应如图2-15所示。三酰甘油甲酯化催化过程可采用均相催化和非均相催化，工业上常用的催化剂有液体酸催化剂和液体碱催化剂。为减少过程中的污染，固体酸催化剂、固体碱催化剂、酶催化、超临界无催化剂体系和离子液体催化是主要研究方向[120]。

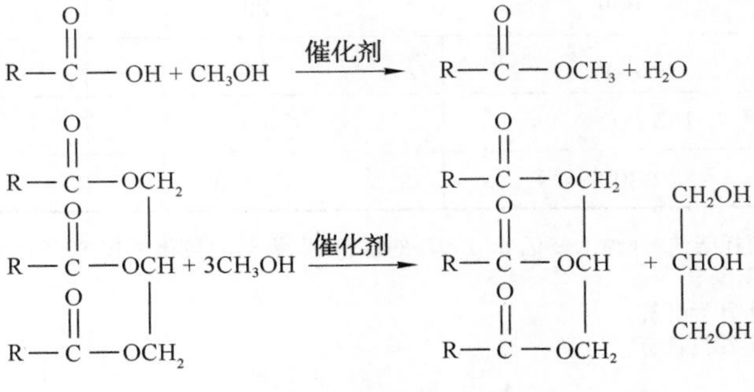

$$R-\overset{\overset{O}{\|}}{C}-OH + CH_3OH \xrightarrow{\text{催化剂}} R-\overset{\overset{O}{\|}}{C}-OCH_3 + H_2O$$

$$\begin{array}{l} R-\overset{\overset{O}{\|}}{C}-OCH_2 \\ \qquad\quad\ \ | \\ R-\overset{\overset{O}{\|}}{C}-OCH \\ \qquad\quad\ \ | \\ R-\overset{\overset{O}{\|}}{C}-OCH_2 \end{array} + 3CH_3OH \xrightarrow{\text{催化剂}} \begin{array}{l} R-\overset{\overset{O}{\|}}{C}-OCH_2 \\ \qquad\quad\ \ | \\ R-\overset{\overset{O}{\|}}{C}-OCH \\ \qquad\quad\ \ | \\ R-\overset{\overset{O}{\|}}{C}-OCH_2 \end{array} + \begin{array}{c} CH_2OH \\ | \\ CHOH \\ | \\ CH_2OH \end{array}$$

图2-15　酯化及转酯化反应[120]

微藻油脂还可以通过加氢裂化的方式制备生物柴油，美国及欧洲等发达国家正在积极探索该技术。该技术获得的生物柴油与转酯化获得的生物柴油不同，转酯化获得的最终产物是脂肪酸甲酯生物柴油，而加氢裂化技术获得的产物是烷烃生物柴油。其成分与石化柴油完全相同，可以与石化柴油以任意比例混合使用，甚至完全替代石化柴油，因此具有更加广泛的应用市场，不需要对现有发动机做任何改动。同时，加氢裂化工艺可以采用目前石油炼制工厂的现有工艺与设备，因此具有投资少、容易产业化的优势，是微藻油脂加工的重要发展方向[129]。

2.5.3.5 微藻生产生物柴油优点

利用微藻生产生物柴油的优点有如下几方面：

① 光合作用效率高：微藻是光合自养生物，结构简单，整个生物体都能进行光合作用且能直接将太阳能一次转化为化学能，效率高[125]。

② 微藻可以全年收获，因此，微藻的油脂产量超过了最高油脂产量的油料作物。例如，微藻（开放池培养）每公顷的油脂产量是12 000 L，而油菜籽每公顷的油脂产量是1 190 L。

③ 微藻生长在水介质中，比陆地作物需要更少的水，因此，能减少淡水资源的负载。

④ 微藻可以种植在非耕地的咸淡水环境中，因此不会导致可用耕地的变化，能最大限度地减少相关的环境影响，而又不影响粮食饲料和其他农作物产品的生产。微藻及其他一些生物柴油原料占地面积对比见表2-48。我国有大片海域未开发利用，假如利用这些海域养殖微藻，既可以合理利用资源，还能带动沿海地区经济发展，一举多得[118]。

表2-48 适于中国生产生物柴油的主要原料比较[131]

作　物	油类产量 (L/hm^2)	所需土地面积 ($\times 10^6\ hm^2$)①	占现有土地比例 (%)
大　豆	446	169	140.00
向日葵	952	80	66.00
油菜籽	1 190	64	52.60
麻风树	1 892	39	32.00
椰　子	2 689	29	23.80
油棕榈	5 950	14	11.40
微藻②	135 000	0.56	0.46
微藻③	39 300	1.95	1.65

注：① 满足中国年消耗柴油量（约1.2亿 m^3）50%的供给，生物柴油转化率按80%计算，全国可用耕地面积按1 200万 hm^2 计算。
② 按含油占干重70%计算。
③ 按含油占干重20%计算。

⑤ 微藻生长快速且许多品种干重油含量为20%～50%，3.5h就可以达到对数生长期，在对数生长期，油脂积累量加倍。不同微藻的含油量及产油速率见表2-49。

表2-49 不同微藻的含油量及产油速率[132]

藻　株	培养条件	含油量 (%，细胞干重)	生长速率 [g/(L·d)]	产油速率 [mg/(L·d)]
原始小球藻	自养	11.0～23.0	0.002～0.020	0.2～5.4
原始小球藻	异养	50.3～57.8	2.2～7.4	1 209.6～3 701.1
原始小球藻	光合-发酵	58.4	23.9	11 800

(续表)

藻 株	培养条件	含油量(%,细胞干重)	生长速率[g/(L·d)]	产油速率[mg/(L·d)]
普通小球藻	自养	33.0～38.0	0.01	4.0
普通小球藻	混养	21.0～34.0	0.09～0.25	22.0～54.0
杜氏盐藻	自养	60.6～67.8	0.10	60.6～69.8
等鞭金藻	自养	27.4	0.14	37.8
眼点拟微绿球藻	自养	22.7～29.7	0.37～0.48	84.0～142.0
路氏巴夫藻	自养	35.5	0.14	50.2
栅藻	自养	21.1	0.26	53.9

⑥ 微藻还可以保持和改善空气质量,微藻生物质生产可以影响 CO_2 的生物固定(1 kg 干重藻类生物质能固定约 1.83 kg CO_2)。

⑦ 培养微藻所需要的营养元素(特别是氮和磷)可以从废水中获得,因此除了提供生长介质,农产食品厂的有机污水还能作为微藻的营养物质被利用。

⑧ 藻类栽培不需要除草剂或杀虫剂。

⑨ 微藻生物质还可以生产有价值的副产品,如蛋白质和提取油脂后的残留生物质,这些可以被用作饲料或肥料。

⑩ 微藻生物质的生化成分可通过改变生长条件来调节,因此油脂产量可能会显著提高。

⑪ 微藻生物质可以光合产氢[123]。

⑫ 从藻类获取的油是没有污染、可再生的能量资源，它的应用不需要改变汽车、飞机的发动机，不需要改变能源的分配方式以及能源资源的市场[130]。

2.5.3.6 微藻生产生物柴油缺点

尽管藻类有很多优点,但实际生产中也有一些不利因素,主要表现在以下几方面:

① 由于藻类生长繁殖要求一定的条件,因此前期投资比较大。

② 在最初培养藻类时需要纯净 CO_2 和有机物(乙酸盐、葡萄糖),并且要求用化合物作为矿物营养的来源,这些条件会增加投入。

③ 有些有机物和化合物可造成环境污染。

④ 藻类进行热转化前需要先将其从水中分离出来,此分离过程需要特定的设备,进一步增加了投入[130]。

此外,如何提高藻种质量,使藻体含有更高的易转化有机物,并降低藻体细胞中的灰分含量;如何有效收集藻体,降低藻类采收成本等,还有待进一步研究[118]。

2.5.3.7 微藻生产生物柴油的现状

近年来，随着石油价格的高涨，微藻能源发展非常迅速，图 2-16 给出了 2000 年以来美国微藻生物燃料企业数量的增长情况。生物柴油可直接用于发动机引擎，是替代石化

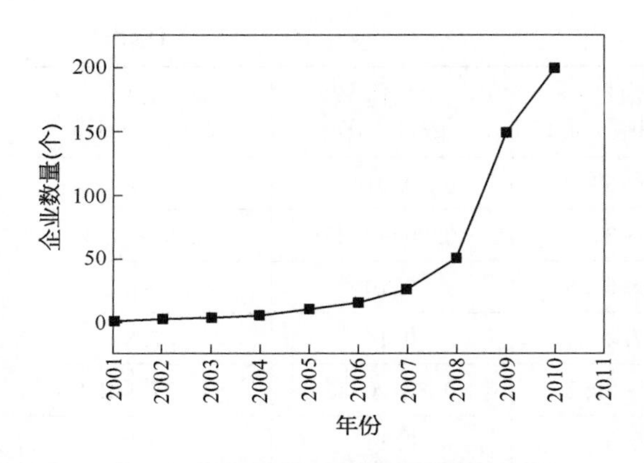

图 2-16 美国微藻生物燃料企业数量增长情况[120]

液体燃料的最现实选择，微藻是替代传统植物油制生物柴油的选择之一[120]。微藻产油技术开发得到了全球性的广泛关注，成为生物技术领域的热点课题。2007 年 10 月，国际能源公司宣布开发以微藻为原料生产生物燃料的新技术；同年 12 月，Shell 公司与美国 HR Biopetroleum 公司组建 Cellena 合资公司，投资 70 亿美元开展微藻生物柴油技术的研究[128]。2007 年 10 月 26 日，荷兰 AlgaeLink NV 公司宣布用于生物柴油生产的海藻光生物反应系统研制成功[125]。2010 年，由华东理工大学牵头，我国也提出了"微藻能源规模化制备的科学基础"的"973"计划，为未来微藻能源产业奠定基础[120]。众多家科研机构和企业展开了有关技术的研发工作。主要集中于藻种的筛选、微藻培养、生物反应器设计及下游加工技术。目前国内一些企业也都进行了能源微藻的中试培养。新奥科技发展有限公司的"CO_2-微藻-生物柴油关键技术研究"项目已经通过中试，目前正在内蒙古建设 280 hm^2 的微藻养殖基地。2009 年，中国石化股份有限公司与中国科学院联合启动了"微藻生物柴油成套技术"项目，计划到 2015 年完成万吨级工业生产装置[132]。

目前，微藻生物柴油成本过高是限制其产业发展的技术瓶颈。Gallagher 通过对微藻制生物柴油产业经济分析指出，原油价格如果达到 100 美元/桶，微藻制生物柴油将有经济上的可行性[120]。而以目前的条件和技术，含油量 55%的微藻生物柴油生产成本约为 3 000美元/t(不包括微藻蛋白等其他产物的利用)。因此，降低成本是目前微藻生物柴油开发的基本要求。而降低微藻产油成本亟待解决的问题是筛选优良的产油藻种、开发高效低成本的培养模式、开发低能耗技术及加大对附加产品的利用。要解决这些关键技术问题，理论上应选育具有生长速率快、适应性强、含油量高和富含高价值产物等特性的优良产油藻种，加强微藻光合作用、分子代谢与调控研究，利用优良藻种建立改良的开放式培养技术或简易光生物反应器培养系统，通过利用废水废气有效降低培养成本[133]。

2.5.3.8 微藻生物质的其他利用

微藻含有丰富的生物活性物质，如 β-胡萝卜素、藻兰素、微藻脂肪酸、多糖、维生素、甾醇等，是重要的药物资源，有些还可直接或经加工后用于化工、食品工业和饲料工业等[129]。因此，微藻除了可以用于生产生物能源，还有许多其他方面的应用。

(1) 应用于医药方面

微藻中含有丰富的不饱和脂肪酸，主要有亚油酸、亚麻酸、花生四烯酸、ω-3 系列的二十碳五烯酸(EPA)、二十二碳六烯酸(DHA)等种类[127]。DHA 有抗衰老、降血脂、降血压、抗血栓、防止血小板凝结、清除氧自由基、降低血液中低密度脂蛋白含量和预防动脉粥样硬化的作用，对心脑血管疾病、关节炎、肾炎等有良好的防治作用。EPA 和 DHA 还能增强大脑记忆力，调节中枢神经、视觉系统的功能，提高人体的免疫功能[138]。

微藻多糖具有抗肿瘤、抗病毒、抗辐射损伤、抗缺氧、抗疲劳、抗突变、抗衰老、抗凝血、降血脂及调节机体免疫能力等广泛的生理功能[138]。例如，从钝顶螺旋藻中分离提取的螺旋藻多糖，能通过增强免疫力在一定程度上抑制和杀害肿瘤细胞[139]，对溃疡、糖尿病、肝炎及视觉障碍等疾病也有治疗作用[140]。紫菜多糖除了可以增强机体免疫力、抗肿瘤、抗辐射作用外，还具有降血脂、抗凝血、降低血黏度、抑制血栓形成的作用，可以预防动脉硬化、心肌梗死等疾病[141]。

另外，微藻中富含的色素在医药学方面也有广泛应用。β-胡萝卜素是维生素 A 的前体，有抗氧化、抗突变、抗衰老、预防癌症、增加免疫力等作用。虾青素能治疗紫外线引发的皮肤癌，还能显著促进机体产生抗体。此外，藻胆蛋白被广泛应用于工业和临床研究免疫学实验室。藻胆蛋白高摩尔吸光系数、高荧光量子效率、大斯托克斯位移、高齐聚物稳定性和高耐光性的特性使其成为非常有力且高度灵敏的荧光试剂。在荧光激活细胞分选过程中，它们可以作为抗体、受体和其他生物分子，它们还被用于免疫标记实验和荧光显微镜检查或诊断中[142]。

(2) 应用于食品、保健品方面

微藻蛋白质含量很高，可以用作非传统的蛋白质来源。如小球藻属中的蛋白核小球藻(*Chlorella pyrenoidosa*)蛋白质含量一般不低于 50%，明显高于植物蛋白源。而螺旋藻的蛋白质含量可高达 60%～70%[127]。此外，几乎所有藻类的氨基酸形式都能与其他食物蛋白中的相媲美。微藻细胞还能够合成所有的氨基酸，可以为人类和动物提供必需氨基酸[142]。微藻还含有丰富的微量元素、矿物质、不饱和脂肪酸等，因此，可以将其用作食品及保健品原料。螺旋藻产生的藻胆蛋白已作为天然的食用色素添加到冰淇淋、糖果、果冻、酸乳酪中，不仅增加了口感，而且外形非常美观。在欧洲，EPA 和 DHA 被添加到婴儿配方奶粉中[143]。山东省科学院能源研究所正积极开展 EPA 相关保健品的开发工作[127]。

(3) 应用于饲料方面

微藻的蛋白质含量较高，所含核酸超过常规饲料和食品，在人工培养中常用作浮游动物的饵料，成功地用于饲养鱼类或动物性浮游生物(如红虫、牡蛎等)。在鱼虾养殖业中，还可以通过在饵料中适当添加 EPA 和 DHA 提高鱼虾的生长速度和存活率，因为 EPA 和 DHA 是许多鱼虾类幼体的必需脂肪酸，还有人用特殊微藻喂养母鸡使母鸡生产“欧米茄”鸡蛋。

2.5.3.9　微藻生产生物柴油的前景及发展趋势

加工微藻生产生物柴油是一项很有前景的工业实践，可以部分取代从油料作物中获得柴油及生物柴油。据 Sheehan 等报道，如果微藻油生产可以进行工业化放大，只需要不到 600 万 hm^2 的耕地，即将不到全世界耕地的 0.4%用于种植微藻，即可满足当前的燃料需求[144]。作为生物能源原料，尽管与其他高等植物相比，微藻具有极为显著的优势，其成本较高依然是微藻能源产业化面临的核心问题。

为了降低微藻产油产业化成本，近年来发展起一种与烟道气 CO_2 减排及污水处理相结合的藻类生态养殖模式。在该培养体系中，提供给微藻生长的 CO_2 多来自于空气和燃烧化石燃料的工厂的烟道气 CO_2，而其生长所需的氮、磷营养元素则来源于高氮、磷含量的污水。微藻不仅能固定 CO_2，还能利用烟道气中的 SO_2 和 NO_x[120]，因而，该培养模式能显著改善环境，同时能够变废为宝，大幅度降低微藻养殖成本。Brown L. M. 的研究表明，烟道气 CO_2 可以明显提高微藻生长速度，并且 CO_2 的去除率可达 90%以上[145]。同时，范晓蕾等的前期研究表明，用城市生活污水培养小球藻，可以完全替代传统培养基，无需向培养基中添加任何氮、磷等元素，并且培养 6 d 后，城市生活污水中的氨氮去除率可达 92%，而总磷去除率可达 94%以上[129]。

对能源微藻进行油脂提取处理后，剩余藻渣仍可继续利用，从中提取多糖、蛋白质、色素等高附加值生物活性物质，并将这些物质分离提纯，应用于医药、食品、饲料等方面，而残余物还可用于发酵生产生物燃气[129]。

能源微藻培养与煤电厂、水泥厂、化肥厂等进行偶联，同时加大对微藻产品的综合开发，一方面充分利用了废弃资源，具有明显的环境治理效益；另一方面最大限度地利用了微藻生物质资源，可以大幅节约成本，增加收益，是微藻能源产业链的有益补充，也是未来微藻能源产业的一个重要发展方向[129]。

2.5.4 废弃油脂

废弃油脂是指餐饮业、食品加工业在生产经营活动中产生的不能再食用的动、植物油脂，包括油脂使用后产生的不可再食用的油脂（炸制老油、火锅油）、含油脂废水经油水分离或者隔油池分离后产生的不可再食用的油脂（泔水油）和劣质猪肉、猪内脏、猪皮加工以及提炼后产出的油。在城市里产生的废弃油脂主要是餐厅、宾馆和食品加工厂，在农村产生的废弃油脂由于量少而且分散，不易收集，所以通常所讲的废弃油脂主要是指城市废弃油脂，俗称地沟油[146]。据估计，废弃油脂量约占食用油消费量的 20%～30%。以我国年均食用油消费量 2 100 万 t 计算，则每年产生的废油量为 400 万～600 万 t，能够收集起来的废弃油脂量在 400 万 t 左右。目前，我国废弃油脂资源还未得到合理利用，特别是地沟油，在水体中经过复杂的生化反应，污染大气，堵塞污水管道，造成污水反水，污染地下水，造成水体富营养化。一些地沟油甚至被不法分子加工成劣质食用油，返回餐桌，严重破坏食品安全[147]。地沟油的成分复杂，除含有油脂外还有大量的油脂氧化物、游离脂肪酸、脂肪酸的二聚体和多聚体、过氧化物、多环芳烃类物质、低分子分解产物等。我国地沟油资源丰富，成分复杂，来源不稳定，地沟油的回收和综合利用还需要建立合理的回收方法及制度，完善相关的检测方法以及加大政策扶持力度。从能源化利用的角度来看，将地沟油转化为生物柴油不仅可以抑制地沟油返回餐桌，还可以生产液体生物燃料，部分替代化石燃料，可谓一举两得。但地沟油具有固体杂质含量多、水分含量高、酸值高的特点，在转酯化反应前一般要先经过除水、机械除杂、除酸、脱色等预处理[148]。针对地沟油转酯化制备生物柴油的研究已有不少研究报道，但要真正实现抑制地沟油返回餐桌及用于生物柴油生产，还需要加强管理和政策扶持力度。

参考文献

[1] 严绪朝. 中国石油行业面临形势及战略对策. 2006中国能源战略高层论坛及第九届中国北京国际科技产业博览会，2006.

[2] 陈清泰. 中国的能源战略和政策. 中国经济时报，2003-11-17.

[3] 中国新闻网. 专家：2020年我国石油对外依存度或达65%～70%. 2011-09-01. http://www.chinanews.com/ny/2011/09-01/3300840.shtml.

[4] 严绪朝. 中国能源结构优化和天然气的战略地位与作用. 国际石油经济，2010(3)：62-67.

[5] Ragauskas A J, Williams C K, Davison B H, et al. The path forward for biofuels and biomaterials. Science, 2006, 311 (5760): 484-489.

[6] 黄进，夏涛，郑化. 生物质化工与生物质材料. 北京：化学工业出版社，2009.

[7] NREL. What is a biorefinery? http://www.nrel.gov/biomass/biorefinery.html.

[8] Kamm B, Gruber P R, Kamm M. Biorefineries — industrial processes and products. Ullmann's Encyclopedia of Industrial Chemistry, 2007, 5: 659-688.

[9] 谭天伟，王芳. 生物炼制发展现状及前景展望. 现代化工，2006，26(4)：6-11.

[10] 常建民，等. 林木生物质资源与能源化利用技术. 北京：科学出版社，2010.

[11] Farrell A E, Plevin R J, Turner B T, et al. Ethanol can contribute to energy and environmental goals. Science, 2006, 311(5760): 506-508.

[12] 毕于运，王亚静，高春雨. 中国主要秸秆资源数量及其区域分布. 农机化研究，2010(3)：1-7.

[13] 陈洪章. 生物质科学与工程. 北京：化学工业出版社，2008.

[14] 蔡亚庆，仇焕广，徐志刚. 中国各区域秸秆资源可能源化利用的潜力分析. 自然资源学报，2011，26(10)：1637-1646.

[15] 国家林业局森林资源管理司. 第六次全国森林资源清查及森林资源状况. 绿色中国，2005(2)：10-12.

[16] 侯坚，张培栋，张宝茸，等. 中国林业生物质能源资源开发利用现状与发展建议. 可再生能源，2009，27(6)：113-117.

[17] 马超，尤幸，王广东. 中国主要木本油料植物开发利用现状及存在问题. 中国农学通报，2009，25(24)：330-333.

[18] 中国林业生物质能源网. 我国林业生物质能源发展目标确定. 2011-12-23. http://swzny.forestry.gov.cn/portal/swzny/s/721/content-516660.html.

[19] 胡亨魁. 水污染控制工程. 武汉：武汉理工大学出版社，2003.

[20] 中国污水处理工程网. 制糖工业废水的处理. 2008-11-20. http://www.dowater.com/jishu/2008-11-20/2193.html.

[21] 王德宝，胡莹. 我国生活垃圾组成成分及处理方法分析. 环境卫生工程，2010，18(1)：40-44.

[22] 张益. 我国生活垃圾处理现状分析及对策建议. 2010-03. http://www.huanke.com.cn/08/article.asp?articleid=919.

[23] 张磊，田义文. 治理农村禽畜粪便污染的研究. 安徽农业科学，2007，35(5)：1452-1454.

[24] 刘国锋. 禽畜粪便化污为“宝”. 北京日报，2010-12-10.

[25] 曲音波. 纤维素乙醇产业化. 化学进展,2007,19(7/8):1098-1108.
[26] 潘福池. 制浆造纸工艺基本理论与应用. 大连:大连理工大学出版社,1990.
[27] 曲音波,等. 木质纤维素降解酶与生物炼制. 北京:化学工业出版社,2011.
[28] 赵银中. 二次纤维酸水解制取燃料乙醇的研究(硕士学位论文). 华南理工大学,2011.
[29] 赵军,王述洋. 我国农林生物质资源分布与利用潜力的研究. 农机化研究,2008(6):231-233.
[30] 马隆龙,王铁军,吴创之,等. 木质纤维素化工技术及应用. 北京:科学出版社,2010.
[31] 国际谷物理事会. http://www.cngrain.com/report/2013532164_1.html.
[32] Japan Institute of Energy. The Asian biomass handbook-a guide for biomass production and utilization, 2008. http://aba.jie.or.jp/abahandbook.htm.
[33] Matti Parikka. Global biomass fuel resources. Biomass Bioenergy, 2004, 27: 613-620.
[34] 谢光辉. 能源植物分类及其转化利用. 中国农业大学学报,2011,16(2):1-7.
[35] Heaton E A, Clifton-Brown J, Voigt T B, et al. Miscanthus for renewable energy generation: European union experience and projections for Illinois. Mitig Adapt Strat Global Change, 2004, 9: 433-451.
[36] 涂振东,王钊英,傅力. 甜高粱秸秆燃料乙醇产业化问题与对策的探讨. 可再生能源,2009,27(4):106-108.
[37] 徐增让,成升魁,谢高地. 甜高粱的适生区及能源资源潜力研究. 可再生能源,2010,28(4):118-122.
[38] International Crops Research Institute for the Semi-Arid Tropics. Sweet sorghum-food, feed, fodder and fuel crop. 2007. http://www.icrisat.org/Biopower/BVSReddyetalSweetSorghumBrochureJan2007.pdf.
[39] 刘莉,孙君社,康利平,等. 甜高粱茎秆生产燃料乙醇. 化学进展,2007,19(7/8):1109-1115.
[40] 于辉,向佐湘,杨知建. 草本能源植物资源的开发与利用. 草业科学,2008,25(12):46-50.
[41] 杜菲,杨富裕,Casler M D,等. 美国能源草柳枝稷的研究进展. 安徽农业科学,2010,38(35):20334-20339.
[42] David K, Ragauskas A J. Switchgrass as an energy crop for biofuel production: a review of its ligno-cellulosic chemical properties. Energ Environ Sci, 2010, 3: 1182-1190.
[43] 李诺渝,周龙平. 能源作物芒草的研究与发展战略. 农业工程技术(新能源产业),2012(4):12-18.
[44] Lewandowski I, Clifton-Brown J C, Scurlock J M O, et al. Miscanthus: European experience with a novel energy crop. Biomass Bioenergy, 2000, 19: 209-227.
[45] 范希峰,左海涛,侯新村,等. 芒和荻作为草本能源植物的潜力分析. 中国农学通报,2010,26(14):381-387.
[46] Le Ngoc Huyena T, Rémond C, Dheilly R M, et al, Effect of harvesting date on the composition and saccharification of *Miscanthus giganteus*. Bioresour Technol, 2010, 101(21): 8224-8231.
[47] Jyväskylä Innovation Oy & MTT Agrifood Research. Energy from field energy crops-a handbook for energy producers. Jyväskylä Innovation Oy, Finland, 2009. http://www.encrop.net/GetItem.asp?item=digistorefile;138610;730¶ms=open;gallery.
[48] 刘绍良,刘秀龙,王健,等. 我国灌木柳资源开发利用的战略性思考. 吉林农业,2010(10):6-26.
[49] 许泳清,汤浩,蔡南通,等. 木薯生产利用现状及福建省发展木薯产业可行性分析. 中国农学通报,2008,24(5):414-417.

[50] 酒精网. 淀粉质原料酒精生产技术(一). 2006. http://www.alcoholnet.com:88/Info/Technology/59000.htm.
[51] 张彩霞,谢高地,徐增让,等. 中国木薯乙醇的资源潜力及其空间分布. 生态学杂志,2011,30(8):1726-1731.
[52] 张彩霞,谢高地,李士美,等. 中国甘薯乙醇的资源潜力及空间分布. 资源科学,2010,32(3):505-511.
[53] 何新民,韦本辉,蒋菁,等. 红薯作为生物质能源作物的可行性探讨. 中国热带农业,2008(3):10-11.
[54] 袁文杰,常宝垒,任剑刚,等. 菊芋生产燃料乙醇工艺路线探讨. 可再生能源,2011,29(4):139-143.
[55] 华艳艳,赵鑫,赵金,等. 圆红冬孢酵母发酵菊芋块茎产油脂的研究. 中国生物工程杂志,2007,27(10):59-63.
[56] 杨梅,袁文杰,凤丽华. 菊芋生料联合生物加工发酵生产燃料乙醇. 安徽农业科学,2012,40(9):5438-5441.
[57] 袁文杰,常宝垒,任剑刚,等. 菊芋生产燃料乙醇工艺路线探讨. 可再生能源,2011,29(4):139-143.
[58] 中国农业新闻网. 2011 年我国农产品进出口情况. 2012-02-29. http://www.farmer.com.cn/jjpd/jghq/201202/t20120229_701512.htm.
[59] 赵宗保,华艳艳,刘波. 中国如何突破生物柴油产业的原料瓶颈. 中国生物工程杂志,2005,25(11):1-6.
[60] 符瑜,潘学标,高浩. 中国黄连木的地理分布与生境气候特征分析. 中国农业气象,2009,30(3):318-322.
[61] 陈隆升,彭方仁,梁有旺,等. 不同种源黄连木种子形态特征及脂肪油品质的差异性分析. 植物资源与环境学报,2009,18(1):16-21.
[62] 胡小泓,倪武松,周艺,等. 黄连木籽油的理化特性及其脂肪酸组成分析. 武汉工业学院学报,2007,26(3):4-5,20.
[63] 蒲志鹏,王卫刚,蒋建新,等. 黄连木生物柴油及其低温流动性能研究. 北京林业大学学报,2009,31(S1):56-61.
[64] Yu X, Wen Z, Li H, et al. Transesterification of *Pistacia chinensis* oil for biodiesel catalyzed by CaO-CeO_2 mixed oxides. Fuel, 2011, 90(5): 1868-1874.
[65] Li X, He X Y, Li Z L, et al, Enzymatic production of biodiesel from *Pistacia chinensis* Bunge seed oil using immobilized lipas. Fuel, 2012, 92(1): 89-93.
[66] 毕泉鑫,蔡龙,马兴华,等. 中国特有能源植物文冠果的遗传学及产业化. 中国野生植物资源,2011,30(5):37-41.
[67] 薛培生,沈广宁,赵峰,等. 文冠果的栽培现状及发展前景. 落叶果树,2007(4):19-22.
[68] 高伟星,那晓婷,刘克武. 生物质能源植物——文冠果. 中国林副特产,2007(1):93-94.
[69] 孔维宝,梁俊玉,马正学,等. 文冠果油的研究进展. 中国油脂,2011,36(11):67-72.
[70] 邓红,孙俊,范雪层. 文冠果籽油的不同提取工艺及其组成成分比较. 东北林业大学学报,2007,35(10):39-41.
[71] 于海燕,周绍箕. 文冠果油制备生物柴油的研究. 中国油脂,2009,34(3):43-45.

[72] 何见,但新球,蒋丽娟. 绿色能源植物——光皮树. 绿色科技,2010(9): 1-3.
[73] 曾虹燕,曹辉,左映平. 不同提取方法对光皮树籽油品质的影响. 中国油料作物学报,2005,27(1): 84-87.
[74] 刘光斌,刘苑秋,黄长干,等. 5种野生木本植物油性质及其制备生物柴油的研究. 江西农业大学学报,2010,32(2): 339-344.
[75] 李昌珠,蒋丽娟,李培旺,等. 野生木本植物油——光皮树油制取生物柴油的研究. 生物加工过程,2005,3(1): 42-44,53.
[76] 陈喜英,谷勇,殷瑶,等. 麻风树的研究进展. 林业调查规划,2011,36(1): 31-34.
[77] 吴伟光,黄季焜,邓祥征. 中国生物柴油原料树种麻风树种植土地潜力分析. 中国科学D辑: 地球科学,2009(39): 1672-1680.
[78] Achten W M J, Verchot L, Franker Y J, et al, *Jatropha* bio-diesel production and use. Biomass Bioenergy, 2008, 32(12): 1063-1084.
[79] Yang C Y, Fang Z, Li B, et al. Review and prospects of *Jatropha* biodiesel industry in China. Renew Sust Energ Rev, 2012, 16(4): 2178-2190.
[80] 张国武,彭彦,黄敏. 我国麻风树产业化发展现状、存在问题及对策. 安徽农业科学,2009,37(8): 3821-3823.
[81] 金代钧,黄惠坤,唐润琴,等. 中国乌桕品种资源的调查研究. 广西植物,1997,17(4): 345-362.
[82] 姚波,刘火安. 能源植物乌桕在生物柴油生产中作用的研究进展. 湖南农业科学,2010(9): 106-109,112.
[83] 顾庆龙,刘金林. 地域环境对乌桕种子油脂成分的影响. 扬州大学学报(自然科学版),2001,4(4): 47-49.
[84] 黄福长. 国内外油桐发展现状. 佛山科学技术学院学报(自然科学版),2011,29(3): 83-87.
[85] 付梅轩,陈燕. 我国主要产区的桐油脂肪酸组成. 油脂科技,1985(1): 2-8.
[86] 张玲玲,彭俊华. 油桐资源价值及其开发利用前景. 经济林研究,2011,29(2): 130-136.
[87] 赵伟,刘拉平,杨健,等. 桐油转化生物柴油的研究. 西北农林科技大学学报(自然科学版),2007,35(11): 176-180.
[88] 玄伟东,张天顺,张汝坤. 桐油制取生物柴油的研究. 农机化研究,2008(11): 204-205.
[89] 熊惠波,李瑞,李希娟,等. 油棕产业调查分析及中国发展油棕产业的建议. 中国农学通报,2009,25(24): 114-117.
[90] 张惠娟,尚琼,鲁厚芳,等. 棕榈油制备生物柴油过程中的物相组成及产品性质. 中国油脂,2008,33(3): 49-52.
[91] 范焱虎,张汝坤,张天顺,等. 棕榈油制备生物柴油性能研究. 安徽农业科学,2011,39(7): 4170-4171,4180.
[92] 危文亮,金梦阳. 42份非木本油料植物资源的能源利用潜力评价. 中国油脂,2008,33(5): 73-76.
[93] 赵宗保. 加快微生物油脂研究为生物柴油产业提供廉价原料. 中国生物工程杂志,2005,25(2): 8-11.
[94] 相光明,刘建军,赵祥颖,等. 微生物油脂研究进展. 粮油加工,2008(9): 56-60.
[95] Meng X, Yang J, Xu X, et al, Biodiesel production from oleaginous microorganisms. Renew Energ, 2009, 34: 1-5.

[96] Li Q, Du W, Liu D. Perspectives of microbial oils for biodiesel production. Appl Microbiol Biotechnol, 2008, 80(5): 749 - 756.

[97] 相光明,刘建军,赵祥颖,等.产油微生物研究及应用.粮食与油脂,2008(6): 7 - 11.

[98] 王莉,孙玉梅.金属离子对发酵性丝孢酵母发酵产油脂的影响.大连轻工业学院报.2005,24(4): 259 - 262.

[99] 施安辉,谷劲松,刘淑君,等.高产油脂酵母菌株的选育发酵条件的优化及油脂成分分析.中国酿造,1997(4): 10 - 13.

[100] 李植峰,张玲,沈晓京,等.四种真菌油脂提取方法的比较研究.微生物学通报,2001,28(6): 72 - 75.

[101] 李永红,刘波,赵宗保,等.圆红冬孢酵母菌发酵产油脂培养基及发酵条件的优化研究.生物工程学报,2006,22(4): 650 - 656.

[102] Zhu L Y, Zong M H, Wu H. Efficient lipid production with *Trichosporon fermentans* and its use for biodiesel preparation. Bioresour Technol, 2008, 99(16): 7881 - 7885.

[103] Karatay S E, Dönmez G. Improving the lipid accumulation properties of the yeast cells for biodiesel production using molasses. Bioresour Technol, 2010, 101(20): 7988 - 7990.

[104] Liang Y N, Cui Y, Trushenski J, et al. Converting crude glycerol derived from yellow grease to lipids through yeast fermentation. Bioresour Technol, 2010, 101(19): 7581 - 7586.

[105] Xu J, Zhao X, Wang W, et al. Microbial conversion of biodiesel byproduct glycerol to triacylglycerols by oleaginous yeast *Rhodosporidium toruloides* and the individual effect of some impurities on lipid production. Biochem Eng J, 2012, 65(15): 30 - 36.

[106] Xue F Y, Miao J X, Zhang X, et al. Studies on lipid production by *Rhodotorula glutinis* fermentation using monosodium glutamate wastewater as culture medium. Bioresour Technol, 2008, 99(13): 5923 - 5927.

[107] Xue F Y, Gao B, Zhu Y Q, et al. Pilot-scale production of microbial lipid using starch wastewater as raw material. Bioresour Technol, 2010, 101(15): 6092 - 6095.

[108] 赵宗保,胡翠敏.能源微生物油脂技术进展.生物工程学报,2011,27(3): 427 - 435.

[109] 华艳艳,赵鑫,赵金,等.圆红冬孢酵母发酵菊芋块茎产油脂的研究.中国生物工程杂志,2007,27(10): 59 - 63.

[110] Zhao X, Wu S G, Hu C M, et al. Lipid production from *Jerusalem artichoke* by *Rhodosporidium toruloides* Y4. J Ind Microbiol Biot, 2010, 37(6): 581 - 585.

[111] Huang C, Zong M H, Wu H, et al. Microbial oil production from rice straw hydrolysate by *Trichosporon fermentans*. Bioresour Technol, 2009, 100(19): 4535 - 4538.

[112] 彭枫,赵雪冰,刘灿明,等.活性炭脱毒甘蔗渣稀酸水解液用于酵母油脂的合成.可再生能源,2009,27(4): 32 - 36.

[113] Chen X, Li Z H, Zhang X X, et al. Screening of oleaginous yeast strains tolerant to lignocellulose degradation compounds. Appl Biochem Biotechnol, 2009, 159(3): 591 - 604.

[114] Hu C M, Zhao X, Zhao J, et al. Effects of biomass hydrolysis by-products on oleaginous yeast *Rhodosporidium toruloides*. Bioresour Technol, 2009, 100(20): 4843 - 4847.

[115] Zhao X, Peng F, Du W, et al, Effects of some inhibitors on the growth and lipid accumulation of oleaginous yeast *Rhodosporidium toruloides* and preparation of biodiesel by enzymatic

transesterification of the lipid. Bioprocess Biosyst Eng, 2012, 35(6): 993 - 1004.
[116] 彭枫.利用木质纤维素水解液发酵生产微生物油脂的研究(硕士学位论文).湖南农业大学,2009.
[117] 刘波,孙艳,刘永红,等.产油微生物油脂生物合成与代谢调控研究进展.微生物学报,2005,45(1): 153 - 156.
[118] 闵恩泽,嵇磊,张利雄.利用藻类生物质制备生物燃料研究进展.石油学报(石油加工).2007(6): 1 - 5.
[119] 张敏,陆德祥,吕锋.利用微藻生产生物柴油.江苏农业科学,2010(6): 560 - 562.
[120] 陈宏文,陈国,赵珺.微藻产生物柴油研究进展.化工进展,2011(10): 2186 - 2193.
[121] Metting F B. Biodiversity and application of microalgae. J Ind Microbiol Biotechnol, 1996, 17(5/6): 477 - 489.
[122] Guschina I A, Harwood J L. Lipids and lipid metabolism in eukaryotic algae. Prog Lipid Res, 2006, 45(2): 160 - 186.
[123] Brennan L, Owende P. Biofuels from microalgae-a review of technologies for production, processing, and extractions of biofuels and co-products. Renew Sust Energ Rev, 2010, 14(2): 557 - 577.
[124] Rattray J. Biotechnology and the fats and oils industry — an overview. J Am Oil Chem Soc, 1984, 61(11): 1701 - 1712.
[125] 李夜光,梅洪,张成武.利用微藻生产可再生能源研究概况.武汉植物学研究.2008(6): 650 - 660.
[126] Chisti Y. Biodiesel from microalgae. Biotechnol Adv, 2007, 25(3): 294 - 306.
[127] 孙立,李岩,周文广.微藻资源的综合开发与应用.山东科学,2010(4): 84 - 87.
[128] 于建荣,刘斌,陈大明.微藻生物柴油研发态势分析.生命科学,2008(6): 991 - 996.
[129] 魏东芝,范晓蕾,郭荣波.能源微藻与生物炼制.中国基础科学,2009(5): 59 - 63.
[130] 吴庆余,胡风庆,侯潇.利用微藻热解成烃制备可再生生物能源进展.辽宁大学学报(自然科学版),1999,26(2): 182 - 187.
[131] 沈银武,李华,王伟波.微藻生物柴油发展与产油微藻资源利用.可再生能源,2011(4): 84 - 89.
[132] 吴庆余,高春芳,余世实.微藻生物柴油的发展.生物学通报,2011(6): 1 - 5.
[133] 向文洲,苏娇娇,徐少琨,等.微藻产油的技术问题与出路.中国广东珠海: 庆祝中国藻类学会成立 30 周年暨第十五次学术讨论会,2009.
[134] 孙珊.富油微藻筛选及油脂组分与影响因素研究(硕士学位论文).青岛科技大学,2009.
[135] 肖伟,向文洲,吴华莲.一种绿球藻的极端适应特性与虾青素高效诱导.热带海洋学报,2007(1): 50 - 54.
[136] 孟振,张学成,时艳侠.小球藻紫外线诱变及高产藻株筛选.中国海洋大学学报(自然科学版),2007(5): 749 - 753.
[137] Bligh E G, Dyer W J. A rapid method of total lipid extraction and purification. Can J Biochem Physiol, 1959, 37(8): 911 - 917.
[138] 倪学文.海洋微藻应用研究现状与展望.海洋渔业,2005(3): 251 - 255.
[139] 王红育,李颖.海藻产品开发现状及应用.食品研究与开发,2008,8(29): 161 - 164.
[140] 徐建红,辛晓芸,王爱业.螺旋藻的研究现状及进展.山西师范大学学报(自然科学版).2003,17

(3)：57－63.

[141] 周慧萍，陈琼华. 紫菜多糖的抗凝血和降血脂作用. 中国药科大学学报，1990，21(6)：358－360.

[142] Spolaore P，Joannis-Cassan C，Duran E，et al. Commercial applications of microalgae. J Biosci Bioeng，2006，101(2)：87－96.

[143] 郑亦周，蒋霞敏. 14 种微藻总脂含量和脂肪酸组成研究. 水生生物学报，2003(3)：243－247.

[144] Francisco É C，Neves D B，Jacob-Lopes E，et al. Microalgae as feedstock for biodiesel production：carbon dioxide sequestration，lipid production and biofuel quality. J Chem Technol Biotechnol，2010，85(3)：395－403.

[145] Brown L M. Uptake of carbon dioxide from flue gas by microalgae. Energy Convers Manage，1996，37(6－8)：1363－1367.

[146] 王翠云，康玲芬，蔡文春，等. 城市废弃油脂的综合利用及管理. 环境保护与循环经济，2010(10)：41－43.

[147] 郭枫晚，陈道勇. 废弃油脂的综合利用现状. 石油化工应用，2009，28(5)：4－6.

[148] 李琛. 地沟油制备生物柴油的研究进展. 环境研究与监测，2010，23(9)：56－59.

第3章

木质纤维素的结构特性及其生物转化的预处理

木质纤维素作为自然界中最为丰富的有机物质，其转化为能源及化学品的研究和开发工作近年来颇受政府、企业和学术界的关注。特别是近些年来以粮食为原料生产燃料乙醇带来的“粮食安全”问题之争愈演愈烈，人们逐渐将乙醇生产的原料转移到非粮原料之上。因此，以来源丰富的木质纤维素生产乙醇已成为非粮生物乙醇发展的一个重点方向。国内外不少企业也纷纷加入到纤维素乙醇的研发之中，且获得了不少可喜的进展。

一般而言，木质纤维素在生物转化为液体燃料（如乙醇）和化学品之前，往往需要先水解为可发酵糖，如葡萄糖、木糖等。可见，木质纤维素的糖化过程是其可进一步转化为多种产品的关键步骤之一。目前主要有两种水解糖化途径，即化学水解和酶水解，化学水解又有酸水解、超临界或亚临界水解、热解等，其中酸水解又分为稀酸水解和浓酸水解。但木质纤维素的水解是一个公认的世界性难题，这主要是由于纤维素本身难以降解，水解产糖率不高，而且还原糖还会进一步降解。此外，不同的水解方法又存在各自的缺点（表 3-1），

表 3-1　纤维素化学水解和酶水解的优缺点比较

方　法		主要产物	优　　点	缺　　点
酶水解		寡糖、单糖	反应温和，副产物少，糖得率高，糖不会降解，设备投资低	纤维素酶成本相对较高，原料需要预处理，水解时间较长
化学水解	浓酸水解	低聚糖、单糖	低温下即可水解，能耗低，水解率高，糖得率高	腐蚀严重，设备要求较高，环境污染严重，无机酸不易回收，成本高
	稀酸水解	单糖	工艺简单，操作方便，可控性强，反应速率快，工艺周期短，成本较低，污染较少	糖化率较低，糖降解严重，对后续发酵过程有抑制作用的副产物较多，对设备有腐蚀
	超临界或亚临界水解	低聚糖、单糖	无需催化剂，反应时间短，反应选择性高，无污染	发酵糖转化率较低，反应条件难控制，糖会发生降解，设备耐压要求较高
	水热法	低聚糖、单糖	无需催化剂，无污染	糖产率较低且会发生降解
	高温热解	单糖	反应时间短	糖产率低且会发生二次降解

使得纤维素水解产糖的成本相对较高。从长远的发展来看，酶水解过程因其反应温和、副产物少、糖得率高和设备投资低等优点而更具有发展优势。但木质纤维素原料在进行酶催化水解糖化之前，往往需要经过预处理以提高纤维素的酶解性能。这主要是由于植物细胞壁在生物合成过程中形成了多道天然的抗生物降解屏障，其化学组成及各组分的物理结构对纤维素的酶催化水解存在着不同程度的阻碍作用。对大多数天然木质纤维素材料来讲，如果不经过适当预处理，直接进行酶促水解时酶解率一般都非常低（<20%）。这就需要对原料进行适当的物理或化学预处理，改变原料的组分和结构，以提高纤维素对纤维素酶的可及性。但是，这些预处理过程增加了工艺的复杂性，增加了设备投资和生产成本[1]。本章将从木质纤维素的抗生物降解屏障出发，介绍木质纤维素的化学组成和物理结构特性对纤维素酶解性能的影响，并进一步重点介绍木质纤维素生物转化的预处理技术和相关基础原理及研究进展。

3.1　木质纤维素的抗生物降解屏障

用于生物能源生产的木质纤维素原料主要是种子植物的细胞壁及其相关组织。植物体在长期的生长进化过程中形成了复杂的化学和物理结构以防御微生物和动物的攻击。这种植物和植物材料抵抗微生物及酶降解的各种特性统称为木质纤维素的“抗生物降解屏障”（Biomass Recalcitrance）[2]。植物细胞壁中的木质纤维素等原料具有多种化学成分和多层次超分子结构，其结构的复杂性导致了化学反应的不均一性、降解酶种类的多样性及酶解反应过程的复杂性。植物细胞壁多组分的物化性质不仅取决于其化学组成，更取决于其超分子结构，包括纤维素的结晶结构、纤维素与半纤维素和木素组合形成的异质高聚物、复杂的细胞壁多层结构以及蜡质和硅质的外层结构等，这些都构成了天然纤维材料难于被降解的天然屏障[3]。木质纤维素主要的抗生物降解屏障包括以下几个方面[2, 4-5]：

① 角质层和蜡质形成的植物体表皮组织保护内部聚糖纤维，如禾草类生物质的外皮和树皮等。

② 维管束的排列和结构限制了植物茎杆内液体的渗透。

③ 细胞壁的复合结构限制了细胞间的液体渗透。

④ 厚壁组织的相对数量。

⑤ 木质化程度的大小。

⑥ 次生壁外的瘤状层。

⑦ 细胞壁组分，如微纤维和基体聚合物的结构非均质性和复杂性。

⑧ 半纤维素与纤维素微纤维间的连接。

⑨ 其他存在于细胞壁中的可抑制纤维素降解的因素，如乙酰基、植物蛋白、糖醛酸等。

一般来讲，植物细胞中的维管束组织最难以降解，而薄壁组织较容易降解。此外，预处理后固体的酶解过程是一个液-固反应体系，以及预处理过程中产生的一些对后续酶解过程造成抑制的副产物等，也会降低木质纤维素的糖化和生物转化效率。另外，预处理过程中也会造成木质纤维素的一些结构特征改变，从而降低纤维素的酶解性能。例如：较高的机械挤压会导致天然的维管结构破坏。稀酸预处理会使纤维素韧化，导致微纤维中的纤维素角质化。一些预处理过程可溶解木素，但在冷却过程中木素会沉聚在纤维素表面。这些由预处理过程导致的生物质抗降解因素也是需要考虑的。总的来讲，木质纤维素的抗生物降解屏障可归于五大类，即表皮结构和化学物质、木质纤维素的化学组成、细胞壁的物理结构、纤维素分子结构以及预处理和反应过程因素，如图 3-1 所示。因此，高效降解木质纤维素生产可发酵糖需要考虑到这些因素的影响，以获得所需转化率的同时尽可能较低成本。

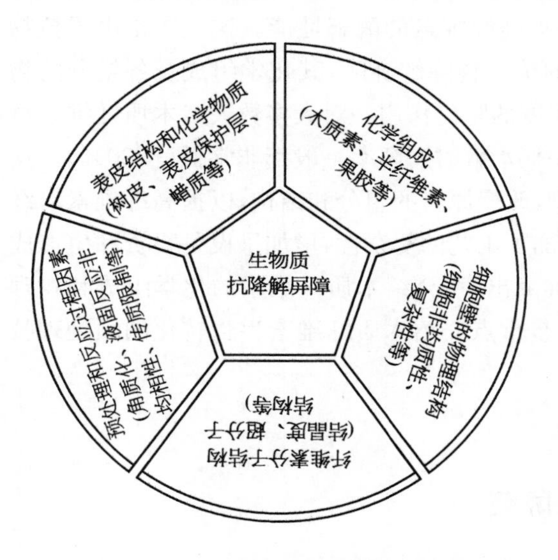

图 3-1 构成木质纤维素的抗降解屏障的主要因素

3.2 木质纤维素的主要化学组分

可用于工业应用的木质纤维素主要是指植物细胞死亡后剩余的细胞壁部分，其主要化学组成包括纤维素、半纤维素和木素，同时还包括少量的低分子物质，如灰分和有机溶剂抽出物(图 3-2)，这些抽出物包括脂肪酸、蜡质、角质、树脂酸和其他脂类物质。木质纤维素具有多样性，源于不同植物的木质纤维素在主要化学组成上有所差异，即使同一种植物品种不同部位的木质纤维素化学组成也有所不同。此外，木质纤维素的化学组分还受到地域、收割时期、储存期限等因素的影响。表 3-2 给出了木材类木质纤维素和草类木质纤维素的主要组分的含量。一般来讲，木材类木质纤维素具有较高的纤维素和木素含量，而草类木质纤维素中半纤维素和灰分含量较高。木材类木质纤维素由于木质化程度较高、密度较大而更难降解。在美国、加拿大等森林资源丰富的国家，木材类木质纤维素可作为生物燃料生产的原料。一些常见木材类木质纤维素的主要化学组分列于表 3-3 中。可见，软木一般比硬木具有更高的木素含量。此外，软木中木聚糖含量较硬木中的低，而甘露聚糖含量较高，这主要是二者在半纤维素的组成上有所区别。关于半纤维素的组成和结构将在下一节中详细阐述。总体来讲，木材类木质纤维素中碳水化合物(综纤维素)占总化学组成的60%以上,其中纤维素含量占综纤维素的65%以上。因此,木材类木质纤维素是生产生物能源和化学品很好的生物质原料。

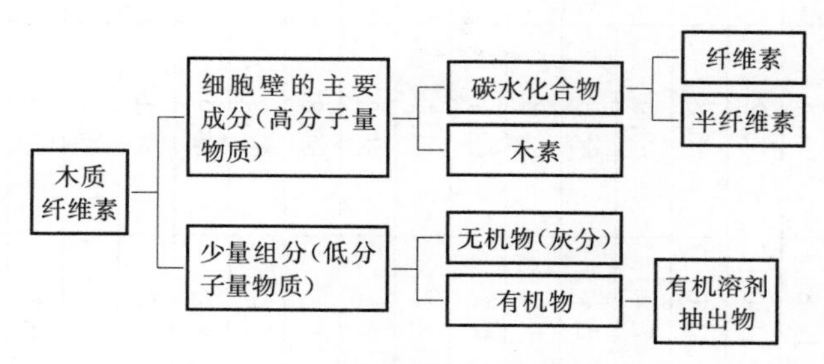

图3-2　木质纤维素的主要化学组成[6]

表3-2　木材类和草类木质纤维素的主要成分含量　(%)

原　　料		纤维素	半纤维素	木　素	灰　分
木材类		40～55	8～30	18～35	0.2～1.1
	软　木	35～40	25～30	27～30	
	硬　木	45～50	20～25	20～25	
草　类		25～50	20～50	10～30	2.0～17.0

与木材类木质纤维素相比,非木材类木质纤维素是更为重要的生物质原料,特别是像我国这样林木资源缺乏的国家,发展以非木材类生物质为基础的生物能源是生物质产业发展的必然方向之一。与木材类木质纤维素相比,非木材类木质纤维素具有如下优点:一年生,生长快速,易于收割;产量大,分布广泛;多数为农业废弃物,价格较低;木质化程度较低,易于预处理。然而,非木材类木质纤维素也存在明显的缺点,如密度较低,运输和储存成本较高,灰分较高等。与木材类木质纤维素类似,非木材木质纤维素的主要组分亦为纤维素、半纤维素和木素。一些非木材类木质纤维素的主要化学组分列于表3-3中,其中玉米秆、柳枝稷和小麦秆更为详细的组分列于表3-4中。可见,虽然非木材类木质纤维素的主要组分含量与原料种类有很大关系,但纤维素、半纤维素和木素仍然是最主要的化学组分。与硬木类似,非木材类木质纤维素的半纤维素主要为木聚糖,而甘露聚糖含量则较低。

非木材类木质纤维素的组分易受收割时间和储存时间影响,但这方面的研究报道相对较少。表3-5和3-6分别给出了不同收割时期玉米秆、玉米叶和柳枝稷的主要组分含量。从表3-5可知,玉米秆中葡聚糖(纤维素)含量在生长后期变化不明显,但木聚糖和木素含量有所增加,而可溶性固体含量显著降低。而生理成熟期的玉米叶中葡聚糖、木聚糖和木素含量明显高于生长后期的含量,而可溶性固体含量明显降低。类似地,柳枝稷的收割时间越晚,其纤维素和木素含量越高。因此,对于木质纤维素原料,要获得较高的碳水化合物含量一般要在其生理成熟期进行收割。

表 3-3 几种常见木材类木质纤维素和非木材类木质纤维素的主要化学组分含量[7]

原料		灰分(%)	抽提物(%)	木素(%)	阿拉伯聚糖(%)	半乳聚糖(%)	葡聚糖(%)	木聚糖(%)	甘露聚糖(%)	碳水化合物(%)	G/C 比
木材类木质纤维素	云杉	0.3		28.3	1.4	2.7	43.2	5.7	11.5	64.5	0.670
	美国黑松		4.9	27.9	1.6	2.1	42.5	5.5	11.6	63.3	0.671
	北美黄松			26.9	1.8	3.9	41.7	6.3	10.8	64.5	0.647
	花旗松	0.4		32.0	2.7	4.7	44.0	2.8	11.0	65.2	0.675
	火炬松	0.4		28.0	1.7	2.3	45.0	6.8	11.0	66.8	0.674
	红松	0.4		29.0	2.4	1.8	42.0	9.3	7.4	62.9	0.668
	红枫	0.2		24.0	0.5	0.6	46.0	19.0	2.4	68.5	0.672
	白杨			23.0	0.0	0.0	45.9	16.7	1.2	63.8	0.719
	柳树	0.9		26.4	1.2	2.3	41.4	15.0	3.2	63.1	0.656
	黄杨	1.9	2.8	23.3	0.5	1.0	42.1	15.1	2.4	61.1	0.689
	杂交白杨 DN34	0.8	2.1	23.9	0.6	0.6	43.7	17.4	2.9	65.2	0.670
	柳叶桉	1.2	4.2	26.9	0.3	0.7	48.1	10.4	1.3	60.8	0.791
	白橡	0.6		23.2	2.4	0.4	43.6	18.0	2.9	67.3	0.648
	红橡			25.8	1.9		43.4	18.9	2.7	66.9	0.649
	胡桃			21.9	1.8		46.2	16.5	2.6	67.1	0.689
非木材类木质纤维素	玉米秆-1	11.0	11.9	18.2	1.9	0.7	30.6	16.0	0.5	49.7	0.616
	玉米秆-2	11.5	4.8	20.2	2.0	0.7	38.1	20.3	0.4	61.5	0.620
	柳枝稷-1	6.8	5.5	23.1	1.5	0.5	35.9	19.6	0.4	57.9	0.620
	柳枝稷-2	9.4	12.6	27.6	1.1	0.3	31.9	10.6	0.3	44.2	0.722
	柳枝稷-3	4.0	2.0	24.1	1.5	0.5	42.6	23.1	0.3	68.0	0.626
	小麦秆	10.2	13.0	16.9	2.4	0.8	32.6	19.2	0.3	55.3	0.590

注：G/C 比指葡萄糖/碳水化合物。

表 3-4 一些非木材类木质纤维素的主要化学组分[8] (%)

原料		纤维素	半纤维素	木素	酸性洗涤木素	粗蛋白	灰分
农作物剩余物	玉米秆	38	26	19	4	5	6
	大豆秆	33	14	—	14	5	6
	小麦秆	38	29	15	9	4	6
	燕麦秆	31	25	—	3	3	6
	大麦秆	42	28	—	7	7	11
	甘蔗渣	40.2	23.8	25.2	—	—	4.0
其他草类木质纤维素	柳枝稷	37	29	19	6	3	6
	大须芒草	37	28	18	6	6	6
	印度草	39	29	—	6	3	8
	北美小须芒草	35	31	—	—	—	7
	草原网茅	41	33	—	6	3	6
	芒草	43	24	19	—	3	2
	中间冰草	35	29	—	6	3	6
	虉草	24	36	—	2	10	8
	无芒雀麦	32	36	—	6	14	8
	猫尾草	28	30	—	5	7	6
	苇状羊茅	25	25	14	—	13	11
	紫花苜蓿	27	12	—	8	17	9
	饲草高粱	34	17	16	—	—	5
	甜高粱	23	14	11	—	—	5
	珍珠粟	25	35	—	3	10	9
	苏丹草	33	27	—	8	12	12

表 3-5 不同收割时期玉米秆和玉米叶主要组分含量变化[8] (%)

主要组分		收割时期		
		生长后期(110 d)	生理成熟期(153 d)	超过生理成熟期(220 d)
玉米秆	葡聚糖	35	35	35
	木聚糖	16	22	23
	木素	15	20	19
	蛋白质	3	4	4
	可溶性固体	15	4	4

(续表)

主要组分		收割时期		
		生长后期(110 d)	生理成熟期(153 d)	超过生理成熟期(220 d)
玉米叶	葡聚糖	18	23	32
	木聚糖	2	17	22
	木素	4	13	16
	蛋白质	8	8	4
	可溶性固体	35	8	6

表 3-6 不同收割时期柳枝稷主要组分含量变化[8] (%)

主要组分	收割时期		
	开花期	超过生理成熟期	越冬后
纤维素	33.0	35.2	41.8
半纤维素	31.0	31.1	33.7
酸性洗涤木素	3.8	4.6	6.2
蛋白质	5.3	2.3	1.8
灰分	6.5	5.8	5.2

储存时间也会在一定程度上影响木质纤维素原料的组分。表 3-7 和表 3-8 分别给出了玉米秆和柳枝稷储存不同时间后的主要组分含量变化。储存过程主要是抽提物含量发生明显变化,而其他主要的高分子物质含量变化不明显。当然,原料的储存对于工业化生产具有重要意义。除保证生产需要之外,良好的储存还可以改进原料的质量。在制浆造纸工业中,植物纤维原料通过一段时间的储存后,会受到风化、发酵等自然作用,使水分逐渐与环境平衡而降低并均匀;木材原料的储存还能降低树脂等有害成分的含量,稳定原料质量,有利后续预处理,特别是化学预处理过程。例如,马尾松经过一段时间的储存,会使松节油挥发、树脂氧化变性,有利于减少"树脂障碍";草类原料在储存 4~6 个月后,由于含量少的淀粉、果胶、蛋白质、脂肪等自然发酵,使胞间层和细胞壁组织受到不同程度的破坏,从而在化学预处理过程中,试剂更容易渗透,木素更容易脱除,因此,化学试剂用量降低;从糖厂出来后的蔗渣的水分含量为 40%~50%,经过 3 个月的储存后降到 25%以下,糖分也大幅度降低,从而对预处理有利[9]。

表 3-7 玉米秆储存不同时间后的主要组分含量变化[8] (%)

主要组分		初始含量	储存 26 周后含量变化		储存 52 周后含量变化	
			室内储存	室外储存	室内储存	室外储存
未抽提	抽提物	7.6	<1.4	−2.5	−2.9	−2.3
	灰分	6.8	−1.3	−1.3	<1.1	<1.1

(续表)

主要组分		初始含量	储存26周后含量变化		储存52周后含量变化	
			室内储存	室外储存	室内储存	室外储存
抽提后	木　素	18.5	+2.7	+0.9	+3.7	+3.0
	阿拉伯聚糖	3.4	−0.7	−0.5	−1.0	−0.8
	木聚糖	20.1	<0.8	+0.9	+2.0	+2.8
	甘露聚糖	0.7	−0.1	−0.1	−0.2	−0.2
	半乳聚糖	1.1	−0.1	<0.1	−0.3	+0.1
	葡聚糖	40.7	−1.5	<1.6	−1.6	<0.6

表3-8　柳枝稷储存不同时间后的主要组分含量变化[8]　　(%)

主要组分		样　品　1			样　品　2		
		初始含量	储存26周后含量变化		初始含量	储存26周后含量变化	
			室内储存	室外储存		室内储存	室外储存
未抽提	抽提物	17.0	−7.7	−10.5	14.2	<0.6	−1.8
	灰分	5.8	+0.3	+0.2	4.8	<1.0	<1.0
	蛋白质	3.2	+0.6	+0.6	2.8	−0.8	−0.9
抽提后	木素	21.4	+0.8	+1.5	20.6	−0.5	−0.4
	阿拉伯聚糖	3.4	−0.4	−0.4	3.2	<0.2	<0.2
	木聚糖	24.9	−1.5	−1.6	25.5	<1.3	<1.3
	甘露聚糖	0.4	<0.1	+1.4	0.3	<0.2	<0.2
	半乳聚糖	1.1	<0.1	<0.1	1.0	+0.1	<0.1
	葡聚糖	37.8	−2.1	−2.2	40.8	<2.5	<2.5

3.2.1　纤维素

纤维素是构成植物细胞壁的主要成分，每年由植物光合作用可产生几百亿吨。纤维素也是木质纤维素生物转化过程的主要组分。纤维素水解为葡萄糖后可进一步生物转化为多种产品。因此，纤维素是木质纤维素生物转化的最主要加工对象。

3.2.1.1　纤维素的化学结构

纤维素分子由碳、氢、氧三种元素组成，其百分率分别为：碳44.44%，氢6.17%，氧49.39%[10]。纤维素的化学结构特性可总结为如下几个方面[6]：

① 纤维素大分子的基本结构单元是D-吡喃式葡萄糖基(即失水葡萄糖)。测得的纤维素相对分子质量(M_r)极大。每个纤维素大分子是由$M_r/162=n$个葡萄糖基构成，其分

子式为$(C_6H_{10}O_5)n$。其中,n为葡萄糖基数目,称为聚合度。n的数值为几百至几千甚至1万以上,随纤维素的来源、制备方法和测定方法而异,故纤维素分子为极长的链分子,属线型高分子化合物。不论是棉花、麻类或是木材纤维素,其天然状态具有近乎相同的平均聚合度(1万左右),而草类(如玉米秆、小麦秆)纤维素平均聚合度稍低。

② 纤维素大分子的葡萄糖基间的连接都是β-糖苷键连接。这可由纤维素水解过程中会先形成一些中间产物,如纤维四糖、纤维三糖和纤维二糖等来证明,这些水解中间产物相邻两个葡萄糖基是以β-糖苷键相结合而成的。进一步的研究表明,纤维素的化学结构中的重复单元是纤维二糖,故纤维素的结构式可以表示为图3-3所示的结构。由于糖苷键的存在,纤维素大分子具有很强的水解稳定性,只有在浓酸或高温下才能使糖苷键断裂。β-糖苷键在酸中的水解速率比α-糖苷键的水解速率小得多,前者约为后者的1/3。

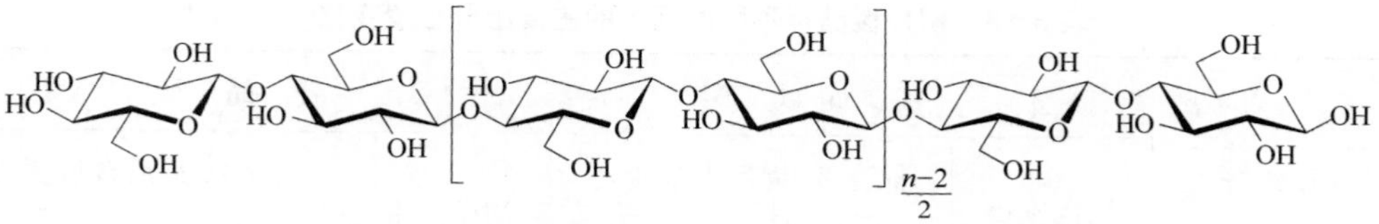

$$\frac{n-2}{2}$$

图3-3 纤维素的结构(n为D-葡萄糖基的数目即聚合度)

③ 纤维素大分子每个吡喃基环上均含有3个醇羟基。把纤维素甲基化反应后水解为单个基本结构单元,在水解分离出的单元中,甲基化的位置相当于纤维素分子内游离羟基的位置,由此确定了纤维素单元结构基环上C2、C3为仲醇羟基,而C6为伯醇羟基。这些羟基对纤维素的性质有决定性的影响,可以发生氧化、酯化、醚化反应,分子间形成氢键、吸水润胀以及接枝共聚等也和纤维素分子中存在大量的羟基有关。三个羟基的酸性大小顺序为C2>C3>C6,这些羟基的反应能力也不同,C6上羟基的酯化反应速率比其他两个位上羟基的酯化反应速率约快10倍,C2上羟基的醚化反应速率比C3上的快2倍左右[11]。

④ 纤维素大分子的两个末端基性质不同。一端的葡萄糖基的第一个碳原子上存在1个苷羟基,当葡萄糖环结构变成开链式时,此羟基即转变为醛基而具有还原性,故苷羟基具有潜在的还原性,可用斐林溶液或碘液将其氧化,纤维素的这一端称为还原性末端。纤维素另一端末端基的第4个碳原子上存在仲醇羟基,它不具有还原性,因此这一端称为非还原性末端。纤维素分子同时具有还原性末端和非还原性末端,故整个纤维素大分子具有极性并呈现出方向性。

3.2.1.2 纤维素的物理结构

纤维素的物理结构指组成纤维素高分子的不同尺度的结构单元在空间的相对排列,包括高分子的链结构和聚集态结构。链结构又称一级结构,它表明一个分子链中原子或基团的几何排列情况。其中又包括尺度不同的二类结构。近程结构即第一层次结构,指单个高分子内一个或几个结构单元的化学结构和立体化学结构。远程结构即第二层次结构,指单个高分子的大小和在空间所存在的各种形状(构象),例如是伸直链、无规律团还是折叠链、螺旋链等。聚集态结构又称为二级结构，指高分子整体的内部结构，包括晶体结构、非晶体结构、取向态结构、液晶结构。前四者是描述高分子聚集体中分子之间是如何堆砌的，称为第三层次结构，如互相交缠的线团结构、由折叠链规整堆砌而成的晶体等。高分子的链结构是反应高分子各种特性的最主要的结构层次，其直接影响聚合物的某种特性，如熔点、密度、溶解度、黏度、黏附性等。聚集态结构则是决定高分子化合物制品使用性能的主要因素。

纤维素由葡萄糖基环构成，它的构型属β-D-型葡萄糖构型。纤维素的D-吡喃式葡萄糖基的构象为椅式构象，其中连接取代基(氢原子)的键是按平的(赤道的)或直的(轴向的)方向取向的。通常把倾斜的和向外的键称为平伏键，而向上键和向下键都称为直立键。β-D-吡喃式葡萄糖环中的主要取代基均处于平伏位置。图3-3给出了纤维素大分子的构象，其β-D-吡喃式葡萄糖单元成椅式扭转，每个单元上C2位—OH基，C3位—OH基和C6上的取代基均处于水平位置。在纤维素大分子中，影响最大的是伯羟基的空间位置。葡萄糖基环上的伯羟基上的氧和C6之间的C6—O6键在空间围绕着C5—C6键旋转时可以形成3种构象(图3-4)，以符号g表示旁式，t表示反式时，伯醇羟基可形成gt、gg和tg三种构象。天然纤维素中所有的伯醇羟基都具有tg构象[6]。

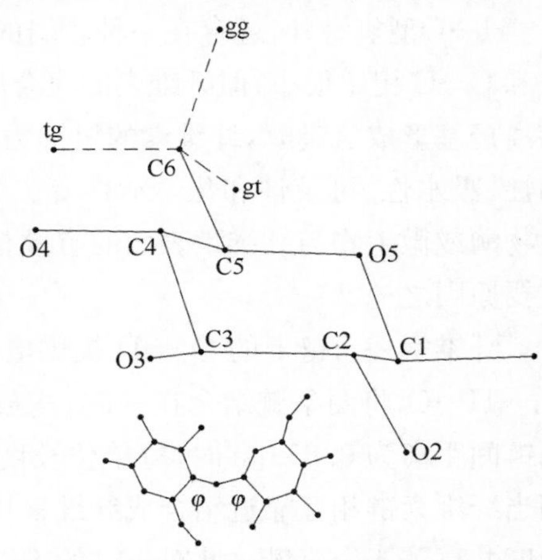

图3-4 纤维素结构中葡萄糖单元伯醇羟基的空间位置[6]

1) 纤维素的结晶结构

纤维素结构的复杂性不只是在于其链结构，更在于其聚集状态，即纤维素的超分子结构。纤维素分子中的羟基易和分子内或相邻的纤维素分子上的含氧基团形成氢键，这些氢键使很多纤维素分子共同组成结晶结构，进而组成复杂的微纤维结晶区和无定形区。X射线衍射的实验结果显示，纤维素大分子的聚集，一部分排列比较整齐、有规则，呈现清晰的X射线衍射图，这部分称为结晶区；另一部分的分子链排列不整齐、较松弛，但其取向大致与纤维主轴平行，这部分称为无定形区。结晶结构使纤维素聚合物显示出刚性和高度水不溶性。纤维素的聚集状态即是表现为结晶区和无定形区交错结合的复杂体系，但从结晶区到无定形区是逐步过渡的，无明显界限，一个纤维素分子链可以经过若干结晶区和无定形区。在纤维素的结晶区旁存在相当的空隙，一般大小为100～1 000 nm，最大的达10 000 nm。每一个结晶区称为微晶体。结晶区的特点是纤维素分子链取向良好，密度较大，结晶区纤维素的密度为1.588 g/cm^3，分子间的结合力最强，故结晶区对强度的贡献大。非结晶区的特点是纤维素分子链取向较差，分子排列无秩序，分子间距离较大，密度较低，为1.50 g/cm^3，且分子间氢键结合数量少，故非结晶区对强度的贡献小。

纤维素结构的形成与其分子间和分子内庞大的氢键网络密切相关。天然纤维素分子中的每个葡萄糖单元环上均有 3 个羟基(—OH)，分别位于第 2 位、第 3 位、第 6 位碳原子上。羟基上极性很强的氢原子与另一羟基上电负性很强的氧原子上的孤对电子相互吸引可以形成氢键(—OH…H)，因此纤维素大分子之间、纤维素和水分子之间、纤维素大分子内，都可以形成氢键，如分子内氢键 O_2—H…O_6 和 O_3—H…O_5，分子间氢键 O_6—H…O_3 等。在 X 射线衍射技术与中子散射技术的帮助下，人们发现结晶区纤维素除了存在 O—H…O型氢键外，还存在一种较弱的氢键作用，即 C—H…O 型氢键。氢键作用与 C—O 和 C—C 相比很小，但纤维素的聚合度(DP)非常大，从 2 000 到 15 000 以上。当大量的游离羟基形成氢键时，纤维素的氢键力是非常巨大的，可以决定纤维素的多种特性，如结晶性、吸水性、可及性和化学活性等。纤维素这种致密的晶体结构严重阻碍了化学试剂、生物酶或微生物与纤维素表面的有效接触和作用，这也正是天然纤维素非常难被水解的重要原因之一[12]。

纤维素一条链上的 O_6—H 提供电子，邻近另一条链上的 O_3 接受电子，所形成的氢键 O_6—H…O_3 将两条链结合在一起，构成了两条链之间的主要作用力。实验检测可知，两条链间距离为 0. 85 nm 时，每单位长度两条链之间的结合能约为 0. 6 eV (58 kJ /mol)。而当纤维素链相互靠近结合成纤维素片时，在两条链间形成了 4 个氢键。结果，两个单位长度共享了 4 个氢键。此时氢键的键能约为 29 kJ/mol，高于传统氢键键能(20 kJ/mol)，当然这其中也包括了两条链间的范德华力。这种相互作用力也是导致纤维素难以水解的原因之一。

X 射线和中子散射研究表明，在临近的纤维素片之间存在着大量的 C—H…O 型氢键。C—H…O 型氢键与 O—H…O 型氢键相比很弱，因为 C 和 O 比起来是比较弱的氢键提供者，而且它的键长约为 0. 35 nm，明显比 O—H…O 型氢键(约 0. 28 nm)长。所以，纤维素片之间的结合能会有所下降。C—H…O 型氢键和范德华力两种较弱的结合力相互重叠，构成了纤维素片堆垛在一起的主要作用力，它们使纤维素片之间的距离保持在很小的范围内，这也是纤维素难以水解的原因之一[12]。

纤维素结晶体聚集态结构包括立方、正交、单斜、三斜晶系。天然纤维素的结晶格子称为纤维素 I。纤维素 I 结晶格子是一个单斜晶体，具有 3 条不同长度的轴和一个非 90°的夹角。Meyer-Misch 单位晶胞结构模型是至今仍为人们所认可的天然纤维素单位晶胞结构模型(图 3 - 5)。这个晶胞有如下特点：晶胞参数为：a=83. 5 nm，b=103 nm(轴向)，c=79 nm，β=84°。在这个晶胞中，纤维素分子链只占据结晶单元的 4 个角和中轴，而每个角上的链为 4 个相邻单位的晶胞所共有，即每个单位晶胞只含 $4\times1/4+1=2$ 个链单位。结晶格子中间链的走向和位于角上链的走向相反，并在轴向高度上彼此相差半个葡萄糖基，b 轴的长度正好是纤维二糖的长度，这些链围绕着纵轴扭转 180°。天然纤维素的结晶相又存在两种晶体结构，即 I_α 和 I_β，二者经常与非结晶相纤维素共存于细胞壁结构中。自然界中，细菌和海藻的纤维素中 I_α 类型占优势，而高等植物及动物被膜的纤维素中以 I_β 类型为主。纤维素 I_α 中以纤维二糖为单元形成三斜晶系的 P_1 结构(a= 0. 671 7 nm，b=0. 599 62 nm，c=1. 040 0 nm，α=118. 08°，β= 114. 80°，γ = 80. 37°)；而纤维素 I_β 则是以两个纤维二糖为单元形成单斜晶系的 P_{21} 结构(a=0.778 4 nm，b=0.820 1 nm，c=1.038 0 nm，$\alpha=\beta=90°$，$\gamma=96.5°$)。纤维素 I_β 中，晶格的 a 向是纤维单元堆垛的方向，b 向在纤维平面与纤维链的方向垂直，c 向是链的延长方向[12]。

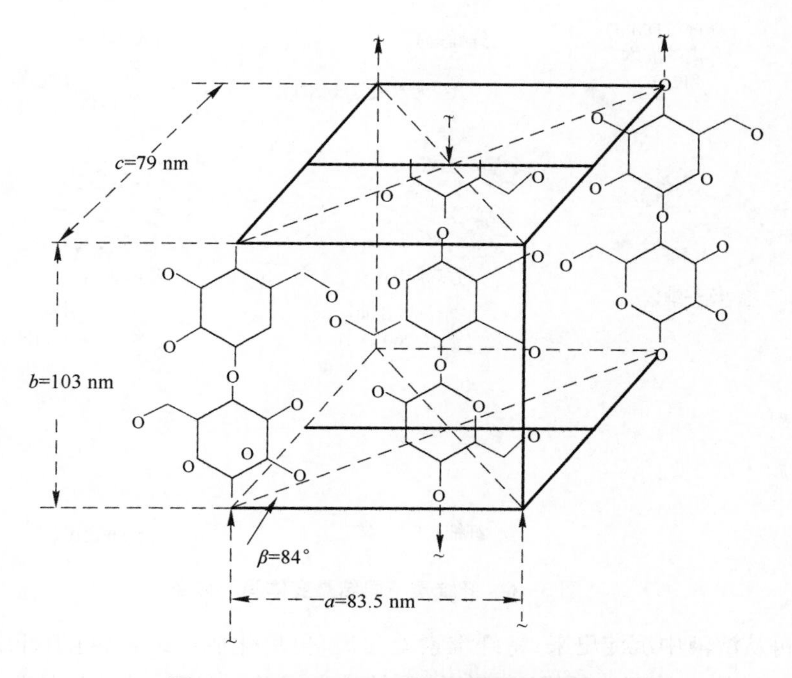

图 3-5 Meyer-Misch 单位晶胞结构模型

天然纤维素 I 的晶胞结构经过不同的处理会发生变化，获得不同的结晶变体。至今发现，除纤维素 I 外，固态纤维素还存在纤维素 II、纤维素 III，纤维素 IV 和纤维素 X 四种结晶变体。不同纤维素结晶变体的转变过程如图 3-6 所示。

纤维素 I 是天然存在的纤维素形式，包括细菌纤维素[如木醋杆菌(*Acetobacter xylinum*)]，海藻[如单球法囊藻(*Valonia ventricosa*)]和高等植物(如棉花、苎麻、木材等)细胞壁中存在的纤维素。关于纤维素 I 的结晶结构上文中已进行了一些阐述。Meyer-Misch 模型虽然是为人们所认可的天然纤维素单位晶胞结构模型，但也存在一定的不足之处。例如，该模型没有考虑葡萄糖基椅式构型以及分子内的氢键。Blackwell 和 Sarko 以单球法囊藻纤维素为试样研究单位晶胞内分子链排列情况，认为葡萄糖基的平面几乎和 ac 平面是平行的，并且认为位于单位晶胞四个角上的分子链和位于中心的分子链，是向着同一方向的平行链。该模型的单位晶胞参数为：$a=16.34\times10^{-10}$ m，$b=15.72\times10^{-10}$ m，$c=10.38\times10^{-10}$ m(纤维轴)，$\gamma=97.0°$($\gamma=$ a^b)。根据密度测量，这个单位晶胞 ab 横断面有 8 个分子链，如果换算为两个链单位的晶胞，参数应是：$a=8.17\times10^{10}$ m，$b=7.86\times10^{-10}$ m，$c=10.28\times10^{-10}$ m，$\gamma=97.0°$。

纤维素 II 可通过多种方法处理纤维素 I 获得。例如，以浓碱液作用于纤维素而生成碱纤维素，再用水将其分解为纤维素，这样生成的纤维素Ⅱ一般称丝光化纤维素；将纤维

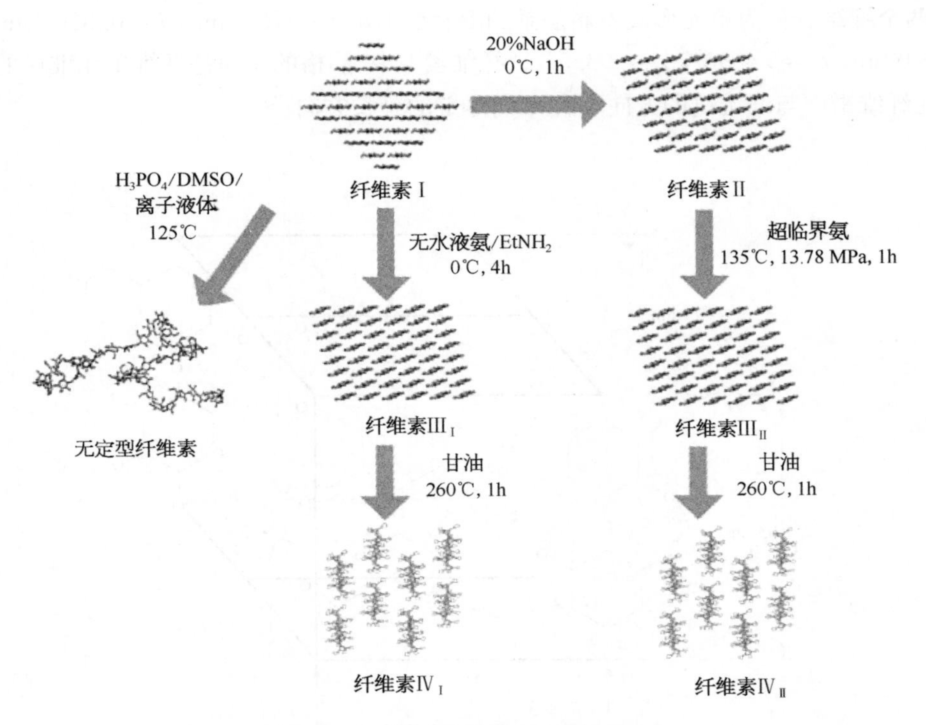

图 3-6　纤维素不同结晶变体间的转变

素溶解后再从溶液中沉淀出来；将纤维素酯化后，再皂化成纤维素(再生纤维素)；将纤维素磨碎后并以热水处理。纤维素Ⅱ的结晶结构也属单斜晶系，其单位晶胞参数是：$a = 8.01\times10^{-10}$ m，$b = 9.04\times10^{-10}$ m，$c = 10.36\times10^{-10}$ m，$\gamma = 117.1°$。相邻分子链是反向平行的，即相互交错。中心链("向下")的—CH_2OH处于 tg 构象，角链("向上")的—CH_2OH处于 gt 构象。

纤维素Ⅲ是用液态氨润胀纤维素所生成的氨纤维素分解后形成的一种变体。其晶形仍属于单斜晶系。它的单位晶胞参数为：$a = 7.74\times10^{-10}$ m，$b = 9.9\times10^{-10}$ m，$c = 10.3\times10^{-10}$ m，$\gamma = 122°$。

纤维素Ⅳ是由纤维素Ⅱ或Ⅲ在极性液体中加以高温处理而生成的，故有"高温纤维素"之称。其属于正交晶系，单位晶胞参数是：$a = 8.11\times10^{-10}$ m，$b = 7.9\times10^{-10}$ m，$c = 10.3\times10^{-10}$ m，$\gamma = 90°$。

纤维素 X 是纤维素新的结晶变体。它是由棉花或纸浆纤维素用浓盐酸(重量百分数 38%～40.3%)作用于纤维素而发现的。它的单位晶胞参数与纤维素 IV 几乎相等，仅是纤维素分子链的空间位移方面与纤维素 IV 不同。

纤维素结晶体的改变意味着分子内和分子间的氢键网络的改变，因而会影响到纤维素的酶解特性。一般来讲，纤维素不同结晶体的酶解性大小顺序为无定形 $> III_I > IV_I > III_{II} > I > II$ [13]。但纤维素结构相关的抗生物降解屏障除与其结晶结构相关外还与其他结构特性，如聚合度、自由羟基含量等紧密相关。

2）纤维素的结晶结构的研究方法

纤维素的结晶结构，如结晶度和晶粒尺寸等，有多种研究方法，包括X射线衍射法(X-Ray Diffraction，XRD)、红外光谱法(Fourier Transform Infrared Spectroscopy，FTIR)、交叉极化魔角自旋核磁共振法(Cross Polarization/Magic Angle Spinning，CP/MAS^{13}C-NMR)以及拉曼光谱等。不同方法测出的纤维素结晶度数据均有差别，即使相同方法，计算方法不同，结晶度的大小也有差别。

(1) X射线衍射法

XRD是研究纤维素结晶结构最常用的方法。由于纤维素具有结晶的聚集态结构，当X射线摄入时会发生衍射，产生特定的X射线衍射图，据此可测定纤维素的结晶度和晶胞参数。在作X射线结构分析时，结晶区的确定十分重要。晶面名称可以用晶面指数来表示。例如，纤维素Ⅰ的晶面及晶面指数如图3-7所示，其中(002)、(040)、(101)和(10$\bar{1}$)是利用X射线测定纤维素结晶结构常用的晶面。典型的纤维素X射线衍射图谱如图3-8所示。在(002)面的X射线衍射强度较高，而在(040)面上的衍射强度较低，这可能是由于构成纤维素分子的葡萄糖基所占有的平面基本与(002)面平行的缘故。因此，(002)面的衍射峰常用来测定纤维素的结晶结构和结晶区的大小。

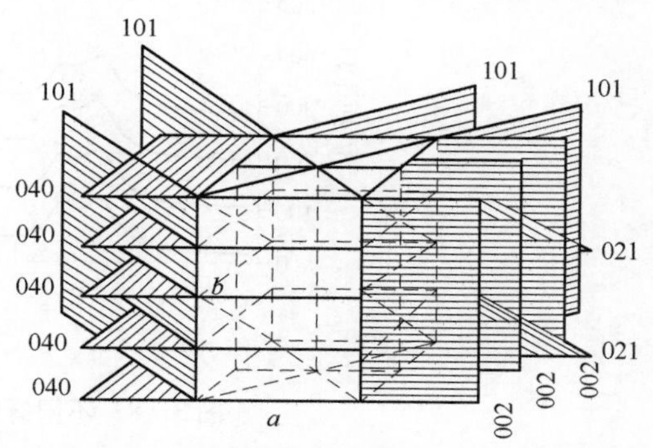

图3-7　纤维素Ⅰ结晶结构的主要晶面[14]

纤维素的结晶度指纤维素构成的结晶区占纤维素整体的百分率(式3-1)，它反映纤维素聚集时形成结晶的程度。纤维素物料的结晶度大小，随纤维素样品而异。据测定，种毛纤维和韧皮纤维纤维素的结晶度为70%～80%，木浆为60%～70%，再生纤维约为45%。关于纤维素结晶度对其酶解性能的影响将在本章后面阐述。

$$结晶度\ a=\frac{结晶区样品含量}{结晶区样品含量+非结晶区样品含量}\times 100\% \tag{3-1}$$

利用X射线衍射法测定纤维素结晶度时有三种计算方法[17]。

第一种是假设被测定材料具有一个两相结构，即无定形和结晶相，在衍射强度最小值之间做一条线可以分出结晶区和无定形区，然后按下式计算结晶度。

$$X_c=A_{cr}/(A_{cr}+A_{am})\times 100\% \tag{3-2}$$

式中　X_c——相对结晶度；

A_{cr}——结晶区积分面积；

A_{am}——无定形区积分面积。

但由于无定形区积分面积难以确定，因此该方法不常用。

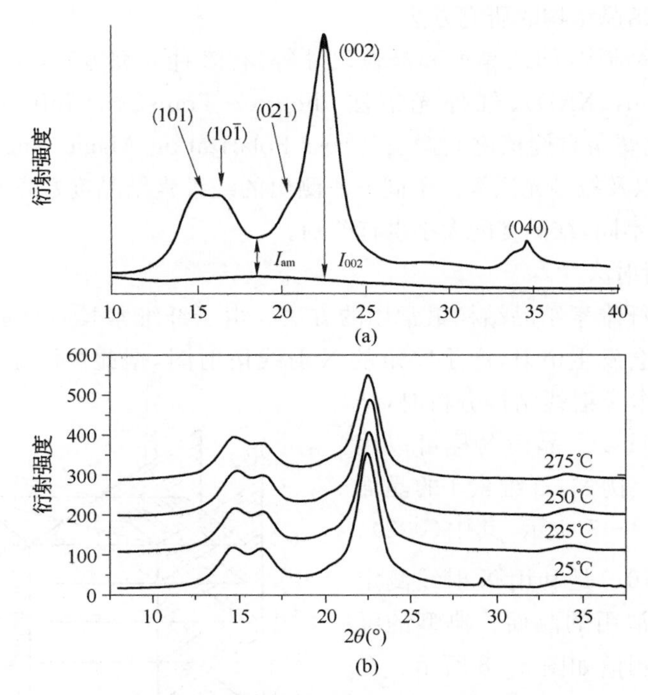

图 3-8 不同纤维素的 X 射线衍射图

(a) Avicel PH-101 纤维素[15]；(b) 棉纤维素经尿素处理后在不同温度下加热[16]

第二种是分峰法，利用 Lorentzian 函数对衍射曲线进行分峰，除了四个晶体衍射峰 101、10$\bar{1}$、002 和 040，无定形峰的最大值对应于 10$\bar{1}$和 002(021)之间的波谷。结晶度按下式计算：

$$X_d = [1 - S_a/(S_a + S_{cr})] \times 100\% \tag{3-3}$$

式中 X_d——相对结晶度；

S_a——无定形区的积分面积；

S_{cr}——4 个结晶峰的面积之和。

第三种方法是 Segal 等提出的经验结晶指数，可用于表示天然纤维素的结晶程度。其计算公式为：

$$CrI = (I_{002} - I_{am})/I_{002} \times 100\% \tag{3-4}$$

式中 CrI——结晶指数；

I_{002}——(002)晶格衍射角的极大衍射强度；

I_{am}——2θ 角在 18°附近的无定形背景的散射强度，I_{002}和 I_{am}的单位相同。

此外，Turley 等提出的计算结晶指数的方法与 Segal 法类似，只是在 2θ 为 6°和 32°附近画一直线，与衍射强度曲线最低两点相切，以除去背景。

另外，测定衍射峰宽度后可采用 Scherrer 公式计算结晶区的大小：

$$D=\frac{K\lambda}{B_{hkl}\cos\theta} \tag{3-5}$$

式中　D——结晶区的长度或宽度(nm)；

λ——入射X射线的波长(0.154 nm)；

B_{hkl}——(hkl)图衍射峰半宽(弧度)；

K——常数，取0.9；

θ——衍射角(Bragg角)。

王越平等对竹子、苎麻、亚麻和棉花几种天然纤维素纤维的结构进行研究，获得了它们的X射线衍射结果，如表3-9所示[18]。结果表明，四种纤维属于典型的纤维素Ⅰ型结晶，竹纤维的结晶度较苎麻纤维低，而高于棉纤维和亚麻纤维。

表3-9　几种天然纤维的X射线衍射结果[18]

纤维种类	晶　面	2θ位置(°)	晶面距离(nm)	结晶度(%)
竹纤维	(101)	14.900	0.594 1	
竹纤维	$(10\bar{1})$	16.400	0.540 1	68.90
竹纤维	(002)	22.800	0.389 7	
苎麻纤维	(101)	15.000	0.590 2	
苎麻纤维	$(10\bar{1})$	16.500	0.536 8	72.02
苎麻纤维	(002)	22.800	0.389 7	
亚麻纤维	(101)	14.800	0.598 1	
亚麻纤维	$(10\bar{1})$	16.500	0.536 8	67.43
亚麻纤维	(002)	22.600	0.393 1	
棉纤维	(101)	14.800	0.598 1	
棉纤维	$(10\bar{1})$	16.300	0.543 4	64.43
棉纤维	(002)	22.700	0.391 4	

虽然XRD广泛用于纤维素结晶结构的测定，但由于无定形区和结晶区的重叠会给X射线衍射法测试带来一定困难，木质纤维素的无定形区半纤维素、木素等非纤维性物质的存在会影响纤维素结晶度数据的准确性，所以所测结晶度数据仅为相对值。

(2) 红外光谱法[19]

红外光谱用于测定结晶度主要有重氢取代法、奥康纳(O'connor)经验法和尼尔森-奥康纳(Nelson-O'connor)经验法。重氢取代法是对纤维素进行重氢化，控制一定的反应条件，使重氢只取代无定形区的OH，使OH变为OD，而结晶区的OH不参与反应，从而使红外光谱中3 400 cm^{-1}处OH的吸收谱带下降，而在2 530 cm^{-1}处出现OD吸收峰，这时3 400谱带与2 530谱带的强度之比即为结晶度。该方法测定精度较高，可与X射线衍射法相比拟，但由于此法操作繁琐，重水不易获得故未被广泛应用。

O'connor 在研磨纤维素的过程中，发现纤维素在 1 429 cm^{-1}处的谱带(CH_2)剪切振动不断减弱，而 839 cm^{-1}处的谱带(不对称环向外伸缩 C—H 弯曲变形振动)强度不断增加，从而提出以 O'KI(1 429 cm^{-1}与 839 cm^{-1}谱带强度比)来表示纤维素结晶度，但是这种方法仅适用于纤维素 I，对于纤维素 II 常出现反常现象。

Nelson 和 O'connor 进一步发现，1 372 cm^{-1}处谱带(C—H 弯曲振动)能衡量纤维素的结晶度变化，并以 2 900 cm^{-1}处 C—H 和 CH_2伸缩振动谱带为内标，提出了测量纤维素结晶指数的 N. O'KI 经验式(1 372 cm^{-1}与 2 900 cm^{-1}谱带强度比)表示。该方法不仅适用于纤维素 I，也适用于纤维素 II。红外结晶指数(N. O'KI)与 X 射线衍射测定的结晶度指数(CrI)之间存在线性关系，而红外结晶指数 O'KI 与 CrI 则呈抛物线关系[20]。

(3) CP/MAS^{13}C－NMR 法[20]

CP/MAS^{13}C－NMR 是研究高分子化合物化学结构和物理性质最重要的工具之一。自从 Atalla 等人发现高分辨率固体核磁共振技术可以将纤维素无定形区和结晶区的信号进行区分，CP/MAS^{13}C－NMR 法就成为测定纤维素结晶度的又一种重要方法。纤维在球磨的过程中，化学位移 δ 在 89×10^{-6}处的信号强度线性降低，而在 84×10^{-6}处的则呈线性增加，晶格弛豫时间也表明，$\delta=84\times10^{-6}$处的分子运动要比 $\delta=89\times10^{-6}$处的强，这主要是因为纤维素无定形区中的葡萄糖苷单元 C4 的化学位移($\delta=84\times10^{-6}$)与结晶区中 C4 的化学位移($\delta=89\times10^{-6}$)存在差异的缘故。利用卷积法对纤维素 NMR 谱图中结晶区及非结晶区的信号进行分析，进而可定量得到 NMR 结晶度(C_{NMR})：

$$C_{NMR}=\frac{S_{\delta 89}}{S_{\delta 89}+S_{\delta 84}}\times 100\% \tag{3-6}$$

式中 $S_{\delta 89}$——化学位移为 89×10^{-6}处积分面积；

$S_{\delta 84}$——化学位移为 84×10^{-6}处积分面积。

对于纤维素 I，该方法与 XRD 结晶度有很好的相关性。但对于半纤维素及木素含量较高的木质纤维素原料，该方法则存在较大偏差，这主要是由于半纤维素在 $\delta=84\times10^{-6}$处的峰与纤维素 C4 峰会产生交叠，木素侧链的峰也会对 C4 峰产生影响。因此，这些物质的存在会增加纤维素无定形区的信号，进而使所测结晶度降低。

(4) 拉曼光谱法

相对于红外光谱而言，拉曼光谱对分子振动及环境变化的灵敏度较高。拉曼光谱可以区分纤维素 I 中的结晶纤维素和无定形纤维素，进而进行结晶度的测定。研究发现，纤维素 I 的 FT－拉曼光谱中可以用 1 481 cm^{-1}和 1 462 cm^{-1}处的强度比来表征其结晶度，且此拉曼结晶指数与 NMR 结晶度有良好的线性相关性[21]。

3.2.1.3 纤维素的物化性质

纤维素不溶于水和乙醇、乙醚等有机溶剂，能溶于铜氨溶液和铜乙二胺溶液等。水可使纤维素发生有限溶胀，某些酸、碱和盐的水溶液可渗入纤维素结晶区，产生无限溶胀，使纤维素溶解。纤维素具有吸湿性，这是由于在纤维素的无定形区中，链分子中的羟基只是部分地形成氢键，还有部分羟基仍是游离羟基，易吸附极性水分子，并与吸附的水分子形成氢键而结合。

纤维素的每个葡萄糖基环上存在3个羟基，且其一个末端具有一个还原性的隐性醛基。这些基团直接影响纤维素的化学和物理性质。纤维素可发生多种反应，包括降解反应、酯化反应、醚化反应以及其他改性反应。降解反应是纤维素利用的主要方式之一，包括酸水解降解、氧化降解、碱性降解、微生物降解、热降解、机械降解等。其中，酸水解是纤维素转化为液体燃料（如乙醇）和一些化学品的主要水解方法之一，是指在酸的催化作用下将连接葡萄糖单元间的糖苷键断裂生成纤维寡糖和葡萄糖的过程。碱性水解是在碱性条件下部分糖苷键断裂，产生新的还原性末端基，聚合度下降的过程。此外，剥皮反应也是碱性水解的主要反应之一，是指在碱性条件下纤维素具有还原性末端基的葡萄糖逐个掉下来，使纤维素大分子逐步降解，直到产生偏变糖酸基为止的反应过程。纤维素的生物降解是近年来为人们所看好的一种纤维素的利用方法，是指通过纤维素酶的作用，使纤维素大分子链上的1-4-β-糖苷键断裂，导致聚合度下降并获得葡萄糖的过程。纤维素还可以通过酯化、醚化等反应制备纤维素乙酸酯、纤维素硝酸酯、羧甲基纤维素等工业纤维素衍生物，以及通过接枝共聚、交联等反应制备多种功能化纤维素材料。

3.2.2 半纤维素

半纤维素是指木质纤维素原料中除纤维素以外的全部碳水化合物（少量的果胶质和淀粉除外），即非纤维素的碳水化合物，是除纤维素以外自然界中含量第二的碳水化合物。针叶木中的半纤维素含量为25%～35%，阔叶木中为18% ～ 22%，禾本科植物中为16%～ 50%。不同于纤维素，半纤维素是一种由不同类型单糖构成的杂多糖。这些单糖主要有五碳糖（如木糖、阿拉伯糖、鼠李糖、岩藻糖等）和六碳糖（如半乳糖、甘露糖、葡萄糖等），有的还含有酸性多糖（如半乳糖醛酸、葡糖醛酸等）。半纤维素具有如下主要特点：不是均一聚糖，而是一群复合聚糖的总称，原料不同复合聚糖的组分也不同；具有支链结构；是无定形物质，聚合度较低，易吸水润胀；是木质纤维素转化利用过程中的主要加工对象。在生物转化过程中，五碳糖的利用是关系到生产成本的一个重要方面。下面针对半纤维素的化学结构和物理性质进行介绍。

3.2.2.1 半纤维素的化学结构

不同种类的木质纤维素中半纤维素含量、结构有所不同。阔叶木、草本木质纤维素中半纤维素以聚木糖类为主，在禾本科半纤维素的多糖中，往往还含有L-呋喃型阿拉伯糖基作为支链连接在聚木糖主链上；针叶木中半纤维素则以半乳葡甘露聚糖类为主，主链上的葡萄糖基与甘露糖基的分子比也因木材种类不同而在1∶1到1∶2之间变动。大多数木材半纤维素的平均聚合度只有200。木质纤维素中已发现的一些半纤维素结构如图3-9所示。

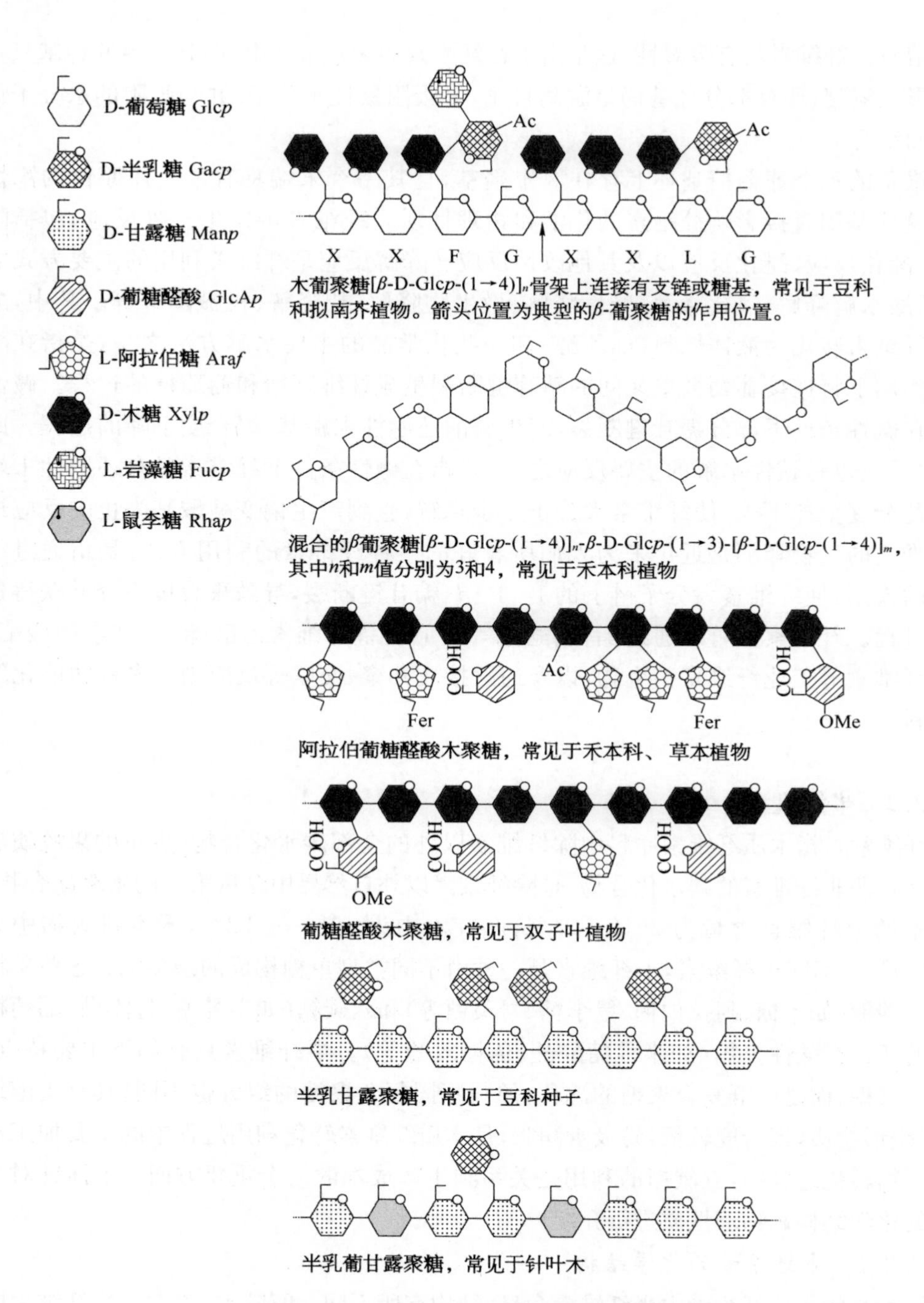

图 3-9　木质纤维素中的一些半纤维素结构[22]

针叶木中的半纤维素主要是葡甘露聚糖，还有少量阿拉伯葡糖醛酸木聚糖。半乳葡甘露聚糖由葡甘露聚糖构成主链，其中约 65% 甘露糖的 C2 或 C3 位被乙酰基取代，吡喃半乳聚糖主要连在甘露糖的 C6 位。半乳葡甘露聚糖的化学结构式如图 3-10 所示。

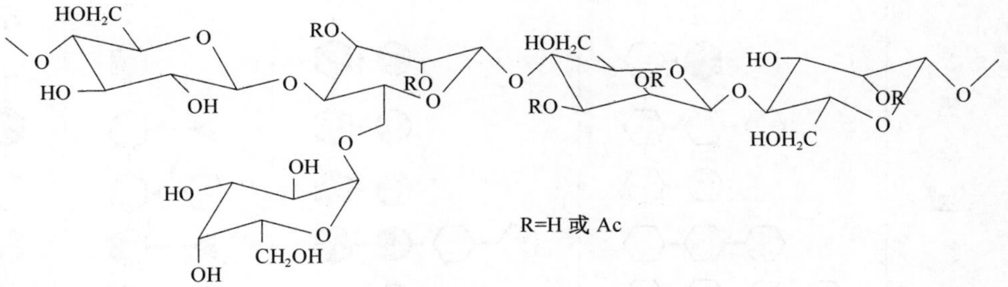

图 3-10　半乳葡甘露聚糖的化学结构式[23]

阔叶木的半纤维素中没有阿拉伯糖，其半纤维素为 4-O-甲基葡糖醛酸木聚糖，由(1→4)-β-D-木糖构成主链，主链的 C2 位被 4-O-甲基-α-D-葡糖醛酸取代，C2 或 C3 位发生乙酰基取代，如图 3-11 所示。阔叶木的半纤维素中也存在少量的葡甘露聚糖。

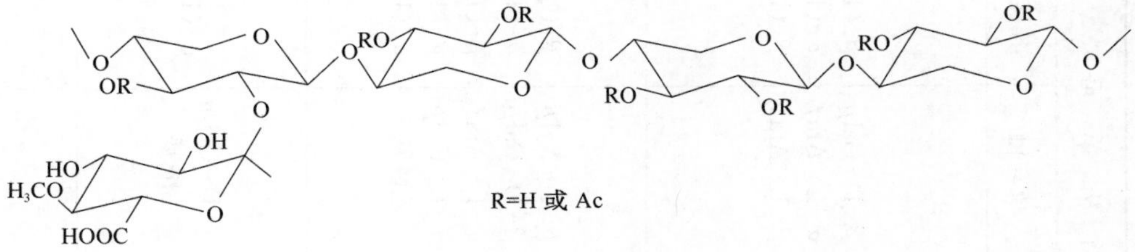

图 3-11　葡糖醛酸木聚糖[23]

禾本科和草本植物细胞壁中提取的半纤维素主链由(1→4)-β-D-吡喃木糖构成，在主链的 C2 或 C3 位被 α-L-阿拉伯糖基、α-D-葡糖醛酸基或短链的糖残基取代，这些糖残基包括阿拉伯糖、木糖和半乳糖。阿拉伯木聚糖的化学结构式如图 3-12 所示。

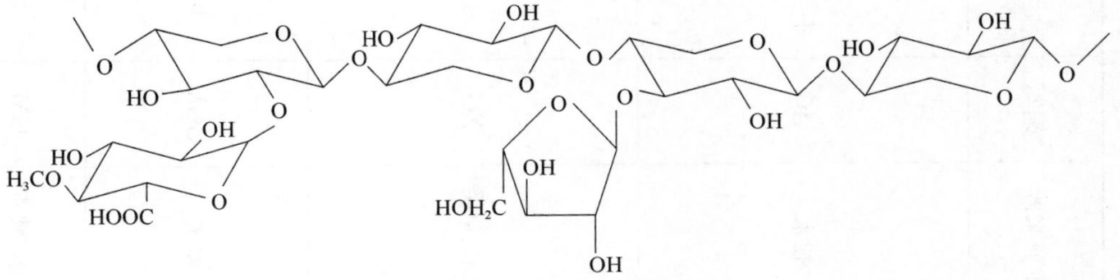

图 3-12　4-O-甲基葡糖醛酸阿拉伯木聚糖[23]

半纤维素的主要化学结构类型总结于表 3-10 中。一些木质纤维素原料半纤维素中结构糖基的含量列于表 3-11 中。软木类的半纤维素主要含有甘露糖和木糖，硬木和草类的半纤维素主要含有木糖。

表 3-10　半纤维素中主要的聚糖结构类型[24]

聚糖类型	主要来源	缩写	含量(%)	结构单元			聚合度	结构简图
				骨架	支链	连接类型		
阿拉伯半乳聚糖	软木	AG	1～3;35*	β-D-Gal*p*	β-D-Gal*p* α-L-Ara*f* β-L-Ara*p*	β-(1→6) α-(1→3) β-(1→3)	100～600	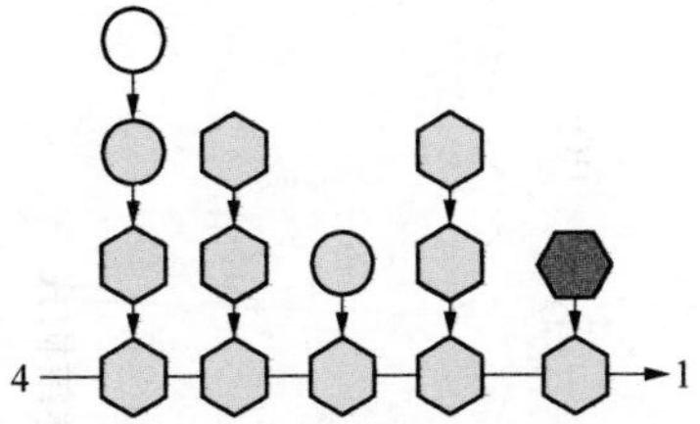
木葡聚糖	硬木、草类	XG	2～25	β-D-Glc*p* β-D-Xyl*p*	β-D-Xyl*p* β-D-Gal*p* α-L-Ara*f* α-L-Fuc*p* 乙酰基	β-(1→4) α-(1→3) β-(1→2) α-(1→2) α-(1→2)		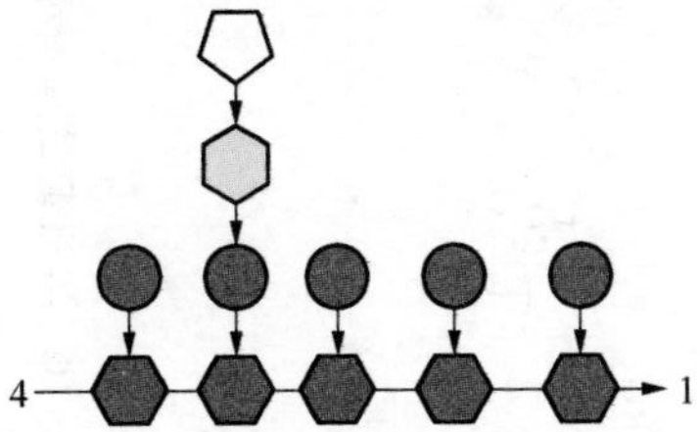
半乳葡甘露聚糖	软木	GGM	10～25	β-D-Man*p* β-D-Glc*p*	β-D-Gal*p* 乙酰基	α-(1→6)	40～100	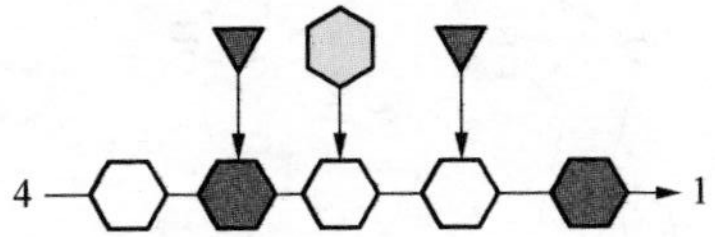
葡甘露聚糖	软木、硬木	GM	2～5	β-D-Man*p* β-D-Glc*p*			40～70	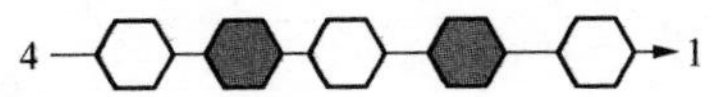

（续表）

聚糖类型	主要来源	缩写	含量（%）	结构单元			聚合度	结构简图
				骨架	支链	连接类型		
葡糖醛酸木聚糖	硬木	GX	15～30	β-D-Xyl*p*	4-O-Me-α-D-Glc*p* 乙酰基	α-(1→2)	100～200	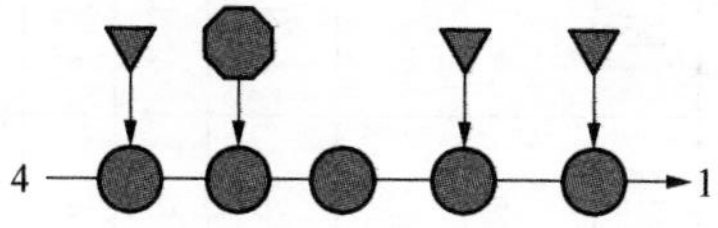 4 ... 1
阿拉伯葡糖醛酸木聚糖	草类、谷物、软木	AGX	5～10	β-D-Xyl*p*	4-O-Me-α-D-Glc*p*β-L-Ara*f*	α-(1→2) α-(1→3)	50～185	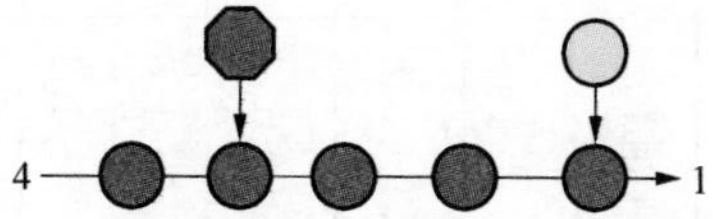 4 ... 1
阿拉伯糖基木聚糖	谷物	AX	0.15～30	β-D-Xyl*p*	α-L-Ara*f*- 阿魏酸基	α-(1→2) α-(1→3)		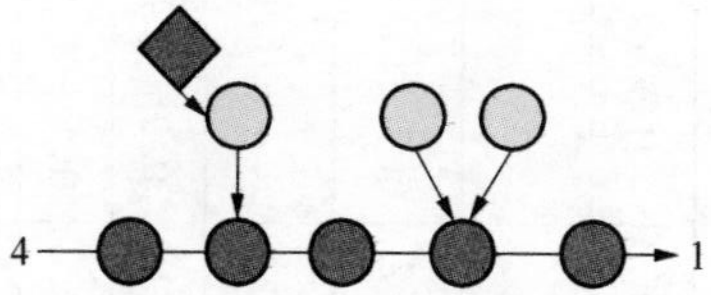 4 ... 1
葡糖醛酸阿拉伯木聚糖	草类、谷物	GAX	15～30	β-D-Xyl*p*	α-L-Ara*f* 4-O-Me-α-D-Glc*p* 乙酰基	α-(1→2) α-(1→3)		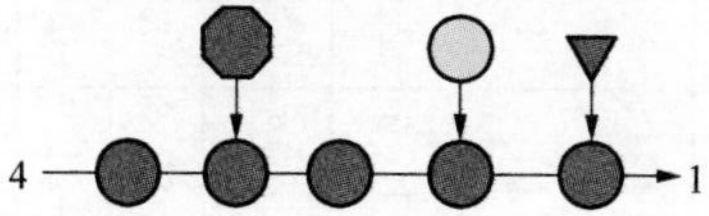 4 ... 1
均木聚糖	藻类	X		β-D-Xyl*p*				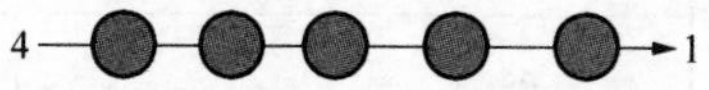 4 ... 1

* 落叶松的心材可达的含量。

骨架结构也可能以 β—(1→3)连接。

⬡，β-D-Gal*p*；⬢，β-D-Glc*p*；⬡，β-D-Man*p*；●，β-D-Xyl*p*；○，β-L-Ara*f*；○，β-L-Ara*p*；⬡，α-L-Fuc*p*；⬢，4-O-Me-α-D-Glc*p*A；▼，已酰基；◆，阿魏酸基。

表 3-11 不同木质纤维素原料半纤维素的结构糖基组成[24] (%)

原料		木糖	阿拉伯糖	甘露糖	半乳糖	鼠李糖	糖醛酸	乙酰基
软木类木质纤维素	花旗松	6.0	3.0	—	3.7	—	—	—
	松木	5.3～10.6	2.0～4.2	5.6～13.3	1.9～3.8	—	2.5～6.0	1.2～1.9
	云杉	5.3～10.2	1.0～1.2	9.4～15.0	1.9～4.3	0.3	1.8～5.8	1.2～2.4
硬木类木质纤维素	白杨	18.0～27.3	0.7～4.0	0.9～2.4	0.6～1.5	0.5	4.8～5.9	4.3
	桦木	18.5～24.9	0.3～0.5	1.8～3.2	0.7～1.3	0.6	3.6～6.3	3.7～3.9
	黑槐	16.7～18.4	0.4～0.5	1.1～2.2	0.8	—	4.7	2.7～3.8
	桉木	14～19.1	0.6～1.0	1.0～2.0	1.0～1.9	0.3～1.0	2.0	3～3.6
	枫树	18.1～19.4	0.8～1.0	1.3～3.3	1.0	—	4.9	3.6～3.9
	橡木	21.7	1.0	2.3	1.9	—	3.0	3.5
	杨木	17.7～21.2	0.9～1.4	3.3～3.5	1.1	—	2.3～3.7	0.5～3.9
	香枫木	19.9	0.5	0.4	0.3	—	2.6	2.3
	梧桐木	18.5	0.7	1.0	—	—	—	3.6
	柳木	11.7～17.0	2.1	1.8～3.3	1.6～2.3	—	—	—
农业废弃物、农工加工剩余物	杏仁壳	34.3	2.5	1.9	0.6	—	—	—
	大麦麦秆	15.0	4.0	—	—	—	—	—
	啤酒酒糟	15.0	8.0	0.0	1.0	0.0	2.0	0.8
	刺棘蓟	26.0	2.5	3.7	1.4	0.9	—	—
	玉米芯	28.0～35.3	3.2～5.0	—	1.0～1.2	1.0	3.0	1.9～3.8
	玉米纤维	21.6	11.4	—	4.4	—	—	—
	玉米秆	25.7	4.1	<3.0	<2.5	—	—	—
	玉米叶	14.8～25.2	2～3.6	0.3～0.4	0.8～2.2	—	—	1.7～1.9
	橄榄核	2.0～3.7	1.1～1.2	0.2～0.3	0.5～0.7	0.3～0.5	1.2～2.2	—
	稻壳	17.7	1.9	—	—	—	—	1.62
	稻草	14.8～23.0	2.7～4.5	1.8	0.4	—	—	—
	甘蔗渣	20.5～25.6	2.3～6.3	0.5～0.6	1.6	—	—	—
	麸皮	16.0	9.0	0.0	1.0	0.0	2.0	0.4
	麦草	19.2～21.0	2.4～3.8	0～0.8	1.7～2.4	—	—	—

3.2.2.2 半纤维素的物化性质

由于半纤维素的结构不同于纤维素，因而在物理化学性质上也表现出很大差异。半纤维素多糖易溶于水，而且支链较多，在水中的溶解度高，所以半纤维素的抗酸和抗碱能力都比纤维素弱。半纤维素分子链中含有游离羟基，具有亲水性，且由于不存在结晶结构，所以，半纤维素具有较高的吸水性和润胀度。由于半纤维素为无定形物质且聚合度较低，因此，半纤维素可用抽提法从木材、综纤维素或浆粕中分离出来。分离出来的半纤维素溶解度高于天然状态半纤维素。针叶木的阿拉伯糖葡糖醛酸木聚糖易溶于水，而阔叶木的葡糖醛酸木聚糖在水中的溶解度较针叶木的小。半纤维素的支链越多越易溶于水，而阔叶木和针叶木中的葡甘露聚糖即使在强碱中也难溶。半纤维素的聚合度为 150～200(均值)，且多是分散性的。测定半纤维素聚合度的方法主要有渗透压法，也有光散射法、黏度法及超速离心机法等[6]。

半纤维素糖基环之间以糖苷键连接，含有还原性末端，基环上也含有羟基。因此，与纤维素相似，半纤维素可发生水解、剥皮反应，也可进行氧化、还原、酯化和醚化反应。但由于半纤维素聚合度低，有支链，支链不能紧密地结合，因而半纤维素为无定形物质，试剂可及度大，因而溶解度、化学活性和反应速率都比纤维素大。例如，半纤维素糖苷键在酸性介质中更易于断裂发生水解，但是半纤维素的结构比纤维素复杂得多，因此反应情况也较为复杂，反应产物的化学性质也存在一定差异。半纤维素在碱性条件下会发生碱性降解、剥皮反应以及半纤维素分子链上的脱乙酰基反应。在 170℃的反应温度下，5%的氢氧化钠溶液中半纤维素的糖苷键就可水解裂开。与纤维素一样，半纤维素的剥皮反应也是从聚糖的还原性末端基开始，一个一个地进行。木聚糖、葡甘露聚糖和半乳葡甘露聚糖在水解的过程中分别产生 D-吡喃式葡萄糖还原性末端基、D-吡喃式甘露糖还原性末端基、D-吡喃式半乳糖还原性末端基等，当这些还原性末端基转化成偏变糖酸基时，剥皮反应因末端基上的醛基消失而终止。不少预处理工艺即是根据半纤维素的易反应性将其脱除进而提高纤维素可及度的，如蒸汽处理、高温热水处理等。半纤维素亦可发生酶催化降解。半纤维素的复杂结构决定了半纤维素的酶降解需要多种酶的协同作用。目前，对半纤维素的酶降解研究较多的是木聚糖的降解。一般而言，水溶性聚糖水解酶的作用形式分为内切型和外切型两种。内切型的酶使聚糖分子主链的糖苷键随机断裂，急速降低聚合度。外切型酶只能断裂聚糖分子非还原性末端基的糖苷键，只有与游离羧基相邻近的糖苷键才会被外切酶切断，释放出单糖或寡糖。完全酶解木聚糖需要多种酶的协同作用。首先，由内切 1,4-β-D-木聚糖酶随机切断木聚糖骨架，产生木寡糖，降低了聚合度，然后由外切酶 β-木糖苷酶将木寡糖和木二糖水解为木糖。支链糖基的存在能阻抑木聚糖酶的作用，因此需有不同的糖苷酶(如 α-L-阿拉伯糖苷酶，α-D-葡糖醛酸酶、乙酰酯和阿魏酸酯酶等)水解木糖基与支链糖基之间的糖苷键，才能完全酶解半纤维素[6]。半纤维素的降解有利于提高纤维素的可及度，例如，在预处理后的纤维素固体底物酶解过程中，添加木聚糖酶等半纤维素酶，有利于提高酶解糖化速率和转化率。

3.2.3　木素

木素又称木质素，是植物界中仅次于纤维素的第二丰富的大分子有机物质。木素是一种具有三维立体结构的天然高分子聚合物，广泛存在于较高等的维管植物中。特别是在木本植物中，木素是木质部细胞壁的主要成分之一。在木材类木质纤维素中，木素作为一种填充和黏结物质填充在细胞壁的微纤丝之间，以物理或化学的方式使纤维素纤维之间黏结牢固，增加木材的机械强度和抵抗微生物侵蚀的能力，使木质化植物直立挺拔，不易腐朽。在针叶木（裸子植物）中，木素含量为25%～35%，阔叶木（被子植物的双子叶植物）木素含量为20%～25%，单子叶植物中，禾本科植物的木素含量一般为15%～25%[6]。

3.2.3.1　木素的化学结构

虽然木素已被发现100多年，但其化学结构还不完全清楚。目前已公认木素是由三种前体，即松柏醇、芥子醇和对香豆醇经酶脱氢聚合形成的一种天然植物高分子。人们普遍认为，木素是由苯基丙烷结构单元（即C6—C3单元）通过醚键、C—C键连接而成的具有三维立体结构的芳香族高分子化合物，这三种结构单元为愈创木基、紫丁香基和对羟苯基（图3-13）。目前人们已发现针叶木木素和阔叶木木素在结构上不相同，草类原料木素和木材类原料木素也有所不同。甚至同一植物原料在同一细胞的不同壁层之间木素的含量和结构也有很大差异。

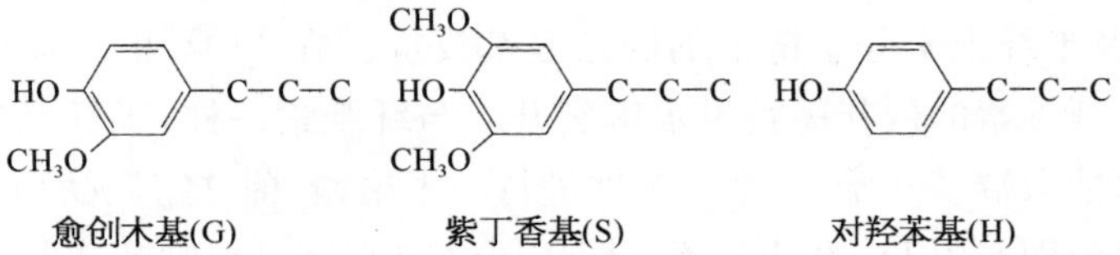

CH_3O HO—C—C—C HO—C—C—C HO—C—C—C CH_3O CH_3O

愈创木基(G)　　紫丁香基(S)　　对羟苯基(H)

图3-13　木素的基本结构单元

木素因结构单元不同可分为两大类：

① 愈创木基木素（G-木素），存在于针叶材和一些隐花植物中，含量分别为24%～34%和15%～30%，此类木素含80%～96%愈创木基单元，还含有对羟苯基单元和很少的紫丁香基单元。

② 愈创木基-紫丁香基木素（G-S木素），在阔叶木中含量一般为16%～24%，S/G=1～5；在热带阔叶木中含量为25%～33%，S/G较一般的低；在草类中含量为17%～23%，S/G=0.5～1.0，其中还含有7%～12%的酯类，主要是对香豆酸和阿魏酸酯[17]。

由于禾本科植物中存在大量的愈创木基、紫丁香基和对羟苯基，因此一些文献中将禾本科植物木素称为愈创木基-紫丁香基-对羟苯基木素（G-S-H木素）。

木素结构单元之间的连接有两种形式：一种是醚键连接，另一种是C—C键连接。其中，醚键是木素结构单元间主要的连接键。在木素大分子中，有60%～70%的苯丙烷单元是以醚键的形式连接到相邻的单元上的，其余30%～40%的结构单元之间以C—C键连接。这些键的连接类型如图3-14所示。

在针叶木和阔叶木中，木素中各结构单元之间的连接方式和各种键型的百分数不完全相同，但均以芳基甘油-β-芳基醚结构为主。以云杉磨木木素为例，各种键型的百分数为：芳基甘油-β-芳基醚结构48%；甘油醛-2-芳基醚结构2%；非环的苯基芳基醚结构

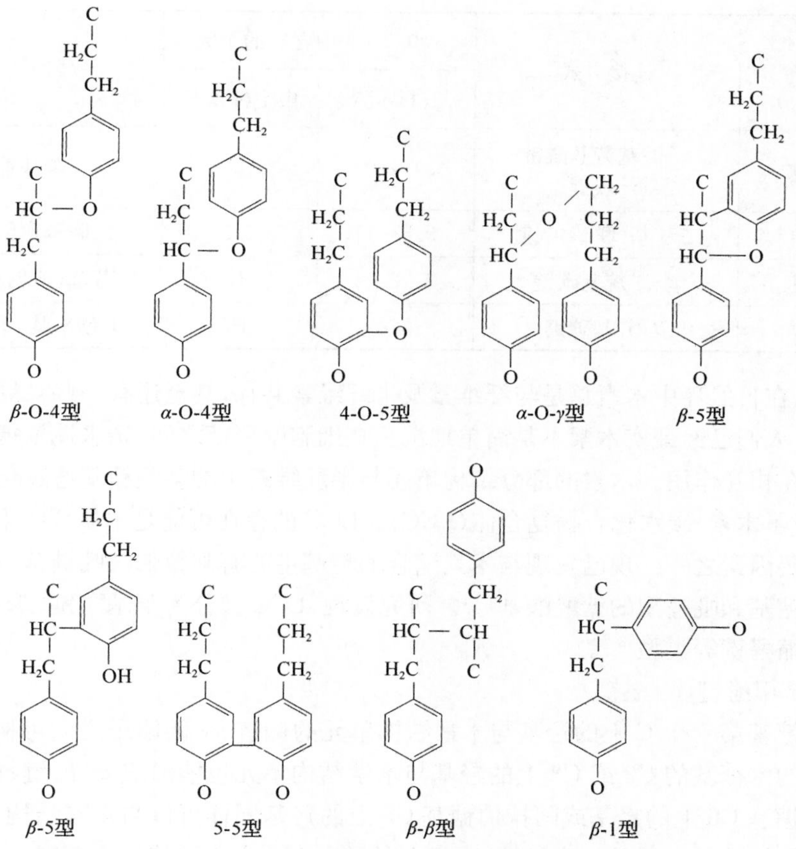

图 3-14　木素结构单元间醚键和 C—C 键的主要连接类型[25]

6%～8%；苯基香豆满结构 9%～12%；2 或 6 位的缩合结构 2.5%～3%；二苯基结构 9.5%～11%；二苯基醚结构 3.5%～4%；1,2-二芳基丙烷结构 7%；β-β 连接结构 2%；醌缩酮结构痕量。在阔叶材、桦木的磨木木素中，芳基甘油-β-芳基醚结构在愈创木基型中占 22%～28%，在紫丁香基型中占 34%～39%，总数约为 60%。云杉木素和山毛榉木素结构主体间的连接类型和数量列于表 3-12 中。

表 3-12　云杉木素和山毛榉木素结构主体间的连接类型和数量[25]

键　型	连接方式	100 个 C9 中含有的个数		名　　称
		云杉木素	山毛榉木素	
β-O-4 型	β-烷基芳基醚键	49～51	62～65	愈创木基甘油 β 芳基醚
α-O-4 型	α-烷基芳基醚键	6～8	6	愈创木基甘油 α 芳基醚
4-O-5 型	二芳基(联苯)醚键	3.5～4	1.5	愈创木基芳基醚
α-O-γ 型	二烷基醚键	0～6	4	松脂酚

（续表）

键　型	连接方式	100 个 C9 中含有的个数		名　　称
		云杉木素	山毛榉木素	
β-5 型	α-烷基芳基醚键 β-碳键	9～12	6	苯基香豆满
5-5 型	二苯基(联苯)碳键	9.5～11	2.3	二联苯愈创木基丙烷
β-β 型	β-二烷基碳键	2	5	二芳基(愈创木基)联丙烷
β-1 型	β-芳基碳键	2	15	愈创木基-β-芳基丙烷

此外，在自然界中木素总是与纤维素及半纤维素共存，甚至还有一些寡糖存在。通过多年研究，人们已经证实木素不是简单地沉积在细胞壁聚糖之间，亲水性聚糖和疏水性木素之间存在相互作用。木素的部分结构单元与半纤维素中的某些糖基通过化学键连接在一起，形成了木素-碳水化合物复合体(LCC)。LCC 的存在可能是木质纤维素抗降解屏障的一个主要因素之一。现已发现与木素缩合的糖基主要有阿拉伯呋喃糖基、木吡喃糖基、半乳吡喃糖基和吡喃型的糖醛酸基[25]。研究发现，LCC 键分为苄基醚键、苯基糖苷键、苯甲酯键及缩醛键等类型[26]。

(1) 苯甲醚键(α-醚键)

葡萄糖基第 6 个 C 上的羟基与木素结构单元的侧链 α-碳原子之间可构成 α-醚键。半纤维素的木糖基的 C2 或 C3 上的羟基与木素结构单元也能形成 α-醚键；此外，半纤维素的半乳糖基 C6 上的羟基或阿拉伯糖基 C5 上的羟基同样可以与木素结构单元构成 α-醚键。这种键型结合对酸较为敏感，在极弱的酸性介质中也可能发生断裂。

(2) 苯基糖苷键

苯基糖苷键是由木素结构单元的酚羟基与碳水化合物上的苷羟基之间形成的连接键。植物在木化过程中，苯基配糖物存在的可能性不大，但沉着的木素在酶的一定作用下就可能出现，从而形成此种键型。这种结合在弱酸性以及高温中性水中易受到水解而断裂。

(3) 苯甲酯键

苯甲酯键是半纤维素中的 4-*O*-甲基-葡糖醛酸的羧基与木素结构单元侧链上的羟基形成的酯键。由于阔叶木和非木材植物半纤维素含较多的 4-*O*-甲基-葡糖醛酸，所以在这些植物的 LCC 中，有较多的糖醛酸苯甲酯键，如果半纤维素中的 4-*O*-甲基-葡糖醛酸基已与木糖基形成酯键连接，与木素之间就不会形成酯键，只能形成醚键连接。这种酯键结合对碱非常敏感，即便是用温和的碱处理也很容易被水解。

(4) α-缩醛键

α-缩醛键是由木素结构单元侧链 γ-碳原子上的醛基与碳水化合物的游离羟基之间形成的键连接。实验表明，糖与木素之间的这种结合是可能存在的较牢固的形式之一。

以上各类键型在 LCC 结构中是否稳定还存在不同的认识，一般认为，存在稳定的苯甲醚键连接，而稳定的糖醛酸基以酯键与木素形成LCC，不稳定的糖醛酸基则以糖苷键与木素形成LCC。此外，由自由基结合而成的—C—O—或—C—C—结合也是LCC中的重要键型，它们可能是LCC对酸解、酶解、碱性分解等具有抗性的牢固结合的一种形式[26]。根据Koshijima和Watanabe的研究结果，木材中LCC主要含有85%的木素、3%的乙酰基和15%的碳水化合物。其中，碳水化合物中80%为木糖，以及不同量的半乳糖、葡萄糖、甘露糖和阿拉伯糖[27]。禾本科植物的LCC结构与木材类的不同，在木素和碳水化合物（阿拉伯木聚糖）之间连接有酯化的阿魏酸分子。阿魏酸以醚键与木素连接，而以酯键与碳水化合物连接（图3-15）[28]。

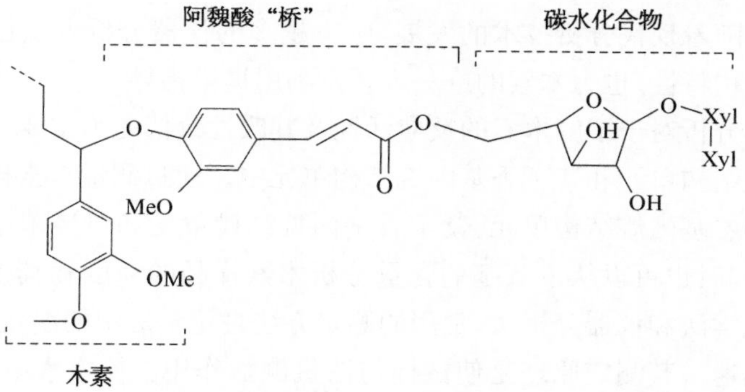

图3-15　麦草LCC的结构[28]

3.2.3.2　木素的物化性质

木素的性质不但与植物的种类、构造、部位有关，而且也与分离提取的方法有关。木素原本是一种白色或接近无色的物质，而分离、制备方法不同，木素产品会呈现出深浅不同的颜色。木素的相对密度为1.35～1.50，制备方法不同，木素产品的密度也有所差别。木素具有较高的燃烧热值，如无灰分的云杉盐酸木素的燃烧热是110 kJ/g，硫酸木素燃烧热是109.6 kJ/g，因此在制浆造纸黑液中，常通过黑液燃烧来提供碱回收过程所需热量。纤维素乙醇生产过程中，木素的一个主要用途亦是燃烧回收热量。木素是一种聚集体，结构中存在许多极性基团，尤其是较多的羟基，造成了很强的分子内和分子间的氢键，因此，原本木素是不溶于任何溶剂的。分离过程中，木素发生了缩合或降解，许多物理性质改变了，溶解度性质也随之改变。酚羟基和羧基的存在使木素能在浓的强碱溶液中溶解。碱木素可溶于稀碱水、碱性或中性的极性溶剂中；木素磺酸盐可溶于水中，形成胶体溶液；有机溶剂木素则由于提取工艺和方法不同而在有机溶剂中的溶解度有所差异，一般来讲，木素的溶解度受到氢键和内聚能密度（溶解度参数）等影响。

木素的分子结构中存在芳香基、酚羟基、醇羟基、碳基共轭双键等活性基团，因而可以进行氧化、还原、水解、醇解、酸解、光解、酞化、磺化、烷基化、卤化、硝化、缩聚或接枝共聚等化学反应。不同方法分离得到的木素活性基团含量不同，因此反应活性不同。木素结构中存在较多的羟基，以醇羟基和酚羟基两种形式存在。木素结构中的酚羟基是一个十分重要的官能团，酚羟基的多少会直接影响木素的物理和化学性质，如能反映出木素的醚化和缩合程度，同时也能衡量木素的溶解性能及反应能力。木素酚型结构的苯环上存在游离羟基时，能通过诱导效应使其对位侧链上的 α-碳原子活化，因而 α 位上的反应性能特别强。非酚型结构中木素结构上的酚羟基存在取代基，不能使 α-碳原子得到活化，所以比较稳定且反应活力较弱，即使 α 位上是醇羟基，也比酚型结构的醇羟基反应性能低得多。甲氧基是木素的特征官能团之一，一般连接在苯环上。甲氧基在针叶木木素中含量为14%～16%，在阔叶木木素中为19%～22%，在草本类木素中为14%～15%[29]。

3.2.3.3 木素物理化学结构的研究方法

研究木素的物理和化学结构对于预处理过程的改进和强化预处理后固体底物的酶解具有重要意义。随着现代分析技术的发展，越来越多的仪器分析方法已被用于研究木素的物理和化学结构特性，也为木素的进一步开发利用提供指导。

木素官能团分析对于了解木素的反应活性及其改性价值尤为重要。甲氧基主要存在于愈创木基丙烷结构单元和紫丁香基丙烷结构单元中。通过测量木素样品中的甲氧基含量可以得到愈创木基丙烷结构单元、紫丁香基丙烷结构单元和对羟苯基结构单元在样品中的分布情况，同时也可以从甲氧基的含量分析木素样品的纯度和其植物来源。甲氧基的测定方法有化学法和仪器分析法，常用的测定方法是化学法中的溴化法，该方法准确度高，操作简便、迅速。其测定原理是使试样与浓氢碘酸作用。使木素中的甲氧基被裂解，生成碘化甲烷蒸馏而出，然后以溴作吸收剂吸收碘化甲烷，并测定游离出的碘量，进而计算出甲氧基的含量[19]。羟基是木素的主要活性基团之一，测定羟基含量的方法有化学法和仪器分析的方法。化学法测定总羟基含量时，可以通过测定木素经硫酸二甲酯或重氮甲烷或盐酸甲醇等甲基化后增加的甲氧基数量来计算得到；或用乙酰化试剂对木素的羟基进行乙酰化反应，再用氢氧化钠溶液滴定，以产生的酸量计算得出总羟基含量；仪器分析方法测定羟基含量可采用核磁共振法、气相色谱法、紫外光谱法或电化学法等。在 ^1H-NMR 波谱中，化学位移 $2.5\times10^{-6}\sim2.17\times10^{-6}$ 处代表酚羟基，$2.17\times10^{-6}\sim1.70\times10^{-6}$ 处代表醇羟基。气相色谱法测定酚羟基含量时，先用硫酸二甲基乙基化，然后测定乙烷含量，再换算出酚羟基含量。此外，还可采用紫外光谱法，在波长 300 nm 或 250 nm 下测定木素的酚羟基含量，即电离差示紫外光谱法。羰基位于木素的侧链上，包括共轭羰基和非共轭羰基两类，常用 NMR 来研究木素样品中的羰基基团含量。

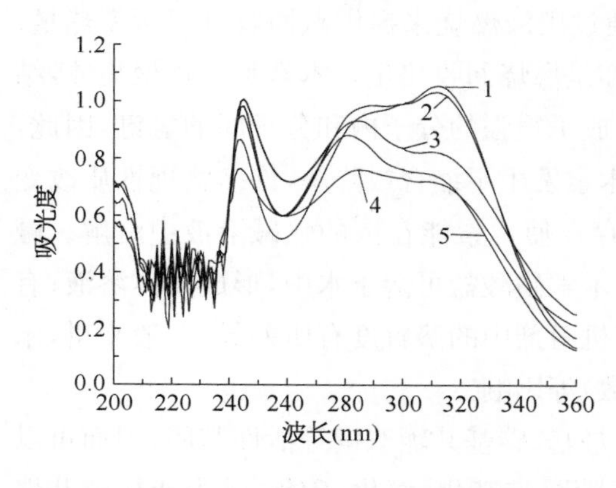

图 3-16 不同甘蔗渣木素的紫外吸收光谱

1—乙酸木素；2—Acetosolv 木素；3—Milox 木素；4—PAA 木素；5—碱木素

木素含有芳香环结构，还具有共轭羰基等生色基团，因此，木素往往具有明显的紫外吸收。图 3-16 为采用不同方法从甘蔗渣中提取的木素的紫外吸收光谱。木素在 200～

208 nm处和268～287 nm处有两个吸收峰。210 nm附近的吸收峰为共轭烯键的吸收带，280 nm附近为苯环的特征吸收峰。禾草类木素在315 nm附近也会出现较大的吸收峰，这主要是由于阿魏酸和对香豆酸结构引起的。这些特征吸收峰可用来定量分析木素的浓度，但由于糖类及其降解产物(如糠醛)在280 nm处也有明显的吸收峰，因此一般采用205 nm处的吸收峰来进行定量分析。紫外光谱中的离子差示光谱 $\Delta\varepsilon_i$，还原差示光谱 $\Delta\varepsilon_r$，氢化差示光谱 $\Delta\varepsilon_h$ 和酸解差示光谱 $\Delta\varepsilon_a$ 可分别测定木素样品中的酚羟基、羰基、肉桂醛和苯基香豆满结构的量[30]。

红外吸收光谱在研究木素的化学结构和各种功能基团中起到了重要作用。图3-17为采用不同方法从甘蔗渣中提取的木素的红外光谱(FTIR)，吸收峰及其对应的基团振动归属见表3-13[31]。其中，木素的特征吸收峰主要有：1 610～1 600 cm^{-1}，1 520～1 500 cm^{-1} 的芳香环骨架振动；1 670～1 665 cm^{-1} 的共轭羰基振动；1 470～1 460 cm^{-1} 的 C—H 非对称变形振动。1 166 cm^{-1} 附近的吸收峰是对羟苯丙基(H)单元的特征吸收峰，也是木材类木素与禾草类木素区别最明显的吸收峰。此外，1 230～1 210 cm^{-1} 处的吸收峰为G单元结构的特征峰，1 130～1 120 cm^{-1} 处的吸收峰为S单元结构的特征峰。但木素试样的来源和分离方法对其红外光谱的影响较大，且碳水化合物的存在会影响对振动峰归属的判断，因此，采用红外光谱分析木素结构官能团时还需要结合其他手段来分析。

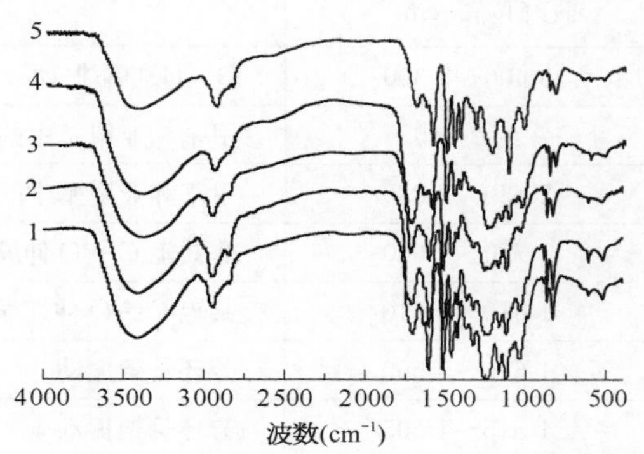

图3-17　不同木素的FTIR光谱

1—乙酸木素；2—Acetosolv木素；3—Milox木素；4—PAA木素；5—碱木素

常用于木素结构分析的核磁共振法(NMR)包括 ^1H-NMR、^{13}C-NMR 和 ^{31}P-NMR。^1H-NMR可用于测定木素结构中的质子类型，测定前木素样品通常要进行乙酰化处理以增强信号强度和分辨率。但此方法在木素研究中也有其局限性，如化学位移较窄(0～12×10^{-6})、信号重叠和受质子耦合影响；另外，此方法只适用于木素中质子分配的定性研究，而含碳的基团和不稳定的质子官能团(—OH、—COOH、—SH)的检测都不适用于此方法[30]。^{13}C-NMR方法可用于阐明木素中的碳骨架形式。与质子核磁共振法相比，^{13}C-NMR具有更好的分辨能力，因为 ^{13}C-NMR没有耦合影响，有更宽的化学位移(200×10^{-6})，因而广泛应用于木素结构分析中。但 ^{13}C-NMR的缺点主要是 ^{13}C 原子核的敏感度较低(只有质子敏感度的1/ 5 800)。^{31}P-NMR的测定原理是将木素结构的特征官能团(如酚羟基、脂肪羟基、羧基、醛基)中的不稳定氢进行磷化反应生成含磷的衍生物，再用 ^{31}P-NMR来进行定性定量分析。由于木素中没有 ^{31}P，所以必须将木素样品衍生化才能进行分析，因而操作较为复杂。此外，^{29}S-NMR可用于测定木素和模型物中的羟基基团，^{19}F-NMR可用于检测木素中的羟基和羰基。随着分析技术的发展，更多的仪器分析方法已被用于木素的结构分析，如基质辅助激光解吸电离飞行时间质谱(MALDI - TOF)可用于测定木素的相对分子质量并能够区分出低聚木素分子间的细微结构差别，也可用于研究木素单体间的键型[30]；2D 和 3D NMR 可用于分析木素分子内部连接的细微结构，木素的第 1 个 2D - NMR谱已鉴定出了木素相关的一些内部键的连接，并发现了 2 种新型的木素次级结构——二苯并二氧桥松柏醇(Dibenzodioxocins，DBDO)和螺二烯酮类(Spirodienones)[32]。

表 3 - 13　木素红外光谱位置及振动归属[31]

收峰位置(cm^{-1})	振　动　归　属
3 400～3 300	O—H 伸缩振动
约 2 940	甲基和亚甲基中的 C—H 不对称伸缩振动
2 850～2 830	甲基和亚甲基中的 C—H 对称伸缩振动
1 720～1 680	非共轭 C═O 伸缩振动
1 670～1 640	共轭 C═O 伸缩振动
1 610～1 590	芳环骨架振动
1 515～1 505	芳环骨架振动
1 470～1 460	C—H 非对称变形振动
约 1 420	芳环骨架振动与 C—H 的面内变形振动
1 365～1 370	脂肪链中的 C—H 和酚羟基伸缩振动
1 230～1 210	C—C、C—O 和 C═O 伸缩振动($G_{缩合}>G_{醚化}$，G 单元的特征吸收峰)
1 166	HGS 木素的特征吸收峰
1 140	芳环中的 C—H 面内变形振动
1 130～1 120	S 单元的特征吸收峰；C═O 伸缩振动及 C—O—C 的对称伸缩振动
1 035～1 030	芳环的 C—H 面内伸缩振动(G >S)加上伯醇中的 C—O 变形振动以及非共轭 C═O 伸缩振动
915～910	芳环 C—H 面外变形振动
870～860	G 单元中 2,5 和 6 中的 C—H 面外变形振动
830～810	S 单元中 2 和 6 中的 C—H 面外变形振动

此外，还可以将木素进行降解，如碱性硝基苯氧化、高锰酸钾氧化、酸解、还原降解等，通过分析降解产物来获得木素的结构信息。但木素结构的复杂性和不均一性使得木素降解产物非常复杂，很难据此获得木素的完整结构信息。

3.3　木质纤维素的微观结构

木质纤维素的微观结构主要源自细胞壁的微观结构。细胞壁的这种结构也是木质纤维素抗生物降解屏障形成的主要原因之一。在植物生长过程中，细胞壁对于植物的生长发育、对外部环境因子的响应及与共生生物和病原菌之间的相互作用等起到重要的作用。新鲜的细胞壁是由大量的复合多聚糖和少量的结构蛋白组成的一层有柔韧性的薄层(0.1～1.0 μm)。尽管非常薄，但细胞壁构建成一个强大的纤维网络系统，在植物生长、细胞分化、细胞通讯、水分运输和植物体支撑防护中发挥重要的作用[33]。我们通常说的木质纤维素是植物体死亡之后剩余的细胞壁部分，其已经失去了生理功能，但仍然具备复杂的结构。植物细胞壁中纤维素分子构成原细纤维、原细纤维构成微细纤维，微细纤维再构成细纤维，形成了细胞壁的骨架结构，半纤维素和木素填充在纤维素纤维之间，加固纤维的黏结。对植物细胞壁结构的研究已有多年的历史，虽然目前植物细胞壁的微观结构，特别是纳米尺度下的结构特性尚未完全清楚，但人们已经清楚地认识到细胞壁是以纤维素形成的细纤维为骨架，半纤维素和木素为填充剂形成的类似“钢筋混凝土”的结构(图 3－18)。其中，纤维素如何组装成细纤维、纤维素与半纤维素之间的连接、木素与纤维素之间的连接以及这些连接的化学机制等一直是植物细胞壁微观结构研究的重点。

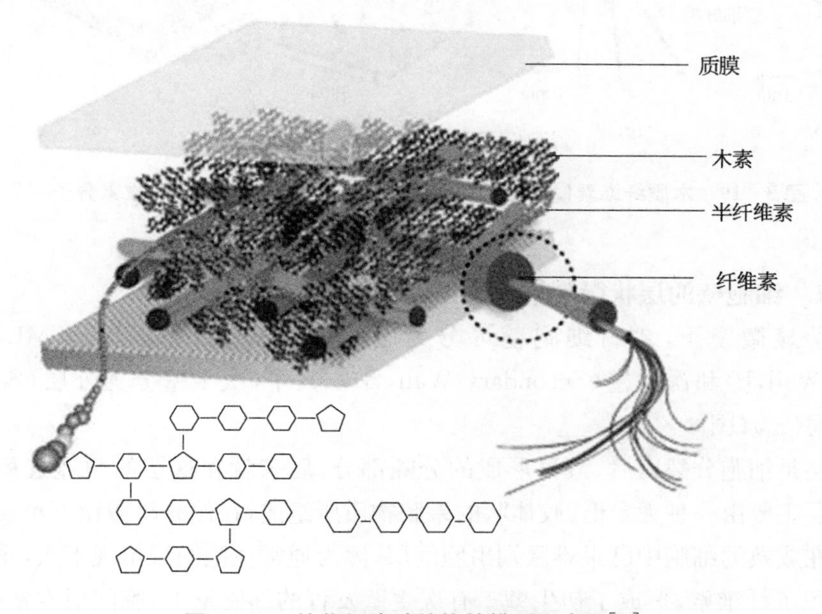

图 3－18　植物细胞壁结构的模型示意图[34]

木质纤维素的结构是一个涉及较宽尺度范围层次的结构。以木材类木质纤维素为例，树木的高度可达数十米，直径可达数米，而细胞壁的结构在微米级范围，构成细胞壁的纤维素单分子链直径为 1 nm 左右(图 3－19)。可见，木质纤维素是一种在微纳米尺度上具有复杂结构的物质，正是这种复杂结构赋予了木质纤维素较强的抗降解特性。研究其微观结构，特别是在微米、纳米尺度上的物理和化学特性获知木质纤维素抗生物降解屏障的分子机制，将为进一步有效地转化和利用木质纤维素提供理论基础。

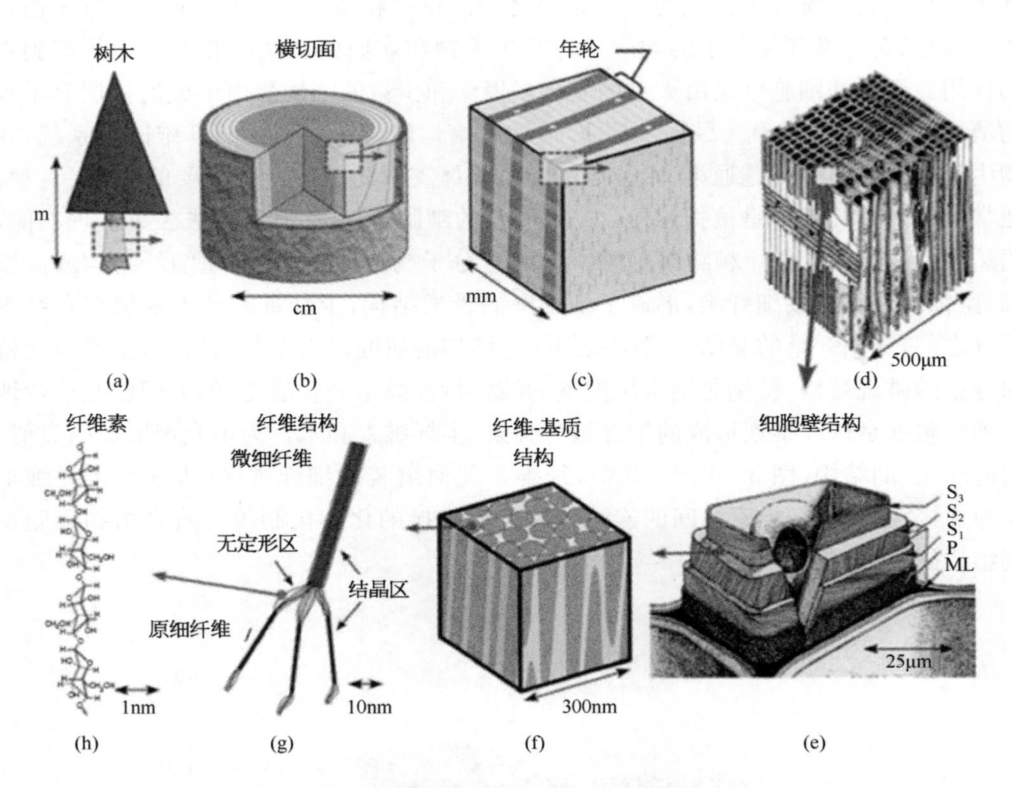

图 3-19　木质纤维素(木材类)的多尺度层次结构：从树木到纤维素分子[35]

3.3.1　细胞壁的层状微观结构

在光学显微镜下，木材细胞壁可分为胞间层(Middle Lamellae, ML)、初生壁(Primary Wall, P)和次生壁(Secondary Wall, S)。其中，次生壁分为外层(S_1)、中间层(S_2)和内层(S_3)(图 3-20)。

胞间层是细胞分裂以后，最早形成的分隔部分，后来就在这层的两边沉积形成初生壁。胞间层主要由一种无定形、胶体状的果胶物质所组成，在偏光显微镜下可显出各向同性。不过在成熟的细胞中已很难区别出胞间层，因为通常在胞间层出现不久，很快就在它的两边沉积了纤维素，形成了初生壁。有次生壁发育的细胞壁上，胞间层常常很薄，除细胞角隅外，厚度为 0.2～1.0 μm，通常很难将胞间层和随后形成的初生壁之间分出界线，因而，通常将胞间层和初生壁合在一起，称之为复合中层(复合胞间层，CML)。在松柏类的管胞和被子植物的纤维和导管的制片上，一般只能看出复合胞间层。胞间层在成熟细胞中是高度木质化的，主要由木素和果胶质组成，纤维素和半纤维素含量很少。

初生壁是细胞分裂后，在胞间层两边最初沉积的壁层，它由纤维素和果胶物质组成，其中可能还含有半纤维素或其他多糖。细胞成熟以后，这一层也可能木质化。一般来讲，木质化后的细胞初生壁中的木素含量很高。初生壁一般较薄，仅为 0.2 μm 左右。

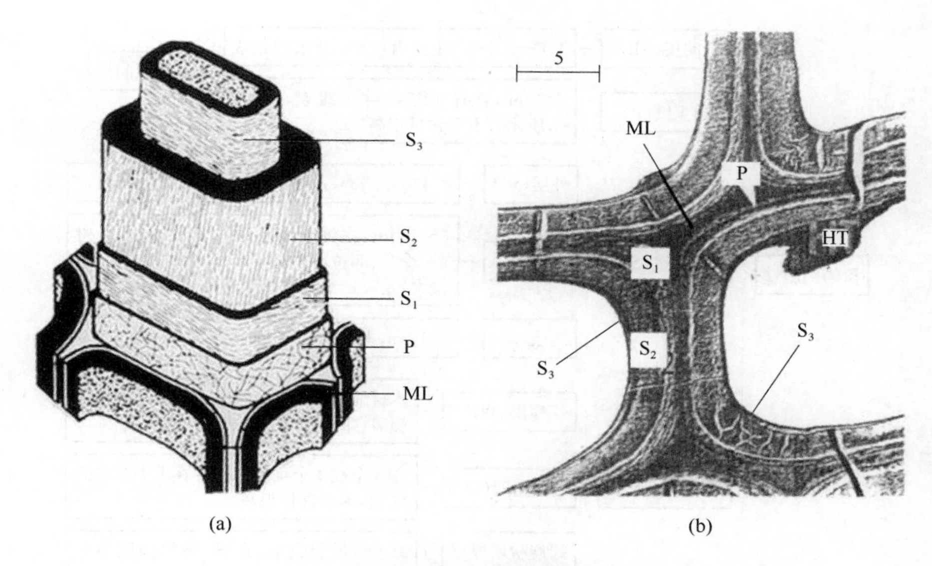

图 3-20　细胞壁的显微结构[6]

(a) 模型示意图；(b) 红豆杉木横切面电镜图

ML—胞间层；P—初生壁；S_1—次生壁外层；S_2—次生壁中间层；S_3—次生壁内层；HT—螺旋状增厚层

多数细胞的初生壁上进一步沉积胞壁层，形成次生壁。次生壁的基本成分与初生壁相同，但是二者在微纤丝的组装，基质的组成和亚层数目上存在差异。初生壁中的纤维素微纤丝形成简单的多重网状结构，基质中含有相当数量的果胶，一般为单层，次生壁中小的微纤丝呈螺旋状排列，基质以半纤维素为主，一般由三个亚层组成，亚层间的主要区别在于微纤丝螺旋排列的角度不同。紧贴质膜的亚层通常不含木素，其他亚层的木质化程度也远不如初生壁和胞间层那样广泛。次生壁是细胞壁各层中最厚的，占细胞壁厚度的95%以上。次生壁的亚层结构中，S_1层在P层的内侧，厚度较小，为0.1～1.0 μm，占细胞壁厚度的10%～20%；S_3层则更薄些，厚度为0.1 μm，仅占细胞壁厚度的2%～8%；S_2层厚度为3～10 μm，占细胞壁厚度的70%～90%，是细胞壁的主体，并且S_2层的厚度随树龄、季节、部位等的不同而产生的变化幅度最大，故S_2层是决定细胞壁厚度的最主要层次。

在木材细胞壁的内表面还存在一种常见的瘤层(Warty Layer，W)，指细胞壁内表面的微细突起物和覆盖它的附加层或结壳层，此层一般认为是无定形的，存在于细胞腔和纹孔腔内壁。瘤层的化学组成与次生壁和初生壁不同，由类似木素的物质和微量的碳水化合物组成。瘤层对化学试剂具有高度的抵抗性，是构成木质纤维素抗降解屏障的因素之一。

植物细胞中在3或4个细胞之间存在1个共有的区域，称为细胞角隅(Cell Corner，CC)。细胞角隅中木素的含量很高，但其在细胞壁中所占的体积很小。细胞壁的层状结构特性总结于图3-21中。

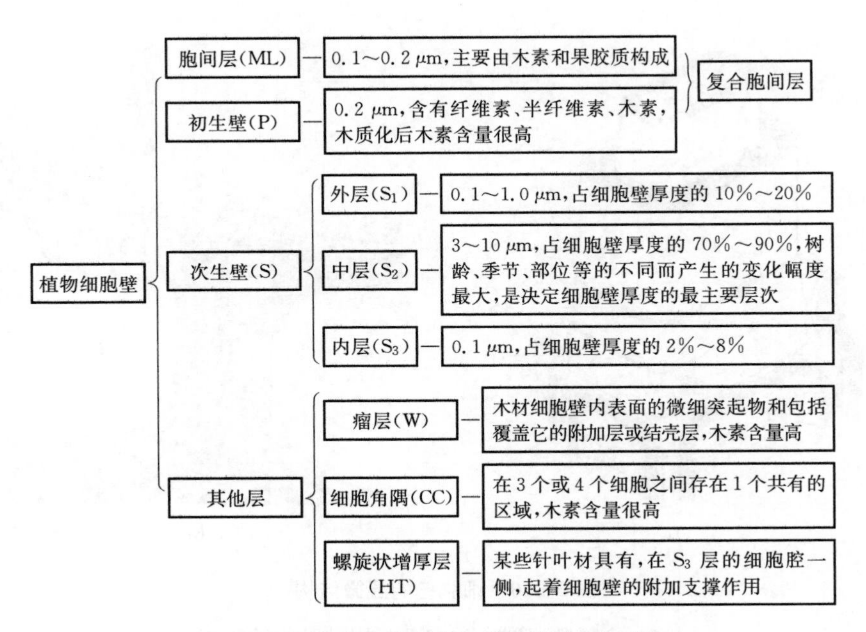

图3-21 植物细胞壁的层状结构及主要特征

非木材类木质纤维素的细胞壁结构存在较大差异,这主要是由于非木材类木质纤维素的细胞形态较为复杂的缘故。房桂干等研究发现,毛竹纤维可分为厚壁纤维和薄壁纤维,厚壁纤维是典型的胞间层、初生壁、次生壁结构,胞间层和初生壁很薄,次生壁很厚,其中以次生壁中层最厚;薄壁纤维的次生壁为多层复合结构,层数少的4～5层,多的达11层之多,次生壁的多层结构是由宽层与窄层交替排列而成[36]。玉米秸秆中某些薄壁细胞只含有初生细胞壁,但多数细胞具有次生细胞壁,如经常可在成熟的薄壁细胞中发现薄次生壁沉积层,而每一薄层中仅含有一层微纤丝片层。这些薄次生壁片层厚度在10 nm左右。芦苇纤维的层状结构与木材纤维不同,S_1、S_2和S_3层在细胞壁中的比例极不一致。有的纤维这三层的厚度大致相同,而且次生壁存在4层或4层以上的结构,其原因是由于微细纤维的定向发生变化,在层间界面上化学成分与其他部位也有所不同[17]。胡麻木质部细胞壁的分层现象与一般阔叶木纤维相似,也由胞间层、初生壁、次生壁外层、中层及内层组成,细胞与细胞之间由纹孔沟通,S_1层较厚,在几个细胞交界的角隅区更为明显;S_2层本身存在着两种现象,一种是S_2层不分层,仅为一较厚的宽层,一种是S_2层本身又分为两层,即S_2内层和S_2外层;胡麻韧皮部纤维很厚,细胞腔很小,有的甚至认不出它的存在,次生壁S_1层与S_2层之间无明显的界线,一部分细胞却显出较宽的S_3层[37]。甘蔗渣纤维细胞壁有很薄的一层初生壁,有较厚的一层S_1层,S_2层又明显地分成两大部分,S_3层则未发现。S_2层的微纤维排列和轴向成30°～40°,微纤维是由约70×10^{-10} m的基本微纤维所组成。这种S_2层明显分层的结构不同于一般的木材纤维,常见于草类原料,特别是在禾本科原料中广泛分布[38-39]。

3.3.2 纤维素的微细纤维结构

细胞壁中的纤维素是如何构成纤维骨架一直以来都是细胞壁结构的研究重点之一。对于微细纤维的精细结构人们还存在不同的认识，但纤维素长链分子与细胞壁中微细纤维之间的结构关系则是基本清晰的。纤维素长链分子以一定的方式组成亚-原微细纤维，亚-原微细纤维组成原微细纤维(又称为基本或元微细纤维)，原微细纤维进一步组成了构成细胞壁的微细纤维(图3-22)。对于原微细纤维的直径，不同研究者给出不同的数据，一般认为，原微细纤维直径为1.5～3.5 nm。原微细纤维之间存在半纤维素。原微细纤维组成的微细纤维直径为10～20 nm。微细纤维在细胞壁上与纤维的轴向之间的交角称为微细纤维的取向。在纤维细胞壁的不同层次中微细纤维的取向是不同的。在初生壁层上，微细纤维是紊乱的(或称之为网状的)，S_1层的微细纤维是左右螺旋向交叉排列的，角度一般为50°～70°；S_2层为单螺旋向的，角度为10°～20°；S_3层的微细纤维也呈单螺旋向，但角度较大，为60°～90°，甚至几乎与轴向垂直。

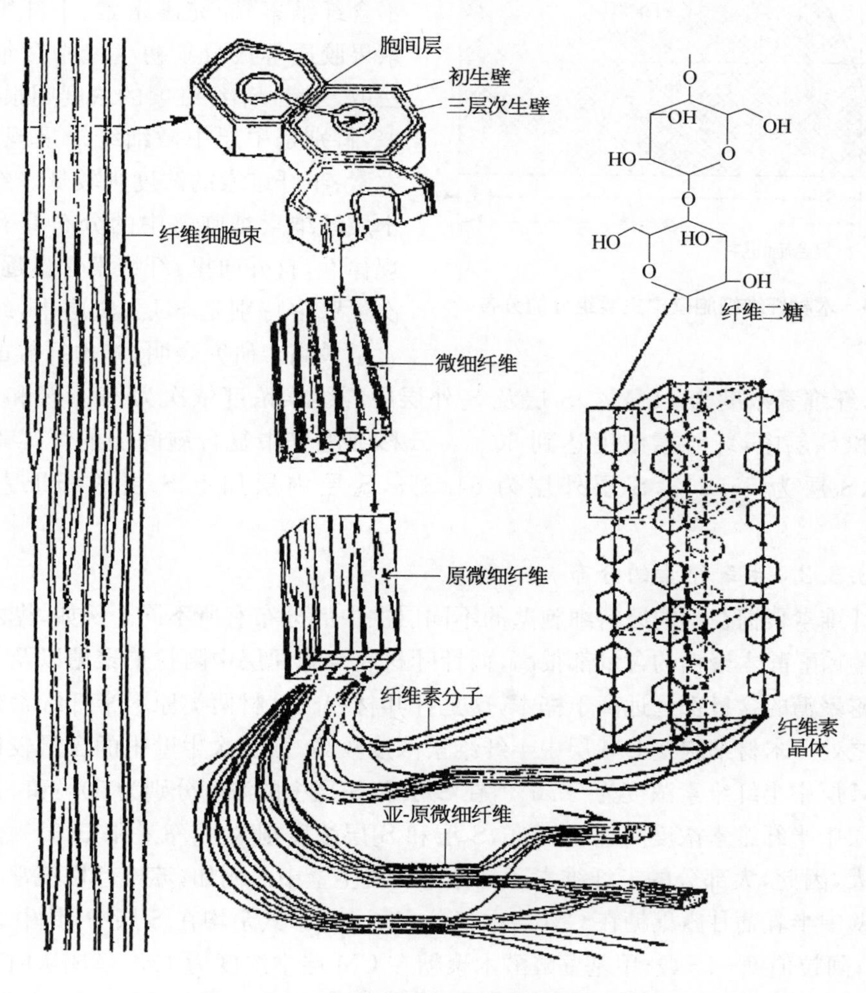

图3-22　细胞壁中微细纤维的精细结构[6]

3.3.3 主要组分在细胞壁中的分布

构成细胞壁的三大主要组分在细胞壁中的分布各不相同，而主要组分的分布，特别是半纤维素和木素的分布对纤维素的酶解性能有着重要的影响。典型的木材纤维细胞壁中三种主要组分的分布如图3-23所示。纤维素和半纤维素主要分布在次生壁中，而复合胞间层中木素的浓度明显高于次生壁中的木素浓度，且在次生壁中木素浓度从外到内逐渐降低。

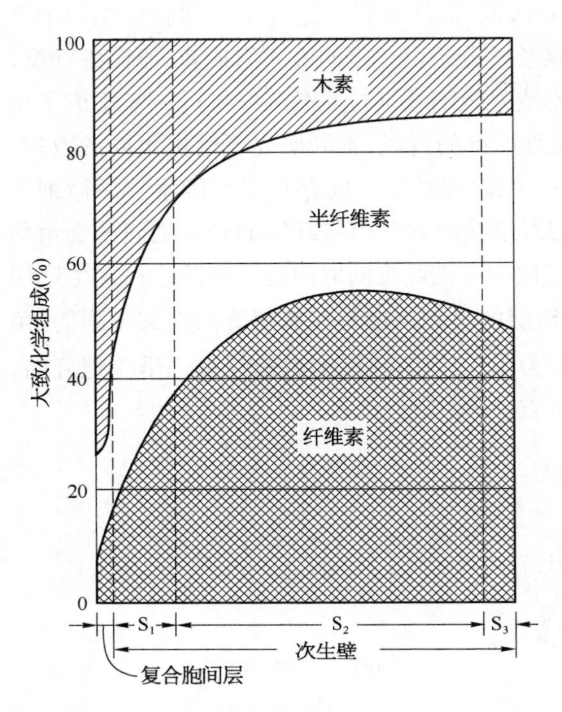

图 3-23 木材纤维细胞壁中主要组分的分布[40]

3.3.3.1 纤维素的分布

细胞壁的胞间层中不含微细纤维(即不含纤维素)而充满木素、半纤维素及少量果胶质等成分。初生壁中微细纤维较松散，木素、半纤维素的浓度则很高；次生壁，特别是中层中微细纤维呈规则排列，木素、半纤维素的浓度则较低。纤维素在木质纤维素细胞壁中的分布具有明显的规律性，自外向里，纤维素含量逐步升高，次生壁中特别是 S_2层、S_3层中，纤维素的含量最高。研究表明，桦木纤维的复合胞间层中，纤维素浓度为41.4%，S_1层及 S_2外层中纤维素浓度依次为49.8%和48%；S_2层内部和 S_3层中，纤维素浓度达到60%。云杉细胞壁中复合胞间层的纤维素浓度为33.4%，S_1层为55.2%，S_2层外层为64.3%，S_2层内层加上 S_3层的纤维素浓度为63.6%。

3.3.3.2 半纤维素的分布

半纤维素聚糖在不同原料细胞壁的不同层次中的分布有所不同。例如，桦木中所有部位的葡糖醛酸木聚糖的含量都很高，而针叶材复合胞间层中阿拉伯聚糖以及各部位中的葡甘露聚糖的含量都远远高于桦木，这是针叶材和阔叶材两类原料半纤维素聚糖显著的不同之处。木材细胞壁CM层中半纤维素浓度较高，而在次生壁中的含量较低，例如，桦木CM层中半纤维素浓度为58.6%，在 S_1层和 S_2层中的浓度分别为50%和52%，而云杉CM层中半纤维素浓度高达66.6%，S_1层和 S_2层浓度则为44.8%和35.9%。由于次生壁厚度大，因此，大部分的半纤维素还是分布在次生壁中。例如，苏格兰松正常木材的管胞细胞壁中半乳葡甘露聚糖在CM层中仅分布了10%，其余均在S层中，其中 S_2层中分布77%；阿拉伯糖-4-O-甲基葡醛酸木聚糖在CM层中浓度为1%，呈现从内到外逐步增加的趋势，主要存在于 S_2层和 S_3层中。阿拉伯聚糖与半乳聚糖在CM层中分布较大，可达 50%。邝仕均用 0.2 mol $NaClO_2$ 氧化甘蔗渣综纤维素后，以 2% $KMnO_4$ 溶液染色，然后将综纤维素包埋切片进行透射电镜观察。因为用 $NaClO_2$ 氧化综纤维素，半纤维素的醛基被氧化成羧基，当用 $KMnO_4$ 染色时，锰离子置换了羧基上的氢离子使半纤维素分子上连接有锰，由于锰是一种重金属元素，在电子显微镜下对电子散射力强，在成像中显出较深颜色。由此可观测到甘蔗渣次生壁外层颜色比内层深，表明这一层半纤维素浓度较高。

3.3.3.3　木素的分布

木素在细胞壁中的分布是影响木质纤维素酶解性能的一个重要因素，木素分布特性的改变会不同程度地影响纤维素的可及度。但需要区分的是“含量”和“浓度”的概念。“含量”指某层中木素的量占总木素量的百分率，而“浓度”指该层中木素在所有组分中的相对百分含量。木素的分布在不同的植物细胞壁中表现出不同的特点。

针叶材木素主要为 G 型结构单元，不含或含有少量 S 型和 H 型结构单元。对细胞壁木素结构单元组成的研究发现挪威云杉(*Picea abies*)和黑云杉(*Picea mariana*)等 S 层中含有 2 倍于 ML 层的酚羟基单元，而 ML 层中木素的相对分子质量和氧含量要高于 S 层。黑松 CML 层存在较高含量的 H 型结构单元，ML 层的 G 型结构单元要高于 S 层。早期的研究表明，CML 层的木素浓度(质量分数)超过 50%，而 S 层约为 20%。然而，由于 S 层的体积远远大于 ML 层，木材中的大部分木素仍存在于次生壁中。细胞角隅区(CC)的木素浓度一般高于 CML 层，甚至超过 70%。S_1层的木质化程度或与 ML 层接近，或介于 S_2层和 ML 层之间，或与 S_2层接近，而 S_3层的木质化程度却一般高于 S_2层。对 S_3层的定量研究表明，S_3层的木质化程度介于 S_2层和 CML 层之间，但一般认为 S_3层的木质化程度是变化的，如落叶松(*Larixgm ellini*)和花旗松的 S_3层木素浓度就与 S_2层相近。阔叶材主要含有 G 型和 S 型结构单元的木素和少量 H 型结构单元的木素。典型的阔叶木的导管 S 层和 ML 层含有 G 型结构单元，而纤维的 S 层和薄壁细胞却含有由 G 型和 S 型结构单元组成的木素，其中 S 型结构是主要的单元。阔叶材纤维 S 层和 ML 层的木素分布与针叶材类似，然而阔叶材纤维 S 层的木质化程度要低于针叶材管胞 S 层。Fergus 和 Goring 用 UV 对白桦(*Betula platyphylla*)木素分布的研究表明，纤维 S 层的木素浓度(质量分数)为 16%～19%，ML 层木素浓度为 72%～85%。Saka 和 Goring 对白桦木素分布的研究结果表明，S_2层的木素平均浓度(质量分数)为 16%，导管为 22%，ML 层木素平均浓度为 72%。Xu 等的研究表明沙柳(*Salix cheilophila*)的 CC 层、ML 层和 S_2层的木素浓度比为 1.72∶1.31∶1，柠条的三层木素比为 1.5∶1.2∶1[41]。木素在非木材类木质纤维素细胞壁中的分布也表现出类似的规律性。翟华敏等用扫描电镜-能谱(SEM-EDXA)技术测定麦草纤维细胞木素分布，发现 CC 中木素浓度最高，达 57%，CML 中次之，为 41%，S 层中较低，为 17%[42]。芦苇纤维细胞壁中木素浓度在各层中的大小顺序为：CC>CML>S_3>S_1>S_2，尽管 CC、CML 中木素的浓度高，但由于其体积分数甚小，故木素的量不多；相反，S_2层中木素浓度虽然低，但由于其体积占细胞壁的大部分，故木素总量的大部分存在于 S_2层之中。

目前，人们已发展了多种方法来研究木素在细胞壁中分布，主要包括以下几种[41]：

(1) 紫外光谱法(UV)

不同木质纤维素原料的木素中愈创木基(G)、紫丁香基(S)和对羟苯基(H)含量不同。紫外吸收光谱法就是利用木素对紫外光在 270～280 nm 的特征吸收来测定其在细胞壁中的分布的。不同木素的分布和不同结构单元的含量变化将导致不同的最大吸收强度，特别是双键和羰基的存在，会使吸收强度有较明显的增强。

(2) 电子显微镜-能谱法(EM - EDXA)

扫描电镜(SEM)和透射电镜(TEM)结合能谱技术能在超微结构水平上得到木素在不同形态区域中的分布信息。其基本原理是：试样中的某种元素被电子轰击后发射出 X 射线，用探测器捕获并测定 X 射线的强度，由计算机将检测到的能量储存并分类，按不同的峰值送到阴极射线管，根据不同部位的能谱峰就可以对木素的分布做出定量或半定量的分析。由于木材化学组成主要为碳、氢和氧，所以，测定前需对样品进行处理，在木素结构单元上接入汞、溴、锰等元素。近年来开发的高压透射电镜和场发射扫描电镜，配合背景扫描电子探测器，不但能够形象地显示木素的微区分布，而且还能提供细胞壁超微结构的其他重要信息。

(3) 干涉显微镜测定法(M)

干涉显微镜测定法测定细胞壁中木素浓度的基本原理是：先利用干涉显微镜测得试样的光程差，然后计算试样的折射指数，最后由折射指数计算出木素的体积分数和质量分数。

(4) 共焦激光扫描显微镜法(CLSM)

共焦激光扫描显微镜法能够快速、方便地测定生物结构，并能在生物结构的 Z 向上得到良好的测定结果。CLSM 结构上采用精密共焦空间滤波，形成物像共轭的独特设计，激光经物镜焦平面上针孔形成点光源对样品扫描，于测量透镜焦平面的探测针孔处经空间滤波后，有效地抑制同焦平面上非测量光点形成的杂散荧光和样品在不同焦平面发射来的干扰荧光，扫描后可得到信噪比极高的光学断层图像。CLSM 的光源为激光，单色性好，纵向分辨率高，可无损伤地对样品做不同深度的层扫描和荧光强度测量，不同焦平面的光学切片经三维重建后能得到样品的三维立体结构。用于测定木素分布的激光发射波长为 488 nm 和 568 nm。

随着分析技术的发展，免疫探针技术、飞行时间二次离子质谱量化与成像分析技术、荧光探测技术、共焦拉曼显微镜法等已经成功应用到木素的分布研究当中。

3.4 木质纤维素的结构特性对纤维素酶解性能的影响

鉴于植物细胞壁化学组成和物理结构的复杂性，木质纤维素的酶解性能也就受到了多种因素的影响，且这些因素间往往具有交互作用。总体来讲，影响木质纤维素酶解的因素可分为两部分，即化学组成和物理结构，这些因素统称为木质纤维素的结构特性。由于木质纤维素的结构特性具有非均质性和多样性的特点，同时木质纤维素在酶解过程中的结构特性也在不断改变，因此我们很难完全了解酶与木质纤维素之间的作用关系[43]。目前，人们已确定地知道木质纤维素的酶解性能受到以下化学组成和物理结构因素的影响：木素含量、半纤维素含量、乙酰基含量、细胞壁蛋白含量、纤维素结晶度、纤维素聚合度、孔体积、可接触表面积、原料粒径、细胞壁厚度等，而预处理过程即是通过各种物理、化学、生物方法或这些方法的结合，来改变木质纤维素原料的结构特征从而提高纤维素的可及度，进而增加其糖化率。

3.4.1　化学组分的影响

3.4.1.1　木素的影响

1）木素对纤维素酶解的抑制作用

木素的存在是限制纤维素酶解的一个重要因素。不少研究表明，脱除木素可以有效提高木质纤维素的酶解糖化率。例如，甘蔗渣采用碱-过氧乙酸预处理脱木素时，总还原糖得率和单糖得率均随着木素脱除率增加而增加（图 3 - 24），糖得率和木素脱除率之间有显著的相关性。从细胞壁的结构来看，木素作为一种黏合剂，通过共价键与半纤维素连接，形成了阻碍纤维素酶与纤维素接触的空间物理屏障。木素是如何保护纤维素不被降解的机制还未完全清楚，但人们已确切地知道木素与聚糖之间的连接类型及交联程度、木素组分的结构多样性以及酚类聚合物在细胞壁中的分布等因素对纤维素的酶解都具有重要的影响[44]。此外，木素的脱除不只是伴随着物理屏障的消除，还会显著改变原料的结构从而提高纤维素的可及度。随着木素的脱除，原料的比表面积增加，因而可以提高纤维素酶与底物的接触面积。然而，在木质纤维素原料的预处理过程中，并非一定要脱除木素才能提高纤维素的可及度，也可以通过改变木素的结构来提高纤维素的酶解性能。例如，

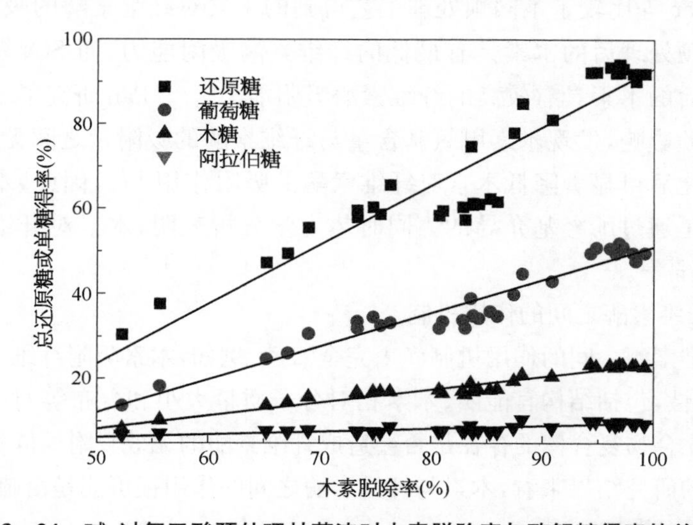

图 3 - 24　碱-过氧乙酸预处理甘蔗渣时木素脱除率与酶解糖得率的关系

稀酸预处理和蒸汽爆破预处理过程中仅有很少一部分木素脱除，但同样可以得到很好的纤维素酶解糖化率。但对于木素含量较高的木材类木质纤维素原料，特别是软木，稀酸预处理和蒸汽爆破预处理并不能很有效地提高纤维素的酶解糖化率[45]，这也反映出木素的存在是造成木质纤维素难以生物降解的一个重要因素。此外，由于木素具有较高的疏水性，其存在导致木质纤维素整体疏水性增加，因而抑制了水作为润胀剂在纤维内的渗透，降低了纤维素的润胀。然而，木素的存在如何以及何种程度上阻碍纤维素酶与底物纤维素的接触及其具体的机制尚未完全清楚。

木素的存在限制纤维素酶解性能的另一个重要原因是其能够不可逆地无效吸附纤维素酶，从而降低了可作用于纤维素的实际酶浓度。因此，木素-纤维素酶之间的作用机制也是近些年来木质纤维素抗降解屏障的研究重点之一。对于稀酸以及蒸汽爆破等预处理工艺来说，由于预处理后的固体基质中木素含量增加，在未对其进行任何处理的情况下，纤维素酶的无效吸附是难以避免的[46]，而且木素对纤维素酶的吸附很大程度上取决于木素本身的性质[47]以及来源[48]。Sewalt 等通过往滤纸底物中添加木素粉末来研究木素的存在对纤维素酶解的过程的影响，结果发现添加 1. 5 mg/ml 的木素时液相中纤维素酶的酶活降低了 60%，而只有将纤维素酶的用量从 5 FPU/g 纤维素提高至 50 FPU/g 纤维素才使纤维素的酶解得以恢复；而将木素粉末单独添加到纤维素酶液中时，液相中的蛋白量减少了 10%～30%，表明纤维素酶被木素吸附并沉淀失活。进一步比较了有机溶剂木素与蒸汽爆破木素对纤维素酶的吸附作用，发现有机溶剂木素更大程度地降低了液相中纤维素酶酶活，这主要是由于所用的有机溶剂木素中酚羟基含量更高的缘故[49]。笔者所在的实验室研究发现，甘蔗渣经过碱-过氧乙酸预处理后可脱除 95%的木素，所得纤维素固体中木素含量降低至 1%左右，该固体酶解 120 h 后液相中纤维素酶酶活基本无损失；而经稀酸预处理后的甘蔗渣木素含量从未处理的 20. 3% 提高至处理后的 28. 4%，该固体酶解 120 h 后液相中纤维素酶酶活降低近 60%[50]。Kumar 等比较了不同预处理工艺得到的木素对纤维素酶的吸附作用，结果发现氨纤维爆破预处理后的木素具有最低的纤维素酶吸附能力，而 SO_2 蒸汽爆破预处理和稀酸预处理后的木素具有较高的纤维素酶吸附能力[51]。Pan 研究了木素的官能团对纤维素酶吸附的影响，发现木素甲氧基含量与纤维素酶的吸附量之间无明显关系，而酚羟基被羟丙基化后可显著降低木素对纤维素酶的吸附作用[48]。因此，木素对纤维素酶的吸附很可能是通过酚羟基介导的。同时热力学分析表明，木素对纤维素酶的吸附是一个自发的过程[52]。

2）木素-纤维素酶之间的作用机制

木素与纤维素酶之间的作用机制尚未完全清楚，例如，木素吸附纤维素酶的作用力何来，木素结构特性，包括结构官能团、木素相对分子质量大小和分布等对吸附作用有何影响，木素-碳水化合物复合体的存在是否会造成纤维素酶的无效吸附等问题还需要进一步研究。从目前的研究结果来看，木素与纤维素酶之间的作用很可能是由疏水相互作用、离子键或氢键介导的[53]。

(1) 疏水相互作用

疏水相互作用是蛋白质分子吸附的主要推动力。当蛋白质分子溶解在水中时,其趋向于将疏水性残基尽可能少地暴露在水相环境中,而将疏水性基团聚合在一起。因此,当蛋白质和固体表面的疏水性增加时,蛋白质在固体表面的吸附趋势增加。这种吸附是熵驱动的,可迅速发生,因此在疏水性固体表面往往可吸附大量的蛋白质。木素的存在可以增加纤维素底物疏水性,例如,α-纤维素的接触角为14°,而热机械浆的接触角为42.8°和51.2°,即木素的疏水性大于纤维素。类似地,当将木素和纤维素制成薄片后测定接触角时,人们发现软木Kraft木素、磨木素(MWL)和硬木磨木素的接触角分别为46°、52.5°和55.5°,而纤维素的接触角仅为20°~30°。因此,当木素和纤维素共存时,木素的含量越高,整个固体体系的疏水性相应更高。当纤维素酶解过程中添加木素时,纤维素酶在疏水性较高的木素上的无效吸附明显高于在纤维素上的吸附,表明疏水性相互作用确实是导致纤维素酶在木素上吸附的主要原因之一。Palonen从蒸汽处理的云杉木片(SPS)中制备了多种木素,包括碱木素、酶木素和酸木素,并研究了纤维素酶全酶和来自纤维二糖水解酶Ⅰ(CBHI)和内切葡聚糖酶II(EGII)的催化结构域(CD)在SPS和所制备木素上的吸附特性,研究发现,CD在底物上的吸附量较全酶的小,这主要是全酶体系具有更高的疏水性的缘故[46]。Berlin等从花旗松中制备了两种有机溶剂木素,一种是直接从有机溶剂制浆黑液中沉淀出的溶解木素(DL),另一种是把有机溶剂纸浆进行酶解后得到的残余木素(ERL)。比较这两种木素的主要官能团后发现,ERL比DL具有更高的羧基和脂肪羟基含量,表明DL应具有更高的疏水性。将两种木素添加到纤维素酶解实验中,发现DL对酶解过程具有更强的抑制作用[54]。该结果也可证明,疏水相互作用可能是造成木素无效吸附纤维素酶的关键因素之一。

(2) 静电相互作用

众所周知,蛋白质分子和聚合物表面具有活性基团,如羧基、氨基酸、磷酸和咪唑等,这些基团的解离或缔合会使大分子表面带有电荷。例如,蛋白质在不同的pH值下可能带有正电或负电。当蛋白质分子和聚合物固体表面带有相同电荷时,二者相互排斥,反之相互吸引。常用于木质纤维素生物转化的瑞氏木霉(*Trichoderma reesei*)纤维素酶组分的主要特性列于表3-14中。其中纤维二糖水解酶(又称为外切葡聚糖酶,CBH)I和II是纤维素酶的最主要组分,占总蛋白质含量的60%和20%。木质纤维素底物的酶水解常在微酸性(pH值为4.8~5.0)条件下进行,此时,CBHII、EGIII和β-葡萄糖苷酶组分带有净的正电荷,而CBHI、EGI和EGII带有净的负电荷。对于木质纤维素基质,由于半纤维素和木素中存在酸性基团,因而在水溶液中木质纤维素固体基质表面会带有负电荷。Dong等测定了桉木Klason木素在pH值为4.5时的*Zeta*电势为−40 mV,表明木素悬浮于水溶液中时,其表面会带有净的负电荷[55]。因此,在酶解体系中木素很可能与瑞氏木霉纤维素酶中的CBHII、EGIII和β-葡萄糖苷酶相吸引,而与CBHI、EGI和EGII相互排斥。此外,除大分子整体的静电相互作用外,蛋白质特定氨基酸残基与木素官能团之间的静电作用也可能影响到纤维素酶在木素上的吸附量。Berlin等认为,由木素和纤维素酶分子上的带电的—COOH、—OH 和部分带电的 C═O 介导的离子型木素与酶之间的作用是纤维素酶无效吸附在木素之上的主要原因[54]。Liu 等发现在亚硫酸盐蒸煮结合机械盘磨的预处理方法(Sulfite Pretreatment to Overcome Recalcitrance of Lignocellulose, SPORL)预处理后基质的酶解过程中添加金属离子时酶解效率有所增加，也表明静电相互作用确实存在于木素和纤维素酶间的作用中[56-57]。虽然静电作用可能是造成木素无效吸附纤维素酶的原因之一，但这方面的研究报道还较少，其具体的作用机制还需进一步研究。

表 3-14　瑞氏木霉纤维素酶组分的主要特性

酶　组　分	总氨基酸个数	相对分子质量(kD)	等电点(pI)
CBHI(Cel7A)	497	59～68	3.5～4.2
CBHI(Cel6A)	447	50～58	5.1～6.3
EGI(Cel7B)	437	50～55	3.9～6.0
EGII(Cel5A)	397	48	4.2～5.5
EGIII(Cel12A)	218	25	6.8～7.5
EGV(Cel45A)	225	23	—
β-GI	713	75	7.4～7.8

(3) 氢键结合作用

木素吸附纤维素酶的另外一个可能的作用是氢键结合作用，因为木素分子中含有羟基，其很可能与纤维素酶之间形成氢键结合。此外，木素中的羧基亦可能形成氢键，但这种作用鲜见报道。不少研究工作表明，木素中的酚羟基对于纤维素酶的吸附具有重要作用。Sewalt 等在比较羟丙基化有机溶剂木素和蒸汽处理木素对滤纸酶解的影响时发现，前者可获得较高的酶解效率。由于羟丙基化处理可以除去木素中的游离酚羟基，由此证明酚羟基在木素吸附纤维素酶中具有重要作用[49]。Pan 比较了硬木有机溶剂木素、甘蔗渣酸水解木素、软木硫酸盐木素和软木有机溶剂木素对微晶纤维素(Avicel)酶解的影响，发现添加 20%的木素时纤维素的酶解转化率降低了 10%～23%，对木素酚羟基进行羟丙基化后其抑制效果降低。采用木素模型化合物进行类似研究也发现，含有酚羟基的模型化合物对酶解的抑制性比不含酚羟基的模型化合物抑制性高 1%～5%[48]。虽然羟丙基化可以有效地屏蔽酚羟基，但同时也可能造成木素结构的改变。例如，羟丙基化后木素的羟基含量并没有改变，而只是将酚羟基转变为脂肪羟基，而这种改变很可能造成木素疏水性的增加。根据 Berlin 的研究结果，溶解木素(DL)比酶解残余木素(ERL)具有更高的酚羟基含量，且 DL 对于纤维素的酶解抑制作用更强，也进一步证实酚羟基是造成木素无效吸附纤维素酶的主要因素之一。但也有研究者发现，硫酸木素、蒸汽爆破木素、乙酸木素、有机溶剂木素和磨木素在酚羟基含量类似的情况下，对牛血清蛋白(BSA)的吸附性能并不一样，因此酚羟基并不是影响木素吸附蛋白的唯一因素[58]。另外，脂肪羟基也可能介导氢键的形成，正如纤维素酶催化纤维素水解一样，纤维素分子中的羟基与纤维素酶的纤维素结合域(CBM)之间可形成氢键。因此，纤维素酶与木素侧链的脂肪氢键亦有可能形成氢键结合，但这种结合尚未有文献报道。

为减少或消除木素的存在对于纤维素酶解过程的负面影响，可以通过脱除木素或外加添加剂的方法解除木素屏障或屏蔽木素对纤维素酶的无效吸附。碱处理以及有机溶剂预处理即主要是通过脱除木素来提高原料纤维素的酶解性能的[58-59]。另一方面，化学制浆过程即是通过化学试剂将原料中的木素溶出、分散纤维素纤维的过程。现有的一些已经成功工业化的制浆过程如硫酸盐法制浆、亚硫酸盐法制浆等也可以认为是潜在的木质纤维素预处理方法，因为这些工艺往往可以获得较高的木素脱除率，但这些制浆过程优化的目标是保持纸浆的强度性质，而非提高纤维素的可及性[61]。因此，制浆工艺用于木质纤维素预处理时需要经过适当的改进，以获得较高的纤维素酶解糖化率。Zhu 等将亚硫酸盐蒸煮与机械盘磨相结合，对云杉和红松进行预处理(SPORL 工艺)，结果表明该工艺可有效提高软木的纤维素酶解性能[62]。而针对稀酸预处理以及蒸汽爆破预处理后木素含量增加的情形，可以进一步通过碱脱木素或添加外源蛋白的方式来提高纤维素的水解率，常用的外源蛋白为牛血清蛋白(BSA)[63-64]。另外，添加非离子表面活性剂，例如 Tween-20、Tween-80、Triton-100、聚乙烯醇等均可以有效地提高纤维素的酶解糖化率[65-67]。这主要是由于非离子型表面活性剂可以通过疏水相互作用与木素结合，从而降低纤维素酶，特别是外切葡聚糖酶，在底物上的无效吸附。但外源蛋白以及表面活性剂由于价格高昂难以工业化应用，而 Liu 等发现添加价格较低的金属化合物，如 $CaCl_2$、$CaSO_4$、$MgSO_4$ 等亦可显著降低木素对纤维素酶的无效吸附[56-57]。

3.4.1.2　半纤维素的影响

半纤维素在植物细胞壁中通过酚酸，如阿魏酸和对香豆酸等与木素共价连接，形成木素-碳水化合物复合体(LCC)。草本植物中阿魏酸多糖酯类通过醚键与木素连接，阿魏酸的 C8 位与羟基肉桂醇的 β 位连接。半纤维素中糖醛酸的自由羧基通过酯键与木素的苯甲基相连。目前还没有关于半纤维素和纤维素间存在共价键的报道，通常认为半纤维素主要通过氢键、范德华力等非共价键与纤维素作用形成植物细胞壁的网络结构[23]。因此，半纤维素作为纤维素纤维之间的填充剂，与木素类似，其存在也限制了纤维素的可及度。预处理过程中脱除半纤维素可提高原料的酶解糖化率[68-71]。半纤维素的脱除可以增加原料的平均孔径，从而提高纤维素酶与纤维素的接触[61]。稀酸预处理和蒸汽爆破预处理提高木质纤维素酶解性能的一个主要原因即是脱除半纤维素，使原料变得疏松多孔[59]。然而，稀酸预处理如果在较为温和的条件(低于 120℃)下进行时，虽然可以脱除 80%以上的半纤维素，但原料的酶解性能并非显著地提高[72-73]。因此，可有效提高纤维素酶解性能的稀酸预处理往往需要在较高的温度(高于 160℃)下进行。此时不仅有大部分的半纤维素溶解，同时木素结构遭到破坏并重新分布，进一步提高了纤维素的可及度[61, 74]。半纤维素的存在抑制纤维素酶解过程的另外一个证据是预处理后的固体添加一定量的木聚糖酶可以有效提高纤维素的酶解率，因为木聚糖酶可以选择性地水解木聚糖，同时除去相连的低相对分子质量木素片段，从而提高了纤维素对纤维素酶的可及度[75]。

3.4.1.3 乙酰基的影响

半纤维素的骨架上往往连有乙酰基。乙酰基被认为是限制纤维素酶解的一个重要因素之一[43, 76]。Pan 等研究发现，在木素含量相当（约 18%）时，乙酸制浆所得纸浆的酶解性能远低于乙醇制浆所得纸浆的酶解性能，其主要原因是乙酸制浆过程中会导致纤维素的乙酰化，而乙酰基的存在会阻碍纤维素与纤维素酶结合位点间的氢键形成，从而阻碍纤维素酶中具有催化功能的结构域与纤维素之间的结合；此外，乙酰基的存在还会增加纤维素的酶促反应空间位阻[77]。但乙酰基在木质纤维素原料中的含量相对较少，而且易于在化学预处理中脱除，因此乙酰基对木质纤维素原料酶解性能的影响不如木素那样显著。

3.4.1.4 细胞壁蛋白的影响

木质纤维素特别是新鲜的秸秆中仍然有大量的细胞壁蛋白存在。韩业君等对植物细胞壁蛋白对木质纤维的酶解过程的影响进行了较为全面的综述[78]。这些蛋白总体上可分为对木质纤维素酶解起促进作用的蛋白和起抑制作用的蛋白。前者又分为植物内源性酶，如纤维素酶、多聚半乳糖醛酸酶、内切木葡聚糖转糖基酶、木聚糖酶、蛋白酶等和植物内源性氢键断裂蛋白，如扩展蛋白、蛋白 Zeah 等。对木质纤维素酶解起抑制作用的蛋白主要是木聚糖酶抑制蛋白、多聚半乳糖醛酸酶抑制蛋白等[78-79]。其中，扩展蛋白和蛋白 Zeah 虽然不具有水解纤维素的功能，但其可以破坏细胞壁中聚糖之间的氢键，促进纤维素酶对纤维素的水解作用[80-81]。但只有新鲜的木质纤维素中含有这些对纤维素酶解起促进作用的酶，对于大多数木质纤维素原料来讲，其中的蛋白质含量较少，而且这些酶不再具有活性。因此，细胞壁蛋白对于纤维素酶解的协同作用往往可以忽略不计。

3.4.2 物理结构的影响

3.4.2.1 比表面积、原料粒径及孔体积的影响

木质纤维素酶解过程的首要步骤是纤维素酶吸附到底物上，因此，原料的比表面积是影响纤维素酶解的一个重要因素。而比表面积又与原料的粒径、孔体积等因素密切相关。随着原料粒径的降低以及孔隙率的增加，比表面积增大，从而增加了纤维素对酶的可及度。不少研究报道均证明了比表面积与木质纤维素的酶解性能之间存在正相关性。Mooney 等对花旗松硫酸盐浆和机械浆的酶解性能进行了比较，发现在木素含量相当时，脱木素后的机械浆粒径比硫酸盐浆的更小（相应的比表面积更大），且前者具有更快的水解速率；而当把不同长度的纸浆纤维进行分离并分别水解时发现长纤维比全纸浆（含短纤维）吸附了较少的纤维素酶量，相应的水解速率也较低[82]。Dasari 等比较了不同初始粒径锯屑的纤维素酶解性能，发现初始粒径较小时可以获得更高的酶解速率以及纤维素糖化率；当初始酶解固体含量为 10%和 13%时，酶解 72 h 后，粒径为 33～75 μm 的锯屑葡萄糖产量比粒径为 590～850 μm 的锯屑葡萄糖产量分别提高 50%和 55%[83]。Yeh 等通过碾磨将微晶纤维素的粒径降低至亚微米结构，并得到不同粒径分布的纤维素固体，以研

究粒径对纤维素酶解的影响，结果表明降低粒径可有效提高纤维素的酶解速率。当微晶纤维素的粒径从25.52 μm降至6.08 μm时，葡萄糖得率提高了近40%；进一步将粒径降至0.78 μm时，酶解48 h后，葡萄糖得率超过80%[84]。

减小粒径可以增加原料的比表面积。例如，当微晶纤维素的粒径为25.52 μm时，其比表面积为0.24 m^2/g；而粒径降低至0.78 μm时，相应的比表面积增加至25.50 m^2/g[84]。云杉木片通过机械盘磨，当粒径由大于1.814 mm减小至小于0.127 mm时，体积比表面积从0.081 7 $\mu m^2/\mu m^3$增加至0.19 $\mu m^2/\mu m^3$[85]。但也有研究者指出，粒径减小到40目或590～350 μm以下时，纤维素水解速率并无明显增加[86-88]。这是因为原料的比表面积除与粒径有关外，还与原料的孔体积以及内表面积等密切相关。一些研究报道也证实了木质纤维素原料初始孔体积或内表面积与其水解度之间有直接的关联。Huang等的研究结果表明，可及内表面积是影响木质纤维素酶解性能的众多因素中最为重要的因素[89]。此外，孔体积只有足够大以容纳纤维素酶不同大小的酶单体并进行协同作用时才能提高纤维素的水解率[90-91]。进一步的研究结果表明，木质纤维素原料的孔径只有大于5.1 nm时才能有效提高其酶解性能[92-93]。此外，纸浆样品经过干燥后酶解速率降低，其主要原因是干燥导致纸浆角质化及孔体积减小，从而阻碍了纤维素酶与纤维素的接触[94]。也进一步证明孔体积对于木质纤维素酶解的重要性。

虽然比表面积是影响木质纤维素酶解性能的一个重要因素，但并非是一个独立的因素。因为，预处理过程中，比表面积的变化往往伴随着原料其他物理结构或化学组成的变化。例如，球磨预处理过程中原料粒径的减小及表面积的增加与纤维素结晶度降低是相互关联的；木素和半纤维素的脱除往往会导致原料孔隙率的增加。因此，在研究比表面积对木质纤维素酶解性能的影响时，还需要考虑到这些因素间的交互关系。

3.4.2.2　纤维素结晶度和聚合度的影响

纤维素是木质纤维素中唯一具有结晶结构的主要聚合物。结晶纤维素以微原纤维的形式存在，其中1,4-β-葡聚糖链之间通过氢键结合形成稳定的晶格结构。但纤维素结晶度对其酶解性能究竟有何种影响仍然存在争议。在一些较早的研究中，纤维素的结晶度被认为是影响其酶解性能的一个重要物理结构因素，且利用球磨处理纤维素后随着纤维素结晶度的降低其水解速率增加[95-97]。这是因为球磨预处理可以将纤维素的结晶结构转变为无定形结构，而无定形纤维素的水解速率比结晶纤维素快5～10倍[98]。但一些研究者认为，降低纤维素结晶度提高其纤维素酶解性能更可能是由于比表面积增加导致的，因为球磨等机械碾磨处理中同时伴随着纤维素粒径的减小以及比表面积的增加[99]。因此，有研究者认为，纤维素结晶度并不是限制木质纤维素酶解的主要因素或与纤维素的水解率无显著关联[100]。另一方面，以纯纤维素为底物来研究结晶度对纤维素酶解性能的影响存在着一定的局限性，因为木质纤维素本身是一种非均质材料，而预处理过程中半纤维素、木素等无定形物质的去除往往导致所得纤维素固体（仍含有部分半纤维素和木素）的结晶指数增加[76]。Zhu等研究了木质纤维素的结构特性对纤维素酶解性能的影响，发现结晶度的减小显著降低了酶解时间或所需的纤维素酶量,而当木素含量较低时对于较长的酶解周期来说,纤维素结晶度的影响可以忽略[101],O'Dwyer 也得到类似的结论[102]。

纤维素的聚合度也可能是影响酶催化水解性能的因素之一。根据相对分子质量的测定,木材纤维素由 8 000~10 000 个葡萄糖基组成,而随着原料来源的不同,纤维素的相对相对分子质量在 5 000~2 500 000 范围内变化,经过化学制浆或预处理后纤维素的聚合度下降至 1 000 左右[6]。从纤维素酶水解纤维素的机制来看,结晶纤维素的彻底降解至少需要外切葡聚糖酶(exo-1, 4-β-D-glucanase, EG)、内切葡聚糖酶(又称纤维二糖水解酶,endo-1,4-β-D-glucanase, CBH)和β-葡萄糖苷酶(β-1,4-glucosidase)这 3 种酶的协同作用。其中,外切葡聚糖酶从纤维素链的还原末端或非还原末端作用于纤维素分子链,每次释放出一个纤维二糖分子;内切葡聚糖酶随机水解纤维素链中的糖苷键,生成大量不同聚合度的纤维素短链,使得纤维素分子的聚合度降低,并为外切葡聚糖酶提供更多的纤维素链末端;β-葡萄糖苷酶则主要水解纤维二糖和可溶性纤维寡糖,最终将纤维素转化为可利用的葡萄糖[103]。因此,从以上的机制分析可知,纤维素的水解本身就是其聚合度降低的过程,而预处理过程中降低纤维素的聚合度应有利于提高其水解速率。Nahzad 等比较了软木浆未经打浆和经打浆后的酶解性能变化,发现当二者具有相当的结晶度时,经过打浆的纸浆(聚合度降低)具有更快的初始水解速率[104],Ramos 等[105]和 Mansfield 等[106]也得到类似的结论。同时,Nahzad 等还发现纸浆的初始聚合度对于后续的水解过程并无显著影响;在所研究的水解周期内水解后的纸浆聚合度降低了 2/3,且所有纸浆水解后具有非常类似的多分散性[104]。Gupta 和 Lee 研究了纤维素酶水解纯无定形纤维素底物的机制,发现内切葡聚糖苷酶可以很快地催化无定形纤维素水解至其聚合度降为 30~60,随后反应终止;而在外切葡聚糖酶的作用下,无定形纤维素可水解为低聚合度的纤维素寡糖[107]。同时,聚合度对无定形纤维素水解的影响除与纤维素底物本身的物理性质(如聚合度大小、比表面积等)有关外,还与所用的纤维素酶量有关。由此可见,与纤维素结晶度对其酶解性能的影响类似,聚合度也并非一个独立的因素。因为在制备不同初始聚合度的纤维素底物时往往也导致原料其他物理结构(如结晶度和比表面积)的变化。同时,聚合度的降低也为纤维素酶,特别是外切葡聚糖酶提供了更多的结合位点,且这些结合位点可是反应性和非反应性的[107],进而影响到纤维素的表观水解速率。因此,关于聚合度究竟是如何影响纤维素的酶解性能的仍需进一步研究。

综上所述,可以将木质纤维素的化学组成和物理结构对纤维素酶解性能的影响总结如表 3-15 所示。但需要说明的是,木质纤维素的抗生物降解屏障是通过其化学组成和物理结构共同作用的,而且这些限制纤维素酶解的因素之间是密切相关的。木质纤维素化学组分的脱除,往往导致物理结构的改变;同时,物理结构的变化(如机械碾磨降低原料粒径和纤维素结晶度)也伴随着化学组分的重新分布和组分间连接键发生变化。因此,要进一步深入了解木质纤维素化学组成和物理结构对纤维素酶解性能的影响,还需要充分了解这些因素间的交互关系。

表 3-15　化学组成和物理结构对木质纤维素酶解性能的影响总结

结构特性		与纤维素酶解性能的关系	说　明
化学组成	木素	—	木素主要从两个方面来限制纤维素的酶解：其一，木素作为一种黏合剂，通过共价键与半纤维素连接，形成了阻碍纤维素酶与纤维素接触的空间物理屏障；其二，木素能不可逆地无效吸附纤维素酶，从而降低了可作用于纤维素的实际酶溶度
	半纤维素	—	半纤维素与木素连接，共同构成阻碍纤维素酶接触纤维素的空间物理屏障，脱除半纤维素可增加原料的平均孔径，但半纤维素对木质纤维素的酶解限制作用不如木素的限制作用显著
	乙酰基	—	乙酰基的存在会阻碍纤维素与纤维素酶结合位点间的氢键形成，从而阻碍纤维素酶中具有催化功能的结构域与纤维素之间的结合，但乙酰基在木质纤维素原料中的含量相对较少，而且易于在化学预处理中脱除，因此，乙酰基对木质纤维素原料酶解性能的影响不如木素那样显著
	细胞壁蛋白	+/−	植物细胞壁蛋白可分为对木质纤维素酶解起促进作用的蛋白和起抑制作用的蛋白，但对于大多数木质纤维素原料来讲，其中的蛋白质含量较少，而且这些酶不再具有活性，因此，细胞壁蛋白对于纤维素酶解的协同作用往往可以忽略不计
物理结构	比表面积	+	比表面积是影响纤维素酶解的一个重要因素，其与原料的粒径、孔体积等因素密切相关。随着比表面积增大，纤维素对酶的可及度增加；原料的孔体积以及内表面积是影响纤维素酶解率的关键因素之一，木质纤维素原料的孔径只有大于 5.1 nm 时才能有效提高其酶解性能
	原料粒径	—	
	孔体积	+	
	结晶度	—	无定形纤维素的水解速率比结晶纤维素快 5～10 倍，但对于木质纤维素原料来说，结晶度的减小显著降低了初始水解速率和酶解时间或所需的纤维素酶量，当木素含量较低时对于较长的酶解周期来说，纤维素结晶度的影响可以忽略；结晶度并非影响纤维素酶解的独立因素，因为随着结晶度的降低原料比表面积等关键因素也在改变
	聚合度	+/−	纤维素的降解本身是其聚合度降低的过程，预处理过程中降低聚合度有利于提高纤维素的酶解速率。聚合度的降低也为纤维素酶，特别是外切葡聚糖酶提供了更多的结合位点，但这些结合位点可是反应性和非反应性的；与结晶度类似，聚合度并非是影响纤维素酶解性能的独立因素

注：+—该因素对于纤维素的酶解性能具有正效应，即该因素水平值增加可以促进纤维素的酶解。
　　−—该因素对于木质纤维素的酶解性能具有负效应，即该因素水平值增加会降低纤维素的酶解。
　　+/−—该因素与纤维素的酶解无明显关系或者其对纤维素酶解的影响取决于其水平值。

3.4.3　结构因素间的交互作用影响

木质纤维素结构因素间的交互作用不仅存在于化学组成和物理结构之间，化学组成因素之间和物理结构因素之间也存在交互作用。例如,化学组分的脱除会导致物理结构的改变,而物理结构改变(如球磨过程改变原料的粒径和结晶度)也会造成化学组分在细胞壁中重新分布。很多研究均表明,木素的脱除提高了原料的孔隙率以及中孔的尺寸分布宽度。半纤维素的脱除也提高了平均孔径大小。孔径和孔隙率增加必然导致纤维素可及面积的增加。球磨过程中降低纤维素结晶度和聚合度的同时也降低了原料粒径和比表面积。Zhu 等研究发现,结晶度的减小显著降低了酶解时间或所需的纤维素酶量,而当木素含量较低时对于较长的酶解周期来说,纤维素结晶度的影响可以忽略[101]。此外,化学组成和物理结构对纤维素酶解性能的影响很大程度上还取决于预处理过程。当某因素不再成为限制酶解的因素时,其他因素的限制作用将变得显著。预处理过程中很难做到除去某个化学组分的同时而完好地保留其他组分。这些交互作用使得木质纤维素结构特性对纤维素酶解性能影响的研究变得很复杂。

笔者所在的实验室提出影响木质纤维素酶解性能的因素可分为直接因素和间接因素(图 3-25)[108]。直接因素即可及表面积。需要指出的是,有的文献上把比表面积和可及表面积作为同一概念讲解。事实上二者应区别对待。比表面积指固体基质单位质量(或

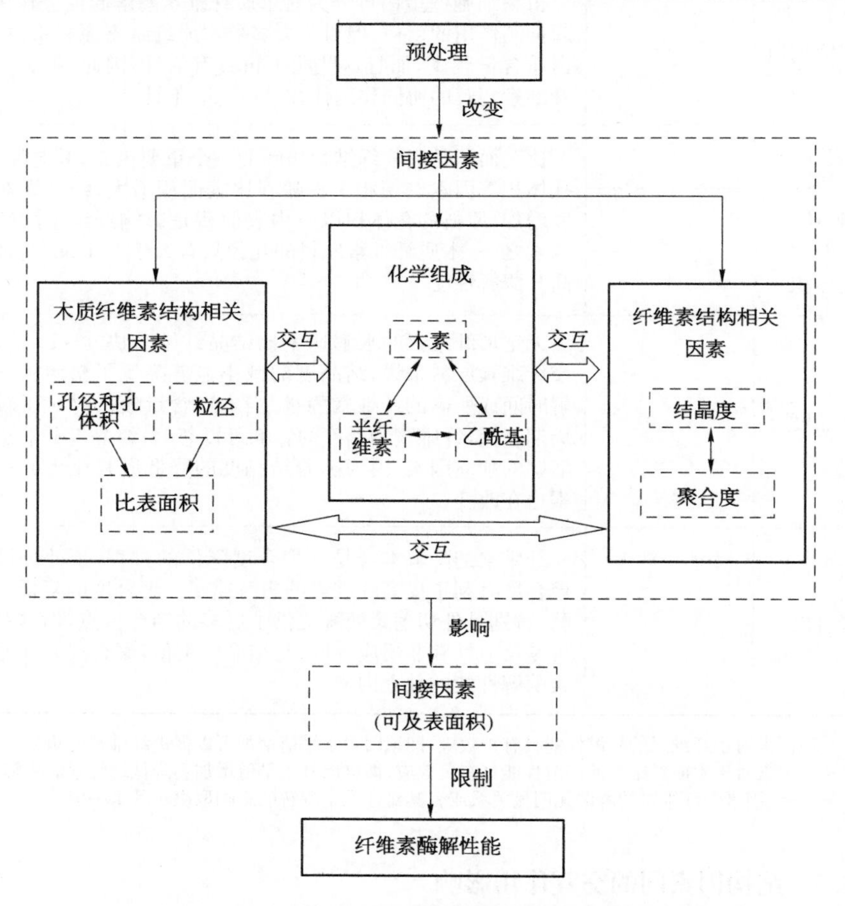

图 3-25　影响木质纤维素酶解性能的主要因素

体积)的表面积,而可及表面积指固体基质中可提供纤维素酶接触纤维素的表面积。由于基质中只有孔体积足够大时才能容纳纤维素酶分子进行催化作用,一般认为只有孔径大于5.1 nm的孔才是有效的孔。因此,比表面积往往大于可及表面积,且一般来讲,随着比表面积增加,可及表面积随之增加。可及表面积的大小直接决定了纤维素对纤维素酶的可及性,只有提高可及表面积才能使纤维素酶有效催化纤维素水解。间接因素又可分为生物质结构相关因素(包括孔径、孔体积、粒径和比表面积)、化学组成(主要包括木素、半纤维素和乙酰基)和纤维素结构相关因素(主要包括结晶度和聚合物)。这些因素之间又存在交互作用。预处理的最终目的即是通过改变间接因素提高直接因素(可及表面积)的过程。例如,物理法预处理(如机械碾磨等)即是通过降低粒径大小、纤维素结晶度和聚合度,提高比表面积从而提高可及表面积。化学预处理则主要是通过脱除木素和(或)半纤维素来提高原料孔隙率从而提高可及表面积。当然,有的时候间接因素也会直接影响纤维素的酶解过程。例如,木素无效吸附纤维素酶会直接造成体系中有效酶浓度的降低,从而降低酶解速率和转化率。

3.5　木质纤维素预处理技术及其基本原理

3.5.1　预处理的目的和要求

木质纤维素细胞壁的组成和结构构成了其抗生物降解屏障。为提高纤维素对纤维素酶的可及度,原料往往需要进行预处理以破坏这种"保护性"结构。预处理是木质纤维素生物转化的关键步骤之一。预处理过程不仅成本较高,其本身还会影响到下游操作的成本,包括糖化成本、废水处理成本、固体废物处理成本等。一般来讲,预处理的最终目的是破坏细胞壁的刚性和致密结构,使得纤维素充分暴露,提高其对纤维素酶的可及度,如图3-26所示。预处理过程就是通过改变间接因素来提高直接因素的过程,因此预处理的目标主要包括以下几个方面[74]:将半纤维素与纤维素分离,并脱除半纤维素;破坏木素结构、脱除木素或使木素在细胞壁中重新分布;除去乙酰基;降低纤维素的结晶度和聚合度;降低粒径或提高原料孔隙率以增加比表面积;增大孔径使得纤维素酶分子可进入其中进行催化作用。

在过去的几十年中,人们开发了多种预处理方法,但仅有少数方法具有商业前景。这主要是由于多数预处理方法成本相对较高,难以实现大规模应用。一般来讲,理想的预处理工艺应满足以下要求[74]。

① 预处理中所用的化学试剂以及用于后续中和过程和发酵前调节的试剂量应最小化且价格低廉。

② 由于碾磨和粉碎能耗和成本较高,因此,预处理过程应避免或较少进行物料粉碎。

③ 预处理过程中应尽可能获得多的可发酵的半纤维素糖,避免糖降解。

④ 预处理过程和酶解后获得的糖浓度应足够高(如乙醇发酵中糖浓度应该高于

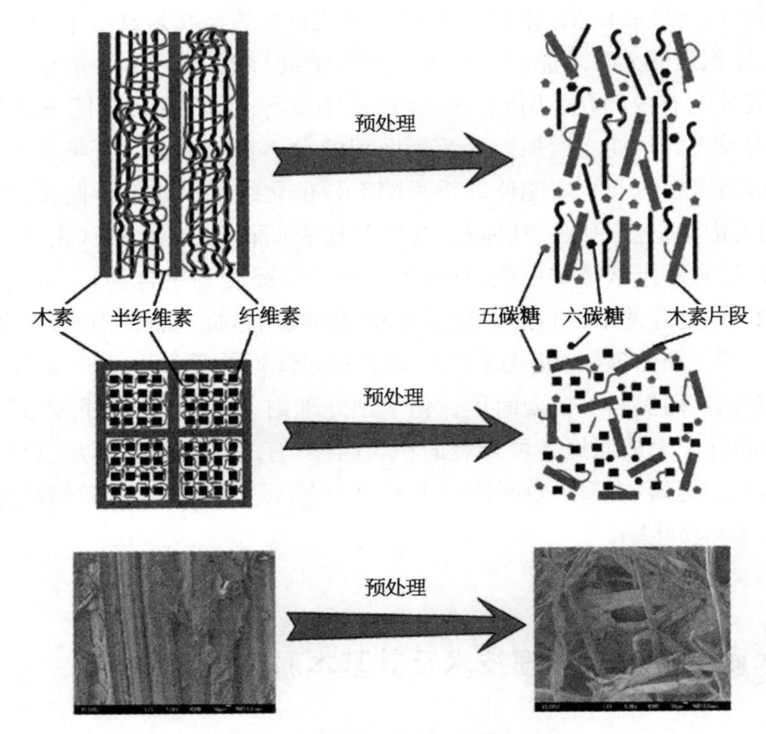

图 3-26 木质纤维素的预处理目的

10%)，以保证后续发酵过程中产物浓度合适，以降低产品回收及其他下游操作成本。

⑤ 预处理反应器的造价成本应较低，如避免使用高性能合金以抵抗预处理过程的腐蚀性。

⑥ 预处理过程产生的水解液需具有可发酵性，且无需复杂处理。

⑦ 处理预处理过程水解液时产生的化学物质应易于处理(如石膏等)。

⑧ 预处理后的纤维素应该具有很好的酶解性能。例如，在较低的纤维素酶用量(10 FPU/g 纤维素)时，即可获得高于 90%的转化率。

⑨ 预处理过程中的木素和其他组分应可开发为高附加值产品。

⑩ 预处理过程中所需的热量和电力较低，或可与后续步骤进行热量综合利用。

虽然目前所开发的预处理工艺还很难完全满足以上要求，但预处理工艺和基础原理方面的研究已取得显著进展。这些预处理方法可分为物理法、物理-化学法、化学法、生物法及这些方法的结合。这些方法或者通过物理或物理-化学手段来改变原料的结构性质，或者通过脱除木质纤维素的组分(如木素、半纤维素等)来提高纤维素的可及度，进而提高原料的酶解效率。

3.5.2 物理法

物理法主要包括各种通过挤压、粉碎或碾磨作用减小原料粒径的机械预处理过程，以及采用微波、超声波和高能射线辐照的预处理过程。

3.5.2.1　机械粉碎

事实上，机械粉碎可以说是所有预处理的一个必要步骤。机械粉碎的方法有切削、破碎和碾磨，这些方法均可以降低纤维素的结晶度。通过切削，木质纤维素原料的大小可由10～30 mm变为0.2～2 mm。在一般的球磨中，振动球磨被认为是最有效的方法。球磨是机械碾磨处理中最为有效的提高木质纤维素酶解性能的预处理方法之一。在球磨过程中，原料粒径降低，可有效提高比表面积和纤维素的可及度；同时，纤维素的结晶度和聚合度均降低，从而提高纤维素的水解效率[109]。机械法预处理主要是通过改变原料的物理结构来提高纤维素的酶解性能，而半纤维素、木素等组分仍然保留在原料中。机械碾磨的动力需求取决于最终粉碎颗粒的尺寸以及原材料的性质。一般来讲，当粉碎粒度在10 mm以下时所需的能耗急剧增加。因此，机械碾磨由于能耗较高而难以工业化应用。

3.5.2.2　辐照预处理

与机械碾磨不同，辐照预处理主要是通过能量作用破坏木质纤维素组分间的连接键以及纤维素的结晶区域，部分降解木素和半纤维素，降低纤维素聚合度和结晶度，增加比表面积，从而提高纤维素的酶解效率[110]。辐照预处理主要包括微波预处理、高能辐射预处理、超声预处理等。

微波是频率在300 MHz到300 GHz的电磁波(波长1 mm～1 m)。微波处理的机制主要是温度效应，因为微波加热是一种无梯度的加热方式，因此，微波预处理往往是利用微波的加热效应来进行的。要获得较好的预处理效果，微波处理的温度必须在160～180℃，以有效地脱除半纤维素和改变木素的结构。熊犍等[111]研究了微波对纤维素超分子结构的影响，发现微波作用没有引起纤维素化学结构和结晶形态的变化，但使得结晶度和结晶区尺寸增大。而Kitchaiya P.等[112]研究了微波处理木质纤维素原料对酶水解的影响，发现稻草或蔗渣原料预浸在甘油中，使用240 W的微波常压处理10 min，反应物可达200℃，而压力不变，最终还原糖浓度可增加2倍多。

超声波在水介质中产生的机械作用及空化产生的微射流可对木质纤维素原料表面产生冲击、剪切，且空化作用所产生的热量及自由基均可使大分子降解。经超声波处理过的纤维具有较大的孔隙度、较高的保水性和较大的比表面积，增加了对纤维素酶和木糖酶的可及度(酶可以接触并起反应的纤维素面积占纤维素总面积的百分率)，因而有利于酶水解。研究发现，用超声波处理混合办公废纸和硫酸盐浆时，超声波能够打开纤维素的结晶区，碎解木素大分子。超声波预处理能使木浆纤维的形态结构和超微结构发生明显变化，对提高纤维素酶的可及度和化学反应性能非常有利。此外，超声波能有效破坏纤维素分子中的氢键，降低其结晶程度和规整度[113]。

高能辐照是利用高能射线如电子射线、γ射线来对纤维素原料进行预处理。高能辐射可使纤维素聚合度下降，相对分子质量的分布特性改变，使其相对分子质量分布比普通纤维素更集中；另一方面是使纤维素的结构松散，破坏纤维素的晶体结构，从而使纤维素的活性增加，可及度提高。

辐照预处理由于成本较高，因而难以工业化应用。

3.5.3 物理-化学法

物理-化学法是人们所看好的最具有产业化前景的预处理方法之一，是结合化学、物理以及机械（突然泄压带来的爆破力）作用将原料细胞壁结构破坏，提高纤维素可及性的方法。典型的物理-化学法预处理包括蒸汽爆破（Steam Explosion）、氨纤维爆破（AFEX）和 CO_2爆破等。

3.5.3.1 蒸汽爆破预处理

(1) 蒸汽爆破预处理的影响因素

蒸汽爆破（简称汽爆）主要是利用高温高压水蒸气处理木质纤维素原料，并通过瞬间泄压实现细胞壁结构破碎的方法。在这种处理过程中，木质纤维素原料置于高压饱和蒸汽中，在 160～260℃（相应压力为 0.69～4.83 MPa）下保持几秒到几分钟，然后突然泄压，由此产生的爆破力撕裂原料。影响汽爆预处理效果的主要因素有原料种类、粒径大小、处理时间、处理温度以及蒸汽含水量等。

不同种类的纤维原料的化学组分中纤维素、木素、半纤维素及其他组分的含量均不相同。因此，在汽爆处理过程中，水蒸气渗入纤维内部的程度也不一样。同时，组分含量的不同也会导致纤维中纤维素黏结程度的差异，从而影响汽爆处理的效果。研究表明，汽爆的效果与原料的孔隙率之间有密切关系。孔隙率大，则有利于蒸汽渗透和爆破处理；孔隙度小则要求有更剧烈的蒸汽爆破条件。同样，木质纤维原料经削片处理后的颗粒大小对汽爆预处理的效果也有影响，过小的物料颗粒粉碎时不仅能耗大，而且不适合进行汽爆预处理[114]。

汽爆过程中添加 H_2SO_4（或 SO_2）或者 CO_2可有效提高原料的酶催化水解性能，减少抑制性副产物的形成，并能更完全地除去半纤维素。此外，汽爆预处理之前进行预浸有利于改善处理效果。预浸的主要目的是提高水蒸气的渗入强度，软化纤维，减少汽爆的处理强度，减少还原糖的降解[115]。常用的预浸处理试剂是碱液（如 NaOH、Na_2CO_3、$NaHCO_3$、Na_2SO_3）、水及稀酸溶液。碱液对纤维素有较强的渗透和润胀能力，同时在碱液浸泡过程中，半纤维素在碱的作用下脱乙酰基，并部分渗出。乙酰基在碱作用下生成乙酸钠溶解，在半纤维素结构上形成羟基，从而增加对水的吸附；另外，半纤维素的伴生物多易被碱溶出，这样在细胞壁和胞间层表面逐渐形成小孔隙，水则自空隙侵入加大水合作用，有利于蒸汽爆破处理效果。水也经常预浸爆破前的纤维原料，水同样是纤维原料的一种润胀剂。除此之外，稀硫酸也是一种常用的预浸试剂。木质纤维原料在稀硫酸处理后，有利于蒸汽爆破过程中半纤维素的降解以及木素酯键的断裂，从而提高蒸汽爆破的处理效果。预浸可在常温下进行，也可在高达 100℃下进行，常温下预浸时间一般为 24～48 h[114]。

蒸汽爆破的温度和时间是影响汽爆处理效果的两个主要因素。蒸汽爆破温度越高，纤维的离解程度越高。升高温度有利于增加压力，加速了蒸汽向纤维内部的渗入速率，更多的高压气体渗入到原料内部，从而使爆破过程气体的膨胀做功更加充分和完全。此外，高温更利于半纤维素的水解以及木素的软化，但过高的温度（压力）不仅加剧了半纤维素降解形成酸醛等抑制物，而且使纤维素发生降解以及降解木素发生缩合反应，不利于木质纤维素的回收及综合利用。汽爆时间也是影响预处理效果的一个关键因素。有利于半纤维素溶解以及水解的条件是高温和短的停留时间（如温度 245℃、时间 0.5～2 min）或者低温和长的停留时间（如温度 180～200℃、时间 5～30 min）。为了综合考虑汽爆温度和时间的影响，Abatzoglou 等引入了强度因子的概念（$\lg R_0$）[116]，如下式所示：

$$\lg R_0 = \lg t \times \exp\left(\frac{T-100}{14.75}\right) \tag{3-7}$$

式中　T——汽爆温度（℃）；

　　　t——汽爆时间（min）。

提高 R_0 有利于提高半纤维素的水解率，从而提高预处理效果。例如，对蔗渣进行汽爆预处理，当 R_0 由 3.7 增大至 4.3 时，固相中木糖的含量由 99%降到 78%，酶解葡萄糖得率由 41%增加到 67%。对麦草进行汽爆预处理时，在 190℃蒸汽处理 2 min 后，汽爆麦草的葡萄糖得率为 58.4%，而在 210℃蒸汽处理 8 min 后，酶解率最多可提高至 73.2%[117]。

此外，为了更深入地了解汽爆过程，人们还提出了有效爆破功率的概念（P_e），如下式所示：

$$P_e = \frac{(M_s \times \Delta H_s)}{t_s} + \frac{(M_l \times \Delta H_l)}{t_l} + \frac{(M_m \times \Delta H_m)}{t_m},\ M = \varphi + \alpha + \rho + V \tag{3-8}$$

式中　M——t 时间内膨胀的介质量；

　　ΔH_s——爆破前后介质焓差；

　　　t——爆破时间；

　　　φ——爆破系数（和物料有关）；

　　　α——物料中气态介质所占比例；

　　　ρ——爆破前爆破介质的密度；

　　　V——爆破前物料的实际体积；

　s、l、m——分别代表气相介质、高温液态水和爆破物料。

从上式可知，对于气相介质，在物料间隙中的饱和蒸汽的爆破系数 φ 接近 1，即物料中的饱和蒸汽绝大部分以爆破的方式膨胀；α 代表物料中气体所占的比例，液体比例大时，爆破效果就差，因此，物料中含水量对爆破作用影响较大。随着压力增大，介质中气相介质所占比例增大，密度增加，爆破功率也越大，但由于焓差的影响，介质的焓在低压时上升较快，达到一定压力后，开始下降，所以爆破压力也不是越大越好。对于液态介质，单位体积液态水与相同温度下水蒸气的热焓值相比要大得多，但它的膨胀系数极小，这部分的焓差需转化为蒸汽才有爆破作用，虽然部分液相介质可以减压闪蒸，但由于汽化阻力太大，只有少量的汽化，因此 φ 极小。对于爆破时间，物料的膨胀系数更小，但它对爆破时间和放料口处气相流失产生一定影响。虽然放料口越小，越多气体热能转化为动能，但放料时间加长，会使较多气体在放料口流失，因此，放料口必须有一定的大小。另外，物料的比表面积越小，越能减小放料口气体流失。维压时间也是影响爆破效果的一个重要因素，维压时间的长短，影响物料中半纤维素的降解和木素的软化程度，以及介质的渗透程度[114]。

(2) 蒸汽爆破预处理的机制

汽爆过程是一个“热-机械-化学”(Thermo-Mechano-Chemical)的过程。陈洪章等研究了麦草蒸汽爆破处理，指出木质纤维素原料在高压(1.5 MPa)、高温(190℃)下进行气相蒸煮，半纤维素和木素会产生一些酸性物质，使半纤维素降解成可溶性糖，同时复合胞间层的木素软化并部分降解，从而削弱了纤维间的黏结。然后突然减压，介质和物料共同作用完成物理的能量释放过程。物料内的气相介质喷出，瞬间急速膨胀，同时物料内的高温液态水迅速暴沸形成闪蒸，对外做功，使物料从胞间层解离成单个细胞。汽爆可分成两个阶段：首先是气相蒸煮，高压蒸汽渗透到物料内的空隙，使半纤维素降解成可溶性糖，同时木素软化和部分降解，降低纤维连接强度，为爆破过程提供选择性的机械分离；其次是爆破过程，利用气相饱和蒸汽和高温液态水两种介质共同作用于物料，瞬间完成绝热膨胀过程，对外做功。在爆破过程中，膨胀的气体以冲击波的形式作用于物料，使物料在软化条件下产生剪切力变形运动，由于物料变形速度较冲击波速度小得多，使之多次产生剪切，从而使纤维有目的地分离[118]。王堃等对蒸汽爆破预处理技术进行了综述，认为汽爆过程破坏木质纤维素的抗降解屏障主要是通过四个方面的作用来实现的。

① 类酸性水解作用及热降解作用，即蒸汽爆破过程中，高压热蒸汽进入纤维原料中，并渗入纤维内部的空隙，由于水蒸气和热的联合作用产生纤维原料的类酸性降解以及热降解，低分子物质溶出，纤维聚合度下降。

② 类机械断裂作用，即在高压蒸汽释放时，已渗入纤维内部的热蒸汽分子以气流的方式从较封闭的孔隙中瞬间高速释放出来，纤维内部及周围热蒸汽的高速瞬间流动，使纤维发生一定程度上的机械断裂，这种断裂不仅表现为纤维素大分子中的键断裂，还原末端基的增加，纤维素内部氢键的破坏，还表现为无定形区的破坏和部分结晶区的破坏。

③ 氢键破坏作用，即在蒸汽爆破过程中，水蒸气渗入纤维各孔隙中并与纤维素分子链上的部分羟基形成氢键，同时高温、高压、含水的条件又会加剧对纤维素内部氢键的破坏，游离出新的羟基，增加了纤维素的吸附能力，而瞬间泄压爆破使纤维素内各孔隙间的水蒸气瞬间排出到空气中，打断了纤维素内的氢键，分子内氢键断裂同时纤维素被急速冷却至室温，使得纤维素超分子结构被“冻结”，只有少部分的氢键重组。

④ 结构重排作用，即在高温、高压下，纤维素分子内氢键受到一定程度的破坏，纤维素链的可动性增加，有利于纤维素向有序结构变化，同时，纤维素分子链的断裂，使纤维素链更容易再排列[114]。

(3) 蒸汽爆破预处理设备

蒸汽爆破预处理设备主要有两种形式，即间歇式与连续式。间歇式汽爆设备大都由蒸汽发生器(锅炉供汽)、汽爆罐、接收器及管道组成，其中汽爆罐一般为直立圆筒，体积一般为4～5 m^3，最高蒸汽压力为4.0 MPa。其工艺大多通过快升温、短时间保温后，利用汽爆罐的高压对植物纤维进行全压爆破、膨化、撕裂，但要精确控制处理强度(蒸汽温度和处理时间)和处理的均匀度，这对间歇处理设备要求非常高。加拿大Iogen公司开发了利用泵送原料和多段闪蒸出料的连续流动预处理设备。原料浆液被泵送通过至少含有两段加热组的预处理反应器，每段都包括增加压力的加压泵和用于对原料浆液进行加热的蒸汽泵。原料浆液在反应器中流经一定时间后，再用两段或多段闪蒸罐在连续降低的压力下对浆液进行冷却和出料。该设备对进料固体浓度有一定要求(8%～30%)，而且高固含量(大于13.4%)时物料需要在较高的温度(99℃)制成浆液进料。加拿大Stake公司开发了用螺杆旋转挤压推进原料、高压蒸汽瞬时处理来进行连续蒸汽爆破的设备。该设备最大的特点在于通过螺杆的推动，近于干态的纤维原料在高剪切力和高温高压的多重作用下实现木质纤维素的机械撕裂和组织结构变化。为了避免螺杆推动过快所引起的物料“夹生”现象，可采用两段或多段螺杆推进原料，延长物料的蒸煮停留时间，实现蒸煮和爆破工段的连续进行[119]。无论是间歇式设备还是连续式设备，精确控制压力和时间都是最重要的，特别是瞬间泄压时，对阀门的要求较高。

(4) 蒸汽爆破预处理存在的问题

蒸汽爆破法预处理虽然具有效果好、成本低、污染少等优点，但尚存在如下问题：

① 木素分离不完全，没有完全打破木素与碳水化合物的化学连接，且木素会发生缩合并重新沉积在纤维素表面，该沉积木素对于纤维素酶具有较高的非特异性吸附作用。

② 汽爆预处理过程中，部分木糖发生降解，产生对发酵微生物起抑制作用的降解产物，如糠醛，为了除去这些抑制性水解产物，经过汽爆法预处理的物料往往需要用水进行清洗，但同时可溶性的半纤维组分也被清洗掉了，使得总糖得率降低。

③ 汽爆处理后纤维素结晶指数可能提高，从而降低纤维素酶解速率。

④ 汽爆处理过程对设备要求较高，特别是高压短时间处理，对于设备的耐压封闭性、阀门控制等具有较高的要求，因而设备投资和运转成本也会较高。

3.5.3.2　氨纤维爆破

氨纤维爆破(AFEX)是另一种有效的物理-化学预处理方法，此过程中木质纤维素原料浸于液氨中，加以高温高压，一段时间后压力缓慢降低。AFEX的作用机制与汽爆类似。在典型的AFEX过程中，氨水用量为1～2 kg/kg干生物量，温度为90℃，处理时间为30 min。AFEX处理可以显著提高禾本类和草类木质纤维素酶解糖化速率。然而与酸处理和酸催化汽爆处理相比，AFEX不能很有效地除去半纤维素。由于AFEX是在相对较低的压力(1.5 MPa)和温度(50～90℃)下进行的，因而避免了高温高压处理引起的糖降解反应，不产生对后续发酵有抑制作用的副产物。此外，残余的氨可作为后续发酵的氮源。然而，AFEX对小尺寸颗粒并不是很有效。

Chundawat等对AFEX预处理后的玉米秆进行了多尺度分析，发现AFEX可以切断木素-碳水化合物之间的酯键连接，部分溶解和充分再分布细胞壁的抽提物，进而提高原料的多孔性。AFEX显著改变了胞间层和次生壁外层结构，从而破坏了其对纤维素酶的阻碍作用[120]。

3.5.3.3 CO_2爆破

同汽爆和 AFEX 预处理类似，CO_2爆破是以 CO_2作为介质对木质纤维素原料进行爆破处理的过程。CO_2与水反应形成碳酸，可促进半纤维素的水解速率。Dale 等用 CO_2爆破对紫花苜蓿进行处理(4 kg CO_2/kg 纤维，压力为 5.62 MPa)，酶解 24 h 后获得了 75%的理论产糖量。相对于汽爆和 AFEX，这种处理的糖化率较低，但通过比较 CO_2爆破、汽爆和 AFEX 预处理，Zheng 等发现 CO_2爆破也许更具有经济上的优势[121]，而且不产生对后续发酵有抑制作用的副产物。CO_2爆破是一种清洁的预处理方法，且基本不产生发酵抑制物，但对原料的适应性以及预处理效果尚需改进。

3.5.4 化学法

化学法预处理是采用各种化学试剂(包括水)对木质纤维素进行预处理以提高纤维素酶解效率的过程。目前来讲，化学法仍然是破坏木质纤维素抗生物降解屏障、暴露纤维素的主要方法。根据采用的化学试剂不同，化学法又包括液态热水法、酸法、碱法、亚硫酸盐法、有机溶剂法、离子液体法等。

3.5.4.1 液态热水法

液态热水法是采用液态水为介质，在一定温度和压力下处理木质纤维素的方法。值得一提的是，大多数文献将热水法归为物理-化学法预处理。事实上在热水处理过程中，高温下液态水呈酸性，可催化半纤维素的水解和溶解，因此将其归为化学法预处理更为合理。液态热水法的优点主要有：水解液不需进行中和处理，降低了成本，且环境污染小；不需对物料进行粉碎处理，因而原料粉碎方面能耗较低；几乎不产生对发酵过程有抑制作用的副产物。

液态热水法预处理一般是将木质纤维素原料置于 200～230℃高压热水中处理 2～15 min。预处理中有 40%～60%原料溶解，可除去 4%～22%的纤维素、35%～60%的木素和几乎所有的半纤维素[122]。高温下液态水的离子积比正常状态大 3 个数量级，因此中性水中的 H^+和 OH^-浓度比正常条件下高约 32 倍。因而高温液态水自身具有酸碱催化功能。高温液态水处理几乎可以完全水解半纤维素。Mok 等比较了 6 种木材类木质纤维素(红木桉、美洲黑杨、杂交银合欢、柳叶桉、银枫和香枫)和 4 种农业类木质纤维素(柳枝草、甜高粱、食用甘蔗和能源甘蔗)的高温液态水处理效果，发现在 200～300℃的高温液态水中处理原料 0～15 min 后，原料溶解率为 40%～60%，同时半纤维素几乎完全被水解；水解液经过 4% H_2SO_4处理后，可以得到 90%的单糖回收率[123]。高温液态水处理过程中，半纤维素溶解和部分水解后主要以寡糖形式存在，因而较少发生单糖(如木糖)的降解反应，只有反应条件较剧烈时才会发生降解反应。但与稀酸预处理相比，这种反应的剧烈程度要小得多。影响高温液态水预处理中半纤维素水解的因素主要包括：原料的种类；反应系统的类型；反应工艺参数，包括反应温度、时间、压力、预热时间和液体流量等；助催化剂等其他试剂的加入[124]。Laser 等发现当液态热水的 pH 值从 3.7 降至 3.3 时，木糖的回收率从 83%降至66%；随着固体含量的增加，液态热水的pH值相应下降，木糖的回收率也显著下降[125]。热水的温度也对预处理效果产生显著影响，随着热水温度的提高，半纤维素的溶解程度显著增加。例如，预处理时间同样为2 min，蔗渣的热水预处理温度从200℃升至220℃时，木糖的溶解度从34%升至88%，糖化率从43%提高至61%[113]。

木素在热水预处理中也会发生一定的降解反应。处理后的水解液中含有少量的4-乙烯基-2-甲氧基-苯酚、3,5-二甲氧基-4-羟基苯甲醛（丁香醛）、4-烯丙基-2,6-二甲氧基苯酚等木素降解产物，而把温度提高至超临界水处理状态的温度时，水解液中可以检测到大量的木素衍生物，如愈创木基丙烷单元衍生物、紫丁香基丙烷单元衍生物等。目前，人们发现热水处理过程中主要发生如下反应：

① 木素-碳水化合物之间连接键的断裂，这种断裂的程度主要取决于预处理的强度。

② 半纤维素糖苷键和纤维素无定形区的部分糖苷键发生水解。

③ 木素结构单元中的C—O—C断裂，包括β-O-4碱以及甲氧基与苯环的连接键。

④ 木素解聚并降解成小分子片段[126]。

由于水对木素片段的溶解力较低，这些木素片段亦会发生一定程度的缩聚反应，并沉积在纤维素固体表面。在高温下，这些沉积木素软化并熔融，形成碟状或者球状小滴状物，这些滴状物可以透过细胞壁进入水解液，当冷却时又会在细胞壁表面沉积下来[127]。

液态热水法预处理主要有三种方式，即并流式（Co-Current）、逆流式（Counter-Current）和直流式（Flow-Through）[122]（图3-27）。并流式中，木质纤维素和水混合后一

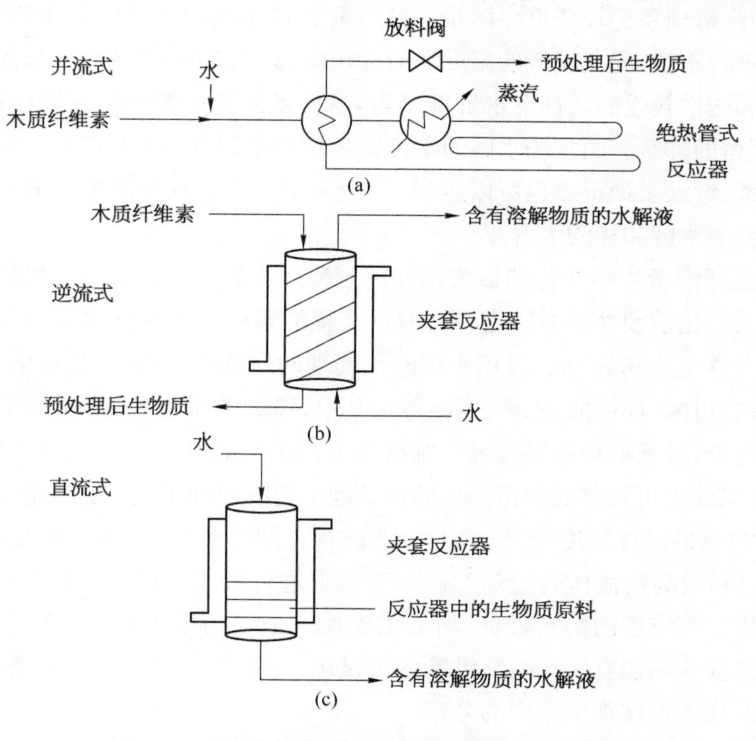

图3-27　液态热水法预处理的三种主要方式[122]

同进入反应器，在反应器中加热到所需温度，停留一定时间后排出反应器。在逆流式中，固体原料和水以相反的方向流入和流出反应器。在直流式预处理中，固体原料以固定床形式置于反应器中，热水不断流过床层并将溶解的半纤维素组分连续地带出反应器。相比之下，连续直流式预处理可降低糖的降解，明显提高木糖的回收率、纤维素的酶解率和木素的去除率。而且直流流速增加，预处理效果更好；但与此同时，液固比增大，水解液中糖浓度较低。

3.5.4.2　稀酸预处理

1）稀酸预处理工艺

木质纤维素通过酸水解可获得可发酵糖。常用的酸水解包括浓酸水解和稀酸水解。浓酸水解在19世纪即已提出，它的原理是结晶纤维素在较低的温度下可完全溶解于72%的硫酸、42%的盐酸和77%～83%的磷酸中，进而导致纤维素的均相水解。浓硫酸水解为最常用方法，其主要优点是糖的回收率高，大约有90%的半纤维素和纤维素水解为糖被回收[128]。但浓酸水解具有以下缺点：具有强腐蚀性，需要特殊材料制造设备；水解的环境污染问题较严重；为使过程具备经济性，反应结束后浓酸必须进行回收，但无机酸的回收相对困难，目前还没有高效、低成本的无机酸回收技术。相比之下，稀酸水解工艺较简单，也是较为成熟的方法。按照木质纤维素成分分离的顺序，可将稀酸水解分为一步法和两步法。一步法是传统的水解工艺，将生物质原料加到酸液（酸的质量分数为1%～3%）中，在一定反应条件下直接进行水解处理。一步法的缺点是其产物在反应器中停留时间过长，糖降解现象比较严重。两步法的主要原理是利用半纤维素和纤维素水解条件的差别分别进行水解，先在较低的温度和酸性较弱（甚至无酸）的条件下分离半纤维素，再在较高温度和酸性较强的条件下水解纤维素，这样就避免了糖产物在反应器中停留时间过长，减少了糖的降解。两步法水解的半纤维素糖得率较高，可达75%～90%，同时可部分溶解纤维素，纤维素糖得率也可以达到50%～70%[129]。根据酸浓度的不同，稀酸水解又可分为超低酸水解和稀酸水解。

作为木质纤维素生物转化的稀酸预处理与稀酸水解工艺类似，亦是最早被研究也是研究得最深入的化学预处理方法之一。但由于稀酸预处理和稀酸水解的目标不同，因而二者在工艺条件上有所差别。可用于稀酸预处理的酸既有无机酸，如硫酸、硝酸、盐酸或磷酸等，又有有机酸，如甲酸、乙酸、丙酸等。其中，稀硫酸预处理被认为最有发展前景，因为硫酸比较廉价，且预处理效果较好。稀酸预处理的优点在于不仅把原料中的半纤维素溶解，而且可以获得可发酵的单糖。稀酸预处理主要有两种工艺：一种是在较高温度（高于160℃）和较低的固体浓度（5%～10%）下进行连续的预处理；另一种是在较低的温度（低于160℃）和较高的固体含量（10%～40%）下进行批式处理。一般而言，要使稀酸预处理有效地提高纤维素的酶解性能，所需的温度一般要高于160℃。这主要是由于简单地脱除半纤维素并不能有效提高纤维素的可及度，还需要更剧烈的反应条件来破坏木素的结构以及改变木素在细胞壁中的分布。

此外，还有一种称为"直流式稀酸预处理"（Flow-Trough Acid Pretreatment）的预处理工艺，是指在一种逆流式直流反应器中将低浓度的稀硫酸溶液（硫酸浓度约为0.07%）一次流经高温反应区和低温反应区的工艺。稀酸溶液先在低温下水解半纤维素，这有利于防止单糖进一步降解，提高糖的回收率；稀酸溶液接着进一步流入高温反应区水解较难水解的半纤维素组分。当采用这种工艺对黄杨进行预处理时，设定低温区温度分别为140℃、150℃和174℃，高温区温度分别为170℃、180℃、190℃、200℃和204℃，高温和低温处理的时间分别为10 min、15 min和20 min时，半纤维素水解率为83.0%～100%，其中79.6%～95.2%的半纤维素被转化为单糖，其余为低聚糖；木素的溶出率为26.3%～52.5%。这种直流式稀酸预处理的一个显著优点是通过液相的连续流动及时带走水解的纤维素组分和溶解的木素，从而避免单糖和木素在反应器中停留时发生降解和缩聚反应，因而单糖回收率较高，木素的缩聚反应较少。此外，该预处理过程中所用硫酸浓度较低，不但降低了单糖的降解反应发生，而且减少了后续中和水解液过程中所需的碱试剂（如石灰）的量。但该工艺需要控制不同的反应区温度，因而控制要求较高。另外，稀酸溶液的连续流入和流出相当于增大了反应的液固比，因此水解液中糖浓度较低，预处理所需的能耗也会较批式预处理高。

虽然稀酸预处理具有工艺成熟、试剂廉价等优点，但稀酸预处理仍然存在不少缺点。

① 预处理后残余的酸需要进行中和处理，不仅需要消耗额外的化学试剂，还会产生废物。

② 稀酸预处理后大部分木素仍然残留在预处理后的固体基质中，会造成纤维素酶的无效吸附，同时降低了纤维素的含量，因而限制了后续酶解过程中的葡萄糖浓度。

③ 稀酸预处理过程中会产生诸如乙酸、糠醛、酚类化合物等对菌体生长有抑制作用的副产物，因此预处理水解液用于发酵之前往往需要进行脱毒处理。

④ 稀酸具有腐蚀性，对设备的防腐要求较高。

2）稀酸预处理机制

一般认为，稀酸预处理主要是通过半纤维素的脱除来提高纤维素的可及度的。但是，单纯地脱半纤维素似乎并不能很有效地提高纤维素的酶解性能。例如，在较低温度下（低于125℃）用稀酸预处理甘蔗渣或麦草虽然可脱除80%以上的半纤维素，但预处理后固体的酶解效率仍然较低（<30%），只有提高温度（如160℃）脱除更多的半纤维素才可有效提高纤维素的酶解性能，此时木素也被软化、结构遭到破坏并在细胞壁中重新分布。高温下的稀酸预处理使木素分子的连接键发生断裂，并使木素片段发生缩聚且沉积在纤维素表面。稀酸预处理过程会水解一部分无定形纤维素，同时脱除部分木素，因此预处理后的纤维素固体的结晶指数（CrI）增加，但处理温度更高（如190℃）时，纤维素结晶区的氢键亦会遭到破坏，从而造成部分结晶区瓦解[126]。总的来讲，稀酸预处理提高纤维素的可及度主要是通过脱除半纤维素、改变木素结构和使木素在细胞壁中重新分布实现的，但究竟哪个作用的贡献更大仍然需要进一步研究。

3）稀酸预处理机制中聚糖水解动力学

稀酸预处理过程中半纤维素的水解对于提高纤维素可及度具有重要作用。如前所述，禾草类木质纤维素主要含有葡糖醛酸、阿拉伯木聚糖，因此稀酸预处理过程中半纤维素的水解动力学研究主要是针对木聚糖水解进行的。根据文献报道，稀酸条件下木聚糖的水解动力学模型主要有 Saeman 模型，两相模型（Bi-Phase Model）和可水解度模型（Potential Hydrolysis-Degree Model）。

（1）Saeman 模型

1945 年，Saeman 提出了最简单的木聚糖酸水解动力学模型[130]，即木聚糖的酸水解为一级连串不可逆反应，木聚糖首先水解为木糖，随后降解为糠醛等产物。该模型已被证明仅适用于纯聚糖水解和水解度不是很高时的情形。对于大多数稀酸预处理过程，该模型的预测值与实验值存在较大偏差。

$$\text{木聚糖(s)} \xrightarrow{k_1} \text{木糖(aq)} \xrightarrow{k_2} \text{降解产物} \tag{3-9}$$

（2）两相模型

1955 年，Kobayashi 等研究白桦木时发现，半纤维素水解了 70%后，水解反应速率会显著降低，因而认为半纤维素分为快速水解部分和慢速水解部分，每一部分都有自己的动力学常数[131]。同时还认为，虽然低聚糖降解为单糖的速率比其形成的速率快，但是低聚糖作为中间产物不应该被忽略，这个过程可以表示为如下的反应式。

$$\left.\begin{array}{l}\text{易水解木聚糖} \searrow k_f \\ \text{难水解木聚糖} \nearrow k_s\end{array}\right\} \text{低聚木糖} \xrightarrow{k_1} \text{木糖} \xrightarrow{k_2} \text{降解产物} \tag{3-10}$$

后续的研究也证明，这种两相模型可较好地描述稀酸预处理木质纤维素过程中聚糖的水解动力学行为。但多数的研究报道认为低聚糖（木寡糖）的寿命很短，特别是高温下反应时，可快速转化为单糖，因此，动力学方程中可以不考虑木寡糖的存在，即认为无论是易水解木聚糖还是难水解木聚糖，其水解过程均是直接生成木糖的一级不可逆反应。

$$\left.\begin{array}{l}\text{易水解木聚糖} \searrow k_f \\ \text{难水解木聚糖} \nearrow k_s\end{array}\right\} \text{木糖} \xrightarrow{k_d} \text{降解产物} \tag{3-11}$$

如设木聚糖中易于水解的部分占总聚糖的比例为 α，则式（3-11）对应的以木糖浓度表示的拟均相动力学方程积分式为：

$$C_X = C_{X0} e^{-k_2 t} + \alpha C_{Xn0} \frac{k_1}{k_2 - k_1}(e^{-k_1 t} - e^{-k_2 t}) \tag{3-12}$$

式中 C_X——t 时刻木糖浓度（g/L）；

C_{X0}——初始时刻木糖浓度（g/L）；

C_{Xn0}——初始木聚糖换算为木糖的浓度（g/L）。

实验中测定拟均相体系中木糖的浓度随时间的变化，即可确定 α、k_1 和 k_2 的数值。该模型用于描述多种木质纤维素稀酸水解过程中聚糖水解动力学行为时可获得较好的符合度，但模型的准确度很大程度上取决于 α 的值，而 α 值往往是根据实验数据回归得到的。另外，多数文献中仅通过测定液相木糖浓度数据回归得到 α、k_1 和 k_2 的数值。显然由一个方程确定 3 个未知数，从数学上来讲方程的解并不是唯一的，因此可存在多组解来满足方程。所以，采用该模型进行稀酸水解动力学研究时还需要考虑这些因素。此外，将木质纤维素中的半纤维素分为易于水解和难以水解两个部分仅仅是为了使模型能符合实验数据而进行的假设，其物理意义尚不清楚，同时 α 与反应强度之间存在何种关系等问题尚需要进一步研究。

(3) 可水解度模型

笔者所在的实验室结合木质纤维素的细胞壁层次结构特性及木素等物质的存在导致的生物质抗降解特性，提出了聚糖稀酸水解的“可水解度”模型[132]。该模型认为，植物细胞壁的层状结构及各组分在这些细胞层中分布的不均匀性，使得木质纤维素中木聚糖的水解变得更为复杂，且木聚糖的可水解度很大程度上取决于水解条件的强度，即酸浓度和水解温度。一定条件下的水解强度只能水解到一定细胞壁层次的木聚糖，因而从表观反应上来看，木聚糖的水解表现为一部分易于水解（快速水解），而一部分难以水解（慢速水解）。因此，在动力学方程中引入可水解度（Potential Hydrolysis Degree，h_d）的概念，其定义为：在一定水解强度下，原料水解足够长时间后，可水解为低聚糖（木寡糖）和木糖的木聚糖量占总木聚糖量的比例，即 $\lim\limits_{t\to\infty} X_S = h_{dX}$。$h_{dX}$ 是酸浓度（氢离子浓度）和温度的函数，其值为 0～1。$h_{dX}=1$ 时，表明原料中的木聚糖可以 100%水解。由于木寡糖明显存在于木聚糖水解过程中，特别是反应温度较低时可以明显检测到木寡糖，且其浓度变化表现为先增加后降低。由此可知，木聚糖的水解应该是先生成木寡糖，木寡糖再进一步水解成木糖的过程，如反应式(3-13)所示。如果仅通过测定液相中木糖浓度的变化来确定木聚糖水解动力学常数的话，所得的动力学模型并不能准确描述稀酸水解木质纤维素时的聚糖水解过程。因此，要准确研究木聚糖水解，就必须测定固相中木聚糖、液相中木寡糖和木糖随水解时间的浓度变化，而非简单地测定液相中木糖的浓度变化。

以甘蔗渣的稀酸处理过程中木聚糖的水解为例，其木聚糖的水解可表示为如下的拟均相连串反应：

$$\text{木聚糖(s)} \xrightarrow{k_{X_1}} \text{木寡糖(aq)} \xrightarrow{k_{X_2}} \text{木糖} \xrightarrow{k_{X_3}} \text{降解产物} \tag{3-13}$$

假设以上反应均为拟均相一级不可逆反应，则反应动力学方程为：

$$\frac{dX_S}{dt} = k_{X_1}(h_{dX} - X_S) \tag{3-14}$$

$$\frac{dC_{XOS}}{dt} = 1.1C_{Xn0}k_{X_1}(h_{dX} - X_S) - k_{X_2}C_{XOS} \tag{3-15}$$

$$\frac{dC_{Xly}}{dt} = k_{X_2}C_{XOS} - k_{X_3}C_{Xly} \tag{3-16}$$

式中　C_{XOS}——木寡糖的浓度(g/L)；

C_{Xn0}——初始木聚糖换算为木糖的浓度(g/L)；

C_{Xly}——木糖的浓度。

当 $t=0$ 时，$X_S=0, C_{XOS}=0, C_{Xly}=0$。将以上微分方程积分，可得到 X_S、C_{XOS}、C_{Xly} 与 t 的关系：

$$X_S = h_{dX}[1-\exp(-k_{X_1}t)] \tag{3-17}$$

$$C_{XOS} = \frac{1.1C_{Xn0}k_{X_1}h_{dX}}{k_{X_2}-k_{X_1}}[\exp(-k_{X_1}t)-\exp(-k_{X_2}t)] \tag{3-18}$$

$$C_{Xly} = \frac{a}{k_{X_3}-k_{X_1}}\exp(-k_{X_1}t) - \frac{a}{k_{X_3}-k_{X_2}}\exp(-k_{X_2}t) + \left[\frac{a}{k_{X_3}-k_{X_2}} - \frac{a}{k_{X_3}-k_{X_1}}\right]\exp(-k_{X_3}t) \tag{3-19}$$

式中，1.1 为木聚糖水解为木寡糖的质量转化系数；$a = \frac{1.1C_{Xn0}k_{X_1}k_{X_2}h_{dX}}{k_{X_2}-k_{X_1}}$。根据实验数据确定了不同反应强度下甘蔗渣木聚糖水解的动力学常数如表 3-16 所示。

表 3-16 甘蔗渣木聚糖稀酸水解的动力学常数

温度(℃)	动力学常数(h^{-1})	硫酸浓度(%)			
		0.4	1.0	3.0	5.0
97	h_{dX}	0.345 0	0.559 6	0.694 0	0.693 2
	k_{X_1}	0.158 2	0.217 7	0.517 0	0.741 9
	k_{X_2}	0.450 2	0.351 7	1.129 6	2.301 7
	k_{X_3}	0.003 2	0.000 6	0.007 7	0.019 1
115	h_{dX}	0.733 9	0.760 7	0.824 6	0.841 0
	k_{X_1}	0.758 3	1.306 5	2.081 1	2.146 0
	k_{X_2}	1.096 7	2.087 1	3.012 8	4.844 0
	k_{X_3}	0.012 2	0.041 1	0.071 7	0.095 9
126	h_{dX}	0.781 3	0.842 9	0.909 6	0.929 2
	k_{X_1}	2.724 2	7.916 2	15.242 9	18.069 4
	k_{X_2}	2.635 3	19.827 3	22.899 9	28.252 6
	k_{X_3}	0.018 3	0.054 7	0.121 5	0.194 0

动力学常数与温度的关系可以表示为：

$$k = k_0\exp\left(-\frac{E_a}{RT}\right)C_{SA}^m \tag{3-20}$$

式中　k_0——指前因子；

E_a——活化能；

C_{SA}——硫酸浓度(mol/L)；

m——对硫酸浓度的反应级数。

对上式两边取对数得：

$$\ln k = \ln k_0 - \frac{E_a}{R}\frac{1}{T} + m\ln C_{SA} \tag{3-21}$$

采用多元线性拟合即可求得各常数，如表 3-17 所示。

表 3-17　甘蔗渣木聚糖稀酸水解的反应速率常数和活化能

k	k_0	E_a(kJ/mol)	m	R^2	F 值	P 值
k_{X_1}	4.52×10^{18}	132.52	0.60	0.945 9	78.629 7	0.000 0
k_{X_2}	3.81×10^{15}	107.41	0.72	0.911 0	46.086 5	0.000 0
k_{X_3}	6.60×10^{15}	123.71	0.86	0.853 5	26.212 1	0.000 2

因此，采用可水解度模型描述甘蔗渣稀酸预处理过程中木聚糖水解时的动力学常数可由下面的式子计算：

$$k_{X_1} = 4.52\times10^{18}\exp\left(-\frac{132\,520}{RT}\right)C_{SA}^{0.60} \tag{3-22}$$

$$k_{X_2} = 3.82\times10^{15}\exp\left(-\frac{107\,410}{RT}\right)C_{SA}^{0.72} \tag{3-23}$$

$$k_{X_3} = 6.60\times10^{15}\exp\left(-\frac{123\,710}{RT}\right)C_{SA}^{0.86} \tag{3-24}$$

对于可水解度 h_{dX}，根据定义，其为水解强度的函数。在木质纤维素的水热预处理和蒸汽爆破预处理过程中，人们定义了强度因子 R_0 来综合考虑预处理温度和时间对预处理强度的贡献，即：

$$R_0 = t\times\exp\left(\frac{T-100}{14.75}\right) \tag{3-25}$$

当预处理在酸性条件下进行时，考虑到氢离子浓度的影响，强度因子可以扩展为：

$$R''_0 = R_0[H^+] = [H^+]\times t\times\exp\left(\frac{T-100}{14.75}\right) \tag{3-26}$$

可水解度模型中，可水解度 h_{dX} 为水解足够长时间时，原料中木聚糖可达到的水解率，且水解过程中强度因子并非与氢离子浓度呈线性关系。因此，将强度因子定义为：

$$R'_0 = [H^+]^n\exp\left(\frac{T-100}{14.75}\right) = C_{SA}^{n'}R'''_0 \tag{3-27}$$

而 h_{dX} 为 R'_0 的函数。由于 $\lim\limits_{R'_0\to\infty} h_{dX} = 1$，因此可假设 h_{dX} 与 R'_0 具有如下关系：

$$h_{dX}=1-\frac{A}{R'^{\alpha}_0}=1-\frac{A}{C_{SA}^{\beta}R'''^{\gamma}_0} \tag{3-28}$$

式中 A——常数。

将上式两边取对数后可得：

$$\ln\frac{1}{1-h_{dX}}=-\ln A+\beta\ln C_{SA}+\gamma\ln R'''_0 \tag{3-29}$$

于是，根据实验数据回归得到不同反应强度下的 h_{dX} 值，可确定 h_{dX} 与硫酸浓度和强度因子之间的关系为：

$$h_{dX}=1-\frac{0.20}{C_{SA}^{0.33}R'''^{0.60}_0} \tag{3-30}$$

其中，$R'''_0=\exp\left(\frac{T-100}{14.75}\right)$。

从以上结果可知，采用可水解度模型描述甘蔗渣木聚糖稀酸水解时，木聚糖水解为木寡糖的活化能为 132.52 kJ/mol，木寡糖进一步水解生成木糖的活化能为 107.41 kJ/mol，木糖降解为糠醛等产物的活化能为 123.71 kJ/mol。木糖降解反应对于硫酸浓度具有最高的反应级数，表明该反应对氢离子浓度最敏感。

3.5.4.3 碱处理

(1) 碱处理条件

碱处理是采用各种碱，如 NaOH、KOH、$Ca(OH)_2$、氨水等对木质纤维素原料进行处理的过程。所用碱不同时，预处理条件亦有所差别。此外，碱处理的条件也受原料品种的影响，一般木质化程度高的原料需要更剧烈的预处理条件。

NaOH 预处理是发现最早、应用最广、较为有效的木质纤维素预处理方法。NaOH 具有较强的脱木素作用，而且对纤维素具有很好的润胀作用，可降低纤维素的结晶度。但 NaOH 价格较高，用于预处理时难以具有经济性。

采用 $Ca(OH)_2$ 预处理木质纤维素与 NaOH 预处理相比更具有经济性，但用 $Ca(OH)_2$ 预处理的效果不如用 NaOH 预处理。$Ca(OH)_2$ 预处理往往需要在较高温度或较长的时间下进行。对于农业废弃物如玉米秸秆，$Ca(OH)_2$ 预处理可获得满意的预处理效果。例如，Kaar 等用石灰预处理玉米秸秆，当 $Ca(OH)_2$ 用量为 0.075 g/g 干物质，水用量为 5 g/g 干物质时，在 120℃下处理 4 h 后玉米秸秆的木素脱除率达 32%。预处理后的玉米秸秆在 10 FPU/g 干物质的酶浓度条件下酶解 72 h 后纤维素和木聚糖转化率分别为 60%和 47%；当酶用量提高至 25 FPU/g 干物质，酶解时间延长至 7 d 时，纤维素和木聚糖转化率可分别达 88.0%和 87%[133]。Xu 等采用 $Ca(OH)_2$ 用量 0.10 g/g 干物质在 50℃条件下对柳枝稷处理 24 h，随后进行酶解，葡萄糖、木糖和总还原糖得率分别为 239.6 mg/g、127.2 mg/g 和 433.4 mg/g，分别比未处理时提高了 3.15、5.78 和 3.61 倍[134]。提高预处理温度可以显著缩短预处理时间。例如，甘蔗渣在室温下处理 192 h 后，纤维素酶解率从 20%提高至 72%，但将预处理温度提高至 120℃时，仅需要处理 1 h

即可获得类似的纤维素酶解率。虽然 $Ca(OH)_2$ 预处理试剂价格较低，但预处理后固体基质的酶解性能并不是很高，需要较高的纤维素酶用量才能获得理想的纤维素转化率。

除 NaOH 和 $Ca(OH)_2$ 外，氨水也是人们常用于预处理的碱试剂。在低温下采用液氨浸泡处理（Soaking in Aqueous Ammonia，SAA）木质纤维素可以有效脱除木素，破坏木素与半纤维素之间的酯键连接，从而增加原料的比表面积和孔隙率。Kim 等比较了采用 15%～30%的氨水以 12∶1 的液固比在 30～75℃下对大麦壳无搅拌浸泡 12 h 至 77 d 的预处理效果，发现 75℃下处理 48 h 的样品木素脱除率可达 66%，纤维素酶解糖化率可达 83%，木聚糖转化率为 63%[135]。Ko 等发现 SAA 预处理稻草的最优条件是 69℃、10 h 以及 21%（质量分数）的氨水浓度；此条件下预处理的稻草酶解率可达 71.1%[136]。SAA 预处理条件较为温和，但预处理时间较长。另一种氨处理工艺称为氨循环渗透工艺（Ammonia Recycled Percolation，ARP）。其主要特点是将质量分数为 5%～15%的氨水以一定流速[如 1 ml/(cm^2 · min)]通过装有木质纤维素物料的反应器，加热到 160～180℃处理，处理后将氨分离回收再循环利用（图 3－28）。此过程中，液态氨主要与木素发生反应，木素-碳水化合物之间的连接键断裂，木素被有效脱除。此外，氨化纤维素可使纤维素发生润胀，并使部分纤维素晶格形态由纤维素 I 转变为纤维素 III，这种转变有利于提高纤维素对纤维素酶的可及度。Kim 等采用 ARP 方法对玉米秸秆进行预处理，液体流速为 3.3 ml/g 固体，停留时间为 10～12 min，木素脱除率达 73.4%，预处理后的纤维素固体在 15 FPU/g 纤维素的酶用量下水解，纤维素转化率达 88.5%。预处理后的玉米秆采用酿酒酵母进行同步糖化发酵（SSF），乙醇得率为理论得率的 84%[137]。用 ARP 方法在温度为 170℃，氨浓度为 2.5%～20%，停留时间为 1 h 的条件下预处理玉米芯/秆混合物以及柳枝稷，木素脱除率分别可达 80%和 65%～85%。

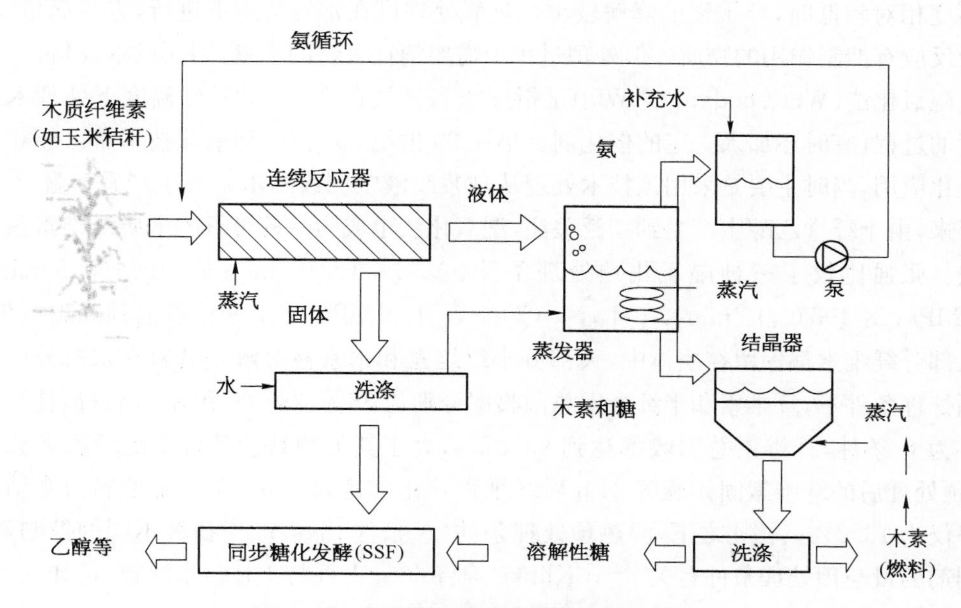

图 3－28　氨循环渗透预处理过程示意图[137]

氨处理的优点是设备简单、试剂易于回收和循环使用,对纤维素和半纤维素的破坏较小,副产物较少,且生成的木素铵盐可作为有机氮肥。缺点是成本相对较高,且氨具有挥发性,若反应器有泄露将导致氨损失。

(2) 碱处理机制

碱处理主要是利用 OH^- 切断木素与半纤维素之间的连接键,破坏木素的结构,形成木素片段并将其溶出。同时,在碱的作用下纤维素发生润胀,导致纤维素的结晶度和聚合物降低。由于木素和碱性抽出物的溶出,原料孔隙率增加,内比表面积增大,因而提高了纤维素的可及度。此外,木素的脱除也在一定程度上降低了纤维素酶在底物上的无效吸附。碱性条件下木素内的 α-和 β-芳基醚键发生断裂,导致木素的大分子解聚。特别是 β-芳基醚键的断裂,可以产生更多的酚羟基,从而增加了木素的亲水性,促进了木素片段在碱液中的溶解。碱处理过程中,半纤维素侧链上的乙酰基发生皂化脱除,解除了其对纤维素酶识别纤维素分子的阻碍作用。此外,碱处理过程中纤维素会因剥皮反应发生降解,导致聚合度降低,从而可为纤维素酶作用提供更多的结合位点。

3.5.4.4 氧化脱木素处理

氧化脱木素处理是采用氧化剂将木素氧化降解,从而提高原料可及性的预处理方法。可用的氧化剂有臭氧、氧气(湿氧化法)、过氧化氢和过氧酸(过氧乙酸)。

臭氧处理使木素得到很大程度的降解,半纤维素只受到轻微影响,纤维素几乎不受影响。Vidal 等采用臭氧处理麦草,可除去 60%的木素,使水解率提高 5 倍。对白杨木锯屑进行臭氧处理后木素去除率达 66%、失重达 30%。在臭氧处理过程中,当木素的含量从 29%降至 8%时,纤维素酶解转化率可从 0 提高到 57%。汪丹妤等研究了臭氧处理麦草浆的影响因素,发现低 pH 值更有利于臭氧脱木素的选择性,pH=2 时,纤维素损伤较小,在温度相对较低时,纤维素的降解较少。臭氧处理可在常温常压下进行,方法简单,不产生对反应有抑制作用的物质。但处理过程中需要消耗大量的臭氧,因而成本较高。

湿氧化法(Wet Oxidation, WO)是指用水和氧气在高于 120℃的温度下处理木质纤维素的过程,有时还加入一定的催化剂。早在 20 世纪 50 年代,湿氧化技术就已经获得了商业化应用,当时主要是采用该技术处理从制浆废液中回收的木素来生产香草醛[17]。近些年来,由于纤维乙醇生产受到广泛关注,湿氧化法也成为一种可行的木质纤维素预处理方法。张强比较了三种湿氧化预处理条件(A: 195℃, 15 min; B: 195℃, 15 min, O_2 1.2 MPa; C: 195℃, 15 min, 2 g/L, Na_2CO_3, O_2 1.2 MPa)下玉米秸秆的预处理效果,发现大部分纤维素都保留在固体中,大部分半纤维素和木素被溶解或分解在水解液中。三种预处理条件下,纤维素和半纤维素总回收率分别为 85%、78.3%和 85.7%;最佳预处理条件为 C 条件,纤维素总回收率达到 95.87%,高于其他预处理条件下的纤维素总回收率,预处理后的纤维素固体酶解 24 h 后纤维素转化率达到了 67.6%,而原料玉米秸秆酶解率仅为 16.2%。相比之下,湿热预处理条件(A 条件)下会产生各种不同的抑制剂,且抑制剂的量与预处理条件有关[138]。Klinke 等将 60 g 麦秆与 1 L 盐水混合,再加入 6.5 g Na_2CO_3,加 O_2 至压力为 1.2 MPa,在温度为 195℃下处理,木素脱除率达 62%,固相中纤维素得率达96%，液相中没有发现酚单体浓度增加[139]。在湿氧化处理中，发生的最初反应是通过酸性半纤维素组分的溶解、乙酰基的脱脂化以及氧化作用等途径生成各种酸；随着酸浓度的增加和反应体系pH值下降，水解反应开始逐渐占优势，随着半纤维素中糖苷键的水解，越来越多的半纤维素被降解成低相对分子质量组分并被溶解[17]。此外，在湿氧化处理过程中，氧气分子与木素之间可发生自由基反应，在碱性介质中分子氧可对酚型和烯醇式木素单元中自动氧化所形成的碳负离子进行亲电进攻，经过一系列反应后苯环发生氧化，改变木素结构或使侧链氧化消除[6]。湿氧化法虽然可以有效提高纤维素的可及性，且木素脱除有利于提高预处理后固体的纤维素含量，进而提高酶解过程中的葡萄糖浓度，但湿氧化过程中木素被氧化分解，不能作为固体燃料使用或加工为高附加值产品，从而降低了木素作为副产品开发带来的利润，不利于维持整个过程的能量平衡，并会加大废水处理的数量和难度[17]。

碱性H_2O_2预处理是在碱性条件下(通常采用NaOH)用H_2O_2处理木质纤维素原料，使得木素皂化、氧化脱除的预处理方法。在制浆造纸工业中，碱性H_2O_2常用来对纸浆进行漂白。Karagöz等优化了碱性H_2O_2预处理油菜秆的条件，发现在pH=11.5时采用5%(体积分数)H_2O_2于50℃处理油菜秆1 h可获得较好的预处理效果，木素脱除率为21.08%，纤维素酶解转化率可达94%，木聚糖转化率可达83%[139]。Yamashita等采用1%(体积分数)H_2O_2和1%(质量分数)NaOH在90℃下处理竹子60 min，酶解后葡萄糖和还原糖得率分别为399 mg/g初始干物质和568 mg/g初始干物质[141]。碱性H_2O_2预处理过程中，一方面木素和半纤维素之间的连接发生皂化反应，使得LCC破裂；另一方面，碱性条件下H_2O_2解离出过氧化氢离子(HOO^-)使木素结构单元苯环和侧链碎解而溶出。因此，碱性H_2O_2处理可获得较好的脱木素效果，但H_2O_2价格较高，因而该方法成本较高，难以实现工业化应用。

除过氧化氢外，过氧酸也可用于木质纤维素的氧化脱木素预处理。常用的过氧酸主要是过氧乙酸(PAA)。过氧酸比过氧化氢具有更高的氧化电势，更易于木素的氧化脱除。笔者所在的实验室曾对甘蔗渣的PAA预处理条件和机制进行研究，结果表明，PAA预处理可以在常压、低温下进行。PAA用量、液固比及二者间的相互作用，温度、时间及二者间的交互作用均对预处理过程有非常显著的影响。降低液固比虽然可以提高液相中PAA的浓度从而提高木素脱除率，但液固比太低会导致更多的聚糖降解以及木素的重新沉聚。温度低于70℃时不利于木素的脱除，而高于80℃则导致较多的碳水化合物损失，以70～75℃最为合适。添加硫酸镁、DTPA、EDTA、8-羟基喹啉和蒽醌对木素脱除没有显著影响。预处理甘蔗渣的最优条件为：温度75℃，PAA用量50%(质量分数)，液固比4∶1，时间2.0 h。在此条件下可得到53.7%的固体回收率，其中综纤维素含量高达96.20%。PAA预处理后所得纤维素固体的酶解性能显著增加。当蔗渣经50% PAA在6∶1液固比和80℃条件下预处理2.0 h后，所得纸浆在20 FPU/g固体的纤维素酶用量下水解72 h可得到82%的还原糖得率。与相同条件下的H_2SO_4和NaOH预处理相比，PAA预处理可以降低综纤维素的损失率且显著提高酶解还原糖得率(表 3-18)[142]。PAA 预处理提高甘蔗渣的酶解性能主要是通过木素脱除来实现的。由于木素的脱除,原料的比表面显著增加,从而增加了底物与纤维素酶之间的接触面积。虽然 PAA 预处理也脱除了部分半纤维素,但木素的脱除对酶解性能的提高更为有利。PAA 预处理后纤维素固体的红外结晶指数和结晶度升高。结晶度的升高不只是由半纤维素和木素等无定型物质的去除造成的,PAA 与纤维素间的作用也会导致纤维素结晶度的升高;与木素含量和结晶度相比,乙酰基对酶解性能的影响可以忽略不计[143]。

表 3-18 甘蔗渣 PAA 预处理与 H_2SO_4 预处理和 NaOH 预处理比较

	对照(未处理的甘蔗渣)	H_2SO_4 预处理	NaOH 预处理	PAA 预处理
固体溶解率(%)	0.00	21.30	46.70	34.80
纤维素含量(%)	44.98	57.43	76.10	70.34
综纤维素含量(%)	76.76	71.90	83.82	90.04
半纤维素脱除率(%)	0.00	64.17	87.05	59.58
综纤维素损失率(%)	0.00	26.28	41.80	23.52
总木素含量(%)	20.25	24.93	15.28	5.60
木素脱除率(%)	0.00	3.02	59.74	81.97
基于纸浆或预处理固体的还原糖得率(%)	6.16	9.18	47.93	82.07
基于初始蔗渣的酶解还原糖得率(g/100 g 蔗渣)*	6.16	7.22	25.55	53.51

注:预处理条件为 50%试剂用量(基于原始绝干物料),固液比为 6∶1,温度 80℃,处理时间 2 h。
* 酶解时间为 72 h。

PAA 预处理木质纤维素主要是通过脱除木素来提高纤维素可及性的。从脱木素机制来看,过氧酸降解木素分子主要是以氧化烯式结构为环氧化物进行的,具体的反应包括:亲电取代导致环的羟基化,氧化开环生成邻醌和间醌,侧链氧化和脱除以及 Baeyer-Viliger 重排反应。在酸性介质中,过氧酸可以生成水合氢离子 H_3O^+,它以亲电反应的方式进攻木素高分子中的高电子密度部位(如烯烃基、芳环结构和羰基),并与之发生上述反应,形成的中间体比初始芳环更易氧化。这些中间产物再经过一系列反应,最终使得木素大分子氧化为亲水性更强的小分子片断,从而达到脱木素目的。Gierer[144]把木素及其模型化合物与 PAA 之间的作用归纳为以下六个主要反应(图 3-29):环的羟基化反应(图 3-29a);氧化脱甲基反应(图 3-29b);氧化开环反应(图 3-29c);侧链置换反应(图 3-29d);β-芳基醚键断裂(图 3-29e);环氧化作用(图 3-29f)。虽然 PAA 预处理可获得很好的脱木素效果,纤维素可及性也显著提高,但与 H_2O_2类似,PAA 价格较高,因而难以用于大规模的木质纤维素预处理过程中。

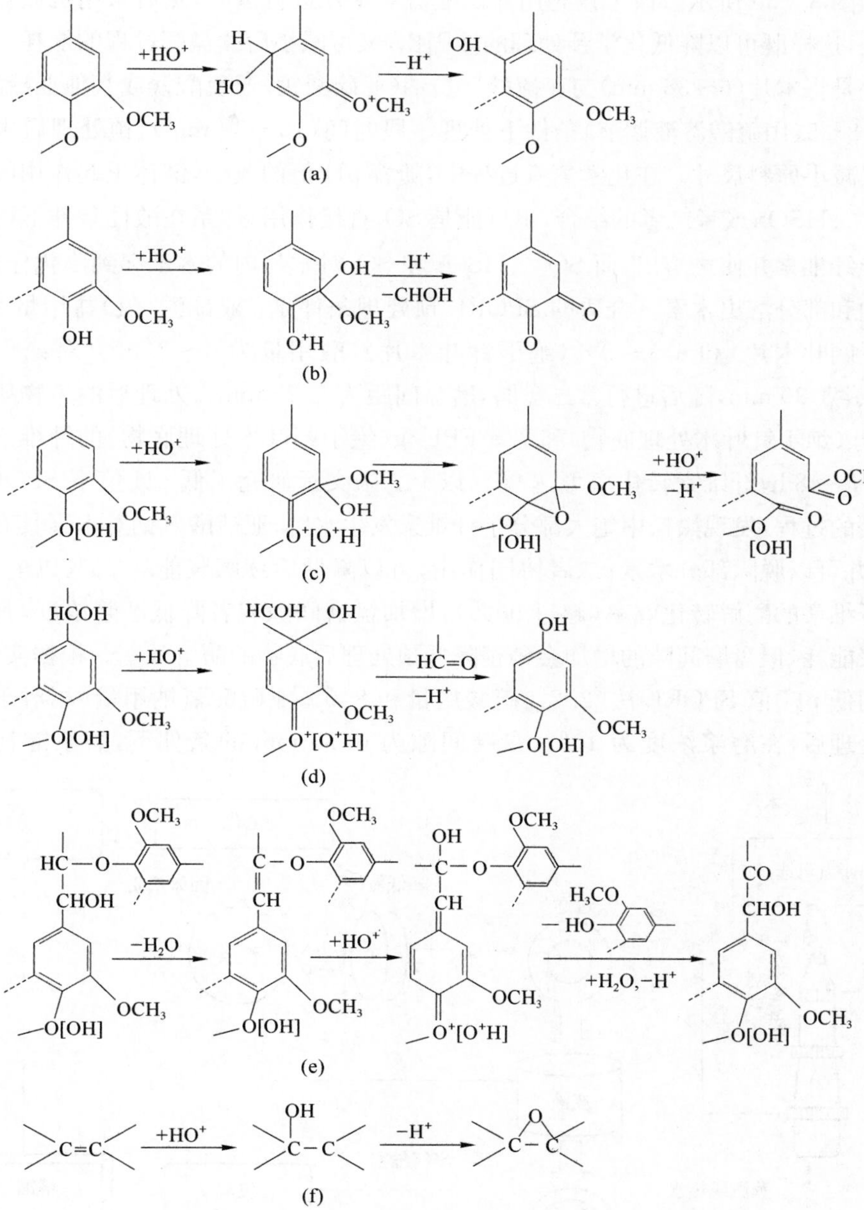

(a)

(b)

(c)

(d)

(e)

(f)

图 3-29　木素与 HO^+ 的反应

3.5.4.5　亚硫酸盐预处理

亚硫酸盐制浆是以亚硫酸盐（如亚硫酸钙、亚硫酸镁、亚硫酸钠及亚硫酸铵）为蒸煮试剂，使植纤维原料中的木素溶出而分散纤维素纤维的过程。亚硫酸盐制浆过程经过改进可作为木质纤维素原料的预处理方法。美国农业部林产品实验室的 Zhu Junyong 等开发了一种基于亚硫酸盐蒸煮结合机械盘磨的预处理方法（Sulfite Pretreatment to Overcome Recalcitrance of Lignocellulose，SPORL）[62]。基于 SPORL 预处理的木质纤维素转化平台工艺如图 3－30 所示。该工艺先用亚硫酸盐对木片进行蒸煮，然后采用机械盘磨降低原料粒径，这样既可以降低化学预处理的液固比，又可减小后续盘磨过程的能耗。具体的工艺条件是将木片（6～38 mm）与亚硫酸（氢）钠（亚硫酸钙、亚硫酸镁或其他亚硫酸盐）在 pH 值为 2～5（用硫酸溶液调节）条件下处理一段时间（10～30 min），预处理后木片用盘磨机磨浆减小原料尺寸。在化学蒸煮过程中，随着 pH 值的改变，液体里起作用的活性基团是 SO_3^{2-}、HSO_3^- 或者二者的结合，也可能是 SO_2 直接作用；体系在酸性条件下可以有效地降解半纤维素并使之溶出，而 SO_3^{2-}、HSO_3^- 和 SO_2 对木片内的木素起到磺化作用，改变木素结构和部分溶出木素。合适的 SPORL 预处理条件是：亚硫酸（氢）盐用量为 1%～3%（绝干阔叶木片）和 6%～9%（绝干针叶木片），酸用量为 0～2.0%（对绝干木片），180℃下蒸煮 30 min，随后进行常压盘磨，磨盘间距为 0.25 mm。处理后的生物质原料在 15 FPU/g（绝干针叶木处理底物）和 7.5 FPU/g（绝干阔叶木处理底物）的纤维素酶用量下水解 24～48 h，纤维素转化率可达 90%以上。朱文远研究了低 pH 值下 SPORL 法预处理黑松的过程，发现黑松中绝大部分半纤维素发生水解；亚硫酸氢钠对木素具有磺化润胀作用，并可以脱除部分木素；二者协同作用，可以降低后续磨浆能耗 80%以上，同时显著提高纤维素的酶解转化效率（超过 90%）；增加盘磨间隙或者降低磨浆浓度，都能明显降低磨浆能耗，但盘磨间隙的增加会稍稍降低预处理后底物的酶解效率。根据实验结果，黑松采用低 pH 值 SPORL 法[2.2%硫酸用量和 8.0%亚硫酸氢钠用量（相对于绝干木片）]预处理后，在磨浆浓度为 10%，盘磨间隙为 0.76 mm 的条件下，磨浆能耗降低到

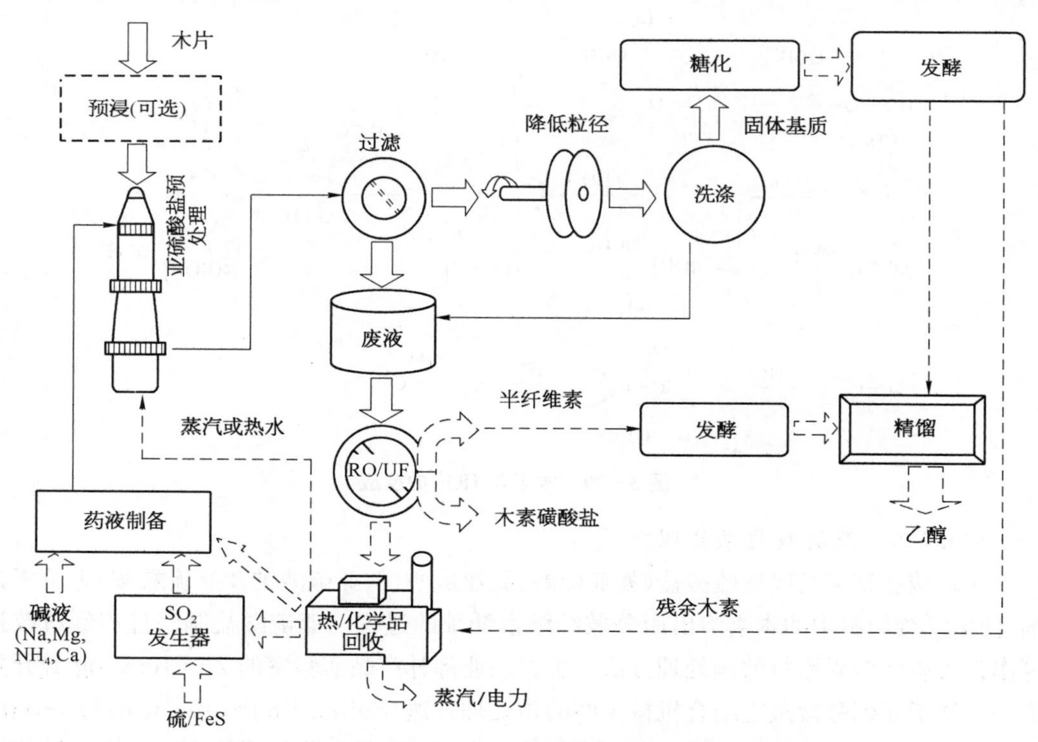

图 3－30 基于 SPORL 预处理的木质纤维素转化平台[62]

45.8 W·h/kg(绝干未处理木片)，相当于降低约95%的磨浆能耗[145]。刘云云等研究了亚硫酸氢钠对玉米秸秆进行预处理的条件，发现在温度180℃、保温30 min条件下，随着亚硫酸氢钠用量的增加，木素和半纤维素的溶出量增大，进而提高了玉米秸秆预处理后固体的酶水解效率；当亚硫酸氢钠用量为7%时，酶水解转化率和葡萄糖得率分别为69.40%和62.44%；预处理温度越高，酶解效率越高，在温度190℃、保温30 min条件下底物的酶解转化率达到了81.04%，葡萄糖得率达71.91%；随着预处理pH值升高，酶解效率相应增加，pH值在4.2～4.7时可获得最好的酶解效率[146]。

SPORL法预处理的优点在于：

① 液固比小，一般为2～3(传统都要6以上)，因此可以大大节约预处理能耗。

② 亚硫酸盐法作为制浆方法已经很成熟并已工业化，而且目前的亚硫酸盐回收技术也很成熟，因而，在现有的工业化装置上进行改进即可用作SPORL法预处理木质纤维素。

③ 该法对难以预处理的木质纤维素，如针叶木类木质纤维素，具有很好的预处理效果，预处理后的木质纤维素酶水解率超过90%。

④ 预处理废液中的半纤维素组分(木糖)降解后可以直接发酵生产乙醇等产品。

⑤ 预处理后的木素部分被磺化，生成木素磺酸盐，因此木素具有一定的应用价值(如在后续处理过程中作为分散剂等)。

SPORL预处理能显著破坏木质纤维素的抗降解屏障，这主要是由大部分半纤维素的溶解、纤维素聚合度的降低和部分木素的脱除导致的。此外，木素发生磺化可以提高亲水性，从而降低了其对纤维素酶的无效吸附。选择合适的亚硫酸(氢)盐用量和合适的pH值(酸用量)，纤维素糖化效率可接近100%，但亚硫酸盐处理过程中会导致含硫气体和废水排放，造成污染。

3.5.4.6　纤维素溶剂预处理

近年来，用纤维素溶剂预处理木质纤维素已成为木质纤维素转化的一个研究热点，这主要是由于纤维素溶解后氢键遭到破坏，当从溶剂中沉淀出来时可获得几乎完全的无定形纤维素，因而酶解效率很高。从研究报道的文献来看，这种预处理方法主要包括浓磷酸和离子液体预处理。

2007年，Zhang等报道了以浓磷酸、丙酮和水为主要溶剂的三步预处理方法(浓磷酸-丙酮法，CPA)，可以在低温(50℃)下实现纤维素、半纤维素和木素的有效分离[147]。该方法是基于木质纤维素原料三个主要成分能溶解于不同溶剂的性质。纤维素不能溶解于丙酮和水，但能溶于浓磷酸；木素易溶于丙酮，而半纤维素易溶于丙酮和水的混合液。依次采用不同溶剂或溶液，可以有效地实现组分分离。用此方法预处理木材纤维和禾草类纤维原料均可以得到很纯的无定形纤维素，将其酶解24 h最高可达到97%的转化率。对于玉米秸秆，CPA处理之前可以清楚地看到细胞壁结构和原细纤维结构，而经CPA处理后未观察到细纤维结构，表明CPA预处理不仅断裂了纤维素、半纤维素和木素之间的连接结构，也破坏了纤维素分子链间的氢键网络，使纤维素变成完全无定形状态，进而显著提高了纤维素的可及表面积[148]。

另一种可用于纤维素溶解的溶剂是离子液体(Ionic Liquid)。离子液体一般指在室温或接近室温条件下呈现液态的、完全由阴阳离子所组成的盐,也称为低温熔融盐。室温离子液体有蒸气压极低、不易燃、热稳定性好和可循环利用等优点,已广泛应用于有机合成、催化、萃取分离和电化学等领域。2002 年,Swatloski 等报道了纤维素可直接在 1-正丁基-3-甲基咪唑氯化鎓和其他亲水性离子液体中溶解的现象[149],随后采用离子液体来溶解纤维素和预处理木质纤维素受到国内外广泛关注。可用于溶解和分离木质纤维素的室温离子液体的阳离子主要是 N-甲基咪唑阳离子,阴离子主要包括 Cl^-、HCO_3^-、$CH_3SO_4^-$ 和 $Me_2C_6H_3SO_3^-$ 等。Fort 等以[BMIM]Cl 离子液体为溶剂,在加热(约 100℃)和搅拌条件下处理白杨等木材可以使它们发生部分溶解;除去不溶物后,将 1~2 倍体积的沉淀剂(如二氯甲烷、乙腈等)加入到离子液体溶液中,可使纤维素沉淀析出[150]。Myllymaki 等以[BMIM]Cl 等室温离子液体作为溶剂溶解木材和稻草(未经过任何化学和机械制浆处理)原料,并以微波加热,先将原料溶解于离子液体中,再通过萃取把木素从混合体系中分离出来;之后往剩余溶液中加入丙酮、乙醇等易与离子液体混合的溶剂,使纤维素沉淀析出,从而达到对木质纤维素进行组分分离的目的[151]。李秋瑾等以[BMIM]Cl 处理微晶纤维素 Avicel,在 Avicel 完全溶解后,经水洗沉淀得到再生纤维素,该再生纤维素的酶解糖转化率在 24 h 时高达 94.65%,相比于未经预处理的 Avicel 的酶解糖转化率(48.57%)有显著提高[152]。李强等以 2-乙基咪唑、N-甲基咪唑、N-甲基吡啶、磷酸三甲酯、磷酸三丁酯等为原料合成了 14 种具有代表性的离子液体,并从中筛选了具有较好秸秆溶解能力和环境友好特性的室温离子液体[MEIM]DMP。该离子液体可以高效处理秸秆,并且可以进行原位酶解糖化。与未处理秸秆相比,处理后的秸秆的酶解糖化率提高了 2.4 倍。经过原位酶解之后离子液体[MEIM]DMP 可以有效地回收使用,重复使用 5 次后仍然保持很好的性能[153]。

对于离子液体溶解纤维素的机制,Swatloski 等认为[BMIM]Cl 离子液体中高浓度和高活性的 Cl^- 有效地破坏了纤维素中的氢键体系,从而使纤维素溶解于离子液体中。Remsing 等以纤维素+离子液体[BMIM]Cl 为研究体系,利用 ^{13}C 和 $^{35/37}Cl$ 核磁共振弛豫方法研究了纤维素在离子液体中的溶解机制。发现随着纤维素在[BMIM]Cl 中浓度的不断增大,离子液体阳离子丁基链上的 C4′和 C1″的弛豫时间变化较小,而 Cl^- 的弛豫时间则明显降低,因此认为离子液体的阳离子与纤维素作用很弱,较难形成氢键;而阴离子与纤维素的作用很强,易形成氢键,且 Cl^- 按 1∶1 的计量比与纤维素上的羟基形成了氢键连接[154]。可见,离子液体通过破坏纤维素内部和分子间的氢键网络,游离出更多的羟基,为纤维素酶与底物的结合提供了更多的结合位点。但离子液体价格昂贵,且难以大规模获得,因此离子液体预处理木质纤维素目前还处于实验室研究阶段。

3.5.4.7 有机溶剂预处理

有机溶剂预处理是采用有机溶剂或其水溶液在添加或不添加催化剂的条件下,于一定温度和压力下处理木质纤维素的过程。有机溶剂预处理是提高木质纤维素生物转化效率的最为有效的预处理方法之一，主要是通过脱除半纤维素和木素来增加纤维素的可及度的。此外，有机溶剂预处理过程可以实现原料各组分的分离，是一种分级预处理(Fractionating Pretreatment)方法，有利于实现原料的生物炼制及全面开发。

1) 有机溶剂预处理的优缺点

自20世纪80年代以来，由于传统硫酸盐法制浆存在能耗高、环境污染严重等缺点，有机溶剂制浆法得到了较快发展。有机溶剂预处理过程与有机溶剂制浆过程类似，都是采用有机溶剂或其水溶液溶出木素的过程，所不同的是预处理并不需要达到制浆所需的木素脱除率。采用有机溶剂对木质纤维原料进行预处理，具有如下3个显著优点：有机溶剂易于回收，大部分有机溶剂只需通过蒸馏或精馏即可回收并循环使用；副产物木素易于回收且具有较高的附加值；预处理同时可以得到多种副产品。由此可见，采用有机溶剂预处理，可以更好地实现木质纤维原料各组分的分离和利用。但是，有机溶剂预处理也不可避免地存在一些缺点，主要表现在：对预处理后的固体洗涤不能采用传统的水洗方式，因为用水洗涤会使溶解的木素重新沉淀在纤维素上，因此水洗之前往往需要先采用相应溶剂洗涤；低沸点有机溶剂的挥发性要求预处理设备具有较好的密封性[155]。此外，有机溶剂往往价格较高，因此预处理后应尽量做到完全回收。

2) 有机溶剂预处理研究进展

木质纤维原料的有机溶剂预处理是使用有机溶剂或其水溶液，在一定温度下添加或不添加无机酸或碱催化剂，部分溶出木素和半纤维素，破坏木素与半纤维素连接从而提高原料可及性的过程。可用于脱木素的有机溶剂包括醇、酸、酮、醚、酯等[156]。下面分别介绍。

(1) 有机醇类预处理

有机醇类预处理是有机溶剂预处理中研究最多的方法，包括低沸点醇(甲醇、乙醇)和高沸点醇(乙二醇、甘油等)。其中，甲醇和乙醇又是最受人们关注的溶剂，主要是由于甲醇和乙醇价格相对低廉且易于回收，同时预处理黑液通过简单分离后可得到木素和半纤维素等高附加值产品。一般来讲，对于甲醇和乙醇预处理，添加无机酸或碱可使预处理温度降低到180℃以下，但如果预处理温度提高到185～210℃，可以不用加入催化剂，因为此温度下产生的有机酸可以催化木素的溶解[155]。而对于甘油(丙三醇)的自催化预处理，为得到较好的预处理效果，温度往往控制在220～240℃[157]。与甲醇和乙醇预处理相比，由于甘油沸点较高，因此预处理可以在常压下进行。

① 有机醇类预处理对原料酶解性能的影响。早在1978年，Shimizu等研究者采用了60%～80%甲醇水溶液，添加0.2%盐酸作为催化剂于170℃温度下对松木预处理45 min，可以脱除75%左右的木素。而对于榉木，使用50%甲醇水溶液，添加0.1%盐酸在160℃下处理45 min，可以达到90%左右的木素脱除率。预处理后的残渣酶解率随着木素脱除率的增加而增加。他们发现，采用甲醇-水溶液预处理时，若要完全酶解残余固体(主要成分为纤维素)，对于松木和榉木，分别需要达到大于70%和80%的木素脱除率。此外，硫酸、磷酸等无机酸以及氯化镁、氯化钙、硝酸镁、硝酸钙等无机盐也可以用于催化

甲醇脱木素。经过甲醇-水溶液预处理后的白杨木酶解性能显著增加，酶解后可得到基于木重 36%～41%的可发酵糖[158]。

乙醇预处理与甲醇预处理相比更受人们重视，其中一个最重要的原因是乙醇的毒性比甲醇低得多。早在 19 世纪末，乙醇就被学者们用于分离研究木材的各组分。自 20 世纪 40 年代以来，乙醇制浆技术得到了很快发展，先后出现了自催化乙醇法，酸、碱或盐催化乙醇法和乙醇/氧气法等多种制浆方法，但采用乙醇溶液预处理木质纤维原料提高纤维素酶解性能的研究直到 1984 年才见报道[159]，其研究结果表明，经过乙醇预处理的白杨木酶解效率有所提高。2005 年，Pan 等报道了基于乙醇-水溶液预处理混合软木（云杉木、松木和花旗松木）的生物炼制工艺（Lignol 工艺）。该工艺不仅可以得到易于酶解的纤维素固体，同时可以得到五碳糖、糠醛、乙醇木素和乙酸等产品。当预处理后的纤维素固体残余木素含量低于 18.4%时，采用 20 FPU/g 纤维素的酶用量水解 48 h 可以将 90%以上的纤维素转化为葡萄糖；而当残余木素含量较高（27.4%）时，在相同酶解时间内要得到大于 90%的纤维素转化率，酶用量需提高至 40 FPU/g 纤维素。此外，连续和同步糖化发酵实验均表明，预处理后的固体中没有产物对菌体生长有抑制作用[160]。Lignol 工艺预处理杂交白杨木和海滩松木亦可以实现不同组分的有效分离。将白杨木在 60%的乙醇溶液中，添加 1.25%的硫酸作催化剂，于 180℃下的条件下预处理 60 min，可以得到 88%的纤维素回收率，72%的木糖得率以及 74%的乙醇木素得率。预处理后的纤维素固体在20 FPU/g 纤维素的酶用量条件下酶解 48 h，可得到约 85%的纤维素转化率[161]。针对无机酸腐蚀性较强的缺点，Teramoto 等研究了无硫酸催化的乙醇预处理工艺（SFEC）。该工艺采用乙酸取代硫酸作催化剂，从而降低了腐蚀性。经过 SFEC 预处理的桉木和甘蔗渣，在 9.5 FPU/g固体的酶用量条件下水解 50 h 后可得到接近 100%的糖化率[162]。此外，醇类预处理与其他预处理方法相结合，也可以有效地提高原料的酶解性能。以汽爆和乙醇萃取相结合为例，木质纤维原料先经过汽爆处理，回收半纤维素，同时木素结构中的 α-丙烯醚键和部分 β-丙烯醚键裂开，再经过乙醇抽提木素，所得纤维素固体酶解率在 90%以上，而且可以得到半纤维素和木素产品[163]。然而，与甲醇预处理类似，由于乙醇沸点较低，预处理需要在 3～5 MPa 的高压下进行，所以设备需要较强的抗压能力。

甘油是人们研究最多的用于预处理的高沸点有机溶剂。采用甘油水溶液在中性或碱性条件下预处理椿木和云杉木可以得到较高的木素脱除率。使用 95%甘油溶液在 240℃下预处理麦草 4 h，可以得到 95%的纤维素固体回收率，大于 90%的半纤维素脱除率和大于 70%的木素脱除率。预处理后的固体残渣中纤维素和木素含量分别为 80%和 10%。该残渣采用纤维素酶水解 24 h，可得到 90%的理论糖得率[157]。甘油预处理与蒸汽爆破预处理相比，二者均可有效提高原料的酶解性能，但甘油预处理不仅可去除大量半纤维素而且可脱除大量木素[164]。与商品级甘油（95%含量）预处理相比，采用油脂工业中得到的副产品粗甘油（70%含量）预处理麦草可以降低预处理成本，但预处理后固体的酶解效率降低。此外，采用粗甘油预处理时，最好先除去其中的亲油性化合物，不然这些化合物在纤维表面会形成树脂类沉淀而降低木素脱除率[164]。虽然甘油预处理可以在常压下进行，但由于甘油的沸点较高，因而溶剂回收的能耗较高。

② 有机醇类预处理作用机制。有机醇类预处理木质纤维原料可以部分溶解木素和半纤维素，特别是酸催化的预处理过程，可以溶解 80%左右的半纤维素。由于采用稀酸在大于 160℃的条件下预处理木质纤维原料已被证明是一种有效的提高原料酶解性能的预处理方法，因此，酸催化有机醇预处理木质纤维原料提高纤维素酶可及性主要是通过破坏木素与聚糖之间的连接，脱除木素和半纤维素的阻碍作用来实现的。由于木素和半纤维素的脱除，原料孔隙率增加，因而提高了纤维素与纤维素酶的可接触表面积(图 3-31)[164]。经过乙醇水溶液预处理后的原料结晶指数增加，这主要是由于预处理过程部分脱除了木素和半纤维素等无定形聚合物，使得纤维素含量升高导致的。此外，乙醇等小分子在高温高压下亦可渗透到木质纤维原料的内部，破坏纤维素的结晶结构，但研究结果表明，纤维素的润胀度随乙醇浓度的升高而降低[165]。

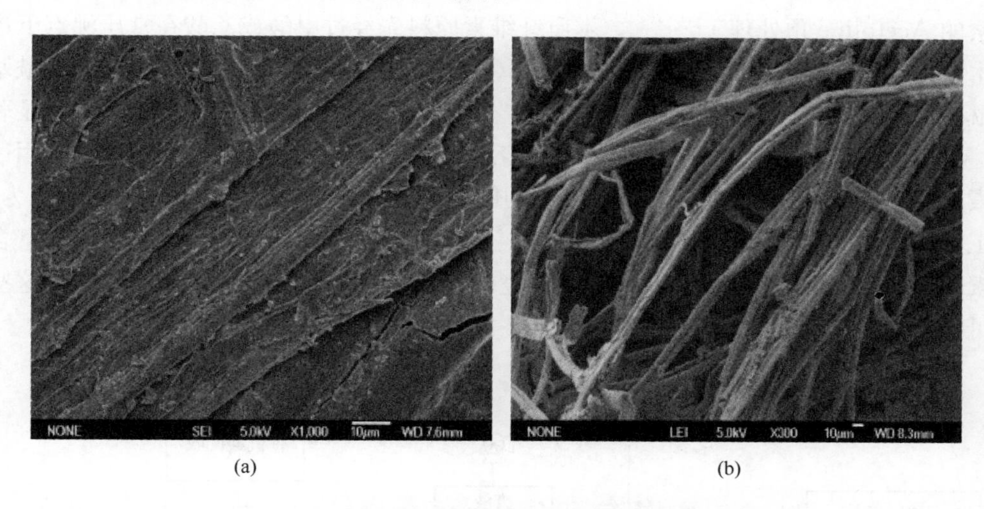

(a)　(b)

图 3-31　甘油预处理麦草前后的扫描电镜图[164]

(a) 预处理前(1 000×)；(b) 预处理后(300×)

由于半纤维素的脱除比木素的脱除容易得多，因此关于有机醇预处理对原料组分的作用机制主要集中在其脱木素机制方面的研究。与其他有机溶剂脱木素过程类似，有机醇类脱木素亦是木素化学键断裂形成木素片段并溶于有机溶剂或其水溶液的过程[166]。在酸性条件下，木素片段的生成主要是通过 α-芳基醚键的断裂实现的，而在碱性条件性下 β-芳基醚键的断裂更为重要[166]。研究者们对桉木、芦苇、荻、榉木、甘蔗渣等木质纤维原料的甲醇或乙醇脱木素动力学研究表明，自催化乙醇脱木素对木素含量均为一级反应。对于木材原料，乙醇脱木素表现为初始、主体和残余三个脱木素阶段；而对于甘蔗渣等禾草类木质纤维原料，只有主体和残余两个阶段[167]，先后脱除的木素依次为内腔壁、中间层和细胞角的木素[156]。

(2) 有机酸类预处理

① 有机酸类预处理对酶解性能的影响。甲酸和乙酸是有机溶剂制浆中最为常用的

两种有机酸。一般认为，溶剂的 Hildebrand 溶解度参数(δ)接近 11.0$(cal/cm^3)^{1/2}$ 的溶剂是溶解木素碎片的最好溶剂。如果溶剂的溶解度参数与最佳值相差很多，那么这种溶剂只能溶解少量的木素碎片。甲酸和乙酸的溶解度参数分别为 12.1$(cal/cm^3)^{1/2}$ 和 10.1$(cal/cm^3)^{1/2}$，由此可见这两种酸是木素的良好溶剂[168]。采用甲酸溶液预处理辐射松锯末可以有效脱除木素，其酶解糖得率由未处理的 25%提高到处理后的 56%，但甲酸预处理也导致了一定程度的纤维素甲基化及结晶度降低[169]。对于乙酸预处理，Vazquez 等发现并非木素或半纤维素脱除率最高的固体残渣具有最高的酶解速率和最终糖得率[170]，且乙酸预处理后残渣的酶解性能比乙醇预处理后残渣的酶解性能低很多[171]。这主要是因为乙酸预处理会导致纤维素乙酰化，使得纤维素上部分羟基被乙酰基取代，从而抑制了纤维素酶的活性区域与纤维素之间的氢键结合[77]。

笔者所在的研究室开发了基于甲酸脱木素的 Formiline 预处理工艺[172]和基于乙酸脱木素的 Acetoline 预处理工艺[173]。木质纤维素原料先经过甲酸或乙酸在常压沸点下进行脱木素处理，随后采用少量的碱[NaOH、$Ca(OH)_2$或氨水]脱木素过程中引入的甲酰基或乙酰基。经 Formiline 工艺或 Acetoline 工艺预处理后的甘蔗渣纤维素酶解性能显著提高。且由于甲酸和乙酸对木素具有较高的溶解度，因此预处理黑液可以直接循环用于脱木素处理，因而可以显著降低有机酸回收的能耗。以 Formiline 工艺预处理甘蔗渣为例，该工艺平台如图 3－32 所示。经 Formiline 工艺预处理后，木质纤维素可被分离为富含纤维素的固体(纤维素含量高于 85%)、高纯度的木素产品以及半纤维素水解糖液。这些产品可根据需要进一步加工转化。

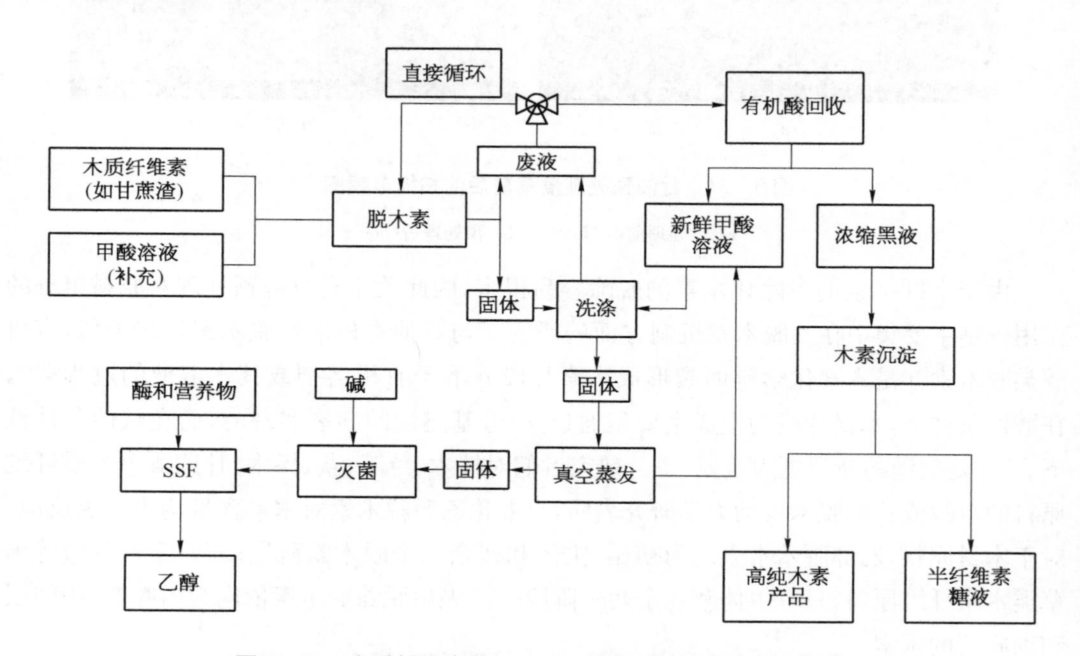

图 3－32　木质纤维素的 Formine 预处理转化工艺平台[172]

② 有机酸预处理的作用机制。与酸催化有机醇预处理类似，有机酸预处理的作用机

制可分为两个步骤：木素和半纤维素的酸催化水解；溶液（有机酸和水）对木素碎片的溶剂化。一般认为，有机酸在预处理过程中主要有两个作用：加速产生能引起木素和半纤维素水解的水合氢离子；溶解在水解反应中生成的木素碎片。但是，甲酸或乙酸预处理往往伴随着纤维素的甲基化或乙酰化，不仅会造成有机酸的消耗，还会降低纤维素酶与纤维素的结合，因此采用有机酸预处理后，往往需要用稀碱再进行脱甲基或乙酰基处理。此外，有机酸并非纤维素的良好润胀剂，在预处理过程中反而会降低纤维素的润胀度。

（3）酮类预处理

酮类有机溶剂中，丙酮是最常用的脱木素溶剂。丙酮的 Hildebrand 溶解度参数为 9.9$(cal/cm^3)^{1/2}$，与乙酸的相当。Paszner 等采用含 60%～70%丙酮的水溶液添加 0.05%～0.25%（质量分数）的磷酸、硫酸或盐酸于 180～220℃下处理木质纤维素原料，可以将聚糖迅速转化为五碳糖和六碳糖[174]。他们随后报道了以丙酮为木素溶剂的无机酸催化有机溶剂糖化工艺（ACOS），该工艺可以将多数木材纤维原料分离得到木素和可发酵糖[175]。Hasegawa 等开发了热水处理和丙酮抽提相结合的预处理方法：先在 180℃下处理木质纤维素，脱除其中的半纤维素，随后在 230℃、10 MPa 的条件下采用丙酮-水溶液抽提其中的木素，可得到纯度较高的纤维素固体。红外光谱分析表明，由此预处理方法得到的纤维素固体羟基含量减少，相应的羰基含量增加，说明在丙酮抽提的过程中纤维素发生了脱水反应而产生交联[176]，但他们没有进行纤维素固体的酶解实验。当采用一步法丙酮-水溶液预处理辐射松时，其最优条件为：丙酮浓度 50%，pH 值为 2.0，温度 195℃，处理时间 5 min。经过预处理后原料的酶解糖得率随着残余木素的含量不同而变化，但没有发现木素含量与酶解糖得率之间有明显的关系[177]。

3）有机溶剂预处理的发展趋势

可用于木质纤维素预处理的有机溶剂多种多样且各有优缺点。由于有机溶剂价格往往较高，且溶剂回收能耗也相对较高，要使有机溶剂预处理具有经济可行性可从以下几个方面入手。

① 选择价格相对低廉，且对木素具有较好溶解性能的有机溶剂。从这方面来看，较为合适的有机溶剂是甲醇、乙醇、甲酸、乙酸、粗甘油等。其中，甲酸和乙酸对木素的溶解性明显优于其他溶剂。

② 溶剂应易于回收和循环使用。从这方面来看，低沸点的有机溶剂较为合适，但同时也增加了对设备的耐压要求。

③ 溶剂回收的能耗要低。有机溶剂的回收能耗成本占预处理总成本中相当的一部分。因此，降低溶剂回收能耗是降低有机溶剂预处理成本的关键之处。一个可选的方案是降低有机溶剂的相对用量，即降低预处理过程中的液固比，但这要求所用的有机溶剂对木素片段要有良好的溶解性能，否则脱除的木素会重新沉积在纤维素固体之上。

3.5.5 生物法预处理

生物法预处理是利用微生物降解木素和半纤维素，从而提高纤维素可及度的预处理方法。常用于木质纤维素预处理的微生物主要是自然界中能降解木素的微生物，主要有真菌类的白腐菌、褐腐菌和软腐菌，如黄孢原毛平革菌（*Sphingomonas paucimobilis*）、彩绒革盖菌等，这些真菌可产生一系列的木素降解酶来分解木素和半纤维素。

白腐菌属担子菌和子囊菌，它腐朽的木材呈白色，菌丝沿着细胞腔蔓延，主要集中在纹孔处。在菌丝下，细胞壁被分解出一条沟槽，它按细胞腔$\longrightarrow S_3 \longrightarrow S_2 \longrightarrow S_1 \longrightarrow$复合胞间层的顺序逐渐降解木素、半纤维素和纤维素。白腐菌降解木素的主要反应是β-O-4键的断裂和芳香环的开裂等。褐腐菌属担子菌，和白腐菌亲缘关系很近。褐腐菌腐朽的木材为褐色，褐腐菌通常与软木的腐朽有关。在木材中，菌丝只能沿着细胞腔延伸。由于褐腐菌主要降解多糖而分解木素的能力弱，所以褐腐只局限在含木素密度低的S_1和S_2层。褐腐的明显特征是纤维素迅速解聚，分解木素能力较差。脱甲基是褐腐菌降解和修饰木素的主要反应。Bavendamm反应长期以来一直被用来判断白腐菌与褐腐菌，也可用来筛选木素降解菌。目前已清楚，该反应是用来测漆酶的。软腐菌属子囊菌和半知菌类。软腐木材干燥之后为褐色，有裂缝。软腐菌生长在湿度较大的木材上，主要在硬木上，其明显特征是在S_2层钻洞。除了钻洞外，大多数软腐菌还可以从细胞腔向复合胞间层产生腐蚀阁。软腐菌主要降解多糖，部分降解或修饰木素。软腐菌降解木素的能力高于褐腐菌而低于白腐菌[178]。因此，白腐菌是用于木质纤维素生物预处理的主要微生物。Kurakake等用黄孢原毛平革菌和芽孢杆菌（*Bacillus circulans*）对城市垃圾中的办公室用纸进行混合预处理，再用酶水解，结果表明，混合菌株生物预处理能够有效提高废弃办公用纸的酶水解率，糖回收率可达94%。陈合等以固态发酵的方式采用黄孢原毛平革菌处理秸秆，经过25 d发酵后，再采用纤维素酶、木聚糖酶酶解6 d，秸秆中的纤维素、半纤维素和木素的降解率分别达到60.4%、33.0%和67.0%[179]。一般来讲，采用白腐菌处理5～120 d后，木素脱除率为11.6%～41.7%，处理后的木质纤维素的酶解效率比未处理的提高1.5～10倍[180]。

研究发现，白腐菌降解木素时并不是只发生在纤维细胞壁的某一层或某一特殊的区域，而是贯穿整个细胞壁的所有区域。白腐菌降解纤维的路径有两种不同的说法。余惠生发现白腐菌紫革耳（*Panus conchatus*）在降解稻草木素时，首先攻击木素浓度最高的纤维胞间层，使胞间层的木素迅速降解，然后再逐渐降解其他各层的木素。但大多数的研究表明，白腐菌降解木素的路径与化学蒸煮工艺中蒸煮液的渗透路径相似，白腐菌首先进入纤维细胞腔，并迅速占据富含游离糖分和养分的射线细胞（这种辐射排列的射线细胞有利于白腐菌迅速进入木片内部），一旦这些易于摄取的营养物质被消耗殆尽，白腐菌对细胞壁的降解就正式开始，菌丝开始沿着细胞腔壁向胞间层方向逐层地降解木素，最终导致纤维从胞间层分离。熊建华观察了白腐菌预处理对粉单竹微观纤维形态结构的影响，发现白腐菌对竹片的生物降解是从细胞腔开始。白腐菌首先进入竹片细胞腔内，快速降解含有糖类和营养物质的细胞射线软组织。细胞内射线软组织的排列又使白腐菌在细胞腔内分布更广泛，并使临近的细胞出现凹穴或使菌丝直接穿过细胞壁向外渗透。一旦细胞腔内容易被白腐菌吸收的物质耗尽，白腐菌就开始降解纤维细胞壁。白腐菌通过细胞腔边缘向次生壁和胞间层延伸，进一步攻击纤维细胞的次生壁，使竹片中含有复合层状结构的次生壁从内层剥离，整个次生壁开始变薄，细胞组织结构变疏松。随着白腐菌对次生壁的降解，白腐菌同时侵袭细胞壁的所有组分，从而使纤维细胞壁不同的层状结构被局部腐蚀，菌丝又穿过细胞壁对胞间层和疏松的细胞角隅进行攻击。随着次生壁、复合胞间层和细胞角隅的部分木素被逐步降解，相邻细胞彼此分离[181]。

微生物预处理木质纤维素需要多种胞外酶，主要包括木素过氧化物酶（Lignin Peroxidases, LiPs），锰过氧化物酶（Manganese Peroxidases, MnPs），漆酶（Laccase），己二醛氧化酶（Glyoxal Oxidase, GLOX），纤维二糖脱氢酶（Cellobiose Dehydrogenase, CDH）等，其中，LiPs、MnPs的一些特性列于表3-19中。

表3-19 漆酶、木素过氧化物酶、锰过氧化物酶和多功能过氧化物酶的主要特性[180]

酶	反 应	辅助因子	金属或离子	介 质	单体和相对分子质量
酚氧化酶（漆酶）	4间二苯酚+O_2══4对苯醌+2 H_2O	N/A	Ca^{2+}、Cd^{2+}、Cu^{2+}、H_2O_2、咪唑、K^+、K_2SO_4、Mn^{2+}、Na_2SO_4、$(NH_4)_2SO_4$	酚类、苯胺、3-HAA、NHA、丁香醛、羟基苯并三唑、ABTS	单体（43～100），二聚体，三聚体和寡聚体
木素过氧化物酶	1,2-二(3,4-二甲氧基苯基)苯丙烷-1,3-丙二醇+H_2O_2══藜芦醛+1-(3,4-二甲氧基苯基)苯丙烷-1,2-乙二醇+H_2O	血红素	铁	藜芦醇	单体(37～50)
锰过氧化物酶	2Mn(II)+2H^++H_2O_2══2Mn(III)+H_2O	血红素	Ca^{2+}、Cd^{2+}、Mn^{2+}、Sm^{3+}	有机酸、硫醇、不饱和脂肪酸	单体（32～62.5）
多功能过氧化物酶	底物+ H_2O_2══氧化底物+H_2O	血红素	Mn^{2+}、Ca^{2+}、Cu^{2+}、铁	与木素过氧化物酶和锰过氧化物酶的类似	单体

虽然生物法预处理具有条件温和、环境友好的优点，但所需周期较长、效率较低，因而难以在工业化中应用。

3.5.6 不同预处理方法比较

目前，人们所开发的木质纤维素预处理方法很多，近几年每年发表的相关文章有数百篇。但这些方法中仅有少数方法具有工业化应用前景。以纤维乙醇为例，目前世界范围内经过中试示范的纤维乙醇厂，预处理工艺大多采用稀酸处理、热水处理、蒸汽爆破处理等方法（表3-20），这主要是由于这些方法相对而言成本较低。人们所开发的各种各样的预处理方法各有优缺点，总结于表 3 - 21 中。这些预处理方法对木质纤维素化学组成和结构特性的影响及其提高纤维素可及性的机制总结于表 3 - 22 中。但评价预处理方法是否具有工业化应用前景的最终标准还是看其成本，而成本的核算不只需要考察预处理过程本身的能耗、试剂等成本因素，还需要结合后续的酶解糖化、发酵、产品提取等单元操作的成本构成进行综合分析。因此，比较各预处理工艺的成本需要收集整个流程的数据并综合分析后进行，而非简单地比较预处理过程的成本。一些预处理方法的应用前景比较如表 3 - 23 所示。总的来讲，从目前的情形来看，最具有工业化应用前景的预处理方法主要是高温液态热水法、稀酸法、有机溶剂(乙醇)法和蒸汽爆破法，但这些方法仍然还有一些缺点。

表 3 - 20 不同纤维素乙醇厂的生产原料和预处理方法[182]

公　司	国家	产　　品	运行状态	原料	预处理方法	木素回收和应用方式
Abengoa	西班牙	4 000 t/年乙醇	示范装置，2009 年开始运行	麦草	酸催化蒸汽爆破	精馏后回收；作为副产物
Inbicon	丹麦	4 000 t/年乙醇、戊糖糖蜜、固体燃料	示范装置，2009 年开始运行	麦草	高温液态热水处理(自催化)	精馏后回收；电厂固体生物燃料
Iogen	加拿大	70 000 t/年乙醇	商业化装置，2011 年开始运行	秸秆(小麦、大麦、燕麦等)	改进的蒸汽爆破	酶解后回收；作为燃料获得蒸汽或电力
KL Energy	美国	4 500 t/年乙醇	示范装置，2007 年开始运行	木材废弃物、纸板和废纸	热机械法	精馏后回收；作为燃料获得蒸汽、电力，或生产固体颗粒燃料
SEKAB	瑞典	4 500 t/年乙醇	示范装置，2011 年开始运行	木片或甘蔗渣	稀酸预处理	酶解后回收；用于热量生产或其他用途
Verenium	美国	4 200 t/年乙醇	示范装置，2009 年开始运行	甘蔗渣、能源植物、木材和柳枝稷	温和稀酸水解和蒸汽爆破	精馏后回收；富含木素的残渣用于蒸汽生产
Lignol	加拿大		示范装置，2007 年开始运行	木屑等木材废弃物	有机溶剂预处理	高纯度木素产品，可用于高附加值产品开发
中粮集团	中国	500 t/年乙醇	2006 年中试成功运行	玉米秸秆	连续蒸汽爆破	热量回收
天冠集团	中国	10 000t/年乙醇	商业化装置，2011 年通过验收	小麦秸秆、玉米秸秆	蒸汽爆破	热量回收或其他利用

表 3 - 21　不同预处理方法的优缺点比较

分　类	处理方法	优　　点	缺　　点
物理法	机械碾磨	不使用或很少使用化学试剂，无污染，可有效降低纤维素结晶度和聚合度	木素残留，能耗较高，成本较高
	辐照处理	可有效降解半纤维素、木素，降低纤维素聚合度	成本高，难以大规模应用
物理-化学法	蒸汽爆破	研究较为成熟，可有效提高纤维素的酶解性能，已经实现中试和产业化规模应用	木素-碳水化合物连接未能完全破坏；木素残留且对纤维素酶具有较强的无效吸附性能；产生对微生物具有抑制作用的化合物
	AFEX	可以显著提高禾本植物和草类植物的酶解糖化性能；不产生对后续发酵有抑制作用的物质	不能很有效地除去半纤维素，对于木材类原料的预处理效果一般
	CO_2爆破	比汽爆和 AFEX 可能更具经济上的优势，基本不产生抑制物	对原料的适应性以及预处理效果尚须改进
化学法	液态热水	水解液无需中和处理，环境污染小；不需对物料进行粉碎处理；几乎不产生对发酵有抑制作用的副产物	操作温度相对较高；熔解木素会重新沉积在纤维表面；半纤维素多以寡糖形式存在于液相中，需要后续酸水解获得可发酵糖
	稀酸	研究较为成熟，试剂价格低廉，可有效提高纤维素的水解特性；半纤维素水解为可发酵糖	对设备具有腐蚀性；水解液需要后续中和和脱毒处理；糖发生降解，并生成对发酵过程有抑制作用的副产物；木素残留在固体中，且对纤维素酶具有较强的非特异吸附性
	碱处理	可有效脱除木素，润胀纤维素，提高原料的孔隙率和纤维素的可及性	NaOH 价格较高；$Ca(OH)_2$ 预处理效果一般；氨水处理时氨用量相对较大，成本较高
	氧化脱木素	可有效脱除木素，解除木素物理屏障和消除其对纤维素酶的无效吸附；提高预处理后固体基质中的纤维素含量，从而利于提高酶解液中的糖浓度	氧化剂价格昂贵，因而难以大规模应用；木素被氧化降解成多种产物，限制了其作为燃料和高附加值产物的利用
	亚硫酸盐	可有效提高原料的纤维素可及性，特别对于难以处理的软木类木质纤维素很有效；可在传统硫酸盐法制浆设备上进行改造；木素产品以木素磺酸盐形式回收，具有一定的应用价值；半纤维素水解液可直接用于发酵	会导致含硫气体和废水排放，造成一定污染；木素磺酸钠的回收过程相对复杂，可能增加投资成本
	纤维素溶剂	可显著破坏纤维素氢键连接，破解纤维素结晶结构，使纤维素转化为无定形形态	成本高，难以工业化应用
	有机溶剂	可有效脱除木素、半纤维素，实现原料各组分的分离；纤维素固体具有很好的酶解效果；木素产品具有高纯度	有机溶剂价格昂贵，需要完全回收；溶剂回收能耗较高；预处理成本总体较高
生物法	真菌降解木素	能耗低、无污染、处理过程条件温和	过程缓慢，周期太长，难以工业化应用

表 3-22 不同预处理方法对木质纤维素化学组分和物理结构改变的作用

	预处理方法	化学组分				物理结构		
		纤维素	半纤维素	木素	乙酰基	比表面积、孔隙率、粒径	纤维素结晶度	纤维素聚合度
物理法	机械碾磨	未降解	未脱除	未脱除	未脱除	粒径降低，比表面积显著增加$^{++}$	显著降低$^{++}$	显著降低$^{++}$
	辐照预处理	部分降解	部分降解$^{++}$	部分降解$^{+}$	部分脱除	比表面积显著增加$^{++}$	有降低$^{+}$	有降低
物理-化学法	蒸汽爆破	部分降解	大部分脱除$^{++}$	部分脱除，更多结构改变和重新分布$^{++}$	大部分脱除$^{++}$	比表面积显著增加$^{++}$	ND	有降低
	AFEX	部分降解	部分脱除$^{+}$	部分脱除，更多结构改变$^{++}$	大部分脱除$^{++}$	比表面积显著增加$^{++}$	显著降低$^{++}$	有降低
化学法	热水	部分降解	大部分脱除$^{++}$	部分结构破坏$^{+}$	大部分脱除$^{++}$	比表面积显著增加$^{++}$	ND	有降低
	稀酸	明显降解	几乎全部脱除$^{++}$	部分脱除，更多结构改变和重新分布$^{++}$	几乎全部脱除$^{++}$	比表面积显著增加$^{++}$	ND	显著降低$^{+}$
	氢氧化钠	部分降解	部分脱除$^{+}$	大部分脱除$^{++}$	几乎全部脱除$^{++}$	比表面积显著增加$^{++}$	明显降低$^{++}$	有降低
	ARP	部分降解	部分脱除$^{+}$	大部分脱除$^{++}$	几乎全部脱除$^{++}$	比表面积显著增加$^{++}$	明显降低$^{++}$	有降低
	石灰	部分降解	部分脱除$^{+}$	部分脱除$^{++}$	几乎全部脱除$^{++}$	比表面积显著增加$^{++}$	有降低$^{+}$	有降低
	有机溶剂（非有机酸）	有降解$^{+}$	几乎全部脱除$^{++}$	大部分脱除$^{++}$	几乎全部脱除$^{++}$	比表面积显著增加$^{++}$	ND	显著降低$^{+}$
	有机溶剂（有机酸）	明显降解$^{+}$	几乎全部脱除$^{++}$	大部分脱除$^{++}$	可能增加（乙酸预处理）$^{+}$	比表面积显著增加$^{++}$	ND	显著降低$^{+}$
生物法	真菌降解	部分降解$^{+}$	大部分脱除$^{++}$	部分脱除$^{++}$	ND	比表面积增加$^{++}$	明显降低$^{++}$	有降低$^{+}$

注：++—主要作用；+—次要作用；ND—数据未知。

表 3-23　不同预处理方法的应用前景比较

预处理方法	糖得率	抑制物产生	残渣产生	试剂需要循环	低投资成本	低操作成本	适用于各种原料	经过中试示范
机械碾磨	−	++	++	++	+	−	+	+
液态热水	++	−	++	++	+			++
稀　酸	++	−	−	−	+/−	+	+	++
浓　酸	++	−	−	−	−	+/−	++	++
碱	++	++	−	−	++		+/−	+/−
有机溶剂（乙醇预处理）	++	++	+	−	−	−	+	++
湿氧化	+/−	++	+	++	+			−
蒸汽爆破	+	−	+	++	+	+	+/−	++
AFEX	++	++		−			−	
CO_2爆破	+	+	++	++	−			−
联合机械/碱处理	++	++	−	−	+/−	+/−	+	+

注：+—正效应，如高糖得率，低发酵抑制物浓度，不需或只需少量化学试剂回收，低投资成本，高原料适应性，已经过中试规模验证，低操作成本。
−—负效应，与正效应相反。

3.5.7　木质纤维素预处理发展方向

木质纤维素原料的预处理是其生物转化过程的关键步骤之一，也是成本较高的步骤。因此，低成本、低污染是木质纤维素原料预处理的必然发展趋势。同时，也需要加强对木质纤维素抗生物降解屏障的分子机制以及预处理过程机制方面的研究，为开发新型预处理技术和改进已有技术提供理论指导。今后木质纤维素预处理技术的发展还需考虑到以下几个方面。

① 开发新型预处理技术或改进已有的预处理方法，应尽可能采用低的液固比进行反应，降低预处理能耗和废物排放。

② 对预处理过程进行包括物料衡算、能量衡算等方面的综合评价分析，系统考察预处理过程对后续糖化、发酵的影响及灵敏度分析，建立预处理过程的成本评价标准体系，进而降低预处理成本。

③ 开发半纤维素和木素等组分的高值化利用，避免仅利用纤维素的单一加工模式。

④ 尽可能减少预处理过程中对发酵有抑制作用的物质的产生，降低后续水解液的脱毒成本。

⑤ 尽可能在预处理过程中低成本地脱除木素，一方面提高纤维素在固体中的含量，提高后续发酵过程中产品的浓度，另一方面减少木素对纤维素酶的无效吸附。

⑥ 深入研究木质纤维素抗生物降解屏障的微观机制以及各种预处理方法提高纤维素

可及性的机制，结合多种现代分析方法研究细胞壁结构特性及其组分间的化学、物理连接，对于木质纤维素的生物转化具有重要意义。今后这方面的研究还需考虑以下一些方面。

A. 发展快速而有效的测定预处理后固体基质纤维素可及表面积的方法。传统的用于测定固体比表面积的方法(BET 法)采用的探针分子为 N_2，由于 N_2 分子大小远小于纤维素酶分子的大小，因而，由此法测定的比表面积与实际的纤维素酶可及表面积存在差异。此外，采用 BET 法测定预处理后固体基质的孔隙特性时，原料往往需要进行干燥，而干燥过程会导致底物孔隙特性改变，孔隙率降低。因此，开发可用于测定潮湿状态下固体基质的孔结构特性的方法尤为重要。Hong 等开发了含有纤维素结合元件(CBM)和绿色荧光蛋白(GFP)的融合蛋白探针分子，相比于 BET 法，该方法可更准确地定性和定量地分析预处理后固体底物的可及表面积，但此探针蛋白分子难以获得，因而难以推广。

B. 深入研究影响木质纤维素酶解的因素间的交互作用及其限制纤维素降解的分子机制。

C. 深入研究细胞壁的化学和物理结构特性，特别是在微纳米尺度上的结构特性对纤维素降解的影响，重点分析孔结构、可及性和分布的影响。

D. 进一步研究纤维素的氢键网络及其与酶催化水解之间的关系，结合分子模拟等方法，分析氢键在纤维素酶分子识别纤维素和催化纤维素水解过程中的作用。

E. 深入分析预处理过程可能存在的化学反应及其反应机制。

参考文献

[1] 曲音波. 纤维素乙醇产业化. 化学进展，2007，19(7/8)：1098－1108.

[2] Himmel M，Vinzant T，Bower S，et al. BSCL use plan：solving biomass recalcitrance. Technical Report，NREL/TP－510－37902，August 2005.

[3] 曲音波，王禄山. 生物质的抗降解性及其生物炼制中的科学问题. 中国基础科学，2009(5)：55－58.

[4] Himmel M E，Ding S Y，Johnson D K，et al. Biomass recalcitrance：engineering plants and enzymes for biofuels production. Science，2007，315(5813)：804－807.

[5] Himmel M E. Biomass recalcitrance：deconstructing the plant cell wall for bioenergy. Wiley-Blackwell，2008.

[6] 杨淑蕙. 植物纤维化学(第三版). 北京：中国轻工业出版社，2001.

[7] Zhu J Y，Pan X J. Woody biomass pretreatment for cellulosic ethanol production：technology and energy consumption evaluation. Bioresour Technol，2010，101(13)：4992－5002.

[8] Lee D K，Owens V N，Boe A，et al. Composition of herbaceous biomass feedstocks. Technical Report，South Dakota State University，2007.

[9] 詹怀宇. 制浆原理工程(第 3 版). 北京：中国轻工业出版社，2009.

[10] 高洁，汤烈贵. 纤维素科学. 北京：科学出版社，1996.

[11] 詹怀宇. 纤维化学与物理. 北京：科学出版社，2005.

[12] 张景强，林鹿，孙勇，等. 纤维素结构与解结晶的研究进展. 林产化学与工业，2008，28(6)：109－114.

[13] Balan V, Bals B, Garlock R, et al. A short review on ammonia based-based lignocellulosic biomass pretreatment//Blake A S. Chemical and biochemical catalysis for next generation biofuels, London: Royal Society of Chemistry, 2011: 89 - 114.
[14] 李坚. 木材波普学. 北京：科学出版社,2003.
[15] Park S, Baker J O, Himmel M E, et al. Cellulose crystallinity index: measurement techniques and their impact on interpreting cellulase performance. Biotechnol Biofuels, 2010, 3: 10, doi: 10.1186/1754 - 6834 - 3 - 10.
[16] Nam S, Condo B D, Parikh D V, et al. Effect of urea additive on the thermal decomposition of greige cotton nonwoven fabric treated with diammonium phosphate. Polymer Degradation and Stabil, 2011, 96(11): 2010 - 2018.
[17] 曲音波,等. 木质纤维素降解酶与生物炼制. 北京：化学工业出版社,2011.
[18] 王越平,高绪珊,邢声远. 几种天然纤维素纤维的结构研究. 棉纺织技术,2006,34(2): 72 - 76.
[19] 石淑兰,何福望. 纸浆造纸分析与检测. 北京：中国轻工业出版社,2003.
[20] 马晓娟,黄六莲,陈礼辉,等. 纤维素结晶度的测定方法. 造纸科学与技术,2012,31(2): 75 - 78.
[21] Schenzel K, Fischer S, Brendler E. New method for determining the degree of cellulose I crystallinity by means of FT Raman spectroscopy. Cellulose, 2005, 12: 223 - 231.
[22] Scheller H V, Ulvskov P. Hemicelluloses. Annu Rev Plant Biol, 2010, 61: 263 - 289.
[23] 余紫苹,彭红,林妲,等. 植物半纤维素结构研究进展. 高分子通报,2011(6): 48 - 56.
[24] Gírio F M, Fonseca C, Carvalheiro F, et al, Hemicelluloses for fuel ethanol: a review. Bioresour Technol, 2010, 101(13): 4775 - 4800.
[25] 蒋挺大. 木素(第二版). 北京：化学工业出版社,2009.
[26] 陈洪雷,黄峰,杨桂花,等. 植物纤维原料及纸浆中的木素-碳水化合物复合体. 纤维素科学与技术,2008,16(1): 58 - 64,70.
[27] Koshijima T, Watanabe T//Timell T E, et al. Association between lignin and carbohydrates in wood and other plant tissues. Springer-Verlag, Berlin, Heidelberg , 2003.
[28] Buranov A U, Mazza G. Lignin in straw of herbaceous crops. Ind Crop Prod, 2008, 28(3): 237 - 259.
[29] 邱卫华,陈洪章. 木质素的结构、功能及高值化利用. 纤维素科学与技术,2006,14(1): 52 - 59.
[30] 曹双瑜,胡文冉,范玲. 木质素结构及分析方法的研究进展. 高分子通报,2012(3): 8 - 13.
[31] Zhao X, Liu D. Chemical and thermal characteristics of lignins isolated from *Siam* weed stem by acetic acid and formic acid delignification. Ind Crop Prod, 2010, 32(3): 284 - 291.
[32] 张应龙,张锐昌,张咏梅,等. 木素结构分析方法研究进展. 安徽农业科学,2011,39(36): 22514 - 22517.
[33] 吴芬,邹叶茂,龙松华. 植物细胞壁的研究进展. 湖南农业科学,2010(5): 14 - 16.
[34] Ceres. Carbohydrates: the more carbs the better, http: //www. ceres. net/AboutUs/AboutUs-Biofuels-Carbo. html Ceres, Inc, 2007.
[35] Wegner T H, Jones E P. A fundamental review of the relationships between nanotechnology and lignocellulosic biomass//Lucia L A, Rojas O J. The nanoscience and technology of renewable biomaterials. Wiley-Blackwell, Oxford, UK, 2009: 1 - 41.
[36] 房桂干,王菊华,任维羡,等. 毛竹的形态学特性、超微结构及木素分布. 中国造纸学报,1989,4:

41 - 49.

[37] 王菊华，薛崇昀，王锐. 胡麻组织构造和纤维形态及超微结构研究. 纤维素科学与技术，1994，2(3/4)：39 - 49.

[38] 邝仕均. 甘蔗渣的超微结构及半纤维素在其纤维细胞壁上的分布. 造纸技术通讯，1980(4)：17 - 23.

[39] 窦正远. 甘蔗渣制浆造纸. 广州：华南理工大学出版社，1990.

[40] McMillan J D. Pretreatment of lignocellulosic biomass//Himmel M E, Baker J O, Overend R P, et al. Enzymatic conversion of biomass for fuels production. American Chemical Society, Washington DC, 1994: 292 - 324.

[41] 吕卫军，薛崇昀，曹春昱，等. 木素分布的测定方法及其在木材细胞壁中的分布. 北京林业大学学报，2010，32(1)：136 - 141.

[42] 翟华敏，李忠正，陈敏忠，等. 用 SEM - EDXA 技术测定麦草纤维细胞木素分布. 南京林业大学学报，1988(3)：48 - 51.

[43] Zhu L. Fundamental study of structural features affecting enzymatic hydrolysis of lignocellulosic biomass. PhD thesis, Texas A&M University, 2005.

[44] Laureano-Perez L, Teymouri F, Alizadeh H, et al. Understanding factors that limit enzymatic hydrolysis of biomass-characterization of pretreated corn stover. Appl Biochem Biotechnol, 2005, 121 - 124: 1081 - 1099.

[45] Zhu J Y, Pan X, Zalesny R S Jr. Pretreatment of woody biomass for biofuel production: energy efficiency, technologies, and recalcitrance. Appl Microbiol Biotechnol, 2010, 87(3): 847 - 857.

[46] Palonen H. Role of lignin in the enzymatic hydrolysis of lignocellulose. Ph D thesis. VTT Technical Research Centre of Finland, Otameida, Espoo, 2004.

[47] Sutcliffe R, Saddler J N. The role of lignin in the adsorption of cellulases during enzymatic treatment of lignocellulosic material. Biotechnol Bioeng Symposium, 1986, 17: 749 - 762.

[48] Pan X J. Role of functional groups in lignin inhibition of enzymatic hydrolysis of cellulose to glucose. Biobased Mater Bioenergy, 2008, 2(1): 25 - 32.

[49] Sewalt V J H, Glasser W G, Beauchemin K A. Lignin impact on fiber degradation. 3. Reversal of inhibition of enzymatic hydrolysis by chemical modification of lignin and by additives. Agric Food Chem, 1997, 45(5): 1823 - 1828.

[50] Zhao X, Peng F, Cheng K, et al. Enhancement of the enzymatic digestibility of sugarcane bagasse by alkali-peracetic acid pretreatment. Enzyme Microb Technol, 2009, 44(1): 17 - 23.

[51] Kumar R, Wyman C E. Access of cellulase to cellulose and lignin for poplar solids produced by leading pretreatment technologies. Biotechnol Prog, 2009, 25(3): 807 - 819.

[52] Tu M B, Pan X J, Saddler J N. Adsorption of cellulase on cellulolytic enzyme lignin from *Lodgepole pine*. J Agr Food Chem, 2009, 57(17): 7771 - 7778.

[53] Nakagame S, Chandra R P, Saddler J N. The influence of lignin on the enzymatic hydrolysis of pretreated biomass substrates//Zhu J, Zhang X, Pan X, et al. Sustainable production of fuels, chemicals, and fibers from forest biomass. American Chemical Societ, 2011: 145 - 167.

[54] Berlin A, Balakshin M, Gilkes N, et al. Inhibition of cellulase, xylanase and beta-glucosidase activities by softwood lignin preparations. J Biotechnol, 2006, 125(2), 198 - 209.

[55] Dong D J, Fricke A L, Moudgil B M, et al. Electrokinetic study of kraft lignin. Tappi J,1996, 79(7), 191-197.

[56] Liu H, Zhu J Y, Fu S Y. Effects of lignin-metal complexation on enzymatic hydrolysis of cellulose. J Agric Food Chem, 2010, 58(12): 7233-7238.

[57] Liu H, Zhu J Y. Eliminating inhibition of enzymatic hydrolysis by lignosulfonate in unwashed sulfite-pretreated aspen using metal salts. Bioresour Technol, 2010, 101(23): 9120-9127.

[58] Kawamoto H, Nakatsubo F, Murakami K. Protein-adsorbing capacities of lignin samples. Mokuzai Gakkaishi,1992, 38(1): 81-84.

[59] Sun Y, Cheng J. Hydrolysis of lignocellulosic materials for ethanol production: a review. Bioresour Technol, 2002, 83(1): 1-11.

[60] Zhao X, Cheng K, Liu D. Organosolv pretreatment of lignocellulosic biomass for enzymatic hydrolysis. Appl Microbiol Biotechnol, 2009, 82(5): 815-827.

[61] Chandra R P, Bura R, Mabee W E, et al. Substrate pretreatment: the key to effective enzymatic hydrolysis of lignocellulosics? Adv Biochem Eng Biotechnol, 2007, 108: 67-93.

[62] Zhu J Y, Pan X J, Wang G S, et al. Sulfite pretreatment (SPORL) for robust enzymatic saccharification of spruce and red pine. Bioresour Technol,2009, 100(8): 2411-2418.

[63] Pan X J, Xie D, Gilkes N, et al. Strategies to enhance the enzymatic hydrolysis of pretreated softwood with high residual lignin. Appl Biochem Biotechnol, 2005, 121-124: 1069-1079.

[64] Yang B, Wyman C E. BSA treatment to enhance enzymatic hydrolysis of cellulose in lignin containing substrates. Biotechnol Bioeng, 2006, 94(4): 611-617.

[65] Eriksson T, Borjesson J, Tjerneld F. Mechanism of surfactant effect in enzymatic hydrolysis of lignocellulose. Enzyme Microb Technol, 2002, 31(3): 353-364.

[66] Borjesson J, Peterson R, Tjerneld F. Enhanced enzymatic conversion of softwood lignocellulose by poly(ethylene glycol) addition. Enzyme Microb Technol, 2007, 40(4): 754-762.

[67] Zheng Y, Pan Z, Zhang R, et al. Non-ionic surfactants and non-catalytic protein treatment on enzymatic hydrolysis of pretreated creeping wild ryegrass. Appl Biochem Biotechnol, 2008, 146: 231-248.

[68] Yang B, Wyman C E. Effect of xylan and lignin removal by batch and flowthrough pretreatment on the enzymatic digestibility of corn stover cellulose. Biotechnol Bioeng, 2004, 86(1): 88-95.

[69] Liao W, Wen Z, Hurley S, et al. Effects of hemicellulose and lignin on enzymatic hydrolysis of cellulose from dairy manure. Appl Biochem Biotechnol, 2005, 121-124: 1017-1030.

[70] Öhgren K, Bura R, Saddler J, et al. Effect of hemicellulose and lignin removal on enzymatic hydrolysis of steam pretreated corn stover. Bioresour Technol, 2007, 98(13): 2503-2510.

[71] Mussatto S I, Fernandes M, Milagres A M E, et al. Effect of hemicellulose and lignin on enzymatic hydrolysis of cellulose from brewer's spent grain. Enzyme Microb Technol, 2008, 43(2): 124-129.

[72] Silverstein R A, Chen Y, Sharma-Shivappa R R, et al. A comparison of chemical pretreatment methods for improving saccharification of cotton stalks. Bioresour Technol, 2007, 98(16): 3000-3011.

[73] Zhao X, Zhang L, Liu D. Comparative study on chemical pretreatment methods for improving

enzymatic digestibility of crofton weed stem. Bioresour Technol, 2008, 99(9): 3729 - 3736.

[74] Yang B, Wyman C E. Pretreatment: the key to unlocking low-cost cellulosic ethanol. Biofuels Bioprod Bioref, 2008, 2(1): 26 - 40.

[75] Mansfield S D, Mooney C, Saddler J N. Substrate and enzyme characteristics that limit cellulose hydrolysis. Biotechnol Prog, 1999,15(5): 804 - 816.

[76] Chang V S, Holtzapple M T. Fundamental factors affecting biomass enzymatic reactivity. Appl Biochem Biotechnol, 2000, 84 - 86: 5 - 37.

[77] Pan X J, Gilkes N, Saddler J. Effect of acetyl groups on enzymatic hydrolysis of cellulosic substrates. Holzforschung, 2006, 60(4): 398 - 401.

[78] 韩业君,陈洪章. 植物细胞壁蛋白与木质纤维素酶解. 化学进展,2007,19(7/8): 1153 - 1158.

[79] Lagaert S, Beliën T, Volckaert G. Plant cell walls: protecting the barrier from degradation by microbial enzymes. Semin Cell Dev Biol, 2009, 20(9): 1064 - 1073.

[80] Cosgrove D J. Growth of the plant cell wall. Nat Rev Mol Cell Biol, 2005, 6(11): 850 - 861.

[81] Han Y, Chen H. Synergism between corn stover protein and cellulase. Enzyme Microb Technol, 2007, 41(5): 638 - 645.

[82] Mooney C M, Mansfield S D, Beatson R P, et al. The effect of fiber characteristics on hydrolysis and cellulase accessibility to softwood substrates. Enzyme Microb Tech, 1999, 25(8/9): 644 - 650.

[83] Dasari R K, Berson R E. The effect of particle size on hydrolysis reaction rates and rheological properties in cellulosic slurries. Appl Biochem Biotechnol, 2007, 137 - 140(1 - 12): 289 - 299.

[84] Yeh A I, Huang Y C, Chen S H. Effect of particle size on the rate of enzymatic hydrolysis of cellulose. Carbohydr Polym, 2010, 79(1): 192 - 199.

[85] Zhu J Y, Wang G S, Pan X J, et al. Specific surface to evaluate the efficiencies of milling and pretreatment of wood for enzymatic saccharification. Chem Eng Sci, 2009, 64(3): 474 - 485.

[86] Chang V S, Burrm B, Holtzapple M T. Lime pretreatment of switchgrass. Appl Biochem Biotechnol, 1997, 63 - 65(1): 3 - 19.

[87] Moniruzzaman M, Dale B E, Hespell R B, et al. Enzymatic hydrolysis of high-moisture corn fiber pretreated by afex and recovery and recycling of the enzyme complex. Appl Biochem Biotechnol, 1997, 67(1/2): 113 - 126.

[88] Wen Z, Liao W, Chen S. Hydrolysis of animal manure lignocellulosics for reducing sugar production. Bioresour Technol, 2004, 91(1): 31 - 39.

[89] Huang R, Su R, Qi W, et al. Understanding the key factors for enzymatic conversion of pretreated lignocellulose by partial least square analysis. Biotechnol Prog, 2010, 26(2): 384 - 392.

[90] Tanaka M, Ikesaka M, Matsuno R,et al. Effect of pore size in substrate and diffusion of enzyme on hydrolysis of cellulosic materials with cellulases. Biotechnol Bioeng, 1988, 32(5): 698 - 706.

[91] Zhang Y H, Lynd L R. Toward an aggregated understanding of enzymatic hydrolysis of cellulose: noncomplexed cellulase systems. Biotechnol Bioeng, 2004, 88(7): 779 - 797.

[92] Grethlein H E. The effect of pore size distribution on the rate of enzymatic hydrolysis of cellulosic substrates. Nat Biotechnol, 1985, 3(2): 155 - 160.

[93] Thompson D N, Chen H C. Comparison of pretreatment methods on the basis of available

surface area. Bioresour Technol，1992，39(2)：155－163.
[94] Esteghlalian A R，Bilodeau M，Mansfield S D，et al. Do enzymatic hydrolyzability and Simons' stain reflect the changes in the accessibility of lignocellulosic substrates to cellulase enzymes? Biotechnol Progr，2001，17(6)：1049－1054.
[95] Fan L T，Lee Y H，Beardmore D H. Mechanism of the enzymatic hydrolysis of cellulose：effects of major structural features of cellulose on enzymatic hydrolysis. Biotechnol Bioeng，1980，22(1)：177－199.
[96] Fan L T，Lee Y H，Beardmore D H. The influence of major structural features of cellulose on rate of enzymatic hydrolysis. Biotechnol Bioeng，1981，23(2)：419－424.
[97] Koullas D P，Christakopoulos P F，Kekos D，et al. Effect of cellulose crystallinity on the enzymic hydrolysis of lignocellulosics by Fusarium oxysporum cellulases. Cellulose Chem Technol，1990，24：469－474.
[98] Lynd L，Weimer P，Van Zyl W，et al. Microbial cellulose utilization：fundamentals and biotechnology. Microbiol Mol Biol Rev，2002，66(3)：506－577.
[99] Gharpuray M M，Lee Y H，Fan L T. Structural modification of lignocellulosics by pretreatments to enhance enzymatic hydrolysis. Biotechnol Bioeng，1983，25(1)：157－172.
[100] Puri V P. Effect of crystallinity and degree of polymerization of cellulose on enzymatic saccharification. Biotechnol Bioeng，1984，26(10)，1219－1222.
[101] Zhu L，O'Dwyer J P，Chang V S，et al. Structural features affecting biomass enzymatic digestibility. Bioresour Technol，2008，99(9)：3817－3828.
[102] O'Dwyer J P. Developing a fundamental understanding of biomass structural features responsible for enzymatic digestibility. PhD thesis，Texas A&M University，2005.
[103] Sánchez C. Lignocellulosic residues：biodegradation and bioconversion by fungi. Biotechnol Adv，2009，27(2)：185－194.
[104] Nahzad M M，Ramos L P，Paszner L，et al. Structural constraints affecting the initial enzymatic hydrolysis of recycled paper. Enzyme Microb Tech，1995，17(1)：68－74.
[105] Ramos L P，Breuil C，Saddler J N. Effect of enzymatic hydrolysis on the morphology and fine structure of pretreated cellulosic residues. Enzyme Microb Tech，1993，15(10)：821－831.
[106] Mansfield S D，de Jong E，Stephens R S，et al. Physical characterization of enzymatically modified kraft pulp fibres. J Biotechnol，1997，57(1－3)：205－216.
[107] Gupta R. Lee Y Y. Mechanism of cellulase reaction on pure cellulosic substrates. Biotechnol Bioeng，2009，102(6)：1570－1581.
[108] Zhao X，Zhang L，Liu D. Biomass recalcitrance. Part I：the chemical compositions and physical structures affecting the enzymatic hydrolysis of lignocellulose. Biofuel Bioprod Bior，2012，6(4)：465－482.
[109] Hendriks A T W M，Zeeman G. Pretreatments to enhance the digestibility of lignocellulosic biomass. Bioresour Technol，2009，100(1)：10－18.
[110] Zhang Y，Pan Z，Zhang R. Overview of biomass pretreatment for cellulosic ethanol production. Int J Agric Biol Eng，2009，2(3)：51－68.
[111] 熊犍，叶君. 微波对纤维素超分子结构的影响. 华南理工大学学报(自然科学版)，2000，28(3)：

84 - 89.

[112] Kitchaiya P, Intanakul P, Krairiksh M. Enhancement of enzymatic hydrolysis of lignocellulosic wastes by microwave pretreatment under atmospheric pressure. J Wood Chem Technol, 2003, 23 (2): 217 - 225.

[113] 田龙,马晓建. 纤维素乙醇生产中的预处理技术. 中国酿造,2010(5): 8 - 12.

[114] 王堃,蒋建新,宋先亮. 蒸汽爆破预处理木质纤维素及其生物转化研究进展. 生物质化学工程,2006,40(6): 37 - 42.

[115] 康鹏,郑宗明,董长青,等. 木质纤维素蒸汽爆破预处理技术的研究进展. 可再生能源,2012,28 (3): 112 - 116.

[116] Abatzoglou N, Chornet E, Belkacemi K, et al, Phenomenological kinetics of complex systems: the development of a generalized severity parameter and its application to lignocellulosics fractionation. Chem Eng Sci,1992, 47: 1109 - 1122.

[117] 罗鹏,刘忠,王高升. 蒸汽爆破预处理条件对麦草生物转化为乙醇影响的研究. 酿酒科技,2005 (10): 43 - 47.

[118] 陈洪章,李佐虎. 麦草蒸汽爆碎处理的研究(Ⅳ)——影响麦草蒸汽爆碎处理因素及其过程分析. 纤维素科学与技术,1999,7(4): 14 - 22.

[119] 王鑫. 蒸汽爆破预处理技术及其对纤维乙醇生物转化的研究进展. 林产化学与工业,2010, 30(4): 119 - 125.

[120] Chundawat S P S, Donohoe B S, da Costa Sousa L, et al. Multi-scale visualization and characterization of lignocellulosic plant cell wall deconstruction during thermochemical pre-treatment. Energy Environ Sci, 2011, 4: 973 - 984.

[121] Zheng Y Z, Lin H M, Tsao G T. Pretreatment for cellulose hydrolysis by carbon dioxide explosion. Biotechnol Prog, 1998, 14: 890 - 896.

[122] Mosier N, Wyman C, Dale B, et al, Features of promising technologies for pretreatment of lignocellulosic biomass. Bioresour Technol, 2005, 96(6): 673 - 686.

[123] Mok W S L, Antal M J. Uncatalyzed solvolysis of whole biomass hemicellulose by hot compressed liquid water. Ind Eng Chem Res, 1992, 31: 1157 - 1161.

[124] 余强,庄新姝,袁振宏,等. 木质纤维素类生物质高温液态水预处理技术. 化工进展,2010, 29(11): 2177 - 2182.

[125] Laser M, Schulman D, Allen S G, et al. A comparison of liquid hot water and steam pretreatments of sugar cane bagasse for bioconversion to ethanol. Bioresour Technol, 2002, 81(1): 33 - 44.

[126] Zhao X, Zhang L, Liu D. Biomass recalcitrance. Part II: Fundamentals of different pre-treatments to increase the enzymatic digestibility of lignocellulose. Biofuel Bioprod Bior, 2012, DOI: 10.1002/bbb.1350.

[127] Donohoe B S, Decker S R, Tucker M P, et al. Visualizing lignin coalescence and migration through maize cell walls following thermochemical pretreatment. Biotechnol Bioeng, 2008, 101: 913 - 925.

[128] 朱跃钊,卢定强,万红贵,等. 木质纤维素预处理技术研究进展. 生物加工过程,2004,2(4): 11 - 16.

[129] 徐明忠,庄新姝,袁振宏,等. 木质纤维素类生物质稀酸水解技术研究进展. 可再生能源,2008,26(3): 43 - 47,81.

[130] Saeman J F. Kinetics of wood hydrolysis decomposition of sugars in dilute acid at high temperature. Ind Eng Chem, 1945, 37: 42 - 52.

[131] Kobayashi T, Sakai Y. Hydrolysis rate of pentosan of hardwood in dilute sulfuric acid. B Chem Soc Jan, 1956, 20, 1 - 7.

[132] Zhao X, Zhou Y, Liu D. Kinetic model for glycan hydrolysis and formation of monosaccharides during dilute acid hydrolysis of sugarcane bagasse. Bioresour Technol, 2012, 105: 160 - 168.

[133] Kaar W E, Holtzapple M T. Using lime pretreatment to facilitate the enzymic hydrolysis of corn stover. B Chem Soc Jan, 2000, 18(3): 189 - 199.

[134] Xu J, Cheng J J, Sharma-Shivappa R R, et al. Lime pretreatment of switchgrass at mild temperatures for ethanol production. Bioresour Technol, 2010, 101(8): 2900 - 2903.

[135] Kim T H, Taylor F, et al. Bioethanol production from barley hull using SAA (soaking in aqueous ammonia) pretreatment. Bioresour Technol,2008, 99(13): 5694 - 5702.

[136] Ko J K, Bak J S, Jung M W, et al. Ethanol production from rice straw using optimized aqueous-ammonia soaking pretreatment and simultaneous saccharification and fermentation processes. Bioresour Technol, 2009, 100(19): 4374 - 4380.

[137] Kim T H, Lee Y Y. Pretreatment and fractionation of corn stover by ammonia recycle percolation process. Bioresour Technol, 2005, 96(18): 2007 - 2013.

[138] 张强. 玉米秸秆发酵生产酒精的研究(博士学位论文). 吉林大学,2011.

[139] Klinke H B, Olsson L, Thomsen A B, et al. Potential inhibitors from wet oxidation of wheat straw and their effect on ethanol production of Saccharomyces cerevisiae: wet oxidation and fermentation by yeast. Biotechnol Bioeng, 2003, 81(6): 738 - 747.

[140] Karagöz P, Rocha I V, Özkan M, et al. Alkaline peroxide pretreatment of rapeseed straw for enhancing bioethanol production by same vessel saccharification and co-fermentation. Bioresour Technol, 2012, 104: 349 - 357.

[141] Yamashita Y, Shono M, Sasaki C, et al. Alkaline peroxide pretreatment for efficient enzymatic saccharification of bamboo. Carbohyd Polym, 2010, 79(4): 914 - 920.

[142] Zhao X B, Wang L, Liu D H. Effect of several factors on peracetic acid pretreatment of sugarcane bagasse for enzymatic hydrolysis. J Chem Technol Biot, 2007, 82: 1115 - 1121.

[143] Zhao X B, Wang L, Liu D H. Peracetic acid pretreatment of sugarcane bagasse for enzymatic hydrolysis: a continued work. J Chem Technol Biot, 2008, 83(6): 950 - 956.

[144] Gierer J. The chemistry of delignification — a general concept, Part II. Holzforschung, 1982, 36(2): 55 - 64.

[145] 朱文远. SPORL 预处理技术在木质生物质转化中应用研究(博士学位论文). 华南理工大学,2010.

[146] 刘云云,王高升,普春刚,等. 亚硫酸氢盐预处理对玉米秸秆酶水解的影响. 林产化学与工业,2010,30(4): 73 - 77.

[147] Zhang Y H, Ding S Y, Mielenz J R, et al. Fractionating recalcitrant lignocellulose at modest reaction conditions. Biotechnol Bioeng, 2007, 97(2): 214 - 223.

[148] Sathitsuksanoh N, Zhu Z, Wi S, et al, Cellulose solvent-based biomass pre-treatment breaks highly ordered hydrogen bonds in cellulose fibers of switchgrass. Biotechnol Bioeng, 2011, 108: 521 - 529.

[149] Swatloski R P, Spear S K, Holbrey J D, et al, Dissolution of cellulose [correction of cellose] with ionic liquids. J Am Chem Soc, 2002, 124(18): 4974 - 4975.

[150] For D A, Remsing R C, Swatloski R P, et al. Can ionic liquids dissolve wood? Processing and analysis of lignocellulosic materials with 1-n-butyl - 3-methylimidazolium chloride. Green Chem, 2007, 9: 63 - 69.

[151] 郑勇,轩小朋,许爱荣,等. 室温离子液体溶解和分离木质纤维素. 化学进展,2009,21(9): 1807 - 1812.

[152] 李秋瑾,殷友利,苏荣欣,等. 离子液体[BMIM]Cl 预处理对微晶纤维素酶解的影响. 化学学报, 2009,67(1): 88 - 92.

[153] 李强,何玉财,徐鑫,等. 离子液体系中原位酶解高效糖化玉米秸秆. 化工进展,2010,29(5): 958 - 962.

[154] Remsing R C, Swatloski R P, Rogers R D, et al. Mechanism of cellulose dissolution in the ionic liquid 1-n-butyl - 3-methylimidazolium chloride: a 13C and 35/37Cl NMR relaxation study on model systems. Chem Commun, 2006(12): 1271 - 1273.

[155] Aziz S, Sarkanen K. Organosolv pulping — a review. Tappi J, 1989, 72(3): 169 - 175.

[156] Muurinen E. Organosolv pulping — a review and distillation study related to peroxyacid pulping. Doctoral dissertation, Department of Process Engineering, University of Oulu, FIN—90014 University of Oulu, Finland, 2000. Available online: http://herkules.oulu.fi/isbn9514256611/isbn9514256611.pdf.

[157] Sun F B, Chen H Z. Evaluation of enzymatic hydrolysis of wheat straw pretreated by atmospheric glycerol autocatalysis. J Chem Technol Biotechnol, 2007, 82(11): 1039 - 1044.

[158] Chum H L, Johnson D K, Black S, et al. Organosolv pretreatment for enzymic hydrolysis of poplars: I. Enzyme hydrolysis of cellulosic residues. Biotechnol Bioeng, 1988, 31(7): 643 - 649.

[159] Holtzapple M T, Humphrey A E. The effect of organosolv pretreatment on the enzymic hydrolysis of poplar. Biotechnol Bioeng, 1984, 26(7): 670 - 676.

[160] Pan X, Arato C, Gilkes N, et al. Biorefining of softwoods using ethanol organosolv pulping: preliminary evaluation of process streams for manufacture of fuel-grade ethanol and co-products. Biotechnol Bioeng, 2005, 90(4): 473 - 481.

[161] Pan X, Gilkes N, Kadla J, et al. Bioconversion of hybrid poplar to ethanol and co-products using an organosolv fractionation process: optimization of process yields. Biotechnol Bioeng, 2006, 94(5): 851 - 861.

[162] Teramoto Y, Lee S H, Endo T. Pretreatment of woody and herbaceous biomass for enzymatic saccharification using sulfuric acid-free ethanol cooking. Bioresour Technol, 2008, 99(18): 8856 - 8863.

[163] 陈洪章,李佐虎. 木质纤维原料组分分离的研究. 纤维素科学与技术,2003,11(4): 31 - 40.

[164] Sun F B, Chen H Z. Comparison of atmospheric aqueous glycerol and steam explosion pretreatments of wheat straw for enhanced enzymatic hydrolysis. J Chem Technol Biotechnol,

2008, 83(5): 707 - 704.

[165] Ni Y, Heiningen A R P. The swelling of pulp fibers derived from the ethanol-based organosolv process. Tappi J, 1997, 80(1): 211 - 213.

[166] McDonough T J. The chemistry of organosolv delignification. Tappi J, 1993, 76(8): 186 - 193.

[167] Curvelo A A S, Pereira R. Kinetics of ethanol-water delignification of sugar cane bagasse. The 8th International Symposium on Wood and Pulping Chemistry Proc, Helsinki, Finland, 1995, 2: 473 - 478.

[168] 许风,孙润仓,詹怀宇.有机溶剂制浆技术研究进展.中国造纸学报,2004,19(2): 152 - 156.

[169] Baeza J, Fernandez A M, Freer J, et al. Organosolv-pulping III: the influence of formic acid delignification on the enzymic hydrolysis of *Pinus radiata D.* Don sawdust. Appl Biochem Biotechnol, 1991, 31(3): 273 - 282.

[170] Vazquez G, Antorrena G, Gonzalez J, et al. The influence of acetosolv pulping conditions on the enzymic hydrolysis of Eucalyptus pulps. Wood Sci Technol, 2000, 34(4): 345 - 354.

[171] Pan X J, Xie D, Gilkes N, et al, Strategies to enhance the enzymatic hydrolysis of pretreated softwood with high residual lignin. Appl Biochem Biotechnol, 2005, 121 - 124: 1069 - 1079.

[172] Zhao X, Liu D. Fractionating pretreatment of sugarcane bagasse by aqueous formic acid with direct recycle of spent liquor to increase cellulose digestibility-the Formiline process. Bioresour Technol, 2012, 117: 25 - 32.

[173] 赵雪冰,刘德华.乙酸分级预处理甘蔗渣对纤维素酶解性能的影响.生物工程学报,2011,27(3): 384 - 392.

[174] Paszner L, Chang P C. Organosolv delignification and saccharification process for lignocellulosic plant materials. US patent, 1983, 4.409.032.

[175] Paszner L, Quinde A A, Meshgini M. ACOS - accelerated hydrolysis of wood by acid catalysed organosolv means. International Symposium on Wood and Pulping Chemistry, Vancouver, Canada, 1985: 235 - 240.

[176] Hasegawa I, Tabata K, Okuma O, et al. New pretreatment methods combining a hot water treatment and water/acetone extraction for thermo-chemical conversion of biomass. Energ Fuel, 2004, 8(3): 755 - 760.

[177] Araque E, Parra C, Freer J, et al. Evaluation of organosolv pretreatment for the conversion of *Pinus radiata* D. Don to ethanol. Enzyme Microb Technol, 2008, 43(2): 214 - 219.

[178] 马登波,刘紫鹤,高培基,等.木素生物降解的研究进展.纤维素科学与技术,1996,4(1): 1 - 12.

[179] 张振,臧中盛,刘苹,等.木质纤维素预处理方法的研究进展.湖北农业科学,2012,51(7): 1306 - 1308.

[180] Tian X F, Fang Z, Guo F. Impact and prospective of fungal pre-treatment of lignocellulosic biomass for enzymatic hydrolysis. Biofuel Bioprod Bior, 2012, 6(3): 335 - 350.

[181] 熊建华,程昊,王双飞,等.白腐菌预处理对粉单竹化学成分和微观纤维形态结构的影响.中国造纸学报,2010,25(2): 27 - 31.

[182] Harmsen P, Huijgen W J J, López L M B, et al. Literature review of physical and chemical pretreatment processes for lignocellulosic biomass. 2010, ftp://kerntechniek.nl/pub/www/library/report/2010/e10013.pdf.

第4章

液体生物燃料的生化基础

4.1 代谢简介

4.1.1 分解代谢与合成代谢

细胞内代谢是高度有序协调的过程，细胞通过捕获太阳能或降解环境中能源物质获得化学能，将营养物转化为胞内分子，合成包括蛋白质、脂肪和多糖等生物大分子，合成或降解生物分子，用于细胞特性的生理学功能。

根据化合物来源不同，生物可分为自养型和异养型。常见的自养型生物包括光合细菌、绿藻和维管植物等，这些生物能以大气中的CO_2为唯一碳源合成生物分子。异养型生物不能以CO_2为唯一碳源，必须从环境中获得有机分子，多细胞动物和大多数微生物属于异养型。

代谢是指细胞或生物体内所有的化学转化过程，一系列酶促反应组成代谢途径，常见的代谢途径数据库为京都基因与基因组百科全书（KEGG，http://www.genome.jp/kegg/）和斯坦福国际研究所的Metacyc（http://metacyc.org/）。代谢分为分解代谢和合成代谢，分解代谢是指有机营养物质（糖类、脂肪和蛋白质）转化为小分子物质，如乙醇、乳酸、CO_2和NH_3等。分解代谢释放的能量以ATP和还原型电子载体（NADH、NADPH或$FADH_2$）形式储存，其余能量以热量方式释放。合成代谢是指小分子前体合成较大的复杂生物分子，如脂类、多糖、蛋白质和核酸等，合成代谢所需的能量来自ATP、NADH、NADPH或$FADH_2$。图4-1是分解代谢和合成代谢的能量关系图，分解代谢是一个发散的过程，而合成代谢是一个集合过程。代谢途径受到胞内和胞外的层次调控，例如，底物的可及性影响反应速率，当底物浓度接近K_m值时，底物浓度的变化显著影响反应速率、代谢中间产物或辅酶的别构效应、多细胞生物中的激素调控。

4.1.2 生物能学

细胞和生物要维持生命、生长和繁殖必须利用能量，进行一系列能量转化过程。利用底物中的化学能合成复杂的、高度有序的大分子，将化学能转化为浓度梯度和电势梯度、

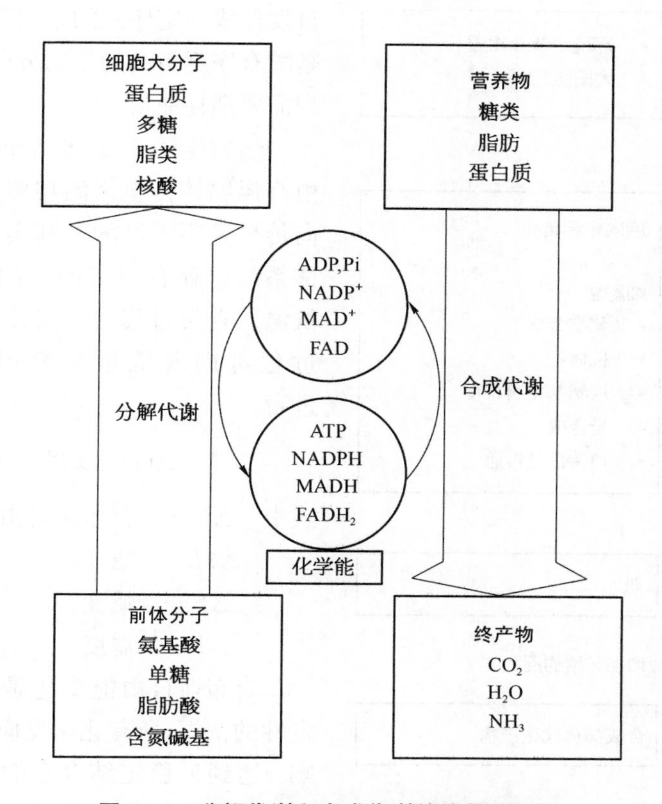

图 4－1　分解代谢和合成代谢的能量关系图

动能以及热量，某些生物甚至将化学能转化为光能。生命过程与其他自然过程一样，其能量转化遵守物理和化学规律。

生物能学是定量研究生命体中能量转化的学科，生物体的组成成分随时间变化，维持动力学稳态，小分子、大分子和超分子持续合成和降解，系统的物质流和能量流保持相对稳定，但是体内远没有达到平衡状态，维持这种稳态需要持续消耗能量。生物体都属于开放体系，每时每刻都与环境之间有物质交换和能量传递。根据热力学第一定律(能量守恒定律)，在一个孤立体系中的能量可以变换其形式，但其总能量不变。第一定律说明能的形式只能互相转变不能消灭。

$$\Delta U = Q - W \tag{4-1}$$

式中　ΔU——内能的变化；

Q——在过程中吸收的热量；

W——体系所做的功。

无论生命过程发生物理变化还是化学变化，体系中总能量保持不变，细胞完美地实现能量转化，可以高效地转化为化学能、电磁能、机械能和渗透能(图 4－2)。

DNA、RNA 和蛋白质是信息大分子，其中，单体亚基的序列包含着信息，这些大分子不仅涉及亚基之间的共价键连接，而且涉及单体的排列顺序。例如，氨基酸的混合物不能

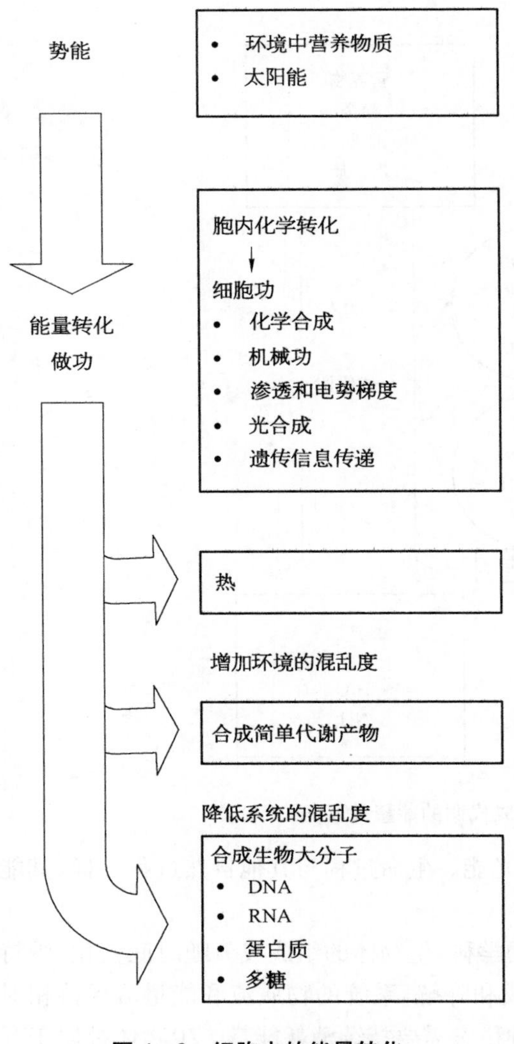

图 4-2 细胞中的能量转化

自发形成一定序列的蛋白质，蛋白质是比氨基酸有序度更高的生物分子，保证正确的序列需要消耗能量。

热力学第二定律指出，热的传导只能由高温物体传至低温物体。热的自发地逆向传导是不可能的。其实质是说明热力学体系的过程有一定的方向性，自高温流向低温。自发过程的共同特征就是所有这些过程都向着能量分散程度增大的方向进行。

$$\Delta G = \Delta H - T\Delta S \qquad (4-2)$$

式中 ΔG——吉布斯自由能变化；
ΔH——焓变；
ΔS——熵变；
T——温度。

吉布斯自由能变化是判断生化反应自发性的依据，所有化学反应受到两种力的影响：达到最稳定结合态的趋向（用焓 H 表示）和达到最大混乱度的趋向（用熵 S 表示），细胞需要自由能以完成做功。当 ΔG 是很大负值时，反应趋向正向方向进行；当 ΔG 是很大正值时，反应趋向逆向方向进行；当 ΔG 是零时，该系统处在平衡状态。生化反应的自由能变化不取决于发生反应的途径。自由能的变化是可以相加的。由几个连续反应所构成的总反应的自由能变化等于各分步反应的自由能变化之和。

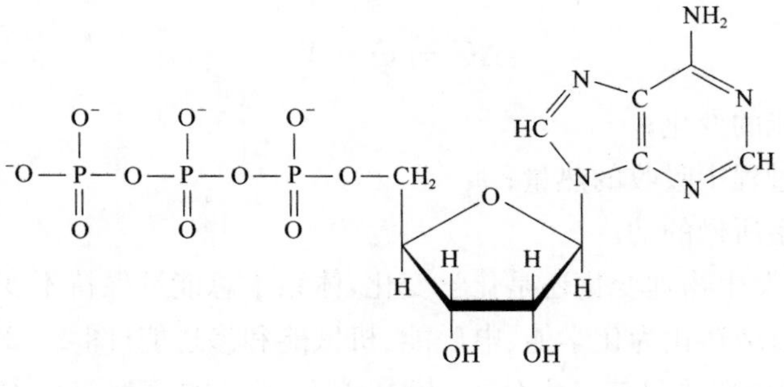

图 4-3 ATP 结构

生物能学研究的核心是体内放能和吸能反应的耦合，生物体内许多反应的 ΔG 为正，如蛋白质和核酸合成过程，要完成这些热力学非自发反应(吸能反应)，细胞必须偶联放能反应，总反应的 ΔG 为负，反应自发。生物反应偶联的自由能来源一般为 ATP 高能磷酸键断裂释放的化学能(图 4-3)，如蛋白质合成过程中，氨基端缩合和 ATP 水解过程偶联。

$$\text{氨基酸} \longrightarrow \text{蛋白质} \qquad \Delta G_1 > 0 \tag{4-3}$$

$$\text{ATP} \longrightarrow \text{AMP} + \text{Ⓟ} - \text{Ⓟ} \qquad \Delta G_2 < 0 \tag{4-4}$$

式中　Ⓟ——磷酸基团。

当 ΔG_1 和 ΔG_2 之和为负时，蛋白合成过程为放能反应，反应在热力学上可行，生物体利用反应耦合策略，能够合成信息生物大分子。

标准自由能的变化($\Delta G'^{o}$)对某一给定反应来说是一个特征性常数，能从一反应的平衡常数计算得到，标准自由能的条件：每一组分的初始浓度为 1 mol/L，温度 25℃，pH 值为 7.0，压力 1 atm(1 atm=101.325 kPa)，对于任一化学反应 $a\text{A}+b\text{B} \rightleftharpoons c\text{C}+d\text{D}$。

$$\Delta G'^{o} = -\text{R}T\ln K'_{eq} = -\text{R}T\ln \frac{[C]_{eq}[D]_{eq}}{[A]_{eq}[B]_{eq}} \tag{4-5}$$

式中　$\Delta G'^{o}$——标准自由能的变化；
R——气体常数；
T——温度；
K'_{eq}——标准平衡常数；
$[A]_{eq}$——平衡状态时 A 物质的浓度；
$[B]_{eq}$——平衡状态时 B 物质的浓度；
$[C]_{eq}$——平衡状态时 C 物质的浓度；
$[D]_{eq}$——平衡状态时 D 物质的浓度。

实际自由能变化(ΔG)是可变的，它取决于 G'^{o}、反应物和产物的浓度。

$$\Delta G = \Delta G'^{o} + \text{R}T\ln K = \Delta G'^{o} + \text{R}T\ln \frac{[C]^c[D]^d}{[A]^a[B]^b} \tag{4-6}$$

式中　ΔG——自由能的变化；
$\Delta G'^{o}$——标准自由能的变化；
R——气体常数；
T——温度；
K——反应常数；
$[A]$——A 物质的浓度；
$[B]$——B 物质的浓度；
$[C]$——C 物质的浓度；

$[D]$——D物质的浓度。

生物氧化反应涉及电子转移，胞内氧化还原反应与细胞做功密切相关，用两个半反应可以描述氧化还原，每个半反应都有它特有的标准氧化还原电势(E'^{o})。表4-1是典型半反应的标准电势[1]。当两个电化学半电池(每个含有两个半反应组分)被连接时，电子趋于流向具有较高还原势的半电池。这种趋势的强度与这两个还原势之间的差值(ΔE)成比例，它是氧化剂和还原剂浓度的函数。一个氧化-还原反应的标准自由能变化直接与两个半电池的标准还原势的差成比例，被称为能斯特方程。

$$\Delta G'^{o} = -n\mathrm{F}\Delta E'^{o} \tag{4-7}$$

式中 $\Delta G'^{o}$——标准自由能的变化；
n——氧化还原反应中转移的电子数；
F——法拉第常数；
$\Delta E'^{o}$——标准氧化还原电势。

氧化还原反应的实际电势取决于E'^{o}、电子受体和电子供体的浓度。

$$E = E'^{o} + \frac{\mathrm{R}T}{n\mathrm{F}}\ln\frac{[\text{电子受体}]}{[\text{电子供体}]} \tag{4-8}$$

式中 E——氧化还原电势；
n——氧化还原反应中转移的电子数；
F——法拉第常数；
E'^{o}——标准氧化还原电势；
[电子受体]——氧化还原反应中电子受体的浓度；
[电子供体]——氧化还原反应中电子供体的浓度。

表4-1 典型半反应的标准电势

半 反 应	E'^{o}(V)
$\frac{1}{2}O_2 + 2H^+ + 2e^- \longrightarrow H_2O$	0.816
$Fe^{3+} + e^- \longrightarrow Fe^{2+}$	0.771
$NO_3^- + 2H^+ + 2e^- \longrightarrow NO_2^- + H_2O$	0.421
细胞色素 f(Fe^{3+}) + e^- $\longrightarrow$ 细胞色素 f(Fe^{2+})	0.365
$Fe(CN)_6^{3-} + e^- \longrightarrow Fe(CN)_6^{4-}$	0.360
细胞色素 a_3(Fe^{3+}) + e^- $\longrightarrow$ 细胞色素 a_3(Fe^{2+})	0.350
$O_2 + 2H^+ + 2e^- \longrightarrow H_2O_2$	0.295
细胞色素 a (Fe^{3+}) + e^- $\longrightarrow$ 细胞色素 a (Fe^{2+})	0.290
细胞色素 c(Fe^{3+}) + e^- $\longrightarrow$ 细胞色素 c (Fe^{2+})	0.254

（续表）

半 反 应	E'^{o}(V)
细胞色素 $c_1(Fe^{3+}) + e^- \longrightarrow$ 细胞色素 $c_1(Fe^{2+})$	0.220
细胞色素 b $(Fe^{3+}) + e^- \longrightarrow$ 细胞色素 b (Fe^{2+})	0.077
泛醌 $+ 2H^+ + 2e^- \longrightarrow$ 泛醌醇 $+ H_2$	0.045
富马酸$^{2-}$ $+ 2H^+ + 2e^- \longrightarrow$ 丁二酸$^{2-}$	0.031
$2H^+ + 2e^- \longrightarrow H_2$(标准条件,pH = 0)	0.000
巴豆酰氯 − CoA $+ 2H^+ + 2e^- \longrightarrow$ 丁酰 CoA	−0.015
草酰乙酸$^{2-}$ $+ 2H^+ + 2e^- \longrightarrow$ 苹果酸$^{2-}$	−0.166
丙酮酸$^-$ $+ 2H^+ + 2e^- \longrightarrow$ 乳酸$^-$	−0.185
乙醛 $+ 2H^+ + 2e^- \longrightarrow$ 乙醇	−0.197
$FAD + 2H^+ + 2e^- \longrightarrow FADH_2$	−0.219
谷胱甘肽 $+ 2H^+ + 2e^- \longrightarrow$ 还原型谷胱甘肽	−0.230
$S + 2H^+ + 2e^- \longrightarrow H_2S$	−0.243
硫辛酸 $+ 2H^+ + 2e^- \longrightarrow$ 二氢硫辛酸	−0.290
$NAD^+ + H^+ + 2e^- \longrightarrow NADH$	−0.320
$NADP^+ + H^+ + 2e^- \longrightarrow NADPH$	−0.324
乙酰乙酸 $+ 2H^+ + 2e^- \longrightarrow$ β−羟丁酸	−0.346
α−酮戊二酸 $+ CO_2 + 2H^+ + 2e^- \longrightarrow$ 异柠檬酸	−0.380
$2H^+ + 2e^- \longrightarrow H_2$(pH = 7)	−0.414
铁氧还蛋白$(Fe^{3+}) + e^- \longrightarrow$ 铁氧还蛋白(Fe^{2+})	−0.432

4.1.3 生物氧化

氧化磷酸化是生物好氧代谢过程中产能的重要途径，许多生物氧化反应是脱氢反应，来自底物的两个氢原子（电子和质子）被转移到氢受体上。细胞内的氧化-还原反应涉及专一性的电子载体，这些载体也是相应脱氢酶的辅酶。细胞内的许多脱氢酶的辅酶是 NAD^+ 和 $NADP^+$，这两种辅酶能接受两个电子和一个质子。两种黄素核苷酸 FAD 和 FMN 是能紧密同黄素蛋白结合的电子载体，它们接受一个电子或接受两个电子。在许多生物中，一个主要的能量转化过程是葡萄糖逐步氧化成 CO_2。当电子传递给氧时，氧化产生的能量以 ATP 的形式储存。

电子传递链（也称呼吸链）是氧化磷酸化的多酶体系（图 4-4），电子载体上携带的电子最终传递给分子氧，形成跨膜质子梯度，生成大量 ATP [2]。化学偶联学说阐明了线粒体内氧化磷酸化和光合磷酸化过程[3]。

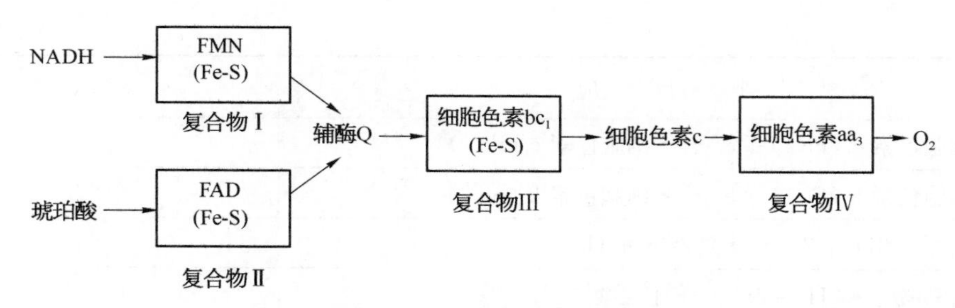

图 4-4 电子传递链示意图

电子传递链单元以较大化合物的形式位于线粒体内膜或细胞内膜。来自 NADH 的电子首先传给复合物Ⅰ(NADH 脱氢酶,也称 NADH 还原酶),它是含有铁硫蛋白的黄素蛋白。来自琥珀酸的电子首先转移至复合物Ⅱ(即琥珀酸- Q 还原酶复合物)。来自复合物Ⅰ和复合物Ⅱ(或来自位于线粒体内膜的其他黄素蛋白)的电子传给辅酶 Q(CoQ),CoQ 可以在脂质膜中进行扩散。电子从 CoQ 传给细胞色素系统。首先,电子传给复合物Ⅲ(细胞色素 bc_1复合物),包含细胞色素 b、细胞色素 c_1和铁硫蛋白。然后,电子通过细胞色素 c 传给复合物Ⅳ(或细胞色素氧化酶),复合物Ⅳ包括细胞色素 a 和细胞色素 a_3。电子传递过程中,复合物中的 Cu 离子可发生一价和二价的变化,最终电子传递给氧气。

复合物Ⅰ、复合物Ⅲ和复合物Ⅳ是跨膜蛋白,当这些复合物运输两个电子时,每种复合物向膜间隙释放质子,NADH 和 $FADH_2$ 携带的电子流经电子传递链分别有 10 个和 6 个质子释放到膜间隙。这些电子将被质子传导的 ATP 合成酶(或 F_1F_0ATP 酯酶复合物)运输回细胞质基质。每氧化 1 mol NADH 合成 2.5 mol 的 ATP,每氧化 1 mol 的琥珀酸合成 1.5 mol 的 ATP[4]。

4.2 中心碳代谢

中心碳代谢(Central Carbon Metabolism)利用一系列酶促反应将糖转化为代谢前体,图 4-5 是大肠杆菌(*Escherichia coli*)中心碳代谢的简图,主要包括糖酵解途径、三羧酸循环(TCA 循环)和戊糖磷酸途径[5-6]。葡萄糖在中心碳代谢中处于核心地位,具有较高的势能,是良好的燃料,葡萄糖完全氧化为 CO_2 和 H_2O 的标准自由能变化为−2 840 kJ/mol。同时,葡萄糖是生物合成反应前体的来源。

糖类生物降解释放的能量主要用于以下目的,以 ATP 形式储能,给其他细胞反应提供能量、以辅助因子 NADPH 形式为生物合成反应提供还原力、生成生物合成结构单元所需的代谢前体物。糖类代谢始于糖酵解,末端产物为丙酮酸。然后,丙酮酸进入发酵途径、回补途径、用于氨基酸合成的转氨途径、TCA 循环或戊糖磷酸途径而进一步加工。生物合成结构单元所需全部前体代谢物都是由糖酵解、TCA 循环和戊糖磷酸途径生成的。

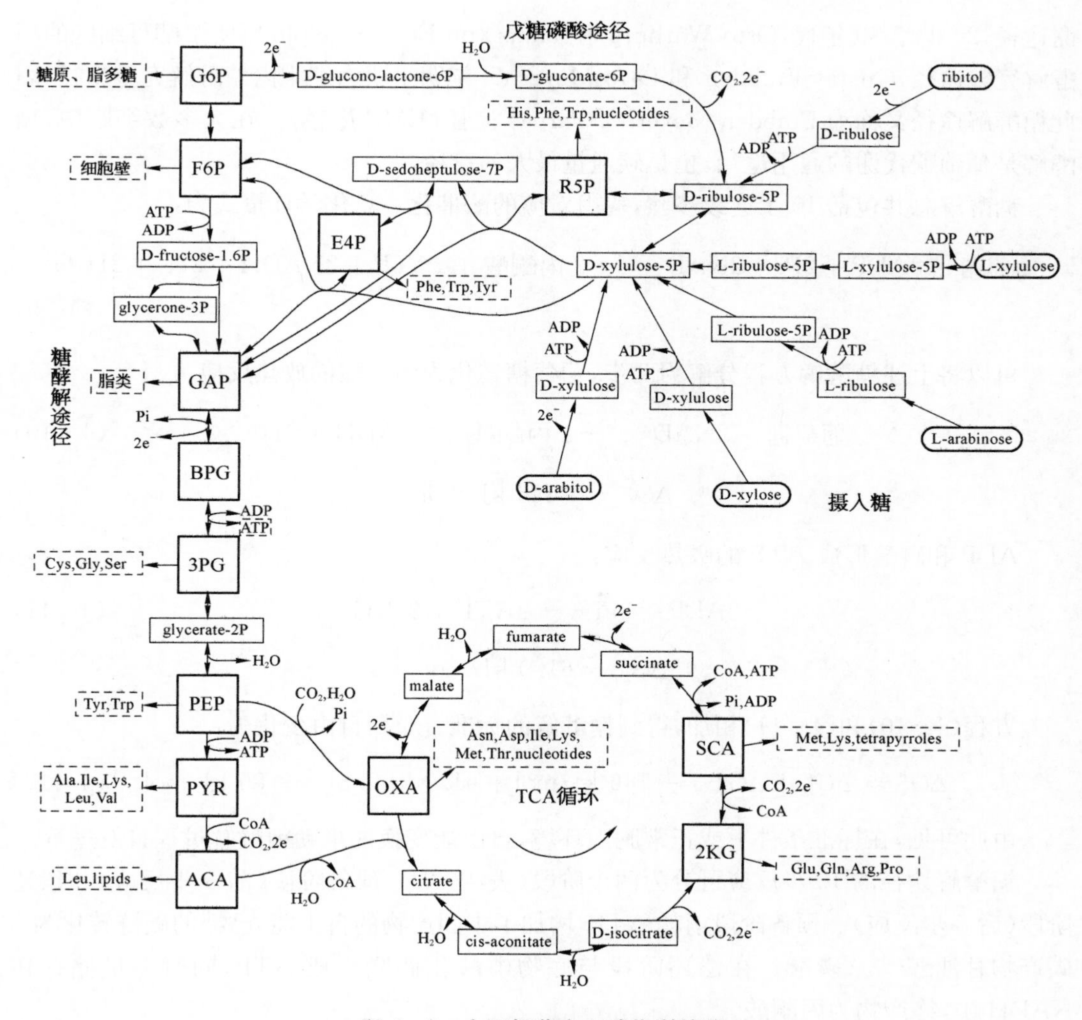

图 4-5　大肠杆菌中心碳代谢简图

方框中是 12 个代谢前体物：G6P：D-葡萄糖-6-磷酸；F6P：D-果糖-6-磷酸；R5P：D-核糖-5-磷酸；E4P：D-赤藓糖-4-磷酸；GAP：D-甘油醛-3-磷酸；3PG：3-磷酸甘油酸；PEP：磷酸烯醇式丙酮酸；PYR：丙酮酸；ACA：乙酰 CoA；2KG：α-酮戊二酸；SCA：琥珀酰 CoA；BPG：甘油酸-1,3-磷酸

4.2.1　糖酵解

糖酵解是将葡萄糖转化为丙酮酸的所有生化反应的总和，可由多个代谢途径来完成。主要包括糖酵解途径（EMP 途径）、戊糖磷酸途径（HMP 途径）、Enter-Doudoroff 途径（ED 途径）、异型发酵和同型发酵等。糖类进入糖酵解途径主要通过已糖磷酸进入酵解途径，即葡萄糖-1-磷酸（G1P），葡萄糖-6-磷酸（G6P）和果糖-6-磷酸（F6P），葡萄糖磷酸变位酶和磷酸己糖异构酶能催化己糖磷酸之间的相互转化。

4.2.1.1　糖酵解途径

在 EMP 途径中，1 分子葡萄糖经过一系列酶促反应转化为 2 分子丙酮酸。酶促反应过程中，葡萄糖释放的自由能以 ATP 和 NADH 的方式储存，糖酵解是第一个被阐明的代谢途径，20 世纪 30 年代，Otto Warburg 和 Hans von Euler-Chelpin 阐明了酵母细胞的糖酵解完整途径，Gustav Embden 和 Otto Meyerhof 阐明了肌肉细胞内糖酵解完整途径，因此糖酵解途径又称为 Embden-Meyerhof-Parnas 途径（EMP 途径）。在大多数细胞中，糖酵解是葡萄糖代谢的通用途径，也是碳通量最大的途径。

糖酵解总共包括 10 步连续步骤，均由对应的酶催化。总化学计量式为：

$$\text{葡萄糖} + 2ADP + 2Pi + 2NAD^+ \longrightarrow 2\,\text{丙酮酸} + 2ATP + 2NADH + 2H^+ + 2H_2O \tag{4-9}$$

可以将上述糖酵解方程分解为两步，葡萄糖转化为丙酮酸的放热反应：

$$\text{葡萄糖} + 2NAD^+ \longrightarrow 2\,\text{丙酮酸} + 2NADH + 2H^+ \tag{4-10}$$

$$\Delta G_1^{\prime o} = -146\ \text{kJ/mol}$$

ADP 和磷酸形成 ATP 的吸热反应：

$$2ADP + 2Pi \longrightarrow 2ATP + 2H_2O \tag{4-11}$$

$$\Delta G_2^{\prime o} = 61.0\ \text{kJ/mol}$$

方程(4-10)和(4-11)相加，得到糖酵解的标准吉布斯自由变化为：

$$\Delta G^{\prime o} = \Delta G_1^{\prime o} + \Delta G_2^{\prime o} = -146\ \text{kJ/mol} + 61.0\ \text{kJ/mol} = -85\ \text{kJ/mol} \tag{4-12}$$

由此可见，在标准条件下或正常胞内环境，自由能变换能推动糖酵解过程自发进行。

糖酵解途径的 10 步反应可分为两个阶段(表 4-2)：预备阶段(前 5 步反应)和偿还阶段(后 5 步反应)。预备阶段消耗 ATP，增加了中间产物的自由能，己糖的碳链转化为 3 碳产物甘油醛-3-磷酸。在偿还阶段与底物磷酸化偶联生成 ATP，同时能量储存在 NADH 中，终产物为丙酮酸。

表 4-2 糖酵解途径的酶促反应

反应		反应方程式	酶
预备阶段	1	葡萄糖+ATP ⟶ 葡萄糖-6-磷酸+ADP	己糖激酶
	2	葡萄糖-6-磷酸 ⇌ 果糖-6-磷酸	磷酸己糖异构酶
	3	果糖-6-磷酸+ATP ⟶ 果糖-1,6-二磷酸+ADP	磷酸果糖激酶
	4	果糖-1,6-二磷酸 ⇌ 磷酸二羟丙酮+甘油醛-3-磷酸	醛缩酶
	5	磷酸二羟丙酮 ⇌ 甘油醛-3-磷酸	磷酸丙糖异构酶
偿还阶段	6	甘油醛-3-P+Pi+NAD^+ ⇌ 甘油酸-1,3-二磷酸+NADH	甘油醛-3-磷酸脱氢酶
	7	甘油酸-1,3-二磷酸+ADP ⇌ 甘油酸-3-磷酸+ATP	磷酸甘油酸激酶

（续表）

反应		反应方程式	酶
偿还阶段	8	甘油酸-3-磷酸⇌甘油酸-2-磷酸	磷酸甘油酸变位酶
	9	甘油酸-2-磷酸⇌磷酸烯醇式丙酮酸＋H_2O	烯醇化酶
	10	磷酸烯醇式丙酮酸＋ADP⟶丙酮酸＋ATP	丙酮酸激酶

4.2.1.2　戊糖磷酸途径

在大多数动物组织中，葡萄糖-6-磷酸的分解代谢命运是降解为丙酮酸，戊糖磷酸途径是糖酵解的替代途径，能合成细胞所需的特定中间代谢产物。该途径中，$NADP^+$是电子受体，中间产物核糖-5-磷酸是RNA、DNA、ATP、NADH、$FADH_2$和CoA的合成前体。戊糖磷酸途径包括两个阶段（表4-3）：氧化阶段和非氧化阶段。

在氧化阶段，葡萄糖-6-磷酸脱氢脱羧生成核酮糖-5-磷酸，释放出CO_2：

$$\text{葡萄糖-6-磷酸} + 2\,NADP^+ + H_2O \longrightarrow \text{核酮糖-5-磷酸} + 2NADPH + 2H^+ + CO_2 \quad (4-13)$$

在非氧化阶段，戊糖磷酸（核酮糖-5-磷酸）分子重排，产生不同碳链长度的磷酸单糖，进入糖酵解途径：

$$\begin{aligned} &3\text{核酮糖-5-磷酸} \longrightarrow 1\text{核糖-5-磷酸} + 2\text{木酮糖-5-磷酸} \longrightarrow \\ &\quad 2\text{果糖-6-磷酸} + \text{甘油醛-3-磷酸} \end{aligned} \quad (4-14)$$

其间涉及转酮反应和转醛反应。转酮反应是指酮糖上的二碳单位经转酮酶的催化转移到醛糖的C1上。转醛反应是指由转醛酶催化使磷酸酮糖上的三碳单位转移到另一个磷酸醛的C1上。

表4-3　戊糖磷酸途径的酶促反应

反应		反应方程式	酶
氧化阶段	1	葡萄糖-6-磷酸＋$NADP^+$⟶葡萄糖酸内酯-6-磷酸＋NADPH	葡萄糖-6-磷酸脱氢酶
	2	葡萄糖酸内酯-6-磷酸⟶葡萄糖酸-6-磷酸	内酯酶
	3	葡萄糖酸-6-磷酸＋$NADP^+$⟶核酮糖-5-磷酸＋NADPH	葡萄糖酸-6-磷酸脱氢酶
非氧化阶段	4	核酮糖-5-磷酸⟶核糖-5-磷酸	差向异构酶
	5	核酮糖-5-磷酸⟶木酮糖-5-磷酸	差向异构酶
	6	木酮糖-5-磷酸＋核糖-5-磷酸⟶甘油醛-3-磷酸＋景天酮糖-7-磷酸	转酮酶
	7	甘油醛-3-磷酸＋景天酮糖-7-磷酸⟶赤藓糖-4-磷酸＋果糖-6-磷酸	转醛酶
	10	赤藓糖-4-磷酸＋木酮糖-5-磷酸⟶甘油醛-3-磷酸＋果糖-6-磷酸	转酮酶

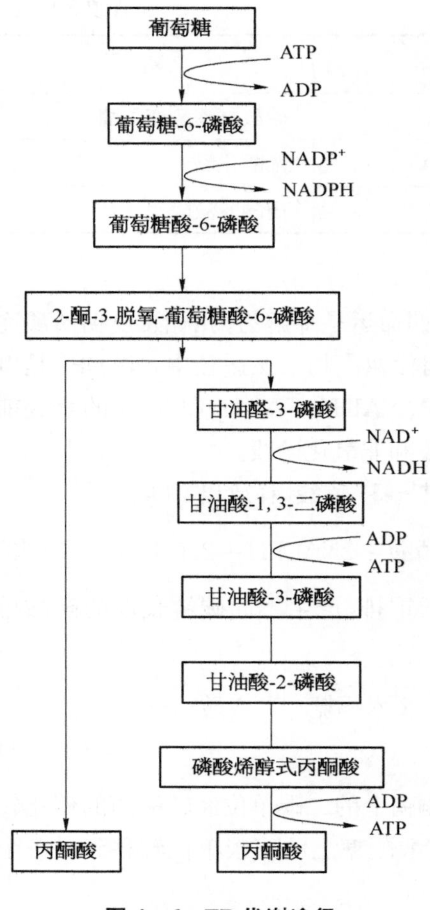

图 4-6　ED代谢途径

4.2.1.3　ED途径

ED途径[7]又称2-酮-3-脱氧-6-磷酸葡糖酸(KDPG)途径，是糖酵解途径的替代代谢途径，在ED途径中，6-磷酸葡萄糖酸在6-磷酸葡萄糖酸脱水酶的作用下转化成KDPG，接着在KDPG醛缩酶催化下裂解成甘油醛-3-磷酸和丙酮酸(图4-6)。因此，通过ED途径将葡萄糖转化成丙酮酸的反应式为：

$$\text{葡萄糖} + ADP + Pi + NADP^{+} \longrightarrow 2\,\text{丙酮酸} + ATP + NADPH + 2H^{+} \qquad (4-15)$$

需要指出的是，在ED途径中只生成1 mol ATP和1mol NADPH，而糖酵解途径生成的ATP和NADPH是该途径的2倍。ED途径是一个非磷酸化的替代途径，生成的丙酮酸在有氧条件下进入TCA循环，无氧条件下进入发酵途径生成乙醇。

EMP途径中的三个中间代谢产物甘油醛-3-磷酸、甘油酸-3-磷酸和磷酸烯醇丙酮酸，以及戊糖磷酸途径中的两个中间代谢产物核糖-5-磷酸和赤藓糖-4-磷酸是氨基酸和核糖生物合成的前体代谢物。这两条糖酵解途径的相对通量大小取决于细胞对能荷、NADP和NADPH等需求。采用呼吸测量法可以判断不同代谢途径的通量，一般用同位素标记技术进行分析。表4-4列出了一些代谢微生物的EMP途径、HMP途径和ED途径的代谢通量分布。大多数微生物的EMP途径是主要的葡萄糖降解途径，然而产物合成需要NADPH的微生物。例如，用谷氨酸棒杆菌生产赖氨酸，戊糖磷酸途径的相对通量可能大于EMP途径的通量。

表 4-4　不同微生物葡萄糖降解途径的通量分布比较　(%)

菌　　名	EMP途径	HMP途径	ED途径
酿酒酵母	88	12	—
产朊假丝酵母	66～81	19～34	—
灰色链霉菌	97	3	—
产黄青霉	77	23	—
大肠杆菌	72	28	—
铜绿假单胞菌	—	29	71

(续表)

菌 名	EMP 途径	HMP 途径	ED 途径
嗜糖假单胞菌	—	—	100
枯草杆菌	74	26	—
氧化葡萄糖杆菌	—	100	—
真养产碱菌	—	—	100
运动发酵单胞菌	—	—	100
藤黄八叠球菌	70	30	—

4.2.2 丙酮酸去路

糖酵解的最后一个代谢产物是丙酮酸，它可通过几条途径被进一步氧化，这取决于生物的遗传背景、胞内氧化还原状态和能荷水平。在好氧生物中，大多数丙酮酸经过乙酰CoA进入TCA循环，被彻底氧化成CO_2和H_2O。然而，在缺氧或厌氧条件下，某些微生物可以通过发酵途径将丙酮酸转化为丁醇、丙酮、乳酸、乙酸和乙醇等代谢产物。

最简单的发酵途径是丙酮酸在乳酸脱氢酶的作用下生成乳酸。这个反应的化学计量式如下：

$$丙酮酸 + NADH + H^+ \longrightarrow 乳酸 + NAD^+ \quad (4-16)$$

在上式中，EMP途径中氧化甘油醛-3-磷酸所产生的NADH被用来还原丙酮酸而生成乳酸，因此在葡萄糖转化为乳酸过程中并没有净生成NADH。在高等真核生物中，如肌肉细胞在缺氧条件下这个途径是活跃的。在许多细菌中这个途径也比较活跃。

在乳酸菌中还存在一些其他的发酵途径，这会形成其他的代谢产物，除乳酸外，还有乙酸、乙醇、甲酸和CO_2。在大肠杆菌中，在厌氧条件下的反应是很重要，但在混合酸发酵中它总是与其他的途径一同存在，从而生成几种不同的代谢产物。丙酮丁醇梭状芽孢杆菌是一种重要的工业生产菌种。图4-7表明，除乙酰CoA转化成乙醇和乙酸外，两个乙酰CoA分子可以通过反应生成乙酰乙酰CoA。可依次通过三个反应生成丁酰CoA，同乙酰CoA转化成乙酸和乙醇类似，丁酰CoA可分别通过丁酰磷酸和丁醛生成丁酸和丁醇。此外，在另一分支途径中，乙酰乙酸可脱羧生成丙酮，并进一步还原成异丙醇。

酵母的发酵代谢与细菌的发酵代谢不同，其主要的最终产物为乙醇，因此也称该过程为酒精发酵(图4-8)，发酵过程也生成少量乙酸和琥珀酸。生成乙醇和乙酸的发酵途径始于丙酮酸脱羧生成乙醛，乙醛再由乙醇脱氢酶还原生成乙酸。酵母发酵代谢与细菌发酵代谢的主要不同在于它不经过乙酰CoA来进行。已经确认了酵母乙醇脱氢酶的四种同工酶(ADH Ⅰ、ADH Ⅱ、ADH Ⅲ、ADH Ⅳ)。在以葡萄糖为基质的厌氧生长中，细胞

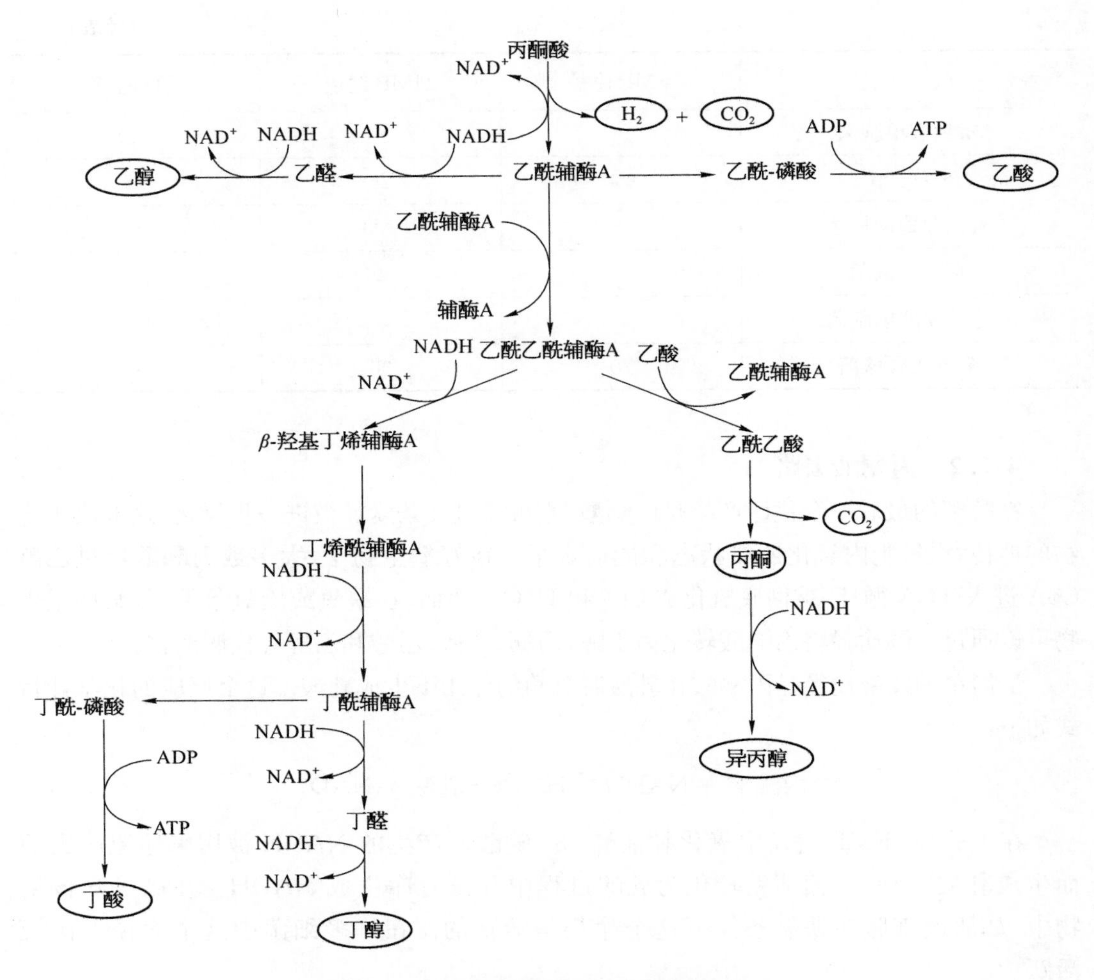

图 4-7 丙酮丁酸梭菌的混合发酵代谢途径

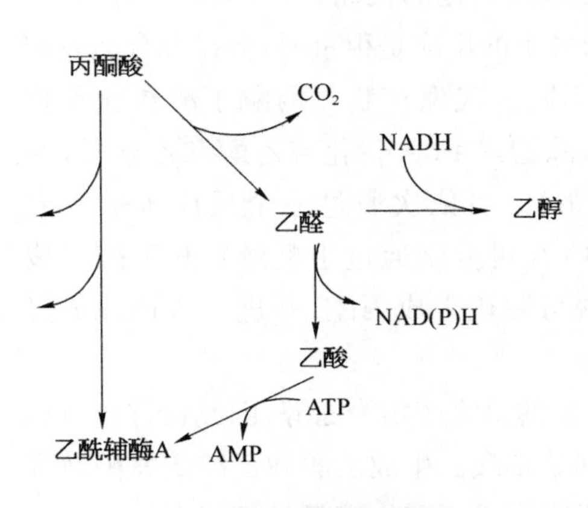

图 4-8 酵母菌的发酵代谢

质 ADH Ⅰ是组成型表达的，负责生成乙醇。ADH Ⅱ是细胞质中的蛋白并受葡萄糖的阻遏，而且主要与以乙醇为底物的好氧生长有关。线粒体 ADH Ⅲ也受葡萄糖阻遏，其功能未知，但可能在平衡胞质溶胶和线粒体的氧化还原电势中起穿梭作用。已经确认两种乙醛脱氢酶的同工酶，其中一个可以利用 NAD^+ 和 $NADP^+$ 二者为辅助因子，而另一个同工酶只能特异性地利用 $NADP^+$ 为辅助因子。因此，乙酸的形成会导致 NADPH 的形成，这可能是酵母中 NADPH 的重要来源。

克雷伯菌可利用甘油生产 1,3-丙二醇，其代谢受两个操纵子 *dha* 和 *glp* 调控(图 4-

9)。*dha* 系统是一个歧化代谢途径，在氧化支路上，甘油在甘油脱氢酶的作用下生成二羟丙酮，同时还原 NAD^+ 成 NADH；二羟丙酮在二羟丙酮激酶的作用下生成磷酸二羟丙酮。在还原支路中，甘油在甘油脱水酶催化下形成 3 -羟基丙醛；3 -羟基丙醛在 1，3 -丙二醇氧化还原酶的催化下消耗还原力 NADH，形成 1，3 -丙二醇。在氧化支路中，丙酮酸能够形成 2，3 -丁二醇、乙酸、乙醇和乳酸等代谢产物。

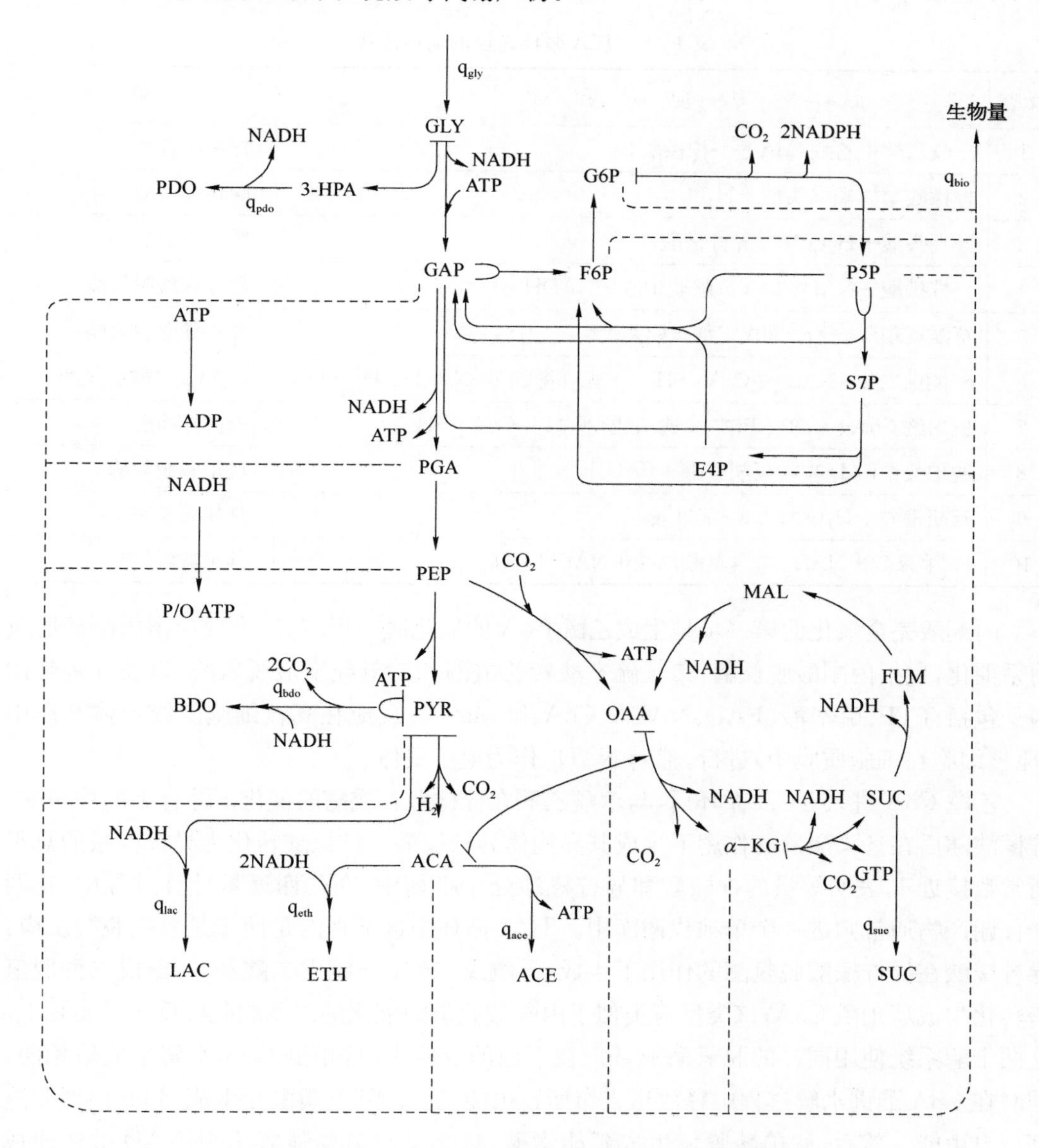

图 4 - 9　克雷伯肺炎杆菌对数前期不同代谢途径的通量

GLY，甘油；GAP，甘油醛- 3 -磷酸；F6P，果糖- 6 -磷酸；G6P，葡萄糖- 6 -磷酸；P5P，戊糖- 5 -磷酸，S7P，景天庚酮糖- 7 -磷酸；E4P，赤藓糖- 4 -磷酸；PGA，甘油酸- 3 -磷酸；PEP，磷酸烯醇式丙酮酸；PYR，丙酮酸；3 - HPA，3 -羟基丙醛；PDO，1，3 -丙二醇；BDO，2，3 -丁二醇；ACA，乙酰 CoA；ETH，乙醇；ACE，乙酸；MAL，苹果酸；OAA，草酰乙酸；α - KG，α -酮戊二酸；SUC，丁二酸；LAC，乳酸；FUM，延胡索酸

4.2.3 三羧酸循环

某些细胞能够在无氧条件下降解葡萄糖，通过发酵途径获得能量，但是对于大多数真核细胞和许多细菌好氧生长，糖酵解只是葡萄糖完全氧化的第一步，丙酮酸被继续氧化为CO_2和H_2O，该好氧分解代谢过程被称为呼吸过程，涉及的代谢途径为三羧酸循环（TCA循环），也被称为Krebs循环（表4-5）。

表4-5 TCA循环途径的酶促反应

反应	反应方程式	酶
1	草酰乙酸＋乙酰CoA⟶柠檬酸	柠檬酸合酶
2	柠檬酸⇌顺乌头酸＋H_2O	顺乌头酸酶
3	顺乌头酸＋H_2O⇌异柠檬酸	顺乌头酸酶
4	异柠檬酸＋NAD^+⇌草酰琥珀酸＋NADH＋H^+	异柠檬酸脱氢酶
5	草酰琥珀酸⟶α-酮戊二酸＋CO_2	异柠檬酸脱氢酶
6	α-酮戊二酸＋NAD^+＋CoA-SH⟶琥珀酰CoA＋NADH＋H^+＋CO_2	α-酮戊二酸脱氢酶
7	琥珀酰CoA＋GDP＋Pi⇌琥珀酸＋GTP＋CoA-SH	差向异构酶
8	琥珀酸＋FAD⇌延胡索酸＋$FADH_2$	琥珀酸脱氢酶
9	延胡索酸＋H_2O⇌L-苹果酸	延胡索酸酶
10	L-苹果酸＋NAD^+⇌草酰乙酸＋NADH＋H^+	苹果酸脱氢酶

丙酮酸完全氧化的第一步是生成乙酰CoA的氧化脱羧反应，这个反应由丙酮酸脱氢酶系催化，包括丙酮酸脱氢酶、二氢硫辛酸转乙酰酶和二氢硫辛酸脱氢酶，以及6种辅助因子包括TTP、硫辛酸、FAD、NAD^+、CoA和Mg^{2+}。反应在真核细胞的线粒体基质中（原核细胞在细胞质膜中）进行，辅酶NAD^+作为电子受体。

乙酰CoA进入TCA循环后，与草酰乙酸在柠檬酸合成酶的催化下缩合生成柠檬酸，柠檬酸随后在乌头酸酶的作用下生成其异构体异柠檬酸。柠檬酸转化为异柠檬酸的总平衡常数接近1，表明等量的柠檬酸和异柠檬酸处于平衡中，在代谢通量计算过程中，这两个代谢产物通常归进一个单独代谢库中。TCA循环中接下来的是两步是氧化脱羧反应：异柠檬酸在异柠檬酸脱氢酶的作用下生成α-酮戊二酸；α-酮戊二酸经α-酮戊二酸脱氢酶转化生成琥珀酰CoA，该类反应类似于丙酮酸脱氢酶催化的丙酮酸脱羧反应。实际上，这两个酶系统使用同样的脱氢酶亚基。在下面的反应中，琥珀酰CoA水解生成琥珀酸，同时在CoA酯键水解过程中释放出吉布斯自由能，通过GDP磷酸化生成GTP而回收这部分自由能。然后，琥珀酸脱氢生成延胡索酸，这个反应需要强氧化剂，FAD被还原成$FADH_2$。FAD整合在琥珀酸脱氢酶黄素蛋白酶中来催化这个反应。延胡索酸在延胡索酸酶的作用下生成L-苹果酸。最后，L-苹果酸在苹果酸脱氢酶的作用下生成草酸乙酸，从而完成这个循环。

TCA循环的主要调节位点在柠檬酸合成酶、异柠檬酸脱氢酶和α-酮戊二酸脱氢酶。

显然这三种酶的活性都偏爱低水平的 $NADH/NAD^+$ 比，但这个比值强烈地影响异柠檬酸脱氢酶的活性。

TCA 循环中，丙酮酸完全氧化的总化学计量式如下：

$$\text{丙酮酸} + 3H_2O + GDP + 2Pi + 4NAD^+ + FAD \longrightarrow 3CO_2 + GTP + 4NADH + FADH_2 + 4H^+ \tag{4-17}$$

由式(4-17)可知，每氧化 1 mol 丙酮酸，就生成 4 mol NADH、1 mol GTP 和 1mol $FADH_2$。很明显，只有当这两种辅助因子被重新氧化生成 NAD^+ 和 FAD 时，TCA 循环才能继续进行。好氧条件下，通过一个电子受体链把电子从这些辅酶上转移给自由氧。

4.3 发酵动力学模型

4.3.1 发酵动力学模型简介

在细胞生化反应过程中，涉及细胞生长、底物消耗、初级代谢产物或次级代谢产物的合成。在规模化培养微生物时，微生物生长动力学、底物消耗动力学和产物合成动力学模型的建立和验证具有重要意义，其中，微生物生长动力学处于核心地位。

液体培养中，抗剪切细胞的微生物生产模型要考虑底物和产物抑制，常见的生长模型包括结构模型(Structured Model)和非结构模型(Unstructured Model)。

细胞的生长和繁殖由蛋白质合成、遗传信息复制和传递、多糖合成等一系列生物化学过程组成。既包括细胞内的酶促反应、能量传递，也包括胞内与胞外的物质交换、胞内和胞外的信息传递。细胞体系是多相、多组分、非线性复杂体系。多相指的是体系内常含有气相、液相和固相。多组分是指在培养液中有多种营养成分，有多种代谢产物产生，胞内也具有不同生理功能的化合物，例如，在克雷伯肺炎杆菌(*Klebsiella pneumoniae*)生产 1,3-丙二醇过程中，培养基中含有甘油、氮源、磷酸盐、微量元素，胞内具有包括酶在内的蛋白质、核酸、糖类、脂类等，同时，发酵产物 1,3-丙二醇、2,3-丁二醇、乳酸、丁二酸、乙醇、乙酸等分布在发酵液和胞内。非线性指的是细胞的代谢过程通常需用非线性方程来描述，每一个酶促反应具有特定的动力学特性。细胞的生长和传代还是一个复杂的群体生命活动，每个细胞都经历着生长、成熟直至衰老的过程，同时还伴有退化和变异。因此，要对这样一个复杂的体系进行精确的描述几乎是不可能的。

为了设计生物反应器和控制发酵过程，需要建立动力学的数学模型，一般在建模过程中，要进行理想化处理，基于不同的理想化处理，可以得到 4 类生化过程的模型：非结构模型、结构模型、分离模型和均一模型[8]。

由于微生物规模化培养过程主要研究对象是微生物群体，因此，动力学研究过程中研究对象一般针对微生物群体。如果不考虑细胞之间生长状态的差别，此基础上建立的动力学模型称为确定论模型，如果考虑每个细胞之间的差别，则建立的模型为概率论模型，实际生产过程中无法区分不同细胞之间的差异，因此，常用确定论模型表征发酵动力学。

不同细胞生长阶段不一样，胞内组成变化较大，在反应器中不同细胞处于流场中的位置不同，细胞与周围环境交换也存在差异。

基于细胞组成变化的微生物模型称为结构模型。该模型考虑代谢过程中酶活性的变化和营养成分的变异，把细胞分成多个化学组分来进行描述，一般选取 RNA、DNA、糖类及蛋白质的含量作为过程的变量，将其称之为细胞组成的函数。但是，由于细胞反应过程极其复杂，加上检测手段的限制，以至缺乏可直接用于在线确定反应系统的传感器，给动力学研究带来了困难，知识结构模型的应用受到了限制。基于细胞单组分假设的模型，称为非结构模型。它是在实验研究的基础上，通过物料衡算建立起经验或半经验的关联模型。

如果将细胞作为与培养液分离的生物相所建立的模型，则称为分离化模型，一般在细胞浓度很高时常采用此模型，在此模型中需要说明培养液与细胞之间的物质传递作用，强调微生物群体由个体组成，其中每个个体有其各自的特性。如果把细胞和培养液视为一相，则在此基础上所建立的模型为均一化模型。

在实际培养过程中，细胞内组分复杂，细胞生长状态不同，属于概率论的结构模型，很难用动力学模型描述，最理想的模型为确定论的非结构模型，也称为均衡生长模型。该模型不考虑细胞内各组分差异和细胞之间的差异，因此可以把细胞看成一种“溶质”，从而简化了细胞内、外传递过程的分析，也简化了过程的数学模型。对于很多细胞反应过程的分析，特别是对过程的控制，均衡生长模型是可以满足要求的。如果忽略细胞间差异，主要考虑胞内组分的差异，则为确定论结果模型，该模型常用于反应器流场中底物消耗和产物合成动力学的描述。如果忽略胞内组分的差异差异，主要考虑细胞间差异，则为概率论非结构模型。

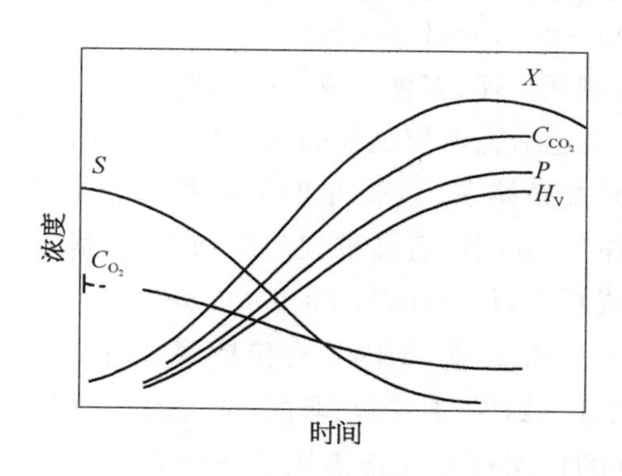

图 4-10 批次发酵过程中不同参数随时间变化的趋势

在生物反应工程中，经常采用反应速率来描述发酵动力学，常见的表征参数包括细胞浓度(X)、基质浓度(S)、代谢产物浓度(P)、溶氧浓度(C_{o_2})以及反应热效应(H_V)等。图 4-10 是某一批次发酵过程中参数随时间变化的趋势[9]。

速率为单位时间、单位反映体积某一组分的变化量，比速率为单位细胞质量、单位时间某一物质浓度变化速率。上述表示的各种变量的速率和比速率可用下述表达式来表示其速率。

细胞生长速率：

$$r_{X_B} = \frac{dX}{dt} \tag{4-18}$$

式中　r_{X_B}——细胞生长速率；

X——细胞浓度，常用单位体积培养液中所含细胞（或称菌体）的干燥质量；

t——时间。

比生长速率：

$$\mu = \frac{1}{X}\frac{\mathrm{d}X}{\mathrm{d}t} \tag{4-19}$$

式中　μ——细胞比生长速率（h^{-1}）；

X——细胞浓度，常用单位体积培养液中所含细胞（或称菌体）的干燥质量；

t——时间。

底物消耗速率：

$$r_S = -\frac{\mathrm{d}S}{\mathrm{d}t} \tag{4-20}$$

式中　r_S——底物消耗速率；

S——底物浓度；

t——时间。

底物比消耗速率：

$$q_S = -\frac{1}{X}\frac{\mathrm{d}S}{\mathrm{d}t} \tag{4-21}$$

式中　q_S——底物比消耗速率；

X——细胞浓度；

S——底物浓度；

t——时间。

产物合成速率：

$$r_P = \frac{\mathrm{d}P}{\mathrm{d}t} \tag{4-22}$$

式中　r_P——产物合成速率；

P——产物浓度；

t——时间。

产物比合成速率：

$$q_P = \frac{1}{X}\frac{\mathrm{d}P}{\mathrm{d}t} \tag{4-23}$$

式中　q_P——产物比合成速率；

X——细胞浓度；

P——产物浓度；

t——时间。

反应热的生成速率：

$$r_{H_V} = \frac{dH_V}{dt} \tag{4-24}$$

式中 r_{H_V}——反应热的生成速率；

H_V——产热强度，即单位反应体积所产生的热量；

t——时间。

反应热比生成速率：

$$q_{H_V} = \frac{1}{X}\frac{dH_V}{dt} \tag{4-25}$$

式中 q_{H_V}——反应热的比生成速率；

X——细胞浓度；

H_V——产热强度；

t——时间。

图 4-11 是克雷伯肺炎杆菌 CGMCC 1.6366 流加补料发酵的甘油比消耗速率($q_{glycerol}$)，1,3-丙二醇、2,3-丁二醇、乳酸、乙酸、丁二酸和乙醇的比合成速率。综合考虑合成速率、生物量和甘油消耗等因素的变化趋势，流加补料发酵可以分为 5 个时期：第 1 阶段($0<t<2$ h)是发酵的延滞期，底物消耗和产物合成速率基本为零。第 2 阶段($2<t<12$ h)和第 3 阶段($12<t<22$ h)组成了对数生长期，在这个阶段生物量持续稳定增长，$q_{glycerol}$和 q_{PDO}、q_{BDO}、$q_{ethanol}$ 的变化趋势相似，在对数中期达到最大值，在第 2 阶段内这些代谢通量增加，而到第 3 阶段它们逐渐下降。

计算的比合成速率 $q_{glycerol}$、q_{PDO}、q_{BDO} 和 $q_{ethanol}$ 最大值分别为 42.7 mmol/(g·h)、22.8 mmol/(g·h)、6.81 mmol/(g·h)和 1.62 mmol/(g·h)。随着发酵进入对数期，$q_{succinate}$开始增加，在随后的对数生长期保值在 0.85 mmol/(g·h)左右。相比之下，$q_{acetate}$的峰值出现在对数前期，乙酸的积累也早于 1,3-丙二醇、2,3-丁二醇和其他有机酸。第 4 阶段($22<t<36$ h)，细胞生长进入稳定期，除 $q_{lactate}$之外，其余所有产物的代谢通量均持续减少。需要指出的是，稳定期观察到了乙酸的同化现象，即 $q_{acetate}$为负值。$q_{lactate}$在该阶段先增加后下降，其峰值达到 2.85 mmol/(g·h)。第 5 阶段是衰亡期，菌体裂解，生物量逐步下降，底物消耗和产物合成速率降到非常低的水平，代谢通量值几乎为零。

4.3.2 细胞生长动力学

现代细胞生长动力学的奠基人 Monod 早在 1924 年提出非结构模型，细胞的比生长速率与限制性基质浓度的关系可用下式表示：

$$\mu = \mu_{max}\frac{S}{K_S + S} \tag{4-26}$$

式中 μ——比生长速率；

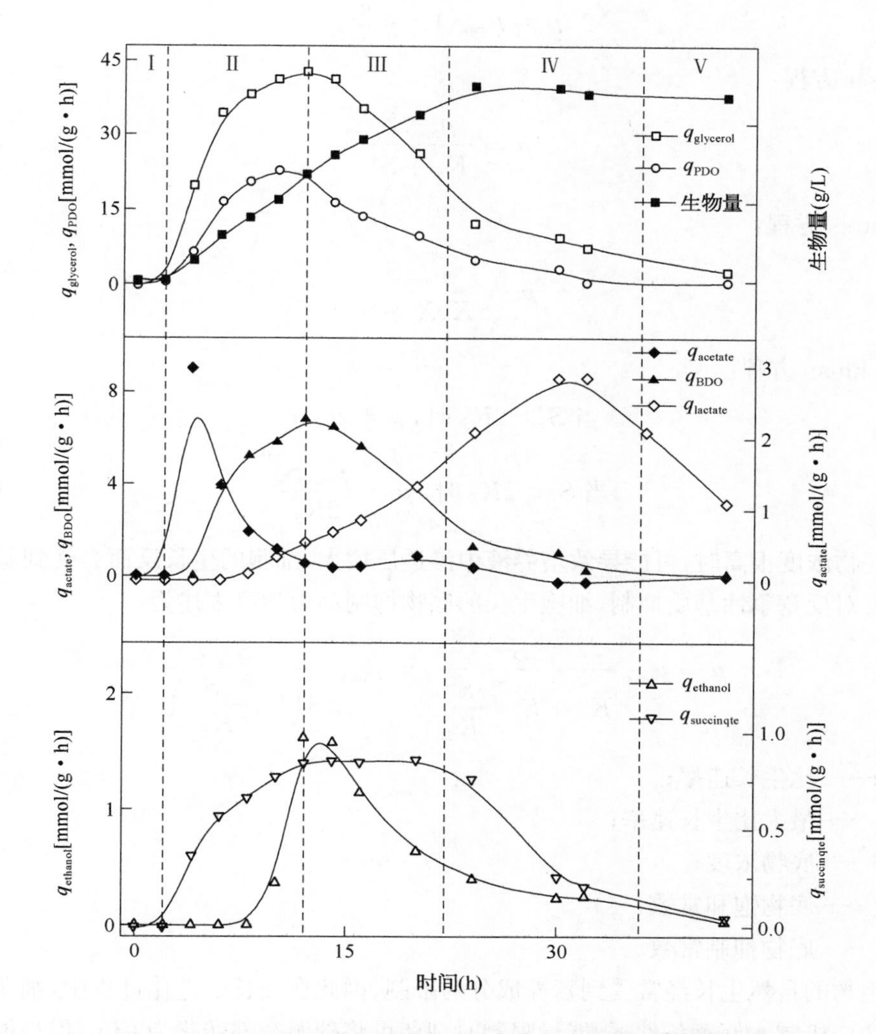

图 4-11　克雷伯肺炎杆菌 CGMCC 1.6366 流加补料发酵特性

μ_{max}——最大比生长速率；

S——底物浓度；

K_S——底物饱和常数。

该方程称为 Monod 方程，在形式上与酶催化动力学的米氏方程相似，Monod 方程是从经验得出的，常称为形式动力学，而米氏方程是根据反应动力学推导的。

K_S可根据批次发酵的比生长速率 $\mu = \dfrac{dX}{dt}\dfrac{1}{X}$ 对限制性底物浓度 S 作图，比生长速率达到 $0.5\mu_{max}$时的底物浓度为底物饱和常数。

不同学者此后提出新的细胞生长动力学方程，常见的包括 Tessier 方程、Moser 方程、Contois 方程和 Blackman 方程等。

Tessier 方程：

$$\mu = \mu_{max}(1 - e^{-K_S}) \tag{4-27}$$

Moser 方程：

$$\mu = \frac{\mu_{max} S^n}{K_S + S^n} \tag{4-28}$$

Contois 方程：

$$\mu = \frac{\mu_{max} S}{K_S X + S} \tag{4-29}$$

Blackman 方程：

$$当\ S \geqslant 2K_S\ 时，\mu = \mu_{max}；$$

$$当\ S < 2K_S\ 时，\mu = \frac{\mu_{max} S}{2K_S} \tag{4-30}$$

当底物浓度很高时，可能导致培养液中渗透压增大，细胞的生长反而会受到基质的抑制作用。对反竞争性基质抑制，细胞生长的底物抑制动力学可表述为：

$$\mu = \mu_{max} \frac{S}{K_S + S + \frac{S^2}{K_{SI}}} = \mu_{max} \frac{S}{S\left(1 + \frac{S}{K_{SI}}\right)} \tag{4-31}$$

式中 μ——比生长速率；

μ_{max}——最大比生长速率；

S——底物浓度；

K_S——底物饱和常数；

K_{SI}——底物抑制常数。

微生物的自然生长经常受到营养成分的限制，因此在漫长的进化过程中，细菌形成了灵活的适应机制。好氧条件下，能量限制时细菌可将碳源全部转化为 CO_2，但当能量过剩时，代谢分布会发生变化，许多不完全氧化的末端产物被分泌到胞外。当代谢产物浓度较高时，会抑制细胞生长、底物摄入及代谢能力。例如，大肠杆菌利用葡萄糖合成乙酸、乳酸、丁二酸等，有机酸会造成细胞通透性变化，破坏跨膜质子电势，造成细胞生产停止。可采用一些近似的经验表达式表示产物抑制动力学：

$$\mu = \frac{\mu_{max} S}{K_S + S} \cdot \frac{K_{PI}}{K_{PI} + P} \tag{4-32}$$

式中 μ——比生长速率；

μ_{max}——最大比生长速率；

S——底物浓度；

K_S——底物饱和常数；

K_{PI}——产物抑制常数。

4.3.3 温度和 pH 值对细胞生长速率的影响

细胞内存在一系列酶促反应，温度对细胞内生化反应和生长速率都有很大影响。在一定的温度范围内，温度升高，反应速度加快。但由于酶是蛋白质，温度过高会使酶变性失活。在蛋白酶变性温度以下，细胞最大比生长速率随温度变化方式与一般的化学反应速率变化方式一致：

$$\mu_{\max} = A\exp\left(-\frac{E_g}{RT}\right) \tag{4-33}$$

式中 $\mu_{\max}$——最大比生长速率；

A——指前因子；

E_g——生长过程的活化能；

R——气体常数；

T——温度。

假设胞内蛋白变性是可逆反应，变性蛋白失去活性，可以用 Hougen-Watson 模型描述 $\mu_{\max}$：

$$\mu_{\max} = \frac{A\exp\left(-\frac{E_g}{RT}\right)}{1 + B\exp\left(-\frac{\Delta G_d}{RT}\right)} \tag{4-34}$$

式中 $\mu_{\max}$——最大比生长速率；

A、B——指前因子；

E_g——生长过程的活化能；

ΔG_d——蛋白变性自由能变化；

R——气体常数；

T——温度。

图 4-12 是大肠杆菌最大比生长速率随温度变化的阿伦尼乌斯曲线，21～37.5℃的线性部分采用式(4-33)拟合，39℃以上弯曲和下降部分采用式(4-34)拟合。

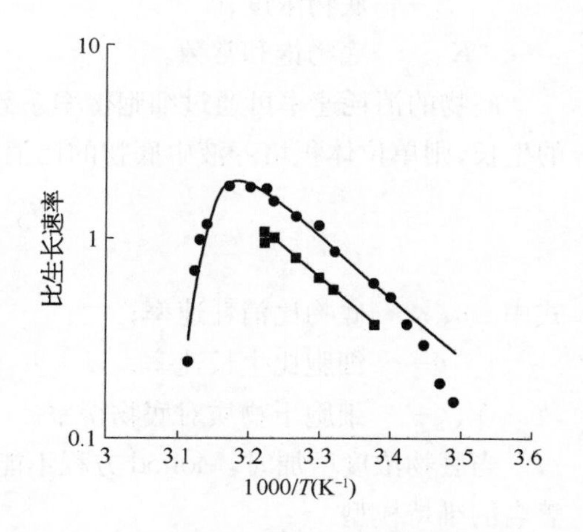

图 4-12 大肠杆菌最大比生长速率随温度变化趋势

圆点为富葡萄糖培养，方框为贫葡萄糖培养

微生物的最适生长温度是指最有利于细胞生长的温度条件。不同生物，最适生长温度不同。植物最适温度为 45～60℃；动物为 37℃左右；淡水鱼最适温度为 20～30℃；微生物的最适温度差别较大。

pH 值也是影响细胞生长的一个重要因素。微生物具有调整胞内 pH 值的能力，当环境 pH 值变化较大，细胞可以利用吉布斯自由能保持跨膜质子电势。有机酸是电子传递链的解偶联剂，胞外 pH 值较低时，有机酸通过被动扩散进入细胞，并解离质子，要保持跨膜电势，需要消耗 ATP，这势必影响细胞生长。对于细胞能够进行生长的 pH 值范围为 3～4个 pH 单位，而最适宜的 pH 值范围为 1～2 个 pH 单位。pH 值的变化不仅影响酶的稳定性，而且还影响酶活性中心重要基团的解离状态及底物的解离状态。每一类细胞对 pH 值的要求是不同的，图 4－13 是 pH 值对细菌生产速率的影响，为典型的钟形曲线。大多数细菌生长的最适 pH 值为 6.3～7.5；霉菌和酵母菌生长最适 pH 值为 3～6；放线菌生长最适 pH 值为 7～8；植物细胞生长最适 pH 值为 5～6；动物细胞生长最适 pH 值为 6.5～7.5。

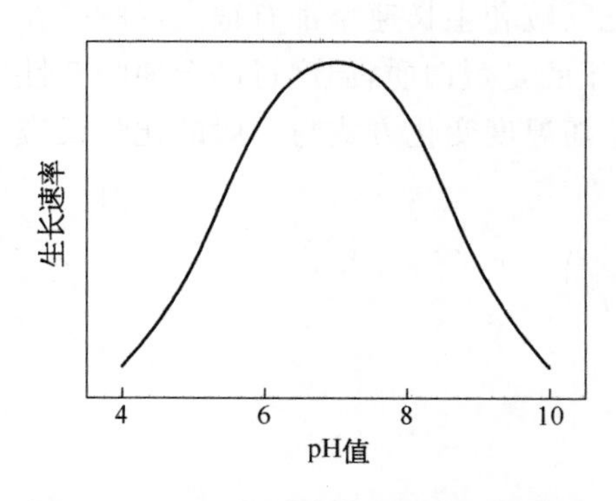

图 4－13　pH 值对细菌生长速率的影响

4.3.4　底物消耗动力学

根据 Monod 方程，底物比消耗速率可表示为：

$$q_S = q_S^{max} \frac{S}{K_S + S} \tag{4-35}$$

式中　q_S——底物比消耗速率；

q_S^{max}——最大底物比消耗速率；

S——底物浓度；

K_S——底物饱和常数。

底物的消耗速率可通过细胞得率系数与细胞生长速率相关联。如果基质仅用于细胞的生长，则单位体积培养液中底物的比消耗速率 q_S 可表示为：

$$q_S = \frac{\mu}{Y_{X/S}} \tag{4-36}$$

式中　q_S——底物比消耗速率；

μ——细胞比生长速率；

$Y_{X/S}$——细胞干物质对底物得率。

当底物浓度增加时，Monod 方程不能正确描述底物消耗动力学，1965 年 Pirt 提出了著名的维持模型[10]：

$$q_S = \frac{\mu}{Y_{X/S}^{max}} + m_S \tag{4-37}$$

式中　q_S——底物比消耗速率；

$Y_{X/S}^{max}$——最大菌体得率；

m_S——底物需求的维持系数。

以甘油浓度为 43 mmol/L 的培养基进行克雷伯肺炎杆菌连续发酵实验，菌体生长进入对数期后开始流加培养基，同时以相同的速率从发酵罐中放出发酵液，定时测定发酵液中产物含量和生物量的变化，直至达到稳定状态。在不同稀释率(D，0. 05～0. 2)的恒化培养中，没有发酵产物的合成，生物量、CO_2合成和 O_2消耗变化显著。图 4－14 是不同稀释率条件下甘油消耗、CO_2合成和 O_2消耗速率的变化，表明碳源限制时，菌体生长符合 Pirt 维持模型，由此可以推导出克雷伯肺炎杆菌 CGMCC 1. 6366 的特征代谢参数等于最大菌体得率$(Y_S)_{max}$，为 0. 066 2 g/mmol，m_s为 1. 541 9 mmol/(g・h)。

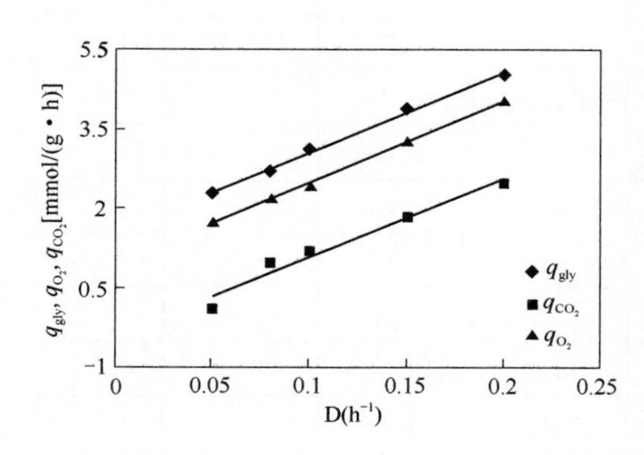

图 4－14　不同稀释率时克雷伯肺炎杆菌甘油消耗、CO_2合成和 O_2消耗速率的变化

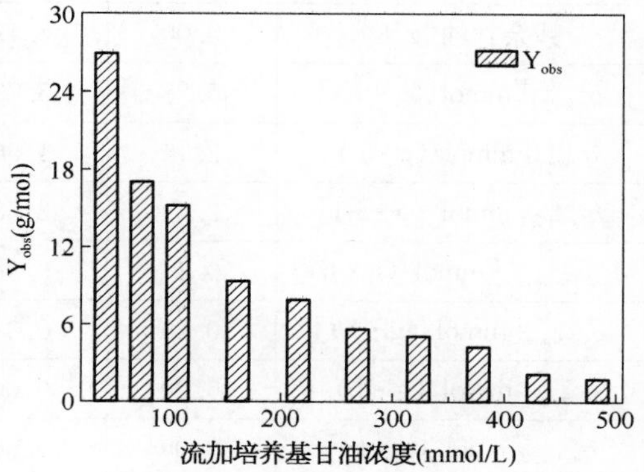

图 4－15　不同甘油浓度恒化培养克雷伯肺炎杆菌表观生物量得率(D=0. 1 h^{-1})

随着底物浓度增加，细胞表观生物量得率持续下降，例如采用甘油培养克雷伯肺炎杆菌(图 4－15)，随着发酵液中残余碳源含量的增加，表观生长得率降低，合成代谢和分解代谢解偶联，这种现象被称为溢流机制[11]。碳源过剩时，底物分解代谢产生的能量超过了合成代谢的能量需求，能量必须被溢出以保持胞内的能荷稳定，Pirt 模型显然不再适用底物消耗的描述。Zeng 和 Deckwer[12]在 Pirt 维持模型的基础上，提出过剩甘油消耗速率的概念，描述由于富甘油条件下消耗速率的增加量：

$$q_S = \frac{\mu}{Y^{max}_{X/S}} + m_S + \Delta q^{max}_S \frac{S-S^*}{S-S^*+K_S} \tag{4-38}$$

式中　q_S——底物比消耗速率；

m_S——维持系数；

μ——比生长速率；

$Y^{max}_{X/S}$——最大表观得率；

Δq^{max}_S——过剩甘油最大消耗速率；

$S-S^*$——过量的甘油浓度；

K^*_S——饱和常数。

以稀释率 0. 1 h^{-1}不同甘油浓度(最高 483. 9 mmol/L)进行克雷伯肺炎杆菌有氧恒化发酵实验，考察甘油消耗、ATP 消耗、PDO 合成、O_2消耗和 CO_2合成以及残余甘油的变化

(表 4-6)。随着流加培养基中甘油浓度的增加,甘油、PDO、CO_2和O_2的通量在一定范围内呈线性增加。同时,当流加培养基中甘油浓度接近 300 mmol/L 时。3-羟基丙醛(3-HPA)出现致死性积累,代谢通量下降,甘油积累量急剧上升。

表 4-6 克雷伯肺炎杆菌连续培养的发酵特性

流加甘油浓度(g/L)	7	10	15	30	35*	40*
Biomass(g/L)	1.28	1.51	1.64	1.84	1.60	0.90
残余甘油(g/L)	0.00	0.19	0.59	0.71	14.32	17.42
$q_{glycerol}$[mmol/(g·h)]	5.88	5.73	10.29	19.24		
$q_{ccetate}$[mmol/(g·h)]	2.14	1.56	2.46	3.08		
$q_{1,3\text{-}PD}$[mmol/(g·h)]	2.51	2.58	5.73	10.31		
$q_{2,3\text{-}butanediol}$[mmol/(g·h)]	0.44	0.54	0.60	0.68		
$q_{succinate}$[mmol/(g·h)]	0.29	0.34	0.43	0.43		
$q_{ethanol}$[mmol/(g·h)]	0.00	0.00	0.94	2.34		
$q_{lactate}$[mmol/(g·h)]	0.00	0.00	0.08	0.42		
q_{CO_2}[mmol/(g·h)]	1.42	1.82	6.31	8.59		
$Y_{1,3\text{-}PD}$(mol/ mol)	0.43	0.45	0.55	0.54		
3-HPA(mmol)	0.19	0.25	0.32	1.76	10.47	11.97
碳回收率(%)	91.70	96.60	100.60	96.71		

* 发生冲出现象。

以不同甘油浓度的克雷伯肺炎杆菌恒化培养结果,拟合得到式(4-38)的相关参数估计值,Y_S^{max}、Δq_S^{max}和K_S^*值分别为 31.5 g/mol、41.46 mmol/(g·h)和 7.81 mmol/L。获得过剩甘油消耗速率的表达式:

$$q_S^E = \Delta q_S \frac{S - S^*}{S - S^* + K_S} = 31.5 \frac{S - S^*}{S - S^* + 7.81} \tag{4-39}$$

Liu 将底物消耗分为菌体生长、维持代谢以及碳源过剩时的能量耗损三个部分[13]。并提出以能量解偶联系数E_u来表征合成代谢和分解代谢的表观解偶联状况:

$$E_u = \frac{(Y_{obs})_{max} - (Y_{obs})}{(Y_{obs})_{max}} \tag{4-40}$$

式中 E_u——解偶联系数;

(Y_{obs})——表观得率;

$(Y_{obs})_{max}$——最大表观得率。

同样的,以上述数据进行拟合,得到能量解偶联系数的表达式,图 4-16 是不同残余甘油时克雷伯肺炎杆菌过剩甘油消耗速率 q_S^E 和能量解偶联系数 E_u 的曲线图。

$$E_u = 0.93 \frac{C_S}{C_S + 5.67} \tag{4-41}$$

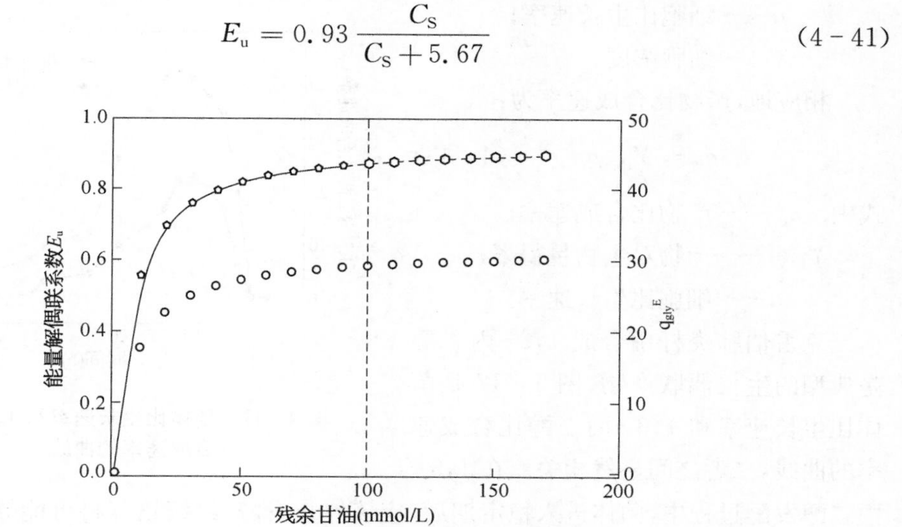

图 4-16　残余甘油浓度对甘油过剩消耗速率和能量解偶联系数的影响

在碳源过剩的发酵过程中，微生物分泌不完全氧化的代谢产物，维持胞内的能量和氧化还原状态的平衡。这些产物主要是有机酸，它们是细胞毒性物质，也是解偶联剂，能够促进底物的消耗。克雷伯肺炎杆菌采取另一种策略，能够同时合成无毒产物 1,3-丙二醇实现 NAD^+ 再生。碳源过剩程度越高，代谢解偶联和产物溢流越容易发生。

从图 4-16 可以看出，克雷伯肺炎杆菌在稀释率为 0.1 h^{-1} 的恒化器中培养时，残余甘油浓度越高，代谢解偶联程度越高，过剩甘油消耗速率越接近最大值，但是如表 4-6 所示，较高的甘油浓度会导致 3-HPA 的致死性积累，因此比较可行的甘油调控策略是：在对数生长期(比生长速率接近 0.1 h^{-1})将残余甘油的浓度控制在 50～70 mmol/L，这样能量解偶联系数保持在 0.8 之上，同时能得到较高的过剩甘油消耗速率。该结论和笔者的课题组前期的批次发酵和流加补料发酵的结果是一致的，表明这两个代谢模型能够描述残余甘油对于克雷伯肺炎杆菌底物消耗的影响，为估计最大生物量得率、甘油消耗速率提供定量分析的手段，实现发酵过程的有效调控。

4.3.5　产物合成动力学

根据产物合成速率与细胞生长速率之间的关系，Gaden 将其分为 3 种经验类型[14]：相关模型、部分相关模型和非相关性模型。

类型Ⅰ称为相关模型。其动力学方程可表示为：

$$r_P = Y_{P/X} r_X = Y_{P/X} \mu X \tag{4-42}$$

式中　r_P ——产物合成速率；

$Y_{P/X}$ ——产物对生物量得率；

r_X ——细胞生长速率；

μ——细胞比生长速率；

X——细胞浓度。

相应地，产物比合成速率为：

$$q_P = Y_{P/X}\mu \tag{4-43}$$

式中 q_P ——产物比合成速率；

$Y_{P/X}$ ——产物对生物量得率；

μ——细胞比生长速率。

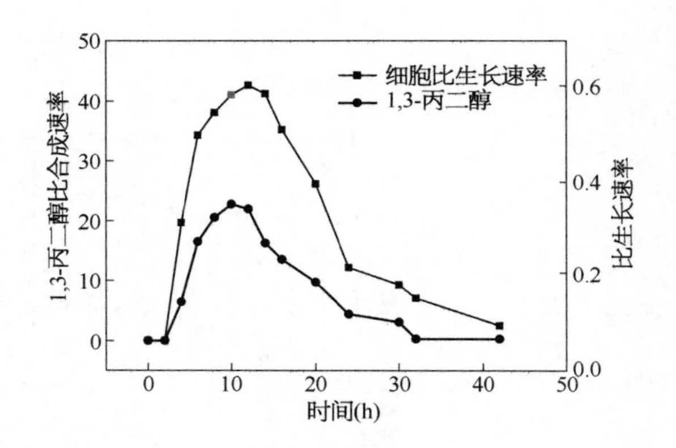

图 4-17 菌体比生长速率和 1,3-丙二醇比合成速率的曲线

克雷伯肺炎杆菌合成 1,3-丙二醇是典型的生长偶联产物，图 4-17 是菌体比生长速率和 1,3-丙二醇比合成速率的曲线，二者之间显然相关。在 1,3-丙二醇发酵过程中，菌体进入稳定期后，应该停止发酵，继续培养将可能导致生产收益减少。在 1,3-丙二醇菌种选育过程中，应该筛选具有较强生产能力和较大生物量的菌种。

类型Ⅱ称为部分相关模型。其动力学方程可表示为：

$$r_P = \alpha r_X + \beta X \tag{4-44}$$

式中 r_P ——产物合成速率；

α——细胞生长常数；

β——细胞浓度常数；

r_X ——细胞生长速率；

X——细胞浓度。

相应地，产物比合成速率如下，该式又称为 Luedeking-Pirect 方程：

$$q_P = \alpha\mu + \beta \tag{4-45}$$

式中 q_P ——产物比合成速率；

α——细胞生长常数；

β——细胞浓度常数；

μ——细胞比生长速率。

类型Ⅲ称为非相关性模型，生成速率可表示为：

$$r_P = \beta X \tag{4-46}$$

式中 r_P ——产物合成速率；

β——细胞浓度常数；

X——细胞浓度。

$$q_P = \beta \tag{4-47}$$

式中　q_P——产物比合成速率；

β——细胞浓度常数。

4.4　生物燃料生产的反应器

生物化工所用的反应器可粗略划分为两类：搅拌罐式反应器和管式反应器。其中，搅拌罐式反应器是普遍采用的反应器。根据反应器的操作方式，可分为批次培养、连续培养和流加补料培养等多种方式。流加补料培养是在培养到一定阶段，流加碳源、氮源或微量元素，增加产物浓度和细胞浓度。

4.4.1　搅拌罐式反应器

搅拌罐式反应器在常压或近常压下运行，一般采用不锈钢制作，配备搅拌系统、冷却系统和通风系统，气体携带底物扩散到液相中。可用一阶微分方程作为搅拌罐的数学模型，浓度参数是底物、产物和细胞浓度的函数，$c=(S,P,X)$：

$$\frac{\mathrm{d}(Vc)}{\mathrm{d}t}=V(r'+r)+v_f c_f-v_e c_e \tag{4-48}$$

式中　V——反应器体积；

c——液相中底物、产物或细胞浓度，下标 f 和 e 分别代表进料和出料；

r'——体积传质系数矩阵；

r——体积反应速率矩阵；

v_f——反应器进料流速；

v_e——反应器出料流速。

4.4.1.1　批次反应器

在批次培养过程中，在开始反应到反应阶段的整个反应过程中，无底物的加入和输出。反应过程中底物浓度、产物浓度均只随反应时间而变化。

对于简单的 Monod 方程模型：

$$S=S_0-Y_{S/X}(X-X_0) \tag{4-49}$$

$$P=P_0-Y_{P/X}(X-X_0) \tag{4-50}$$

$$\frac{\mathrm{d}X}{\mathrm{d}t}=\mu_{max}\frac{S}{K_S+S}X=\mu_{max}\frac{S_0-Y_{S/X}(X-X_0)}{K_S+S_0-Y_{S/X}(X-X_0)}X \tag{4-51}$$

式中　S_0——初始底物浓度；

P_0——初始产物浓度；

X_0——初始细胞浓度。

采用无量纲参数：

$$s = 1 - x + x_0 \tag{4-52}$$

$$p = p_0 + x - x_0 \tag{4-53}$$

$$\frac{dx}{d\theta} = \frac{1 - x + x_0}{1 - x + x_0 + \alpha} X;\ \cdots\cdots x(t=0) = x_0 = \frac{X_0}{Y_{X/S} S_0} \tag{4-54}$$

式中 s——无量纲底物，$s = S/S_0$；

p——无量纲产物，$p = P/(Y_{P/S} \cdot S_0)$；

x——无量纲细胞浓度，$x = \dfrac{X}{Y_{X/S} S_0}$；

θ——无量纲时间，$\theta = \mu_{max} t$；

α——常数，$\alpha = \dfrac{K_S}{S_0}$。

发酵结束时，$x = 1 + x_0, p = p_0 + 1, s = 0$。

θ 可以表示为 x 的显函数：

$$\theta = \left(1 + \frac{\alpha}{1 + x_0}\right) \ln\left(\frac{x}{x_0}\right) - \frac{\alpha}{1 + x_0} \ln(1 + x_0 - x) \tag{4-55}$$

绘制无量纲底物浓度 s 和无量纲细胞浓度 x 对无量纲时间 θ 的曲线，可以估计 μ_{max} 和 K_S。

在 Pirt 维持模型中，当产率常数 $Y_{S/X}$ 和 $Y_{P/X}$ 随 μ 变化，细胞生长速率不变，底物消耗和产物合成速率可表述为：

$$\frac{dS}{dt} = -(Y_{S/X}\mu + m)X \tag{4-56}$$

$$\frac{dP}{dt} = (Y_{P/X}\mu + m)X \tag{4-57}$$

当 $S \gg K_S$ 时，$\mu = \mu_{max}$，上述反应速率的无量纲微分方程为：

$$\frac{dx}{dt} = \mu_{max} x \tag{4-58}$$

$$\frac{ds}{dt} = -x_0 \mu_{max} \left(1 + \frac{m Y_{X/S}}{\mu_{max}}\right) \frac{x}{x_0} \tag{4-59}$$

求解得到：

$$x = x_0 \exp(\theta) = x_0 \exp(\mu_{max} t) \tag{4-60}$$

$$s = 1 - x_0 (1 + b)[\exp(\theta) - 1] \tag{4-61}$$

$$p = p_0 + \left(1 + \frac{b}{Y_{P/S}\mu_{max}}\right)x_0[\exp(\theta) - 1] \tag{4-62}$$

式中　b——常数，$b = \dfrac{mY_{X/S}}{\mu_{max}}$

θ——无量纲时间，$\theta = \mu_{max}t$。

4.4.1.2　连续搅拌流反应器

连续培养过程中，原料连续输入反应器，反应产物则连续地从反应器中流出，达到稳态添加下反应器内部位的组成均不随时间变化，产物合成具有较高的生产强度。

对于混合理想、体积不变的反应器，质量平衡可以表达为：

$$\frac{dc}{dt} = \frac{v_f}{V}(c_f - c) + r \tag{4-63}$$

式中　V——反应器体积；

c——液相中底物、产物或细胞浓度，下标 f 代表进料；

r——体积反应速率矩阵；

v_f——反应器进料流速。

稳态稀释率为 D 的连续培养，无菌进料中不含产物，Monod 模型中相关参数为：

$$\mu = D = \mu_{max}\frac{S}{S + K_S} \tag{4-64}$$

$$X = Y_{X/S}(S_f - S) \tag{4-65}$$

$$P = Y_{P/S}(S_f - S) \tag{4-66}$$

引入无量纲参数 s 和 x：

$$s = \frac{S}{S_f};\ x = \frac{X}{Y_{X/S}S_f} \tag{4-67}$$

稀释比率和质量平衡可分别表示为：

$$D = \frac{\mu_{max}s}{s + a};\ x = 1 - s \tag{4-68}$$

式中　D——稀释比率；

μ_{max}——最大比生长速率；

s——无量纲底物浓度；

a——常数，$a = \dfrac{K_S}{S_f}$；

x——无量纲细胞浓度。

最大稀释比率为：

$$D_{max} = \frac{\mu_{max}}{1+a} \tag{4-69}$$

当 D 超过 D_{max} 时，反应器将发生冲出现象。

对于存在底物抑制现象的培养过程：

$$\mu = \frac{\mu_{max} S}{\frac{S^2}{K_i} + S + K_S} = \frac{\mu_{max} s}{bs^2 + s + a} \tag{4-70}$$

式中　a——常数，$a = \frac{K_S}{S_f}$；

b——常数，$b = \frac{S_f}{K_i}$。

当 s 取 $s_{极值} = \sqrt{\frac{a}{b}}$ 时，可得到 μ 的极值：

$$\mu_{极值} = \frac{\mu_{max}}{2\sqrt{ab}+1} = \frac{\mu_{max}}{2\sqrt{\frac{K_S}{K_i}}+1} \tag{4-71}$$

由于 μ 是 s 的函数 $(0 < s < s_{极值})$，最大稀释比率可以表述为：

$$D_{max} = \begin{cases} \mu_{极值} & \frac{a}{b} \leqslant 1 \\ \frac{\mu_{max}}{b+a+1} & \frac{a}{b} \geqslant 1 \end{cases} \tag{4-72}$$

反应器中给定物质的生产强度为：

$$P_i = Dc_i = q_i \tag{4-73}$$

式中　P_i——物质的生产强度；

D——稀释比率；

c_i——物质浓度；

q_i——物质的比合成速率。

一般在最大比生长速率条件下，生产强度不是最大的，根据 Monod 模型，最大生产强度下，对应的稀释比率为：

$$D_{opt} = \mu_{max} \frac{-a+\sqrt{a^2+a}}{\sqrt{a^2+a}} = \mu_{max} \left(1 - \frac{1}{\sqrt{1+\frac{1}{a}}}\right) \tag{4-74}$$

在维持模型里，当达到培养稳态时：

$$q_s = -D(S_f - S) = -(Y_{S/X}D + m)X \quad (4-75)$$

式中　q_S——底物比消耗速率；

D——稀释比率；

S_f——流加底物浓度；

S——反应器中底物浓度；

$Y_{S/X}$——底物对细胞浓度得率；

X——细胞浓度。

也可以表示为无量纲方程：

$$x = \frac{s(1-s)}{s + b(s+a)} \quad (4-76)$$

式中　x——无量纲细胞浓度；

s——无量纲底物浓度；

a——常数，$a = \frac{K_S}{S_f}$；

b——参数，$b = \frac{m}{\mu_{max}Y_{S/X}}$。

4.4.2　生化反应器的放大

反应器的放大是生物技术开发过程中的重要组成部分，也是生物技术成果实现产业化的关键之一。生化反应器的放大是指如何将实验开发的小型反应器放大到工业规模的大型反应器。

根据目前的发展状况，生化反应器的放大方法有：经验放大法，因次分析法，时间常数法，数学模拟法。

4.4.2.1　经验放大法

经验放大法是基于小试数据和对反应器的认识进行反应器的放大，是以认识为主而进行的放大方法，这些认识多半是定性的，仅有一些简单的、粗糙的定性概念。由于此法对事物的机制缺乏透彻的了解，因而，放大比例一般较小。例如，根据 P/V、$K_1\alpha$、n、P_{O_2} 和 u_g 等原则进行放大。

在小试实验的前期工作基础上，首先优化菌体培养的条件，建立 5 L 发酵罐的调控措施，然后在 500 L 反应器上验证不同放大方法的可行性，获得放大的原则，以放大原则为指导，实施 5 000 L 和 50 000 L 规模的放大试验。放大流程见图 4 - 18。1,3 -丙二醇放大过程中，反应器保持了同样的外形比例(Aspect Ratio)、相似的搅拌桨和环形气体分布器，因此放大的主要目的是获得搅拌速率和通风量的参数。

在经验放大法中，恒定氧传质系数法是常用的策略之一。但是，1,3 -丙二醇发酵是一个缺氧的过程，特别是进入对数生长期，发酵液中溶解氧值降低到电极的监测极限，在

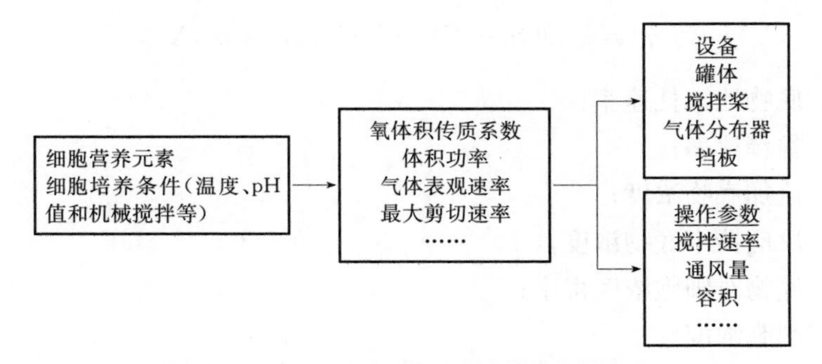

图 4-18 1,3-丙二醇反应器放大的流程

5 L 罐上根据经验公式(4-77)计算得到的氧传质系数($K_1\alpha$)值为 2.21×10^{-5} s^{-1},是一般好氧发酵氧传质系数的 0.1%以下,因此,利用恒定氧传质系数法对 PDO 反应器放大可能导致很大的误差,应该探索其他放大方法。

$$K_1\alpha = Ku_S^{\alpha}\left(\frac{P}{V_1}\right)^{\beta} \tag{4-77}$$

式中 u_S——气体表观速率;

P/V_1——体积功率;

K、α 和 ρ——常数 K、α 和 ρ,分别为 0.004 95、0.4 和 0.593。

分别以体积功率、搅拌速率、最大剪切速率、结合气体表观速率和雷诺数(Re_s)进行 500 L 反应器的放大,结果见表 4-7。

表 4-7 不同放大标准对 PDO 合成的影响

放大判据	符号	5 L 发酵罐	500 L 发酵罐				
			恒定 P/V_1	恒定 n	恒定 nD	恒定 u_S	恒定 Re_s
输入功率	P	1.0	125.00	647.50	43.31	43.31	43.31
单位体积功率	P/V_1	1.0	1.00	7.40	0.50	0.50	0.50
搅拌速率	n	1.0	0.52	1.00	0.31	0.31	0.08
搅拌桨直径	D	1.0	3.65	3.65	3.65	3.65	3.65
最大剪切速率	nD	1.0	1.88	3.65	1.14	1.14	0.27
雷诺数	Re_s	1.0	6.87	13.33	4.17	4.17	1.00
表观气速	u_S	1.0	4.02	4.02	0.96	1.04	1.61
氧传质系数	$K_1\alpha$	1.0	1.74	5.72	1.15	0.36	0.80
PDO 产量(36 h)	g/L	72.50	52.30	42.54	59.05	59.92	8.62

从表中可以看出,同时保持最大剪切速率和表观气速恒定,可以得到最大的 PDO 产量 59.92 g/L。一般要求大型生物反应器的输入功率不宜超过 5 kW/m^3[15],恒定搅拌速

率使得单位体积功率增加到初始反应器的 7.4 倍，$K_l\alpha$ 增大到 5.72 倍，PDO 的产量只有 42.54 g/L。恒定 Re_s 使得 500 L 反应器的搅拌速率降低到 0.08 倍，造成 3－HPA 的致死性积累，发酵异常终止，PDO 产量只有 8.62 g/L。

因此，最大剪切速率和表观气速可以作为放大的基本标准。但是，反应器的最终放大是对各个矛盾因素之间妥协的结果，生物工程放大的经验起着非常关键的作用，笔者的研究团队在实验室老师和协作单位技术人员的联合努力下，完成了 5 000 L 和 50 000 L 反应器的工艺放大。

图 4－19 是放大过程中最大剪切速率、$K_l\alpha$、Re_s 和 P/V_l 的变趋势。经过放大试验，最终在 500 L 罐、5 000 L 罐及 50 000 L 罐成功进行了 1,3－丙二醇供氧发酵的工业性实验，1,3－丙二醇浓度分别可达 66.8 g/L、66.1 g/L 和 63.3 g/L，得率分别达 0.55 mol/mol、0.52 mol/mol 和 0.50 mol/mol。

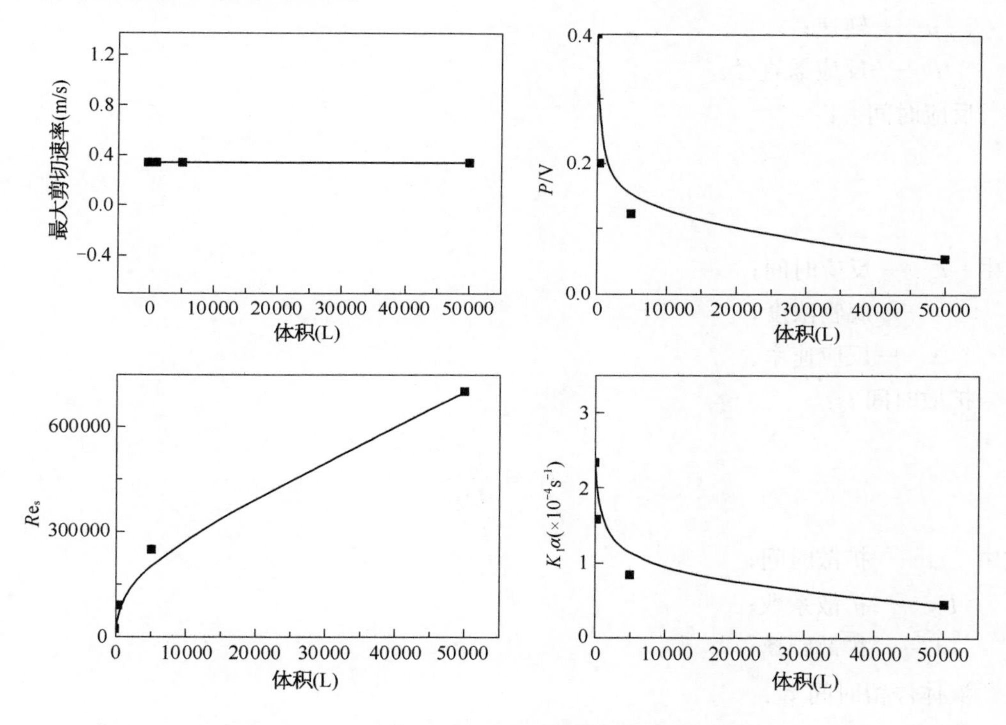

图 4－19　反应器放大过程中主要参数的变化

4.4.2.2　因次分析法

因次分析法系依据相似原理，以保持无因次准数相等的原则进行放大，此法又称为相似模拟法。此法是根据对过程的了解，确定影响该过程的控制因素；用因次分析法求的相似准数，例如流体力学中 Re_s 数、传热过程中的 Nu 数等，根据相似理论的第一定律，若能保证放大前与放大后的无因次数群相同，则有可能保证放大前与放大后的某些特性相同。

因次分析法已成功地应用于各种物理过程，如流体的流动、传热过程的放大等。但对有生化参与的反应器，采用因次分析法进行放大则困难得多。这是因为要同时保证放大前后几何相似、流体力学相似、传热相似和反应相似几乎是不可能的，保证所有无因次数群完全相等也是不现实的，并且会得出极不合理的结果。

4.4.2.3 时间常数法

时间常数是指某一变量与其变化速率之比。

常用的时间常数有：

混合时间 t_m：

$$t_m = \frac{V}{1.5nd^3} \tag{4-78}$$

式中 t_m——混合时间；
V——反应器体积；
n——转速；
d——反应器直径。

反应时间 t_r：

$$t_r = \frac{c}{r} \tag{4-79}$$

式中 t_r——反应时间；
c——底物浓度；
r——反应速率。

扩散时间 t_d：

$$t_d = \frac{L^2}{D_Z} \tag{4-80}$$

式中 t_d——扩散时间；
D_Z——扩散系数；
L——扩散距离。

液体停留时间 τ_L：

$$\tau_L = \frac{V}{F} = \frac{L}{u} \tag{4-81}$$

式中 τ_L——液体停留时间；
V——反应器体积；
F——流加速率
L——反应器特征尺寸；
u——发酵液对流流速。

气体停留时间 μ_G：

$$\mu_G = \frac{V\varepsilon_G}{F} \tag{4-82}$$

式中　μ_G——气体停留时间；
V——反应器体积；
ε_G——反应器孔隙率；
F——气流速率。

传质时间 t_{mt}：

$$t_{mt} = \frac{1}{k_L a} \tag{4-83}$$

式中　t_{mt}——传质时间；
$k_L a$——传质系数。

基质消耗时间 t_{SC}：

$$t_{SC} = \frac{S}{r_S} \quad (S > K_S) \tag{4-84}$$

式中　t_{SC}——基质消耗时间；
S——底物浓度；
r_S——底物消耗速率；
K_S——底物饱和常数。

细胞生长时间 t_g：

$$t_g = \frac{1}{\mu_{max}} \tag{4-85}$$

式中　t_g——细胞生长时间；
μ_{max}——最大比生长速率。

传热时间 t_h：

$$t_h = \frac{V\rho C_P}{hA} \tag{4-86}$$

式中　t_h——传热时间；
V——反应器体积；
ρ——培养基密度；
C_P——培养基热容；
h——反应器高度；
A——反应器截面积。

4.4.2.4　数学模拟法

在大量试验的基础上，建立及求解反应系统的动量、质量和能量平衡方程（建立数学模型)，按建立起的数学公式进行计算放大，具体步骤包括：

① 在较宽的培养条件下对所使用的生物细胞进行试验，以掌握细胞生长动力学及产物生成动力学等特性。

② 根据上述系列试验，确定该生物发酵的最优培养基配方和培养条件。

③ 对有关的质量传递、热量传递、动量传递等微观衡算方程进行求解，推导出能表达反应器内的环境条件和主要操作变量之间的关系模型。应用此数学模型，计算优化条件下主要操作变量的取值。

在数值模拟放大反应器过程中，存在以下主要问题，可能影响放大后效果：

① 要应用理论放大方法就必须解三维传递方程，且边界条件十分复杂。

② 传递过程之间是偶联的，即从动量衡算方程求解的流动分量必须用于质量与热量平衡方程的求解。

③ 动量衡算往往假定反应系统为均相液体，但对通气生物发酵，培养液中存在大量气泡。

半理论放大可以简化模拟放大方法，经常替代数值模拟方法。对动量方程进行简化，即选择主要影响因素(即主要因素的主要影响方面)建立数学方程，以得到反应器放大的主要参数。

对于搅拌罐式反应器或鼓泡塔，已有不少流动模型的研究进展，其共同点是只考虑液流主体的流动，而忽略局部如搅拌叶轮或罐壁附近的复杂流动。其流型有三类，即活塞流、带液体微元分散的活塞流和完全混合流动等。半理论方法是生物反应器设计与放大最普遍的试验研究方法。但是，液流主体模型通常只能在小型实验规模发酵反应器(5～30L)中获得，并非利用大规模的生产系统所得的真实结果，故使用此法进行放大有一定的风险，必须通过实际发酵过程进行检验校正。

参考文献

[1] Nelson D L, Cox M M. Principles of biochemistry. 5th ed. Newyork: W. H. Freeman and Company, 2007.

[2] Jagendorf A T. Acid-base transitions and phosphorylation by chloroplasts. Fed Proc, 1967, 26: 1361 - 1369.

[3] Mitchell P. Coupling of phosphorylation to electron and hydrogen transfer by a chemi-osmotic type of mechanism. Nature, 1961, 191 (4784): 144 - 148.

[4] Fromm H J, Hargrove M S. The tricarboxylic acid cycle. Springer Berlin Heidelberg: Essentials of Biochemistry, 2012: 205 - 222.

[5] Shlomi T, Berkman O, Ruppin E. Regulatory on/off minimization of metabolic flux changes after genetic perturbations. Proceedings of the National Academy of Sciences of the United States of America, 2005, 102: 7695 - 7700.

[6] Noor E, Eden E, Milo R, et al. Central carbon metabolism as a minimal biochemical walk between precursors for biomass and energy. Molecular Cell, 2010, 39: 809 - 820.

[7] Entner N, Doudoroff M. Glucose and gluconic acid oxidation of *Pseudomonas saccharophila*. J Biol Chem, 1952,196(2): 853 - 862.
[8] Bailey J E, Ollis D F. Biochemical engineering fundamentals. 2nd ed. McGraw-Hill: New York, 1986.
[9] 戚以政,汪树雄.生化反应动力学与反应器.北京:化学工业出版社,2005.
[10] Pirt S J. The maintenance energy of bacteria in growing cultures. Proc R Soc Lond B Biol Sci, 1965, 163: 224 - 231.
[11] Tsai S P, Lee Y H. A model for energy-sufficient culture. Biotechnol Bioeng, 1990, 35: 138 - 145.
[12] Zeng A P, Deckwer W D. A kinetic model for substrate and energy consumption of microbial growth under substrate-sufficient conditions. Biotechnol Prog, 1995, 11: 71 - 79.
[13] Liu Y. Energy uncoupling in microbial growth under substrate-sufficient conditions. Appl Microbiol Biotechnol, 1998, 49: 500 - 505.
[14] Gaden E L. Fermentation process kinetics. Journal of Biochemical and Microbiological Technology and Engineering, 1959, 1: 413 - 429.
[15] Thiry M, Cingolani D. Optimizing scale-up fermentation processes. Trends Biotechnol, 2002, 20: 103 - 105.

第5章

燃料乙醇

5.1　燃料乙醇发展概述

5.1.1　全球液体燃料发展需求

全球化石燃料日趋枯竭，在能源消耗持续增加的大背景下，中国原油对外依存度超过50%，国际石油供应前景不乐观。随着工业化世界发展对能源需求与无法通过有限的石化资源来弥补的差距的增大。此外，化石燃料的大规模利用导致污染性气体排放急剧增加，引起全球气候变化。温室气体水平反过来加剧全球变暖的危险和能源危机。超过70%的全球碳、一氧化碳(CO)排放和全球19%的二氧化碳排放增长量来自机动车辆，在大部分发展中国家机动车辆成为城市大气污染的主要来源。

目前，全球拥有7亿辆汽车，预计到2030年超过13亿辆，2050年超过20亿辆。其中，市场增长主要来自发展中国家。截至2011年底，我国汽车保有量超过1亿辆，保有量达到100万辆以上的大中城市数量达14个，未来液体燃料供给的压力日趋增大。

解决上述问题有赖于可再生能源技术的开发和推广，通过使用新能源和可再生能源，人类有望解决部分能源需求，选择环境友好的能源供应模式。解决方案之一是以生物质能的方式利用太阳能，全球生物能源资源主要包括能源作物和木质纤维素类废物。把生物质资源转化为生物燃料是减少温室气体排放、开发替代能源的重要选择。同时，使用生物燃料具有重要的经济和社会效益。举例来说，燃料结构的多样化能促进国家经济增长和就业。推广能源作物将提升农业的效应和竞争力。

生物燃料在交通运输行业通常用于液体燃料。生物燃料的吸引力主要在于：是可再生、可持续发展的燃料；是零碳或低碳的燃料；污染物排放较少；与化石燃料相比，成本预期稳定。生物燃料的种类很多，原料和加工工艺广泛，目前产业化的液体燃料主要包括乙醇和生物柴油。

5.1.2　燃料乙醇理化特性

乙醇(乙基醇，生物乙醇)是最重要的液体生物燃料，可直接燃烧或与汽油混合燃烧，

表5-1所示是乙醇的理化特性。作为汽油增氧剂，乙醇具有许多优点：首先，乙醇含氧量较高，可使汽油中烃类物质燃耗更完全，能降低CO和芳香族化合物排放；和甲基叔丁基醚(MTBE)相比，乙醇的辛烷值较高，无毒性，不污染地下水。此外，乙醇作为增氧剂能提高燃料的雷氏蒸气压，有利于能减少臭氧和烟雾的形成。许多国家已经或正在实施乙醇作为汽油增氧剂。为了减少石油进口，促进农村经济发展，改善空气质量，这些国家大力推广燃料乙醇。全球乙醇的产量已经超过50亿L，美国和巴西的乙醇产量居前两位。全球73%的乙醇用于燃料，17%用于饮料，10%用于工业。

表5-1　乙醇的物理化学特性

<table>
<tr><td rowspan="9">标识</td><td>中文名</td><td>乙醇(酒精)</td></tr>
<tr><td>英文名</td><td>Ethyl Alcohol(Ethanol)</td></tr>
<tr><td>分子式</td><td>C_2H_6O</td></tr>
<tr><td>相对分子质量</td><td>46.07</td></tr>
<tr><td>CAS号</td><td>64-17-5</td></tr>
<tr><td>RTECS号</td><td>KQ6300000</td></tr>
<tr><td>UN编号</td><td>1170</td></tr>
<tr><td>危险货物编号</td><td>32061</td></tr>
<tr><td>IMDG规则页码</td><td>3219</td></tr>
<tr><td rowspan="14">理化性质</td><td>外观与性状</td><td>无色液体，有酒香</td></tr>
<tr><td>主要用途</td><td>用于燃料、制酒工业、有机合成、消毒等</td></tr>
<tr><td>熔点(℃)</td><td>−114.1</td></tr>
<tr><td>沸点(℃)</td><td>78.3</td></tr>
<tr><td>相对密度(水=1)</td><td>0.79</td></tr>
<tr><td>相对密度(空气=1)</td><td>1.59</td></tr>
<tr><td>饱和蒸气压(kPa)</td><td>5.33(19℃)</td></tr>
<tr><td>溶解性</td><td>与水混溶，可混溶于醚、氯仿、甘油等多数有机溶剂。可产生易燃、刺激性蒸气</td></tr>
<tr><td>临界温度(℃)</td><td>243.1</td></tr>
<tr><td>折射率</td><td>1.366</td></tr>
<tr><td>临界压力(MPa)</td><td>6.38</td></tr>
<tr><td>最大爆炸压力(MPa)</td><td>0.735</td></tr>
<tr><td>燃烧热(kJ/mol)</td><td>1 365.5</td></tr>
</table>

5.1.3　燃料乙醇发展概况

燃料乙醇不断地吸引着世界的兴趣，各国纷纷推动生物燃料项目，减少温室气体排放，降低对石化基燃料的依赖。表 5－2 所示是已经推广燃料乙醇的国家，美国、巴西和欧盟国家燃料乙醇生产量位居前列。

表 5－2 推广燃料乙醇的国家

国 家	原 料	汽油中乙醇的体积分数(%)
巴 西	甘蔗	24
美 国	玉米	10
加拿大	玉米、小麦、大麦	7.5～10
中 国	玉米、小麦、木薯	
哥伦比亚	甘蔗	10
法 国	甜菜、小麦、玉米	
西班牙		
印 度	甘蔗	5
瑞 典	小麦	5
泰 国	木薯、甘蔗、水稻	

为了振兴农业，解决农产品过剩的问题，美国早在 20 世纪 80 年代早期开始玉米乙醇的生产。乙醇可以用于 E85 燃料（含 85％乙醇和 15％汽油的混合燃料），为了促进 E85 和其他可替代生物燃料的发展，美国国会通过了大量的法案，其中 2005 年制定的能源法案（EPAct2005）是最重要的一个。受该法案推动，可再生燃料标准（RFS1）要求到 2012 年生物乙醇消耗量达到 284 亿 t，同时该法案也鼓励发展纤维乙醇。

美国针对燃料乙醇的补贴政策较早，1978 年的能源法案规定，给予生产商 10.57 美分/L 的补贴；1982 年海面运输辅助法案（Surface Transportation Assistance Act）将补助提高到 13.21 美分/L；1990 年综合性预算法案（Omnibus Budget Reconciliation Act）将补贴延长到 2000 年，补助额调整为 14.27 美分/L；1998 年 21 世纪运输效率法案（Transportation Efficiency Act of the 21st Century）将补贴延长到 2007 年，补助额下调为 13.47 美分/L；2004 年就业机会创造法案（Jobs Creation Act）改变了补贴方式，将补贴直接支付给供应商，采用从量式乙醇消费税抵扣政策（VEETC），补助额调整为 11.89 美分/L；2010 年减税/就业机会创造法案（Tax Relief/Job Creation Act）将乙醇补贴政策延长一年；2011 年 12 月 31 日，美国终止了长达 30 多年的联邦政府燃料乙醇补贴法案。根据美国政府问责办公室统计，美国对乙醇共支付了 57 亿美元的补贴。

2007 年美国制定了能源独立与安全法案（EISA），在可再生燃料标准（RFS2）中明确提出：可再生燃料标准计划同时涵盖汽油和生物柴油；可再生燃料使用量从 2008 年的 492 亿 L 增加到 2022 年 1 363 亿 L；建立可再生燃料的重新分类和相应的可再生能源认证编码（RIN）；要求美国环境保护署应用全生命周期温室气体效应最低标准，保证可再生燃料排放比替代的化石燃料排放更少的温室气体。

美国可再生燃料协会(RFS)向美国环境保护署提交了熄火缓解计划,推动 E15 的市场化,以替代目前在用的 E10。E10 的完全市场化用了约 30 年,E15 的全面推广有望在未来几年内能实现。

巴西发展甘蔗乙醇行业是为了缓解地方性制糖工业的危机,也是为了降低对进口石油的依赖。1925 年,巴西开展第一次燃料乙醇试验。1933 年,Getúlio Vargas 政府创立"糖醇研究所(IAA)"并通过第 737 号法令,这项有关燃料含量的法令要求在汽油中添加乙醇。

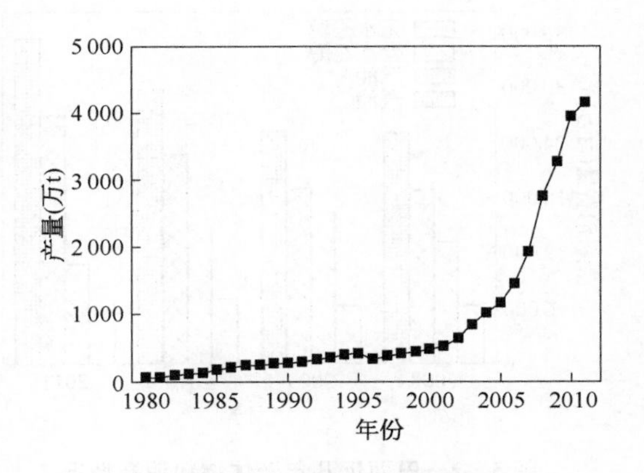

图 5-1 美国燃料乙醇产量

(数据来源:美国能源部)

1975 年巴西制定"国家乙醇计划(Proálcool)",推动燃料乙醇产业的大发展,促进了糖酒综合工业的现代化,并在经济和环境方面带来了巨大的收益。国家乙醇计划的主要目的是普及乙醇汽油混合燃料(汽油与无水乙醇混合而成),以及促进开发完全使用普通乙醇或 E95 乙醇的车辆。巴西在燃料乙醇的大规模发展史中形成了四个清楚的"里程碑"时期[1]。

第一阶段是从 1975 年到 1979 年,紧随 1973 年石油危机爆发以及全球糖价下跌,巴西政府决定增加乙醇的生产,将其用作乙醇汽油混合燃料的混合成分。当时,糖产量过剩使得糖价下跌,因此这一想法是为了使糖价复苏,同时降低国内对化石燃料的依赖。

第二阶段是从 1979 年到 1989 年,"国家乙醇计划"在这一时期达到高峰,财政和金融激励政策使所有人受益。但是在 1989 年汽车加油站的燃料乙醇出现短缺,消费者的信心严重动摇,而且专为使用乙醇燃料设计的汽车的销量急剧下滑。

第三阶段是从 1989 年到 2000 年,政府对燃料乙醇的整个支持体系瓦解。到了 20 世纪 90 年代,IAA 被取消,燃料乙醇产业的规划、生产和贸易决策权从政府向私营部门转移。80 年代政府停止对使用普通 E95 乙醇作为发动机燃料提供经济补助,E95 退出发动机燃料市场。1993 年,政府出台了指令,要求转售的汽油中必须添加乙醇,作为汽油添加剂的无水乙醇复苏得到支持。

第四阶段是从 2000 年开始直到现在,始于燃料乙醇的重新使用和 2002 年废除对该行业的价格控制。2003 年灵活燃料车进入市场,同时世界范围内油价的不断上涨为乙醇出口复苏带来了中短期机遇。自此以后,糖乙醇行业对市场(尤其是国外市场)需求变化的反应比对政府引导的反应更灵敏。该行业开始进行投资、扩大生产并增加技术创新,因此,巴西现在可以高效持续地生产蔗糖乙醇,其价格销售具有竞争力。巴西目前有 360 家具备生产能力的工厂,此外还将新增 120 家,其中一半是在现有基础上进行扩建,其余是一些新建的精馏工厂。

为了保障能源供应安全,减少温室气体排放,提高农村收入和就业,欧盟委员会发布

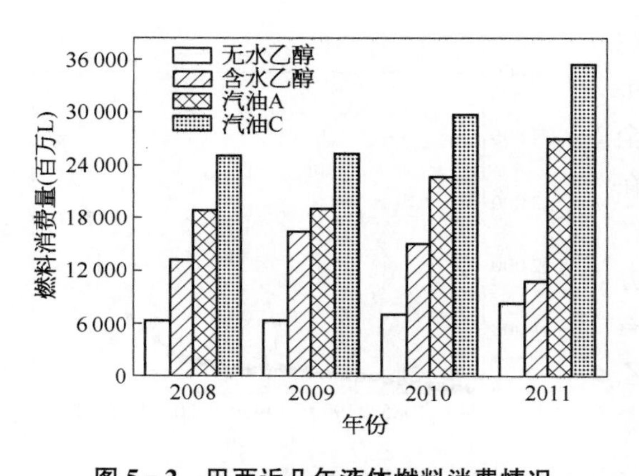

图 5-2　巴西近几年液体燃料消费情况

(汽油 A 指石化炼制汽油,汽油 C 指在汽油 A 中添加体积分数为(24±1)%的乙醇。数据来源：UNICA)

白皮书[2],要求交通部门使用可再生能源(如生物燃料),降低对石油的依赖。此外,随着人员和商品流动日益增加,欧盟交通部门燃料消费急剧增加。增加液体生物燃料使用,成为欧美的重要选择。欧盟生物燃料指令(2003/30/EC)设定到2010年生物燃料消费量占交通运输行业燃料消费量的5.75%,大多数欧盟国家已经采用这一要求。根据法国制定的生物燃料计划,到2010年生物燃料消费量要达到液体燃料消费总量的7%,2015年达到10%。2008年1月欧盟委员会提出了一个有约束性的最低目标——生物燃料在交通领域的消费量要占到10%的份额,2020年可再生能源达到能源消耗的20%。2007年欧盟修改燃料质量法令,允许在化石燃料中适当混合生物燃料,温室气体减排35%。要达到这一目标,必须实施补贴、减税和免税等措施。在2003年,欧盟修改关于能源产品、供电的税收框架,允许成员国在一定条件下通过减税或免税来支持可再生燃料的发展。然而,即使欧盟成员国的税收收益达到最小化,最终用于运输的生物燃料税也不会低于50%的正常消费税,由此可见,燃料乙醇大规模产业化的道路并不平坦。

5.2　我国燃料乙醇发展现状

5.2.1　我国燃料乙醇发展现状

我国能源供应紧张,煤炭、电力、石油供应问题日益严重。为保障能源和电力的可持续供给,国家对可再生能源的发展高度重视。根据我国《可再生能源中长期发展规划》,到2020年要建立起完备的可再生能源产业体系,大幅降低可再生能源开发利用成本,为大规模开发利用打好基础。2020年以后,要使可再生能源技术具有明显的市场竞争力,使可再生能源成为重要能源。

2000年之前的几年内,我国粮食连年丰收,造成粮食严重积压,陈化粮含有黄曲霉毒素,黄曲霉毒素是诱变剂,具有致癌作用,急需资源化利用。为了解决陈化粮问题,2001年,国家经贸委、计委、财政部等八部委颁布了《陈化粮处理若干规定》,规定陈化粮必须在县级以上粮食批发市场公开拍卖,确定陈化粮的用途主要用于生产乙醇(酒精)、饲料等。2002年发布《车用乙醇汽油使用试点方案》和《车用乙醇汽油使用试点工作实施细则》,确定天冠集团公司、黑龙江省金玉集团开展车用乙醇汽油的试点工作,试点城市包括河南省的郑州市、洛阳市、南阳市,黑龙江省的哈尔滨市和肇东市,试点周期为12个月。

2004年，经国务院批准，依据《燃料乙醇及车用乙醇汽油“十五”发展专项规划》，国家发展和改革委员会(发改委)等八部委决定在我国部分地区开展车用乙醇汽油扩大试点工作，并发布《车用乙醇汽油扩大试点方案》和《车用乙醇汽油扩大试点工作实施细则》，建设4个生物燃料乙醇生产试点项目，批准生产能力102万t/年，其中黑龙江华润酒精有限公司10万t/年、吉林燃料乙醇有限公司30万t/年、河南天冠燃料乙醇有限公司30万t/年和安徽丰原生化股份有限公司32万t/年。到2006年，我国已成为世界上继巴西、美国之后第三大生物燃料乙醇生产国。

2006年，国家发改委发布《关于加强生物燃料乙醇项目建设管理，促进产业健康发展的通知》，要求生物燃料乙醇项目实行核准制，建设项目必须经国家投资主管部门商财政部门核准。除按规定程序核准启动广西木薯乙醇一期工程试点外，任何地区无论是以非粮原料还是其他原料的燃料乙醇项目核准和建设一律要报国家审定。同时，明确指出，重点支持以薯类、甜高粱及纤维资源等非粮原料产业发展，明确提出“因地制宜，非粮为主”的发展原则。

2006年，国家发改委组织编制《生物燃料乙醇及车用乙醇汽油“十一五”发展专项规划》和《生物燃料乙醇产业发展政策》，规范市场秩序和投资行为，防止盲目建设和投资浪费，指导生物燃料乙醇产业稳步有序发展。同年9月，财政部等五部委发布《关于发展生物能源和生物化工财税扶持政策的实施意见》，明确提出对发展生物质能源产业和生物化工实施风险基金制度与弹性亏损补贴机制，对生物质能源及生物化工生产的原料基地龙头企业和产业化技术示范企业予以适当补助。

2007年，国家发改委明确表示，将不再利用粮食作为生物质能源的生产原料，取代粮食的将是非粮作物。财政部印发的《可再生能源发展专项资金管理暂行办法》也明确提出，石油替代可再生能源开发利用，重点是扶持发展生物乙醇燃料、生物柴油等。生物乙醇燃料是指用甘蔗、木薯、甜高粱等制取的燃料乙醇。

2007年，农业部公布《农业生物质能产业规划(2007—2015)》中提出“不与人争粮，不与粮争地”的原则；立足农林废弃物和非粮原料，开拓非耕地种植；坚持有利于缓解我国“三农”、能源和环境问题，促进资源节约和循环利用。

2012年，国家发改委正式批复了山东龙力生物科技股份有限公司5万t/年纤维燃料乙醇项目，龙力生物成为国内唯一能够规模化生产2代纤维燃料乙醇，并且获得国家定点生产资格的企业。图5-3所示是我国近10年乙醇价格的变化情况，随着国家油价和粮食价格的上涨，乙醇价格逐渐增加。表5-3所示是世界典型国家的人均土地面积情况，由此可见，我国发展

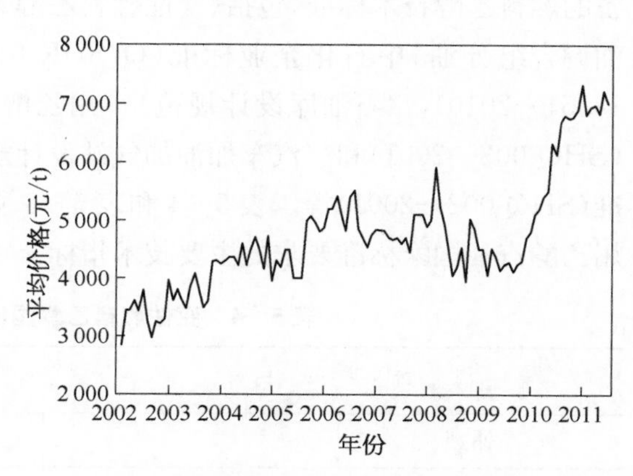

图5-3 我国工业级乙醇均价变化

大规模粮食乙醇不具有资源优势，燃料乙醇的发展应更加注重非粮原料的利用，要实现能源的低级利用，提高乙醇生产的效率，降低成本。

表 5-3 世界典型国家的人均可耕种土地情况

国家	土地面积（$\times10^3$ km^2）	人口（百万）	可耕种面积（$\times10^3$ km^2）	每千人可耕种面积（km^2）
美国	9 161	296	1 752	5.92
中国	9 326	1 370	1 436	1.10
日本	374	127	46	0.36
德国	349	82	118	1.44
印度	2 973	1 080	1 617	1.50
加拿大	9 093	32	451	14.09
巴西	8 457	186	588	3.16
法国	545	60	183	3.05
英国	241	60	57	0.95
西班牙	499	40	130	3.25
泰国	511	65	150	2.31
澳大利亚	7 617	20	499	24.95
巴基斯坦	778	162	216	1.33
瑞典	410	9	27	3.00

5.2.2 我国燃料乙醇相关主要技术标准

在车用乙醇汽油试点之初，为打击非法掺烧甲醇的行为，国家计委及时下达了《车用无铅汽油》国家标准（GB 17930—1999）修改单，规定“不得人为加入甲醇，车用无铅汽油中的甲醇检出限量为不大于 0.1%（质量分数）”。经过 10 年发展，我国已经建立了较为完备的燃料乙醇技术标准，包括《变性燃料乙醇》国家标准（GB 18350—2001），《车用乙醇汽油调合组分油》中石化企业标准（Q/SHR 010—2001），《车用乙醇汽油》国家标准（GB 18351—2010），《〈石油库设计规范〉车用乙醇汽油调合设施补充规定》中石化企业标准（SHQ 003—2001）和《〈汽车加油加气站设计规范〉车用乙醇汽油补充规定》中石化企业标准（SHQ 002—2001）等。表 5-4 和表 5-5 所示分别是我国变性燃料乙醇国家标准和车用乙醇汽油国家标准要求的主要技术指标。

表 5-4 变性燃料乙醇国家标准（GB 18350—2001）

项目	指标
外观	清澈透明，无肉眼可见悬浮物和沉淀物
乙醇（%，体积分数）	≥92.1

（续表）

项　　目	指　　标
甲醇（%，体积分数）	≤0.5
实际胶质（mg/100 ml）	≤5.0
水分（%，体积分数）	≤0.8
无极氯（mg/L，以 Cl^{-1} 计）	≤32
酸度（mg/L，以乙酸计）	≤56
铜（mg/L）	≤0.08
pH^e 值	6.5～9.0

注：1. 2002年4月1日前，pH^e 值暂按5.7～9.0执行。
2. 应加入有效的金属腐蚀抑制剂，以满足车用乙醇汽油铜片腐蚀的要求。

表5-5　车用乙醇汽油国家标准（GB 18351—2010）

项　　目	质量指标			试验方法
	90	93	97	
抗爆性				
研究法辛烷值（RON）	≥90	≥93	≥97	GB/T 5487
抗爆指数（RON+MON）/2	≥85	≥88	报告	GB/T 503、GB/T 5487
铅含量[①]（g/L）	≤0.005			GB/T 8020
馏程				GB/T 6536
10%蒸发温度（℃）	≤70			
50%蒸发温度（℃）	≤120			
90%蒸发温度（℃）	≤190			
终馏点（℃）	≤205			
残留量（%，体积分数）	≤2			
蒸气压（kPa）				GB/T 8017
11月1日至4月30日	≤88			
5月1日至10月31日	≤72			
溶剂洗胶质含量（mg/100 ml）	≤5			GB/T 8019
诱导期（min）	≥480			GB/T 8018
硫含量[②]（%，质量分数）	0.015			SH/T 0689
硫醇（需满足下列要求之一）				
博士试验	通过			SH/T 0174
硫醇硫含量（%，质量分数）	≤0.001			GB/T 1792

（续表）

项　　目	质量指标			试验方法
	90	93	97	
铜片腐蚀(级,50℃,3 h)	≤1			GB/T 5096
水溶性酸或碱	无			GB/T 259
机械杂质	无			目测[3]
水分(%,质量分数)	≤0.20			SH/T 0246
乙醇含量(%,体积分数)	10.0±2.0			SH/T 0663
其他有机含氯化合物[1](%,质量分数)	≤0.5			SH/T 0663
苯含量[4](%,体积分数)	≤1.0			SH/T 0693
芳烃含量[5](%,体积分数)	≤40			GB/T 11132
烯烃含量[5](%,体积分数)	≤30			GB/T 11132
锰含量[6](g/L)	≤0.016			SH/T 0711
镁含量[6](g/L)	≤0.010			SH/T 0712

注：① 车用乙醇汽油(E10)中,不得人为加入其他有机含氯化合物及含铅或含铁的添加剂。
② 允许采用 GB/T380、GB/T11140、SH/T0253、SH/T0742 进行测定。在有异议时,以 SH/T0689 方法测定结果为准。
③ 将试样注入 100 ml 玻璃量筒中观察,应当透明,没有悬浮和沉降的机械杂质及分层。在有异议时,以 GB/T511 方法测定结果为准。
④ 允许采用 SH/T0713 进行测定,在有异议时,以 SH/T0693 方法测定结果为准。
⑤ 对于 97#车用乙醇汽油(E10),在系统、芳烃总含量不变的前提下,可允许芳烃的最大值为 42%(体积分数),允许采用 SH/T0741 进行测定。在有异议时,以 GB/T11132 方法测定结果为准。
⑥ 锰含量是指车用乙醇汽油(E10)中以甲基环戊二烯三羧酸锰形式存在的总锰含量,不得加入其他含锰的添加剂。

5.2.3 我国燃料乙醇发展前景

根据“十一五”规划,到 2010 年底我国燃料乙醇总体利用规模要达到 200 万 t,但是 2010 年燃料乙醇的利用总量为 172 万 t,没有实现预期目标。“十二五”期间我国燃料乙醇的年利用规划目标确定为 500 万 t。燃料乙醇具有巨大发展空间,但同时其产业发展面临诸多问题。

燃料乙醇原料不足是制约大规模产业化的重要因素,在 2010 年的 170 多万吨燃料乙醇中,80%以上来自粮食。受人口和土地资源匮乏限制,我国不可能长期依赖粮食来生产乙醇。虽然我国有大量的盐碱地、荒地等劣质土地可种植甜高粱,但是,甜高粱产量较低,收集和运输成本较高,尚无收储运的管理经验。此外,甜高粱和甜菜是季节性作物,不适合长期保存,难以保证规模化连续性生产。

市场准入门槛高,补贴政策不明确,限制了民间资本进入燃料乙醇产业。燃料乙醇定点企业未经国家批准,擅自购买定点外企业乙醇的行为,国家一律不给予财政补贴,限制中小乙醇企业进入市场,同时燃料乙醇生产和流通仅限于数家生产企业和两大石油公司,较多肥料乙醇企业的产品无法进入车用成品油经销体系和终端消费市场。

纤维乙醇是未来发展的重要方向，但是诸多问题制约产业化进程，例如，预处理能耗高，预处理原料适应性差；纤维素水解酶制剂成本居高不下；缺乏生物质的梯级利用，综合利用效率低；五碳糖利用效率低，乙醇得率低；乙醇浓度低，下游分离能耗高；缺乏纤维乙醇设计和运行经验。

耦合纤维乙醇与生物质发电，将乙醇生产与已有生物质电站的有机结合(图5-4)，利用现有的生物质收集、储存和运输体系，降低原料收集成本。将电站的低品位能量用于乙醇生产过程，降低能量传输损耗；生物质预处理废弃物作为生物质电站燃料，回收能量，降低污染物排放，显著降低纤维乙醇生产成本，有助于推动生物炼制产业的健康快速发展。

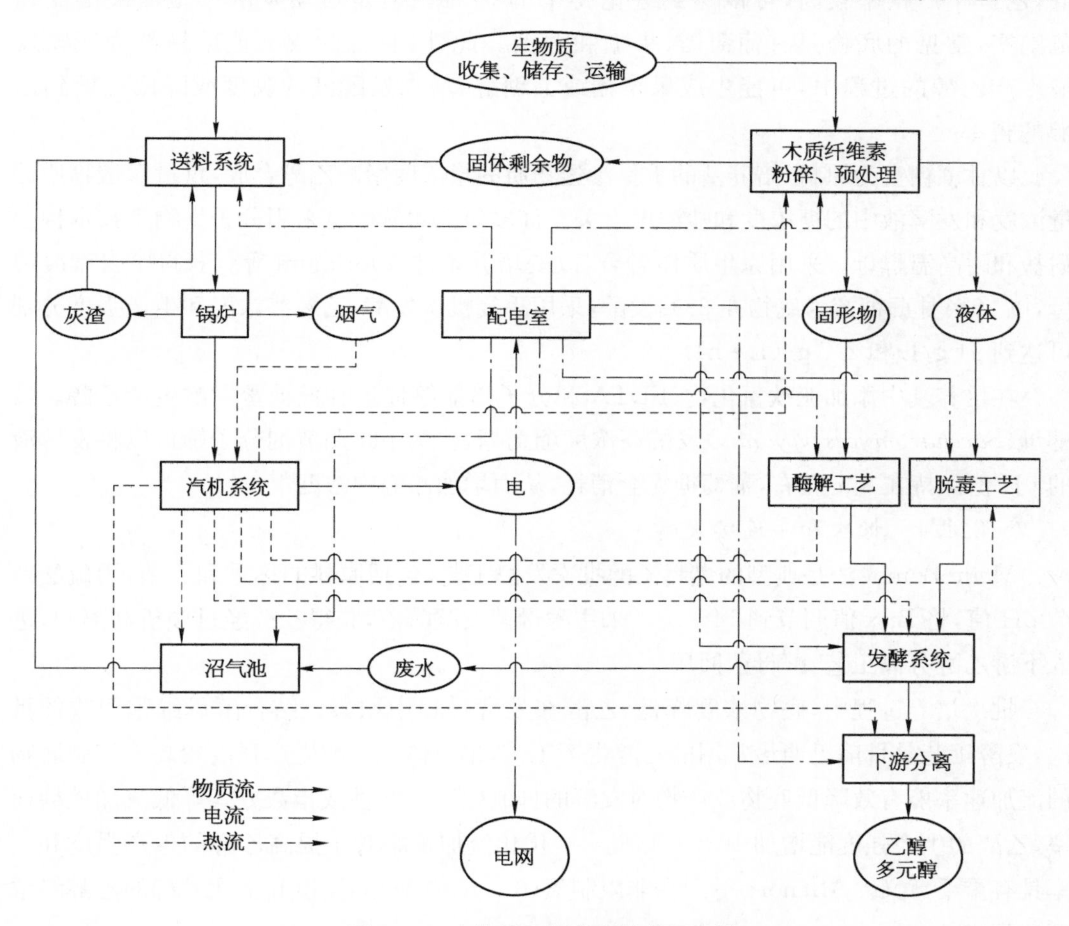

图5-4　生物质醇电联产技术示意图

5.3　燃料乙醇生产原料及工艺

5.3.1　以糖为原料生产乙醇

甘蔗生产燃料乙醇的原料为甘蔗汁或甘蔗糖蜜，甜菜渣也是乙醇发酵的糖类原料。

巴西79%的乙醇来自甘蔗汁，其余的来自甘蔗糖蜜。目前，最常用的乙醇发酵菌株为酿酒酵母(*Saccharomyces cerevisiae*)，能将甘蔗中蔗糖水解为葡萄糖和果糖，吸收并转化为乙醇。虽然酿酒酵母可以在厌氧条件下生长，但通风是影响酿酒酵母生长和乙醇合成的重要因素，脂肪酸和甾醇类物质合成需要少量通风。在培养基添加过氧化脲，可以增加供氧，有效降低染菌的风险[3]。粟酒裂殖酵母(*Schizosaccharomyces pombe*)具有较高的渗透压耐受力和固体底物耐受力，采用该酵母发酵乙醇的工艺已经授权专利[4]。在生产乙醇的细菌中，运动发酵单孢菌(*Zymomonas mobilis*)的能量效率较低，乙醇生产得率较高，可以达到理论得率的97%。但是运动发酵单孢菌发酵底物范围窄，常见的底物只有葡萄糖、果糖和蔗糖。此外，甘蔗汁或其他蔗糖类为底物发酵生产乙醇的过程中，可能生成果聚糖或苏糖醇，增加发酵液的黏度或降低蔗糖到乙醇的得率。

以甘蔗糖蜜为原料，培养基的重量渗透物质的量浓度影响乙醇合成，重量渗透物质的量浓度和发酵液中的糖浓度和盐浓度有关。许多研究团队尝试采用分子生物学技术构建耐盐和耐高温酵母。采用原生质体融合，改变培养条件，Morimura等[5]获得了自絮凝酵母，以22%甘蔗糖蜜为底物在35℃发酵，采用重复批次发酵，乙醇终浓度和生产强度分别可达到91 g/L和2.7 g/(L·h)。

在培养基中添加亚铁氰化物、EDTA和分子筛能够促进甘蔗糖蜜发酵生产乙醇。贝酵母(*Saccharomyces bayanus*)发酵高浓度葡萄糖，作为pH调节剂分子筛可以将发酵液的pH值保持在3.7左右，葡萄糖完全消耗，从而增加乙醇中浓度[6]。

5.3.1.1 批次和半连续发酵

Melle-Boinot法是典型的燃料乙醇批次发酵工艺，包括原料的称重和灭菌，用硫酸调节pH值，将Brix值调节到14～22。采用酵母菌发酵醪液，获得乙醇经过倾析和离心，进入下游乙醇分离工艺，酵母菌回用。

批次培养过程中，底物浓度降低，乙醇在发酵过程中积累。结合酵母细胞回收的批次，发酵工艺是目前巴西最常用的乙醇生产工艺，单位体积乙醇生产强度较高。控制底物的流加速率能有效降低底物或产物对发酵的抑制效应。线性或指数方式降低流加蔗糖速率，乙醇的生产强度能增加10%～14%[7]。优化流加策略对于提高乙醇的生产强度和产率具有重要意义。Alfenore等[8]在非限制氧(0.2vvm)条件下，45 h批次发酵的乙醇终浓度达到147 g/L。

自絮凝酵母更适合多次或重复批次发酵工艺，在传统的批次发酵之后，酵母细胞倾倒进发酵罐继续培养，消耗培养基。添加等量的新鲜发酵培养基，开始下一次发酵。采用这种培养方式，在不添加絮凝剂或采用过滤设备的条件下可以获得较高酵母细胞浓度，并减轻乙醇的抑制效应。当酵母活性或菌数降低时，应当停止多次或重复批次发酵，并重新接种。表5-6所示是采用甘蔗糖蜜发酵生产乙醇的典型批次、流加或重复批次发酵工艺。

表5-6 酿酒酵母发酵甘蔗糖蜜生产乙醇的不同发酵工艺[9]

发酵方式	配置	乙醇浓度(g/L)	乙醇生产强度[g/(L·h)]	乙醇产率(%,理论最大产率)
批次发酵	离心分离酵母并回用	80～100	1～3	85～90
流加补料发酵	连续搅拌反应器,变化流加速率	53.7～98.2	9～31	73.2～89
重复批次发酵	连续搅拌反应器,自絮凝酵母,最大重复次数47次	89.3～92	2.7～5.25	79.5～81.7
连续发酵	CSTR,采用沉降池回收酵母,通风量0.5 vvm,自絮凝酵母,	70～80	7～8	
	休止细胞,停留时间3～6 h,回用精馏流股	30～70	5～20	94.5
连续去除乙醇发酵	真空分离,细胞回用	50	23～26.7	

5.3.1.2 连续发酵

连续发酵与传统的批次发酵相比,具有许多优势:反应器的建设投资低,维护和运行费用低,发酵过程容易控制,生产强度较高。连续发酵过程细胞浓度高,通常采用酵母固定化、细胞回收和回用,以及控制培养条件等增加酵母密度。连续发酵的缺点是长时间厌氧培养将导致酵母合成乙醇的能力降低。此外,在较高的稀释率条件下,生产强度较高,但是底物不能完全消耗,影响乙醇产率。对于连续发酵而言,通风也是影响发酵效果的重要因素。在微氧和好氧条件下,增加供氧能提高细胞浓度、生物量得率、乙醇生产强度和酵母菌数量,降低乙醇对细胞生长的抑制效应。在连续发酵工艺中,采用多级反应器能降低乙醇的抑制效应。在多级塔式或流化床反应器中,采用自絮凝酵母,细胞浓度可达到70～100 g/L。

培养的稳定性是连续发酵的另一个重要问题。如果系统处于非稳态,酵母培养不能抵消输入参数(如稀释率、底物温度和底物浓度等)的扰动,系统的乙醇生产强度将较低,并可能导致振荡现象。

Laluce等[10]建立了5级连续发酵系统,每一级反应器的温度不同,酵母细胞在发酵过程中回用。温度絮凝影响细胞浓度和活菌数。微氧培养对连续发酵系统中乙醇、底物和酿酒酵母细胞浓度的稳定性存在显著影响。在浓醪发酵过程中,乙醇浓度较高,可能引起酵母絮凝,并导致连续发酵的振荡行为。采用固定床反应器能减轻乙醇浓度变化引起的振荡现象,达到准稳态发酵[11]。但是振荡现象的深层原因和机制尚不明确。Elnashaie和Garhyan[12]采用发酵罐、乙醇选择性膜和控制系统能消除振荡行为,控制系统能够将发酵罐从混乱状态调整至有序状态。采用动力学软件模拟振荡现象有望深入了解乙醇培养的稳定性,Bifurcation Analysis是常用的模拟软件,Cardona和Sánchez[13]对振荡行为进行了较为深入的探讨。

细胞固定化是提高连续发酵工艺中乙醇产率和生产强度的重要策略(表5-7)。通过海藻酸钠、聚丙烯酰胺或卡拉胶包埋而固定微生物细胞是常用的固定化工艺,也可以将细胞吸附在木屑、砖块、聚合物或其他材料上。目前,大多数工艺尚不能实现工业化。有些固定化材料可能影响细胞的代谢,特别是固态发酵、生物膜反应器和固定化反应器中,微生物的活性可能受到影响。在液态发酵过程中,人为添加河砂、脱木素锯末、壳多糖(几丁质)和壳聚糖能促进细胞的固定化,增加细胞代谢活性。

表5-7 采用固定化酵母生产乙醇的连续发酵实例[9]

载 体	底物	乙醇浓度(g/L)	乙醇生产强度[g/(L·h)]	乙醇产率(%,理论最大产率)
海藻酸钙和分子筛碱	甘蔗糖蜜	54.48	1.835	88.2
温石棉	甘蔗汁	25~75	16~25	80.4~97.3
	甘蔗糖蜜		3.5~10	
海藻酸钙	蔗糖	50.6~60.0	10.2~12.1	66~79
	糖蜜	47.4~55.3	7.3~10.4	62~74
	葡萄糖	30.6~41.0	2.98	83.1

5.3.2 淀粉基乙醇

5.3.2.1 淀粉水解

淀粉转化为乙醇的产率较高,但是在发酵合成乙醇之前需要水解工艺,释放单糖。传统的淀粉水解采用无机酸作为催化剂,淀粉酶催化水解反应的选择性高、反应条件温和、无副反应,已经取代酸催化剂水解淀粉。淀粉悬浮液水解的第一步常用地衣芽孢杆菌(*Bacillus licheniformis*)、大肠杆菌(*Escherichia coli*)或枯草芽孢杆菌(*Bacillus subtilis*)的耐热α-淀粉酶。在90~110℃的催化温度下,淀粉酶破坏淀粉颗粒的结构。Robertson等[14]尝试在较低温度下水解淀粉以节约能耗,但是效果不理想。上述水解过程称为液化,产物中含有淀粉、糊精和少量葡萄糖。液化淀粉在较低温度(60~70℃)下糖化,糖化酶主要来自黑曲霉(*Aspergillus niger*)或根霉属(*Rhizopus*)。

5.3.2.2 以玉米发酵为原料生产乙醇

玉米是一年生禾本科草本植物,是重要的粮食作物和重要的饲料来源,也是全世界总产量最高的粮食作物,其种植范围从北纬58°至南纬40°。世界上全年每个月都有玉米成熟。玉米是美国最重要的粮食作物,产量约占世界产量的一半,其中约2/5供外销。中国的玉米年产量占世界第二位,其次是巴西、墨西哥和阿根廷。

美国绝大部分乙醇以玉米为原料生产,玉米经过碾磨后获得淀粉,经淀粉酶水解为葡萄糖,糖液经微生物发酵生产乙醇。工业上主要有两种玉米碾磨法:湿法碾磨和干法碾

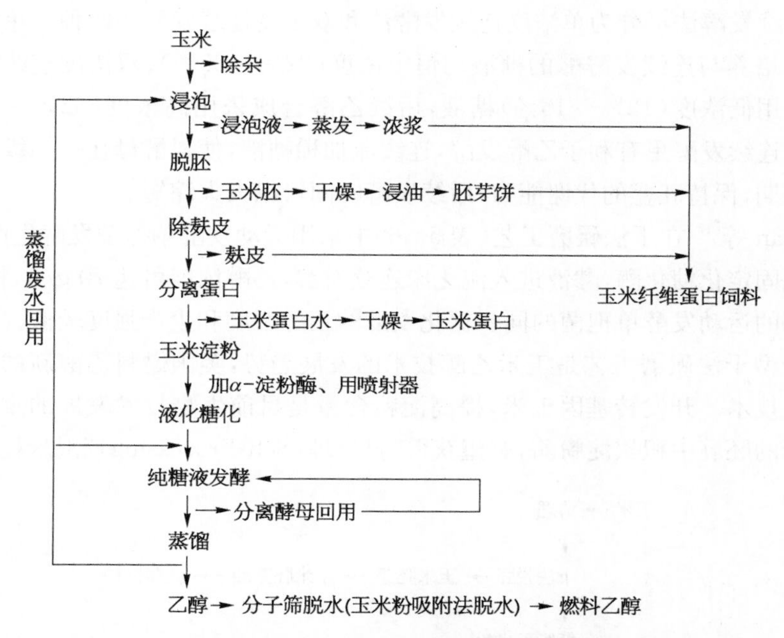

图 5-5 美国 ADM 公司用玉米生产燃料乙醇的湿法工艺流程[15]

磨。在湿法碾磨过程中,玉米粒分离为不同的组分,淀粉可转化为乙醇,其他组分为副产物。在干法碾磨过程中,玉米组分不被分离,所有的营养成分都进入乙醇合成过程,发酵后获得可溶固形物的干酒糟(Dried Distiller's Grains with Solubles,DDGS)。一般而言,湿法碾磨和干法碾磨后续的液化、糖化和发酵工艺是一样的。酿酒酵母发酵的温度为30～32℃,培养基中需要添加硫酸铵或尿素作为氮源。在玉米醪液中添加蛋白酶可以水解其中的蛋白质,从而增加培养基中的氮源。Burmaster 的专利中通过监控和调节玉米醪液的氧化还原电势(ORP),能够提高乙醇产率,缩短培养时间,并降低副产物的含量[16]。同步糖化发酵(Simultaneous Saccharification and Fermentation,SSF)就是将糖化和发酵这两个不同的工艺过程在同一个生物反应器中同时进行,它是高度整合的乙醇生产工艺,经常用于干法碾磨的底物发酵。整合后的工艺,大大简化了糖化和发酵过程。一般情况下,糖化速率要慢于发酵速率,当糖化过程生成单体糖后,相对快速的发酵反应马上将糖转化为发酵产物,从而使生物反应器中的单体糖的浓度始终保持在最低的水平,这会降低杂菌的感染,提高产物收率。同时,因为较低的糖溶度,在糖化反应中经常发生的产物糖对酶催化反应的抑制作用,得到了有效的控制,从而加快了糖化的速率,这个效果在高温发酵过程中更为明显。

在湿法碾磨工艺(图 5-5)中,经常采用多级连续发酵技术,其中涉及单独的糖化和发酵过程。在发酵工艺中,以连续的方式实现糊精的水解、酵母增殖、预发酵和发酵等。多级连续发酵法是在一组串联的几个发酵罐中进行,不同发酵罐可以水平布置,也可以梯级布置。种子和基本稀糖液连续地流入发酵罐,醪液以升流的方式依次流过发酵罐,完成酵母增殖和乙醇合成全过程,成熟醪从最后的发酵罐中连续排出,送去精馏。

多级连续发酵法可分为单浓度连续发酵法和双浓度连续发酵法两种。单浓度连续发酵法的酵母培养与连续发酵醪的糖液均恒定浓度(22%～25%);双浓度连续发酵法酵母的培养液采用低浓度(12%～15%)糖液,后续乙醇合成采用高浓度(32%～35%)糖液。双浓度多级连续发酵更有利于乙醇发酵,连续流加稀糖液,使得酵母在一二级发酵罐中达到对数生长期,保持旺盛的代谢能力,后续发酵时间可以大大缩短。

Krishnan 等[17]在干法碾磨工艺(表 5-6)中采用运动发酵单孢菌发酵生产乙醇,在固定床中填充固定化糖化酶,醪液进入流化床连续发酵,乙醇浓度可达 70 g/L,相比而言,固定化糖化酶的运动发酵单孢菌的同步糖化发酵的乙醇浓度和生产强度较低。

开发新型干法碾磨工艺是玉米乙醇技术的发展趋势,美国燃料乙醇新的产能主要采用干法碾磨技术。开发转基因玉米,提高淀粉含量是目前生物技术发展的重点之一。在转基因玉米的胚乳中积累淀粉酶,有望获得"自处理(Self-Processing)"玉米粒。

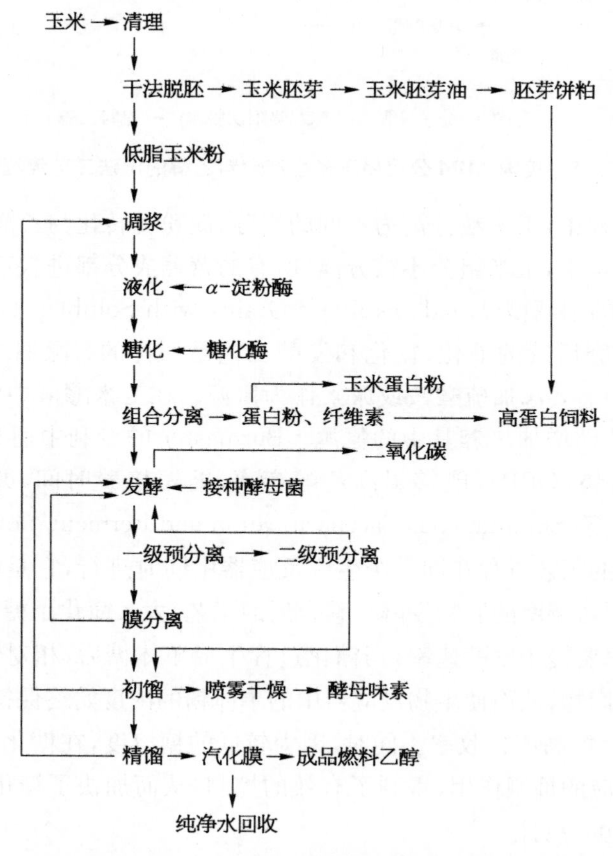

图 5-6 用玉米生产燃料乙醇的干法工艺流程[18]

5.3.2.3 以小麦为原料生产乙醇

小麦是小麦属植物的统称,是一种在世界各地广泛种植的禾本科植物,起源于中东地区。小麦是世界上总产量第二的粮食作物。

法国主要以甜菜糖蜜为原料发酵生产乙醇,但是部分乙醇来源于小麦。以小麦为原料生产乙醇的工艺(图5-7)类似于玉米乙醇工艺,许多研究小组针对小麦生产乙醇过程进行了优化,例如,Wang等[19]优化了发酵的温度和小麦醪液的浓度,Soni等[20]优化了小麦糠发酵过程中α-淀粉酶和糖化酶水解淀粉的条件。为了提高乙醇产量,通常采用浓醪发酵(High Gravity,HG),可溶性固体浓度通常达到200 g/L。浓醪发酵后乙醇浓度可达14%~16%(体积分数,淀粉质原料),或10%~12%(体积分数,糖蜜原料)。乙醇浓醪发酵的优点包括:

① 提高生产强度,增加发酵强度。提高单位体积和时间内发酵浓度,增加了发酵强度,也提高了设备利用率。

② 降低能耗。浓醪酒分提高,工艺用水减少,可以降低乙醇精馏以及DDGS生产蒸气的用量,从而降低了煤或电的消耗。

③ 节约工艺用水,减少损失。目前一般乙醇厂的料水比约为1∶2.5,而采用浓醪工艺将为1∶1.8~1∶2.0,同时乙醇中浓度较高,可减少精馏能耗。浓醪发酵可以减少企业污水处理负担,提高了DDGS生产得率。

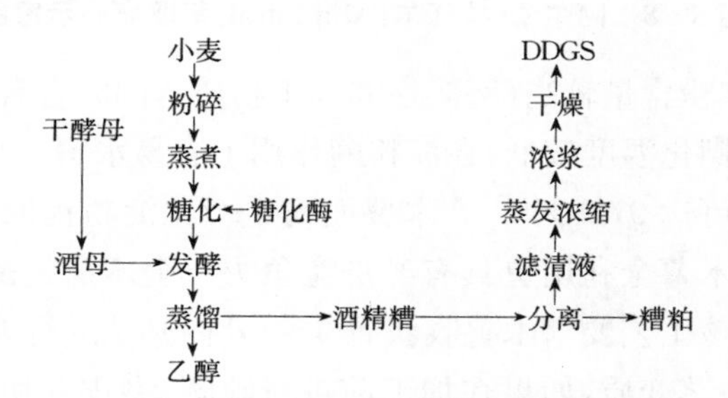

图5-7 小麦生产乙醇的工艺流程示意图[22]

浓醪发酵的缺点是发酵周期长,产物抑制、高渗透压和营养缺乏可能导致底物消耗不完全。在发酵罐内需要增加机械搅拌装置,以提高质量、热量、动量传递性能,需要增加通风设备,适量供氧,维持酵母细胞活性。

采用小麦醪液进行超浓醪发酵(Very High Gravity,VHG)是提高乙醇产量的重要尝试,小麦水解液中可溶性固形物的浓度可达300 g/L,超浓醪发酵的节水效果更明显,设备使用率能进一步提高。Bayrock和Ingledew[21]设计并试验了由连续发酵和超浓醪培养的组合系统,采用酿酒酵母发酵可溶性固形物为150~320 g/L的浓醪,发酵后乙醇的终浓度高达132.1 g/L。

5.3.2.4 采用木薯发酵生产乙醇

木薯是世界三大薯类之一,广泛栽培于热带和亚热带地区。在我国南亚热带地区,木薯是仅次于水稻、甘薯、甘蔗和玉米的第五大作物,是主要的加工淀粉和饲料作物。木薯为大戟科植物木薯的块根,呈圆锥形、圆柱形或纺锤形,肉质,富含淀粉。

木薯不仅是燃料乙醇的替代原料,也是葡萄糖浆的替代原料。木薯是重要的热带作物,其块茎的利用日益受到重视。利用木薯生产乙醇包括两种方法:“全利用”或提取淀粉后利用。淀粉提取通常采用阿尔法-拉瓦尔(Alfa-Laval)萃取方法,该方法类似于玉米生产乙醇的湿法碾磨工艺。阿尔法-拉瓦尔(Alfa-Laval)萃取离心萃取机由于转速高、混合效果好,可以缩短混合停留时间,以离心力取代重力作用,加速两相的分离,其操作原理见图 5-8。这种萃取设备结构紧凑,单位容积通量大,适用于需要接触时间短、产品保留时间短的体系。

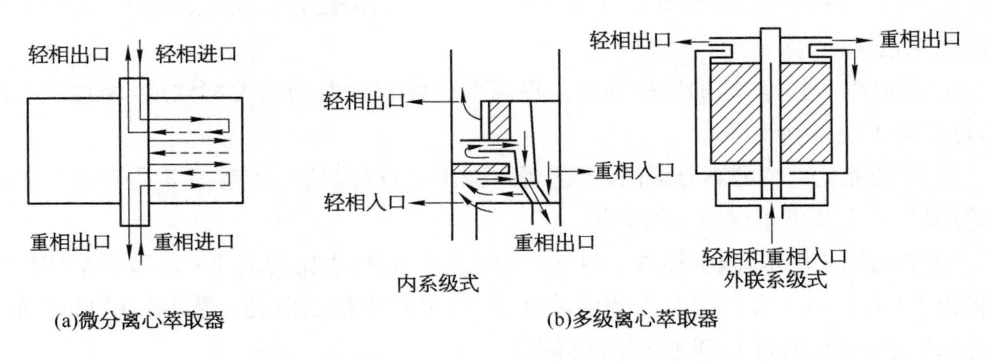

图 5-8 阿尔法-拉瓦尔(Alfa-Laval)萃取离心示意图

木薯提取产物中淀粉含量较高(85%～90%干物质),同时含有少量蛋白质和矿物质。与玉米淀粉相比,木薯糊化温度较低,在淀粉酶作用下容易水解。采用中孔纤维酶反应器水解木薯面粉,水解率可达 97.3%[23]。木薯面粉生产比淀粉提取相对廉价和简单,对于小规模乙醇生产而言,木薯全利用更具有经济竞争力。全木薯乙醇生产技术类似于玉米乙醇的干法碾磨工艺,该工艺要求木薯收获后 3～4 d 内必须进行处理,否则,高达 70%的含水率可能导致木薯块茎变质,如果在加工前进行晾晒、剥皮并切片,使木薯切片的含水率降低到 14%左右,能增加木薯的货架时间。

木薯块茎全利用工艺的第一步是进行木薯切片的碾磨,粉碎后的木薯与水混合,进行蒸煮和液化(图 5-9)。液化的浆液经糖化酶水解获得葡萄糖,用于发酵。采用同步糖化发酵能增加底物水解和乙醇含量。如果利用新鲜木薯块茎直接加工,整流后能得到纤维残渣,其性能类似于可溶固形物的干酒糟,可用作动物饲料。

5.3.2.5 *以其他淀粉原料生产乙醇*

除玉米、小麦和木薯之外,黑麦、大麦、高粱和黑小麦等可用于乙醇生产。这些谷物类原料生产乙醇的预处理技术较为成熟,脱壳能增加原料的淀粉相对含量。以香蕉及其残余物为原料,经过淀粉酶和糖化酶处理发酵生产乙醇,乙醇产率达到 0.5L/kg 干物质[25]。甜高粱乙醇是具有竞争力的选择之一。甜高粱适应性高,在较为贫瘠的土上还能保持较高的产量,一般每公顷能够产鲜茎秆 60～100 t,其茎秆中含汁为 65%～80%,汁液的糖浓度为 15%～20%,汁液中有蔗糖、葡萄糖、果糖等各种糖分物质。利用甜高粱茎秆生产乙醇主要采用固态和液态两种发酵方式。液态发酵是利用榨取的甜高粱茎汁进行发酵。很多问题,诸如废液治理难度较大、设备要求较高等,因受收获季节的影响,压榨的汁液储存成本高、难度大,从而可能导致生产难以连续,且秸秆利用不充分。在固态发酵工艺中,甜高粱秸秆经过粉碎可直接入池发酵,其在发酵过程中既是原料,又作为填充剂。并可在纤

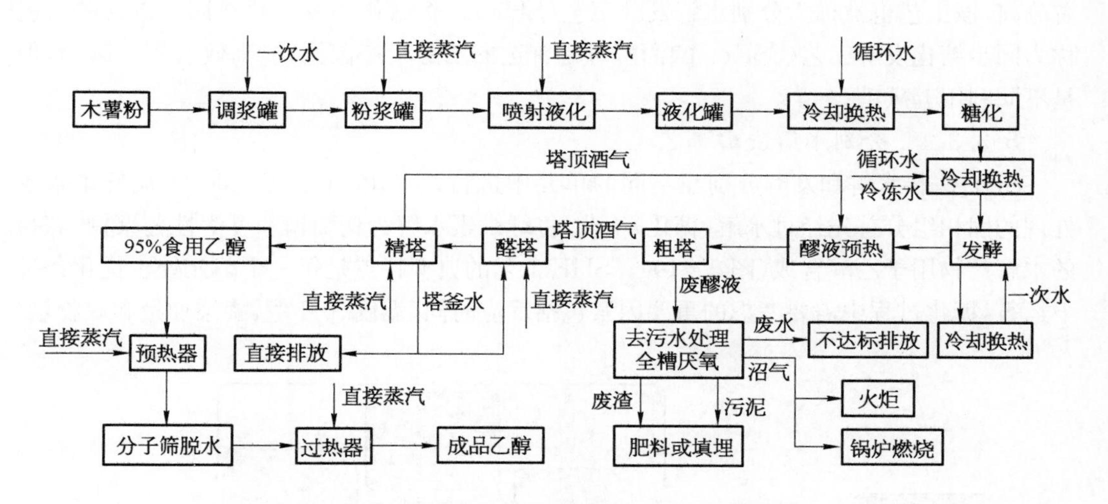

图 5-9 典型的以木薯为原料的乙醇加工厂工艺流程图[24]

维素酶的作用下，纤维素可降解为葡萄糖，从而提高原料的利用率；精馏后的酒糟中含有纤维素、脂肪、蛋白质、氨基酸等物质，可作动物饲料，充分利用原料，可彻底解决乙醇发酵过程中的污染问题，做到乙醇工业过程的清洁生产。韩冰等利用高产能源作物甜高粱生产燃料乙醇的先进固态发酵(ASSF) 技术，从甜高粱茎秆保存、菌种、反应器，到固体发酵过程的数学模拟和工程放大进行了系统研究。筛选出高效产乙醇的菌种 CGMCC1949，固体发酵时间低于 30 h，乙醇收率高于 92%；优选出储存甜高粱茎秆的有效方法，通过抑菌处理，厌氧储存 200 d 糖分损失小于 5%[26]。Lee 等将米曲霉(*Aspergillus oryzae*)、紫色红曲霉(*Monascus purpureus*)、酿酒酵母共同固定化，固定化酵母甜薯为底物发酵，最大的发酵速率为 80.23%。在 6%乙醇的终浓度条件下，酵母细胞的成活率为 95.70%。固定化能够增加酵母细胞的乙醇耐受能力。酿酒酵母和米曲霉或紫色红曲霉固定化过程中，最优的胶珠硬化时间为 15～60 min。在 pH=4、150 r/min 和 13 d 的周期内乙醇的合成强度为 3.05%～3.17%(体积分数)[27]。

5.3.3 以木质纤维素为原料生产乙醇

木质纤维素是地球上最为丰富的生物高分子，据估计全球每年生物质资源来量高达数百亿吨。生物质存在天然屏障，纤维乙醇生产首先要对木质纤维素进行预处理，消除纤维素降解障碍。木质纤维素的主要成分是纤维素、半纤维素和木素。纤维素和半纤维素是碳水化合物，在将木质纤维素用于发酵生产乙醇之前，需要将其中的纤维素和半纤维素转化为葡萄糖等可发酵糖。木质纤维素预处理的目的包括：去除或改变木素含量；去除半纤维素，破坏纤维素的结晶度；去除半纤维素的乙酰基；降低纤维素的聚合度；或增加孔隙率和内表面积。预处理方法基本可分为三类：物理法、化学法和生物法。

木质纤维素水解物发酵生产乙醇的典型工艺是依次水解纤维素，酵母菌发酵，以及下游分离，该工艺也被称为分别水解发酵工艺（SHF）。将糖化和发酵放在同一单元的工艺称为同步糖化发酵工艺（SSF）。酿酒酵母是首选的乙醇生产菌株，能高效利用六碳糖，但是不同利用五碳糖。

5.3.3.1 分别水解发酵工艺

SHF 法将水解和发酵分别在不同的单元中进行。采用 SHF 工艺时，木质纤维素预处理的固相组分首先经过水解（糖化）工艺，将纤维素水解为葡萄糖和可溶性葡聚糖，获得的水解产物用于乙醇合成（图 5-10）。SHF 工艺的典型特点是每一个单元处于优化条件下运行，糖化过程中需要考虑的重要因素包括反应时间、温度、pH 值、酶添加量和底物量。

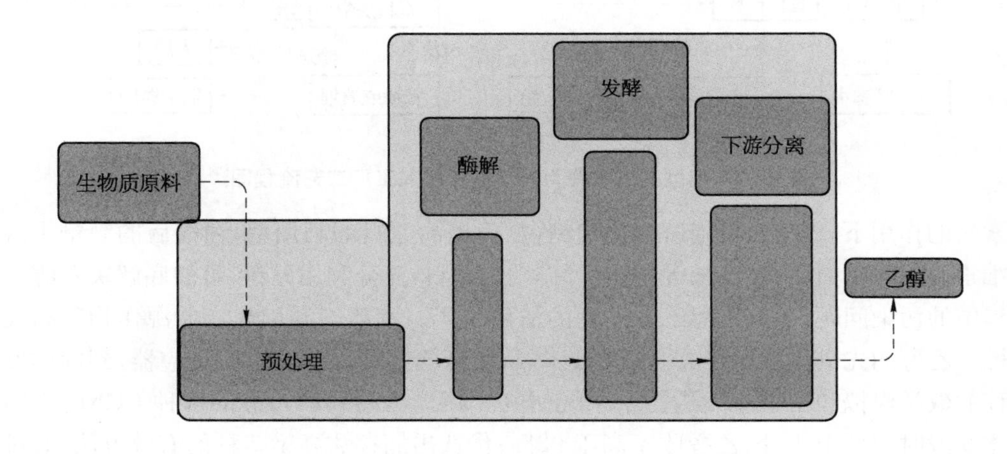

图 5-10 纤维乙醇分别水解和发酵工艺示意图

采用 SHF 工艺时，木质纤维素预处理的固相组分首先经过水解（糖化）工艺，将纤维素水解为葡萄糖和可溶性葡聚糖，获得的水解产物用于乙醇合成。SHF 工艺的典型特点是每一个单元处于优化条件下运行，糖化过程中需要考虑的重要因素包括反应时间、温度、pH 值、酶添加量和底物量。

Hari 等[28]以甘蔗叶为原料，上述参数的最优值在不同批次的实验中有变化，50℃，pH=4.5 条件下纤维素的转化率可以达到 65%～70%。实验中纤维素酶的添加量为 100FPU/g 纤维素，虽然实验中纤维素能完全水解，但是大量添加纤维素酶，将使得整个工艺缺乏经济可行性。云杉经过气爆预处理后，酶解实验证明，要达到较高的纤维素转化率，需要添加较多的纤维素酶和葡萄糖苷酶[29]。木质纤维素的组成对于酶剂量具有重要影响，阿拉伯糖和木糖与非淀粉多糖的比例决定了纤维素酶解过程中纤维素酶的添加量，该比例超过 0.39 的原料更适合纤维乙醇生产工艺。碱性过氧化氢预处理小麦秸秆，采用纤维素酶，β-葡萄糖苷酶和木糖酶的组合水解预处理固形物，单糖得率达到 96.7%[30]，重组大肠杆菌发酵后乙醇浓度达到 18.9 g/L，转化率为 0.46g/g。

调整发酵策略，能增加酿酒酵母对木质纤维素预处理水解物中抑制物的耐受能力，在连续发酵中增加细胞停留时间，预防冲出现象，保持较高酵母细胞浓度是提高酿酒酵母耐受力的一种方法。Brandberg 等[31]采用微滤装置回用细胞，微氧条件下以未脱毒的云杉稀酸预处理水解物为原料发酵，糖转化率达到 99%。Cantarella 等[32]使用有机溶剂为乙酸乙酯，尝试采用两相介质进行木质纤维素预处理水解，葡萄糖的浓度能够达到 150 g/L。

5.3.3.2　同步糖化发酵

由于乙醇产率高，能耗低，SSF 比 SHF 工艺更具有潜力。纤维素酶和微生物同时添加到同一个反应器，纤维素水解后产生的葡萄糖被微生物立即转化为乙醇，这样能有效消除葡萄糖对纤维素酶的抑制效应(图 5-11)。但是，要保证发酵液较好的流变特性，需要降低固形物的含量，乙醇的最终浓度较低。此外，纤维素水解工艺不是在优化条件下进行，需要较大的纤维素酶添加量，增加了乙醇的生产成本。为了降低纤维素酶剂量，并保证酶解效果，必须尝试新的工艺，节约成本。添加表面活性剂是有效提高酶解效果的途径，Alkasrawi 等[33]利用气爆预处理的木质纤维素，在 SSF 实验中添加非离子表面活性剂 Tween-20，酿酒酵母发酵显示：乙醇得率提高 8%，纤维素酶添加剂量降低 50%(从 44 FPU/g 纤维素降低到 4 FPU/g)，纤维素酶活性增加，发酵周期缩短，酶解效果改善的原因可能是表面活性剂避免或减少了纤维素酶对木素的非选择性吸附，增加了纤维素酶的有效催化活性。

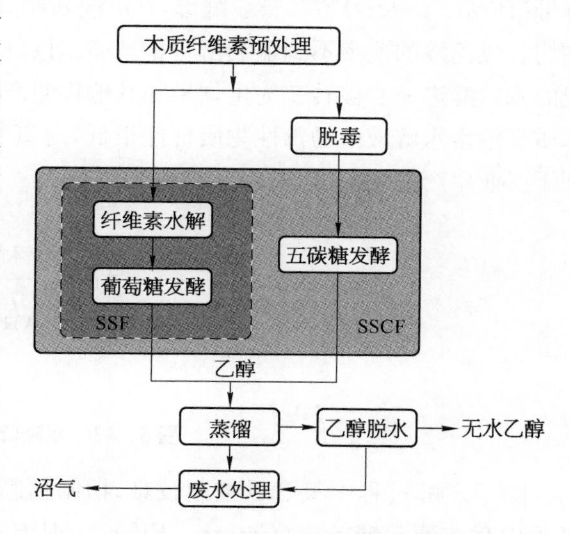

图 5-11　同步糖化发酵和同步糖化辅助发酵示意图

Hari 等[28]以甘蔗叶为原料，采用 SSF 工艺生产乙醇，初始底物量 15%，在 40℃，pH=5.1 和 3 d 的发酵周期里，乙醇浓度达到 31 g/L，但是该实验中纤维素酶的添加量高达 100 FPU/g 纤维素，大大增加了生产成本。SSF 工艺生产纤维乙醇软木比硬木更难降解。Stenberg 等[34]以 SO_2浸渍气爆预处理云杉为原料，采用 SSF 工艺发酵，初始固形物含量为 5%，纤维素酶添加剂量为-325 FPU/g 纤维素，酵母发酵后乙醇得率达到 82%，乙醇生产强度比 SHF 工艺增加 1 倍。

Varga 等[35]提出非等温的 SSF 工艺发酵湿法预处理的玉米秸秆，首先，在 50℃添加少量纤维素酶，充分搅拌，然后在 30℃添加较多纤维素酶，同时接种酵母，固形物的终浓度达到 17%，发酵结束后乙醇产率达到 78%。一般而言，提高发酵温度能加速微生物代谢过程，节约发酵制冷能耗。马克斯克鲁维酵母(*Kluyveromyces marxianus*)是潜在的中温乙醇生产菌，在 40℃以上，该酵母能生产乙醇。在 40℃利用废纸的 SSF 发酵实验显示，马克斯克鲁维酵母和酿酒酵母在纤维素转化率，乙醇得率等方面相当[36]。

5.3.3.3 *五碳糖发酵*

利用酿酒酵母发酵生产纤维乙醇的主要问题之一是该酵母不能吸收和利用五碳糖，只能利用特定单糖和二糖，如葡萄糖、果糖、麦芽糖和蔗糖。当然，酿酒酵母不能直接吸收纤维素和半纤维素。解决上述问题有赖于分子生物学技术，此外，利用某些特定酵母或细菌降解五碳糖是另外一个选择。将单独的葡萄糖和五碳糖发酵工艺整合，形成同步糖化辅助发酵工艺(SSCF)，能同时利用五碳糖和六碳糖。假丝酵母(*Candida* sp.)，树干毕赤酵母(*Pichia stiptis*)嗜鞣管囊酵母(*Pachysolen tannophilus*)等能够吸收五碳糖，但是这些均合成乙醇的速率不到酿酒酵母的 1/5，对这些酵母而言，木糖既是碳源又是能源，生成的木糖醇进一步被转变为生物量和其他代谢产物，不能有效积累。其次，这些微生物对木质纤维素水解液中的毒性物质抗性很低，对氧和乙醇的耐受比酿酒酵母低 2～4 倍，不利于工业生产应用。

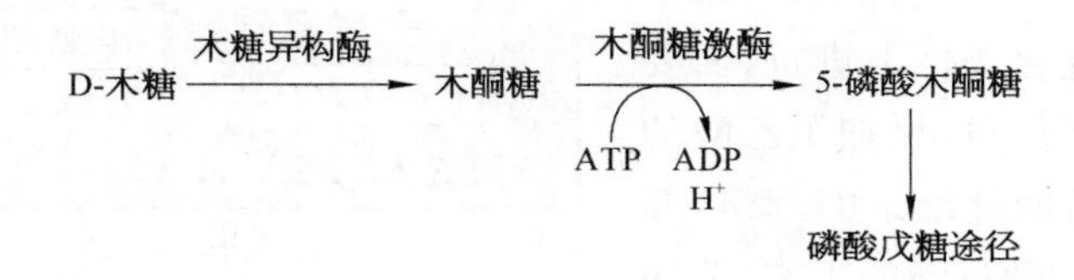

图 5-12 木糖降解途径

除了发酵过程中氧含量控制较难，抑制物影响菌体代谢之外，五碳糖利用菌株生长过程中存在葡萄糖效应(Crabtree Effect)，细胞有限利用六碳糖，因此在培养过程中将造成两阶段生长的现象。如果培养周期不够长，五碳糖残留在发酵液中，这势必降低木质纤维素混合物的利用速率。为克服这个问题，Chandrakant 和 Bisaria[37] 在发酵开始接种酿酒酵母，24 h后六碳糖消耗完全，再接种木糖利用酵母，但是乙醇产率仍然较低。

嗜热细菌是木质纤维素水解产物发酵的另一选择，嗜热糖化梭菌是重要的乙醇生产微生物，主要包括热硫化氢梭菌(*Clostridium thermohydrosulfuricum*)，糖化热厌氧杆菌(*Thermoanaerobacter thermosaccharolyticum*)和热纤梭菌(*Clostridium thermocellum*)。这些细菌能将五碳糖和氨基酸转化为乙醇，也能将 1 mol 六碳糖转化为 2 mol 乙醇。基于独特的糖化特性，这些微生物能在许多有机废物上生长，热纤梭菌甚至能直接将木质纤维原料转化为乙醇。但是，这些细菌的乙醇耐受力较差，文献报道的最高乙醇终浓度为 30 g/L左右，利用原位精馏或渗透汽化技术有望接触发酵抑制，实现乙醇高温发酵。Lynd 等[38]利用木糖培养基进行糖化热厌氧杆菌批次和连续发酵实验，乙醇浓度达到 25 g/L，研究连续发酵限制底物利用因素表明，高浓度木糖发酵过程中控制 pH 值需要添加碱液，形成的盐抑制细胞生长。统合生物加工过程(Consolidated Bioprocessing，CBP)之前被称作直接微生物转化(Direct Microbial Conversion，DMC)，是潜在的乙醇生产工艺，在一个生物反应器中利用热纤梭菌等嗜热乙醇生产菌株，完成木质纤维素转化为酒精所需的酶制备、酶水解及多种糖类的乙醇发酵全过程(图 5-13)。

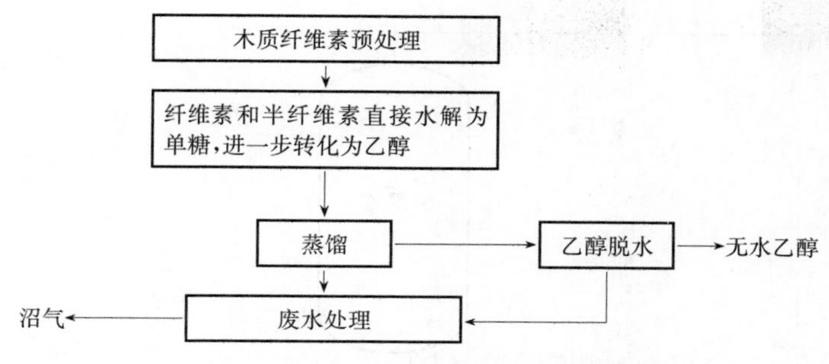

图 5-13　统合生物加工过程示意图

腐生真菌(*Mucor indicus*)能利用一系列包括六碳糖和五碳糖糖类，厌氧培养时乙醇对葡萄糖的产率可达到0.46g/g葡萄糖，该菌株也能吸收木质纤维素稀酸预处理过程产生的抑制物。从鼻白蚁科(*Heterotermes indicola*)的肠道分离一株阴沟肠杆菌(*Enterobacter cloacae*)，将其基因组中编码纤维素酶的2.25 kb片段克隆到大肠杆菌，克隆片段中含有1083 bp的ORF，所编码的蛋白属于糖基水解酶家族8。将纤维素基因导入运动发酵单孢菌，滤纸酶活等达到0.134 FPU/ml。以羧甲基纤维素和4% NaOH处理过的甘蔗渣为底物，重组菌的乙醇产率分别为5.5%和4%(体积分数)，比阴沟肠杆菌发酵的乙醇产率高3倍左右[39]。

经济的和环境可持续的燃料乙醇生产技术是其大规模应用的前提，要扩大燃料乙醇的推广市场，必须降低乙醇的生产成本。目前淀粉基乙醇的生产成本60%以上来自原料，其次是加工成本。甘蔗糖蜜生产乙醇是目前最经济的工艺。木质纤维素是未来最具潜力的乙醇生产原料。

5.4　燃料乙醇分离工艺

5.4.1　乙醇发酵产物的分离

传统的乙醇生产下游分离包括精馏和脱水等环节。精馏对乙醇工业的生产成本具有重要影响，在乙醇浓度高于4%(质量分数，下同)，乙醇蒸馏的能量效率较高，精馏工艺能回收99%以上的乙醇，能利用常用的流程模拟软件进行流程优化和放大。但是乙醇和水可形成共沸物，精馏不能获得无水乙醇，当发酵液中乙醇浓度低于4%时，精馏能耗会急剧增加。

发酵法生产乙醇的下游分离，基本包括两种处理工艺：管末处理和绕流处理(图5-14)。管末处理是目前常用的处理手段，发酵结束后回收乙醇，富乙醇流股用于下一步工艺，获得无水乙醇。绕流处理是在发酵过程中抽取发酵液，贫乙醇流股返回发酵罐，发酵液不离开反应器。整合管末处理和绕流处理时潜在的分离工艺，绕流处理作为一级处理单元，脱除部分乙醇，可以解除乙醇对微生物的抑制效应，增加生产强度。

乙醇在水溶液中具有较好的气液平衡，适合精馏分离。常压下乙醇-水体系的气液平

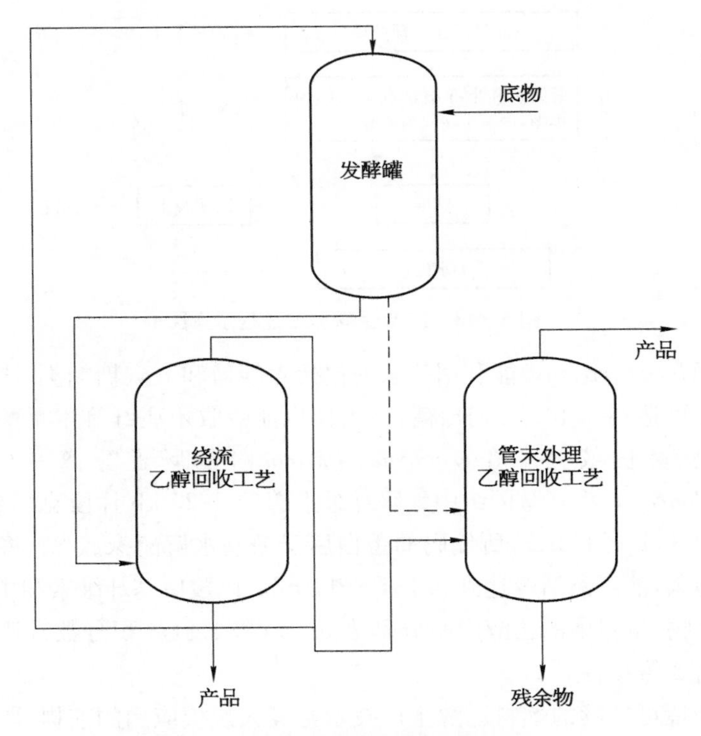

图 5-14 乙醇的下游分离的常见工艺

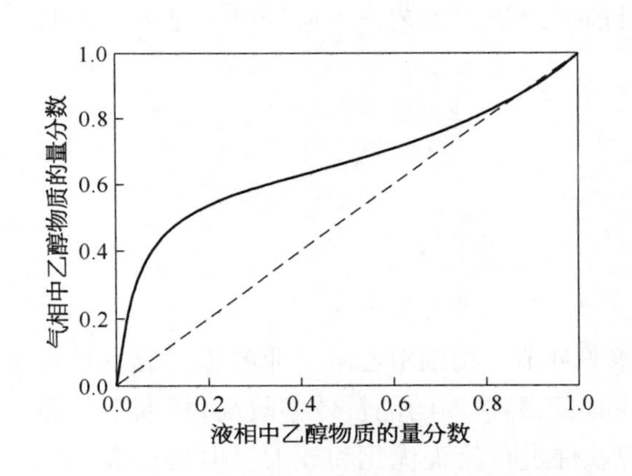

图 5-15 乙醇在水溶液中的气液平衡

衡图见图 5-15，乙醇浓度较低时的相对挥发度为 13，但是常压下，乙醇浓度达到 95.6%时，乙醇-水体系成为共沸物，乙醇的相对挥发度变得很小，采用精馏不能实现乙醇的继续分离。玉米生产的乙醇常采用多塔分离进行分离，获得的产品为近恒沸物，用分离塔和精馏塔的组合来替代单个精馏塔，可以利用低品位蒸汽，提高系统能效(图 5-16)。乙醇的热值为 30 MJ/kg，当发酵液中乙醇质量浓度大于 3%时，精馏耗能约占乙醇热值的 1/3，低于 3%时，从能量角度讲，精馏就失去意义。

要提高发酵液中乙醇浓度，需要解决乙醇对发酵的抑制问题。发酵液中乙醇浓度累积超过 50～80 g/L 时，酵母细胞生长会受到抑制，随着乙醇浓度继续升高，抑制作用加强，当乙醇浓度增加到 120 g/L 时，酿酒酵母生长停滞，代谢活动终止。产物抑制是浓醪或超浓醪发酵过程中的重要限制因素，采用乙醇发酵与产物分离耦合是提高发酵液中乙醇产量，增加乙醇生产强度的有效手段，乙醇发酵与分离耦合有两种方式，一种是将分离介质直接加入反应器，乙醇分离反应器内部完成，如直接经萃取剂或吸附剂加入反应器；

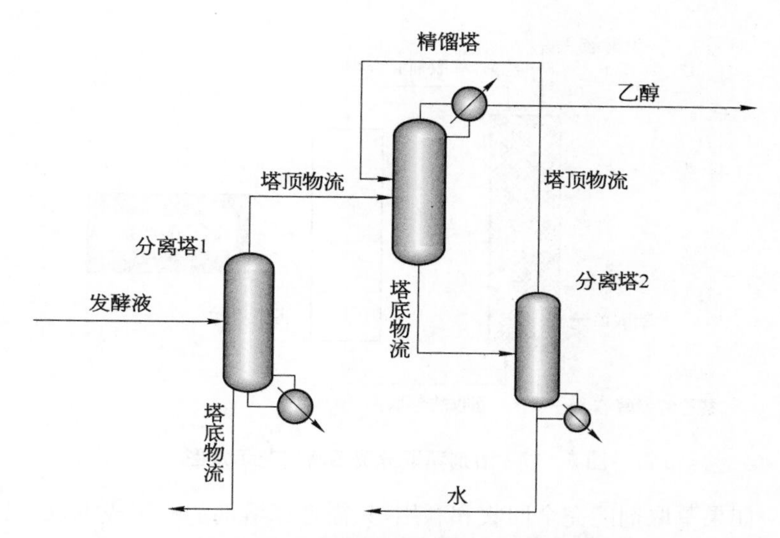

图 5-16　多塔精馏系统生产近恒沸乙醇

另一种是循环操作的方式，通过反应器外部的分离装置完成乙醇分离，如膜分离，CO_2循环气提与活性炭吸附相耦合的乙醇发酵过程。这两种分离过程分别被称为一体化耦合过程和循环式耦合过程。

5.4.2　溶剂萃取分离乙醇

利用溶剂萃取技术原位分离并回收乙醇能增加乙醇合成速率，增加底物浓度，减少水耗等。在液-液萃取过程中，采用搅拌器或填充塔，让发酵液与萃取剂接触，乙醇从发酵液中转移到萃取溶液中，再生单元可以实现萃取剂回用。

选择乙醇萃取剂需要考虑以下因素：

① 对乙醇和水的选择性：要得到较高浓度的乙醇萃余物，必须保证溶剂对乙醇的高选择性。

② 平衡分配系数 K_D：较高的 K_D值能减少萃取剂的用量，节约系统投资和运行成本。

③ 互溶性：理想的萃取工艺是萃取剂和水不互溶，与乙醇具有较高亲和性，在水中的溶解性较低。这样，能降低萃取剂的的损失，避免萃取剂进入发酵液或废水中。

④ 可分相性：萃取剂和水相的分离有赖于不同相之间的密度差异，常用重力沉降或离心技术。

⑤ 界面张力：萃取过程中两相接触时，要均匀混合，防止形成稳定的亚稳定的乳化物。

⑥ 萃取剂黏度：萃取要选择黏度较低的化合物来增加萃取塔和再生塔的传质，降低混合和传输的能耗。

⑦ 毒性：安全性和反应活性，要避免萃取剂对微生物生长和代谢的抑制。要评估萃取剂对废水和空气的污染，要考虑其可燃性、闪点以及反应活性。

⑧ 挥发性：乙醇回收工艺决定萃取剂选择，如果在常温或加热条件下采用蒸发、气提，建议选择低挥发性的溶剂。如果采用精馏回收乙醇，建议采用具有一定挥发性的溶剂。

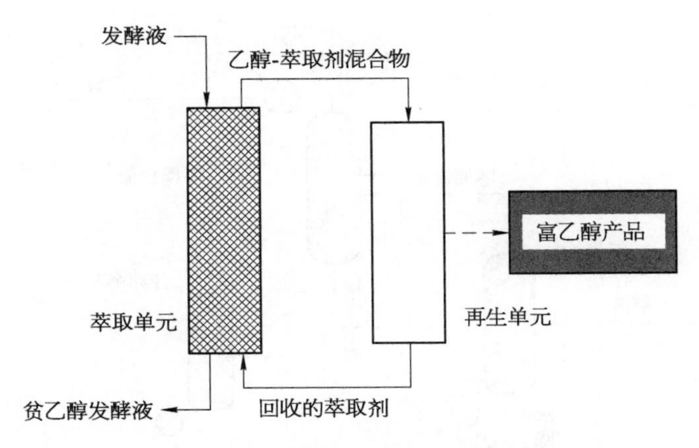

图 5－17　溶剂萃取分离乙醇工艺示意图

⑨ 成本：如果萃取剂能完全回收和利用，只需考虑溶剂的购买成本，如果存在反应消耗和回收损失，需要考虑运行成本。

对于给定的萃取剂，随着相对挥发度增加 K_D逐渐减小，因此对于给定的乙醇萃取量，要权衡萃取剂的选择性和用量。常用的促进再生方法包括真空闪蒸、精馏、气提和渗透汽化。

通过分析溶剂的物理特性和生物相容性是确定萃取发酵的先决条件，结合数据库，Kollerup 等[40]筛选了 1 361 种可用于乙醇萃取的溶剂，经过评价试验，最终确定 19 种溶剂可用于连续萃取分离乙醇。

采用固定化细胞和保护剂能降低溶剂对细胞的毒性，但是固定化细胞的机械强度降低，载体影响传质，细胞容易渗漏。采用油醇酸酯萃取，乙醇的分配吸收能提高 10 倍。在中孔纤维膜中使用生物相容的 2－乙基已醇、乙二醇、丙二醇、异十三醇等能有效萃取乙醇[41]。

5.4.3　吸附分离乙醇

在吸收工艺中，乙醇从进料中转移到固相吸附剂中，吸附剂一般装载在填充塔中，该工艺一般包括吸附和解吸两阶段。与萃取剂类似的是，固相吸附剂具有选择性和吸附平衡分配系数（图 5－18）。目前用于乙醇选择性吸附的材料是疏水分子筛，例如 ZSM－5、XAD 树脂和活性炭。

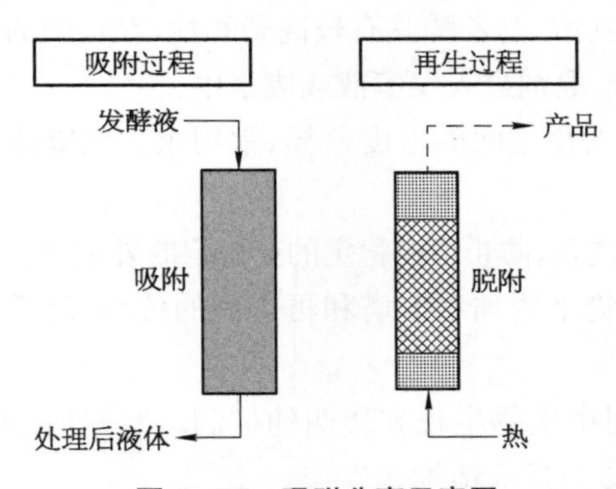

图 5－18　吸附分离示意图

乙醇和水竞争分子筛的吸附位点，在常温下，Silicalite-1 分子筛对水的吸附量为40 mg/g。水中含有乙醇时，水的吸附量下降。在乙醇含量为 5%时，乙醇的吸附量为 85～100 mg/g，同时水的吸附量降低到20 mg/g，这样 Silicalite-1 分子筛吸附物 80% 为乙醇，意味着 Silicalite-1 分子筛的分离因子为 76[42]。

将分子筛或活性炭等吸附剂加入发酵液中，吸附剂选择性地吸附乙醇，从而降低发酵液中乙醇的浓度，然后将吸附物在一定条件下解吸。以 XAD－4 大网格树脂作为吸附剂，在含 10%左右乙醇的发酵液中，其对乙醇的静态吸附量达 1 083 m/g。在适当的流速及反通的条件下进行动态吸附，并通入 80℃的热空气进行解吸，可获得较好的分离效果[43]。用 XAD－4 树脂作为吸附剂，可以选择性的从发酵液中吸附乙醇，从而可以大大降低乙醇生产的能耗。但是这种方法有一定的缺陷，就是乙醇被吸附的同时，酵母等有效成分也会被吸附，造成吸附剂再生困难，处理能力有限。

5.4.4 气提分离乙醇

发酵液流经气提塔，乙醇转移到气相中，通常采用 CO_2 或其他惰性气体作为解吸剂。气提可以在常温下采用绕流或管末处理工艺完成(图 5－20 是气提分离示意图)。气提的基本原理是气液逆流接触，平衡时气相中乙醇和水的比例由气液分配行为决定，乙醇和惰性气体的比例受温度影响。气相总挥发性组分(乙醇或水)的分压由下列方程决定：

$$P_i = y_i P_{Total} = x_i \gamma_i P_i^{sat} \tag{5-1}$$

式中 P_i——分压；

P_{Total}——气相的总压力；

y_i——气相的物质的量分数；

x_i——液相的物质的量分数；

γ_i——液相活度系数；

P_i^{sat}——饱和蒸气压。

温度显著影响饱和蒸气压，如图 5－19 所示是常压下乙醇和水的饱和蒸气压随温度的变化趋势，当温度从 3℃上升到 45℃时，乙醇和水的饱和蒸气压分别增加 68%和 70%，对于给定的乙醇脱除量，45℃比 35℃需要的惰性气体量较少约 40%。乙醇从气相中分离通常采用冷凝、膜分离和吸收等技术。

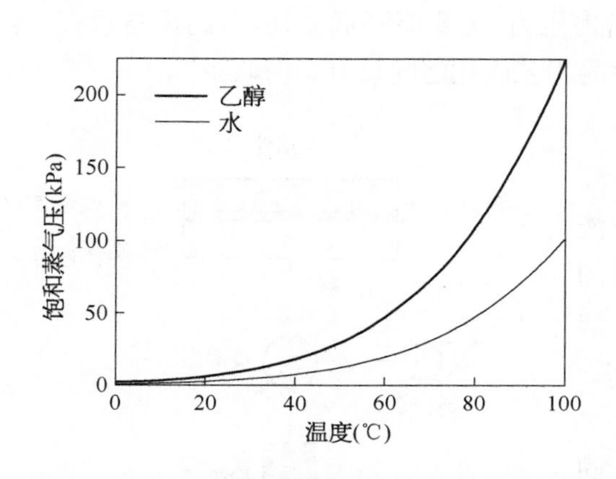

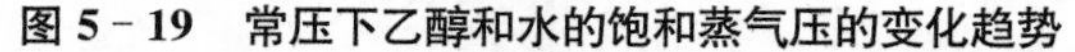

图 5－19 常压下乙醇和水的饱和蒸气压的变化趋势

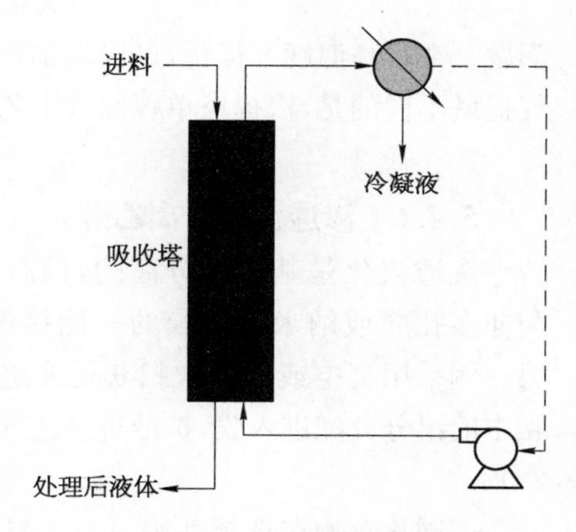

图 5－20 气提分离示意图

为了消除发酵液中溶解的底物和酵母细胞的悬浮对吸附剂的影响，提出了以 CO_2 作为载气进行循环，将发酵液中的乙醇以蒸气的形式抽提出来，然后吸附蒸气中乙醇的操作方式[44]。由于发酵产生的乙醇不断被 CO_2 循环带走，发酵液中产物可以保持较低水平，减小甚至消除乙醇对酵母细胞的抑制，使细胞活性增强，提高了乙醇发酵产率；此外，细胞活性增强又促使细胞密度增加，提高乙醇体积产率，而细胞活性和密度的增加又能促进底物的充分利用。

秦庆军等[45]研究了 GSEF 与载气精馏耦合过程，利用发酵过程中所产生的 CO_2 作为载气，夹带乙醇和水蒸气进入发酵反应器之上的精馏塔，在塔顶得到浓缩的乙醇，而水被分离下来返回发酵反应器内，不可凝结载气则由气体压缩机沿循环回路进入发酵罐。

5.4.5 汽提分离乙醇

与气提分离工艺相比，汽提工艺采用水蒸气作为载气，在化学工业中，汽提技术常用于处理含有挥发性和半挥发性物质的废水。如图 5－21 所示是典型的啤酒蒸馏塔，可以用于乙醇的汽提分离。传统的汽提塔是直接将蒸汽通入塔内，啤酒蒸馏塔将蒸汽通入再沸器，塔顶采出的乙醇回收率可以达到 95%以上。降低汽提塔压力能减小运行温度，塔顶多级冷凝能脱除大量水分，提高乙醇浓度。

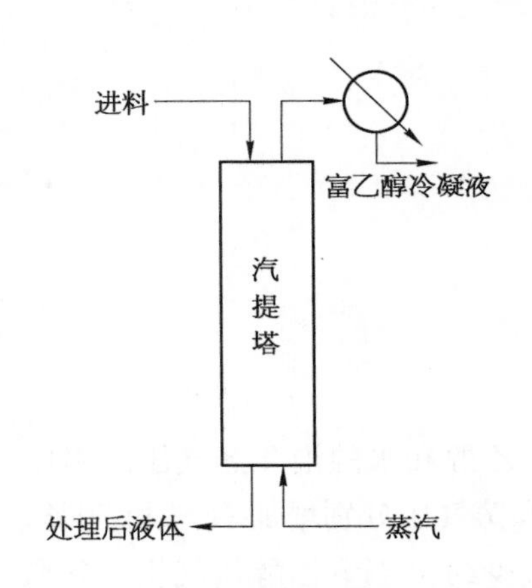

图 5－21 汽提分离乙醇工艺示意图

采用 5%乙醇溶液在 35℃汽提分离乙醇，如果要达到 99%的回收率，需要消耗 6.1 MJ/kg 乙醇，其中加热耗能 4.13 MJ/kg，30℃两级冷凝 0.46 MJ/kg，精馏耗能 1.5 MJ/kg[46]。

传统的精馏系统需要在进料中夹带或溶解的 CO_2，需要提前脱除或者从塔顶脱除。发酵过程中虽然合成大量 CO_2，但是溶解在水中的量较少，不需要考虑脱除问题。在较高温度下运行，可以增加汽提塔内压力，主要能降低能耗，节约设备投资。与气提塔不同的是，汽提塔单程回收工艺和冷凝工艺能耗之间没有紧密联系。

5.4.6 渗透汽化分离乙醇

渗透汽化是基于膜分离的过程，发酵液与非多孔膜或纳米多孔膜的一侧接触，膜的另一侧采用真空或气体吹扫获得渗透气。液相中的组分分配进入膜，扩散进渗透气（图 5－22）。

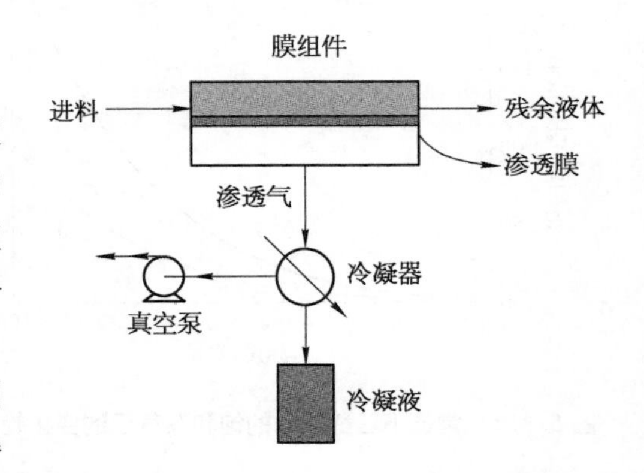

图 5－22 渗透汽化分离乙醇工艺示意图

不同化合物在选择性膜材料上具有不同的吸收和扩散行为，某些组分在渗透气中得到富集，到进料液体流经膜组件并穿过膜表面时，液相滞留物中易渗透组分减少。

采用疏水乙醇选择性膜分离乙醇-水体系，在渗透物中能富集乙醇要增加水相中乙醇的分离效率，需要考虑以下问题[47]：

① 增加能量效率，包括增加乙醇-水的分离因子，增加能量利用的整合。

② 降低渗透汽化系统的投资成本，包括降低单位面积的膜组建成本，增加膜通量以减少膜组件的用量。

③ 进行发酵的长期中试试验，检验膜及组建的稳定性及污染行为。

④ 渗透汽化和反应器的优化和整合，采用微滤或超滤增加反应器中细胞浓度，增加渗透汽化的温度，促进乙醇分离，去除或避免抑制物对发酵和分离的影响。

⑤ 采用分馏冷凝技术，促进渗透汽化回收乙醇并脱除其中水分。

⑥ 开展经济技术分析，比较渗透汽化技术与其他分离技术的优缺点，研究工业放大的可行性。

渗透汽化从本质上说是蒸发过程，乙醇从发酵液中蒸发需要热量，同时分离后的渗透气必须冷却，获得富乙醇浓缩液。此外，渗透气化膜必须具有高乙醇选择性，与基于多级气液平衡的气提塔不同的是，渗透气乙醇分压和进料液中分压不平衡，二者为对数均数关系。采用聚二甲基硅氧烷(PDMS)膜分离乙醇-水体系，分离因子为8，当进料侧乙醇浓度为5%(质量分数，下同)时，渗透气中乙醇浓度为30%(2.3 kg水/kg乙醇)。但是，如果膜系统乙醇回收达到80%时，即液相滞留物中乙醇浓度为1%时，进料浓度的对数均值为2.5%，渗透气中乙醇浓度为17%(4.9 kg水/kg乙醇)，渗透汽化比单级蒸馏等能耗要低。

进料中乙醇浓度变化对渗透汽化的能耗影响非常明显，要达到80%的乙醇回收率，能耗不高于蒸馏系统的能耗，分离系数需要达到20以上，这就需要疏水混合基质或分子筛膜(图5-23)[48]。

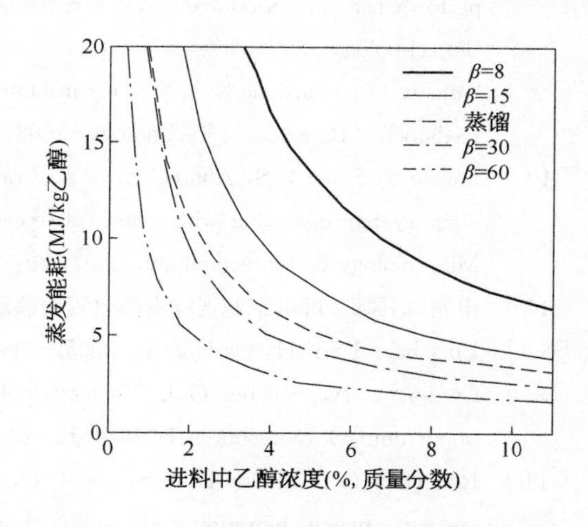

图5-23 分离系数对渗透汽化能耗的影响

因此，理想的渗透汽化膜应该具有较高的乙醇选择性，较高的乙醇-水分离因子(大于20)，制造成本低廉，不受悬浮固体、营养成分、底物和副产物的影响。分子筛能满足前两个要求，但是成本比高分子膜高，而且容易受到发酵副产物影响。结合疏水渗透汽化，分级浓缩和亲水渗透汽化能获得燃料级别的乙醇。

膜蒸馏是水相中分离乙醇的技术，采用多孔膜从进料液中分离气体，由于经常在真空下操作，因此也被称为真空膜蒸馏。与单级气液平衡相比，多孔膜对乙醇没有选择性，受液相边界层传质阻力影响膜蒸馏的分离因子低于气液平衡。

参考文献

[1] Biofuels in Brasil. Ministry of External Relations. 2007. www. mre. gov. br.

[2] European Commission (EC). European transport policy for 2010: time to decide. White Paper, Brussels, 2001. http://www. europa. eu. int.

[3] Narendranath N V, Thomas K C, Ingledew W M. Use of urea hydrogen peroxide in fuel alcohol production. Patent CA2300807, 2000.

[4] Carrascosa A V. Production of ethanol under high osmotic pressure conditions comprises a microorganism for fermentation of molasses must. Patent ES2257206, 2006.

[5] Morimura S, Zhong Y L, Kida K. Ethanol production by repeated-batch fermentation at high temperature in a molasses medium containing a high concentration of total sugar by a thermotolerant flocculating yeast with improved salt-tolerance. Journal of Fermentation and Bioengineering, 1997, 83(3): 271 - 274.

[6] Castellar M R, Aires-Barros M R, Cabral J M S, et al. Effect of zeolite addition on ethanol production from glucose by *Saccharomyces bayanus*. Journal of Chemical Technology and Biotechnology, 1998, 73: 377 - 384.

[7] Echegaray O, Carvalho J, Fernandes A, et al. Fed-batch culture of *Saccharomyces cerevisiae* in sugarcane blackstrap molasses: invertase activity of intact cells in ethanol fermentation. Biomass and Bioenergy, 2000, 19: 39 - 50.

[8] Alfenore S, Cameleyre X, Benbadis L, et al. Aeration strategy: a need for very high ethanol performance in *Saccharomyces cerevisiae* fed-batch process. Applied Microbiology and Biotechnology, 2004, 63: 537 - 542.

[9] Sánchez Ó J, Cardona C A. Trends in biotechnological production of fuel ethanol from different feedstocks. Bioresource Technology, 2008, 99: 5270 - 5295.

[10] Laluce C, Souza C S, Abud C L, et al. Continuous ethanol production in a nonconventional five-stage system operating with yeast cell recycling at elevated temperatures. Journal of Industrial Microbiology & Biotechnology, 2002, 29: 140 - 144.

[11] 申渝,白凤武.酵母细胞连续发酵过程振荡现象的研究进展.化工学报,2010,61: 537 - 543.

[12] Elnashaie S S E H, Garhyan P. 2005. Chaotic fermentation of ethanol. Patent US2005170483.

[13] Cardona C A, Sánchez Ó J. Fuel ethanol production: Process design trends and integration opportunities. Bioresource Technology, 2007, 98: 2415 - 2457.

[14] Robertson G H, Wong D W S, Lee C C, et al. Native or raw starch digestion: a key step in energy efficient biorefining of grain. Journal of Agricultural and Food Chemistry, 2005, 54: 353 - 365.

[15] 王葳,贾树彪,佟晓芳.燃料乙醇的液化糖化连续发酵工艺.酿酒,2006,33: 55 - 56.

[16] Burmaster B. Improved ethanol fermentation using oxidation reduction potential. Patent WO2007064545, 2007.

[17] Krishnan M, Nghiem N, Davison B. Ethanol production from corn starch in a fluidized-bed bioreactor. Applied Biochemistry and Biotechnology, 1999, 78: 359 - 372.

[18] 张绪霞,董海洲,侯汉学,等.燃料酒精制备及其开发前景.粮食与油脂,2006,2: 7 - 9.

[19] Wang S, Sosulski K, Sosulski F, et al. Effect of sequential abrasion on starch composition of five cereals for ethanol fermentation. Food Research International, 1997, 30: 603 - 609.

[20] Soni S K, Kaur A, Gupta J K. A solid state fermentation based bacterial α-amylase and fungal glucoamylase system and its suitability for the hydrolysis of wheat starch. Process Biochemistry, 2003, 39: 185 - 192.

[21] Bayrock D P, Michael Ingledew W. Application of multistage continuous fermentation for production of fuel alcohol by very-high-gravity fermentation technology. Journal of Industrial Microbiology & Biotechnology, 2001, 27: 87 - 93.

[22] 皇甫亚柱,李景林,夏守岭,等.小麦原料酒精及DDGS生产工艺的探讨.酿酒科技,2001, 106: 54 - 55.

[23] López-Ulibarri R, Hall G M. Saccharification of cassava flour starch in a hollow-fiber membrane reactor. Enzyme and Microbial Technology, 1997, 21: 398 - 404.

[24] 郝慧英,邓立康,杜金宝.木薯燃料乙醇生产过程能量综合利用模式探讨.粮食与食品工业, 2009,16: 30 - 33.

[25] Hammond J B, Egg R, Diggins D, et al. Alcohol from bananas. Bioresource Technology, 1996, 56: 125 - 130.

[26] 韩冰,王莉,李十中,等.先进固体发酵技术(ASSF)生产甜高粱乙醇.生物工程学报,2010,26: 966 - 973.

[27] Lee W S, Chen I C, Chang C H, et al. Bioethanol production from sweet potato by co-immobilization of saccharolytic molds and *Saccharomyces cerevisiae*. Renewable Energy, 2012, 39: 216 - 222.

[28] Hari K S, Prasanthi K, Chowdary G V, et al. Simultaneous saccharification and fermentation of pretreated sugar cane leaves to ethanol. Process Biochemistry, 1998, 33: 825 - 830.

[29] Tengborg C, Galbe M, Zacchi G. Influence of enzyme loading and physical parameters on the enzymatic hydrolysis of steam pretreated softwood. Biotechnology Progress, 2001, 17: 110 - 117.

[30] Saha B C, Cotta M A. Ethanol Production from Alkaline Peroxide Pretreated Enzymatically Saccharified Wheat Straw. Biotechnology Progress, 2006, 22: 449 - 453.

[31] Brandberg T, Sanandaji N, Gustafsson L, et al. Continuous fermentation of undetoxified dilute acid lignocellulose hydrolysate by *Saccharomyces cerevisiae* ATCC 96581 using cell recirculation. Biotechnology Progress, 2005, 21: 1093 - 1101.

[32] Cantarella M, Alfani F, Cantarella L, et al. Biosaccharification of cellulosic biomass in immiscible solvent-water mixtures. Journal of Molecular Catalysis B: Enzymatic, 2001, 11: 867 - 875.

[33] Alkasrawi M, Eriksson T, Börjesson J, et al. The effect of Tween-20 on simultaneous saccharification and fermentation of softwood to ethanol. Enzyme and Microbial Technology, 2003, 33: 71 - 78.

[34] Stenberg K, Bollók M, Réczey K, et al. Effect of substrate and cellulase concentration on simultaneous saccharification and fermentation of steam-pretreated softwood for ethanol production. Biotechnology and Bioengineering, 2000, 68: 204 - 210.

[35] Varga E, Klinke H B, Réczey K, et al. High solid simultaneous saccharification and fermentation of wet oxidized corn stover to ethanol. Biotechnology and Bioengineering, 2004, 88: 567-574.

[36] Kaar W E, Holtzapple M T. Using lime pretreatment to facilitate the enzymic hydrolysis of corn stover. Biomass and Bioenergy, 2000, 18: 189-199.

[37] Chandrakant P, Bisaria V S. Simultaneous bioconversion of cellulose and hemicellulose to ethanol. Critical Reviews in Biotechnology, 1998, 18: 295-331.

[38] Lynd L R, Wyman C E, Gerngross T U. Biocommodity engineering. Biotechnology Progress, 1999, 15: 777-793.

[39] Thirumalai V P, Sobana P P, Immanual G P D, et al. Cellulosic ethanol production by *Zymomonas mobilis* harboring an endoglucanase gene from *Enterobacter cloacae*. Bioresource Technology, 2011, 102: 2585-2589.

[40] Kollerup F, Daugulis A J. Ethanol production by extractive fermentation — solvent identification and prototype development. The Canadian Journal of Chemical Engineering, 1986, 64: 598-606.

[41] Schügerl K. Integrated processing of biotechnology products. Biotechnology Advances, 2000, 18: 581-599.

[42] Bui S, Verykios X, Mutharasan R. In situ removal of ethanol from fermentation broths. 1. Selective adsorption characteristics. Industrial & Engineering Chemistry Process Design and Development, 1985, 24: 1209-1213.

[43] 范立梅. 用大网格树脂从发酵液中吸附分离乙醇. 浙江农业大学学报, 1999, 25: 59-61.

[44] 张丽君. 乙醇发酵循环气提耦合工艺的研究(硕士论文). 西安: 长安大学, 2007.

[45] 秦庆军, 贾鸿飞, 王宇新. 乙醇气提发酵与载气蒸馏祸合过程实验. 过程工程学报, 2002, 2: 1-14.

[46] Vane L M. Separation technologies for the recovery and dehydration of alcohols from fermentation broths. Biofuels, Bioproducts and Biorefining, 2008, 2: 553-588.

[47] Vane L M. A review of pervaporation for product recovery from biomass fermentation processes. Journal of Chemical Technology & Biotechnology, 2005, 80: 603-629.

[48] Madson P W, Lococo D B. Recovery of volatile products from dilute high-fouling process streams. Applied Biochemistry and Biotechnology, 2000, 84-86: 1049-1061.

第6章

生物柴油及其制备技术

6.1 生物柴油的特点和开发意义

普通柴油分子是由15个左右的碳原子组成的烃类化合物，而植物油分子中的脂肪酸侧链一般包含14～18个碳原子，与柴油分子的碳原子数相近。1983年美国科学家Graham Quick首先将亚麻子油经转酯化反应得到的脂肪酸甲酯用于柴油发动机，并将可再生的脂肪酸甲酯定义为生物柴油(Biodiesel)。发展到现在，生物柴油有了更为广泛的定义，是指由植物油(大豆油、蓖麻油、菜籽油、棉籽油、棕榈油等)、动物脂肪、回收厨用油或者微生物油脂等油脂类物质与短链醇(甲醇、乙醇等)在催化剂作用下或其他条件下经过酯交换反应得到的长链脂肪酸酯类物质。广义上讲，以上原料进行加氢反应等生成的烃类物质也属于生物柴油的范畴。生物柴油具有无污染、可再生、来源广泛、石化柴油能以任何比例互溶等一系列优点，适用于任何柴油机车，可以与普通石化柴油以任意比例混合。表6-1[1]对比了生物柴油和普通柴油的性能。

表6-1 生物柴油和普通柴油的性能比较

性能参数	单位	生物柴油(EN14214)	0#柴油(GB 252—2000)
密度(15℃)	kg/m³	860～900(15℃)	实测(15℃)
黏度	mm³/s	3.5～5.0(40℃)	3.0～8.0(20℃)
闪点	℃	≥120	≥55
硫含量	%	≤0.01	≤0.2
十六烷值		≥51.0	≥45
氧含量	%	10.9	0
热值	MJ/L³	32	35
燃烧功效(柴油=100)	%	104	100

目前，化石燃料日益紧缺，能源问题也越来越突出。《BP世界能源统计》指出，全世界石油可采储量约为1 400亿t[2]，不少专家预测，按目前的采油速度，只能采40年左右。中国已探明石油可采储量约62亿t，其中已累计采出34.6亿t，剩余27.4亿t[3]。另外，化石燃料燃烧后产生的二氧化碳、氧化氮、氧化硫以及排放的黑烟等导致了严重的环境污染问题，如温室效应、酸雨等。严重的能源危机和环境问题促使人们进行石油替代能源的研究和开发。

发展生物柴油对于我国也具有十分重要的意义。首先，发展生物柴油可增强国家石油安全。石油是国家经济社会发展和国防建设极其重要的战略物资，中国的石油进口依存度已达到50%以上。发展立足于本国原料大规模生产替代液体燃料，是保障我国石油安全的重大战略措施之一。其次，开发生物柴油可促进我国农村经济的发展。发展生物柴油对我国农业结构调整、农村经济发展和增加农民收入等都具有重要意义。生物柴油将提供大量的就业机会，第一受益者是农民，他们可以通过大量种植和销售原料而获得长期稳定的收入；并且农业废弃物的有效利用对改善农业环境也是十分有益的。另外，由于分散生产和就地使用等特点，生物柴油的开发对区域经济的发展也有十分重要的意义。再者，生物柴油是一种环境友好性能源。生物柴油的生产原料大多是植物油脂，植物生长中吸收的二氧化碳为燃烧时排放的二氧化碳的4～6倍，植物还可以把二氧化碳转化为有机物固化在土壤中，因此使用生物柴油可以减少温室气体排放；利用废食用油生产生物柴油，可以减少肮脏的、含过氧化类脂等致癌物质和其他污染物的废油排入环境或重新进入食用油系统；生物柴油燃烧过程中尾气污染物排放量低[4]。由此可见，我国作为一个农业大国和人口大国，尽早开发生物柴油，对实现社会的可持续发展具有极其重要的战略意义。

6.2 生物柴油的国内外发展现状

生物柴油被认为是一种重要的化石燃料的替代燃料，其研发和生产在世界上受到广泛重视。生物柴油比较系统的研究工作始于20世纪50年代末60年代初，在70年代的石油危机之后得到了大力发展，许多国家都制定了相应的研究开发计划，如美国的能源农场、日本的阳光计划、印度的绿色能源工程等。自2000年以来，世界生物柴油的产量快速增长，2009年总产量近1 400万t，主要生产国包括德国、法国、美国、巴西和阿根廷等。尽管受金融危机影响，部分主要生产国(如美国等)在2009年产量相对于2008年有一定程度的下降，但总体仍呈增长趋势。据预测，随着主要生产国纷纷扩大生物柴油生产规模，其总产量在未来几年将有较大幅度增加[5]。我国的生物柴油产业处于起步阶段，不同国家地区的发展经验具有重要的借鉴参考意义，因此下面将主要从欧洲、美国、南美洲、亚洲等几个区域进行讨论，以期能较为全面地展现世界各国、各个地区的生物柴油发展状况和各自的经验。

6.2.1　欧洲生物柴油发展概况

6.2.1.1　欧洲生物柴油产业发展规模

欧洲是生物柴油发展最早的地区，产业规模化、规范化程度相对较好。目前，在欧盟生物柴油生产国中，以德国和法国的产量最高，其次是西班牙和意大利。截至 2011 年 7 月 1 日，欧盟生物柴油年产能达到 2 211.7 万 t，共有 254 家生物柴油工厂。

欧盟产业基础的形成主要是源于 2007 年之前的生物柴油投资计划以及欧盟远大的生物燃料消耗目标。图 6－1 显示了 1988～2011 年欧盟生物柴油产量的走势情况，表 6－2 中详细列出了欧盟 27 国生物柴油的实际产量和产能。目前，欧盟产能利用率为 44%左右，2010 年欧盟生物柴油产量为 957 万 t，比上年同期增长 5.5%，但是与 2009 年的 17%和 2008 年的 35%相比，增幅显著下降。据欧盟生物柴油委员会（EBB）报道，2011 年与上年同期相比，生物柴油产量有所减少。EBB 将国内生产下降主要归因于从阿根廷、印度尼西亚以及北美生物柴油进口量的上涨。基于进口量增加这一情况，EBB 支持欧洲委员会最近提出建议：从普惠制（GSP）受益的国家名单中删除阿根廷和马来西亚。该建议一旦实施，将对这两个国家征收 6.5%的进口关税。

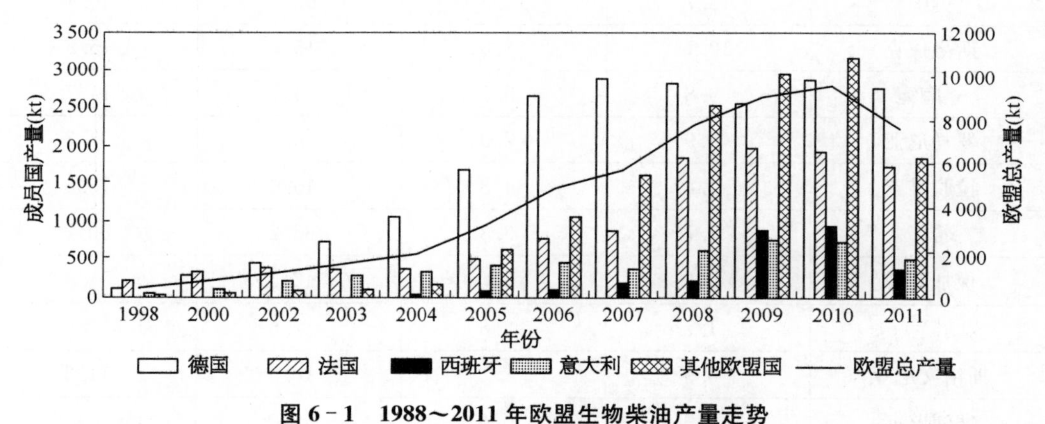

图 6－1　1988～2011 年欧盟生物柴油产量走势

（注：2011 年数据为预测，来源：http://www.ebb-eu.org/）

表 6－2　欧盟 27 国生物柴油的实际产量和产能

国　家	实际产量（万 t）①		产能（万 t）②	
	2009 年	2010 年	2010 年	2011 年
德国	253.9	286.1	493.3	493.2
法国	195.9	191.0	250.5	250.5
西班牙	85.9	92.5	410.0	441.0
意大利	73.7	70.6	237.5	226.5
比利时	41.6	43.5	67.0	71.0
波兰	33.2	37.0	71.0	86.4

(续表)

国　家	实际产量(万 t)[1]		产能(万 t)[2]	
	2009 年	2010 年	2010 年	2011 年
荷兰	32.3	36.8	132.8	145.2
奥地利	31.0	28.9	56.0	56.0
葡萄牙	25.0	28.9	46.8	46.8
芬兰[3]	22.0	28.8	34.0	34.0
丹麦/瑞典	23.3	24.6	—	—
瑞典	—	—	27.7	27.7
丹麦	—	—	25.0	25.0
捷克	16.4	18.1	42.7	42.7
匈牙利	13.3	14.9	15.8	15.8
英国	13.7	14.5	60.9	40.4
斯洛伐克	10.1	8.8	15.6	15.6
立陶宛	9.8	8.5	14.7	14.7
罗马尼亚	2.9	7.0	30.7	27.7
拉脱维亚	4.4	4.3	15.6	15.6
希腊	7.7	3.3	66.2	80.2
保加利亚	2.5	3.0	42.5	34.8
爱尔兰(c)	1.7	2.8	7.6	7.6
斯洛文尼亚	0.9	2.2	10.5	11.3
塞浦路斯	0.9	0.6	2.0	2.0
爱沙尼亚	2.4	0.3	13.5	13.5
马耳他	0.1	0	0.5	0.5
卢森堡	0	0	0	0
合计	904.6	957.0	2 190.4	2 211.7

(数据来源：European Biodiesel Board)

注：① 误差范围不超过±5%。

② 产能即潜在生产量，假定生物柴油工厂全年以满负荷生产状态运行。产能测算基于每个工厂每年工作 330 d，统计时间为 2010 年 7 月 1 日至 2011 年 7 月 1 日。

③ 数据包括加氢柴油(Hydro-Diesel)。

6.2.1.2　欧洲生物柴油市场概况

2010 年，德国、法国、意大利、西班牙以及荷兰是欧洲最大的生物柴油消费国。从整体趋势来看，除德国外，生物柴油的消费量逐年增加。从 2006 年开始，德国将税收优惠政策向强制消耗政策转移，并且逐渐增加纯生物柴油(B100)的税收。由此导致 2009 年开始，德国绝大部分的生物柴油消耗主要是源自强制政策驱使。另外，2011 年，随着含有 10%乙醇的 E10 汽油进入德国市场，进一步降低了德国生物柴油的消费量，法国也由此取代德国成为了欧洲最大的生物柴油消费国。各国的生物柴油消费情况如表 6-3 所示。

表 6-3　欧洲生物柴油的消费情况

生物柴油消费情况(百万 L)							
国家＼年份	2006	2007	2008	2009	2010(估计值)	2011(预测值)	2012(预测值)
法国	720	1 480	2 390	2 620	2 620	2 780	2 840
德国	3 270	3 560	3 060	2 860	2 930	2 500	2 270
意大利	250	230	800	1 310	1 620	187	2 050
西班牙	70	330	590	1 170	1 550	1 900	2 030
波兰	20	40	550	600	720	850	910
比荷卢联盟	30	420	410	650	760	780	830
英国	250	470	510	560	680	740	770
奥地利	370	420	460	590	600	610	610
葡萄牙	90	170	170	280	420	420	420
捷克	30	40	100	150	190	370	370
其他国家	280	569	890	1 130	1 150	2 983	1 410
总计	5 480	7 730	9 930	11 920	13 240	14 120	14 510

(数据来源：EU FAS posts)

6.2.1.3　欧洲生物柴油原料来源

欧洲是生物柴油应用最多的地区，生产原料主要是菜籽油(占原料总量的 2/3)。大豆油和棕榈油的应用则受到了欧洲生物柴油标准 EN14214 的限制。基于大豆油的生物柴油不能满足标准中的碘值要求，而以棕榈油为原料不能在北欧地区提供足够的过冬稳定性；但是通过使用菜籽油、大豆油和棕榈油的混合原料，则可以满足生物柴油标准的要求。

为了满足不断增长的生物柴油需求，欧盟一方面需要不断增加油菜籽的种植面积，另一方面还要大量进口棕榈油和菜籽油。表 6-4 显示了各种生物柴油原料在欧洲的使用情况。在德国生物柴油中，占主导地位的原料仍是菜籽油(高达 90%)。大豆油的使用则主要集中于西班牙、法国和意大利。表 6-4 中其他植物油脂包括棉籽油(主要应用于希腊)和一些未指明的植物油脂。重复使用的植物和动物油脂作为一类廉价原料，近年来也逐渐得到了较多的应用。在其他类型油脂中，松油和木本油料是瑞典新研究的一类替代原料。在欧洲生物柴油原料中，至少有 150 万 t 植物油源于进口，主要包括棕榈油、大豆油和少量的菜籽油。棕榈油与大豆油、菜籽油以及葵花籽油相比，具有明显的价格优势，因此成为了一个较为经济的原料选择。在欧盟东欧新成员国以及独联体国家中，棕榈油的需求量大幅增长。

表 6-4 欧洲生物柴油生产原料的使用量

生物柴油生产原料(万 t)							
年 份	2006	2007	2008	2009	2010	2011	2012(预测值)
菜籽油	390	425	536	590	630	670	672
大豆油	36	68	96	80	100	108	114
棕榈油	12	24	59	65	85	91	96
葵花籽油	1	7	11	10	11	12	12
其他植物油脂	23	30	29	38	43	49	49
回收使用的植物	7	20	33	31	42	56	56
动物油脂	5	14	36	34	39	46	47
其他					1	5	16
总计	476	588	800	848	951	1 035	1 055

(数据来源：EU FSA posts)

6.2.1.4 国家政策规划以及税收补贴

2009 年 4 月 23 日，欧盟实施《可再生能源新指令》(Renewable Directive)，制定了生物燃料使用的强制性目标：承诺到 2020 年欧盟温室气体排放量将比 1990 年减少 20%；可再生能源占总能源比例达到 20%，运输部门中生物燃料占总燃料消费的比例不低于 10%。这也是各个成员国必须达到的最低目标。根据成员国预测，生物柴油将完成该目标的 66%。根据 Frost & Sullivan 咨询公司最新发表的“欧盟生物柴油市场”报告，欧盟出台新规定，鼓励开发和使用生物柴油，如免征生物柴油增值税，以及规定机动车使用生物动力燃料占动力燃料营业总额的最低份额。报告分析指出，新规定的出台将有助于欧盟生物柴油市场的稳定，生物柴油产量将大幅上升。以下将详细介绍几个代表性国家的生物柴油政策。

(1) 德国

德国早期对生物柴油的销售采取免税政策，即免增值税和流通税。但是随着生物柴油行业利润的增加，德国于 2006 年在能源税法和生物燃料定额法中规定，2006 年 7 月～12 月 31 日间销售的生物柴油征收 9 欧分/L 的流通税(能源税)。从 2007 年 1 月 1 日起每年按约 6 欧分/L 的增加幅度对生物柴油征税至 2011 年的约 33 欧分/L，2012 年再增加 12 欧分/L，最终达到 45 欧分/L 保持稳定。除税收补贴之外，德国各个州有独立的税收和补贴权限，例如州政府可能补贴生物柴油工厂总投资额的 40%，再附加低息贷款。受生物柴油销量下降的影响，2009 年德国众议院将生物柴油税收调低到 18 欧分/L 左右，而非之前计划的 21 欧分/L，之后继续按照 2006 年计划执行。

在强制添加政策方面，2009 年德国生物燃料掺混率调低到 5.25%，低于最初计划的 6.25%。但是从 2010 年到 2014 年，德国则实施 6.25%的生物燃料掺混政策。

(2) 法国

法国除了规定于 2010 年生物燃料掺混率达 7%，2015 年达 10%（参考性指标）之外，另一方面，法国政府为了鼓励生物燃料的使用，同时对生物燃料实行税收减免政策，例如 2007 年每 100 L 生物柴油可享受 25 欧元的减税，随着生物燃料销量大增，税收优惠幅度也在逐年减低。表 6-5 所示为法国历年对生物柴油的税收减免情况。

表 6-5　法国历年对生物柴油的税收减免情况　（欧元/100 L）

年　份	2007	2008	2009	2010	2011
脂肪酸甲酯	25	22	15	11	8
脂肪酸乙酯（植物油）	30	27	21	18	14
合成生物柴油	25	22	15	11	8

(3) 西班牙

西班牙政府同样重视生物燃料的发展，于 2002 年 12 月 30 日颁布法令，对生物燃料全部免征特别税（截止到 2012 年）。此外，还强制性规定 2009 年生物燃料掺混率达到 3.4%，2010 年达到 5.83%。

(4) 其他国家

在其他欧盟国家中，奥地利、芬兰、荷兰和斯洛文尼亚也均强制性执行 2010 年生物燃料掺混率达到 5.75%的指标。

6.2.2　美国生物柴油发展概况

6.2.2.1　美国生物柴油产业发展规模

生物柴油在美国的商业应用始于 20 世纪 90 年代初，但是在最近才形成规模，并已成为该国发展最快的替代燃油。1999 年生物柴油的产量为 1 670 t，主要用于具有集中加油站的大巴和卡车运输公司。但自 2005 年以来，美国相继出台了一系列产业发展规划以及相应政策措施，并制定了“可再生能源标准”(RFS)，以加快生物能源产业的发展步伐。在 RFS 启动的 2005 年当年，美国生物柴油产量由 2004 年的 8.3 万 t 跃升至 25 万 t。随后几年美国生物柴油产量急剧增长，2011 年美国生物柴油产能达 900 万 t，产量则达到356 万 t。按照目前的发展速度，至 2013 年美国生

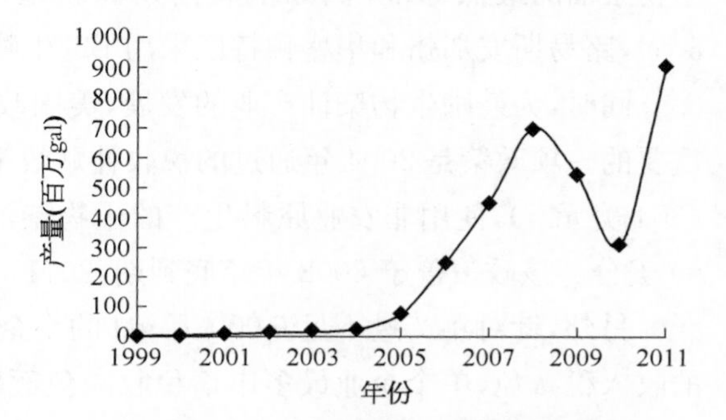

图 6-2　近几年美国生物柴油产量情况

[注：304 gal(美式加仑，下同)≈1 t。2008 年年底 1 美元/gal 的税收补贴政策到期，导致生物柴油产量大幅下降；2011 年该政策重新施行后，生物柴油产量大幅增加。数据来源：NBB，http://www.biodiesel.org]

物柴油产量预计能够达到 426 万 t,可基本满足美国市场对生物柴油的需求,并有望在 2017 年达到 833 万 t 的预设目标。近年来美国生物柴油产量变化情况如图 6-2 所示。

6.2.2.2 美国生物柴油原料来源

美国生物柴油生产原料主要是大豆油等植物油脂,少量使用动物油脂及回收废油。但以大豆油为原料生产的生物柴油比重逐年下降,据估算,2006 年以大豆油为原料的生物柴油比重约为 80%,到 2011 年这一比重下降到约为 50%(玉米油比重约为 10%)。预计未来几年里,玉米油、非食用猪油及回收废油等作为原料油的比重会有较大增加。美国近年来生物柴油原料来源的组成变化如图 6-3 所示。

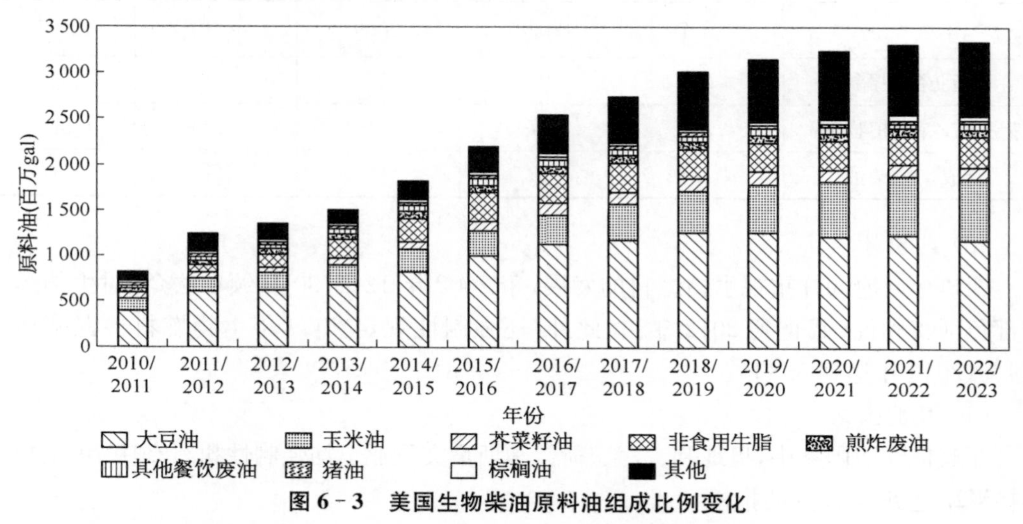

图 6-3 美国生物柴油原料油组成比例变化

(数据来源:2012 National Biodiesel Conference-Orlando,RFS2 Work Group Upate,John Kruse)

6.2.2.3 美国生物柴油政策和产业规划

美国联邦政府并没有强制规定生物柴油最低添加量,但一些州政府出台了强制添加生物柴油的最低标准,例如俄勒冈州和新墨西哥州采用 B5 标准(生物柴油添加量为 5%),路易斯安那州和华盛顿特区采用 B2(生物柴油添加量为 2%)标准。

同时,为鼓励生物柴油产业的发展,美国政府先后出台了多个鼓励扶持政策,其中最重要的一项政策是 2004 年通过的税收补贴政策,规定:每生产 1 gal 生物柴油补贴 1 美元(304 美元/t),使用非农业原料生产的生物柴油,如黄油脂等回收油脂,每加仑再多补贴 50 美分。该政策曾于 2008 年年底到期,2011 年重新施行。

另外,针对年产量不足 6 000 万 gal 的小企业,实施所得税优惠,可享受 0.1 美元/gal 的收入税减免,单个企业最多申请税收减免额度为 150 万美元/年。同时,美国政府还出台了一些非直接政府补贴政策:联邦政府要求各部门采购燃料时优先采购生物柴油,并对可再生燃料研发提供资助;各州均对可再生燃料的研发、生产和消费额外制定了不同程度的激励措施、法规和应用计划。

美国生物柴油委员会称,2011 年生物柴油产业创造了 4.4 万个就业机会,收入达 20

亿美元，替代了8200万桶原油。美国政府规划未来生物柴油产量以10亿gal为最低限度，并期望每年产量能增加3亿gal，到2013年美国生物柴油产量达到12.8亿gal，2017年达到25亿gal。未来几年，美国政府规划依靠生物柴油产业为美国国内创造的GDP及工作岗位数如表6-6所示。

表6-6 近年生物柴油产业为美国创造的价值情况

年份	生物柴油产量（百万gal）	GDP(百万美元，以2011年美元价格计)	收入(百万美元，以2011年美元价格计)	工作岗位数	税收收入(百万美元，以2011年美元价格计)	替代原油量(百万桶)
2011	1 070	4 000.2	2 047.6	43 930	770.8	88
2012	1 000	3 866.9	2 135.6	39 281	746.3	77
2013	1 300	4 856.7	2 682.0	49 289	937.3	100
2014	1 600	5 958.4	3 290.0	60 423	1 150.0	123
2015	1 900	7 059.7	2 897.8	71 553	1 362.5	146

（数据来源：2012 National Biodiesel Conference-Orlando, Economic Impact of Biodiesel: 2011, John M. Urbanchuk）

6.2.3 南美洲生物柴油发展概况

6.2.3.1 南美洲生物柴油产业发展规模

南美洲各国中以巴西和阿根廷两国生物柴油产业发展最为迅速。2011年巴西生物柴油产量接近250万t，位居世界第三。按照目前5%的生物柴油添加量计算，国内生物柴油需求量约为180万t，巴西政府正在与生产商协商，考虑是否能在城市地区将生物柴油添加比例提高到10%以上。2006年到2010年阿根廷生物柴油产量增长了22.5倍，2011年阿根廷生物柴油产量约230万t，位居世界第四。另外，阿根廷生物柴油产量的68%用于出口到欧盟等地，2010年阿根廷生物柴油出口133万t，2009年的出口量为115万t。近年来巴西和阿根廷生物柴油的产量如表6-7所示。

表6-7 近几年巴西、阿根廷生物柴油产量情况 （万t）

年 份	巴 西	阿 根 廷
2009	140	118
2010	210	185
2011	250	235

6.2.3.2 南美洲生物柴油原料来源

阿根廷是世界第一大豆油出口国，国内生物柴油生产全部使用大豆油。巴西是世界上第二大豆油出口国，在原料油选择方面，巴西生产生物柴油的原料主要是大豆油以及部分牛油，少量使用棕榈油及葵花籽油，大豆油占国内生物柴油原料油的80%左右。2009

年巴西生物柴油行业的豆油用量约为 110 万 t，牛油用量约 23.4 万 t；2010 年豆油用量约为 170 万 t，牛油用量约 28 万 t。为扩大生物柴油生产能力，巴西政府正在研究在北部地区的帕拉州建设一个以棕榈油为原料的生物柴油工厂。据悉，棕榈油产量是大豆油的 8 倍以上，大面积推广种植以后会为巴西生物柴油产业的发展提供大量原料油。

6.2.3.3 南美洲生物柴油产业政策

目前，巴西和阿根廷都强制规定了国内生物柴油的最低添加标准。2005 年初，巴西颁布法律规定，从 2008 年开始销售柴油中必须添加 2%生物柴油，到 2013 年添加量提高到 5%。由于生物柴油产业发展较快，巴西已于 2010 年提前将生物柴油添加量提高到 5%，巴西政府正在与生产商协商，考虑是否能在城市地区将生物柴油添加比例提高到 10%以上。阿根廷目前强制规定国内生物柴油添加量为 7%，正在考虑将此比例增加到 10%。

巴西在 2004 年 12 月推出了国家生物柴油计划(PNPB)，政府通过“社会燃料核准”机制制定了税收补贴、组织家庭农场、创建了融资模式，促进本国生物柴油产业的发展。该计划旨在通过激励措施向市场机制逐步靠拢，并且这些激励措施将贫困地区的生产者纳入了燃料的供应链中。为鼓励巴西北部及东北部地区(特别是半干旱地区)的小农户种植生产生物柴油的原料，巴西政府规定：使用北部的棕榈油以及东北和半干旱地区的蓖麻油生产的生物柴油，只要其原料来自家庭农场，即可全部免除联邦燃料特许税。

另外，在税收方面，为了消除通货膨胀因素和柴油最终销售价格的上涨，巴西财政部将免除对生物柴油征收 PIS 税(社会一体化计划缴税)和 Cofins 税(联邦社会援助交款税)。巴西联邦政府和巴西联邦各州于 2006 年 10 月达成一项协议，其中规定各州的生物柴油生产和贸易增值税不能超过石油柴油燃料的税金估价。

6.2.4 亚洲生物柴油发展概况

6.2.4.1 亚洲生物柴油产业发展规模

出于对环境问题、能源安全等的考虑，亚洲各国逐步开始重视生物柴油的发展。但是，相比于欧美，亚洲地区的生物柴油发展较晚，规模较小，产业链和相关基础设施还有很多不成熟之处。近年，在韩国、泰国、菲律宾、马来西亚、印度尼西亚、新加坡等地，生物柴油已经有一定规模的生产，并有掺混柴油出售。但由于各国资源和发展程度的差异，生物柴油的发展状况各不相同。例如，韩国自 2006 年 7 月起全国加油站开始全面供应 B5 柴油；随后 B20 柴油的供应也逐步加大，但供应量相对较少，且仅限于某些商用汽车；生物柴油生成能力约有 8 亿 L，但实际产量只有约 3 亿 L(2009 年)。马来西亚和印度尼西亚具有丰富的棕榈油资源，可以用于发展生物柴油产业，但是近年来受到棕榈油价格波动的影响，生物柴油产出受到制约。在印度，生物柴油商业化程度还很低，尚不具备推广掺混使用生物柴油的条件。在日本，生物柴油所受到的关注相比燃料乙醇要低得多，目前各界支持与投入较少，并且其生物柴油的生产将主要依赖于进口油脂原料。此外，值得一提的是，相比于一般意义上的生物柴油——脂肪酸甲酯(或脂肪酸乙酯)，马来西亚较为特别地使用一种不同于其他国家规格的生物柴油，即为95%石化柴油和5%经处理后的棕榈油的混合柴油。

6.2.4.2　亚洲各国生物柴油原料来源

亚洲各国的生物柴油主要原料如表6-8所示。

表6-8　亚洲各国生物柴油主要原料

国　　家	原　料　来　源
中　国	餐饮废油，酸化油，动物油脂
韩　国	大豆油，菜籽油，棕榈油废油；大量进口油脂原料
泰　国	棕榈油，废油
马来西亚	棕榈油
印度尼西亚	棕榈油，椰子油
菲律宾	椰子油
日　本	进口棕榈油，废油
新加坡	棕榈油，大豆油，少量废油；进口原料

韩国的生物柴油原料大量依赖进口，2009年消耗油脂原料约3亿L，其中超过70%来自进口大豆油和棕榈油。韩国正在逐步实施若干个拓展本地油脂原料种植和开发的计划，涉及菜籽油、动物油脂的开发利用，海外农场开发，以及二代生物柴油所需原料（能源作物等）的研发。

泰国棕榈油原料丰富，年棕榈油产量达到130万t（2008年）。为了满足生物柴油的原料需求，泰国政府通过发放软贷款等方式支持农民种植棕榈树，近年来扩大了棕榈树培植面积，并且支持其他能源作物（如麻风树）的研发。

马来西亚棕榈油原料十分丰富，是世界主要棕榈油生产国之一，2008年马来西亚的棕榈油产量达1 773万t。但是，棕榈油价格的波动对生物柴油的推广造成了阻碍，为此马来西亚政府已开始着手拨款扶持其他替代作物原料（如麻风树）的研发。

印度尼西亚从2007年起已经超过马来西亚而成为世界上棕榈油产出最高的国家，印度尼西亚和马来西亚两国提供全球超过80%的棕榈油。同时，印度尼西亚还产出大量椰子油（2006年产量为88万t），这也构成一部分油脂原料的来源。此外，麻风树作为生物柴油原料正处于研究阶段，有一些试验项目正在进行中。

菲律宾有丰富的椰树资源，根据有关方面的估计，其椰子油产量足以满足5%生物柴油掺混的需求。

6.2.4.3　亚洲各国生物柴油政策和产业规划

虽然亚洲各国的生物柴油产业整体起步较晚，且发展状况非常不均衡，但总体来看，各国仍然基于自身资源、市场和基础设施条件积极适度地发展生物柴油产业，并且有相关政策和资金支持。各国的相关鼓励政策和规划主要有：

（1）韩国

韩国从2012年起开始强制要求实施2%的生物柴油掺混政策。

（2）泰国

泰国政府从2008年2月开始实施2%生物柴油掺混政策，2010年7月起开始实施3%的生物柴油掺混。此外，通过税收上的优惠来鼓励生物柴油的使用，这样使得B5柴油的零售价低于B2。得益于这样的优惠，B5生物柴油销量大幅增长。

2009年1月，泰国提出一个《十五年可再生能源发展规划》[Fifteen Year Renewable Energy Development Plan(2008～2022)]，规划指出到2011年生物柴油掺混比例不低于5%，并为此提出相应的价格调整计划。根据该规划，2011年之后将强制5%的生物柴油掺混比例。为了保证未来生物柴油的稳定供应，泰国相关部门还对所需预算、棕榈树种植开发和相应的二代、三代油脂原料研发作出了相应的规划。

（3）马来西亚

马来西亚政府从2006年起实施针对生物能源的鼓励政策，鼓励使用棕榈油生产生物柴油，用于本国使用及出口。2008年，政府提出马来西亚生物能工业法案（Malaysian Biofuel Industry Act)，提出B5强制掺混（相应地，会产生50万t的生物柴油需求），但是由于棕榈油价格的飙升，该法案并未如期实施。近年来，马来西亚开始阶段性地实施B5掺混，但本土消费短期内没有显著增长的迹象。

（4）印度尼西亚

印度尼西亚能源与矿产资源部（Ministry of Energy and Mineral Resources）和国会达成一致，将要在2012财政年提高对生物柴油的补贴（从2 000卢比/L提高到2 500～3 000卢比/L）。此外，还将对棕榈油的生产者提供激励政策。

（5）菲律宾

菲律宾自2007年规定至少1%的生物柴油掺混率，该比例于2009年提高到了2%，并且提供相应免税政策以鼓励生物柴油产业的发展。

（6）新加坡

得益于国内良好的基础设施以及完善的贸易平台，新加坡致力于在清洁能源领域的发展，政府致力于促进相关投资建设，以及支持生物能源的研究、测试以及清洁能源开发利用。

（7）印度

印度政府于2009年12月通过了一项国家生物能源政策，提出到2017年生物柴油的掺混率达到20%。

（8）中国

我国也在对生物柴油产业进行积极地规划。“十五”期间，生物柴油相关研究课题进入国家科技攻关计划。在标准制定方面，2007年首个柴油机燃料调和用生物柴油的国家标准B100开始正式实施。2010年国家质检总局、国家标准委公布了《生物柴油调和燃料(B5)》标准。2011年4月，我国首个生物柴油行业标准—《生物柴油评价技术要求》正式发布，以引导新兴能源企业争取发展。

2011年6月，财政部、国家税务总局联合下发《财政部、国家税务总局关于对利用废弃的动植物油生产纯生物柴油免征消费税的通知》，正式将包括地沟油等废弃动植物油生产纯生物柴油纳入免征消费税的适用范围。

6.2.5　其他国家生物柴油发展概况

相对于以上所介绍的生物柴油主要发展生产地区，其他国家生物柴油也有不同程度的发展。

早在1993年，日本政府就推出了“能源与环境领域综合技术开发推进计划”，又称“新阳光计划”，其中便包括了生物柴油的研究。日本每年产生废弃食用油超过40万t，为生产生物柴油提供了丰富的原料。1999年建成了259 L/d的生产生物柴油的工业化试验装置。到2005年，日本生物柴油年产能已达40万t。2007年，日本制定了生物柴油的新标准，政策上十分鼓励生物柴油的发展。

加拿大也鼓励发展生物柴油，加拿大可持续发展技术基金会曾宣称，“如果你拥有新型纤维素乙醇或新一代生物柴油技术，我们希望能够帮助你将其商业化”。加拿大Dynamotive技术公司宣布，利用鼓泡流化床装置，热解蔗渣生产出优质生物柴油，生产能力为6桶/d。

新西兰利用肉联厂的副产品油脂来生产生物柴油，其十六烷值高达70。

澳大利亚生物柴油工业公司每星期可以生产5万L的生物柴油，从餐馆和其他油脂食品点收集食用油脂及菜籽油作为原料。

6.2.6　我国生物柴油产业的发展

同欧美国家相比，我国生物柴油产业发展较晚，但发展迅速。中石化、清华大学、中国农业科学院、中国科技大学、江苏石油学院、四川大学、北京化工大学、华中科技大学等研究机构和大学纷纷启动生物柴油技术工艺的研究开发，取得了一系列重要阶段性成果。

自2002年经国务院批示、国家发改委开始推进生物柴油产业发展以来，我国生物柴油年产量由最初的1万t发展到近20万t。但据不完全统计，目前国内生物柴油的生产能力已超过100万t，主要是民营企业采用传统的化学催化法以垃圾油、废酸油、木本油料植物为原料合成生物柴油。我国进行生物柴油生产的企业主要有海南正和生物能源有限公司、四川古杉油脂化工公司、福建卓越新能源发展公司、湖南海纳百川生物工程有限公司等。海南正和生物能源有限公司早在2001年9月就建成了年产1万t的生物柴油试验厂；四川古杉油脂化学公司利用植物油和泔水油为原料生产生物柴油；2002年9月，福建省龙岩市建成了年产2万t的生物柴油装置；中石化已在石家庄建立年产3 000 t的生物柴油中试生产装置，但不少专家认为，超临界法制备生物柴油方法需要高温高压，对设备要求很高，因此要大规模应用于工业生产，还需要进一步的研究。

清华大学开发的酶法制备生物柴油新工艺，突破了传统酶法工艺制备生物柴油的技术瓶颈[6]。2006年12月8日，清华大学同湖南海纳百川公司合作，建成了全球首套酶法工业化生产生物柴油装置，2008年改造后生产能力达4万t/年(图6-4)。运行结果表明，该酶法新工艺在经济上可与目前广泛采用的化学工艺竞争，具有很好的应用推广前景。

图6-4 全球第一套酶法4万t/年生物柴油产业化生产装置

生物柴油作为新兴的高科技可再生能源产业，已向人们展示出广阔的发展前景，但目前我国与发达国家相比，生物柴油的产业化仍存在瓶颈。

① 原料油的来源问题。当前美国用于生产生物柴油的原料主要是转基因大豆，其中含油量高达20%～30%，欧盟生产生物柴油的原料主要是双低油菜，其含油量也较传统油菜品种提高了27%以上。虽然我国是全球最大的油菜籽、棉籽以及花生生产国，以及全球第四大豆生产大国，但油料生产不能满足人们食用需求。因此生物柴油原料油主要是废弃食用油，但废弃食用油过于分散，收集困难，总量有限，难以实现生物柴油的大规模生产。所以要实现我国生物柴油的快速发展，需要加强对油料作物，特别是非食用油料作物和林木种质资源的改良和创新研究，培育高产、高含油量且环境适应性强的生物柴油专用品种，同时充分开发和利用大面积的荒漠与盐碱化土地，以及退耕还林地，针对性地选种特种油料植物以满足原料油供应。

② 产业规模小，需要国家进一步制定鼓励生物柴油发展的优惠政策。世界各国，尤其是发达国家对发展生物柴油非常重视，纷纷制定激励政策。如欧共体对生物柴油采取原料(菜籽油)种植补贴、生物柴油差别税收刺激等政策，还要求各国降低生物柴油税率，并将从2009年开始强制性地将生物燃料调入车用燃料中，调合量最少为1%。2002年，美国参议院提出了包括生物柴油在内的能源减税计划，生物柴油享受与乙醇燃料同样的减税政策；2004年10月，美国总统签署了对生物柴油的税收鼓励法案，大力支持生物柴

油在美国的发展。因此我国须加大对生物柴油的科技投入，制定生物柴油发展规划和鼓励生物柴油发展的配套优惠政策，促进我国生物柴油科学研究和产业化的快速发展。

6.3　生物柴油的制备方法

6.3.1　生物柴油制备方法的研究进展

生物柴油的制备方法包括物理法、化学法和生物酶法三大类型。其中直接混合法和微乳液法属于物理方法，热裂解法和转酯化法属于化学方法。转酯化法中，以生物酶或者生物细胞为催化剂的方法又称为生物酶催化酯交换法，简称生物酶法。生物柴油的使用和制备主要经历了以下四个阶段。

(1) 天然油脂直接混合使用

生物柴油研究初期，人们直接使用天然植物油或者将天然油脂与柴油、溶剂或醇类混合以降低其黏度，提高挥发度。1900 年鲁道夫·狄塞尔最早将植物油（花生油）直接用在他所发明的柴油引擎中[7]。为了降低植物油的黏度，Amans 等[8]又在 1983 年将大豆油和柴油混合作为柴油机燃料油，并在直接喷射涡轮发动机上进行 600 h 的试验。当两种油品以 1∶1 混合时，会出现润滑油变浑以及凝胶化现象，而 1∶2 的比例不会出现该现象，可以短期作为农用机械的替代燃料。Ziejewski 等将葵花籽油与柴油以 1∶3 的体积比混合，测得该混合物在 40℃下的运动黏度超过了美国材料实验标准（ASTM）规定的最高运动黏度，所以该混合燃料不适合在直喷柴油发动机中长期使用。植物油的高黏度，以及在储存和燃烧过程中因氧化和聚合而形成的凝胶、炭沉积和润滑油黏度增大等都是不可避免的严重问题。实践证明，以植物油直接替代或混合方法制得的柴油无论是直接或间接使用到柴油机上都是不太实际的[9]。

(2) 微乳液法

为了解决天然油脂高黏度的问题，可以将动植物油与溶剂混合制成微乳状液。微乳液是由水、油、表面活性剂等成分以适当的比例自发形成的透明、半透明稳定体系，其分散相颗粒极小，一般在 0.01～0.2 μm。生物柴油的发展历程中，多位研究人员对此进行了研究。1982 年，Georing 等[5]用乙醇水溶液与大豆油制成微乳状液，这种微乳状液除了十六烷值较低之外，其他性质均与 2＃柴油相似。Ziejewski 等[10]以 53.3%的冬化葵花籽油、13.3%的甲醇以及 33.4%的 1-丁醇制成微乳状液，在 200 h 的实验室耐久性测试中，出现了积炭和使润滑油黏度增加等问题。Neuma 等使用表面活性剂（主要成分为豆油皂质、十二烷基磺酸钠以及脂肪酸乙醇胺）、助表面活性剂（成分为乙醇、丙醇和异戊醇）、水、柴油和大豆油为原料，开发了可替代柴油的新的微乳状液体系，其性质与柴油十分接近[5]。微乳化能使生物柴油的黏度有所降低，燃烧更加充分，提高燃烧率，但是十六烷值也偏低，在实验室规模的耐久性试验中，发现注射器针经常黏住，积炭严重，燃烧不完全，润滑油黏度增加等问题[9]。

(3) 热裂解法

热裂解是在热或热和催化剂作用下，使一种物质转化变成另一种物质的过程。由于反应途径和反应产物的多样性，热解反应很难量化，三酰甘油热裂解可生成一系列混合物，包括烷烃、烯烃、二烯烃、芳烃和羧酸等。该工艺的特点是过程简单，污染小，但是需要高温和催化剂，导致能耗高，且裂解设备昂贵，其程度很难控制，同时，当裂解混合物中硫、水、沉淀物及铜片腐蚀值在规定范围内时，其灰分、炭渣和浊点就超出了规定值。

(4) 酯化法

酯化法是使脂肪酸与甲醇或乙醇在酸催化条件下发生酯化反应制成脂肪酸甲(乙)酯，但高价格的脂肪酸大大提高了生物柴油的生产成本，因此其应用受到了限制。

(5) 转酯化法

转酯化法以长链脂肪酸单酯作为目的产物，是目前工业生产生物柴油的主要方法，又叫酯交换法，即用动植物油脂与甲醇或乙醇等低碳醇在催化剂和高温(230～250℃)下进行转酯化反应，生成相应的脂肪酸甲酯(或乙酯)，同时会生成副产物甘油，如图 6-5 所示。根据所使用催化剂的不同，通常把酯交换法分为化学法和生物酶法两类，化学法是指以酸或碱作为催化剂，生物酶法则是以脂肪酶或者微生物细胞作催化剂。

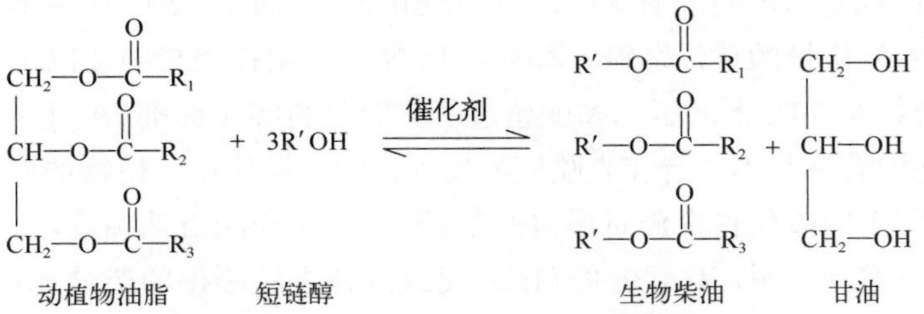

$$\begin{matrix} CH_2{-}O{-}\overset{O}{\overset{\|}{C}}{-}R_1 \\ | \\ CH{-}O{-}\overset{O}{\overset{\|}{C}}{-}R_2 \\ | \\ CH_2{-}O{-}\overset{O}{\overset{\|}{C}}{-}R_3 \end{matrix} + 3R'OH \xrightleftharpoons{\text{催化剂}} \begin{matrix} R'{-}O{-}\overset{O}{\overset{\|}{C}}{-}R_1 \\ R'{-}O{-}\overset{O}{\overset{\|}{C}}{-}R_2 \\ R'{-}O{-}\overset{O}{\overset{\|}{C}}{-}R_3 \end{matrix} + \begin{matrix} CH_2{-}OH \\ | \\ CH{-}OH \\ | \\ CH_2{-}OH \end{matrix}$$

动植物油脂　　短链醇　　　　　　生物柴油　　甘油

图 6-5　转酯化反应制备生物柴油

6.3.2　化学法转酯化生产生物柴油

目前工业上制备生物柴油主要是使用化学法，即动植物油脂和甲醇或乙醇等低碳醇在酸性或者碱性催化剂等作用下进行转酯化反应，生成相应的脂肪酸酯[9]。化学法生产生物柴油的一般工艺流程如图 6-6 所示[11]。

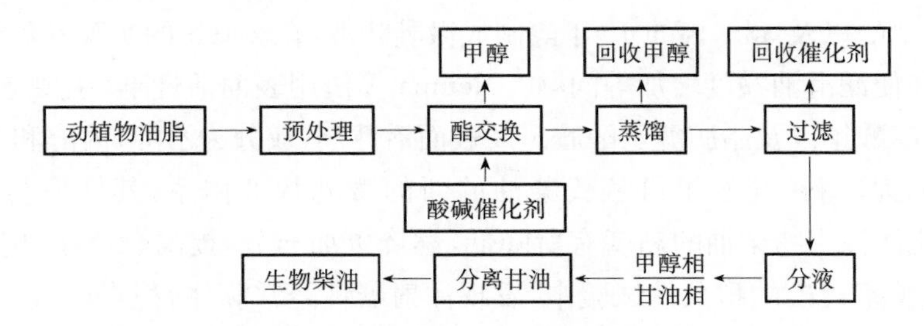

图 6-6　化学法生产生物柴油的一般工艺

6.3.2.1　酸催化法

酸催化剂主要是布朗斯特酸，常用的有硫酸、磷酸、盐酸以及磺酸、硼酸等，其中硫酸价格便宜，资源丰富，是最常用的一种催化剂。另外，有机磺酸也是一种较好的催化剂，酸性强，不会氧化着色。酸催化受游离脂肪酸和水分的影响较小，酸既能充当游离脂肪酸酯化反应的催化剂，又能催化酯交换反应的进行。当使用餐饮废油时，可以免去油脂的预处理步骤。

一般来说，酸催化比碱催化的速度要慢得多，通常需要较高的温度。Adams 等[8]研究表明，在 95℃，甲醇与棕榈油物质的量之比 40：1，5%（质量分数）H_2SO_4作为催化剂的反应条件下，9 h 后脂肪酸甲酯得率达 97%；而在 80℃和相同条件下，要达到同样得率需 24 h。Ma 等[9]研究大豆油的转酯化反应动力学时发现，在 117℃，丁醇与大豆油物质的量之比 30：1，1%（质量分数）H_2SO_4 作为催化剂的条件下，3 h 后脂肪酸丁酯得率达到 99%；而在 77℃，等量的催化剂和丁醇条件下，脂肪酸丁酯产率达到 99%需要 20 h。Freedman 等[12]研究了大豆油和丁醇的酯交换反应动力学，当用 1%的浓硫酸作催化剂，反应温度 117℃，丁醇与大豆油物质的量之比为 30：1 的条件下，反应 3 h 脂肪酸丁酯收率为 99%；而当温度降低到 65℃，在相同的条件下，需要 50 h 脂肪酸丁酯收率才能达到 99%，且发现脂肪酸丁酯随时间的变化呈 S 形曲线，即反应先慢，再快，最后又变慢。

此外，酸催化在工业合成生物柴油上已经得到普遍应用，相关的研究报道还有很多。Zhang 等[13]以花椒油为原料，采用甲醇为反应醇，使用一步法酸催化酯交换工艺，产率可达到 98%；Siti 等[14]以硫酸为催化剂，以游离脂肪酸含量为 49.18%的米糠油为原料，两步催化法制备生物柴油时，产品中甲酯的含量高达 97%；Ghadge 等[15]以游离脂肪酸含量为 19%的麻花油为原料液，也采用两步法，得到了 98%的甲酯产率；Obibuzor 等[16]利用游离脂肪酸含量为 25%～26%的果皮油脂为原料，脂肪酸甲酯产率在 97%左右。谢国剑[17]在对高酸值潲水油制取生物柴油的研究中，采用了甲醇回用技术，获得 90%以上的高酯化率。

酸性催化剂能够较好地催化脂肪酸和醇类的酯化反应，并且对于底物的要求低，但是在催化反应时，反应较慢，温度要求高，能耗大，对设备的腐蚀性较强，易产生“三废”。

6.3.2.2　碱催化法

碱催化剂主要包括氢氧化钠（NaOH）、氢氧化钾（KOH）、碳酸盐及醇盐（如甲醇钠、乙醇钠）等，其中 NaOH 和 KOH 价格相对便宜，目前应用最多。金属醇盐也比较常用，如甲醇钠，它反应条件温和，反应时间短，效率高，催化剂用量小，反应后通过中和水易除去。

碱催化转酯化反应速率很快，并且可以获得较高的生物柴油得率。国内外很多学者已经利用大豆油[18]、棉籽油[19]、菜籽油[20]、米糠油[21]、葵花籽油[22]、煎炸油[23]以及各种废弃油脂[24]等多种油脂为原料，采用碱催化法成功制取了生物柴油。但是当反应原料中含有较多的水和游离脂肪酸时，使用酸催化剂则更合适，否则在碱性催化剂环境中，游离的脂肪酸容易与碱发生皂化反应，不仅消耗了碱催化剂，降低了反应速度，而且生成的皂化物增大了反应体系的黏度和甘油分离的困难。Ma 等[25]研究表明，只有当原料油中游离脂肪酸含量低于 0.5%，水含量低于 0.06%时，才适合使用碱催化剂，否则甲酯产量明显下降。影响该反应转化率的主要因素有醇油比和催化剂的类型。目前工业生产通常都采用 6∶1 的醇油比例，碱催化生成的甲酯含量可以高达 98%。

对于碱催化的工艺研究也比较多，主要是两个方面：一个是 NaOH 或 KOH 为催化剂，也是目前工业上经常选用的碱性催化剂；另一个是甲醇盐为催化剂。邬国英等[19]对 KOH 催化棉籽油制取生物柴油的酯交换进行了研究，得到的最佳反应温度为 45℃，最佳催化剂量为 1.1%的 KOH，油脂产率达 70%以上。反应温度对于碱催化也有一定的影响，Freedman 等[26]以 1%的 NaOH 为催化剂对于大豆油酯交换反应进行了研究，反应温度分别为 60℃、45℃和 32℃时，反应 0.1 h，甲酯的收率分别为 94%、87%和 64%。同时，各种因素都会影响生物柴油的得率，不同的因素间还有可能存在交互作用。王蓉辉等[27]以 NaOH 为催化剂，采用正交实验考察反应温度、醇油物质的量之比、催化剂用量和反应时间等诸多条件对于反应的影响，得出了最优的反应条件：温度 60℃、醇油物质的量之比 6∶1、催化剂用量 0.9%、反应时间 50 min，酯化率达 96.32%。Alcantara 等[28]在用甲醇钠作为催化剂制备生物柴油过程中研究发现，在 60℃，醇油物质的量之比为 7.5∶1，加入质量分数为 1%的甲醇钠，搅拌转速 600 r/min 时，三种油脂(三酰甘油、二酰甘油、单酰甘油)基本完全转化。Gemma 等[29]通过实验对甲醇盐、NaOH 和 KOH 进行了比较，证明在甲醇盐的催化下，经分离纯化后的生物柴油的产率可达 98%，而用 NaOH 和 KOH 作催化剂时，其产率分别为 85.9%和 91.67%。相对于 NaOH 和 KOH，甲醇盐作为催化剂时，油脂的皂化较少，甲酯在甘油中的溶解液较少，因为产率较高。

Zhang 等[30]对酸催化反应和碱催化反应进行了比较，发现用废食用油作原料时，反应原料中含有较多水和游离脂肪酸，酸催化可以省掉去除游离脂肪酸的环节，因而使用酸催化剂更为合适；而以精制油为原料时，碱催化反应速度明显快于酸催化反应速度，因此碱催化工艺更可取。

化学法制备生物柴油的技术在工业上已经被广泛应用，优点是反应速率快，技术较为成熟。根据催化剂的不同，制备工艺也各有特色。相较于碱性催化剂，酸性催化剂的催化效率低，底物消耗量大，且酸对设备存在一定腐蚀性，所以酸法制备生物柴油并不是最优的选择。但当底物油脂是低等油时(如餐饮废油)，酸法制备的效率会高于碱法制备。使用碱催化剂时对原料要求高，需要严格控制油脂中游离脂肪酸和水分的含量，残留碱时柴油中有皂化物生成，容易堵塞管道；反应过程中有废酸或废碱液排放，造成环境污染。

6.3.2.3 酸碱催化基础上的新型催化工艺

针对酸碱催化反应中存在的问题，一些新型酸碱催化剂及新工艺的开发成为目前的研究热点。利用含氮类的有机碱(如 TBD，即 1,5,7-三氮杂二环[4,4,0]-5-癸烯)作为催化剂可以减少皂化物的生成；使用分子筛以及金属催化剂等，可以大大简化反应产物和催化剂的分离；在反应中引入共溶剂(如四氢呋喃)和超声波，可以促进油脂和甲醇的互溶，使反应速率大大加快。福建卓越新能源公司使用微酸性催化剂技术，使醇解和酯化过程在同一反应罐中同时进行，并通过加入金属盐处理剂的方式来降低生物柴油的残留酸值。

固体酸和固体碱催化是研究较为热门的方法，具有反应条件温和，产物易于分离，易于实现自动化、连续化、可循环使用等诸多优点。生物柴油制备中常用的固体酸主要包括沸石分子筛、杂多酸、离子交换树脂、固体超强酸等。此类催化剂对原料要求低、能适应脂肪酸含量高的低成本原料油，且反应完毕后催化剂易分离、对环境友好。但此类催化剂催化活性低，反应速率慢，反应温度较高，转化率低。王志华等[31]用沉淀-浸渍法制备固体超强酸 $S_2O_8^{2-}/Fe_2O_3-ZrO_2-La_2O_3$ 催化剂，结果表明，当 Fe、Zr 和 La 的物质的量之比为 1∶0.42∶0.075 时，催化剂活性最高。最佳工艺条件为：催化剂用量为菜籽油质量的 2%，醇和油的物质的量之比为 12∶1，反应温度为 220℃，反应时间为 10 h，产率可达 90.3%。催化剂重复使用 5 次，反应时间达 50 h，产率仍达 83%，GC-MS 表征表明，制得的生物柴油的纯度较高。这里的固体超强酸是指比 100%硫酸酸性更强的固体酸。常用的金属氧化物超强酸为 SO_4^{2-}/M_xO_y。固体超强酸是 B 酸和 L 酸按某种方式复合作用而形成的一种新型酸，SO_4^{2-}/M_xO_y 型固体酸研究表明，超强酸中心的形成主要是源于 SO_4^{2-} 在表面配位吸附使 M—O 上电子云强烈偏移，强化 L 酸中心，同时更易使 H_2O 发生解离吸附产生质子中心。

丁琳等[5]研究中发现，硫酸铜、氯化铜、硫酸锌、硫酸亚铁以及氯化铁均可以作为合成乙酸正丁酯的催化剂，其中氯化铁的催化效果高于其他，酯化率达 98.98%。张洪浩等[32]采用 $Ti(SO_4)_2$ 为催化剂，以催化大豆油与甲醇的酯交换反应，制备生物柴油，实验最佳条件为：n(醇)∶n(油) = 10∶1，反应时间 8 h，反应温度 65℃，催化剂用量为原料油质量的 4%，生物柴油收率可达 99%。

盖玉娟等[33]采用 Hβ 分子筛催化剂，在甲醇亚临界条件下与粗环烷酸的大豆油油脂进行酯交换反应制备生物柴油，结果表明，在 n(甲醇)∶n(油脂) = 12.5∶1、催化剂用量为油脂质量的 5%、反应温度 300℃和反应时间 2 h 条件下，收率可达 92.8%。为了在低醇油物质的量比时获得较高生物柴油收率，实验在第一次酯交换结束后分出甘油，再进行第二次酯交换，使未反应的油脂充分与甲醇反应。在相同条件下，两次酯交换比单次酯交换的收率均高 4%。Karmee 等[34]研究了 K-10 型蒙脱石、Hβ 分子筛和 ZnO 固体酸对酯交换反应的催化活性，发现在 120℃的条件下反应 24 h，ZnO 对油脂的转化率可达 84%。

吴松等[35]以固载磷钨酸为催化剂，以大豆油和甲醇为原料制备生物柴油，实验考察了醇油物质的量比、催化剂用量、反应时间和反应温度等对酯转化率的影响。结果表明，实验最佳条件为：n(醇)∶n(油) = 6∶1，催化剂质量分数为原料油的 4%，反应时间 2 h，反应温度 50℃。在此条件下，酯转化率可达 94.5%，且催化剂可重复使用。Chai 等[36]以固体杂多酸 $Cs_{2.5}H_{0.5}PW_{12}O_{40}$ 为非均相催化剂，芸芥植物油为原料，与甲醇进行酯交换反应制备生物柴油。实验考察了反应时间、反应温度、醇油物质的量比、催化剂用量及催化剂使用次数对芸芥油转化率的影响。结果表明，在最佳反应条件：n(醇)∶n(油) = 5.3∶1、反应时间 45 min 和反应温度 55℃，生物柴油的收率可达 99%，固体杂多酸 $Cs_{2.5}H_{0.5}PW_{12}O_{40}$ 易于分离，可重复使用，且芸芥生物柴油各项指标符合美国生物柴油标准。Morin 等[37]以杂多酸 $H_3PW_{12}O_{40}$、$H_4SiW_{12}O_{40}$、$HPMo_{12}O_{40}$、$HSiMo_{12}O_{40}$ 和无机酸

H_3PO_4为催化剂，以菜籽油为原料制备生物柴油。催化剂使用前在去离子水中再结晶，酸性强弱依次为：PW>SiW>PMo>SiMo，杂多酸催化酯交换反应速率较 H_3PO_4快，但钼酸较钨酸具有更高的反应活性，这主要是因为钼酸可以在较低的预处理温度失去结晶水，同时说明杂多酸的酸强度与催化活性无必然联系。刘云等[38]以油菜籽油加工下脚料为原料，以 D002 阳离子交换树脂催化制备生物柴油，并对工艺参数进行优化。结果表明，最佳操作参数为反应温度 70℃、催化剂用量为原料油质量的 10%、油醇质量比 1∶0.6 和反应时间 4 h，生物柴油转化率达到 97.3%。

此外还有诸多相关的报道，如表 6－9 所示。

表 6－9 固体酸催化酯交换生产生物柴油的相关报道

固体酸催化剂	研究人员	年份(年)	酯化率(%)	备 注
HZSM－5 沸石	张怀彬等[39]	1997	96～98	—
三氯化铝	宁满霞[40]	2003	86.4	—
钨酸锆/氧化铝	Furuta 等[41]	2004	90	反应 100 h 仍有较高活性
SO_4^{2-}/ZrO_2-TiO_2	曹向禹，宋旭梅[42]	2004	71.6	鱼油脂为底物
$Zr(SO_4)_2 \cdot 4H_2O$	曹宏远等[43]	2005	96.6	—
阳离子交换树脂	Dorae 等[44]	2005	76	—
$NaHSO_4$	岳鹍等[45]	2006	95	无“三废”污染
无定形氧化锆	Satoshi 等[46]	2006	95	—
Fe-Zn 氰化复合物	Sreeprasanth 等[47]	2006	98	重复使用效果良好
强酸性阳离子交换树脂	奚立民等[48]	2007	86	—
WO_3/ZrO_2	王琳等[49]	2008	60	—
TiO_2/SO_4^{2-}	孔洁等[50]	2009	94.3	—
$SO_4^{2-}/ZrO_2-Al_2O_3$	梁紫佳等[51]	2009	92.4	催化剂易再生
SO_4^{2-}/TiO_2-SiO_2	乔仙蓉等[52]	2009	90	—
$SO_4^{2-}/TiO_2-V_2O_5$	吴艳波等[53]	2009	79	催化剂重复使用 5 次，生物柴油收率仍达 75%以上

固体酸催化生产生物柴油的酯交换反应时，油脂中的游离脂肪酸和少量水对反应无显著影响，使得后续的分离提纯工艺相对简单。然而，还存在反应速率太慢，与碱工艺相比需要较高的温度和压力，需要更高的油脂与醇的进料比，后续的醇回收装置需更大等缺点，因此该工艺还没有工业化应用的相关报道。

固体碱一般包括碱金属，碱土金属氧化物，水滑石、类水滑石固体碱，负载型固体碱等。其优点是固体催化剂容易和液体物料分离，工艺流程简化且环保，可以循环使用，但是反应会形成甲醇-油脂-催化剂三相，降低反应速率，并且固体碱，尤其是超强固体碱催化剂制备复杂、成本昂贵、强度较差、极易被大气中的二氧化碳等杂质污染、比表面积较小。因此，固体碱催化剂还没有进行工业应用，也处于研制开发阶段。

针对于碱金属氧化物催化生产生物柴油，国内外学者开展了大量的研究工作（表 6 - 10）。例如，王渤洋等[54]采用化学合成法制备了铝酸钙固体催化剂，并将其用于菜籽油与甲醇酯交换反应的研究。结果表明，当醇油物质的量之比为 15∶1，催化剂质量分数 6%，反应温度 65℃，搅拌速率 270 r/min，反应时间 3 h，甲酯的收率为 89.05%。铝酸钙固体催化剂具有较好的稳定性，连续使用 7 次，甲酯的收率均在 87.00%以上。一些利用固体碱催化的研究工作如表 6 - 10 所示。

表 6 - 10　固体碱催化酯交换生产生物柴油的相关报道

固体碱催化剂	研究人员	年份(年)	酯化率(%)	备　注
缩二胍/聚苯乙烯	Georges 等[55]	2000	94.00	—
$K_2O/\gamma-Al_2O_3$	崔士贞等[56]	2005	95.83	—
$Cs_2O/\gamma-Al_2O_3$	崔士贞等[56]	2005	97.46	—
镁铝水滑石	李玉芹等[57]	2005	90.00	—
$Ca(OH)_2$	阎森[58]	2005	90.00	200～400 min，反应较快
CaO	阎森[58]	2005	95.50	150～300 min，反应较快
KOH	Jose 等[59]	2005	80.00	—
镁铝水滑石	李为民等[60]	2006	95.70	—
ZnI_2	Li 等[61]	2006	96.00	—
NaOH	Mahajan 等[62]	2006	95.00	几乎无副反应发生
KNO_3/Al_2O_3	Xie 等[63]	2006	87.43	—
镁铝复合固体	孙广东等[64]	2008	90.00	—
CaO，CaO/MgO	陈英等[65]	2009	94.30	—
KF/CaO	李永荣等[66]	2009	97.30	—
K_2CO_3/CaO	李永荣等[66]	2009	93.40	—
$KF/\gamma-Al_2O_3$	李永荣等[66]	2009	77.70	—
$K_2CO_3/\gamma-Al_2O_3$	李永荣等[66]	2009	96.20	—
$CsCO_3/\gamma-Al_2O_3$	宋华民等[67]	2009	95.50	—
CaO/NaY	周玉杰等[68]	2009	95.00	—

固体碱催化剂对许多重要的工业反应有着广阔的应用前景，具有液体碱或者有机金属化合物碱性催化剂所无可比拟的优越性，具有高活性、高选择性、反应条件温和、产物易于分离、可循环使用等诸多优点。当然，现在优良的固体碱仍然造价较高，使用起来不经

济，但是随着相关研究的大量开展，固体碱催化剂的造价将会逐渐降低，最终能够应用到生物柴油的实际生产当中。

6.3.2.4 离子液体法

离子液体(Ionic Liquids)，即为只有离子存在的液体。通常是指在低于100℃的温度下，完全由有机阳离子和有机或无机阴离子组成的有机液体盐。作为一种新型的环境友好型液体酸碱催化剂，离子液体具有其他有机溶剂、无机溶剂和传统催化剂不具备的优点，同时拥有液体酸碱的高密度反应活性位和固体酸碱的不挥发性，同时它的结构和酸碱性可调，一些离子液体还具有很强的Bronsted或Lewis酸性，易与产物分离，可重复使用，热稳定性高。离子液体的物理化学性能在很大程度上取决于阴、阳离子种类，是真正意义上可设计的绿色溶剂和催化剂。因此，离子液体具有取代传统工业催化剂的潜力，近年来受到广泛关注，已用于催化很多反应。

最好的离子液体源于1914年，[$EtNH_3$][NO_3]是离子液体的雏形[69]。目前，在制备生物柴油的过程中，通过改变阴、阳离子，可以制备出种类多样的离子液体催化剂。根据反应活性位的不同，大体上可分为三大类：Bronsted酸性离子液体、Lewis酸性离子液体和新型Bronsted碱性离子液体。Bronsted酸性离子液体催化剂根据官能团不同又可分为磺酸基功能化Bronsted酸性离子液体和基于酸性阴离子的Bronsted酸性离子液体。

(1) Bronsted酸性离子液体

Bronsted酸性离子液体的合成方法主要有四种：

① 两性盐酸化法：吡啶(或Ⅳ-甲基咪唑、三乙胺)与烷基磺酸内酯进行烷基化反应得到两性盐，然后两性盐被有机或无机酸酸化得到磺酸基功能化Bronsted酸性离子液体。该方法合成条件相对容易，且克服了副产物卤离子的产生，是当前研究的热点。

② 衍生法：对离子液体的前体进行化学修饰，引入磺酸基官能团。该方法合成路线较长，但通过对离子液体进行化学修饰，可调变其化学、物理性能(如降低黏度等)。

③ 两步合成法：该合成方法与1-甲基咪唑四氟硼酸盐等常规离子液体的合成方法相同，只是在离子交换一步由Bronsted酸性阴离子交换掉季铵盐的阴离子。该方法是最早用于制备B酸性离子液体的方法，制得的Bronsted酸性离子液体的酸性基团源于阴离子，酸性稳定可调，且物化性能适宜，合成成本也相对低廉，因此应用广泛。

④ 中和法：在水溶液中，酸与叔胺直接发生中和反应生成基于酸性阴离子的B酸性离子液体。该方法经济简便，没有副产物，产品易纯化。

2002年，Amanda等[70]首次报道了磺酸基功能化离子液体设计合成多种含有烷烃磺酸基团的Bronsted酸性离子液体，并将这些离子液体作为催化剂应用到包括酯化反应在内的多种化学反应中。因其具有强酸性和较适宜的物化性能，是当前Bronsted酸性离子液体催化剂的研究热点。Fraga-Dubreuil等[71]同样尝试了采用Bronsted酸性离子液体催化酯化反应，实验结果表明，离子液体具有较高的催化活性，与传统方法相比，离子液体催化酯化反应具有明显的优势：反应产物酯类不溶于离子液体，与离子液体分离容易；离子液体可以重复使用，且具有很高的选择性。

Wu等[72]使用5种水稳定性好的含磺酸基官能团Bronsted酸性离子液体催化棉籽油进行酯交换反应制备生物柴油。实验结果表明，5种离子液体都具有很好的催化活性，其中丁烷磺酸吡啶硫酸氢盐离子液体的催化活性最好，催化剂活性与浓硫酸相近。在甲醇、棉籽油、丁烷磺酸吡啶硫酸氢盐离子液体物质的量之比为12∶1∶0.057，170℃，5 h条件下，脂肪酸甲酯收率可达到92%，且催化剂活性在循环使用6次后无明显下降。对5种离子液体催化活性比较后发现，当碳链长度一定时，离子液体的催化活性与含氮的官能团有关；当含氮官能团一定时，碳链较长的离子液体催化活性较高。Han等[73]采用高活性的Bronsted酸性离子液体从废油催化制备生物柴油，研究结果表明，在甲醇、油、离子液体物质的量之比为12∶1∶0.06，170℃，4 h条件下甲酯收率达到93.5%。Zhang等[74]合成了另外一种Bronsted酸离子液体[NMP][CH_3SO_3]，用于催化长链自由脂肪酸与短链醇进行酯化反应制备生物柴油，同样获得成功。因此选择高活性的Bronsted酸性离子液体同样可以应用于催化酸值高的废油用于制备生物柴油，显示了良好的工业应用前景。Liang等[75]合成多磺酸基官能团的Bronsted离子液体，用于催化菜籽油与甲醇进行酯交换反应制备生物柴油，在甲醇、油、离子液体物质的量之比为12∶1∶0.34，70℃，7 h条件下，甲酯收率达到98.2%，并且催化剂同样表现出较好的水稳定性和重复性。另外值得注意的是，与单磺酸基离子液体相比，一方面多磺酸基离子液体酸密度大大提高，提高了催化剂活性，降低了反应条件；另一方面多磺酸基离子液体阳离子的极性增加，使其在生物柴油相和甘油相中的溶解度降低，从而减少催化剂的流失和产品的后续处理操作。此外，还有很多利用Bronsted酸性离子液体为催化剂制备生物柴油的报道，如表6-11所示。基于酸性阴离子的B酸性离子液体是最早出现的Bronsted酸性离子液体，合成方法比较成熟，原料易得且相对廉价，有利于大量生产，但其酸性不够强，从而在催化方面受到一定的制约。

表6-11　Bronsted酸性离子液体催化酯交换生产生物柴油的相关报道

离子液体类型	原　料	研究人员	年份(年)	酯化率(%)	备　注
磺酸类Bronsted酸性离子液体	地沟油	易伍浪等[76]	2007	86.8	离子液体用量2%
[HSO_3-pmim][HSO_4]	大豆油	张磊等[77]	2007	96.5	离子液体用量4%
[Hmim][HSO_4]	菜籽油	李怀平等[78]	2008	95.0	反应时间5 h
[BPy][HSO_4]	蓖麻油	靳福全等[79]	2008	96.0	反应温度100℃
[C_6mim][HSO_4]	菜籽毛油	李胜清等[80]	2009	94.0	醇油物质的量之比15∶1
[MPy][HSO_4]/[MPy][H_2SO_4]	三油酸甘油酯	柏杨等[81]	2010	80.0	—
[HSO_3-bpy]CF_3SO_3	麻风果油	李凯欣等[82]	2010	90.4	反应时间5 h

（续表）

离子液体类型	原　料	研究人员	年份(年)	酯化率(%)	备　注
[TMHDAPS][H_2SO_4]	自由脂肪酸	Fang 等[83]	2011	96.0	反应温度 70℃
1-苯甲基-1H-苯并咪唑 Bronsted 酸性离子液体	菜籽油	Ghiac 等[84]	2011	95.1	反应温度 60℃

(2) Lewis 酸性离子液体

一般情况下，主要采用复合法制备 Lewis 酸性离子液体。对于氯铝酸离子液体，在氯代烷与烷基咪唑、吡啶等季铵化反应的基础上，使氯化鎓盐与一定物质的量的 $AlCl_3$ 复合，制得目标产物。该方法合成条件较苛刻，制得的 Lewis 酸性离子液体热稳定性和化学稳定性不是很好，且对水极其敏感，在一定程度上限制了它的开发和应用。

王文魁等[85]制备了 Lewis 酸性离子液体[Bmim]·Cl-2$AlCl_3$(氯铝酸离子液体)，以大豆油为原料催化制备生物柴油。[Bmim]·Cl-2$AlCl_3$对大豆油酯交换反应具有一定的催化活性，并且易与产物分离。在 70℃、离子液体用量为油质量的 4%、醇与油的物质的量之比 15∶1、振荡频率 300 次/min 的最佳反应条件下反应 25 h 后，甘油收率可达 67.9%，另外氯铝酸离子液体重复使用 4 次，催化活性没有明显降低。

Liang 等[86]合成多种 Lewis 酸离子液体并将其应用于催化豆油制备生物柴油，实验结果表明：[Et_3NH]Cl-$AlCl_3$($x(AlCl_3)=0.7$)离子液体的催化活性最好；在甲醇、油、离子液体物质的量之比为 12.37∶1∶0.85，70℃，9 h 条件下，反应产率达到 98.5%；并且这种离子液体在重复使用 6 次后，生物柴油产率仍能达到 95%以上，显示了良好的催化剂活性和稳定性；另外通过多种 Lewis 酸离子液体催化活性的对比发现，催化剂阳离子碳链长度的增加会增加反应系统的传质阻力从而降低催化剂的催化活性。由于 Lewis 酸离子液体属于 $AlCl_3$ 型离子液体，虽然制作简单成本低，但是 $AlCl_3$ 型离子液体对水特别敏感，需要一直在真空或惰性气体保护下处理操作，另外 $AlCl_3$ 型离子液体对许多物质有腐蚀性，对设备要求高，因而限制了这种催化剂的应用推广。

总体来说，Lewis 酸性离子液体因其对水的敏感性、制备条件的苛刻性，作为催化剂催化合成生物柴油的报道相对较少。

(3) Bronsted 碱性离子液体

一般情况下，采用两步法合成 Bronsted 碱性离子液体。在咪唑等季铵化的基础上，加入 KOH 或 NaOH 碱化制得目标产物。该方法制备的新型 Bronsted 碱性离子液体催化效率高，反应条件温和，易与产物分离。

我国的相关研究人员在 Bronsted 碱性离子液体催化制备生物柴油的相关工作中作出了很大的努力。张玉军等[87]合成了碱性离子液体催化剂 1-甲基-3-丁基咪唑氢氧化物，以地沟油为原料制备生物柴油，脂肪酸甲酯收率为 95.7%。制备的生物柴油除碘值较高外，其他主要性能符合 0# 柴油标准，并且可以和 0# 柴油进行调和使用。张爱华等[88]合成了碱性离子液体[Bmim]OH，将其用于催化蓖麻油制备生物柴油，甲酯混合物收率高于97%，蓖麻油基本完全转化，其中转化为甲酯的转化率大于95%。催化剂[Bmim]OH重复使用6次没有明显消耗，催化性能稳定。继张爱华之后，韩磊等[89]也对[Bmim]OH催化剂进行了实验研究。用其催化菜籽油酯交换反应制备生物柴油，考察了醇油物质的量之比、反应温度、反应时间和离子液体用量对酯交换反应的影响及离子液体的稳定性。结果表明，在n(甲醇)∶n(菜籽油)＝16∶1，反应温度150℃，反应时间4 h和离子液体用量为菜籽油质量6%的条件下，生物柴油收率可达96.2%，并且该离子液体的稳定性良好，循环使用5次催化性能没有明显降低。接着，李昌珠等[90]也采用了碱性离子液体[Bmim]OH，以其为催化剂催化光皮树果实油制备生物柴油。结果表明，光皮树果实油是制备生物柴油的一种理想原料，[Bmim]OH是一种催化性能高和稳定性好的新型催化剂，最优反应工艺为：催化剂用量为1.1%，醇油物质的量之比为6∶1，反应温度为60℃，反应时间为70 rmin。在此条件下，生物柴油转化率高达96.42%，重复使用6次后，生物柴油转化率还可达90%以上。

梁金花等[91]采用两步法等制备了5种新型咪唑类碱性双核功能化离子液体，并以棉籽油为原料，考察了这些离子液体催化酯交换反应制备生物柴油的性能。研究结果表明，咪唑类碱性双核功能化离子液体具有很好的催化活性，其催化活性与阳离子中碳链长度有关。其中双-(3-甲基-1-咪唑)亚乙基双氢氧化物离子液体的催化活性最好。脂肪酸甲酯的质量分数和选择性分别达98.5%和99.9%。催化剂重复使用7次后，产物中脂肪酸甲酯的质量分数仍能达到96.2%。单甘酯和双甘酯的含量很少。

总体看来，新型Bronsted碱性离子液体催化剂可催化菜籽油、蓖麻油、光皮树果实油、棉籽油和地沟油合成生物柴油，反应温度低，反应时间相对较短，稳定性好，重复利用率较高。

由于离子液体优良特性，一方面可以通过设计制备出催化功能的离子液体应用于催化制备生物柴油工艺，这些功能化的离子液体不仅具有与传统均相催化剂相比更高的催化活性，而且易回收性质稳定可以重复使用，是一种理想的催化剂；另一方面可以使用离子液体作为溶剂负载传统催化剂，这样在保证催化效果，提高催化剂稳定性的同时，可以实现催化剂的回收重复利用。离子液体作为一种绿色催化剂开创了"均相反应、两相分离"的新领域，解决了均相催化反应催化剂难分离回收的难题，但仍存在许多不足，现已报道的各类离子液体催化剂在成本和合成方法上还存在多方面的问题，有些使用了大量的有机溶剂作为反应介质，没有真正达到绿色催化剂的标准；离子液体催化合成生物柴油的机理研究还处于探索阶段，而催化机理的研究对离子液体催化剂的设计具有重要的指导意义。总的来讲，离子液体在生物柴油制备过程中表现出无与伦比的特性必将受到越来越多的重视，相应的难题也会随着相关研究的开展而被克服。

6.3.3 油脂加氢法生产生物柴油

广义上讲，油脂加氢法也属于化学法的范畴。利用动植物油脂加氢制备生物柴油的方法是在化石燃料催化加氢的基础上发展起来的，是指在催化加氢条件下，脂肪酸三甘酯发生不饱和酸的加氢饱和反应，并进一步裂化生成包括二甘酯、单甘酯及羧酸在内的中间产物，再经过除氧反应等一系列过程最终得到烃类[92-93]，同时副产丙烷、水、CO和CO_2等。

油脂转化为烃类柴油组分的过程包含多种化学反应[94]：双键饱和(加氢)、除氧(加氢脱氧、脱羧基和脱羰基)、脱除杂原子(硫、氮、磷和金属)、除氧过程中长链烷烃的异构化以及副反应(三酰甘油分子中脂肪酸链的加氢裂化、水煤气变换、甲烷化、环化和芳构化反应)。最主要的反应为除氧反应，油脂通过加氢脱氧、脱羧基或脱羰基反应可直接得到长链饱和脂肪烃(高十六烷值的柴油组分)，加氢脱氧可以得到相同碳数的长链脂肪烃，脱羧基或脱羰基反应可得到少一个碳的长链脂肪烃[95]。上述三种反应路径所占比例主要取决于所用的催化剂，反应条件则会对副反应和异构化反应发生的程度产生较大影响。

6.3.3.1 油脂加氢法生产生物柴油常用的催化剂

油脂加氢法所用的催化剂主要有过渡金属和贵金属催化剂。

(1) 过渡金属催化剂

过渡金属催化剂主要包括两种，硫化态催化剂和氧化态催化剂。

硫化态催化剂与传统的柴油加氢精制催化剂类似，一般采用双金属组分，油脂的除氧以加氢脱氧过程为主，羧基中的氧原子和氢原子结合成水分子，而自身还原成烃。油脂中含有氧而基本不含硫，在加氢条件下，硫化态催化剂中的部分硫会生成硫酸盐，有一部分Mo^{4+}氧化生成了Mo^{6+}，催化剂中的金属由高加氢活性的硫化态转变为低活性的氧化态，氧化态催化剂是硫化态催化剂使用过后的状态，也是硫化态催化剂为硫化时的原始状态。

硫化态催化剂是较常用的加氢反应催化剂。Simacek 等[96]以菜籽油为原料，采用硫化态$NiMo/Al_2O_3$催化剂，在310～360℃、7～15 MPa、液态空速1 h^{-1}的条件下进行加氢反应，有机液体收率可达83%，其中柴油组分收率最高可达80%以上，它的主要成分为$C_{14\sim16}$的饱和直链烷烃，十六烷值大于100，但柴油组分的低温流动性较差，甚至在低纬度地区使用也会受到限制。将所得高十六烷值产品与石化柴油混合，添加量为10%时十六烷值由原来的52.1提高到56.7，表明该产品可作为优良的高十六烷值柴油添加组分。此外，该反应还生成了11%的水和少量的气体组分。不同的硫化态催化剂的催化活性存在差异，相关研究结果表明[97]，NiW/Al_2O_3和$NiMo/Al_2O_3$催化剂的加氢脱氧活性和稳定性均好于$CoMo/Al_2O_3$催化剂，使用NiW/Al_2O_3催化剂会生成相对较多的脱羧基和脱羰基产品。单金属组分催化剂的活性较低[98]，Ni/Al_2O_3、Mo/Al_2O_3、$NiMo/Al_2O_3$催化剂的活性高低顺序为：$Ni/Al_2O_3 < Mo/Al_2O_3 < NiMo/Al_2O_3$，且在$Ni/Al_2O_3$催化剂上几乎只进行脱羧基反应，在$Mo/Al_2O_3$催化剂上则进行加氢脱氧反应。这可能是因为NiS和$MoS_2$的表面电子特征不同，反应物分子在其表面以不同的方式吸附，或者导致羧基的C—C键断裂脱除二氧化碳，或者导致与吸附的氢原子反应脱除氧原子。

氧化态催化剂的催化性能低于硫化态，但是也可以用于催化加氢反应的顺利进行。Krár 等[99-100]研究发现，未经硫化的$CoMo/Al_2O_3$和$NiMo/Al_2O_3$催化剂均对三酰甘油加氢转化具有活性，还具有较好的异构化选择性和温和的裂化性能，其中$CoMo/Al_2O_3$催化剂的性能好于$NiMo/Al_2O_3$催化剂。他们使用未经硫化的$CoMo/Al_2O_3$催化剂对葵花籽油进行加氢，在最佳条件(380℃、4～6 MPa)下，有机液体收率可达83.4%，其中柴油组分收率73.8%，且柴油组分的低温流动性提高，可按30%的比例将柴油组分与石化柴油混合而无需添加流动性能改进剂。此外，反应生成9%的水。

硫化态的过渡金属催化剂是油脂加氢法制备生物柴油主要的工业用催化剂，在长期运转过程中还需解决一些问题：加氢脱氧会放出大量反应热，导致催化剂结焦，以致完全失活；油脂中的游离脂肪酸会逐渐降低催化剂的活性和柴油组分的收率，其含量过高时还可能腐蚀反应器。为解决上述两个问题，可利用部分加氢产物($C_{15\sim18}$烷烃)或其他烃类对原料进行稀释，既可减缓加氢反应的放热速率，又降低了原料中游离脂肪酸的浓度。但如何长时间维持催化剂的活性和稳定性还需长期深入的研究。与硫化态催化剂相比，氧化态催化剂的转化性能稍有降低，最佳反应条件相对苛刻，但无需硫化使其仍具有一定优势。

(2) 贵金属催化剂

贵金属催化剂主要包括中性载体和酸性载体催化剂两种。

中性载体催化剂(如活性炭[101-104]、三氧化二铝和二氧化硅[105]等)催化加氢制备柴油的过程中，主要发生脱羰脱羧反应，不会在反应中生成大量水，相比硫化态催化剂具有此方面的优势。

贵金属催化剂的活性高低顺序为：Pd＞Pt＞Rh＞Ir＞Ru＞Os，负载到活性炭上的Pt和Pd催化剂的活性最高，Pt催化剂更利于发生脱羰基反应，而Pd催化剂更利于发生脱羧基反应[106]。该类催化剂存在易失活的现象，原料油中的磷、钙、镁等杂质会覆盖在催化剂表面，导致催化剂中毒和结焦[103]，反应前需对原料进行预处理。使用该类催化剂还存在一些问题：在管式固定床反应器中，Pd和Pt催化剂会因气体产物CO和CO_2中毒以及结焦而快速失活，用氢气活化不能恢复其活性[104]；而使用该类催化剂，采用间歇或半间歇式高压釜反应器在液相中进行反应不利于连续化生产。

在酸性载体负载的贵金属催化剂上，在较高温度和压力下主要为加氢裂化反应，载体的酸强度越高柴油收率越低；降低温度和压力，裂化程度降低，但同时油脂的转化率降低，催化剂需要进一步改性。酸性载体主要为各类分子筛，如H-Y,H-ZSM-5,SAPO-31等。

6.3.3.2　油脂加氢法生产生物柴油的工业工艺

目前，工业上的加氢生产此类生物柴油的工艺主要有两种：掺炼和加氢脱氧再临氢异构工艺。

(1) 掺炼

掺炼是指利用现有的柴油加氢精制装置，在进料中加入部分油脂进行共同炼制，这样有利于提高产品的十六烷值，同时也可以节省脂加氢装置的投资。

Mikulec等[107]在常压瓦斯油中加入6.5%的植物油进行加氢精制，柴油的十六烷值由53增至57，并改善了产品的气体排放性能。巴西石油公司开发的动植物油脂掺炼生产工艺已成功引入炼制厂[108]。由油脂加氢脱氧得到的烷烃柴油具有较高的十六烷值，硫含量极低，密度较小。英国BP公司、美国COP公司和日本石油公司也均进行了掺炼的研究或工业化应用，我国也进行了相关的研究，清华大学提出了通过集成加氢精制或加氢裂化过程制备生物柴油的新工艺[93]。

(2) 加氢脱氧再临氢异构工艺

该工艺以硫化态过渡金属为催化剂，以油脂为底物加氢脱氧得到长链正构烷烃产品，再使用异构化 Pt 催化剂进行异构反应，提高产品的低温流动性能。虽然工艺路线相对复杂，但是同时保证了产品的产量和质量，且可充分利用炼厂的加氢精制装置和异构化装置。已工业化的加氢制备生物柴油工艺主要采用了此法。例如，芬兰 Neste 石油公司，得到的柴油产品不含硫、氧、氮和芳香族化合物，具有与石化柴油相近的黏度和发热值、较低的密度和很高的十六烷值，同时具有良好的低温流动性；国内中国石油和美国 UOP 公司也展开合作，利用此工艺的基础上生产生物柴油等燃料[93]。

采用可再生的动植物油脂原料通过加氢脱氧处理等工艺可以制备高十六烷值柴油组分，该柴油组分无硫，无芳烃，不含氧，氮排放少，环境友好，储存稳定性好，可以作为高十六烷值柴油添加组分与石油柴油以任何比例调和。目前，该技术还存在反应原料成本高、氢耗高等问题。因此，寻找价格低廉的原料，开发高效的催化剂和反应器，提高柴油组分收率，降低氢耗，是实现该技术工业化应用的关键。

6.3.4 生物酶法生产生物柴油

为了解决酸碱催化生物柴油的缺点和问题，相关技术研究人员开始尝试使用生物酶催化动植物油脂转酯化生产生物柴油，生物酶法所用的催化剂有脂肪酶(胞外脂肪酶)和微生物细胞(产胞内脂肪酶)两大类。生物酶法存在一系列的优点，如：反应条件温和，可以在常温常压下进行，反应过程中无污染物排放，环境友好，对原料的品质要求较低，原料来源广泛，产品的分离和回收比较方便等。但目前该方法也存在一些问题，如：酶或者催化用细胞容易失活，重复使用的周期短，制备成本较高等[1]。

6.3.4.1 胞外脂肪酶催化生产生物柴油

可用于催化合成生物柴油的脂肪酶有酵母脂肪酶、根霉脂肪酶、毛霉脂肪酶、猪胰脂肪酶等[109-111]。在自然界分布较广，可来源于 60 多种微生物。目前，商业化的脂肪酶也很丰富，主要包括 Lipase A K、Lipase P S、Lipozyme RM IM、Lipase PS-30、Novozym 435 等[112]。脂肪酶的来源不同，其催化特性存在很大差异。如：Nelson 等[113]在正己烷体系中利用不同脂肪酶催化油脂和短链醇的转酯反应合成生物柴油，结果发现在油脂与伯醇的转酯反应中，来自米黑毛酶的脂肪酶催化活性最高，而在油脂与仲醇的转酯反应中，来自南极假丝酵母的脂肪酶催化活性最高。Kaieda 等[114]在无溶剂体系中研究了水对 *Candida rugosa*、*Pseudomonas cepacia* 和 *Pseudomonas fluorescens* 三种脂肪酶催化油脂醇解合成生物柴油的影响，结果表明前两种脂肪酶在水含量较高时活性较高，而来自 *P. fluorescens* 的脂肪酶则随着水含量的增加酶活性下降。

脂肪酶的来源不同，相应的反应工艺也不同。一般地，酶催化反应温度在 30～50℃，其转化率可达到 90%以上。但是，不同来源的脂肪酶的反应时间差别很大，且反应体系中水的含量、酶的固定与否以及醇油比都影响生物柴油的产率和酶的寿命[112]。

利用脂肪酶催化油脂醇解合成生物柴油，酶在反应过程中容易失活，并且脂肪酶价格昂贵，使用酶作催化剂时生产成本较高。为了开发有效的生物酶法制备生物柴油的工艺，国内外研究者开展了多方面的研究。

1）游离脂肪酶催化制备生物柴油

早在 20 世纪 70 年代许多研究者发现在油水界面上脂肪酶催化反应速率较快，Brzozowski 等[115]以原创性的实验解释了在油水界面催化反应速率较快的原因——界面活化效应。一般而言，脂肪酶活性位点为一个盖子(Helix Lid)所罩住(图 6－7a)，所谓界面活化是指此盖子的打开使催化活性位点暴露出来。他们将酶与其不可逆的抑制物结合后结晶(图 6－7b)，通过 X 射线衍射解析其结构发现不可逆抑制物与酶结合部位的疏水性表面积增加(图 6－7d)，从而推断界面活化而引起活性位点的暴露。

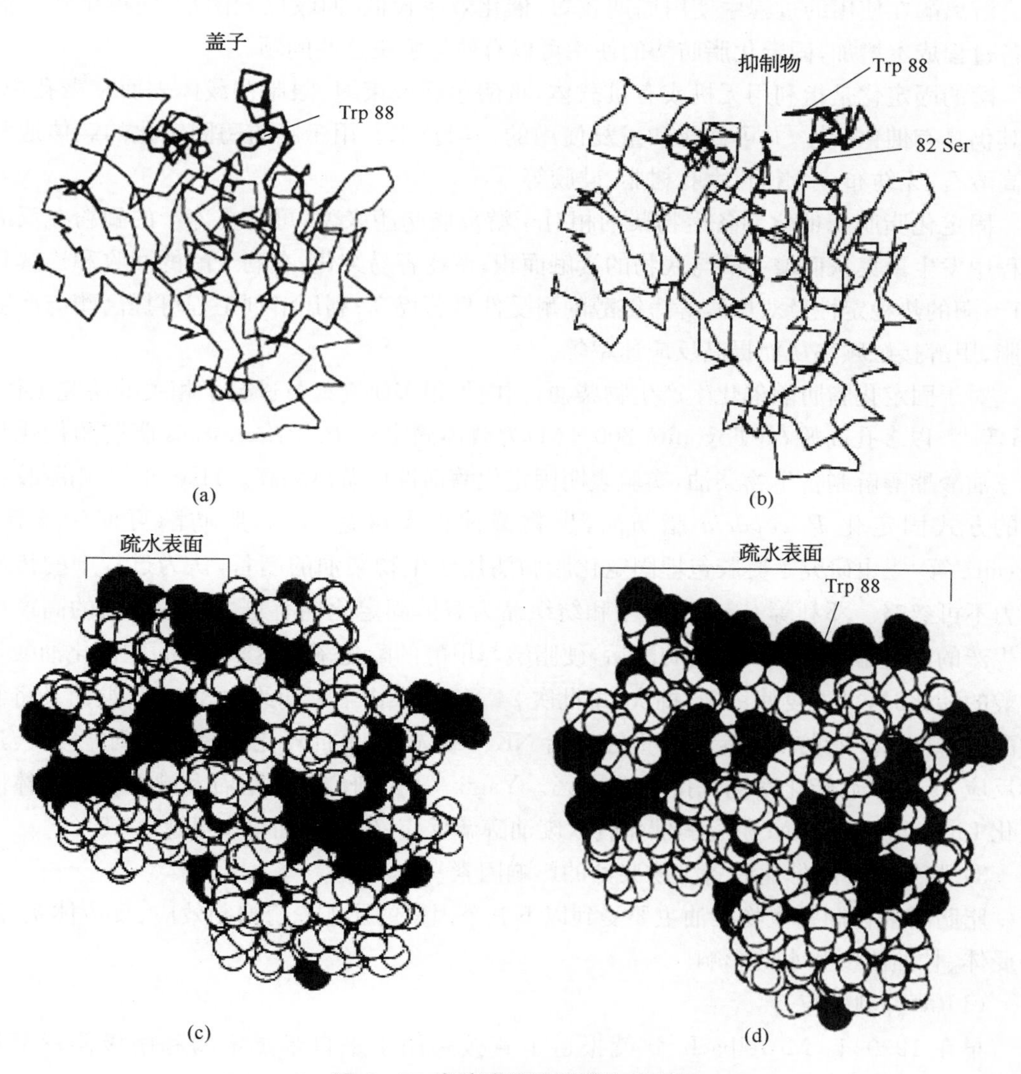

图 6－7　脂肪酶的界面活化示意图

游离脂肪酶通过催化双相(油相/水相)体系界面的转酯/酯化反应而制备生物柴油。基于双相体系、油水界面活化效应的特点,液体酶法催化制备生物柴油的反应速率较快,不受底物、产物的扩散限制且产物、副产物易分离。另外,游离脂肪酶生产工艺简单,成本低廉。

由于甲醇的积累毒害作用,维持游离脂肪酶功能构象的氢键体系逐渐破坏,酶活性随着反应时间的延长而降低或者散失。Yan 等[116]对辣根过氧化物酶进行化学修饰及原位聚合而制成纳米酶制剂,显著地提高了辣根过氧化物酶热稳定性和有机溶剂(甲醇、二氧杂环已烷等)的耐受性。因此通过化学修饰或蛋白质工程等手段提高酶对甲醇耐受性的研究可望成为热点。

2) 固定化脂肪酶催化制备生物柴油

游离酶在使用的过程中使用周期较短,催化效率较低,回收比较困难,使得生物柴油制备过程成本增加,固定化脂肪酶的使用可以有效地解决这些问题。

酶的固定化是指利用无机或有机载体,将酶包埋或束缚、限制在载体表面和微孔中,使其仍具有催化活性,并可回收和重复使用的一项技术。用于脂肪酶固定化的载体通常有高岭石、无纺布、水滑石、大孔树脂、硅胶等。

固定化脂肪酶催化制备生物柴油相对于游离脂肪酶来说,可防止冻干的酶粉在反应过程中发生聚集从而增大酶与底物的接触面积;产物容易纯化;有利于酶的回收和连续化生产;酶的热稳定性及对甲醇等短链醇的耐受性显著提高;利用溶剂工程可提高酶与底物油脂、甲醇接触频率从而提高反应速率等。

对于固定化脂肪酶催化生产生物柴油,国内外很多研究人员进行了相关的研究工作。Iso 等[109]以多孔高岭石(Toyonite 200 - M)为载体固定化 *P. fluorescens* 脂肪酶催化甘油三油酸酯醇解制备生物柴油,实验表明固定化酶活性比游离酶高。Hsu 等[117]用凝胶包埋的方式固定化 *P. cepacia* 脂肪酶,生物柴油得率可达 95%,脂肪酶可回用 5 次。Orcaire 等[110]也研究了凝胶包埋固定化脂肪酶用于生物柴油的制备,认为过程中的传质阻力不可忽略。邓利等[118]以硅藻土和纺织品为载体固定化拥有自主知识产权的高产菌种生产的假丝酵母 99 - 125 脂肪酶后,硬脂酸与甲醇的酯化率可达 95%;间歇催化油酸与甲醇的酯化时,可重复使用 15 批次(每批次 24 h),其操作半衰期约为 360 h。继而又将假丝酵母 99 - 125 脂肪酶固定在非极性树脂 NKA 载体上,单批转化率最高达到97.3%,连续反应 19 批以后转化率仍保持为 70.2%。Yagiz 等[119]研究了水滑石和沸石作为载体固定化 Lipozyme - TLIM 游离酶催化餐饮废油醇解反应,生物柴油得率可达 92.8%。

3) 胞外脂肪酶催化制备生物柴油的影响因素

脂肪酶催化制备生物柴油主要受到以下五个因素的影响:酶抑制效应、反应体系、酰基受体、甘油浓度和水的影响。

(1) 酶抑制效应

早在 1990 年,Mittelbach[120]就报道了直接采用了来自米黑毛酶和南极假丝酵母(Novozym 435)的脂肪酶催化葵花籽油与甲醇、乙醇、正丁醇的酯交换反应。试验结果表明，无溶剂条件下，乙醇和丁醇得到较高收率，而甲醇却只能得到痕量的脂肪酸甲酯。Nelson[113]通过大量试验发现，Novozym 435有利于仲醇如异丙醇、2-丁醇参与的酯交换反应，转化率可达80%；来自米黑毛酶的脂肪酶则对于伯醇如甲醇、乙醇、正丙醇和正丁醇更加有效，转化率可达95%。但是在溶剂存在条件下，甲醇也只能得到19.4%的脂肪酸甲酯，这是由甲醇产生酶抑制效应造成的。

为了克服酶抑制效应，人们开始寻找新的解决方法，一方面采用甲醇之外其他的受体作为反应试剂；另一方面采用区域选择性酶，如来自*C. rugosa*、*P. cepacia*等的脂肪酶来消除甲醇的负面影响。Linko等[121]报道了使用2-乙基-1-己醇作为酰基受体，与棉籽油进行酯交换反应，可得到90%以上的转化率。杜伟等[122]报道了其他酰基受体如乙酸甲酯，在醇油物质的量之比为12∶1，反应温度为40℃时，Novozyme 435反复使用100次的酶活性没有显著失活，且副产物甘油三乙酯本身也是一种附加值较高的产品，使得此工艺适合规模化工业过程。

(2) 反应体系

① 无溶剂体系：酶法制备生物柴油的研究最初是在无溶剂体系下进行的，但是由于底物油脂与甲醇的互溶性很差，局部甲醇浓度过高严重导致酶的失活。Shimada等[123]采用分步加入甲醇的方法可以大大降低甲醇对酶的毒性，但是吸附在酶表面的甘油不断累积，需要定期用溶剂洗涤，操作较繁琐，并且整个反应过程耗时较长。为降低底物甲醇与副产物甘油对脂肪酶的负面影响，很多学者研究了有机介质体系下脂肪酶催化油脂制备生物柴油的反应情况。

② 疏水性有机溶剂介质体系：Nelson等[113]在利用固定化*R. miehei*脂肪酶催化油脂与甲醇的转酯反应时发现，有机溶剂体系的反应效果要明显优于无溶剂体系。在无溶剂体系中，生物柴油得率只能达到19.4%，而在正己烷体系中，生物柴油得率可达94%以上。Mittelbach等[120]分别在石油醚和无溶剂体系中使用*P.fluorescens*脂肪酶催化葵花籽油的甲醇解反应，结果发现石油醚体系中的产物得率(79%)要远高于无溶剂体系(3%)。Soumanou等[124]研究了不同有机溶剂对脂肪酶催化葵花籽油醇解反应的影响，在正己烷和石油醚等非极性溶剂中生物柴油得率最高(80%)，而在极性溶剂如丙酮中生物柴油得率只有20%。Mohamed等的研究表明亲水性强的有机介质如丙酮($\lg P=-0.23$)中，多种脂肪酶的活性均很低，48 h油脂转化率均未超过25%；在疏水性的有机介质如正己烷($\lg P=3.5$)中，酶保持较高的活性，但是甲醇和副产物甘油在疏水性溶剂中不能充分溶解，因此对酶催化反应的负面影响仍旧存在，固定化酶回用几批后活性就开始下降。

③ 相对亲水性有机溶剂介质体系：刘德华等[125-127]研究报道了在相对亲水性的有机溶剂叔丁醇作为反应介质时，脂肪酶催化油脂醇解反应合成生物柴油。在叔丁醇介质体系下，油脂、甲醇与副产物甘油能够完全溶解在叔丁醇中而形成均相，解除了甲醇和甘油对酶催化活性的负面影响。以Lipozyme TL IM和Novozym 435为催化剂，生物柴油得率可达95%。脂肪酶连续回用200批次，催化活性无明显变化。Royon等[128]也报道了

叔丁醇介质体系下脂肪酶催化棉籽油醇解制备生物柴油，得率可达97%，在连续式反应器中运行500 h，酶催化活性无明显变化。以相对疏水性的叔丁醇作为反应介质，有效地增强了脂肪酶的回用稳定性，因而有较好的工业应用前景。

④ 离子液体作为反应介质：近年来，一些学者研究了脂肪酶在离子液体作为反应介质时催化油脂原料制备生物柴油。离子液体，作为一种完全由离子组成的有机盐，具有低挥发性、无毒性等优点，是一种“绿色”的反应介质。离子液体促进酶催化反应过程，主要体现在：在离子液体中，酶呈现出良好的区域选择性和立体选择性；在离子液体中，酶保持着良好的热力学稳定性和可操作性；减少酶催化剂的失活现象；简化酶回收过程的复杂性。

Ha等[129]对比研究了23种不同离子液体中南极假丝酵母脂肪酶催化大豆油醇解反应，结果发现在离子液体[Emim][TfO]中催化效果最好，生物柴油得率可达80%。*P.cepacia*脂肪酶固定在[Bmim][NTF_2](双三氟甲基磺酰亚胺型1-丁基-3-甲基咪唑)盐离子液体中催化大豆油的醇解反应。此反应不需加入有机溶剂，即使有水存在，也可在室温下有效进行。反应完毕，生物柴油仅通过简单的倾倒可得。

随着对离子液体应用范围的深入研究，其在脂肪酶催化制备生物柴油中的应用已有一些报道。但是，离子液体中酶促生物柴油的大规模工业化生产尚未实现。人们仍然在不断开发新型的离子液体体系，设计不同的阴阳离子，以期提高酶促生物柴油的效率。并重点对降低离子液体的生产成本以及循环利用过程进行研究。

(3) 酰基受体

① 短链醇作为酰基受体：短链醇是酶法制备生物柴油过程中最常见的酰基受体。然而大量的研究表明，甲醇、乙醇等短链醇对脂肪酶有较强的毒性。Samukawa等[130]用添加了甲醇抑制项的米氏方程描述了酶促油脂醇解的反应初速率，并且发现脂肪酶在油酸甲酯和大豆油中浸泡一段时间后，甲醇对脂肪酶的负面影响减小，反应速率加快。Bélafi-bakó等[131]采用连续流加甲醇的工艺，利用固定化*Candida antarctica*脂肪酶催化葵花籽油的甲醇解，生物柴油得率最高可达97%。宗敏华等采用3～4级固定床反应器进行连续转酯反应，分批(3～4次)流加甲醇，减小甲醇对脂肪酶的毒害，提高生物柴油得率。

Chen等[132]研究发现短链醇对酶催化活性的影响随醇链长的增加而降低。Modi等[133]对比研究了分别以甲醇和异丙醇为酰基受体时，脂肪酶的回用稳定性，结果发现，以异丙醇为酰基受体时，回用12批次，脂肪酶活性无明显变化；而以甲醇为酰基受体时，回用7批次脂肪酶已完全失活。

② 短链脂肪酸酯作为酰基受体：徐圆圆等[134-136]研究了以乙酸甲酯作为酰基受体时，脂肪酶催化大豆油酯交换反应合成生物柴油。油脂与乙酸甲酯发生酯交换反应，生成脂肪酸甲酯和副产物三乙酸甘油酯，反应式如图6-8所示。在此反应体系中，乙酸甲酯对脂肪酶没有负面影响，生成的副产物三乙酸甘油酯也没有吸附于脂肪酶表面造成负面影响，因此脂肪酶的使用寿命可以大大增长。利用脂肪酶Novozym435催化大豆油脂与

乙酸甲酯反应，生物柴油得率可达90%，连续回用200批次以上，脂肪酶催化活性基本没有下降。

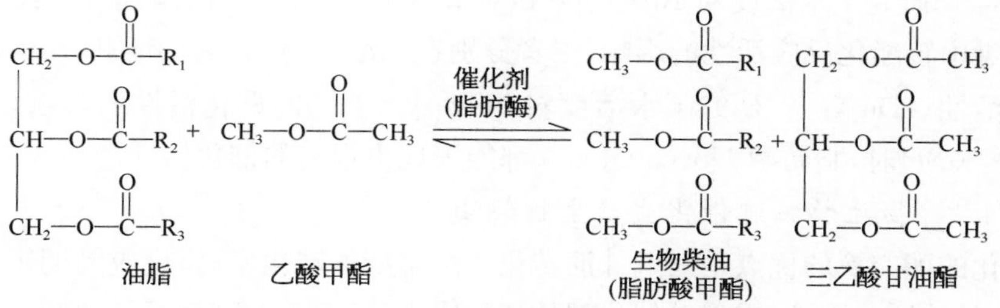

$$\begin{array}{l} CH_2-O-\overset{O}{\overset{\|}{C}}-R_1 \\ | \\ CH-O-\overset{O}{\overset{\|}{C}}-R_2 \\ | \\ CH_2-O-\overset{O}{\overset{\|}{C}}-R_3 \end{array} + CH_3-O-\overset{O}{\overset{\|}{C}}-CH_3 \xrightleftharpoons[\text{(脂肪酶)}]{\text{催化剂}} \begin{array}{l} CH_3-O-\overset{O}{\overset{\|}{C}}-R_1 \\ CH_3-O-\overset{O}{\overset{\|}{C}}-R_2 \\ CH_3-O-\overset{O}{\overset{\|}{C}}-R_3 \end{array} + \begin{array}{l} CH_2-O-\overset{O}{\overset{\|}{C}}-CH_3 \\ | \\ CH-O-\overset{O}{\overset{\|}{C}}-CH_3 \\ | \\ CH_2-O-\overset{O}{\overset{\|}{C}}-CH_3 \end{array}$$

油脂　　乙酸甲酯　　生物柴油（脂肪酸甲酯）　　三乙酸甘油酯

图6-8　油脂与乙酸甲酯酯交换反应制备生物柴油

Modi等[137]研究了以乙酸乙酯为酰基受体时脂肪酶催化不同油脂原料制备生物柴油，优化条件下生物柴油得率可达90%以上。

(4) 甘油的影响

油脂醇解反应生成的副产物甘油容易吸附在脂肪酶表面，堵塞颗粒状固定化酶的孔径，使固定化酶的使用寿命大大降低，并且吸附在酶表面的甘油阻碍了反应物向酶扩散而降低反应速率。Bélafi-bakó等[131]发现脂肪酶Novozym435催化葵花籽油醇解合成生物柴油的过程中，副产物甘油会影响脂肪酶的催化活性，反应速率和生物柴油得率均明显降低，采用膜解析的方式及时分离甘油，可使脂肪酶的使用寿命延长。华南理工大学的吴虹等[138]利用脂肪酶Novozym435催化餐饮业废油时，发现甘油吸附于固定化酶载体表面使脂肪酶的催化活性迅速下降，采用丙酮洗涤脂肪酶除去酶上吸附的甘油可使酶的回用稳定性增强。Dossat等[139]用脂肪酶LipozymeIM RM催化油脂三步甲醇醇解时，发现反应第一批次的生物柴油得率可达95%，但是脂肪酶在回用时表面所吸附的甘油使得其催化活性迅速下降，使用丁醇等有机溶剂洗涤溶解脂肪酶表面的甘油，可以在一定程度上恢复脂肪酶的催化活性。

(5) 水含量的影响

严格地说，酶在完全无水的条件下，是没有催化活性的，因为水分子直接或间接地通过氢键、静电作用、疏水键、范德瓦耳斯力等分子力维持着酶分子的活性构象。但并非水溶液中所有的水分子都与酶的催化活性构象有关，只有那些与酶分子紧密结合的一层单分子水化层（“水化外壳”）才对酶的催化活性构象至关重要。维持酶的催化活性构象的最少水量称为酶的“必需水”，只要这层“必需水”不丢失，其他大部分水即使被有机溶剂所替代，酶仍可维持催化活性构象并具有催化活性。酶分子维持其催化活性所需“必需水”的多少依不同酶而异。研究发现，来自米黑毛酶和南极假丝酵母的脂肪酶在水中活性为20%，而脂肪酶Novozyme 435在水存在时活性仅为0.1%[113]。脂肪酶在有机相和水相的界面上发挥作用，水的介入能激活脂肪酶，通过酶构象的改变使活性中心暴露重组，这些取决于油水界面的可用性。酯交换反应的收率取决于界面的面积，添加一定量的水可增大界面面积，但过量水引起反相和竞争性水解作用，因为脂肪酶在水环境中通常成为水解酶，这样会使酯交换的收率降低。所以最佳水含量总是最大酶活性和最大界面面积的折中，这时水解作用也会降到最低。

Ma等[140]研究了水活度对 *Rhizopus oryzae* 和*C. rugosa*脂肪酶催化癸酸乙酯与己醇在异丙醚中转酯化反应活性的影响，二者分别在水活度为 $a_W=0.06$ 和 $a_W=0.11$，表现出最大酶活性。Du等[136]研究了水活度对 Novozym 435 的催化活性的影响，结果表明，$0.12<a_W<0.44$时，脂肪酶 Novozym 435 都能表现出很高的催化活性。

6.3.4.2 微生物细胞催化生产生物柴油

碱催化的酯交换的优点是三酰甘油转化为酰基酯的转化率高，反应周期短；缺点是反应温度高，甘油回收困难，需将碱催化剂从产物中去除，并需对高含碱量的废水进行处理，所以耗能大。而酶法生产生物柴油进入商业化应用的最大难题是脂肪酶的成本问题，对于降低催化成本问题，更好地利用生物催化法生产生物柴油，国内外相关研究人员进行了大量的研究。直接利用胞内脂肪酶催化合成生物柴油是一个比较有前景的解决方法。直接利用微生物细胞生长的胞内脂肪酶催化合成生物柴油，免去了脂肪酶的提取纯化等工序，有望降低生物柴油的生产成本。因此直接利用含胞内脂肪酶的微生物细胞催化合成生物柴油越来越受到人们的重视。

全细胞催化剂的催化活性会受到各方面的影响。如固定化载体的选择、培养过程参数、反应介质体系、细胞的通透性等。为了获得更优的催化性能，相关学者展开了大量的研究。

Kazuhiro等[141]将根霉菌*R. oryzae*固定在聚氨酯泡沫体颗粒上，为了避免过量甲醇对脂肪酶及细胞带来的毒害，采用分三步加入甲醇的方式。当反应体系中含有15%的水时，甲酯得率可以高达90%。为了提高*R. oryzae* IFO4697的回用稳定性，Kazuhiro等[142]还考察了戊二醛交联处理对固定化的米根霉细胞脂肪酶活性的影响。用质量分数为0.1%的戊二醛溶液处理后，经过6次回用，胞内脂肪酶的活性并没有明显的下降。同时还发现利用不同的脂肪酸作为碳源，细胞膜的脂肪酸组成不同，细胞催化剂的催化活性和稳定性也不同，不饱和脂肪酸有利于提高细胞膜的通透性，使酶催化活性提高，而饱和脂肪酸有利于提高细胞的刚性，使酶稳定性提高。Tamalampudi等[143]对比研究了交联后的细胞与 Novozyme 435 作为催化剂催化麻风果油脂甲醇解制备生物柴油，在油脂底物含水的情况下，交联*R. oryzae*表现出了优于 Novozyme 435 的催化活性。

曾静等[144]利用霉菌*R. oryzae* IFO细胞催化植物油脂与甲醇醇解反应合成生物柴油，通过探究培养过程中各项参数对细胞生长以及该细胞催化剂对醇解反应活性的影响，发现细胞的催化活性随细胞培养过程中添加油脂的不同而变化。在优化的操作参数下培养得到的细胞催化剂能有效催化大豆油与甲醇三步转化酯化反应生成生物柴油，最终得率可达86%。

李治林等[145]利用米根霉全细胞催化制备生物柴油，发现合适的溶剂是全细胞生物催化剂催化反应的关键，全细胞生物催化剂在正己烷等有机溶剂体系中不能有效催化甲酯化反应，而在含水体系中的催化活性较高。在体系含水量占大豆油质量的5%～20%、甲醇与大豆油物质的量之比(醇油比)为 3∶1 的条件下,全细胞催化剂催化大豆油甲酯化反应的甲酯得率可稳定在 60%以上,表明全细胞生物催化剂催化反应无需任何有机溶剂,且有催化含水率较高油脂甲酯化反应的潜力。甲醇以醇油比 1∶1 的分批加入方式较为合适,否则会造成全细胞生物催化剂失活而影响其重复使用。全细胞催化剂用量以占大豆油质量的 4%较为适宜。在甲醇分批加入的情况下,每批间隔反应 12 h 甲酯得率可趋于稳定,以此方式加入甲醇至最终醇油比为 5∶1 时,甲酯得率可达 94%。在已确定的适宜催化反应条件下,于含 96.5 g 大豆油的反应体系中,全细胞生物催化剂重复使用 4 次后,甲酯得率仍可保持在 80%以上,表明制得的全细胞催化剂具有较好的重复使用性能。

里伟等[1]以聚氨酯泡沫为载体固定化 *R. oryzae* IFO4697 全细胞在叔丁醇介质体系中催化制备生物柴油,研究发现其回用稳定性显著提高,而且原料油脂中游离脂肪酸、水分、磷脂等成分对其催化性能及回用稳定性无明显影响。

Hama 等[146]研究发现,利用不同的脂肪酸作为碳源,细胞膜的脂肪酸组成不同,细胞催化剂的催化活性和稳定性也不同;不饱和脂肪酸有利于提高细胞膜的通透性,使酶催化活性提高,而饱和脂肪酸有利于提高细胞的刚性,使酶稳定性提高。Hama 等[147]进一步研究表明,*R. oryzae* 胞内主要含有两种脂肪酶,相对分子质量分别为 34 kD 和 31 kD,其中起催化作用的为相对分子质量为 31 kD 的脂肪酶。

直接利用微生物胞内脂肪酶作为催化剂利于反应后产物的分离及细胞的回用,但存在着传质阻力的问题。因为在脂肪酶不泄漏到胞外的情况下,反应底物需要通过细胞壁,进入细胞内与酶结合,因此细胞的通透性是影响生物柴油制备的因素之一。Matsumoto 等[148]构建高表达米根霉脂肪酶的菌株酿酒酵母 MT8-1,采用冻融和风干的方法来增强细胞的通透性,生物柴油得率可达到 71%。Matsumoto 等[149]还利用基因工程表面展示技术将脂肪酶重组蛋白表达在细胞表面催化合成生物柴油,反应 72 h 甲酯得率达到 78.3%。

此外,微生物细胞经过改造后还可以直接利用底物发酵生产生物柴油,而非作为催化剂进行催化生产。Kalscheuer 等[150]通过对大肠杆菌进行代谢调控,实现了微生物细胞培养过程中直接生成生物柴油的方法。在大肠杆菌里异源表达了 *Zymomonas mobilis* 的丙酮酸脱羧酶和乙醇脱氢酶以及 *Acinetobacter baylyi* strain ADP1 的非特异性转移酶。代谢生成的乙醇被辅酶 A 的酰基脂肪酸酯化生成脂肪酸乙酯,即生物柴油。以可再生碳源为底物进行补料批式发酵,脂肪酸乙酯浓度可达 1.28 g/L,占菌体干重的 26%。这一研究开创了以可再生原料直接发酵生成生物柴油的先河,为生物柴油制备提供了一个新的思路。

随着能源危机和环境污染的加剧,开发绿色的可再生能源是人类摆脱此窘境的蹊径。生物酶法催化制备生物柴油反应条件温和,无污染物排放,符合绿色化学发展的方向,但脂肪酶生产成本高、酶易失活、使用寿命短等成为其产业化的瓶颈,但相信通过非水酶学与化学、生物学、微生物学、分子生物学等学科的有机结合,生物酶法制备生物柴油的软肋问题可望解决。

6.3.5 超临界法生产生物柴油

当一种物质的温度和压力同时高于其临界温度和临界压力时，则称为超临界流体(Supercritical Fluids)。超临界流体在化学反应中既可以作为反应介质，也可直接参加反应。超临界流体中的化学反应技术能影响反应混合物在超临界流体中的溶解度、传质和反应动力学，从而提供了一种控制产率、选择性和反应产物回收的方法。

6.3.5.1 超临界法制备生物柴油的研究进展

目前，国内外利用超临界法制备生物柴油主要是以超临界甲醇和乙醇为主，而最近几年超临界二氧化碳、超临界乙酸甲酯、超临界碳酸二甲酯等超临界流体在生物柴油制备中也有所应用。

处于超临界状态的甲醇具有疏水性、较低的介电常数、较大的扩散系数，在反应体系中具有良好的传质能力，从而增加了油脂在其中的溶解度，使原本不完全互溶的醇油两相反应体系变成完全互溶的单相体系。随着对超临界体系认识的深入，许多学者开展了在超临界流体中醇解制备生物柴油的研究。这种方法定义为在不添加催化剂的条件下，油脂与甲醇在甲醇的超临界状态(T_c=512.4 K、p_c=8.09 MPa)下进行的酯交换反应。

Saka 等[151]尝试在不使用任何催化剂的情况下，在超临界甲醇体系中进行葵花籽油的甲酯化。反应在 5 ml 的镍－625 反应器中进行，反应温度为 350℃，压力为 45～65 MPa，甲醇和菜籽油的物质的量之比为 42∶1。在超临界甲醇体系中，反应 240 s 即可以获得 95%的甲酯得率。Madras 等[152]对葵花籽油在超临界条件下制备生物柴油的工艺进行了研究，以超临界甲醇为媒介，采用优化过的条件下，酯交换率可达 96%。日本住友化学公司已推出了超临界路线生产脂肪酸甲酯的新工艺，甲醇在高于 240℃的超临界温度下与油脂反应，脂肪酸甲酯得率高且反应过程无需使用任何催化剂。

Madras 等[152]对超临界二氧化碳中加入脂肪酶催化反应也进行了研究，反应时间 12 h，酯交换率只有 30%。Rathore 等[153]在醇油物质的量之比为 40∶1 的体系中加入质量分数为 30%的脂肪酶，以超临界二氧化碳为媒介，在最佳反应温度 45℃的条件下反应 8 h，其最高酯交换率为 60%～70%。Jackson 等[154]研究在超临界二氧化碳中以固定化酶催化甲醇与玉米油的转酯反应，脂肪酸甲酯的产率可达 98%。Wang 等[155]通过向超临界体系中添加少量有机胺类及 NaOH 作为催化剂，可使超临界体系反应所需压力大幅下降(6.0 MPa)，降低了超临界反应体系对设备的要求。

6.3.5.2 超临界法制备生物柴油的工艺条件

影响超临界流体技术制备生物柴油的工艺条件主要包括反应装置、反应温度、反应压力、反应时间、醇油物质的量之比、水和游离脂肪酸以及共溶剂和催化剂等。

(1) 反应装置

超临界法制备生物柴油的生产主要采用高压反应釜和管式反应器两种反应装置。目前，多数研究集中在高压反应釜，具体操作步骤如下：反应开始前，将一定配比的原料从高压反应釜的注射孔中注入，然后用螺栓将孔封紧，通过调整外部加热器的加热速率和功率对反应釜加热，在加热过程中反应开始进行；反应过程中的温度和压力通过热电偶和压力表进行实时监控；反应结束后，将反应釜冷却至室温，其液体产物倒入产品分离器内，并用甲醇或乙醇洗出反应釜内的残余物质。高压反应釜是间歇操作，耗时长，投资大，效率低，不利于实现操作工艺的连续化，这严重阻碍了超临界流体制备生物柴油的工业化应用。而管式反应器可以有效地解决这一问题，考虑到传质传热对连续反应和对间歇反应的影响不同，管式反应器中连续超临界甲醇法制备生物柴油的工艺参数与间歇式反应有较大的差异。连续超临界法制备生物柴油反应装置的工艺由加料、预热、反应、冷却和产品回收系统组成，最高温度可达(400±1)℃，最高压力达到 30 MPa。具体操作步骤如下：在室温下将适当物质的量之比的甲醇与大豆油分别经过高压泵压入预热管，经过预热后进入混合器，然后进入管式反应器中反应，产物经过冷凝后进入产品罐，取出后进行简单处理可以得到粗生物柴油[5]。

(2) 反应温度

在超临界反应中，反应温度对于酯交换率影响较大。一般情况下，温度越高，对应的酯交换率也越高。一方面，从反应机理和反应历程来看，温度升高，有利于提高反应物分子能量和有效碰撞概率，加快酯交换反应；另一方面，从传质角度分析，升温有助于与扩散，可以有效提高醇油两相间的混合和溶解，进而有助于加快反应和提高油脂转化率。但是超临界法中的温度也存在最佳值，超过一定限值，过高的温度将会导致甲酯分解，酯交换率下降。Song 等[156]利用间歇式反应器比较了不同温度下，超临界甲醇与棕榈油反应制备生物柴油的实验结果。对产物成分分析的结果表明，在甲醇的超临界温度 239℃时，产物中出现脂肪酸甲酯，其含量随温度的升高而增加，并在 350℃达到最大；当温度达到 375℃时，脂肪酸甲酯含量开始下降。Kusdiana 和 Saka[157]利用菜籽油超临界制备生物柴油的研究也报道了相似的结果，他们指出，温度达到 400℃以上时，酯交换反应将被分解反应代替。因此，控制合理的反应温度，对于超临界法制备生物柴油是至关重要的。

(3) 反应压力

超临界法制备生物柴油的过程中，反应压力与酯交换率密切相关。压力增加，甲醇的密度增加，超临界甲醇的介电常数逐渐降低，对油脂的溶解能力也随即增加，于是油和醇逐渐均相化，使传质阻力降低，多相反应过程转变为均相反应，从而提高了酯交换反应速率。但是，当压力增加到一定值后，进一步增加虽然能增加甲醇的密度，但是油脂和甲醇已经均相，酯交换率已接近或达到酯交换可逆反应的平衡转化率，因此受到压力的影响甚微。所以，超临界法制备生物柴油的过程中，要选择合适的压力，既能增加酯化率，又可以消耗较低的能量。

(4) 醇油物质的量之比

作为制备生物柴油的反应底物，醇油的含量比例对于酯化率影响很大。Kusdiana 等[158]研究表明，醇油物质的量之比由 6∶1 升高到 21∶1 时，酯交换率相应由 40%提高到 80%，当醇油比达 42∶1 时，反应 4 min 后酯交换率即达 95%以上。酯交换反应为平衡反应，高浓度的甲醇不仅有利于化学平衡向生成产物方向移动，还可提高相同温度下系统的压力，增加超临界甲醇对油的溶解度，降低界面传质阻力，提高反应速率。尤其是在较高的温度下，醇油物质的量之比的提高更有利于反应的进行，因为在较高的温度下，二者的互溶程度较高，反应物分子之间可以充分接触，更有利于酯化反应。但是，当醇油物质的量之比达到一定值后，对于酯化率的提高就不再明显，继续增大醇油物质的量之比会增加产品分离和甲醇回收利用的费用。

(5) 反应时间

相较于传统的催化方法，超临界法的反应时间大大缩短。如：Saka 等[151]利用醇油比为 42∶1 的菜籽油与超临界甲醇在 350℃下进行反应，30 s 后菜籽油的酯交换率达 40%以上，4 min 后可达 95%。反应时间对于酯交换反应的影响与反应温度和压力有关，一般情况下，随着反应时间的延长，生物柴油的产率增加直至几乎不变。温度、压力较高时，所需的反应时间缩短，反之，反应时间延长。

(6) 水和游离脂肪酸

传统酯交换催化法的原料中水和游离脂肪酸的存在不仅消耗了催化剂，降低了脂肪酸甲酯的酯交换率，同时易发生皂化反应，给后续的分离带来困难。而在超临界状态下，原料油中的水和游离脂肪酸对酯交换率影响不大。

Kusdiana 等[159]比较了酸催化、碱催化及超临界法制备生物柴油三种工艺中水对反应的影响。酸催化工艺中，0.1%的水含量即导致酯交换率的降低，当水含量增加到 5%时酯交换率只有 6%；碱催化工艺中，当水含量增加到 2.5%时，酯交换率从 97%降低到 80%，而在超临界甲醇工艺中，即使水含量高达 50%，甲酯的酯交换率仍大于 98%。安文杰等[160]也比较研究了酸催化、碱催化及超临界法制备生物柴油三种工艺中水对反应的影响。在酸碱催化工艺中，当水含量从 2%增加到 20%，甲酯的酯交换率急剧降低，而在超临界甲醇工艺中，甲酯的酯交换率仅从 90.7%降低到 88.9%。安文杰等还研究了游离脂肪酸对超临界甲醇工艺的影响，结果表明，游离脂肪酸含量从 2%提高到 20%时，甲酯的含量反而从 91.2%提高到 93.3%。这一方面是由于不饱和脂肪酸比油脂更易溶解于甲醇中，另一方面则因为甲醇和游离脂肪酸在该条件下可以电离出部分氢离子，因而可以更加有效地发生酯化反应。

因此，将含有大量水和游离脂肪酸的廉价废油脂作为原料应用于超临界法制备生物柴油时，不仅省去了预处理这一工序，简化了工艺流程，还具有环境友好性。

(7) 共溶剂和催化剂

超临界法制备生物柴油需要较高的压力和温度，对于设备的要求较高，这限制了其大规模的工业化应用。共溶剂或者催化剂的加入可以降低甲醇的临界压力和临界温度或者降低反应的温度和压力，使得超临界反应在相对温和的条件下进行有效地解决设备要求高的难题。例如，曹维良等[161]在大豆油和甲醇的超临界体系中添加丙烷，在 280℃的温度下反应 10 min，脂肪酸甲酯的酯交换率即可达到 98%，而此时的反应压力仅为 12.8 MPa。肖敏等研究了少量 KOH 对超临界反应的影响：醇油物质的量之比 24∶1、温度 120℃、质量分数 0.25%的 KOH，20 min 后酯交换率达 99%；KOH 的量降低至 0.1%，醇油物质的量之比 24∶1、温度 160℃，20 min 后的酯交换率达 98.5%，并且此时的压力只有 2 MPa。

与均相酸、碱催化法及酶法相比，超临界法具有如下优点：无需催化剂，反应后续分离工艺简单，无环境污染；原料要求低，无需预处理，即使是30%以上的脂肪酸质量分数的原料，对脂肪酸甲酯的收率也基本无影响，含水量为30%的原料油经过数分钟反应后，脂肪酸甲酯的收率可达到90%以上；甲醇和油脂在超临界状态下可成为均相，大大提高了反应速率和缩短了反应时间；易实现连续化生产。当然这种方法也存在一定的缺陷，如制备生物柴油所需反应条件苛刻(高温、高压)，大大增加了反应系统设备的投资，反应醇油比太高，甲醇回收循环量大等。

6.4　生物柴油的发展趋势

作为未来能源发展的一个重要方向，生物柴油的生产在世界范围内蓬勃开展，世界上的许多国家都在致力于生物柴油技术的研发改进和生物柴油产业化的实施，并且推行了积极有力的政策，制定相应的生物柴油标准。随着化石燃料枯竭的问题越来越突出，生物柴油将会受到更为广泛的关注以及更进一步的发展。整体看来，生物柴油未来的在技术上和工艺上的发展方向主要有以下几个方面：原料来源的多元化，尤其是新兴的微生物油脂原料的发展；现有工艺的改进，主要是新型催化剂的开发，新型反应器的开发，分离提取过程的优化和节能减排，生产过程中的碳零排放等；副产物增值化的发展和利用，增加利润，形成新型产业；生产装置的连续化、规模化、大型化、高效化，多种技术的集成；生物柴油配方和研制与评定，合适的石化柴油调配比；加快制定生物柴油的各项产品标准，合理的市场导向与质量保证等。

参考文献

[1] 里伟. 米根霉细胞催化可再生油脂合成生物柴油的研究(博士学位论文). 北京：清华大学化工系，2009.

[2] http://www. bp. com/liveassets/bp_internet/globalbp/globalbp_uk_english/reports_and_publications/statistical_energy_review_2008/STAGING/local_assets/downloads/pdf/oil_table_proved_oil_reserves_2008. pdf.

[3] 闵恩泽. 发展我国生物柴油产业的探讨. 当代石油石化，2005，13(11)：8-11.

[4] 魏小平，许世梅，刘晓. 生物柴油的发展及其在中国应用的探讨. 石油商技，2003，21(5)：20-23.

[5] 刘云，陈文，邓利，等. 生物柴油工艺技术. 北京：化学工业出版社，2011.

[6] 宋源泉，许赟珍，刘德华. 全球生物燃料发展概况. 生物产业技术，2009，5：34-42.

[7] Shay E G. Diesel fuel from vegetable oils：status and opportunities. Biomass Bioenerg，1993，4(4)：227-242.

[8] Adams C，Peters J F，Rand M C，et al. Investigation of soybean oil as a diesel fuel extender：Endurance tests. J Am Oil Chem Soc，1983，60(12)：1574-1579.

[9] Ma F，Hanna M A. Biodiesel production：a review. Bioresour Technol，1999，70(1)：1-15.

[10] Ziejewski M, Kaufman K R, Schwab A W, et al. Diesel engine evaluation of a nonionic sunflower oil-aqueous ethanol microemulsion. J Am Oil Chem Soc, 1984, 61(12): 1620 - 1626.
[11] 王成,刘忠义,陈于陇,等. 生物柴油制备技术研究进展. 广东农业科学,2012,1: 107 - 112.
[12] Freedman B, Buttefield R O, Pryde E H. Transesterification kinetics of soybean oil. J Am Oil Chem Soc, 1986, 63(10): 1375 - 1380.
[13] Zhang J H, Jiang L F. Acid-catalyzed esterification of *Zanthoxylum bungeanum* seed oil with high free fatty acids for biodiesel production. Bioresour Technol, 2008, 99(18): 8995 - 8998.
[14] Siti Z, Chao C L, Shaik R V, et al. A two-step acid-catalyzed process for the production of biodiesel from rice bran oil. Bioresour Technology, 2005, 96(17): 1889 - 1896.
[15] Ghadge S V, Raheman H. Biodiesel production from mahua oil having high free fatty acids. Biomass Bioenerg, 2005, 28: 601 - 605.
[16] Obibuzor J U, Abigor R D, Okiy D A. Recovery of oil via acid-catalyzed transesterification. J Am Oil Chem Soc, 2003, 80(1): 77 - 80.
[17] 谢国剑. 高酸值潲水油制取生物柴油的研究. 化工技术与开发,2005,34(2): 37 - 39.
[18] 盛梅,郭登峰,张大华. 大豆油制备生物柴油的研究. 江苏石油化工学院学报,2002,27(1): 70 - 72.
[19] 邬国英,林西平,巫淼鑫,等. 棉籽油间歇式酯交换反应动力学的研究. 高校化学工程学报,2003, 17(3): 314 - 318.
[20] 盛梅,邬国英,徐鸽,等. 生物柴油的制备. 高校化学工程学报,2004,18(2): 231 - 236.
[21] 韦公远. 用米糠油制取生物柴油. 西部粮油科技,2001,26(1): 51 - 52.
[22] Antolin G. Optimization of biodiesel production by sunflower oil transesterification. Bioresour Technol, 2002, 83(2): 111 - 114.
[23] Tomasevic A V, Siler-Marinkovic S S. Methanolysis of used frying oil. Fuel Processing Technology, 2003, 81(1): 1 - 6.
[24] 王延耀,李里特,小岛孝之,等. 废弃植物油再生利用的研究. 可再生能源,2004(2): 20 - 22.
[25] Ma F, Clements L D, Hanna M A. The effects of catalyst free fatty acids and water on transesterification of beef tallow. Transaction of ASAE, 1998, 41(5): 1261 - 1264.
[26] Freedman B, Pryde E H, Miybts T L. Variables affecting the yields of fatty esters from transesterified vegetable oils. J Am Oil Chem Soc, 1984, 61: 1638 - 1643.
[27] 王蓉辉,曹祖宾,王亮,等. 葵花籽制备生物柴油的研究. 广州化工,2006, 34(1): 34 - 36.
[28] Alcantara R, Amores J, Canoria L, et al. Catalytic production of biodiesel from soy-bean oil, used frying oil and tallow. Biomass Bioenerg, 2000, 18(6): 512 - 527.
[29] Gemma V, Mereedes M, Jose A. Integrated biodiesel production: a comparison of different homogeneous catalysts systems. Bioresour Technol, 2004, 92(3): 297 - 305.
[30] Zhang Y, Dube M A, McLean D D, et al. Biodiesel production from waste cooking oil: 1. Process design and technological assessment. Bioresour Technol, 2003, 89(1): 1 - 16.
[31] 王志华,孙小,孙桂芳,等. 固体超强酸 $S_2O_{82}^-/Fe_2O_3 - ZrO_2 - La_2O_3$ 催化制备生物柴油. 北京化工大学学报,2007,34(5): 544 - 548.
[32] 张洪浩,张新海,张守花. 固体酸 $Ti(SO_4)_2$: 催化制备生物柴油. 广州化工,2009,37(4): 130 - 131.

[33] 盖玉娟,战风涛,吕志凤,等.亚临界甲醇相 Hβ 分子筛催化制备生物柴油.精细石油化工,2009,26(2):70-72.

[34] Karmee S K,Chadha A. Preparation of biodiesel from crude oil of *pongamia pinnata*. Bioresour Technol, 2005, 96(13): 1425-1429.

[35] 吴松,池淑敏,吴凯.固载磷钨酸催化下用大豆油和甲醇制备生物柴油.大庆石油学院学报,2009,33(3):80-83.

[36] Chai F, Cao F H, Zhai F Y, et al. Transesterfication of vegetable oil to biodiesel using a heteropolyacidsolid catalyst. Journal of Changchun University of Technology (Natural Science Edition), 2007, 28: 165-171.

[37] Morin P, Hamad B, Sapaly G, et al. Transesterification of rapeseed oil with ethanol catalysis with homogeneous kegginheteropolyacids. Appl Catal A: Gen, 2007, 330: 69-76.

[38] 刘云,王玲,吴谋成.阳离子交换树脂催化制备生物柴油的工艺优化.中国油料作物学报,2008,30(1):119-121.

[39] 张怀彬,李伟,袁忠勇.高活性沸石酯化催化剂的研究.燃料化学学报,1997,6:504-507.

[40] 宁满霞.结晶三氯化铝催化合成乙酸正丁酯的研究.东莞理工学院学报,2003,10(1):26-29.

[41] Furuta S, Matsuhashi H, Arata K. Biodiesel fuel production with solid superacid catalysis in fixed bed reactor under atmospheric pressure. Catal Commun, 2004, 5(12): 721-723.

[42] 曹向禹,宋旭梅.固体酸催化合成酯交换鱼油的研究.中国油脂,2004,29(4):41-43.

[43] 曹宏远,曹维良,张敬畅.固体酸 $Zr(SO_4)_2 \cdot 4H_2O$ 催化制备生物柴油.北京化工大学学报,2005,32(6):61-63.

[44] Dorae L, James G G, David A B, et al. Transesteriftcation of triacetin with methanol on solid acid and base catalysts. Appl Catal A: Gen, 2005, 295: 97-105.

[45] 岳鹍,王兴国,金青哲,等.固体酸性催化剂催化生物柴油合成反应性能的比较.中国油脂,2006,31(7):63-65.

[46] Satoshi F, Hiromi M, Kazushi A. Biodiesel fuel production with solid amorphous-zireonia catalysis in fixed bed reactor under atmospheric pressure. Biomass Bioenerg, 2006, 30(1): 870-873.

[47] Sreeprasanth P S, Srivastava R, Srinivas D, et al. Hydrophobic solid acid catalysts for production of biofuels and lubricants. Appl Catal A: Gen, 2006, 314(2): 148-159.

[48] 奚立民,柯中炉,陈建军.固定床中树脂催化油脂副产物制备生物柴油.离子交换树脂与吸附,2007,23(2):151-157.

[49] 王琳,王宇,张惠,等.固体酸 WO_3/ZrO_2 制备生物柴油的研究.化工科技,2008,16(3):32-36.

[50] 孔洁,韩雪峰,陈乐培,等.微波辐射下固体超强酸 TiO_2/SO_4^{2-} 催化葵花籽油制备生物柴油.广州化工,2009,37(2):116-118.

[51] 梁紫佳,魏林岩,岳熠,等. $SO_4^{2-}/ZrO_2-Al_2O_3$ 固体酸催化合成生物柴油.浙江化工,2009,40(7):10-11.

[52] 乔仙蓉,李福祥.固体超强酸 SO_4^{2-}/TiO_2-SiO_2 催化制备生物柴油.山西能源与节能,2009,55(4):70-73.

[53] 吴艳波,吕成飞,张晶. $SO_4^{2-}/TiO_2-V_2O_5$ 催化废油脂制备生物柴油.精细石油化工,2009,

26(1)：29－32.

[54] 王渤洋，田松江，王景娜. 新型固体碱铝酸钙催化剂用于生物柴油的制备研究. 现代化工，2009，29(增1)：127－129.

[55] Georges G, Florence V. Polynitrogen strong bases as immobilized catalysts for the transesterification of vegetable oil. Surface Chemistry and Catalysis，2000，(3)：563－567.

[56] 崔士贞，刘纯山. 固体碱催化大豆油酯交换反应制备生物柴油. 工业催化，2005，13(7)：32－35.

[57] 李玉芹，曾虹燕. 碳酸根型镁铝复合氢氧化物的合成和表征及其催化性能. 工业催化，2005，12：38－42.

[58] 阎森. 集中固体催化剂催化油脂与甲醇酯交换反应性能的比较. 粮油加工与食品机械，2005，8：47－49.

[59] Jose A C，Ernesto E B，Fabio A. Biodiesel from an alkaline transesterification reaction of soybean oil using ultrasonic mixing. J Am Oil Chem Soc，2005，82(7)：525－530.

[60] 李为民，郑晓琳，徐春明，等. 固体碱法制备生物柴油及其性能. 化工学报，2005，4：711－716.

[61] Li H T，Xie W L. Transesterification of soybean oil to biodiesel with Zn/I_2 catalyst. Catal Lett，2006，107(1/2)：25－30.

[62] Mahajan S，Samir K K，David G B B. Standard biodiesel from soybean oil by a single chemical reaction. J Am Oil Chem Soc，2006，83(7)：641－644.

[63] Xie W L，Peng H，Chen L G. Transesterification of soybean oil catalyzed by potassium loaded on alumina as s solid base catalyst. Appl Catal A：Gen，2006，300(1)：67－74.

[64] 孙广东，刘云，翟龙霞，等. 非均相固体碱催化剂制备生物柴油的工艺优化. 农业工程学报，2008，24(5)：191－195.

[65] 陈英，谢颖，梁秋梅，等. 钙基固体碱催化剂用于花生油酯交换制备生物柴油. 中国油脂，2009，34(3)：29－34.

[66] 李永荣，辛忠，刘群，等. 负载型固体碱催化棕榈油酯交换制备生物柴油. 石油化工，2009，38(7)：795－800.

[67] 宋华民，李继红，徐桂转，等. 负载型 Cs_2O 固体碱催化剂的制备及催化酯交换反应性能. 农业工程学报，2009，25(3)：189－192.

[68] 周玉杰，张建安，武海棠，等. 分子筛微波辐射负载 CaO 催化合成生物柴油. 化学工程，2009，37(7)：59－61.

[69] 陈喜清，刘晨江，王吉德，等. 离子液体在生物柴油合成中的应用进展. 有机化学，2009，29(1)：128－134.

[70] Amanda C，Cole J L J，Ioanna Nt，et al. Novel Bronsted acidic ionic liquids and their use as dual solvent-catalysts. J Am Chem Soc，2002，124(21)：5962－5963.

[71] Fraga-Dubreuil J，Bourahla K，Rahmouni M，et al. Catalysedesterifications in room temperature ionic liquids with acidiccounteranion as recyclable reaction media. Catal Commun，2002，3(5)：185－190.

[72] Wu Q，Chen H，Han M H，et al. Transesterification of cottonseed oilcatalyzed by Bronsted acidic ionic liquids. Ind Eng Chem Res，2007，46(24)：7955－7960.

[73] Han M，Yi W，Wu Q，et al. Preparation of biodiesel from waste oilscatalyzed by a Bronsted acidic ionic liquid. Bioresour Technol，2009，100(7)：2308－2310.

[74] Zhang L, Xian M, He Y C, et al. A Bronsted acidic ionic liquid as all efficient and environmentally benign catalyst for biodiesel synthesis from free fatty acids and alcohols. Bioresour Technol, 2009, 100(19): 4368 - 4373.

[75] Liang X Z, Yang J G. Synthesis of a novel multi-SO_3H functionalizedionic liquid and its catalytic activities for biodiesel synthesis. Green Chem, 2010, 12(2): 201 - 204.

[76] 易伍浪,韩明汉,吴芹,等. Bronsted 酸离子液体催化废油脂制备生物柴油. 过程工程学报,2007, 6: 1144 - 1148.

[77] 张磊,于世涛,刘福生,等. 离子液体催化大豆油制备生物柴油. 工业催化,2007,15(7): 34 - 37.

[78] 李怀平,汪全义,兰先秋,等. 离子液体[Hmim][HSO_4]催化菜籽油制备生物柴油. 中国油脂, 2008,33(4): 57 - 59.

[79] 靳福全,牛宇岚,李晓红. 离子液体催化蓖麻油酯交换制备生物柴油. 现代化工,2008,28(2): 162 - 164.

[80] 李胜清,刘俊超,刘汉兰,等. B酸离子液体催化剂在生物柴油制备中的应用. 湖北农业科学, 2009,48(2): 438 - 441.

[81] 柏杨,张立明,满瑞林. 酸离子液体在生物柴油酯交换反应中的催化活性. 兰州理工大学学报, 2010,36(3): 81 - 85.

[82] 李凯欣,陈砺,严宗诚,等. B酸离子液体[HSO_3-bpy]CF_3SO_3催化麻疯油制备生物柴油. 化工进展,2010,29(4): 638 - 642.

[83] Fang D, Yang J M, Jiao C M. Dicationic ionic liquids asenvironmentally benign catalysts for biodiesel synthesis. Acs Catal,2011,1(1): 42 - 47.

[84] Ghiaci M, Aghabarari B, Habibollahi S, et al. Highly eficient Bronsted acidic ionic liquid-based catalysts for biodiesel synthesisfrom vegetable oils. Bioresource Technology, 2011, 102(2): 1200 - 1204.

[85] 王文魁,包宗宏. 氯铝酸离子液体催化大豆油制备生物柴油. 中国油脂,2007,32(9): 51 - 53.

[86] Liang X, Gong G, Wu H, et al. Highly efficient proceduce for the synthesis of biodiesel from soybean oil using chloroaluminate ionic liquid as catalyst. Fuel, 2009, 88(4): 613 - 616.

[87] 张玉军,张爱华,肖志红,等. 碱性离子液体 1-甲基-3-丁基咪唑氢氧化物催化地沟油制备生物柴油的研究. 生物产业技术,2009(增刊1): 101 - 104.

[88] 张爱华,张玉军,李昌珠,等. 新型碱性离子液体催化蓖麻油制备生物柴油. 应用化工,2009, 38(2): 167 - 170.

[89] 韩磊,包桂蓉,王华,等. 碱性离子液体[Bmim]OH 催化菜籽油制备生物柴油. 中国油脂,2010, 35(8): 47 - 50.

[90] 李昌珠,张爱华,肖志红,等. 用碱性离子液体催化光皮树果实油制备生物柴油. 中南林业科技大学学报,2011,31(3): 38 - 43.

[91] 梁金花,任晓乾,王锦堂,等. 双核碱性离子液体催化棉籽油酯交换制备生物柴油. 燃料化学学报,2010,38(3): 275 - 280.

[92] Huber G W, O'Connor P, Corma A. Processing biomass in conventional oil refineries: production of high quality diesel by hydrotreating vegetable oils in heavy vacuum oil mixtures. Appl Catal A: Gen, 2007, 329(1): 120 - 129.

[93] 翟西平,殷长龙,刘晨光. 油脂加氢制备第二代生物柴油的研究进展. 石油化工,2011,40(12):

1364 - 1369.

[94] Donnis B, Egeberg R G, Blom P, et al. Hydroprocessing of bio-oils and oxygenates to hydrocarbons: understanding the reaction routes. Top Catal, 2009, 52(3): 229 - 240.

[95] 赵阳,吴佳,王宣,等. 植物油加氢制备高十六烷值柴油组分研究进展. 化工进展,2007,26(10): 1391 - 1394.

[96] Simacek P, Kubicka D, Sebor G, et al. Fuel properties of hydro-processed rapeseed oil. Fuel, 2010, 89(3): 611 - 615.

[97] Tobaa M, Abea Y, Kuramochib H, et al. Hydrodeoxygenation of waste vegetable oil over sulfide catalysts. Catal Today, 2011, 164(1): 533 - 537.

[98] Kubicka D, Kaluza L. Deoxygenation of vegetable oils over sulfided Ni, Mo and NiMo catalysts. Appl Catal A: Gen, 2010, 372(2): 199 - 208.

[99] Krár M, Kovács S, Kallo D, et al. Fuel purpose hydrotreating of sunflower oil on $CoMo/Al_2O_3$ catalyst. Bioresour Technol, 2010, 101(23): 9287 - 9293.

[100] Krár M, Kasza T, Kovcás S, et al. Biogas oils with improved low temperature properties. Fuel Process Technol, 2011, 92(5): 886 - 892.

[101] Bernas H, Eranen K, Simakova I, et al. Deoxygenation of dodecanoic acid under inert atmosphere. Fuel, 2010, 89(8): 2033 - 2039.

[102] Immer J G, Lamb H H. Fed-batch catalytic deoxygenation of free fatty acids. Energ Fuel, 2010, 24(10): 5291 - 5299.

[103] Simakova I, Simakova O, Maki-Arvela P, et al. Decarboxylation of fatty acids over Pd supported on mesoporous carbon. Catal Today, 2010, 150(1/2): 28 - 31.

[104] Maki-Arvela P, Snare M, Eranen K, et al. Continuous decarboxylation of lauric acid over Pd/C catalyst. Fuel, 2008, 87(17/18): 3543 - 3549.

[105] Chiappero M, Do P T M, Crossley S, et al. Direct conversion of triglycerides to olefins and parafins over noble metal supported catalysts. Fuel, 2011, 90(3): 1155 - 1165.

[106] Snare M, Kubickova I, Maki-Arvela P, et al. Heterogeneous catalytic deoxygenation of stearic acid for production of biodiesel. Ind Eng Chem Res, 2006, 45(16): 5708 - 5715.

[107] Mikulec J, Cvengros J, Jorikova L, et al. Second generation diesel fuel from renewable sources. J Clean Prod, 2010, 18(9): 917 - 926.

[108] Gomes J R. Vegetable oil hydroconversion process: US, 20060186020. 2006 - 08 - 24.

[109] Iso M, Chen B X, Eguchi M, et al. Production of biodiesel fuel from triglycerides and alcohol using immobilized lipase. J Mol Catal B: Enzym, 2001, 16(1): 53 - 58.

[110] Orcaire O, Buisson P, Pierre A C. Application of silica aerogel encapsulated lipases in the synthesis of biodiesel by transesterification reactions. J Mol Catal B: Enzym, 2006, 42: 106 - 113.

[111] Du W, Wang L, Liu D H. Improved methanol tolerance during Novozym435-mediated methanolysis of SODD for biodiesel production. Green Chem, 2007, 9: 173 - 176.

[112] 黄一波,王芳. 脂肪酶法制备生物柴油进展. 安徽农业科学,2011,39(10): 6046 - 6049,6052.

[113] Nelson L A, Foglia T A, Marmer W N. Lipase-catalyzed production of biodiesel. J Am Oil Chem Soc, 1996, 73(8): 1191 - 1195.

[114] Kaieda M, Samukawa T, Kondo A, et al. Effect of methanol and water contents on production of biodiesel fuel from plant oil catalyzed by various lipases in a solvent-free system. J Biosci Bioeng, 2001, 91(1): 12-15.

[115] Brzozowski A M, et al. A model for interfacial activation in lipases from the structure of a fungal lipase-inhibitor complex. Nature, 1991, 351: 491-494.

[116] Yan M, Ge J, Liu Z, et al. Encapsulation of single enzyme in nanogel with enhanced biocatalytic activity and stability. J Am Chem Soc, 2006, 128: 11008-11009.

[117] Hsu A F, Jones K, Marmer W N, et al. Production of alkyl esters from tallow and grease using lipase immobilized in a phyllosilicate sol-gel. J Am Oil Chem Soc, 2001, 78(6): 585-588.

[118] 邓利,刘柳,董贤,等. 固定化假丝酵母 992125 脂肪酶催化酯化脂肪酸低碳醇酯反应条件的研究. 现代化工 ,2002,22(9): 30-33.

[119] Yagiz F, Kazan D, Akin A N. Biodiesel production from waste oils by using lipase immobilized on hydrotalcite and zeolites. Chem Eng J, 2007, 134: 262-267.

[120] Mittelbach M. Lipase catalyzed alcoholysis of sunflower oil. J Am Oil Chem Soc, 1990, 67(3): 168-170.

[121] Linko Y Y, Laimsa M, Wu X, et al. Biodegradable products by liase biocatalysis. J Biotechnol, 1998, 66(1): 41-50.

[122] Du W, Xu Y Y, Liu D H, et al. Comparative study on lipase-catalyzed transformation of soybean oil for biodiesel production with different acyl acceptors. J Mol Catal B: Enzyme, 2004, 30(3/4): 125-129.

[123] Shimada Y, WatanabeY, Sugihara A, et al. Enzymatic alcoholysis for biodiesel fuel production and application of the reaction to oil processing. J Mol Catal B: Enzym, 2002, 17(3-5): 133-142.

[124] Soumanou M M, Bornscheuer U T. Improvement in lipase-catalyzed synthesis of fatty acid methyl esters from sunflower oil. Enzyme Microb Tech, 2003, 33(1): 97-103.

[125] Li L L, Du W, Liu D H, et al. Lipase-catalyzed transesterification of rapeseed oils for biodiesel production with a novel organic solvent as the reaction medium. J Mol Catal B: Enzym, 2006, 43: 58-62.

[126] Wang L, Du W, Liu D H, et al. Lipase-catalyzed biodiesel production from soybean oil deodorizer distillate with absorbent present in tert-butanol system. J Mol Catal B: Enzym, 2006, 43: 29-32.

[127] Du W, Liu D H, Li L L, et al. Mechanism Exploration during lipase-mediated methanolysis of renewable oils for biodiesel production in a tert-butanol system. Biotechnol Progr, 2007, 23: 1087-1090.

[128] Royon D, Daz M, Ellenrieder G, et al. Enzymatic production of biodiesel from cotton seed oil using t-butanol as a solvent. Bioresour Technol, 2007, 98: 648-653.

[129] Ha S H, Lanb M N, Lee S H, et al. Lipase-catalyzed biodiesel production from soybean oil in ionic liquids. Enzyme and Microb Tech, 2007, 41: 480-483.

[130] Samukawa T, Kaieda M, Matsumoto T, et al. Pretreatment of immobilized *Candida antarctica* lipase for biodiesel fuel production from plant oil. J Biosci Bioeng, 2000, 90(2): 180-183.

[131] Bélafi-bakó K, Kovács F, Gubicza L, et al. Enzymatic biodiesel production from sunflower oil by *Candida antarctica* lipase in a solvent-free system. Biocataly Biotransfor, 2002, 20(6): 437 - 439.

[132] Chen J W, Wu W T. Regeneration of immobilized *Candida Antarctica* lipase for transesterification. J Biosci Bioeng, 2003, 95: 466 - 469.

[133] Modi M K, Reddy J R C, Rao B V S K, et al. Lipase-mediated transformation of vegetable oils into biodiesel using propan - 2 - ol as acyl acceptor. Biotechnol Lett, 2006, 28: 637 - 640.

[134] 徐圆圆. 脂肪酶催化合成生物柴油新方法及酶催化特性的研究(博士学位论文). 北京：清华大学化工系，2005.

[135] Xu Y Y, Du W, Zeng J, et al. Conversion of soybean oil to biodiesel fuel using lipozyme TL IM in a solvent-free medium. Biocatal Biotransfor, 2004, 22(1): 45 - 48.

[136] Du W, Xu Y Y, Zeng J, et al. Novozym 435-catalysed transesterification of crude soya bean oils for biodiesel production in a solvent-free medium. Biotechnol Appl Biochem, 2004, 40(2): 187 - 190.

[137] Modi M K, Reddy J R C, Rao B V S K, et al. Lipase-mediated conversion of vegetable oils into biodiesel using ethyl acetate as acyl acceptor. Bioresour Technol, 2007, 98: 1260 - 1264.

[138] 吴虹，宗敏华，娄文勇. 无溶剂系统中固定化脂肪酶催化废油脂转酯生产生物柴油. 催化学报，2004，25(11)：903 - 908.

[139] Dossat V, Combes D, Marty A. Continuous enzymatic transesterification of high oleic sunflower oil in a packed bed reactor: influence of the glycerol production. Enzym and Microb Tech, 1999, 25(3 - 5): 194 - 200.

[140] Ma L, Persson M, Adlercreutz P. Water activity dependence of lipase catalysis in organic media explains successful transesterification reactions. Enzym Microb Techn, 2002, 31: 1024 - 1029.

[141] Kazuhiro B, Masaru K, Takeshi M, et al. Whole cell biocatalyst for biodiesel fuel production utilizing *Rhizopus oryzae* cells immobilized within biomass support particles. Biochem Eng J, 2001, 8: 39 - 43.

[142] Kazuhiro B, Shinji H, Keiko N, et al. Repeated use of whole-cell biocatalysts immobilized within biomass support particles for biodiesel fuel production. J Mol Catal B: Enzym, 2002, 17: 157 - 165.

[143] Tamalampudi S, Talukder M R, Hama S, et al. Enzymatic production of biodiesel from *Jatropha* oil: a comparative study of immobilized-whole cell and commercial lipases as a biocatalyst. Biochem Eng J, 2008, 39: 185 - 189.

[144] 曾静，杜伟，徐圆圆，等. 培养过程参数对霉菌 *Rhizopus oryzae* IFO 细胞催化植物油脂合成生物柴油的影响研究. 食品与工业发酵，2005，10：17 - 20.

[145] 李治林，李迅，王飞，等. 全细胞生物催化制备生物柴油研究. 林产化学与工业，2009，29(2)：1 - 5.

[146] Hama S, Yamai H, Kaieda M, et al. Effect of fatty acid membrane composition on whole-cell biocatalysts for biodiesel-fuel production. Biochem Eng J, 2004, 21(2): 155 - 160.

[147] Hama S, Tamalampudi S, Fukumizu T, et al. Lipase localization in *Rhizopus oryzae* cells immobilizedwithin biomass support particles for use as whole-cell biocatalysts in biodiesel-fuel

production. J Biosci Bioeng, 2006, 101: 328 - 333.
[148] Matsumoto T, Takahashi S, Kaieda M, et al. Yeast whole-cell biocatalyst constructed by intracellular overproduction of *Rhizopus Oryzae* lipase is applicable to biodiesel fuel production. Appl Microb Biotechnol, 2001, 57(4): 515 - 520.
[149] Matsumoto T, Fukuda H, Ueda M, et al. Construction of yeast strains with high cell surface lipase activity by using novel display systems based on the flolp flocculation functional domain. Appl Microb Biotechnol, 2002, 68(9): 4517 - 4522.
[150] Kalscheuer R, Stölting T, Steinbüchel A. Microdiesel: *Escherichia coli* engineered for fuel production. Microbiology, 2006, 152: 2529 - 2536.
[151] Saka S, Kusdiana D. Biodiesel fuel from rapeseed oil as prepared in supercritical methanol. Fuel, 2001, 80(2): 225 - 231.
[152] Madras G, Kolluru C, Kumar R. Synthesis of biodiesel in supercritical fuids. Fuel, 2004, 83: 2029 - 2033.
[153] Rathore V, Madras G. Synthesis of biodiesel from edible and non edible oils in supercritieal alcohols and enzymatic synthesis in supercritical carbon dioxide. Fuel, 2007, 86: 2650 - 2659.
[154] Jackson M A, King J W. Methanolysis of seed oils in flowing supercritical carbon dioxide. J Am Oil Chem Soc, 1996,73(3): 353 - 356.
[155] Wang L Y, Tang Z Y, Xu W H, et al. Catalytic transesterification of crude rapeseed oil by liquid organic amine and co-catalyst in supercritical methanol. Catal Commun, 2007, 8: 1511 - 1515.
[156] Song E S,Lim J W,Lee H S. Transesterification of RBD palm oil using supercritical methanol. J Supercrit Fluid, 2007, 10: 1016 - 1024.
[157] Kusdiana D, Saka S. Kinetics of transesterification in rapeseed oil to biodiesel fuel as treated in supereritical methanol. Fuel, 2001, 80: 693 - 698.
[158] Kusdiana D, Saka S. Methyl esterifieation of free fatty acidsof rapeseed oil as treated in supercritieal methanol. Jouranl of Chemical Engineering of Japan, 2001, 34(3): 381 - 387.
[159] Kusdiana D, Saka S. Effect of water on biodiesel fuel productionby supercrifieal methanol treatment. Bioresour Technol, 2004(91): 289 - 295.
[160] 安文杰,许德平,杜显云. 超临界法制备生物柴油. 天然气化工,2006,31: 2 - 23.
[161] Cao W L, Han H W, Zhang J C. Preparation of biodiesel from soybean oil using supercritical methanol and co-solvent. Fuel, 2005, 84: 347 - 351.

第 7 章

生物质热解液化技术

7.1 生物质热解液化技术概述

生物质的热解是指生物质在缺氧状况下受热而降解为液体生物油、固体焦炭以及可燃气体三种产物的过程[1]。通过控制热解反应条件，如温度、压力、滞留时间等，可以改变三种产物的比例。以最高液体产率为目标的热解技术，就是热解液化技术，该技术自 20 世纪 70 年代末出现开始，发展非常迅速。在生物质热解液化过程中，获得最高的生物油产率所需的反应条件包括：极快的加热速率、500℃左右的反应温度、不超过 2 s 的气相滞留时间，以及热解气的快速冷凝与收集等。在合适的反应条件下，生物油的最高产率可达 70%～80%（质量分数）[2-3]。

众所周知，生物质原料的收集、运输和储存一直是生物质气化等技术大规模应用的瓶颈所在。然而，若采用热解液化技术在原料产地规模适度地将生物质分散转化为液体生物油，然后再对生物油进行大规模地收集、运输、储藏和利用，则上述困难将会得到有效化解，因为生物油的体积能量密度大约为生物质的 10 倍。此外，热解液化的反应条件为常压，温度只需 500℃左右即可，比热解气化的工艺条件温和得多，实现起来也较为容易。生物质热解转化为生物油后，其用途非常广泛，可以直接作为液体燃料使用，还可以作为化工原料提取或制备多种化学品，经过精制提炼后还可以作为车用燃料。

7.2 生物质快速热解机理

7.2.1 纤维素快速热解机理

7.2.1.1 纤维素快速热解机理概述

纤维素是由 D-葡萄糖通过 β(1→4)-糖苷键相连形成的高分子聚合物。由于葡萄糖上带有多个羟基，因此，在高分子链间容易形成氢键，从而使分子链易于聚集成为结晶性的原纤结构。纤维素是自然界中储备量最大、分布最广的天然有机物，在木材中含量为

40%～50%，在禾本科植物(如稻草、竹子等)的茎秆中含量为40%～45%，在棉花中的含量最高，可达95%～99%。

在生物质的三种主要组分中，关于纤维素热解机理的研究，获得了最多的关注。一般来说，纤维素在超过150℃后就会缓慢地发生热解反应；在低于300℃的温度范围内，纤维素的热解主要包括聚合度的降低、自由基的形成、分子间或分子内的脱水、CO_2和CO的形成等反应，脱水后的纤维素容易发生交联反应，最终形成焦炭[4-7]。总的来说，纤维素低温热解时的有机液体产物很少。

当温度超过300℃后，纤维素的热解速度大幅提高，且开始形成较多的液体产物，并在500℃左右的中温热解区域得到最大的液体产率。总的来说，在热解初期，纤维素聚合度降低形成活性纤维素[8]，而后主要经历两条平行竞争途径而形成各种一次热解产物：解聚形成各种脱水低聚糖、以左旋葡聚糖(LG)为主的各种脱水单糖以及其他衍生物；吡喃环的开裂以及环内C—C键的断裂而形成以羟基乙醛(HAA)为主的各种小分子醛、酮、醇、酯等产物[9-14]，如图7-1所示。

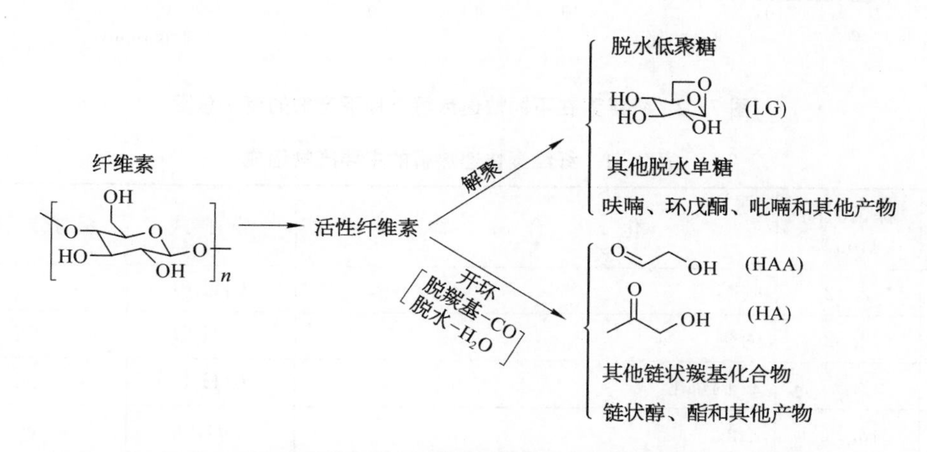

图7-1 纤维素快速热解过程中解聚和开裂两条竞争的反应途径

7.2.1.2 纤维素快速热解的产物组成

纤维素快速热解所形成的液体产物种类主要包括以下几类：脱水糖及其衍生物，以左旋葡聚糖(LG)为主，另外还有一定量的左旋葡萄糖酮(1,6-脱水-3,4-二脱氧-β-D-吡喃糖烯-2-酮，LGO)、1,4：3,6-二脱水-α-D-吡喃葡萄糖(DGP)、1-羟基-3,6-二氧二环[3.2.1]辛-2-酮(LAC)、1,5-脱水-4-脱氧-D-甘油基-己-1-烯-3-酮糖(APP)等；呋喃类产物，包括5-羟甲基糠醛(HMF)、糠醛(FF)、呋喃(F)等；小分子醛酮类产物，包括羟基乙醛(HAA)、羟基丙酮(HA)、丙酮(A)等；其他产物，包括小分子酸、酯、醇类产物、环戊酮类产物、烃类产物等[15]。在不同的热解条件对纤维素进行快速热解时，虽然产物种类没有太大的差别，但产物分布的差别却较大，图7-2所示的是以微晶纤维素为原料进行快速热解所获得的典型离子总图，主要热解产物列于表7-1。对于一些重要的产物，在离子总图上进行了标注，并给出了其结构式及英文缩写，如图7-3所示。

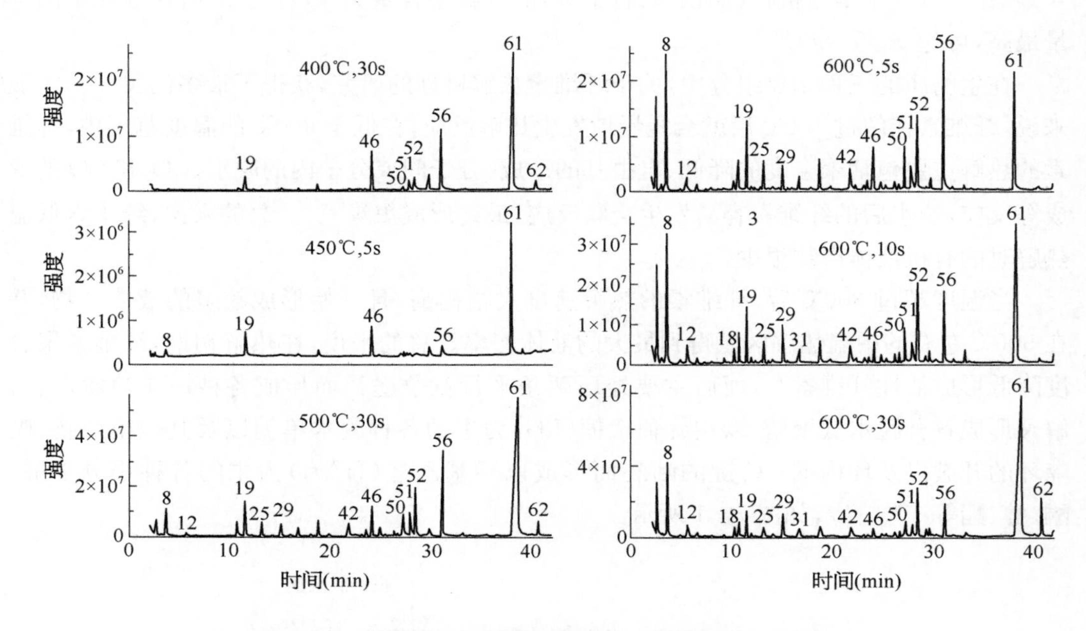

图 7-2 纤维素在不同快速热解条件下产物的离子总图

表 7-1 纤维素快速热解的主要产物组成

编号	保留时间(min)	化合物	分子式	相对分子质量
1	2.42	呋喃	C_4H_4O	68
2	2.52	丙酮	C_3H_6O	58
3	2.55	2-丙烯醛	C_3H_4O	56
4	3.11	乙酸	$C_2H_4O_2$	60
5	3.19	2-甲基呋喃	C_5H_6O	82
6	3.42	2,3-丁二酮	$C_4H_6O_2$	86
7	3.49	3-丁烯-2-酮	C_4H_6O	70
8	3.58	羟基乙醛	$C_2H_4O_2$	60
9	4.37	苯	C_6H_6	78
10	4.80	丙酸	$C_3H_6O_2$	74
11	4.99	2-丁烯醛	C_4H_6O	70
12	5.56	1-羟基-2-丙酮	$C_3H_6O_2$	74
13	6.93	甲苯	C_7H_8	92
14	7.25	3-戊烯-2-酮	C_5H_8O	84
15	8.61	1-羟基-2-丁酮	$C_4H_8O_2$	88

（续表）

编号	保留时间(min)	化合物	分子式	相对分子质量
16	9.25	乙酸基乙酸	$C_4H_6O_4$	118
17	10.11	乙苯	C_8H_{10}	106
18	10.25	丙酮酸甲酯	$C_4H_6O_3$	102
19	11.51	糠醛	$C_5H_4O_2$	96
20	11.75	2,3-二羟基丙酮	$C_3H_6O_3$	90
21	11.89	2-环戊烯酮	C_5H_6O	82
22	12.33	2-丙基呋喃	$C_7H_{10}O$	110
23	12.92	5-甲基-2(3H)-呋喃酮	$C_5H_6O_2$	98
24	13.10	1-乙酰氧基-2-丙酮	$C_5H_8O_3$	116
25	13.18	二氢-4-羟基-2(3H)-呋喃酮	$C_4H_6O_3$	102
26	14.15	2-甲基环戊酮	C_6H_8O	96
27	14.39	2-乙酰基呋喃	$C_6H_6O_2$	110
28	14.73	1,3-二羟基-2-丙酮	$C_3H_6O_3$	90
29	15.15	1,2-环戊二酮	$C_5H_6O_2$	98
30	16.32	苯酚	C_6H_6O	94
31	16.79	5-甲基糠醛	$C_6H_6O_2$	110
32	17.10	5-甲基-2-(5H)-呋喃酮	$C_5H_6O_2$	98
33	17.35	3-甲基-2-环戊烯酮	C_6H_8O	96
34	17.58	3-甲基-2,5-呋喃二酮	$C_5H_4O_3$	112
35	17.95	5-乙酰基二氢-2(3H)-呋喃酮	$C_6H_8O_3$	128
36	18.34	2H-吡喃-2,6-(3H)-二酮	$C_5H_4O_3$	112
37	18.59	2H-吡喃-2-酮	$C_5H_4O_2$	96
38	19.04	2-羟基-3-甲基-2-环戊烯酮	$C_6H_8O_2$	112
39	19.21	4H-吡喃-4-酮	$C_5H_4O_2$	96
40	19.28	2-甲基苯酚	C_7H_8O	108
41	20.18	4-甲基苯酚	C_7H_8O	108
42	21.85	2,5-二甲基-4-羟基-3(2H)-呋喃酮	$C_6H_8O_3$	128
43	21.91	3-糠酸甲酯	$C_6H_6O_3$	126
44	23.15	2,5-二甲酰基呋喃	$C_6H_4O_3$	124
45	23.57	2,3-二氢-3,5-二羟基-6-甲基-4H-吡喃-4-酮	$C_6H_8O_4$	144

（续表）

编号	保留时间(min)	化　　合　　物	分子式	相对分子质量
46	24.19	左旋葡聚糖	$C_6H_6O_3$	126
47	24.91	3,5-二羟基-2-甲基-4-吡喃酮	$C_6H_6O_4$	142
48	25.17	1,2-二羟基苯	$C_6H_6O_2$	110
49	26.68	3-甲基-2,4(3H,5H)-呋喃二酮	$C_5H_6O_3$	114
50	27.28	1-羟基-3,6-二氧杂二环[3.2.1]辛烷-2-酮	$C_6H_8O_4$	144
51	27.96	1,4∶3,6-二脱水-α-D-吡喃葡萄糖	$C_6H_8O_4$	144
52	28.48	5-羟甲基糠醛	$C_6H_6O_3$	126
53	29.53	1,2-二羟基苯	$C_6H_6O_2$	110
54	29.68	2,3-脱水-D-甘露糖	$C_6H_8O_4$	144
55	30.26	2,3-脱水-D-半乳糖	$C_6H_8O_4$	144
56	31.16	1,5-脱水-4-脱氧-D-甘油基-己-1-烯-3-酮糖	$C_6H_8O_4$	144
57	31.75	2-甲基-1,4-苯二酚	$C_7H_8O_2$	124
58	32.35	1,2,4-环戊三醇	$C_5H_{10}O_3$	118
59	33.44	3,4-脱水-D-半乳糖	$C_6H_8O_4$	144
60	36.54	3,4-阿卓糖	$C_6H_{10}O_5$	162
61	38.80	左旋葡聚糖	$C_6H_{10}O_5$	162
62	40.80	1,6-脱水-β-D-呋喃葡萄糖	$C_6H_{10}O_5$	162

7.2.1.3　脱水糖及其衍生物的形成

在纤维素的快速热解中，解聚是最为重要的一个过程，在这个过程中主要发生糖苷键的断裂，并伴随着一定的重排、脱水等反应，从而形成以LG为主的解聚产物。一般都认为仅仅发生糖苷键断裂而形成LG的过程是一个简单的过程，但实际上并不简单：糖苷键的断裂形成尾部带有自由端的短链，通过与C6上游离的伯醇羟基的作用而形成稳定的1,6-酐，如果邻近的糖苷键继续断裂，则最终形成挥发性的LG；但是如果邻近的糖苷键并不随之断裂，就不能释放出单体。实际上，快速热解过程中的反应时间一般都很短，糖苷键很难完全断裂，因此除LG外，解聚过程一般都会形成各种不同聚合度的产物，即为脱水低聚糖。Patwardhan等将上述整个过程表示为如图7-4所示[16]。

根据聚合度的不同，糖苷键不完全断裂后得到的脱水低聚糖会有不同的存在形态。聚合度较大的脱水低聚糖一般留在固体残留物中，随着热解时间的延长，这部分脱水低聚糖会继续发生反应；聚合度小到一定程度的脱水低聚糖则会以胶质颗粒的形式随着热解

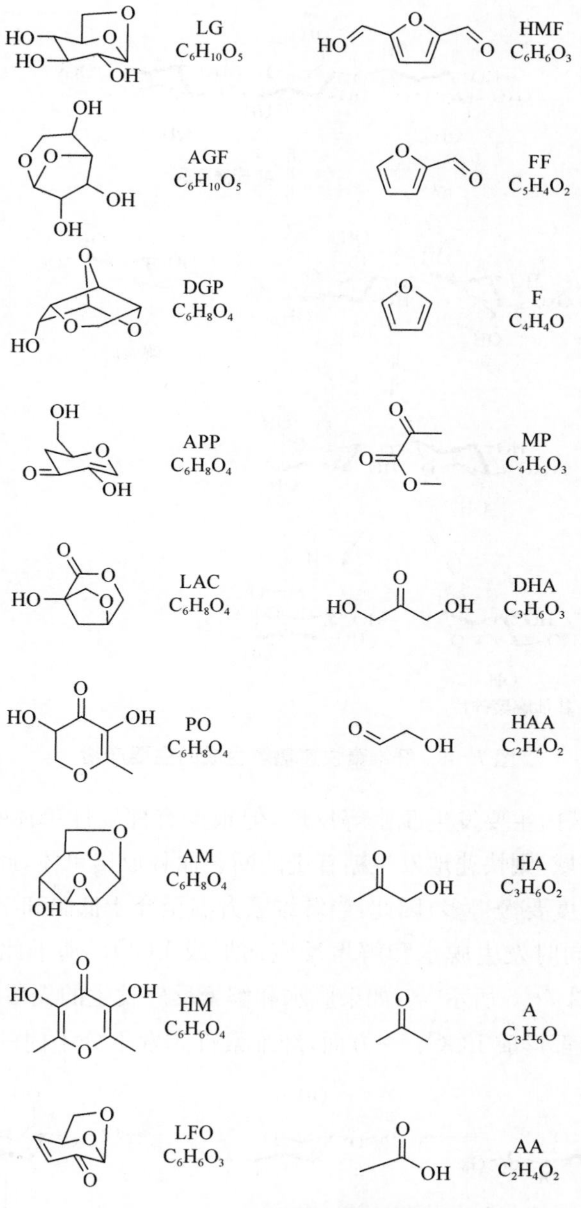

LG $C_6H_{10}O_5$　　HMF $C_6H_6O_3$

AGF $C_6H_{10}O_5$　　FF $C_5H_4O_2$

DGP $C_6H_8O_4$　　F C_4H_4O

APP $C_6H_8O_4$　　MP $C_4H_6O_3$

LAC $C_6H_8O_4$　　DHA $C_3H_6O_3$

PO $C_6H_8O_4$　　HAA $C_2H_4O_2$

AM $C_6H_8O_4$　　HA $C_3H_6O_2$

HM $C_6H_6O_4$　　A C_3H_6O

LFO $C_6H_6O_3$　　AA $C_2H_4O_2$

图7-3　纤维素快速热解的重要产物

气一起离开固体颗粒，最终随热解气的冷凝进入生物油，成为生物油中不具挥发性的组分。

在纤维素的热解聚过程中，如果同时发生脱水等反应（有时伴随着重排等反应），则会形成LGO、LAC、DGP等多种脱水糖衍生物。

LGO是最具代表性的一种脱水糖衍生物，主要在热解初期形成。在部分前人的研究中，认为LGO是直接由LG脱水而形成的[17-18]；然而基于详细的纤维素热解实验结果却可以否定这一推测。LGO的形成需要经历纤维素糖苷键的断裂以及吡喃环内的脱水反

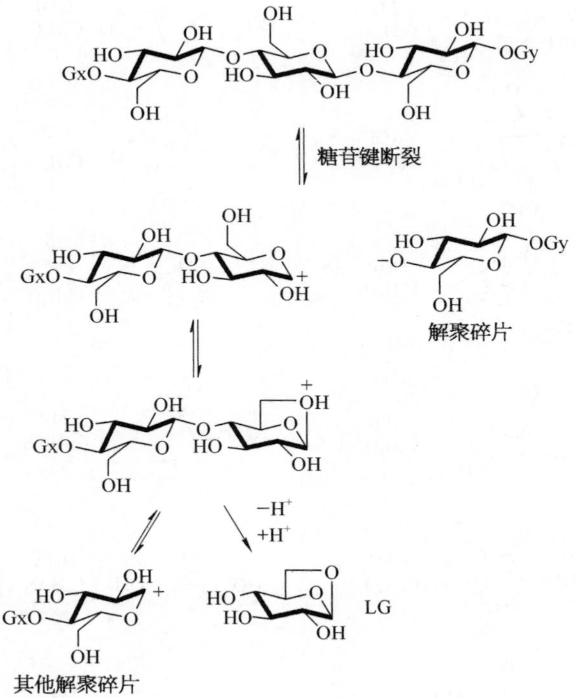

糖苷键断裂

解聚碎片

其他解聚碎片

LG

图 7-4 纤维素快速热解生成的主要产物

应，纤维素在低温区域内主要发生脱水等反应，但很少有挥发性单体有机产物的形成；而一旦进入中温热解区域，则快速地发生糖苷键的断裂而释放出单体，此时脱水等反应的速度比糖苷键的断裂速度要慢得多；因此，当纤维素升温至介于低温和中温的过渡温度区域时，则可能最有利于同时发生脱水和解聚反应而形成 LGO。基于此，Ohnishi 等提出了 LGO 的形成途径如图 7-5 所示[19]，如果脱水和解聚反应发生的先后顺序不同，则会经历不同的中间过程最终都形成 LGO：一方面，纤维素首先发生分子内的脱水而后发生糖苷

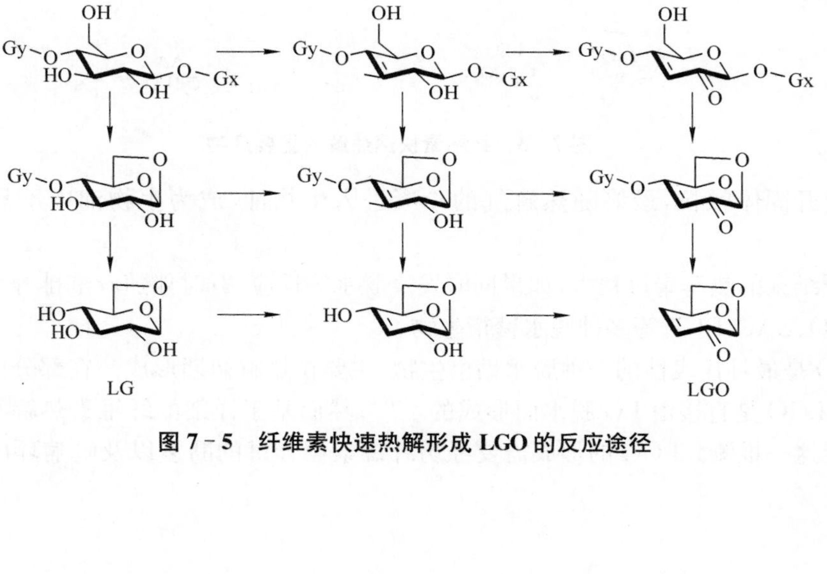

LG

LGO

图 7-5 纤维素快速热解形成 LGO 的反应途径

键的断裂，则不经 LG 而形成 LGO(图 7－5 右上侧的反应途径，这是形成 LGO 的主要途径)；另一方面，纤维素首先发生糖苷键的断裂而形成 LG，而后仅有少量的 LG 进一步脱水形成 LGO(图 7－5 左下侧的反应途径，这也就是 LG 的二次裂解反应)。

在各种脱水糖衍生物中，APP 的相对含量较高。根据 Shafizadeh 等的研究，APP 是由纤维素经过两次糖苷键的断裂而形成的[4]；而 Furneaux 等则提出 APP 经过苯偶姻重排反应后会形成 LAC，如图 7－6 所示[20]。中温有利于 APP 的生成，而高温则有利于 APP 向 LAC 的转变。

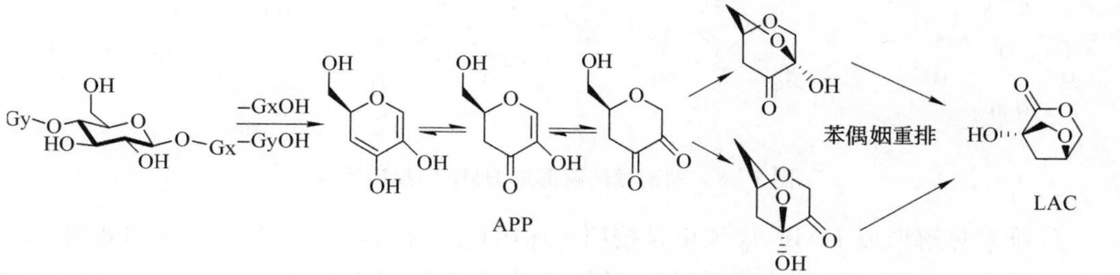

图 7－6 纤维素热解形成 APP 和 LAC 的反应途径

DGP 也是纤维素热解初期就形成的产物，它的形成包括吡喃环两侧糖苷键断裂后形成 1,4－苷键以及吡喃环内脱水形成 3,6－苷键两步过程[21-22]。根据苷键形成先后顺序的不同，DGP 的形成过程中也可能会存在两种不同的反应途径，如图 7－7 所示。进一步分析可知，如果 DGP 的生成过程中首先形成 1,4－苷键，必定有 1,4－脱水－α－D－吡喃葡萄糖这种中间产物，然而在目前所有的研究中还未检测到该物质。由此可以初步判断，在纤维素的热解过程中，至少绝大部分的 DGP 是首先通过脱水反应(吡喃环内脱水生成 3,6－苷键)，而后再发生糖苷键的断裂(形成 1,4－苷键)而生成的。这一形成特性和 LGO 较为相似，所以推测高温不利于 DGP 的生成。

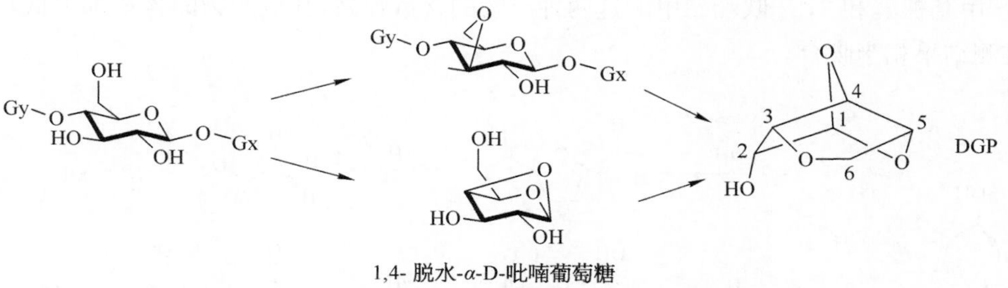

图 7－7 纤维素热解形成 DGP 的反应途径

7.2.1.4 呋喃类产物的形成

在纤维素热解形成的呋喃类产物中，HMF 和 FF 最为重要。对于 HMF 的形成机理，前人以葡萄糖等为原料进行了深入研究[23-24]，并得到了如图 7－8 所示的反应途径：吡喃环首先发生开环，而后 C2 和 C5 之间缩醛得到呋喃环结构，最后经过两步脱水重整而形成 HMF。

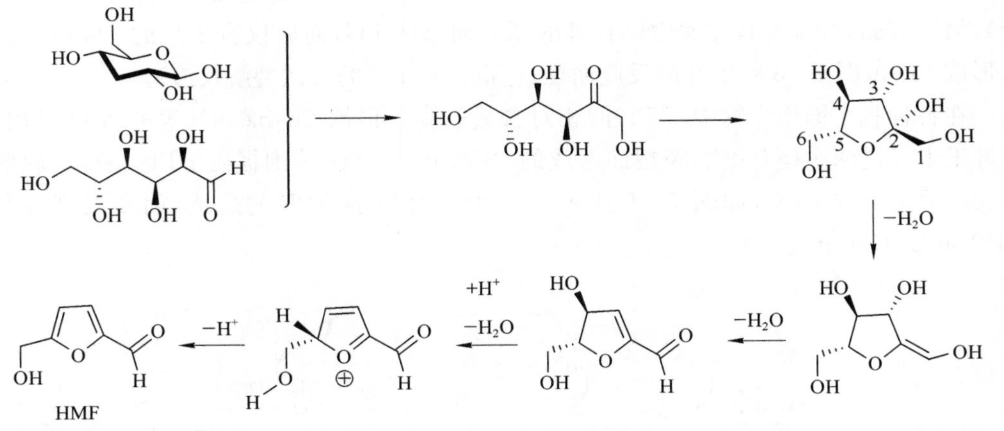

图 7-8 葡萄糖热解形成 HMF 的反应途径

纤维素热解形成 HMF，应该也是按照上述机理进行的：C1 位上糖苷键的断裂，以及 C1—O 化学键的断裂使吡喃环开环后，就能够进行缩醛、脱水重整、C4 位上糖苷键的断裂等过程而最终形成 HMF，其中 C4 位上的糖苷键的断裂可能会在上述过程中的不同时刻发生，从而导致纤维素热解过程中 HMF 的形成具有多条可能的途径。

关于 FF 的形成途径，多个研究单位的人员都认为 FF 可由 HMF 的羟甲基脱落而形成[25]。然而，从键能的角度分析得知，HMF 最弱的两个键都在羟甲基上，分别是 C—OH 键 290 kJ/mol 和 C—H 键 319 kJ/mol[26]。因此，从理论上可以推测，HMF 的二次裂解过程中应该会发生 C—OH 键的断裂形成 5-甲基糠醛(MF)，以及 C—H 键的断裂则形成 2,5-呋喃二甲醛，如图 7-9 所示，并不主要形成 FF。上述理论推测可进一步进行实验验证，采用 HMF 为模型化合物进行快速热解，其离子总图如图 7-10 所示(图中产物编号同表 7-1)。从实验结果可以看出，HMF 的二次裂解形成了多种呋喃类产物，但其中只有 5-甲基糠醛和 2,5-呋喃二甲醛这两种产物的含量较高，其他产物的含量都很低，与理论推测结果相当吻合。

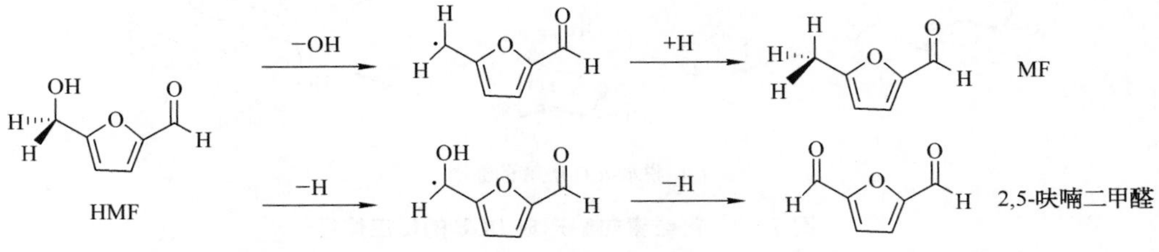

图 7-9 HMF 二次裂解形成 5-甲基糠醛和 2,5-呋喃二甲醛的反应途径

在纤维素快速热解过程中，FF 在热解初期就形成，而且产率和含量都较高，因此 FF 不可能是由 HMF 二次裂解而形成的，而应该是由与形成 HMF 相竞争的途径形成的。Paine 等通过对葡萄糖进行快速热解，采用同位素标识的方法确定了 FF 的来源，大部分

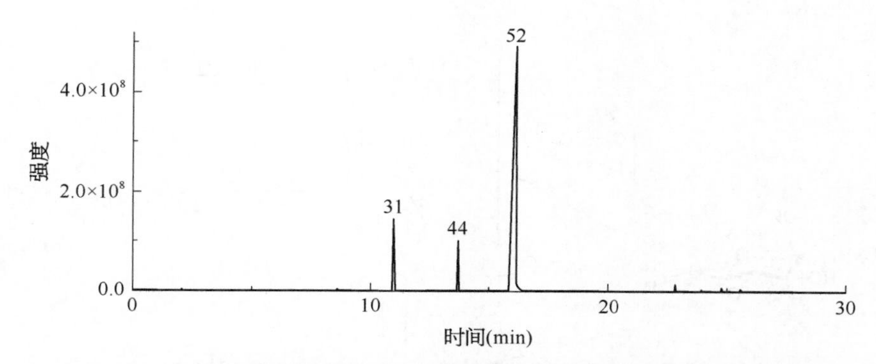

图 7-10　HMF 快速热解的离子总图(热解温度 600℃,热解时间 30 s)

的 FF 是由 C1—C5 形成的,少部分的 FF 也可由 C2—C6 形成,并给出了几种可能的葡萄糖热解形成 FF 的途径[24]。由此可知,纤维素热解生成 FF 的过程将更为复杂,包括解聚、开环、缩醛、脱水、C—C 断裂等过程,难以直接给出所有可能的反应途径。

和 HMF、FF 相比,呋喃(F)的形成时间较晚,而且随着热解温度的提高以及热解时间的延长,F 的产率增加;在对 HMF 和 FF 开展的二次热解实验中发现,其热解都会形成少量的 F,说明 HMF、FF 等重质呋喃类产物的二次裂解是 F 的一种来源;但除了其他呋喃类产物的二次裂解以外,纤维素的直接热解也可能形成一部分 F[24]。

7.2.1.5　小分子醛酮类产物的形成

在纤维素快速热解过程中,吡喃环开环并同时发生环内 C—C 键的断裂,则能够形成多种小分子物质,以 HAA 为主,同时还包括 HA、A、AA、MP、DHA 等物质。

关于 HAA 的形成机理,Piskorz 等从键能角度出发,认为吡喃环最容易在 C1—O 和 C2—C3 处开裂而形成一个二碳分子碎片和一个四碳分子碎片,其中二碳分子碎片重整形成 HAA,四碳分子碎片则经脱水、重整和脱羰等反应而形成 HA、2,3-丁二酮等产物[11];而 Richards 等提出 HAA 并不一定要由 C1/C2 形成,也有少部分可直接由 C5/C6 形成[12];Paine 等采用同位素示踪的方式确定在葡萄糖裂解产物中,HAA 主要由 C1/C2 形成,也有少部分由 C5/C6 形成,还有极少量由 C3/C4 形成[27]。综合上述研究可知,在纤维素热解过程中,HAA 虽然可能主要通过 Piskorz 等提出途径而形成,但同时还存在着其他可能的形成途径,其形成示意图如图 7-11 所示。

除 HAA 外,其他小分子产物的产率都不高,其中相对较高的是 HA。Piskorz 等认为 HA 主要是由吡喃环开裂后的四碳分子碎片形成的[11];Paine 等发现葡萄糖裂解产物中,HA 可分别由 C6/C5/C4 或 C3/C2/C1 形成[28];具体的形成途径可参考各相关文献。由此可知,HA 的形成不可能仅仅是按照 Piskorz 等提出的纤维素单体开裂后的四碳分子碎片重整得到的,因为这样无法得到由 C3/C2/C1 所形成的 HA,同时也说明了 HA 的形成也具有多条可能的反应途径。可以推测,除 HAA 和 HA 以外其他的小分子物质,也都不太可能是由单一的反应途径形成的。

需要说明的是,纤维素热解过程中,吡喃环的开裂是和解聚途径相竞争的反应途径。在吡喃环发生开裂的时候,吡喃环两侧的糖苷键可能已经发生断裂,也可能没有断裂。因

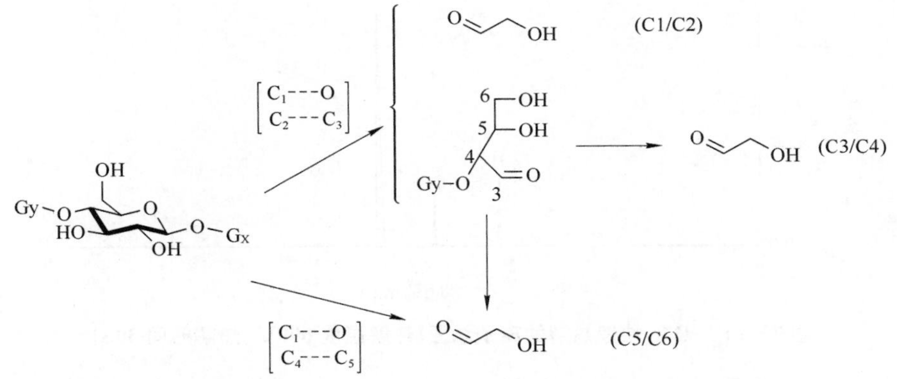

[C_1---O, C_2---C_3]
OH
Gy–O, HO, OH, O–Gx
O⁄OH (C1/C2)
6 OH, 5 OH, 4, Gy–O, 3, =O
O⁄OH (C3/C4)
[C_1---O, C_4---C_5]
O⁄OH (C5/C6)

图 7-11 纤维素热解过程中形成 HAA 的示意图

此，每一次吡喃环的开裂，不代表一定会形成小分子物质，一般只有吡喃环的开裂和糖苷键的断裂都发生后，才能释放出单体并经重整形成各种小分子物质。

7.2.1.6 纤维素快速热解的整体反应途径

基于纤维素快速热解的实验结果，Shen 和 Gu 综合前人的研究，提出了纤维素快速热解过程中形成主要产物的具体反应途径[9]，如图 7-12 所示；之后，董长青等在前人研究

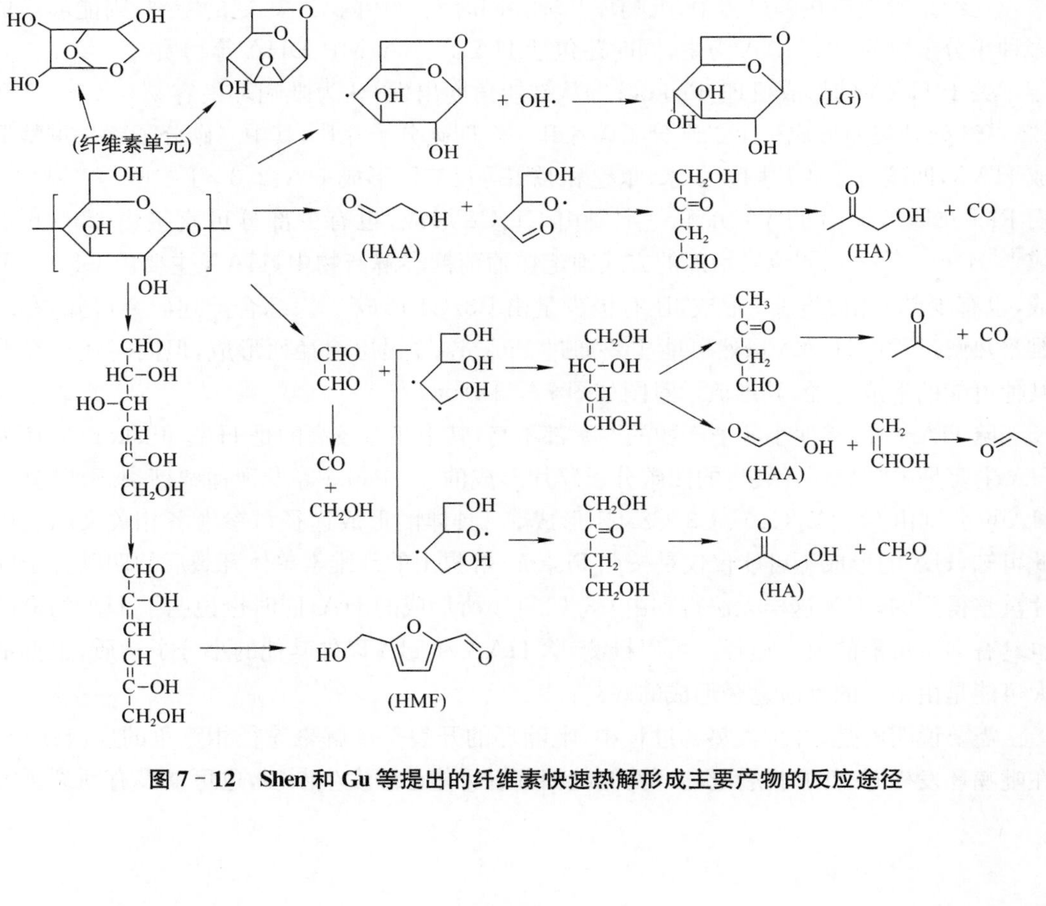

HO, OH, HO, O, O
(纤维素单元)
OH, OH, OH + OH· → OH, OH, OH (LG)
OH, OH, OH, O
O⁄OH (HAA) + OH, O·, O → CH_2OH, C=O, CH_2, CHO → OH + CO (HA)
CHO, CHO + OH, OH, OH → CH_2OH, HC–OH, CH, CHOH → CH_3, C=O, CH_2, CHO → + CO
→ O⁄OH (HAA) + CH_2, CHOH → O
CO + CH_2OH
OH, O·, OH → CH_2OH, C=O, CH_2, CH_2OH → OH + CH_2O (HA)
CHO, HC–OH, HO–CH, CH, C–OH, CH_2OH
CHO, C–OH, CH, CH, C–OH, CH_2OH → HO, O (HMF)

图 7-12 Shen 和 Gu 等提出的纤维素快速热解形成主要产物的反应途径

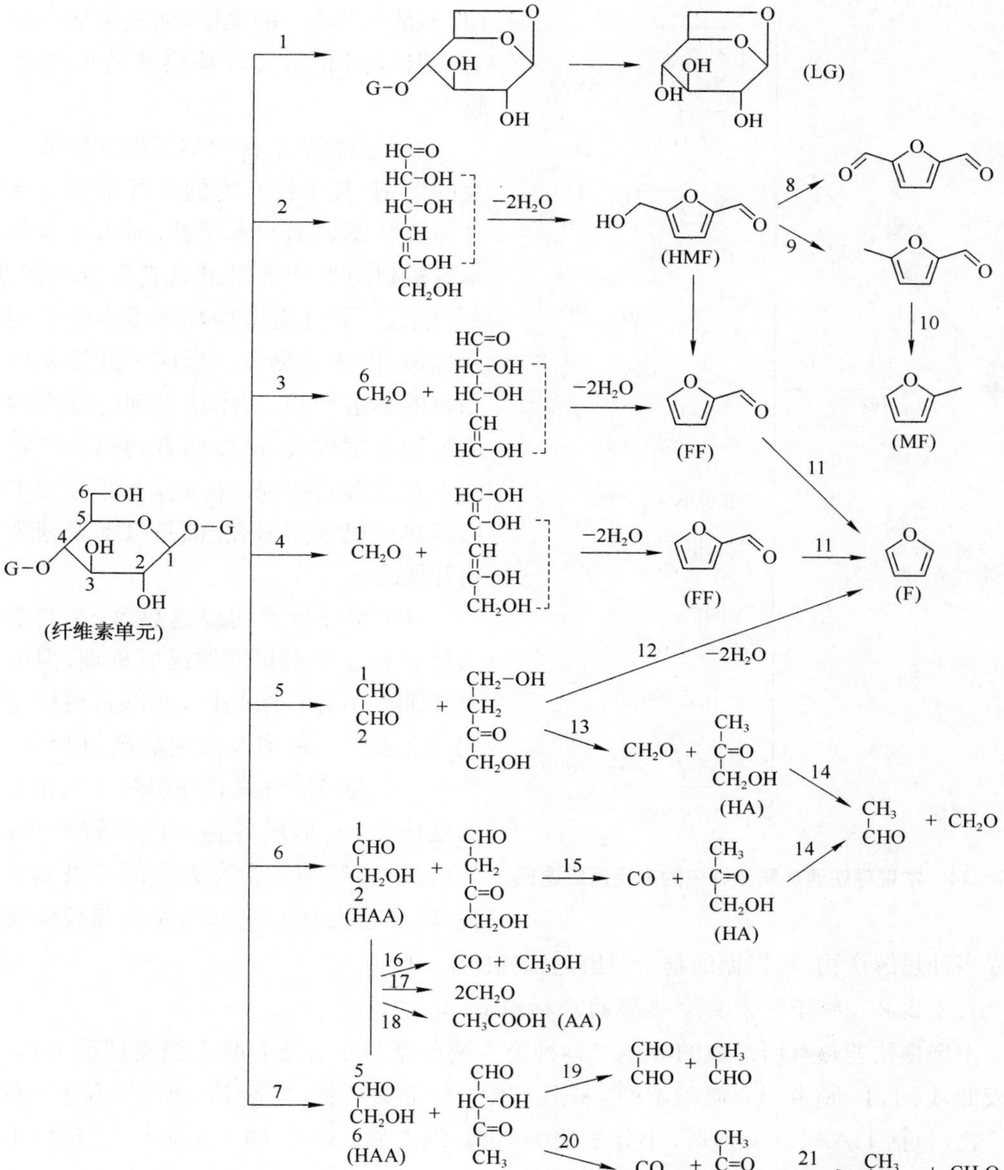

图 7-13 董长青等提出的纤维素快速热解形成主要产物的反应途径

基础之上，基于杨木快速热解的实验结果，进一步提出了纤维素快速热解的反应机理[29]，如图 7-13 所示。

7.2.2 半纤维素快速热解机理

7.2.2.1 半纤维素快速热解机理概述

和纤维素相比，半纤维素在一般生物质原料中的含量较低，而且组成结构较为复杂

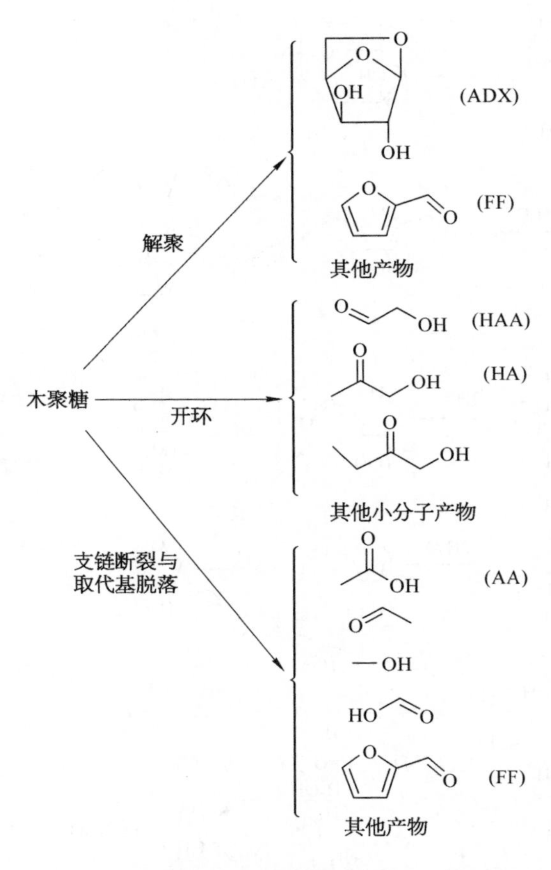

图 7-14　木聚糖快速热解过程中的主要反应途径

(其不是一种均一的聚糖，而是包括一群复合聚糖)，因此前人对其热解特性的研究较少。

不同生物质原料的半纤维素组成有较大的差别，其中针叶木的半纤维素主要成分为葡甘露聚糖和木聚糖，而阔叶木和禾本科植物的半纤维素组成成分为木聚糖。一般来说，葡甘露聚糖和纤维素的结构较为相似，因此其热解会形成和纤维素较为相似的热解产物，而木聚糖和纤维素的组成结构差别较大，所以两者的热解产物之间也有较大的差别。因此，大部分对半纤维素热解机理的研究，都是以木聚糖为原料开展的。

对于半纤维素的快速热解，一般都认为具有和纤维素相似的反应机理；但由于半纤维素不存在结晶区，所以其热稳定性比纤维素差。在中温快速热解过程中，半纤维素也会经历解聚和开裂两大互相竞争的反应途径，形成各种一次热解产物；此外，由于半纤维素含有大量的乙酰基等取代基，还会发生取代基的脱落和裂解反应形成多种热解产物，木聚糖的整个热解过程如图 7-14 所示。

7.2.2.2　半纤维素快速热解的产物组成

木聚糖快速热解所形成的液体产物种类主要包括以下几类：脱水糖及其衍生物，产率较低，以 1,4-脱水-D-吡喃木糖(ADX)为主；呋喃类产物，包括 FF、F 等；小分子醛酮类产物，包括 HAA、HA、A 等；小分子酸类产物，以乙酸(AA)为主；其他产物，包括小分子酯、醇类产物、环戊酮类产物、烃类产物等。在不同的热解条件对木聚糖进行快速热解时，虽然产物种类没有太大的差别，但产物分布的差别却较大，图 7-15 所示的是以桦木木聚糖为原料进行快速热解所获得的典型离子总图，主要热解产物列于表 7-2。对于一些重要的产物，在离子总图上进行了标注。

7.2.2.3　脱水糖衍生物以及呋喃类产物的形成

木聚糖和纤维素快速热解产物分布的最大差别在于，木聚糖不会得到一种主要的解聚产物(类似纤维素解聚形成的 LG)，其根本原因如下：纤维素热解过程中，糖苷键的断裂形成尾部带有自由端的短链，通过与 C6 上游离的伯醇羟基的作用而形成稳定的 1,6-酐，邻近糖苷键进而断裂释放出挥发性的 LG[10]；由于木聚糖缺少一个自由的羟基，其热

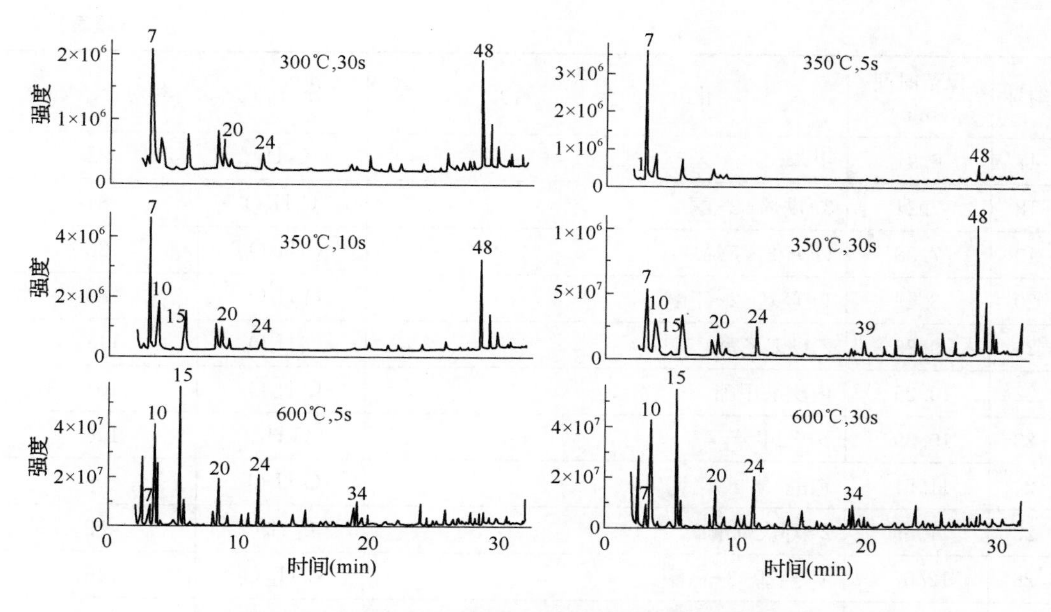

图7-15 木聚糖在不同快速热解条件下产物的离子总图

表7-2 木聚糖快速热解的主要产物组成

编号	保留时间(min)	化 合 物	分子式	相对分子质量
1	2.10	甲醇	CH_4O	32
2	2.15	乙醛	C_2H_4O	44
3	2.42	呋喃	C_4H_4O	68
4	2.48	甲酸	CH_2O_2	46
5	2.52	丙酮	C_3H_6O	58
6	2.55	2-丙烯醛	C_3H_4O	56
7	3.20	乙酸	$C_2H_4O_2$	60
8	3.43	2,3-丁二酮	$C_4H_6O_2$	86
9	3.50	2-丁酮	C_4H_6O	70
10	3.60	羟基乙醛	$C_2H_4O_2$	60
11	3.75	3-戊酮	$C_5H_{10}O$	86
12	4.06	1,2-丙二醇	$C_3H_8O_2$	76
13	4.95	丙酸	$C_3H_6O_2$	74
14	5.05	2-丁烯醛	C_4H_6O	70
15	5.52	1-羟基-2-丙酮	$C_3H_6O_2$	74
16	6.60	2,3-羟基丙醛	$C_3H_6O_3$	90

（续表）

编号	保留时间(min)	化　合　物	分子式	相对分子质量
17	6.91	甲苯	C_7H_8	92
18	7.24	3-戊烯-2-酮	C_5H_8O	84
19	7.38	(E)-2-丁烯	$C_4H_6O_2$	86
20	8.49	1-羟基-2-丁酮	$C_4H_8O_2$	88
21	9.23	乙酸基乙酸	$C_4H_6O_4$	118
22	10.25	丙酮酸甲酯	$C_4H_6O_3$	102
23	10.39	*p*-二甲苯	C_8H_{10}	106
24	11.51	糠醛	$C_5H_4O_2$	96
25	11.89	2-环戊烯酮	C_5H_6O	82
26	12.57	4-羟基-3-己酮	$C_6H_{12}O_2$	116
27	13.10	1-乙酰氧基-2-丙酮	$C_5H_8O_3$	116
28	13.90	2-氧代丁酸甲酯	$C_5H_8O_3$	116
29	14.13	2-甲基环戊烯酮	C_6H_8O	96
30	16.33	苯酚	C_6H_6O	94
31	17.32	3-甲基-2-环戊烯酮	C_6H_8O	96
32	17.62	3,4-二甲基-2-环戊烯酮	$C_7H_{10}O$	110
33	18.33	2H,3H-吡喃-2,6-二酮	$C_5H_4O_3$	112
34	19.07	2-羟基-3-甲基-2-环戊烯酮	$C_6H_8O_2$	112
35	19.28	2-甲基苯酚	C_7H_8O	108
36	19.40	2-羟基-3,4-二甲基-2-环戊烯-1-酮	$C_7H_{10}O_2$	126
37	19.57	2,3-二甲基-2-环戊烯酮	$C_7H_{10}O$	110
38	19.72	2,3,4-三甲基环戊烯酮	$C_8H_{12}O$	124
39	19.92	3-羟基-2(3H)-呋喃酮	$C_4H_6O_3$	102
40	20.19	4-甲基苯酚	C_7H_8O	108
41	21.39	3-乙基-2-羟基-2-环戊烯酮	$C_7H_{10}O_2$	126
42	21.72	3,5-二甲基-2-环己烯酮	$C_8H_{12}O$	124
43	22.35	3-乙基-2-羟基-2-环戊烯酮	$C_7H_{10}O_2$	126
44	22.90	3,4-二甲基苯酚	$C_8H_{10}O$	122
45	24.43	2,3-二羟基苯甲醛	$C_7H_6O_3$	138
46	25.22	5-乙酰基二氢-2(3H)-呋喃酮	$C_6H_8O_3$	128

（续表）

编号	保留时间(min)	化合物	分子式	相对分子质量
47	28.15	4-羟基苯甲醛	$C_7H_6O_2$	122
48	28.52	1,4-脱水-α-D-吡喃木糖	$C_5H_8O_4$	132
49	28.78	2-甲基-1,4-苯二酚	$C_7H_8O_2$	124
50	30.55	2-羟基-5-甲基-1,3-苯二甲醛	$C_9H_8O_3$	164
51	31.97	3,4-二氢-6-羟基-2H-1-苯并吡喃-2-酮	$C_9H_8O_3$	164

解过程中形成的木糖吡喃糖分子很难通过分子内酐键的形成而稳定下来，只有通过其他木糖分子贡献的羟基而形成稳定的物质(转糖苷作用)，总的来说，木聚糖热解过程中形成的木糖吡喃糖分子倾向于发生多步脱水反应而最终形成焦炭[30]。

木聚糖在热解过程中，当其一侧的糖苷键断裂后，所得到的木糖吡喃糖分子不能通过分子内酐键的形成而稳定，一般只能通过其他木糖分子贡献的羟基而形成稳定的物质(转糖苷作用)[30-32]；但是如果另一侧的糖苷键也同时断裂，则就能够通过分子内的酐键(1,4-酐键)的形成而释放出单体而得到ADX。ADX是木聚糖最重要的解聚产物[30,33-36]，很明显ADX的形成比纤维素解聚形成LG的条件要苛刻得多。此外，1,4-酐键的形成比1,6-酐键需要更高的活化能，而且1,4-酐键的稳定性还较差。所有这些因素都导致了ADX无法像LG一样成为一种绝对主要的热解产物，而且随着热解温度的提高，木聚糖热解形成ADX的途径明显不如其他反应途径具有竞争性，导致在较高温度下，ADX的产率很低。

除ADX等脱水糖类产物外，木聚糖的快速热解也形成了多种呋喃类产物，以FF为主，其生成特性和纤维素热解形成FF相似。前人通过对木聚糖热解形成FF的机理研究，证实了FF也是经由吡喃环开环后，C2和C5形成缩醛结构，最终经脱水重整形成FF，和纤维素热解形成HMF的机理类似[37]。值得注意的是，当热解温度较高时，ADX在热解产物中的相对含量已经很低了，此时木聚糖所有解聚产物中，只有FF的相对含量还较高，所以在一些学者的研究中，一般都把FF作为木聚糖的典型解聚产物。

7.2.2.4 小分子物质的形成

木聚糖热解开环形成的小分子醛酮类产物，主要包括HAA、HA和1-羟基-2-丁酮。与纤维素热解开环反应类似，木聚糖热解开环形成这三种产物，也应该具有多条形成途径。

此外，木聚糖在C2或C3的位置一般都含有较多的*O*-乙酰基以及4-*O*-甲基-α-D-葡糖醛酸基取代基，这些取代基的脱落会形成多种热解产物：*O*-乙酰基的脱落会形成AA(这也是生物质热解过程中AA的主要来源)、乙酰基的脱落形成乙醛；4-*O*-甲基-α-D-葡萄糖醛酸基脱落并热解形成的产物包括：*O*-甲基的脱落则形成了甲醇、羧基的脱落就形成了甲酸、剩余糖基的热解则会形成FF等多种产物。

7.2.2.5 木聚糖快速热解的整体反应途径

基于纤维素快速热解的实验结果，Shen 和 Gu 综合前人的研究，提出了木聚糖快速热解过程中形成主要产物的具体反应途径[32]，如图 7－16 所示。之后，董长青等在前人研究基础之上，基于杨木快速热解的实验结果，进一步提出了木聚糖快速热解的反应机理[29]，如图 7－17 所示。

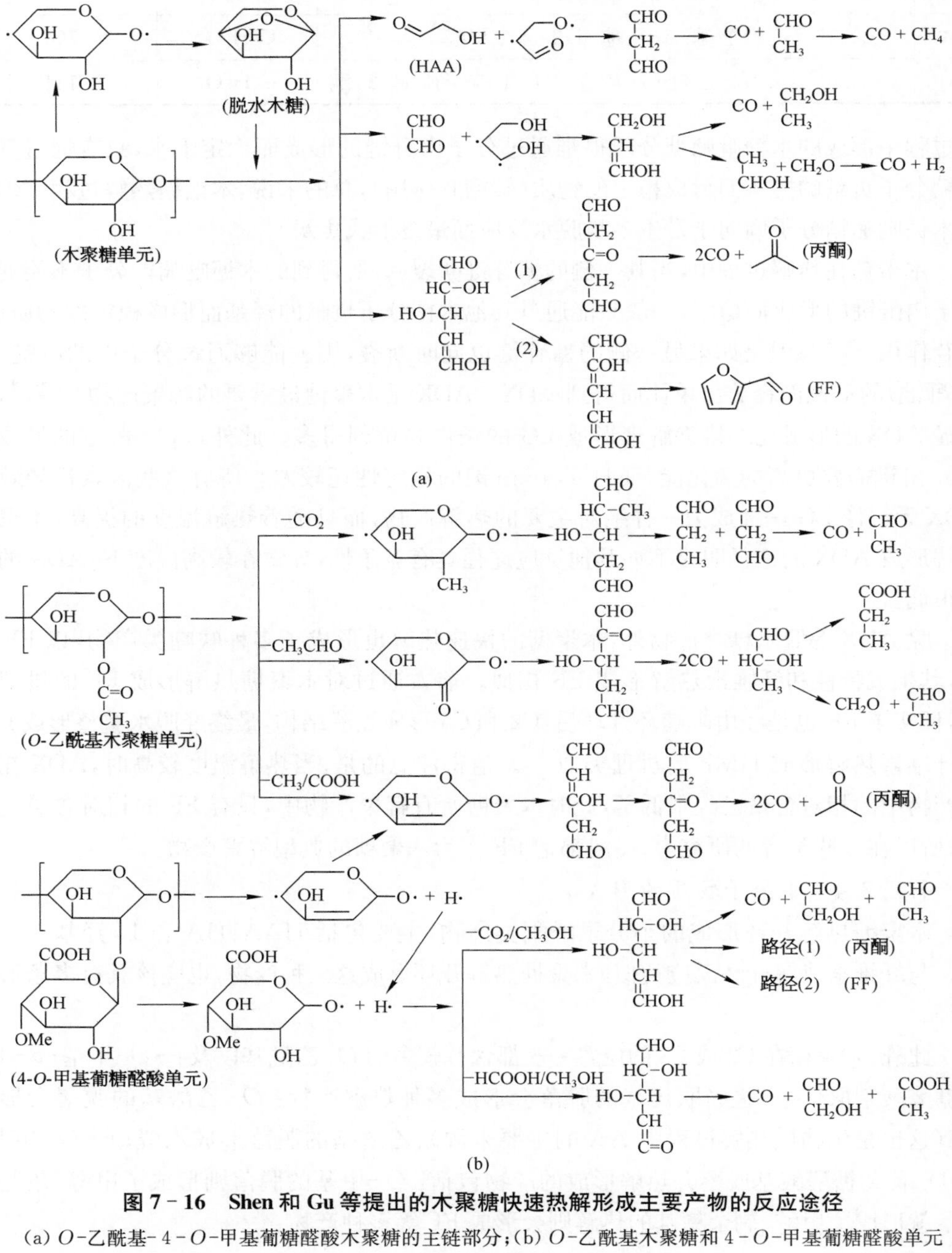

(a)

(b)

图 7－16 Shen 和 Gu 等提出的木聚糖快速热解形成主要产物的反应途径

(a) O-乙酰基-4-O-甲基葡糖醛酸木聚糖的主链部分；(b) O-乙酰基木聚糖和 4-O-甲基葡糖醛酸单元

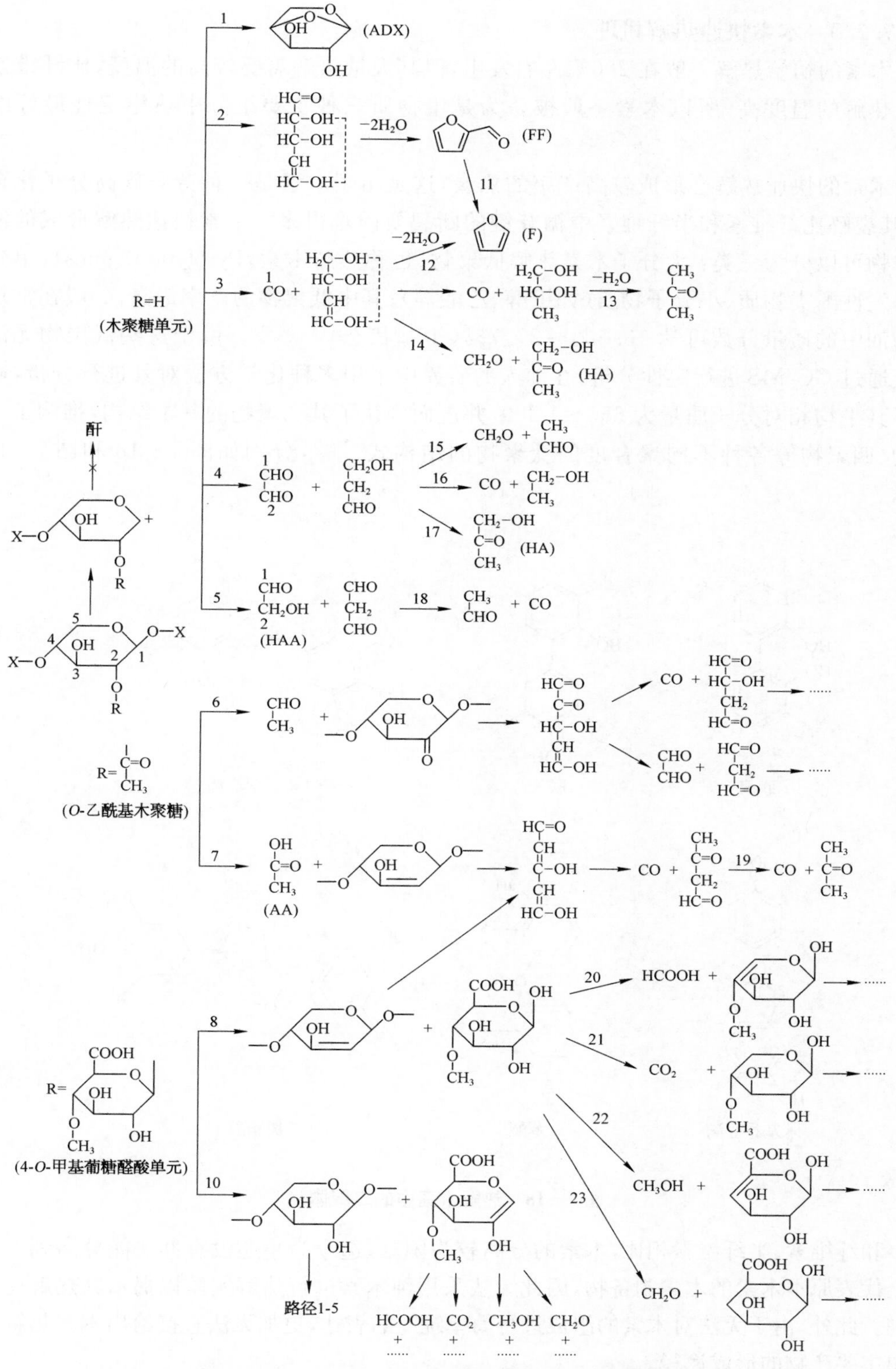

图 7－17　董长青等提出的木聚糖快速热解形成主要产物的反应途径

7.2.3 木素快速热解机理

木素的初始热解一般在200℃左右发生，但其大量热解需要较高的温度，比纤维素大量热解的温度高，所以木素一般被认为是生物质三种主要组分中热稳定性最好的组分。

木素的快速热解会形成较高产率的焦炭，这是由于木素是一种芳香族高分子化合物，其裂解比纤维素和半纤维素中糖苷键的断裂要困难得多。木素快速热解形成的液体产物可以分为三类：大分子木素热解低聚物（也称热解木素，Pyrolytic Lignins）、单分子挥发性酚类物质、小分子物质（如甲醇、乙酸等）；其中低聚物的产率最高，一般在常规生物油中的质量分数可达13.5%～27.7%（干基状态）[31,38-40]。由于这些低聚物无法直接通过GC/MS进行定性分析，在前人的研究中采用多种化学方法对其进行分析，确定了其平均相对分子质量为650～1 300，并进而确认了其二聚物的基本结构，推测了三聚物、四聚物等各种不同聚合度的低聚物的结构式[41-44]，分别如图7-18和图7-19所示。

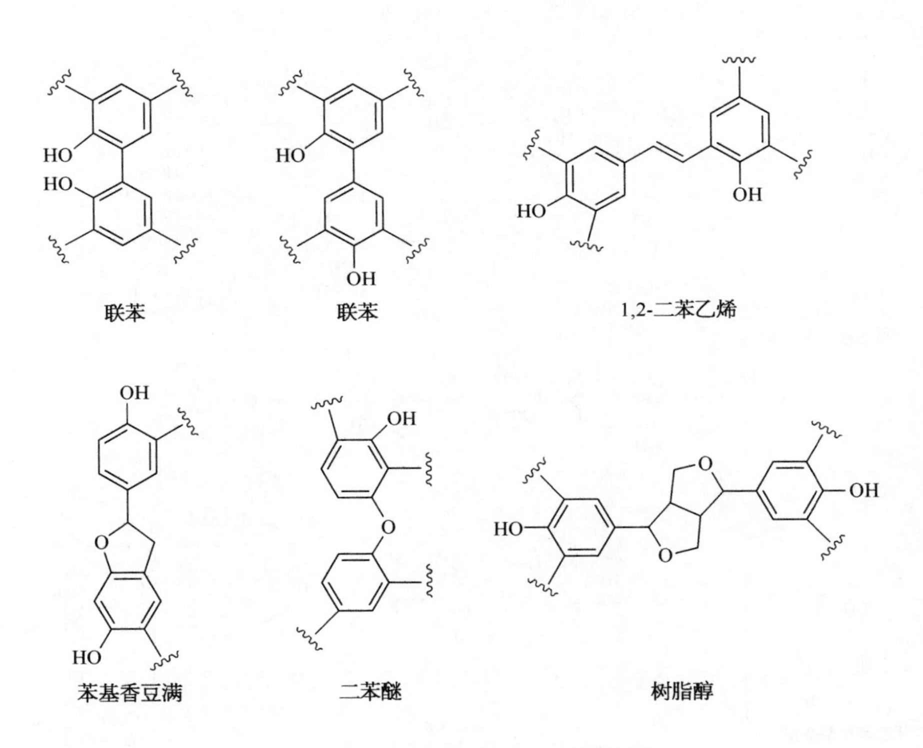

图7-18 热解木素中的二聚体

和纤维素、半纤维素相比，木素的分离较为困难，迄今为止还没有办法能分离到一种完全代表原本木素的木素制备物，因此无法采用纯木素进行热解实验以揭示其热解反应机理。此外，由于无法对木素的组成进行简单统一的表达，更加无法直接给出木素热解过程中主要产物的形成途径。

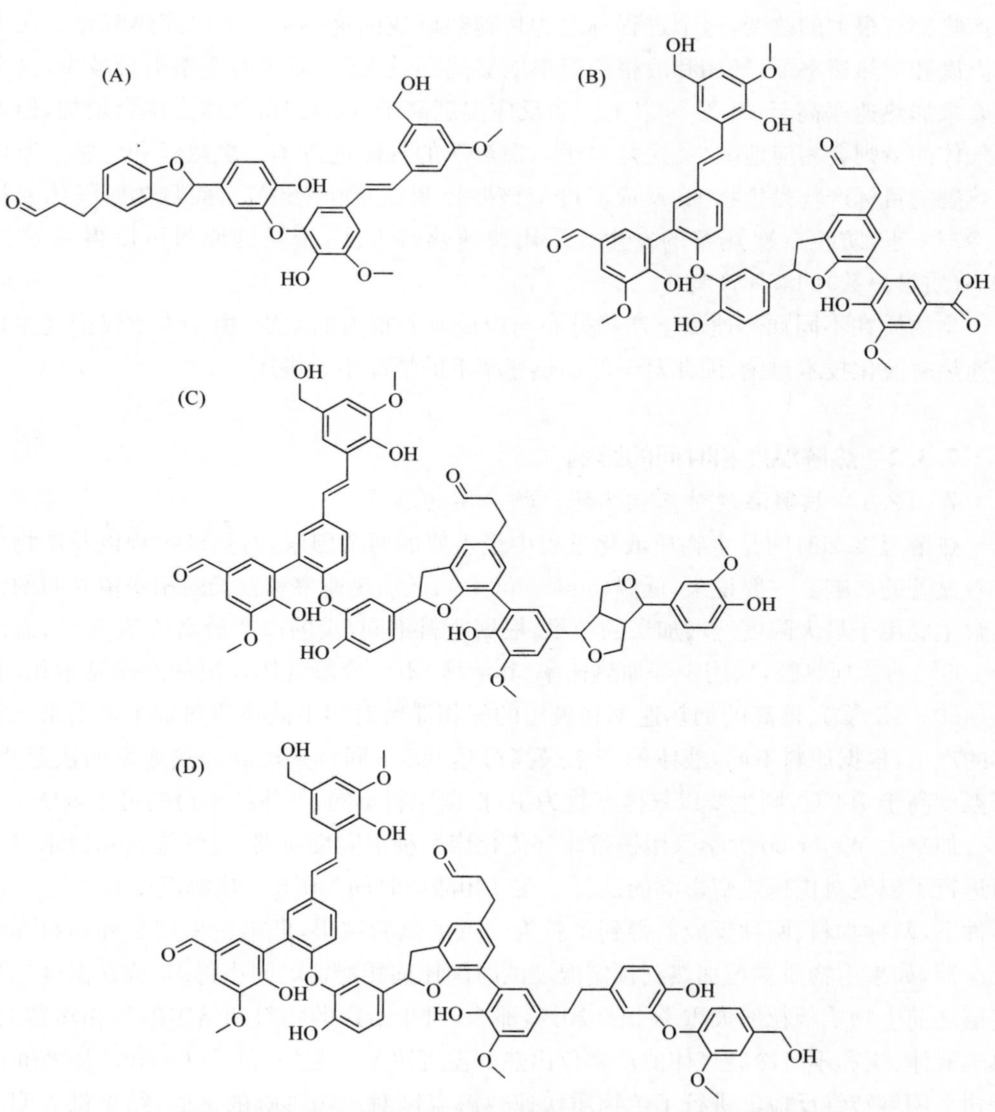

图7-19　热解木素中的四聚体(A)、六聚体(B)、七聚体(C)和八聚体(D)

7.3　生物质热解液化的主要影响因素

7.3.1　加热速率的影响

传统的热解方法已经被沿用了几个世纪,如制取木炭和木醋液等。传统热解的特征通常是很慢的加热速率(0.01～2℃/s)、相对较低的反应温度(<500℃)和相对较长的固相和气相滞留时间(气相>5 s,固相长达几分钟甚至几天),原料在这样的条件下经历慢速降解以及二次裂解和聚合,从而形成在产率上基本相等的炭、液体和气体三种产物。

提高加热速率,热解反应途径和反应速率都会发生改变,并进而导致固相、液相和气相产物都有很大的改变，这个过程称之为快速热解或闪速热解[2]。快速热解导致在不同的温度和加热速率下，气相和液相的产率能够达到最大值，而炭的产率则会减少，这个过程要求加热速率高至 10^3℃/s 以上。当反应温度高于 650℃时，气体产率会增加，但可冷凝气体的量则会相应地减少，这是由于一次热解的气体进行了二次热解和重整。所以如果热解的目标产物是生物油，反应温度应该要控制在 400～600℃，而且热解气体要快速的冷却下来，防止二次热解的发生。采用快速热解方法，干燥的原料可以得到 60%～80%（质量分数）的液体产物。

生物质在不同加热速率下产物分布与组成有着很大的差别，由于本章仅围绕生物质快速热解液化技术讨论，因此对于低加热速率下的情况不予讲述。

7.3.2 热解温度和时间的影响

7.3.2.1 热解温度对三相热解产物产率的影响

热解温度和时间是生物质液化过程中最重要的两个因素，对热解过程以及产物分布有着显著的影响。一般说来，低温（300～400℃）、低加热速率和较长固相滞留时间的慢速热解主要用于最大限度地增加炭的产量，根据原料不同，炭的产率最高可达 70%；温度小于 600℃的常规热解，采用中等加热速率，其液体、不可冷凝气体及炭的产率基本相同；中温（450～550℃）、极高的加热速率和极短的气相滞留时间下的快速热解主要用来增加液体的产量，根据原料不同，液体的产率最高可达 80%；同样是极高加热速率的快速热解，若温度高于 700℃，则主要以气体产物为主，根据原料不同，气体产率最高可达 80%。

加拿大 Waterloo 大学采用携带床和流化床两种不同反应器，以纤维素和枫木屑为原料进行了温度对快速热解影响的试验。在气相滞留时间为0.5 s、热解温度为 450～900℃条件下，两种物料、两种反应器得到了较为一致的试验结果，即不论采用哪种物料和哪种反应器，如果生物质颗粒加热到预定温度的时间比固相滞留时间小得多，或在温度达到预定值之前生物质颗粒的失重率小于 10%，那么，对于给定的物料和给定的气相滞留时间，热解液体、炭和不可冷凝气体的产率仅由热解温度决定。此外，荷兰 Twente 大学和 BTG 公司采用旋转锥反应器进行了生物质快速热解温度对产物影响的试验，结果都表明随着热解温度的提高，炭的产率将减少、不可冷凝气体的产率将增大，而生物油的产率则有一个明显的极值点，当热解温度为 500℃左右时，生物油的产率达到最大。国内中国科学技术大学生物质洁净能源实验室采用快速流化床反应器进行的实验，也获得了与上述一致的研究结果；采用四种典型的生物质原料进行快速热解液化实验的结果如图 7－20 所示：即不论采用哪种物料，生物油的产率随温度变化都有一个明显的极值点，且不同原料获得最大生物油产率的最佳温度均在 450～550℃。

由于反应器温度会影响液体产物的化学组成，所以液体中的 H/C 比例和氧含量都会受到影响。氧含量是评价任何液体燃料品位高低的标准之一，氧含量越低，燃料的热值就越高。由于一次热解产物的氧含量很高，所以这种液体燃料就是一种低品位的燃料，必须经过精制才可将之用作柴油和汽油的替代燃料。当温度高于 450℃时，H/C 和

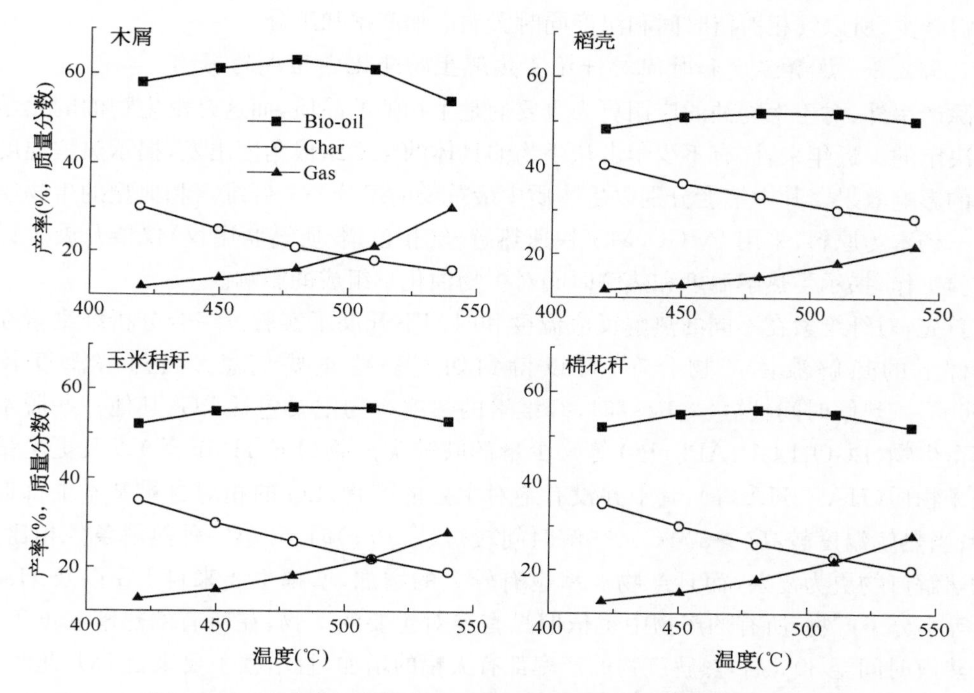

图7-20　四种典型生物质原料的热解产物产率与热解温度的关系

O/C的比例会下降。这表示在高温下一次热解产物发生二次热解或三次热解(如缩合反应和聚合反应等)，从而将含氧有机蒸气转变为氧含量少和热稳定性好的有机物(如苯和萘等)。

值得注意的是，对于热解过程中的温度，必须严格区分颗粒温度与反应器温度，二者是不同的，这主要是由传递到颗粒表面的传热速率(对流、传导和辐射)、传递到颗粒内部的传热速率(传导)、挥发分的释放带走的热量以及反应热的不同所引起的。对于特定的颗粒，颗粒的温度、加热速率和反应速率都会受到热量传递或化学动力学的影响。

7.3.2.2　*热解时间对三相热解产物产率的影响*

在生物质快速热解过程中，会先后发生众多系列化的反应：固体颗粒的逐级热解、一次热解挥发分的二次裂解等；反应时间对热解反应的程度有着很大的影响。为使热解生物油的产率达到最大，热解过程中产生的挥发分和固体焦炭都应迅速离开反应器，以阻止可冷凝气体裂解反应的发生，尤其是挥发分在反应器内的滞留时间越短越好。

荷兰BTG又进一步研究发现，虽然气相滞留时间的长短对生物质快速热解产物尤其是生物油的产率有很大影响，但只要气相滞留时间能够控制在2 s以内，其影响程度不足以作为热解液化装置设计的首要评价指标，即不应过分追求短的气相滞留时间而不考虑热解反应器的制作难度。中国科学技术大学生物质洁净能源实验室的试验结果也表明，只要将气相滞留时间控制在2 s以内，其对生物油产率和组成的影响与温度的影响相比可以忽略不计。

气相滞留时间也会影响生物油的氧含量和H/C比例，因为滞留时间越短，二次热解发生得越少，所以气相滞留时间和温度同时影响产物产率和组分。

7.3.2.3　热解温度和时间对纤维素热解生物油化学组成的影响

除产率外，对于生物油的应用更为重要的是生物油的品质，而这是由生物油的化学组成所决定的。近年来，已有不少学者从生物油具体的化学组成角度出发，揭示热解温度和时间的影响效果。其中笔者分别以生物质中最重要的组分——纤维素和典型的生物质代表——杨木为原料，采用 Py-GC/MS（快速热解-气相色谱-质谱联用仪）仪器开展了详细的实验工作，揭示了热解温度和热解时间对生物油化学组成的影响。

首先，对纤维素在不同的热解反应温度和时间下开展了实验。综合分析纤维素在不同条件下的热解液体产物分布，可以得到如下一些重要信息：当热解温度较低（<500℃）、热解时间较短（≤10 s）时，纤维素的热解产物主要包括 LG、其他一些脱水糖及其衍生物（LGO、DGP、APP、PO 等）、少量的呋喃类产物（FF、HMF 等）以及更少量的小分子物质（HAA、HA 等），其中并没有绝对主要的产物，LG 的相对含量基本上都低于 30%；当热解温度较高（>500℃）、热解时间较短（≤10 s）时，和第一种热解条件相比，此时的热解产物更为复杂，而且产物产率也有较大的增加，增幅主要来自 LG 以及 HAA、HA 等小分子产物，所有的产物中也依旧没有绝对主要的产物；在所有的热解温度下，当延长热解时间至 30 s 后，热解产物的产率都有大幅的增加，且增幅主要来自 LG，此时 LG 成为绝对主要的产物，相对含量一般在 50%或 60%以上，继续延长热解，热解产物的总产率不再增加，说明 30 s 的热解时间已经足够挥发性热解产物的形成。

表 7-3 给出了纤维素在不同热解温度和时间下的产物分布，由此可知，纤维素在较高温度下充分热解时（较长的热解时间），热解产物以 LG 和 HAA 为主。但是除此之外，纤维素的快速热解还有很多显著的特性，比如在较低温度下纤维素热解初期（较短的热解时间）会形成较多的 LGO 和 DGP 等脱水糖衍生物。

表 7-3　纤维素在不同热解温度和时间下的产物分布（相对峰面积含量）

温度(℃)	时间(s)	脱水糖及其衍生物	呋喃	链状醛	链状酮	其他
400	30	83.7	7.1	0.9	0.0	0.4
450	5	77.3	11.9	2.4	0.0	0.0
	10	58.3	16.8	4.5	0.7	1.3
	30	63.8	12.6	3.8	0.9	1.2
500	5	54.8	19.2	4.4	1.1	2.0
	10	50.2	16.8	7.8	1.9	2.1
	30	72.1	12.1	4.0	1.3	1.6
550	5	41.5	21.8	7.2	1.9	2.8
	10	43.2	20.6	8.6	3.2	5.6
	30	69.8	12.3	4.4	1.6	2.2

（续表）

温度(℃)	时间(s)	脱水糖及其衍生物	呋喃	链状醛	链状酮	其他
600	5	39.3	22.1	10.3	2.9	4.5
	10	44.8	18.6	8.9	4.6	5.9
	30	69.2	10.5	5.3	2.7	4.1
700	5	44.3	16.9	9.1	4.7	6.3
	10	52.1	14.6	7.8	4.6	6.2
	30	64.0	10.9	6.2	3.6	5.4

由于纤维素热解生物油的化学组成极为复杂(表7-1),因此只能对生物油中的一些重要物质进行详细的分析和讨论,主要包括两种脱水糖产物(LG和AGF)、七种脱水糖衍生物(LGO、DGP、APP、LAC、PO、HM和AM)、三种呋喃类产物(F、FF和HMF)以及六种小分子物质(HAA、HA、A、AA、MP和DHA);图7-21至图7-24给出了这些产物在不同热解温度和热解时间下的产率及其相对含量的变化(图中各物质峰面积绝对值的变化代表其产率的变化,峰面积相对含量的变化代表其含量的变化)。

纤维素热解过程中通过解聚形成的LG和AGF的生成特性如图7-21所示。LG的产率随着热解时间的延长而增加,说明它在整个热解过程(30 s)中都在形成;对于AGF,在450℃和500℃下热解5 s后没有检测到,说明其生成时间和LG相比较晚。另外,这两种脱水糖的产率随着热解温度的提高都增加,说明高温有利于它们的形成,其中温度的提高对AGF产率的增加更为显著。

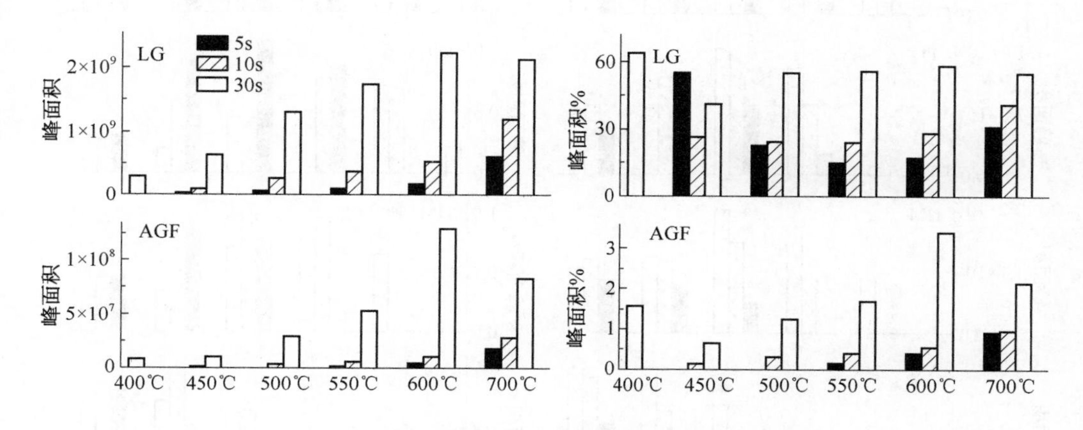

图7-21　热解温度和时间对LG和AGF的影响

纤维素热解解聚过程中所形成的七种脱水糖衍生物的生成特性如图7-22所示。LGO作为最重要的一种脱水糖衍生物,其生成特性可以概括为如下:当热解温度较低时(<500℃),LGO的产率随着热解时间的延长而增加,但当热解温度超过500℃,LGO主要在前5 s的热解时间内形成,继续延长热解时间,LGO的产率仅有少量增加

或基本保持不变，这一现象说明 LGO 是纤维素热解初期（较短的热解时间）形成的一种产物，在热解后期很少形成；正是由于 LGO 主要在纤维素热解初期形成，当在 450℃和 500℃下热解 5 s 时，LGO 的相对含量可高达 12.6%和 12.4%，然而随着热解时间的延长，其他热解产物大幅形成，导致 LGO 的相对含量大幅下降；LGO 的最高产率在 450℃时获得，之后随着热解温度提高，LGO 的产率越来越低，说明较低的反应温度有利于 LGO 的形成。

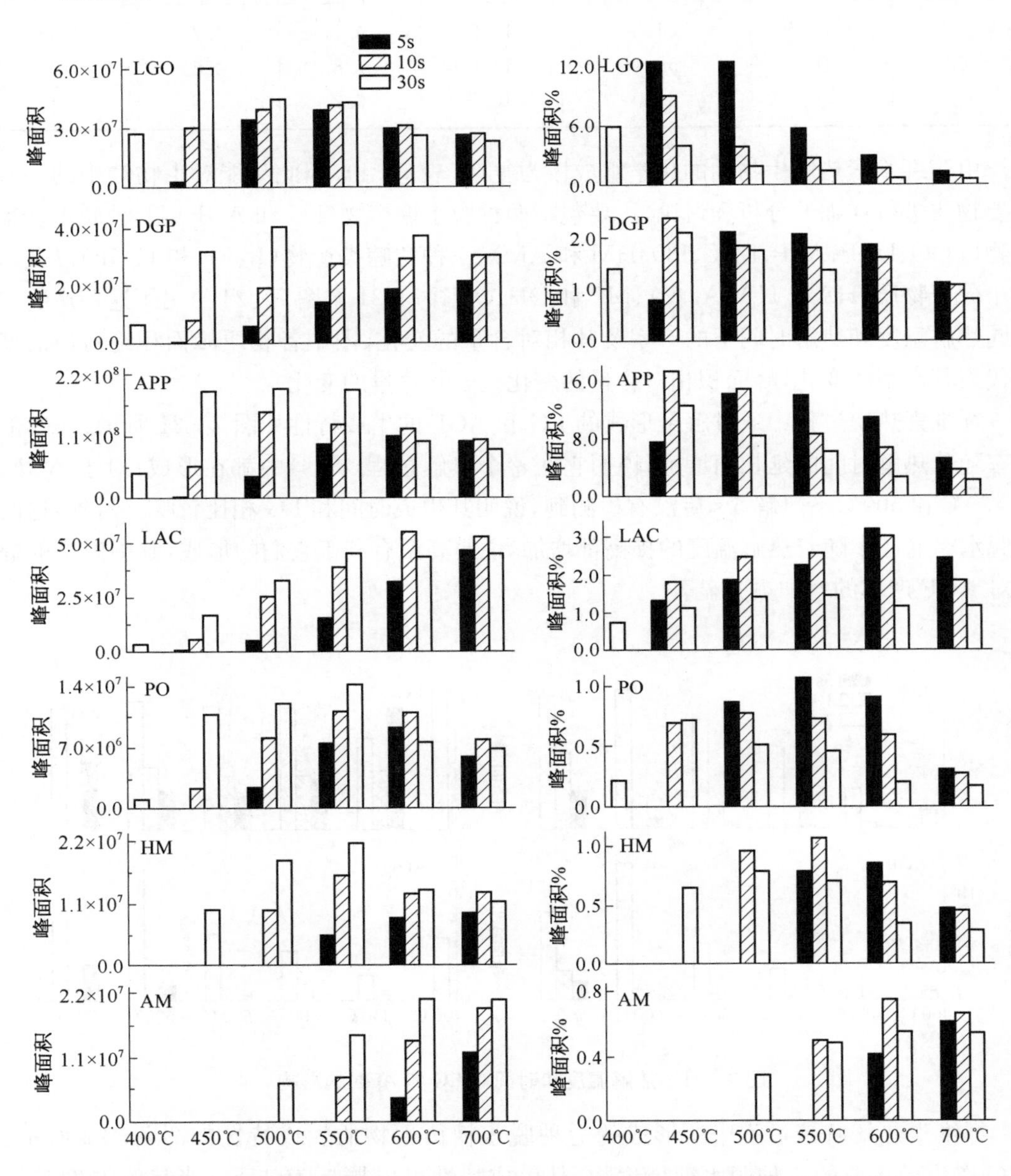

图 7 - 22　热解温度和时间对 LGO、DGP、APP、LAC、PO、HM 和 AM 的影响

从图 7 - 22 还可以看出：DGP 、APP、HM 和 PO 这四种脱水糖衍生物的生成特性，

和LGO有一相似的地方——它们都是在550℃获得最大的产率，提高热解温度反而会抑制它们的形成；然而，它们的产率随着热解时间的延长会有明显的增加，说明它们不仅仅是在热解初期形成的。LAC和AM的产率都是随着热解温度的提高以及热解时间的延长而增加，说明较为充分的热解条件有利于它们的形成。LGO、DGP、APP、PO和LAC基本上是在所有热解条件下都能检测到，而HM仅在450℃热解30 s或者500℃下热解10 s后才首次检测到，AM仅在500℃热解30 s或者550℃下热解10 s后才首次检测到，说明在纤维素热解过程中，HM和AM的形成时间较晚。

由此可以看出，这七种具有代表性的脱水糖衍生物，都有着各自独特的生成特性，这是和它们的生成途径息息相关的(7.2.1.3节)。

纤维素热解解聚过程中，吡喃环开环后经缩醛过程形成呋喃环结构，进而生成各种呋喃类产物，其中以FF和HMF为主，还有少量的F等产物；F、FF和HMF这三种呋喃类产物的生成特性如图7－23所示。总的来说，这三种产物生成的先后顺序依次为FF>HMF>F；它们的产率都是随着热解温度的提高而增加，其中FF和HMF的产率在550℃之前有显著增加，之后仅有少量增加；而F的产率在600℃之前的增幅不大，从600℃提高到700℃后有显著增加，说明高温能够促进F的形成。

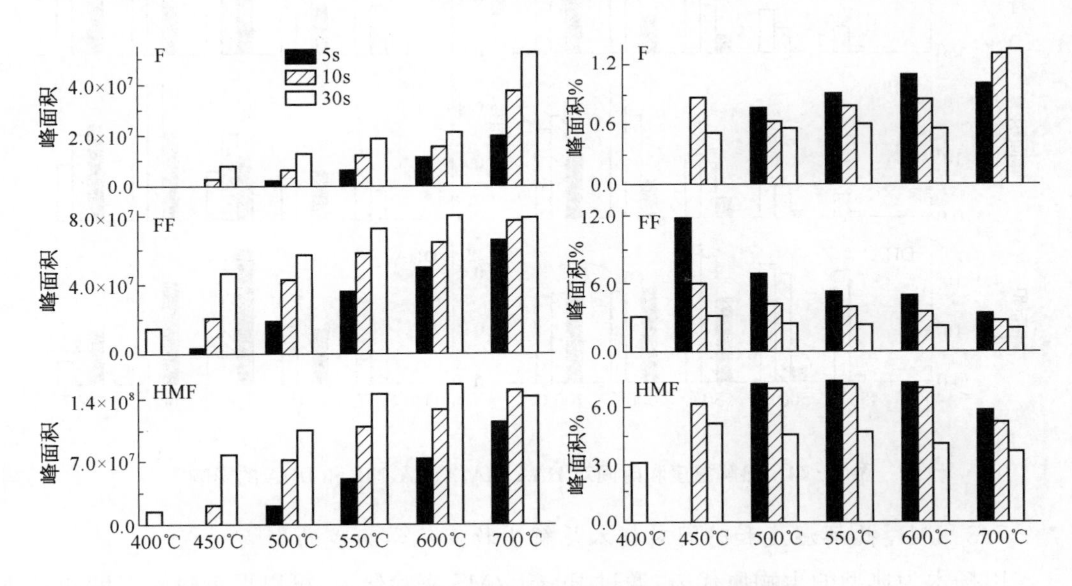

图7－23 热解温度和时间对F、FF和HMF的影响

纤维素热解过程中，吡喃环的开裂以及环内C—C键的断裂会形成大量的HAA，一定量的HA以及少量的A、AA、MP和DHA等以羰基类产物为主的小分子物质，不同热解条件对它们的影响如图7－24所示。首先，这六种小分子物质的最初生成时间顺序为HAA>HA，AA，MP，DHA>A；其次，除DHA外，其他五种物质的产率都是随着热解时间的延长以及热解温度的提高而增加，只有DHA是在550℃下就获得了最大的产率。

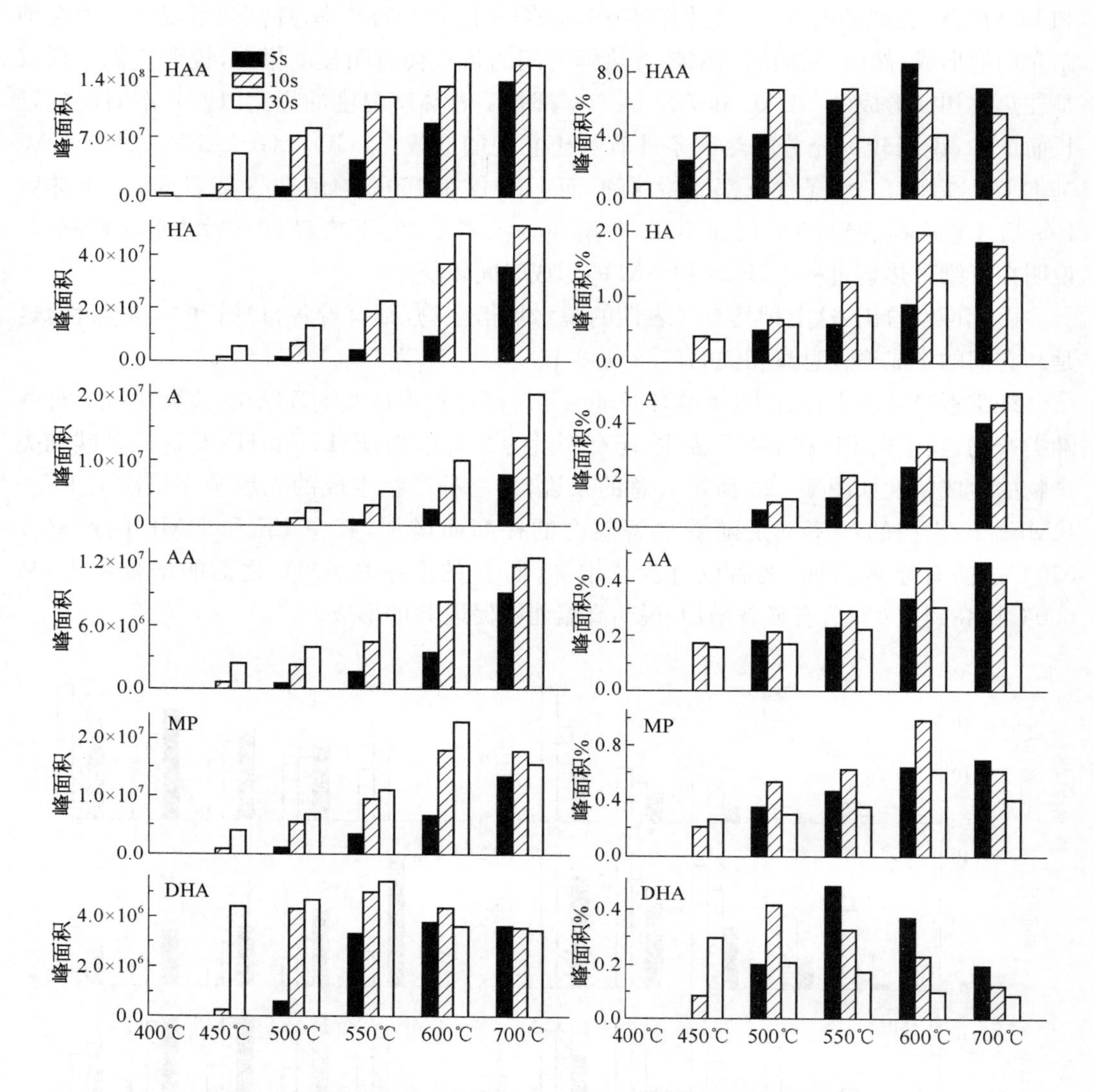

图 7-24 热解温度和时间对 HAA、HA、A、AA、MP 和 DHA 的影响

7.3.2.4 热解温度和时间对杨木热解生物油化学组成的影响

以杨木为典型的生物质代表，通过 Py-GC/MS 实验研究，可以揭示热解温度和时间对杨木热解生物油中具体产物的影响。

将 GC/MS 检测到的产物分为 8 类，包括脱水糖、呋喃类、小分子醛（链状物质）、小分子酮、小分子酸、酚类、烃类和其他（醇类、脂类和环戊酮），各类物质的相对峰面积值列于表 7-4。从表中可以看出，酸类和脱水糖类物质的最高相对含量分别出现在低温和中温热解段，小分子酮类和烃类物质的最高相对含量则出现在高温热解段，而呋喃类、小分子醛和酚类物质的相对含量受温度的影响不大。针对每一类产物，以其中的重要物质为主，重点讨论其生成特性。

表 7－4　不同热解条件下的热解产物成分(相对峰面积含量)

温度(℃)	时间(s)	脱水糖	呋喃类	醛类	酮类	酸类	酚类	烃类	其他
350	5	2.9	6.9	14.4	2.0	18.0	29.3	1.3	3.0
	10	3.5	6.4	12.9	2.5	17.3	31.6	1.2	3.2
	20	3.6	7.4	12.6	2.9	17.6	31.3	1.2	3.2
	30	3.2	8.6	11.7	2.8	20.6	28.1	1.3	3.2
400	5	4.1	6.1	10.4	3.0	21.0	31.7	0.8	7.1
	10	4.5	6.2	10.4	3.4	20.9	29.9	0.8	7.6
	20	4.2	5.9	10.5	3.1	22.6	28.8	0.5	7.5
	30	4.3	5.9	10.6	3.1	22.5	28.4	0.5	7.7
450	5	5.1	6.3	11.9	3.3	19.8	29.1	0.9	7.4
	10	5.6	5.7	11.3	4.5	19.9	29.4	0.7	6.5
	20	6.0	5.8	13.8	5.1	18.2	27.5	0.6	7.1
	30	6.1	6.2	14.5	5.2	17.7	25.2	0.6	7.4
500	5	6.0	6.4	15.4	6.1	15.3	26.3	0.7	7.9
	10	7.2	7.4	16.0	6.9	13.0	24.1	0.6	8.9
	20	10.0	6.7	16.4	7.5	12.5	22.7	0.6	8.6
	30	9.4	7.6	16.4	7.2	12.4	22.2	0.5	8.8
550	5	9.3	7.2	13.2	7.4	12.4	25.0	0.6	9.6
	10	9.8	7.4	13.3	7.6	12.6	25.5	0.6	9.4
	20	10.2	7.1	12.9	7.9	12.5	25.3	0.6	9.3
	30	10.0	7.3	13.0	7.5	12.4	24.4	0.6	9.2
600	5	8.3	6.1	12.6	8.5	12.5	26.8	0.7	9.1
	10	9.0	6.3	12.2	8.4	12.7	26.0	0.7	9.5
	20	9.8	6.3	12.5	8.8	12.9	26.3	0.8	8.9
	30	9.1	6.9	12.8	8.5	13.1	25.7	0.9	9.1
700	5	9.4	5.9	13.0	9.8	12.6	26.3	1.2	8.8
	10	8.7	6.0	13.0	9.7	13.9	25.6	1.2	8.6
	20	8.5	6.2	13.8	10.8	13.4	26.9	1.2	9.1
800	5	8.9	5.6	15.4	10.4	13.1	24.9	1.8	8.2
	10	8.8	5.8	15.2	10.1	13.9	24.2	1.9	8.4
	20	8.0	4.9	14.4	11.8	13.4	26.7	2.2	8.6
900	5	7.6	5.2	16.1	11.1	12.9	24.3	3.3	8.4
	10	7.2	5.3	15.7	10.7	14.0	24.6	3.6	8.5
	20	6.7	4.8	14.9	12.3	14.0	25.5	3.7	8.7
1 000	5	7.4	5.0	16.3	10.9	12.9	25.0	4.3	8.2
	10	7.0	5.3	15.5	10.8	13.3	24.6	5.0	8.7
	20	6.3	4.6	15.0	12.1	13.9	25.8	4.8	7.5

热解反应条件对 LG 的影响如图 7-25 所示，可以看出，LG 的产率和相对含量都是随温度先增后减，其中产率在 550～600℃时达到最大值，而相对含量也是在 550℃达到最大值。

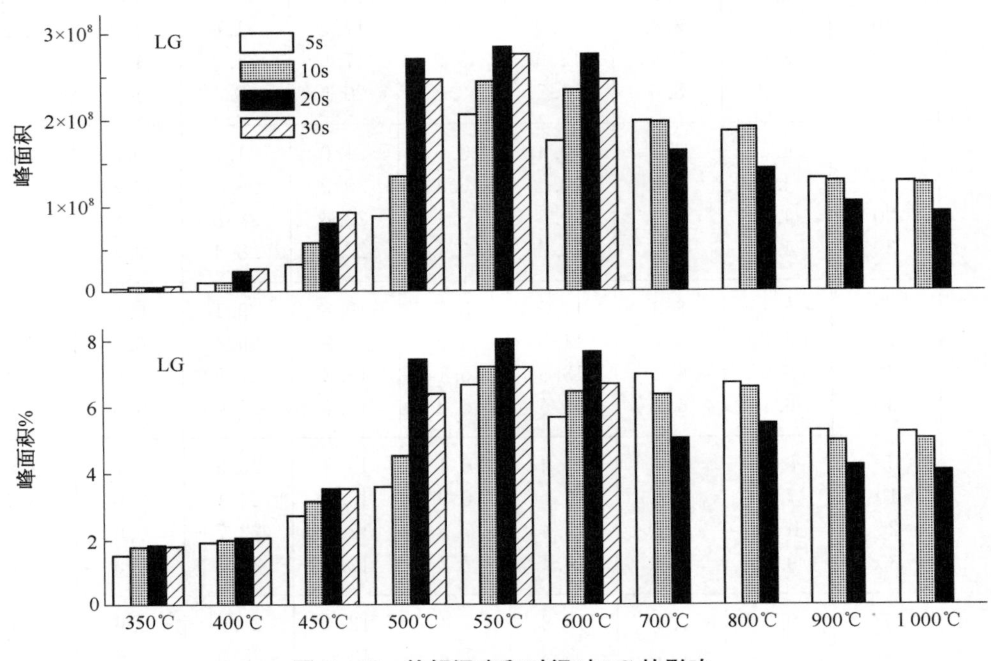

图 7-25　热解温度和时间对 LG 的影响

热解反应条件对 HMF、FF、2-甲基呋喃(MF)和 F 的影响如图 7-26 所示。可以看出，HMF 和 FF 的产率在约 550℃时达到最大值，而 MF 和 F 产率随温度单调递增；此外，HMF 的相对含量 700℃之后开始降低，而 MF 和 F 的相对含量则随着温度升高逐渐增加。

热解温度和时间对 HAA、HA、乙醛和 A 的影响如图 7-27 所示。HAA 的产率和相对含量都是先增后减并在 500℃达到最大值。HA 的产率在 500℃之前渐增，700℃之后略减，其相对含量 600℃之前渐增之后基本保持不变。乙醛的产率在低温段缓慢增加，高温段快速增加；相对含量在 350～550℃之间逐渐降低，600℃之后开始增加，其最大值分别出现在低温(350℃)和高温(900℃，1 000℃)。乙醛可由多种途径形成：半纤维素的脱乙酰基反应，综纤维素的开环反应和木素侧链的裂解反应。半纤维素的脱乙酰基反应在较低温度下即可发生，是生物质最早发生的反应之一，因此在较低热解温度下，乙醛的相对含量就很高。而随着温度的提高，开环反应将越来越剧烈，导致 600℃之后乙醛的相对含量逐渐提高。丙酮的产率和相对含量都随着温度升高逐渐增加。它主要来自其他开环产物的二次裂解反应，这些反应都适宜于高温下进行。对于其他的小分子醛酮类产物，其生成途径是多种多样的，在此不再一一讨论。

热解产物中检测到的酸类产物主要是乙酸和一些长链脂肪酸，如十四酸和十六酸等。长链脂肪酸是提取物的热解产物，由于提取物热稳定性较差，在低温下即可热解，导致酸

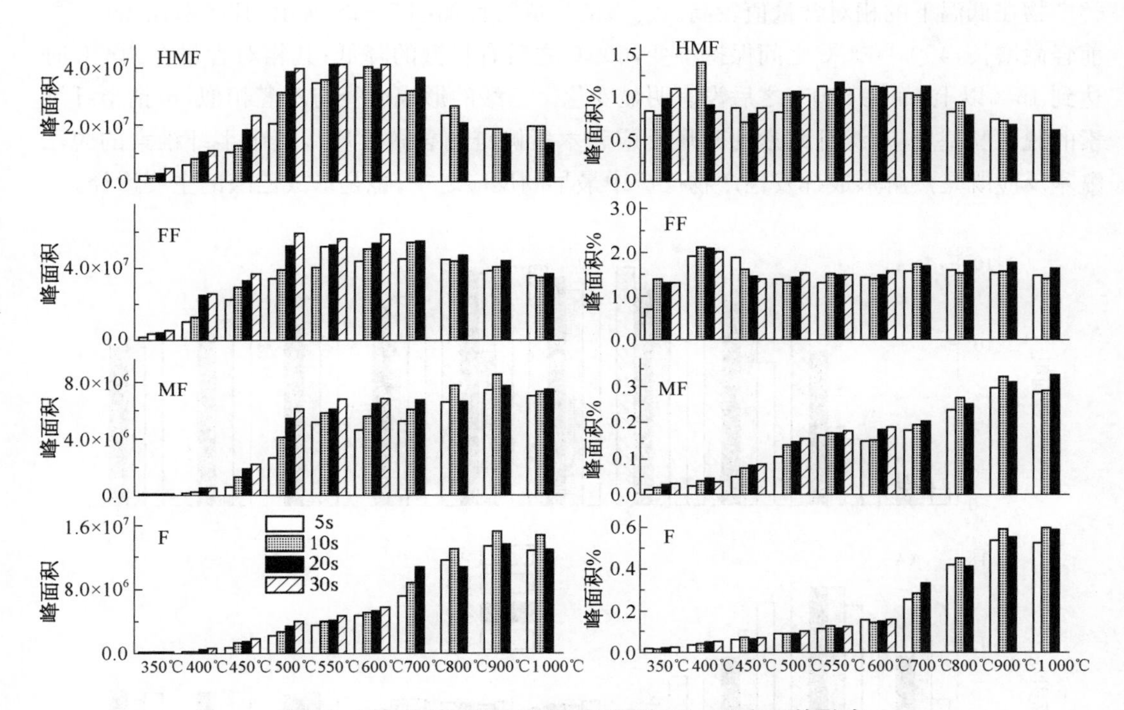

图 7－26　热解温度和时间对 HMF、FF、MF 和 F 的影响

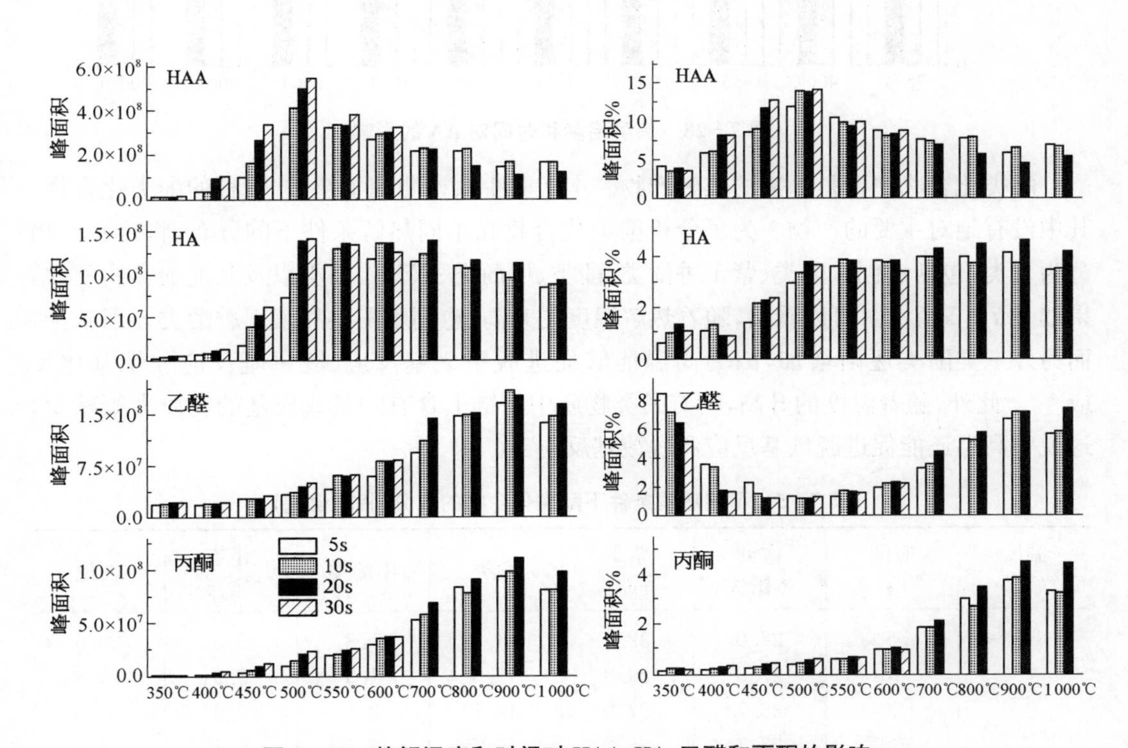

图 7－27　热解温度和时间对 HAA、HA、乙醛和丙酮的影响

类产物在低温下的相对含量值较高。乙酸的生成特性如图 7－28 所示，其产率在 450℃之前轻微增长，450～600℃之间保持不变，600℃之后有轻微的降低；其相对含量在 400℃时达到 16%以上，而在 500℃之后没有明显变化。乙酸的形成途径与乙醛相似，包括半纤维素的脱乙酰基反应，综纤维素的开环反应和木素侧链的裂解反应。其中半纤维素的脱乙酰基反应既是热解形成挥发性产物反应中最早的反应之一，也是形成乙酸的主要途径。

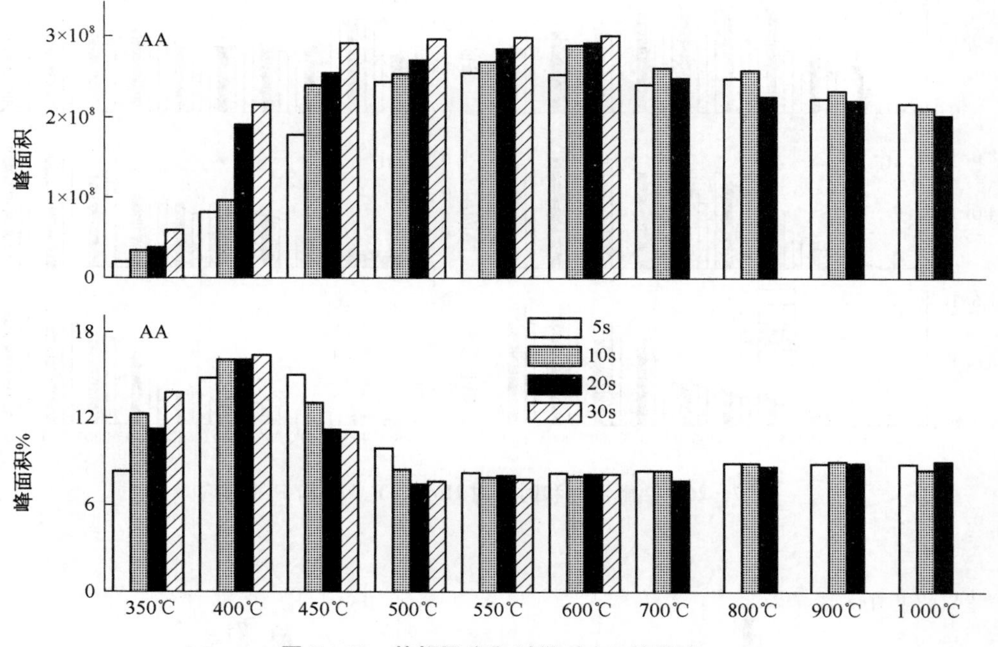

图 7－28　热解温度和时间对 AA 的影响

酚类化合物主要是木素的热解产物。本实验中共检测到了超过 70 种的酚类化合物，其中没有绝对主要的产物。为了分析酚类化合物在不同热解条件下的分布，将这些产物分为六类，包括愈创木酚类、紫丁香酚类、酚类、甲酚类、邻苯二酚类以及其他酚类物质，结果如表 7－5 所示。可以看出，随着热解温度的升高，愈创木酚类和紫丁香酚类逐渐减少，而另外三类酚类逐渐增加，因为高温能够促进脱甲氧基反应、脱甲基反应和烷基化反应[45]。此外，随着温度的升高，所有酚类物质中侧链上含有羰基或羧基的物质大幅减少，这说明高温还能促进脱羰基反应和脱羧基反应[46]。

表 7－5　不同热解条件下酚类化合物的成分(相对含量)

温度(℃)	时间(s)	愈创木酚类	紫丁香酚类	酚类	甲酚类	邻苯二酚类	其他
350	5	26.0	32.3	14.4	1.8	5.5	20.0
	10	27.8	29.0	15.0	1.9	5.5	20.8
	20	28.7	27.0	16.1	2.1	5.6	20.5
	30	27.7	25.9	15.7	2.7	6.1	21.9

（续表）

温度（℃）	时间（s）	愈创木酚类	紫丁香酚类	酚类	甲酚类	邻苯二酚类	其他
400	5	26.6	27.6	18.5	2.0	3.0	22.3
	10	26.2	28.2	18.7	1.9	3.0	22.0
	20	25.8	28.7	15.4	3.4	2.8	23.9
	30	24.8	29.8	15.7	3.7	3.0	23.0
450	5	24.9	30.6	13.7	4.2	2.7	23.9
	10	23.8	32.9	14.6	4.0	2.5	22.2
	20	23.6	33.0	13.1	5.2	2.8	22.3
	30	23.6	32.8	12.5	5.2	2.9	23.0
500	5	23.7	33.2	11.4	5.5	3.8	22.4
	10	23.0	32.4	12.5	6.9	4.9	20.3
	20	22.4	32.5	11.5	7.9	5.7	20.0
	30	22.7	32.4	11.1	8.3	5.5	20.0
550	5	24.1	33.0	11.1	6.2	5.5	20.1
	10	24.0	31.3	12.0	7.0	5.9	19.8
	20	23.9	31.2	11.6	7.9	6.3	19.1
	30	24.0	31.5	11.3	8.1	6.6	18.5
600	5	23.9	32.6	11.4	6.8	6.1	19.2
	10	23.3	31.4	12.1	7.3	7.6	18.3
	20	23.5	31.5	12.2	7.4	7.7	17.7
	30	24.5	30.4	12.4	7.9	7.9	16.9
700	5	24.6	28.9	13.1	7.7	7.9	17.8
	10	24.1	27.0	14.4	8.7	9.1	16.7
	20	23.1	24.5	15.1	9.1	13.0	15.2
800	5	20.9	21.1	18.5	8.8	15.4	15.3
	10	20.5	19.6	19.9	9.6	16.8	13.6
	20	18.6	18.0	20.3	10.4	20.4	12.3
900	5	16.9	16.5	23.6	10.2	18.2	14.6
	10	14.7	14.4	27.3	11.2	19.2	13.2
	20	13.3	12.7	27.5	11.4	23.0	12.1
1 000	5	15.9	15.3	24.4	11.3	19.4	13.7
	10	13.6	13.1	28.4	12.3	20.4	12.2
	20	11.9	10.7	29.9	12.5	24.1	10.9

除了上述产物之外，生物质热解过程中还形成了烃类、醇类、脂类、环戊酮类等物质。值得注意的是烃类，因为这类物质是提高生物油热值的根本。实验检测到的烃类产物主

要包括苯、甲苯、乙基苯、二甲苯和萘，它们的产率都随着温度升高而增加，但总体产率却较低，这是由于酚类物质的酚羟基键能较高(463.6 kJ/mol)，难以断裂，导致芳烃类物质难以形成。

7.3.3 物料性质的影响

7.3.3.1 原料种类的影响

由于不同生物质的化学组成和组分含量不同，因此快速热解反应的特征、产物组成和含量也存在差异。为了获得高产优质的生物油，选择合适的生物质或对生物质进行一定改性后再热解是一项重要的工作。浙江大学的王树荣等利用快速热解流化床，以花梨木、水曲柳、杉木、秸秆为原料，探讨了原料种类对生物油产率的影响，实验结果表明，不同的原料获得的生物油产率是不一样的，纤维素组分越高的物料，热解时就越容易挥发，生物油的产率相应也就越高。王树荣等还发现，原料的灰分对热解液化的影响也非常大，灰分越高越不利于生物油的生成，而有利于生成相对分子质量小的气体产物，其原因可能是灰分作为催化剂促进了热解挥发分的二次裂解。

表7-6列出了Elliott以硬木和软木为原料进行的热解试验结果，两种原料热解所得生物油的化学组成有所不同。利用GC/MS分析发现，这两种生物油之间的主要区别是由软木制得的生物油基本上不含有紫丁香酚类物质，而由硬木制得的生物油中却含有相当一部分这类物质，这是由于软木和硬木的木素结构不同所引起的。

表7-6 不同木材的热解试验结果

	硬木(白云杉)	软木(白杨木)
反应温度(℃)	500	508
含水率(%，质量分数)	7.0	5.9
最大颗粒粒径(mm)	1 000	590
气相滞留时间(s)	0.65	0.47
产物产率(%，质量分数，干基)		
有机液体	66.5	67.9
水	11.6	9.8
炭	12.2	13.7
气体	7.8	9.8
液体中主要组分(%，质量分数，干基)		
乙酸	3.86	5.81
蚁酸	7.15	6.35
羟基乙醛	7.67	7.55
乙二醛	2.47	1.75

（续表）

	硬木(白云杉)	软木(白杨木)
液体元素分析(%,质量分数,干基)		
H/C物质的量之比	1.51	1.40
O/C物质的量之比	0.54	0.53

注：试验结果是在流化床反应器上得到的。

Evans和Milne发现硬木热解生物油中含有更多的乙酸，这是由于硬木的半纤维素中含有大量的乙酰基取代基。

近年来，藻类植物快速热解制取生物油获得关注，因为藻类含有较多的脂类、可溶性多糖和蛋白质，故而快速热解获得的生物油含氧量低、热值高，其高位热值平均可达33 MJ/kg，是源于农作物秸秆的生物油的1.6倍[47]。某些藻类如葡萄球藻、盐藻、小球藻经过适当条件的培养，所得藻粉具有更高的脂类含量，快速热解制取的生物油热值会更高。此外，藻类易热解组分含量高，而木材以木素、纤维素和半纤维素等难热解组分为主，因此藻类需要的热解温度更低。但藻类快速热解之前必须要耗费大量能量进行烘干预处理，以及藻类的种植和单位面积产量等，均可能是影响藻类大规模热解液化的瓶颈所在。

7.3.3.2 原料物理特性的影响

(1) 渗透性

一般而言，生物质是多孔状非均相结构，如对于某些种类的木材，其纵向渗透性是横向的1万倍。所以，生物质热解时挥发分应该是沿纹理方向释放的，如图7-29所示。

渗透性差会增加一次热解气体的滞留时间，使得二次热解如聚合和分裂的反应发生的可能性增大，这样就增加大了炭和不可冷凝的气体的产率。

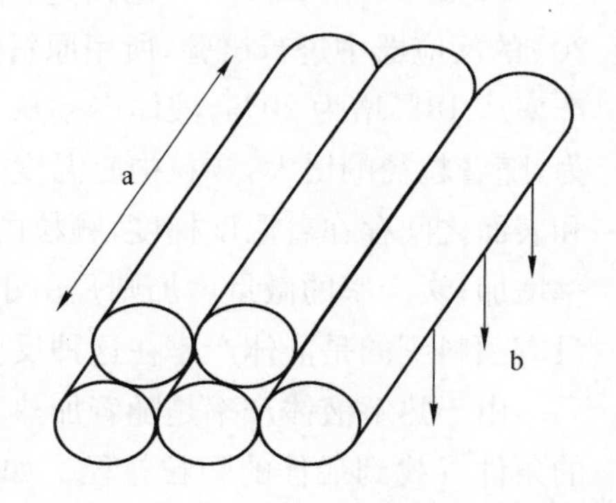

图7-29 木材挥发分的析出方向

a—平行于纹理方向；b—垂直于纹理方向

Lee等利用一个250 W的二氧化碳激光辐射器，通过在一定范围内控制加热速率对木材进行了热解试验，检测得到颗粒内部横向的最大压力梯度为200 kPa/cm、最大气体压力为30 kPa，而颗粒纵向的最大压力梯度为100 Pa/cm、最大压力为300 Pa，他们认为导致这个差异的原因是颗粒横向渗透性比较差。他们还发现沿着颗粒纵向加热，颗粒更容易破碎，这是由于颗粒的挥发分是从内部释放到表面。

(2) 各向异性

Chan等研究了沿着纹理和垂直于纹理方向加热木材对热解的影响，发现在低加热速率下，加热方式对挥发分的释放没有太大的影响，而当加热速率增大后，垂直于纹理方向的加热方式明显地出现传质阻力增大。

采用垂直于纹理方向的加热方式，开始时挥发分的析出速率较平行于纹理方向的加热方式要快，但能达到的最大值却低一些。这是由于垂直于纹理方向加热时，颗粒内部的温度会相对低一些，而沿着纹理方向加热使挥发分释放过程中的传质阻力变小，所以挥发分析出速率的峰值出现得更早一些。

上述试验采用的是单颗粒一维反应器，它可以加热颗粒的某一面而使另一面绝热，而在实际情况下，几乎没有办法控制仅仅只加热一个特定的方向。但不论如何，生物质的各向异性都会影响热解产物的产率和组成。

（3）颗粒粒径

颗粒大小会影响加热速率，随着颗粒粒径的增大，传热速率就会降低，从而导致炭产率的增加和生物油产率的减小。

Beaumont 和 Schwob 利用 0.05～0.5 mm 的山毛榉树颗粒研究了颗粒大小对热解的影响，试验温度为 300～500℃，氮气氛围。在快速热解的条件下，发现大颗粒原料的炭和气体产率多一些，而液体产率则少一些，但产率的差别很小（约为 2%），对于慢速热解则没有发现区别。

Scott 和 Piskorz 以不同颗粒的白杨木为原料进行快速热解，但结果却令人迷惑：随着颗粒粒径的减小，炭产率则增加，气体产率减小。他们对实验结果作这样的解释，即小颗粒原料（0.004～0.105 mm）的炭产率增加是由于小颗粒被加热到过高的温度或迅速被吹出反应器而没有热解完全，而大颗粒原料（0.25～0.50 mm）的气体产率增加主要是由于大颗粒在反应器中停留时间过长，使得木素得到了充分热解，主要生成了气体产物。因此，获得最高液体产率的应是中间粒径的颗粒（0.105～0.25 mm），换言之，对于给定的反应器结构和设定的反应条件，存在着最佳的颗粒粒径，从而可以获得最高的液体产率。

Maniatis 和 Buekens 也在这方面作了研究，他们在一个温度为 800℃、滞留时间为 20 s的反应器中进行试验，所用原料的粒径为 1.5～2.5 mm，随着粒径的增大，热解的炭产率从 18%增为 20%，液体产率从 40%增为 46%，气体产率从 39%降为 32%。他们认为，随着粒径的增大，颗粒中心温度升高到最终反应温度的时间会变长，因此颗粒的内部和表面之间存在着温度梯度，颗粒内部就会在较低的温度下发生热解反应，从而使液体产率增加；炭产率的微量增加则是由于焦油在高温的颗粒表面裂解使得炭沉积下来。实验没有预料到的是液体产率在这种反应条件下能达到这样高。

由于热解液体产率是随着加热速率、温度和水分等因素变化的，因此，需要针对不同的条件寻找到最佳的颗粒粒径。如果粒径过小，可能会发生热解不完全现象；反之，如果粒径过大，则颗粒的升温时间就会增加，从而在较低的温度下发生热解反应以及二次次裂解，增加了炭和不可冷凝的气体的产率。不同热解反应器对颗粒的粒径要求是不同的，一般流化床式反应器要求颗粒粒径都小于 5 mm，特别是对于闪速热解，颗粒粒径应控制在 1 mm 以内。

（4）颗粒形状

颗粒形状会影响颗粒的升温速率并进而影响热解过程。Saastamoinen 采用平直状、圆柱状和球状的三种比表面积相同的原料进行试验，发现平直状的原料质量损失最快，而球状颗粒最慢，这是因为平直状颗粒的传热速率最快。

Maniatis 和 Byekens 也研究了圆柱状的（直径 1.4 mm）、正方形的（1.4 mm×1.4 mm）和矩形的（0.5 mm×1.4 mm）颗粒几何特性对热解的影响，发现在温度为 600～900℃时，得到最高液体产率的是圆柱状的颗粒，其次是正方形的颗粒，最差的是矩形的颗粒。这可能是由于圆柱状颗粒的热传递速率最慢，颗粒内部温度比较低，从而形成了较多的液体产物。

Roy 等在这方面也进行了研究，如表 7-7 所示，采用粉状颗粒的热解液体产率最高，其原因是这时的传热传质阻力最小。

表 7-7　颗粒形状对真空热解产物的影响（白杨木，450℃）

产物产率（%，质量分数，干燥无灰基）	1 cm 块状	1 cm 片状	粉　状
液　体	50.7	56.7	60.8
水　分	16.3	13.9	12.8
炭	20.4	18.1	15.8
气　体	12.6	11.1	10.6

实际上，反应器的几何形状决定了可以使用的颗粒形状，例如，片状（长、宽、高之比为 5∶1∶1）颗粒在很多自由流化反应器中并不能使用，它们容易架桥，很难流化，如果原料中有太多这样形状的颗粒，就会导致很大的压力损失。

7.3.4　其他因素的影响

（1）压力

压力也会影响生物质的热解，尤其是其二次热解反应。此外，原料和高温反应器壁面之间的接触压力也会影响热解过程。

以纤维素热解为例，在 101.325 kPa 下，炭和焦油的产率分别为 34.2%和 19.1%，而在 200 Pa 下分别为 17.8%和 55.8%，这说明压力越低越有利于液体产物的生成，其原因是压力的大小能够影响气相滞留时间，从而影响可冷凝气体的裂解。如在较高压力作用下，挥发分析出固体颗粒的难度增加，因而，在颗粒内部发生二次裂解的概率加大；反之，在较低压力作用下，挥发分可以迅速从颗粒表面离开，从而限制了二次裂解的发生，使得生物油产率得以提高。

接触加压式热解反应如烧蚀式热解，可以得到很高产率的生物油和气体，因为接触压力越高，一次热解气体就能越快逸出固体颗粒，如果被迅速地移出并冷凝，就可以获得高产率的生物油。

（2）含水率

Kelbon 研究了含水率、颗粒粒径和热通量对颗粒温度的影响，试验所用原料的含水率分别为10%、60%和110%，木粒厚度为0.5 cm、1.0 cm和1.5 cm。结果发现，含水率增大使得热解反应开始发生的时间延后，最多可延后150 s，从而影响了颗粒的温度变化规律：颗粒开始的升温速率降低；在某一特定时间内的破碎率降低，最大可达20%。这一切都是由于颗粒的加热过程被颗粒中水分的蒸发过程所阻碍，并且颗粒因此在较低的温度下发生热解反应。其他学者如Milne和Evans等也研究发现，水分的存在推迟了热解反应的发生。

Manistis和Buekebs分别用干燥的原料和含水率为10%的原料进行了热解研究，发现含水原料的热解气体中比不含水原料的热解气体中多了10%的水分。由此他们认为，采用干燥的原料得到的热解气体中的水分来源于热解过程本身。

热解液体产物可能存在三种不同来源的水：原料本身的水分、流化载气中的水蒸气以及热解过程中产生的水。水分的存在对生物油的理化特性都有影响，并可能会导致生物油出现油相和水相的分离。

(3) 气相氛围

气相氛围就是反应器内的气体环境，在流化床反应器中也就是流化载气，可以是氮气、水蒸气、氢气、氦气、热解气体(主要是CO、H_2O、CO_2和CH_4)或者CH_4。

Steinberg等将原料在氢气、氮气、氩气、氦气和甲烷氛围中进行了热解反应试验，在氢气中进行热解，最主要的产物是CH_4，而在其他的气体氛围中最主要的气相产物是CO，采用甲烷作为流化气体，C_2H_4和BTX的产率比采用其他气体都要高。例如，将松木在1 000℃和345 kPa的条件下进行热解，甲烷氛围下的C_2H_4产率是氦气氛围下的8倍，在甲烷和木材之比大于6的条件下进行木炭的转化试验，C_2H_4和C_6H_6的产率可以超过50%。

Steinberg等提出了两种理论去解释苯和乙烯的产率增高，一是木材表面起了分解甲烷的催化剂的作用；二是木材在热解过程中产生了自由基，随后这些自由基和甲烷反应生成甲基，甲基结合生成乙烷最后分裂为乙烯，如下面的反应方程所示：

$$(CH_{1.4}O_{0.7}) \longrightarrow (CH^*, CH_2^*, CH_3^*, etc.) + H_2O + CO \quad (7-1)$$

木材自由基随后和甲烷发生反应：

$$CH_2^* + CH_4 = CH_3^* + CH_3^* \quad (7-2)$$

$$CH_3^* + CH_3^* = C_2H_6 \quad (7-3)$$

$$C_2H_6 = C_2H_4 + H_2 \quad (7-4)$$

为了建立准确的反应机理，利用^{13}C进行了同位素跟踪实验，根据在C_2H_4中找到的同位素^{13}C可以确定C_2H_4中的C有多少来自于甲烷，多少来自于原料，然而^{13}C的比例数据只是整个过程的平均数据，没有办法排除第一种假设的可能性。

Evans和Milne同样在甲烷和氦气氛围中进行了热解试验，发现一次热解基本不受气相氛围的影响，但气相氛围却影响二次热解和三次热解，从而影响产物的分布。与Steinberg一样，他们发现在甲烷氛围中，石蜡的产率有所增加，他们认为这是由于热解气体和甲烷反应的结果。

Scott 和 Piskorz 为了了解甲烷对热解产物的影响，将甲烷作为流化气体和输料气体进行了快速热解试验，结果发现与使用氮气作为流化气体相比，热解发现产物没有明显的差异。这个试验结果证实了 Evans 和 Milne 的观点，即一次热解基本上和气相氛围没有关系。例如，在甲烷氛围下，500℃下的液体产率为 77%(包含水分)，虽然一些小分子有机物如乙酸、乙醛和甲醇的含量在甲烷的氛围下比在氮气氛围下要高 25%，但总的液体产率只比氮气氛围下的液体产率高 2%。与此同时，甲烷氛围下的炭产率比氮气氛围要少，但最大的差异也就只有 3%(450℃时)；当温度低于 550℃时，甲烷氛围下气体产率比氮气氛围下高，最大差异为 5%；当温度高于 550℃时，气体产率基本没有差别。

水蒸气有时也被用作流化气体，因为通过冷却的方式可以很容易地将其和热解气体分离开来，并且水蒸气很便宜也容易得到，当温度高于 650℃时，水蒸气会参与反应生成 CO_2 和 H_2，或者和炭反应生成 H_2 和 CO。

总的来说，当温度低于 600℃时，气相氛围对液体产率基本没有影响，最常用的气相氛围是氮气和生物质或热解产物燃烧后的烟气。简单地说，费用、来源和产物需求决定了商业应用时使用的气相氛围。

(4) 灰分

有学者研究了添加有机盐或灰分对热解过程的影响，并且知道它们可以增加炭产率并减少可燃性气体，这可能是由于盐的加入降低了热量传递速率。如 Shafizadeh 等对在纤维素热解过程中加入碱性或酸性物质进行了多个试验，发现酸性物质如 $FeCl_3$ 和 $CoCl_2$ 对脱水和缩合反应有很大的影响，提高了左旋葡聚糖、呋喃衍生物和炭的产率，碱性物质如 Na_2CO_3 和 NaOH 促进了分裂和歧化反应，提高了乙二醛、乙醛、小分子羰基物质和炭的产率。因此，如果要制备生物油，无机物要越少越好，因为它们都会提高炭产率。

(5) 催化剂

生物质热解转化为生物油的过程，从本质上讲是具有一定特性的物料在一定条件下发生特定化学反应的过程，因此，选用合适的催化剂也可以有选择性地控制物料的反应进程。华东理工大学颜涌捷等提出，如果采用合适的催化剂能够促进快速热解中生成 CO_2 的反应，将生物质中的氧以 CO_2 的形式脱除，则生物油的含氧量将会减少，生物油的热值和稳定性等将会提高；还有工作者利用 $ZnCl_2$ 催化剂改变了热解产物的组成，使苯酚、呋喃等氧含量低的化合物含量得到提高，从而相对降低了含氧量高的化合物的含量。

7.4　生物质热解液化核心反应器与典型工艺

7.4.1　生物质热解液化核心反应器

1) 热解反应器及典型的热解液化工艺介绍

生物质热解液化机组一般应包括原料破碎和烘干用的预处理设备、生物质进料装置、液化反应器、气固分离装置、快速冷却装置和气体输送设备等，其中液化反应器是核心部件，它的运行方式决定了液化技术的种类。

针对生物质快速热解获取高产率生物油所需的反应条件，经过多年的发展，各国研究机构已开发出了多种类型的热解技术和热解反应器，主要包括流化床式反应器、烧蚀式反应器、旋转锥反应器、螺旋反应器、真空热解反应器等，见表 7－8[1,48]。

(1) 流化床式热解反应器

在流化床式反应器中，热量的传递主要依靠流化载气和(或)固体热载体(一般使用石英砂)通过对流和传导的方式传递给生物质颗粒，热解过程的主要限制因素是生物质颗粒从表面向内部的传热，因此流化床式反应器一般需要小粒径的颗粒(<3 mm)。常用的流化床式反应器主要有鼓泡流化床反应器、携带床反应器、喷动床反应器和循环流化床反应器等。流化床式反应器的优点主要是不含运动部件、结构较为简单、工作可靠性大、运行寿命长等；但缺点是流化气体的引入提高了系统的运行能耗，因为这部分外加气体也会经历加热和冷却的工艺过程，导致严重的能量损失。

(2) 烧蚀式热解反应器

不同研究单位开发的烧蚀式热解反应器的结构差别很大，它们热解的一个共同点是具有相对运动速度的生物质颗粒和高温壁面接触热解，热解过程生成的焦炭由于摩擦能够及时地从生物质颗粒表面剥落，从而使内部的生物质继续和高温壁面接触热解，因此烧蚀式反应器对生物质颗粒的粒径要求不高，允许的最高粒径可高达 2～6 cm。烧蚀式热解工艺中的传热限制因素不在于生物质颗粒，而在于维持高温壁面热解所需的温度。烧蚀式热解工艺的一个技术难题是如何使生物质颗粒和高温壁面在具有相对运动速度的情况下紧密接触而不脱离，一般是通过机械力或离心力的作用使颗粒紧紧贴住高温壁面。烧蚀式反应器的优缺点和流化床式反应器正好相反，优点是由于很少或不需使用流化载气，系统的运行能耗较低，而且装置结构比较紧凑；缺点是反应器含有运动构件，而这运动部件一般又都需要在高温和高粉尘环境下做悬臂旋转，故而对材料和轴承的耐热性、耐磨性、密封性等要求相当高。

(3) 旋转锥反应器

旋转锥反应器是由荷兰 Twente 大学和 BTG 公司研发的，其工作特性和烧蚀式反应器相近，主要差别在于采用热解热量由高温热载体砂子提供，而不是由锥壁提供。旋转锥反应器的优缺点和烧蚀式反应器基本相同。

(4) 螺旋热解反应器

螺旋热解反应器的研发较晚，主要研究单位有美国 ROI 和德国 Forschungszentrum Karlsruhe，对于这种反应器的结构和工作特性还没有详细的介绍。

(5) 真空热解反应器

真空热解反应器的研发单位是加拿大 Pyrovac，其工作特性也和烧蚀式反应器类似，只是反应器内压力较低，生物质实际上发生了慢速至中速热解，因此生物油产率较低，一般使用较大(最高可达 6 cm)颗粒的生物质物料。

表 7-8 国内外生物质热解液化工艺研发情况

序号	研 发 单 位	国 家	技 术	规模(kg/h)	现 状
1	Union Fenosa/Waterloo	西班牙	流化床	200	运行
2	Dynamotive	加拿大	流化床	1 500	运行
3	University of Hamburg	德 国	流化床	50	运行
4	Dynamotive	加拿大	流化床	20	运行
5	RTI	加拿大	流化床	20	运行
6	Pasquali/ENEL	意大利	循环流化床	50	停用
7	CRES	希 腊	循环流化床	10	运行
8	Alten	意大利	搅动/流化床	500	1992 年废弃
9	VTT/Ensyn	芬 兰	循环传输床	20	运行
10	Red Arrow/Ensyn	加拿大	循环传输床	125	运行
11	Red Arrow/Ensyn	美 国	循环传输床	1 250	运行
12	ENEL/Ensyn	意大利	循环传输床	625	运行
13	Ensyn	加拿大	循环传输床	100	运行
14	Ensyn	加拿大	循环传输床	40	运行
15	Ensyn	加拿大	循环传输床	10	运行
16	Egemin	比利时	引流床	200	1992 年废弃
17	GTRI	美 国	引流床	50	1990 年废弃
18	Castle Capital	加拿大	烧蚀管	2 000	停用
19	BBC	加拿大	烧蚀床	50	停用
20	NREL	美 国	烧蚀涡流器	30	1997 年拆除
21	NREL	美 国	烧蚀涡流器	20	运行
22	Interchen	美 国	烧蚀涡流床	1 360	1994 年废弃
23	University of Laval	加拿大	真空移动床	50	运行
24	WWTC	加拿大	奥格窑(Augur Kiln)	42	运行
25	University of Tübingen	德 国	奥格窑(Augur Kiln)	10	运行
26	BTG	荷 兰	旋转锥	2 000	运行
27	BTG/Kara	荷 兰	旋转锥	200	运行
28	University of Twente	荷 兰	旋转锥	10	运行
29	沈阳农业大学/Twente	中 国	旋转锥	50	运行
30	华东理工大学	中 国	喷动流化床	5	运行
31	山东工程大学	中 国	等离子电加热	1	运行
32	中国科学技术大学	中 国	流化床	20	运行

2) 鼓泡流化床热解反应器

在各种流化床式反应器中，鼓泡流化床(Bubbling Fluid Bed)的开发应用最早，也是一种比较成熟的热解反应器。采用鼓泡流化床反应器作为生物质快速热解反应器的研究单位较多，典型的单位有加拿大 Waterloo 大学、加拿大 Dynamotive 公司、西班牙 Union Fenosa、英国 Wellman 等。

(1) 加拿大 Waterloo 大学

Waterloo 大学是世界上最早研究生物质热解液化技术的单位之一，自 20 世纪 80 年代初，就开始研究如何调整热解反应条件以获得最大的液体产率，并在此基础上开发了基于鼓泡流化床反应器的热解技术。1992 年，Waterloo 大学参与生物质热解液化装置研发的大部分人员共同建立了一个公司 Resource Transforms International(RTI)，开始在生物质热解制取生物油领域中进行大量的基础性和开创性的研究，将热解技术不断地完善，并开发了生物油作为化工原料和液体燃料的应用技术，发表了上百篇论文并申请了数十项相关的专利。

Waterloo 大学最早设计了一套处理能力为 50 g/h 的小试装置，随后开发了一套处理能力为 3 kg/h 的小试装置，如图 7-30 所示。经过干燥破碎(约 595 μm)的木料由螺旋进料器和热解产生的不可冷凝气体(CO、CO_2 和 CH_4 等)送入反应器，以石英砂作为热载体和流化介质，不可冷凝气体经过电加热器预热后进入反应器作为流化载气，此外，反应器的外壁都缠绕有电加热丝，通过固壁传热的方式向反应器内部供热。热解反应温度为 425～625℃，反应器内压力为 125 kPa，夹带着大量固体炭粒的热解气体首先经过旋风分离器将固体炭粒分离，然后经两级水冷式冷凝器进行冷凝，第一级冷凝器的温度控制为 60℃，第二级冷凝器的温度控制为 0℃，不可冷凝气体再经过过滤除去其中夹带的胶质颗

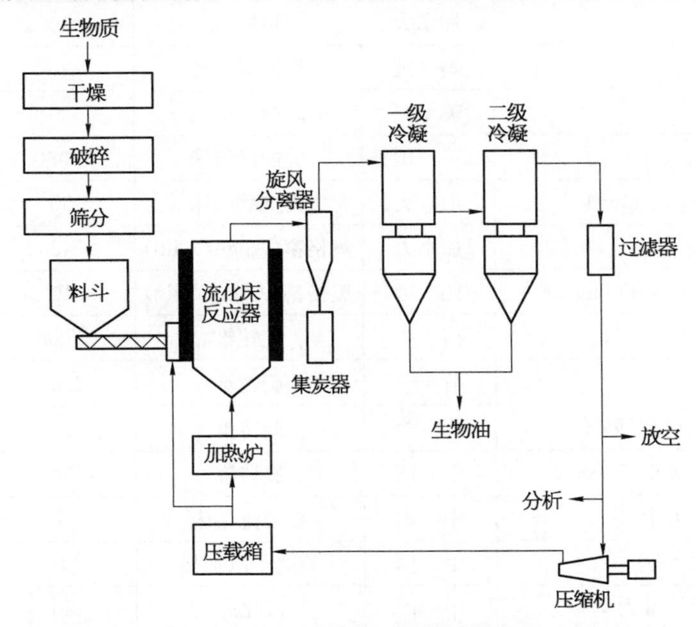

图 7-30 Waterloo 大学开发的生物质热解液化装置

粒，部分气体循环作为流化载气使用，多余的气体作为产品气。作为整套装置核心部件的鼓泡流化床的结构及工作特性如图7-31所示，其设计特点是砂子留在反应器中而热解产生的焦炭则能及时被吹出反应器，这就对砂子和物料的粒径、载气流量和流速、反应器结构等要求比较严格。

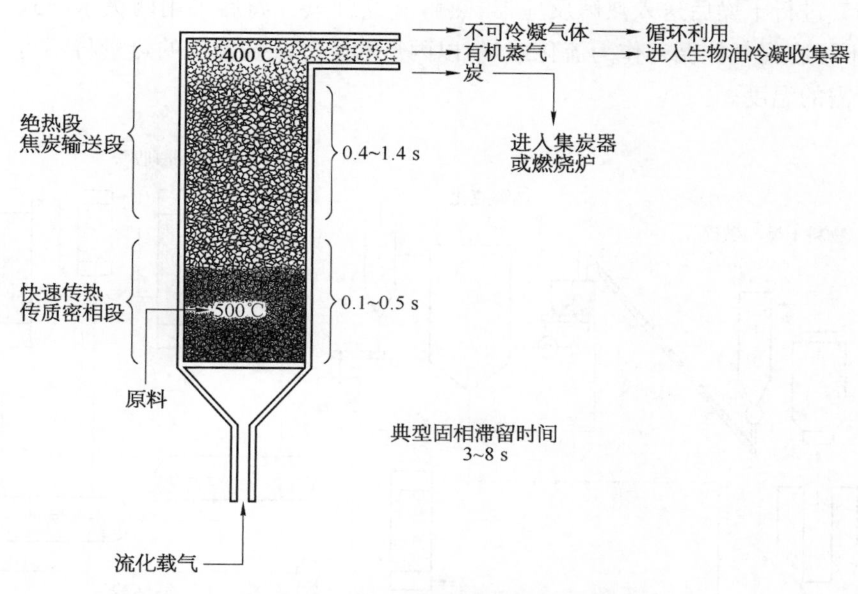

图7-31　鼓泡流化床反应器的特性

（2）加拿大Dynamotive公司

Dynamotive公司是在1991年建立的，在1996年的时候和RTI公司合作，RTI将其专利权独家授予了Dynamotive公司。在此基础上，Dynamotive完善了热解技术，开发了如图7-32所示的热解工艺，采用螺旋进料器输送原料，采用喷雾冷凝的方式来冷凝热解气，循环利用不可冷凝气体作为流化载气，将多余的不可冷凝气体和补充的天然气在反应器外围的燃烧室中燃烧，通过固壁传热的方式向反应器内部的砂子以及其他空间供热。Dynamotive和多家企业开展了合作，目前已经在加拿大Ontario省建立了日处理100 t木屑的鼓泡流化床工业示范装置，生物油产率在60%以上，油品用于燃气轮机发电。

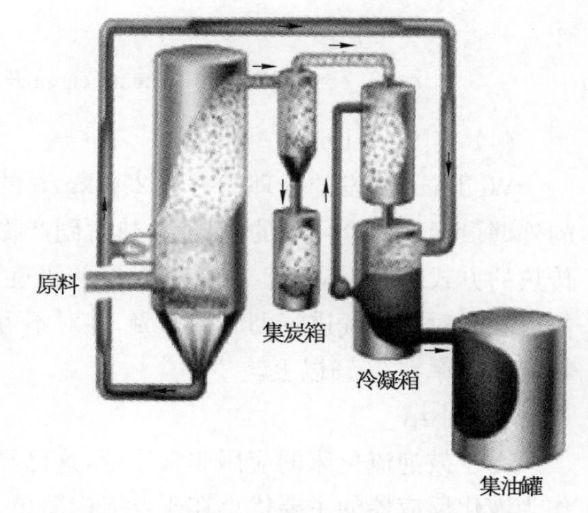

图7-32　Dynamotive开发的生物质热解液化工艺

（3）西班牙Union Fenosa

借助加拿大Waterloo大学开发的鼓泡流化床热解工艺，Union Fenosa在1990年的时候开始建造一套处理能力为 200 kg/h 的热解装置，在 1992 年 10 月开始调试运行，到 1993 年中期的时候已经运行良好。随后，Union Fenosa 将装置规模进行了扩大，建造了处理能力为 2～4 t/h 的装置，为开展生物油特性分析以及应用研究的各个单位提供了大量的生物油。装置的示意图如图 7－33 所示，破碎的生物质原料首先由丙烷和空气燃烧得到的烟气进行干燥后送入热解反应器，热解气经旋风分离后采用两级水冷式换热器进行冷凝，不可冷凝气体循环作为流化载气，以丙烷和空气燃烧释放的热量将不可冷凝气体加热到所需的温度。

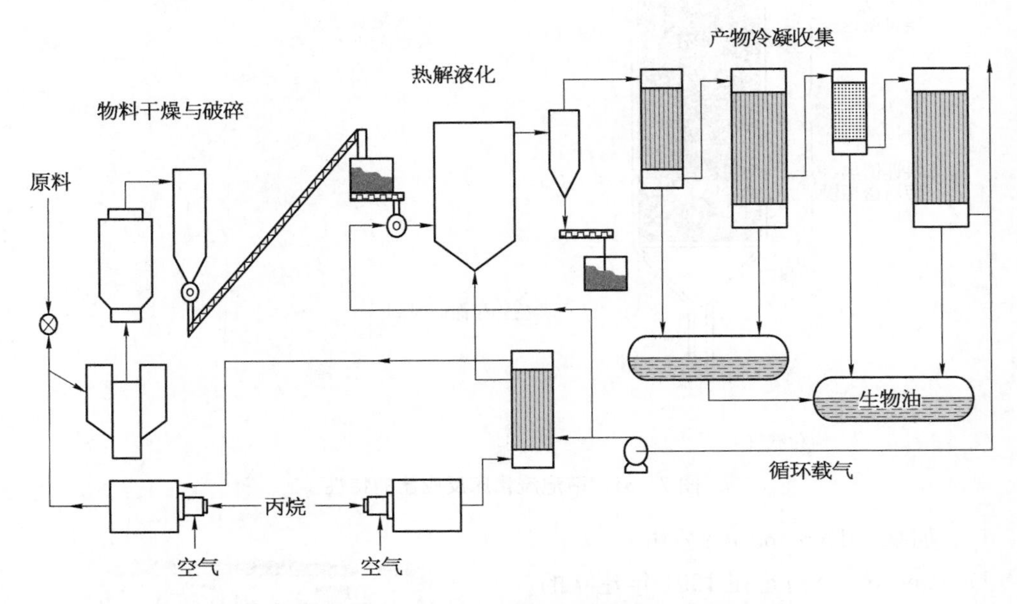

图 7－33 Union Fenosa 开发的生物质热解液化装置

(4) 英国 Wellman

Wellman 开发的处理能力为 250 kg/h 的热解液化装置如图 7－34 所示。在反应器的外壁设置了一个环形的燃烧室，热解副产物焦炭在其中燃烧，燃烧释放的热量通过固壁传热的方式进入反应器。装置中采用两级旋风分离器对炭粒进行分离，结合喷雾冷凝和静电除雾对热解气进行彻底的冷凝，并对不可冷凝气体进行净化。热解试验结果表明，生物油的产率在 70%以上。

(5) 小结

由于鼓泡流化床的应用非常广泛，这已经是一种比较成熟的反应器，采用鼓泡流化床作为液化反应器的主要优点在于：结构简单、运行可靠；床内温度控制比较简单；容易进行规模扩大。但同时这种工艺也有明显的缺点：需要使用小颗粒的生物质原料，而且对最大颗粒粒径的要求非常严格，其原因在于，大颗粒的原料经热解后形成的炭粒由于密度较小悬浮在反应器上部，但又不能及时被吹出，砂子由于密度较大主要停留在反应器中下部，不能对炭粒进行碰撞破碎，炭粒的积聚会引起热解气严重的二次裂解，导致生物油产率大幅下降；由于生物质热解所需的热量只能通过间接换热的方式向反应器内提供，热量

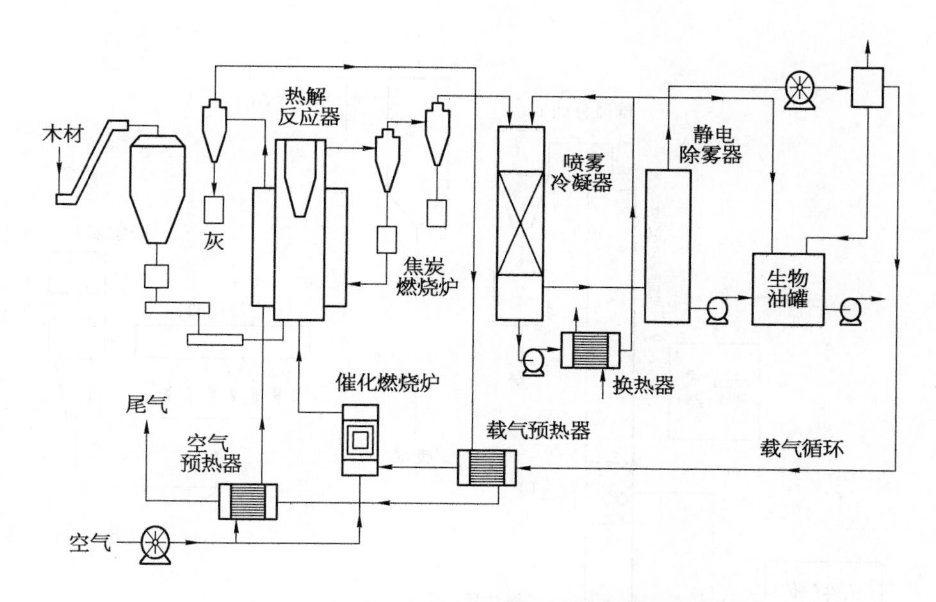

图 7－34　Wellman 开发的生物质热解液化装置

传递速率限制了反应器的处理能力，也影响了热解技术的经济效益，这是目前采用这种热解工艺开发大规模液化装置所面临的最大的技术问题。

3) 携带床反应器

携带床反应器(Entrained Bed)的最大特点是不使用热载体砂子，热解所需的全部热量由流化载气带入，仅通过载气与生物质颗粒之间的对流实现热量的传递。开展基于携带床反应器热解技术研发的单位比较少，有报道的只有美国 GTRI 和比利时 Egemin。

(1) 美国 GTRI

该研究机构开发的上行式携带床生物质热解液化装置如图 7－35 所示，经过干燥和破碎(约 1.5 mm)的物料由一个失重式进料器送入反应器，反应器是一根由不锈钢制成的内径为 15.24 cm 的竖管，空气和丙烷燃烧产生的高温惰性气体(927℃)作为流化载气。采用单级旋风分离器对固体炭粒进行分离，两级间接式冷凝器对热解气进行冷凝，最后不可冷凝气体经过除雾器净化后作为燃气使用。整套装置的设计处理能力为 56.8 kg/h。

由于技术上的原因，GTRI 一直都没有对其开发的热解技术进行规模扩大。

(2) 比利时 Egemin

该单位开发的下行式携带床生物质热解液化装置如图 7－36 所示。试验所用的木料颗粒为 1～5 mm，木料通过水冷式螺旋进料器，并在氮气吹扫下送入反应器。反应器高 1.2 m，内径 0.4 m。丙烷和空气燃烧得到高温的惰性气体，和氮气混合后降温至 700～800℃后作为载气送入反应器，固相颗粒的滞留时间为0.6 s。反应器的出口温度约为 490℃，热解气经旋风分离后温度降为 400℃，以冷却的成品生物油作为冷却介质，采用文丘里雾化洗涤器对热解气进行冷凝，其热量由水冷式换热器带走，最终冷却温度约为 55℃。

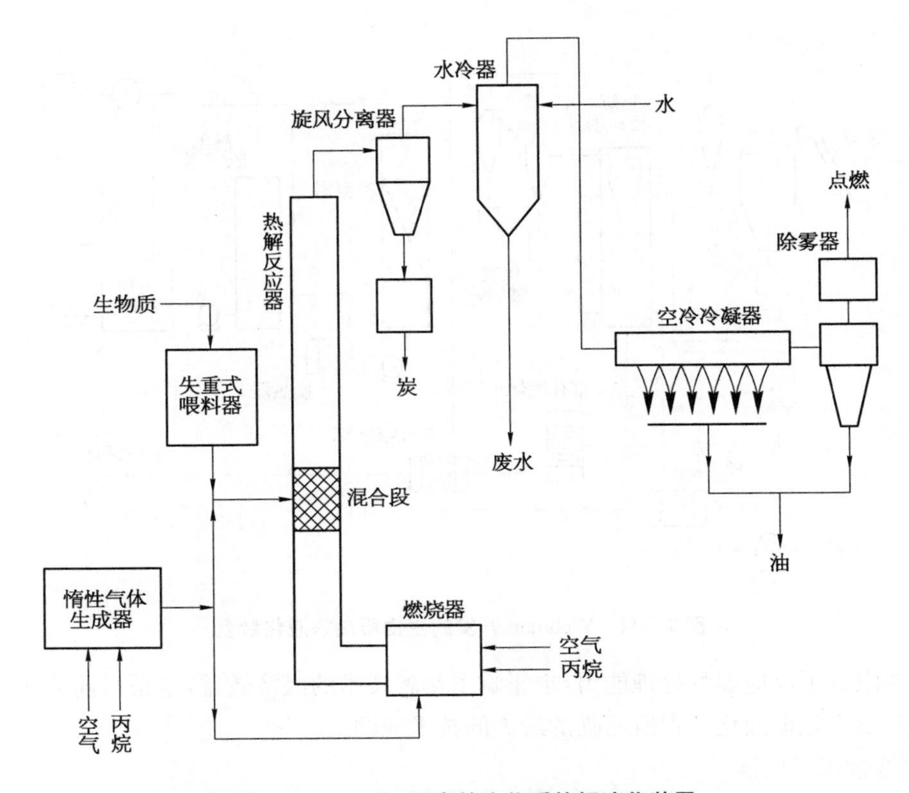

图 7-35　GTRI 开发的生物质热解液化装置

Egemin 早在 1991 年的时候将其热解技术规模放大并实现了商业应用，但运行过程中发现，依靠流化载气向生物质颗粒传递热量，在热量传递速率方面存在很大的问题，而且难以解决，最后 Egemin 中止了该项技术的深入研究。

(3) 小结

从热解过程来看，携带床反应器的工作特性比较简单。但目前 GTRI 和 Egemin 都已经终止了对各自开发的热解技术的深入研究，最主要的技术原因在于携带床反应器不能实现良好的热量传递来满足快速热解的要求。如果要改善载气和生物质颗粒之间的热量传递，只能通过增大载气使用量并增加反应器内的搅动来实现，这不仅大大增加了反应设备的体积，而且热解气体被大大地稀释，增加了冷凝收集的难度，生物油的产率一般较低。

4) 循环流化床反应器

在循环流化床反应器(Circulating Fluid Bed)中，热载体砂子随着热解副产物焦炭一起被吹出反应器，然后进入焦炭燃烧室，焦炭燃烧释放的热量加热砂子，热砂子返回液化反应器提供热解所需的能量，就构成了循环流化床热解过程。开发循环流化床热解工艺的研究单位主要有加拿大 Ensyn、希腊 CRES 和 CPERI、意大利 ENEL、芬兰 VTT 等。

(1) 加拿大 Ensyn

Ensyn 自 20 世纪 70 年代末就开始了生物质热解液化的研究，是目前世界上唯一实现生物质热解液化技术商业应用的研究单位，已经建立了多个热解液化工厂，遍布美国、

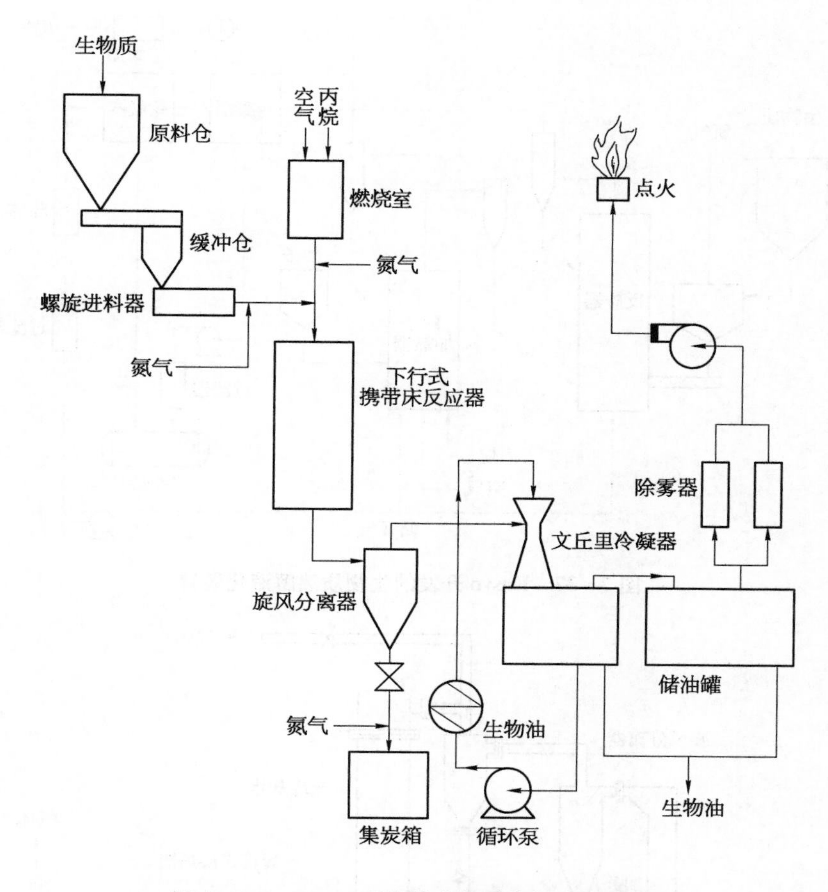

图 7－36　Egemin 开发的生物质热解液化装置

意大利、芬兰和加拿大等国，目前所开发的规模最大的装置日处理 50 t 生物质原料，出售给了美国 Red Arrow 公司。

Ensyn 至少已经开发了四代热解反应器，分别命名为 RTP－I、RTP－II、RTP－III 和 RTP－IV，如图 7－37 所示为基于 RTP－III 热解技术的液化装置。生物质热解所需的热量由高温砂子提供，热解焦炭和砂子的混合物经旋风分离后进入一个燃烧室，焦炭燃烧也采用了循环流化床工艺，经过加热后的砂子送入液化反应器。和鼓泡流化床相比，循环流化床内的气速一般较高，从而可以大大地缩短热解气的气相滞留时间。美国 Red Arrow 公司利用 Ensyn 的装置生产生物油并不是作为燃料油使用，从而作为化工原料从中提取食品添加剂，在热解过程中，为了及时获得热解的中间产物，气相滞留时间仅为几百微秒；而以制取生物油作为液体燃料的过程中，为了保证木素的裂解完全，需要稍长的气相滞留时间（$<$2 s）。

（2）希腊 CRES

CRES 自 1990 年开始生物质热解液化技术的研究，所开发的一套处理能力为10 kg/h 的液化装置如图 7－38 所示。在这套装置中，焦炭燃烧得到的高温烟气直接携带高温

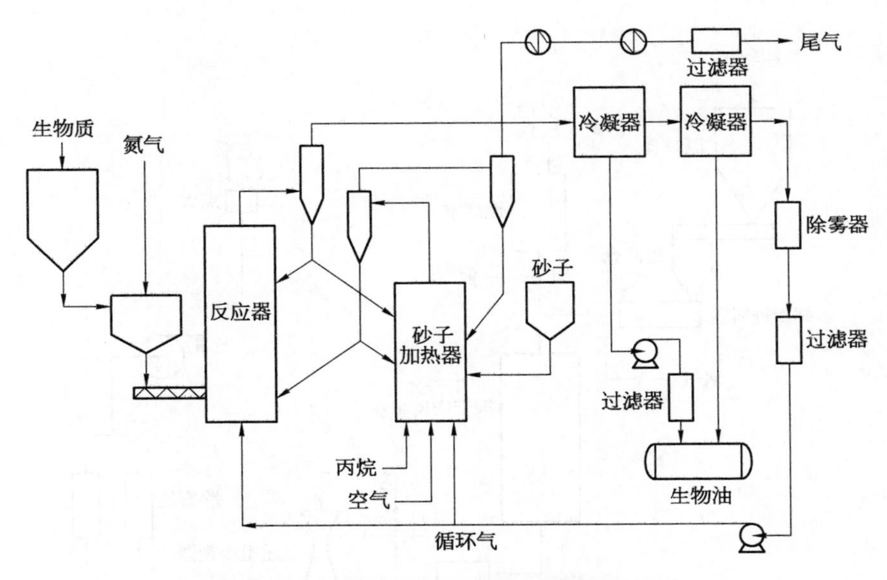

图 7－37 Ensyn 开发的生物质热解液化装置

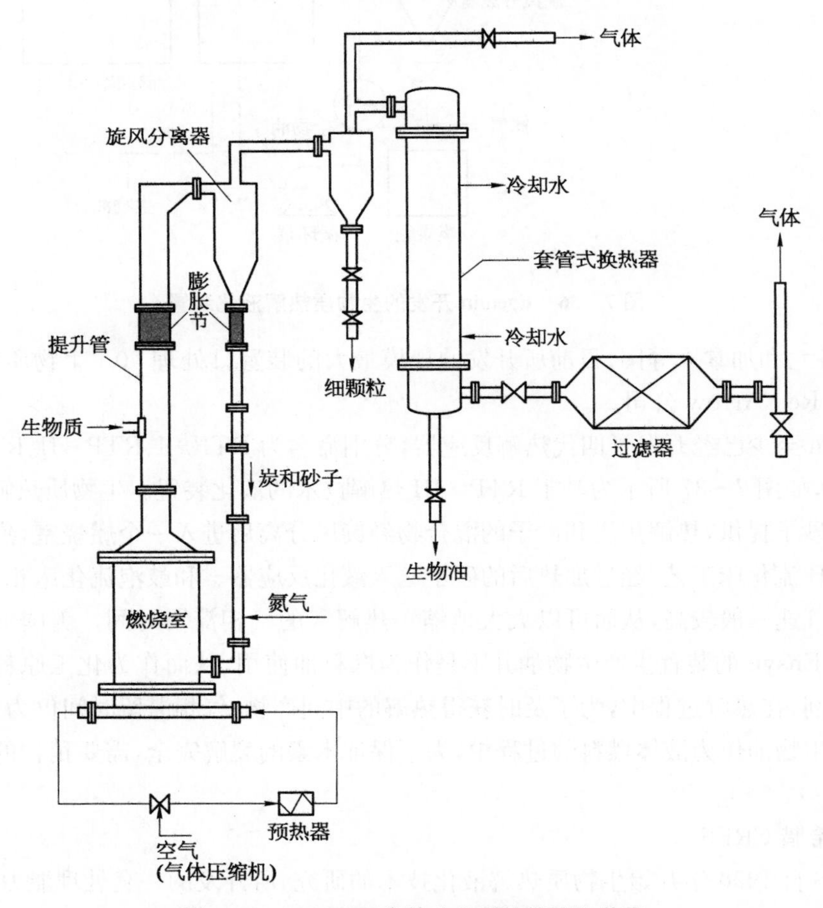

图 7－38 CRES 开发的生物质热解液化装置

的砂子进入液化反应器使生物质进行热解。该技术的一个显著特点是焦炭燃烧室和液化反应器两个部分合为一体,这能够有效地降低反应器的制造成本以及运行过程中的热量损失,但却会大大增加操作的复杂性以及运行的稳定性。

(3) 希腊 CPERI

CPERI 开发的一套用于生物质常规热解以及催化热解的小试装置如图 7-39 所示。在常规热解过程中只使用砂子作为热载体,在催化热解过程中使用砂子和催化剂的混合物作为热载体,热载体经旋风分离后由一个提升管送入燃烧室,然后依靠重力落入提升管热解反应器。

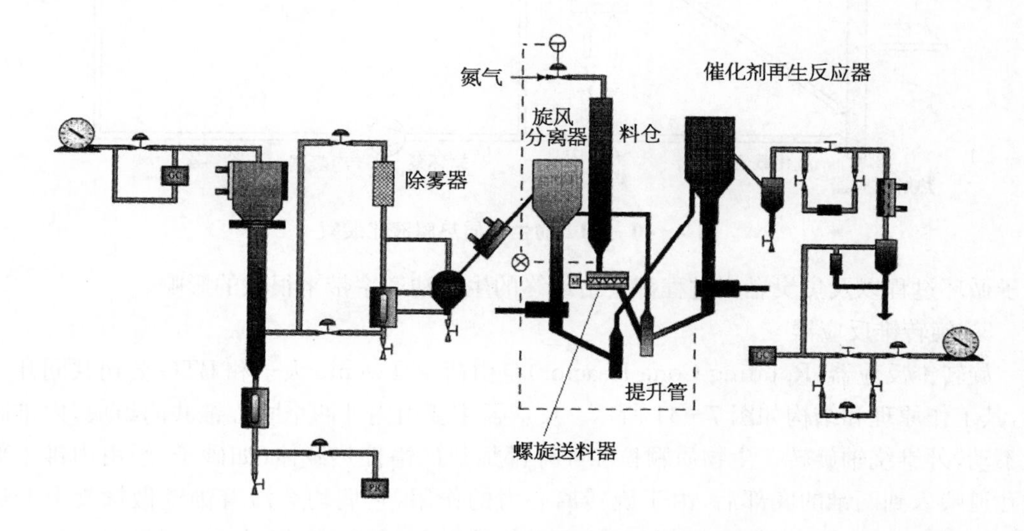

图 7-39 CPERI 开发的生物质热解液化装置

(4) 芬兰 VTT

VTT 从 Ensyn 引进了一套循环流化床生物质热解液化装置,在此基础上,对装置进行了一些改进,如图 7-40 所示。在这套装置中,焦炭燃烧采用鼓泡流化床工艺,砂子依靠重力落入液化反应器。VTT 并没有在热解技术的开发领域中开展大量的研究,但利用这套装置进行了很多其他的实验,如高温热解气过滤等。

(5) 小结

和鼓泡流化床反应器相比,循环流化床反应器的主要优点有:由于砂子的热容较大,依靠砂子向生物质热解提供热量,就能够显著提高装置的处理能力;由于反应器内流速高、碰撞运动剧烈,因而对生物质颗粒的粒径要求不是非常严格,可以使用稍大一些的生物质颗粒。循环流化床热解技术的主要缺点有:反应动力学较为复杂,对热解过程的控制较为困难;需要使用大量的流化载气,严重地稀释了热解气体,从而给热解气的冷凝带来很大的困难,而且载气升温降温过程会导致大量的能量损失;由于反应器内砂子和焦炭的运动剧烈,会给反应器带来严重的磨损;砂子循环和反应器温度控制较为困难,由于热解温度对生物油的产率影响很大,而反应器内的温度主要由砂子温度和循环量决定,因此

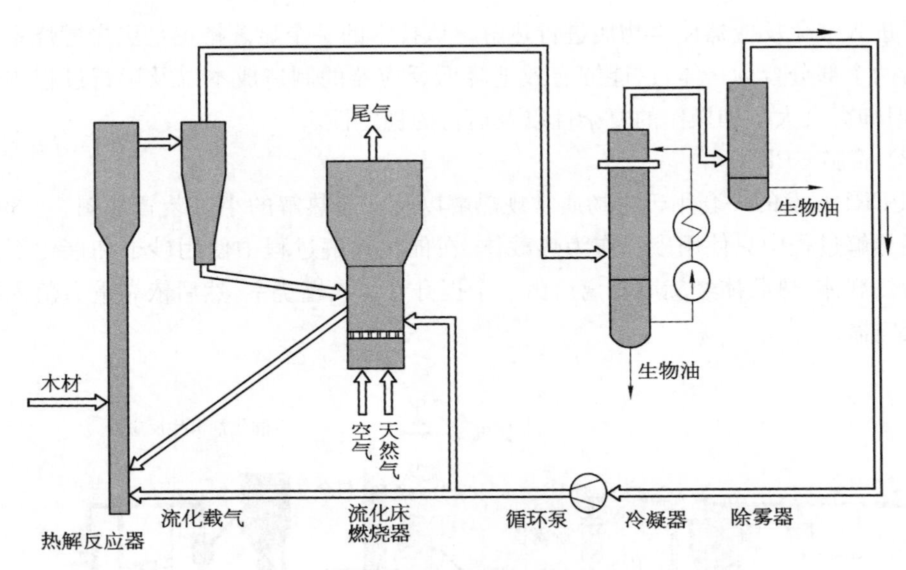

图 7－40 VTT 的生物质热解液化装置

砂子循环过程以及焦炭燃烧过程都会给最终的生物油产率带来很大的影响。

5）旋转锥反应器

旋转锥反应器(Rotating Cone Reactor)是由荷兰 Twente 大学和 BTG 公司共同开发的，其工作原理和结构如图 7－41 所示。反应器主要由内外两个同心锥共同组成，内锥固定不动，外锥绕轴旋转。生物质颗粒和经外部加热的惰性热载体(如砂子)经由内锥中部的孔道喂入到两锥的底部后，由于旋转离心力的作用，它们均会沿着锥壁做螺旋上升运动。同时，又由于生物质和砂子的质量密度差异很大，所以，它们做离心运动时的速度也会相差很大，二者之间的动量交换和热量交换由此得以强烈进行，从而使得生物质颗粒在沿着锥壁做离心运动的同时也在不断地发生热解反应，当到达锥顶时刚好反应结束而成为炭粒，砂子和炭粒旋离锥壁后落入反应器底部，热解气引出反应器后立即进行淬冷而获得生物油。BTG 公司所开发的热解工艺如图 7－42 所示，砂子和焦炭落入反应器底部后由空气吹入燃烧室，砂子经加热后依靠重力下落，进入旋转锥热解反应器。

旋转锥式热解反应器结构紧凑，因为它不需要惰性流化载体气，避免了载体气对热解气体的稀释，从而有效降低了工艺能耗和液化成本。但缺点是外旋转锥必须由一悬臂的外伸轴支撑做旋转运动，而支持外伸轴的轴承必须能够在高温和高粉尘工况下长时间可靠地工作，困难相当大。此外，砂子等惰性热载体不停地在两锥壁面之间做螺旋运动，它对高温壁面的摩擦磨损也将非常严重。

目前，BTG 已在马来西亚建成了一座日处理 50 t 棕榈壳的工业示范装置。生物油产率在 60％以上，这是所有达到工业示范级别的热解技术中产油率最高的，油品返销荷兰，主要用于锅炉燃烧发电。

6）烧蚀热解反应器

基于烧蚀热解的基本原理，很多研究单位开发了各种不同结构的烧蚀式热解反应器。

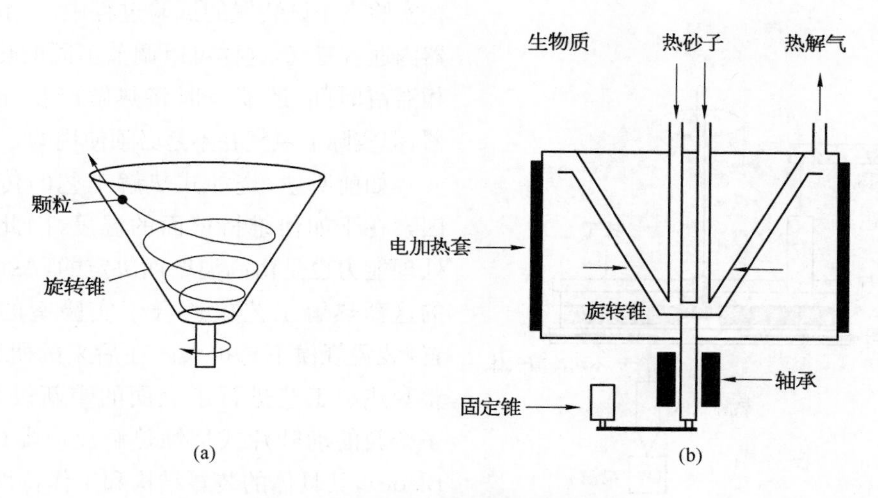

图 7-41　旋转锥反应器原理和结构

(a) 工作原理；(b) 反应器结构

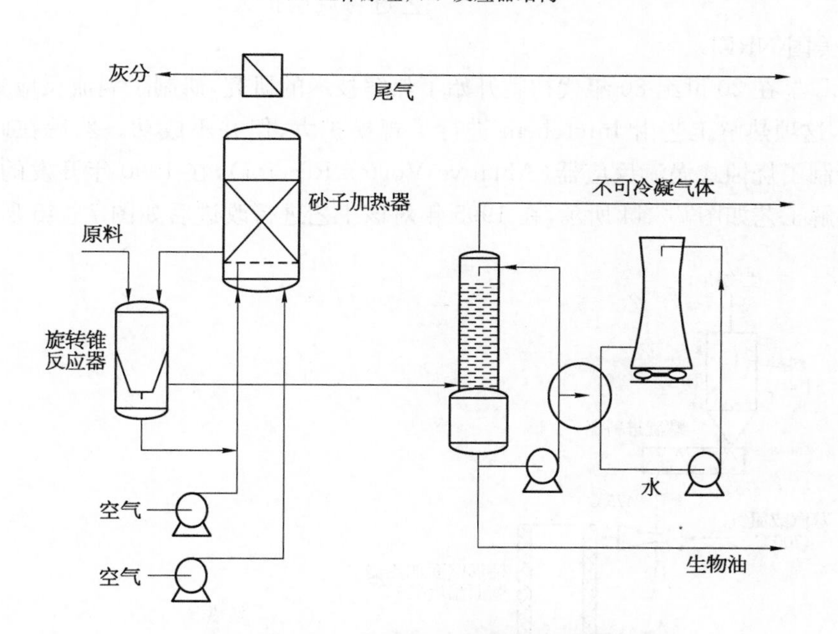

图 7-42　BTG 开发的生物质热解液化装置

到目前为止，有些热解反应器已经被废弃，也还有很多新型的反应器正处于研发的初步阶段，还有一些研究单位对其热解技术进行了很好地保密而无法得知其具体的热解工艺，下面对各种有报道的烧蚀反应器以及相应的研究现状进行简单的介绍。

(1) 英国 Aston 大学

Aston 大学开发的基于平板式烧蚀反应器(Ablative Plate Pyrolysis Reactor)的热解工艺如图 7-43 所示。在热解反应器中有四个不对称的叶片，以 200 r/min 的速率旋转，叶片的机械运动使颗粒紧贴高温反应表面运动，从而发生热解，高温壁面的温度一般控制为 600℃。

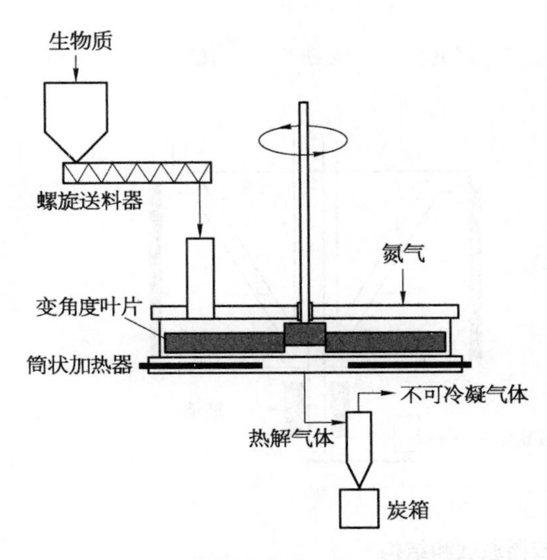

图 7-43 Aston 大学开发的平板式烧蚀热解装置

在实验室小试装置的试验过程中，一般向反应器内通入氮气，这样可以调节不同的热解气气相滞留时间，还能及时将热解产物导出反应器，但实际上氮气并不是必须使用的。

如前所述，烧蚀式热解工艺的传热限制因素在于如何维持壁面的温度，因此装置的处理能力也是由高温壁面决定的，Aston 大学的这套热解工艺仅适合于实验室的小试装置，装置规模不易扩大。在后来的研究中，对整套热解工艺进行了全面的重新设计，开发了全新的动叶片式烧蚀热解反应器（Moving Blade），其具体的装置结构和工作特性没有详细的介绍，目前 Aston 大学已经着手对新工艺进行规模扩大。

（2）美国 NREL

NREL 早在 20 世纪 80 年代初就开始了热解技术的研究，研制了涡流反应器（Vortex Reactor），这项热解工艺由 Interchem 进行了规模扩大，但并不成功。然后在此基础上，NREL 研制了烧蚀式涡流反应器（Ablative Vortex Reactor），在 1990 年开发的基于该反应器的热解工艺如图 7-44 所示，在 1995 年对该工艺进行改进后如图 7-45 所示。生物

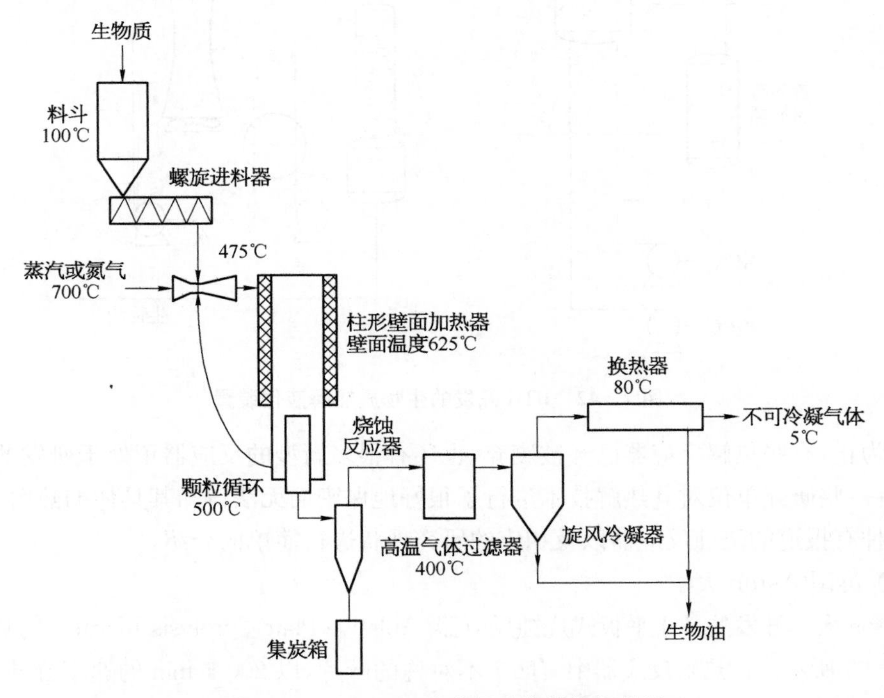

图 7-44 NREL 开发的涡流烧蚀热解装置

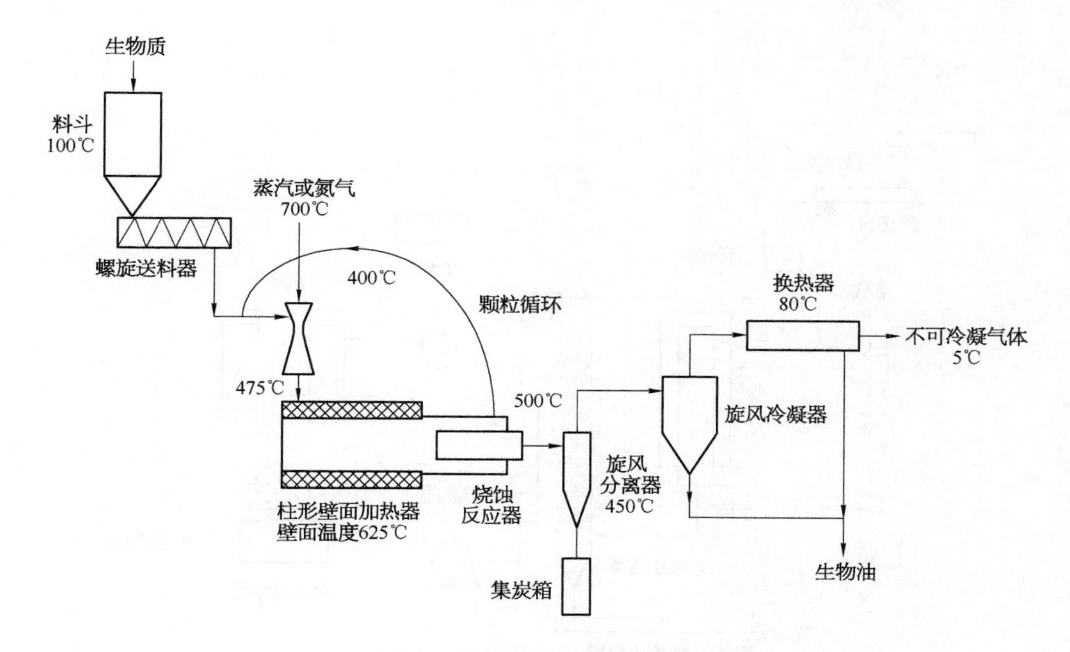

图 7-45 改进的涡流烧蚀热解装置

质颗粒由载气从切向带入反应器，颗粒的速度高达 400 m/s，由此产生很强的离心力。在反应器内部设有螺旋形的颗粒运动轨道，反应器外围采用电加热器供热。

(3) 美国 Interchem Industries Inc.

Interchem 分别对 NREL 开发的基于涡流反应器和烧蚀式涡流反应器的热解工艺进行了规模扩大。经过早先的一些试验之后，Interchem 在密苏里州的斯普林苏尔德建成了一套基于涡流反应器的热解装置，设计的处理能力为 32.7 t/d(1 360 kg/h)，1990 年建成。在这套装置中，采用不可冷凝气体燃烧释放的热量加热反应器壁面，取代了电加热器。在装置的试验过程中，遇到了很多问题：如颗粒循环不顺畅、颗粒分离较差、颗粒在反应器内运动速度远低于设计速度，从而导致堵塞以及装置的处理能力大幅降低等问题。装置调试初期的工作能力仅为 90 kg/h，后来对一些关键部件进行了改进，但处理能力也只提高到 180 kg/h，远低于设计处理能力。通过该装置的调试试验发现，这项热解技术的最大技术难题是如何保持颗粒在反应器内的高速运动，然而 NREL 和 Interchem 最终都没有能够解决这个问题，在 1992 年的时候该装置被废弃。

随后 Interchem 利用 NREL 新开发的烧蚀式涡流反应器，重新设计并重新选址在堪萨斯州欲另建一套液化装置，新装置的工艺如图 7-46 所示。但是同样由于技术上的原因，这套装置一直都没有完成，在 1997 年的时候，NREL 和 Interchem 最终中止了所有的研究。

(4) 加拿大 BBC

BBC 开发的基于连续烧蚀反应器(Continuous Ablation Reactor)的热解技术如图 7-47 所示，该装置是以废旧橡胶为原料的，但如果对装置进行一些改动，完全可以用于生物

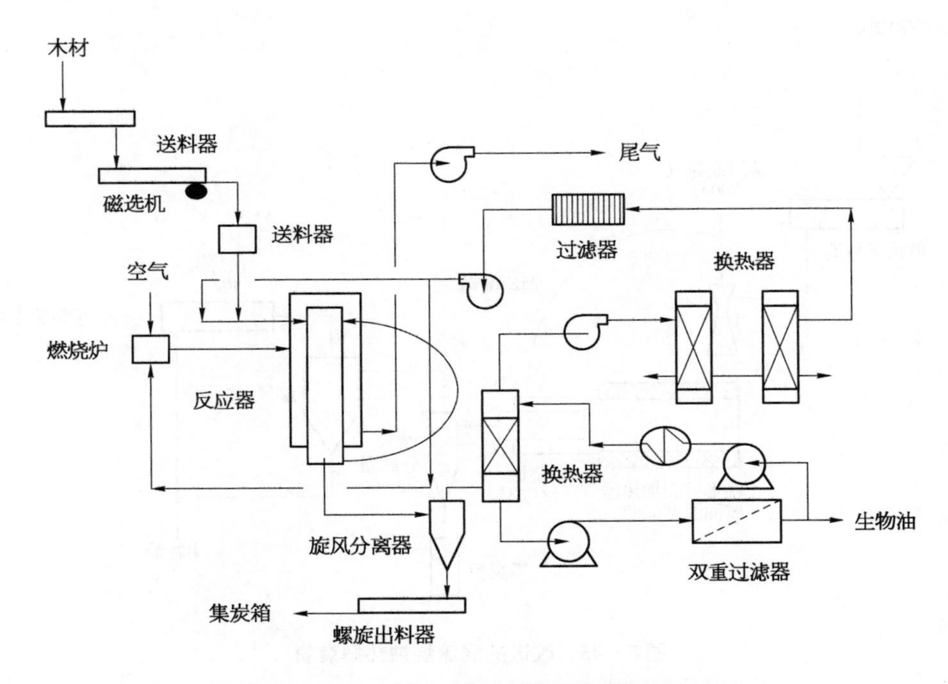

图 7-46 Interchem 开发的烧蚀式涡流热解装置

质原料的快速热解。反应器的具体结构没有详细的说明，橡胶颗粒由氮气送入反应器，和高温壁面接触后发生热解，热解气的气相滞留时间由氮气的用量控制。反应器外围设有加热器，反应器内部可以加入催化剂以实现催化热解。

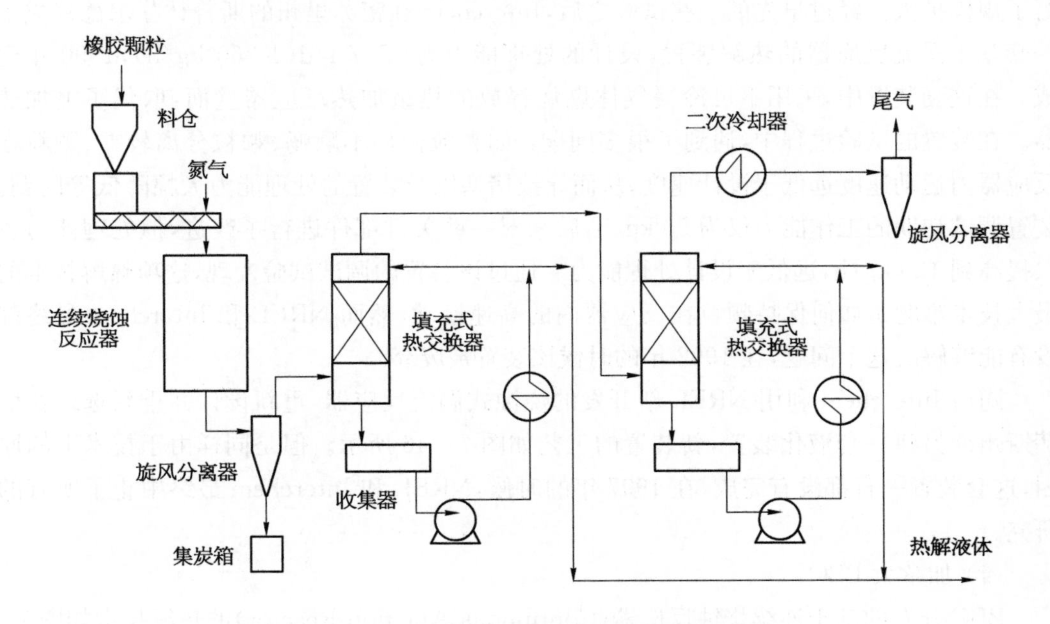

图 7-47 BBC 开发的烧蚀式涡流热解装置

BBC所研制的处理能力为10～25kg/h以及50kg/h的小试装置都显示出了较好的热解效果，后来BBC将该技术转让给了加拿大Castle Capital公司，后者在新斯科舍省Halifax建立了一套处理能力为50t/d的装置，下面会进行介绍。

(5) 加拿大Castle Capital公司

在BBC开发的连续烧蚀式热解工艺的基础上，Castle Capital公司建立了一套日处理50 t原料的连续烧蚀式热解装置，如图7-48所示。原料由经过预热的载气送入反应器，调节合适的载气流速以保证颗粒运动的速度，反应器采用间接加热的方式，正常工况下反应器的工作压力为34.5～55.15 kPa。热解产生的不可冷凝气体部分作为载气使用，部分直接燃烧向反应器提供热量。

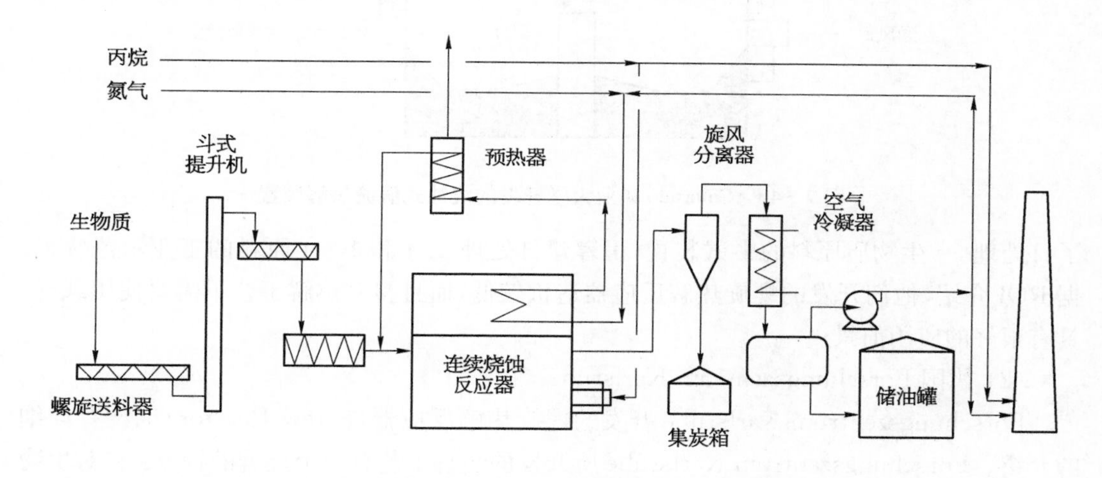

图7-48　Castle Capital开发的烧蚀式涡流热解装置

(6) 美国科罗拉多州矿业大学

科罗拉多州矿业大学研制的热解磨(Pyrolysis Mill)反应器如图7-49所示。反应器主要由上下两块铜块组成，上块固定，下块转动，转速为80 r/min。生物质物料由加料口经上层铜块进入两铜块之间的空间，在离心力的作用下沿着高温铜块运动并热解，反应压力由位于下层铜块下面的弹簧控制。试验结果表明，干基生物质在这套装置中热解最高生物油产率可达54%。

由于存在着很多技术难题，这项热解工艺仅经历了初步的实验室研发就被废弃了。

(7) 德国Pytec

Pytec开发的烧蚀式热解技术没有详细的介绍，其热解基本过程是生物质物料在机械力的作用下和一个旋转的高温壁面接触热解。目前，Pytec已经建成了一套处理能力为12t/d的热解装置，还将开发更大处理能力的装置。

7) 螺旋热解反应器

(1) 加拿大Renewable Oil International(ROI)

ROI开发的螺旋热解反应器(Auger Reactor)没有详细的介绍。目前，ROI已经建成

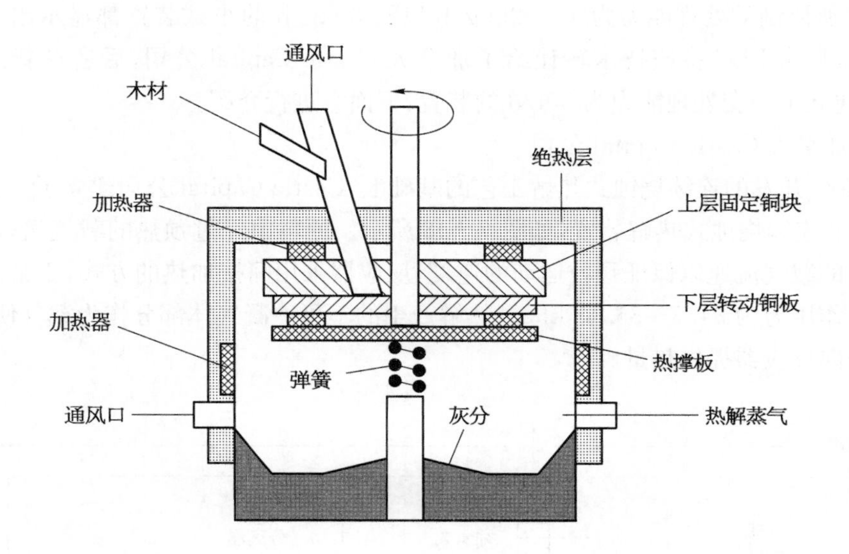

图 7-49 Colorado 矿业大学开发的烧蚀式涡流热解装置

了日处理 5 t 生物质原料的中试装置，正筹建日处理 25 t 和 100 t 原料的工业示范装置。据 ROI 介绍，他们开发的螺旋热解反应器造价较低，而且整套热解工艺不需要使用载气，具有很好的应用前景。

(2) 德国 Forschungszentrum Karlsruhe

Forschungszentrum Karlsruhe 开发的螺旋热解反应器(Screw Reactor)也没有详细的介绍。Forschungszentrum Karlsruhe 所开发的热解工艺有一个显著的特点：在对生物质进行快速热解后并不对产物进行气固分离而是直接冷凝，从而得到生物油和焦炭的浆状混合物，作为气化合成气原料。目前这项技术还没有进入工业示范研究。

8) 真空热解反应器

真空热解(Vacuum Pyrolysis)技术是由 Chistian Roy 和他的研究小组所开发的。1985 年 Chistian Roy 成立了 Pyrovac Institute Inc. 研发中心，1996 年成立了 Pyro Systems Inc. 公司，主要目的是将真空热解技术进行规模扩大。最后，经过多年研究并完善的真空热解技术由 Pyrovac International Inc. 公司开展工业示范研究。

基于真空热解反应器的热解技术如图 7-50 所示。物料干燥和粉碎后在真空下导入热解反应系统，反应系统由两块高温水平夹板构成，采用融盐混合物进行加热并使温度维持在一定值(530℃)，而融盐则由热解产生的不可冷凝气体燃烧加热，还采用电感应加热器使反应器内的温度保持恒定。生物质热解气体由真空泵从反应器内抽出后冷凝。试验研究表明，反应在 450℃和总压力为 15 kPa 的条件下进行，可以获得较高产率的生物油和具有良好表面活性的焦炭。

真空热解实际上是一种慢速至中速热解，生物油产率较低(35%～40%)。Pyrovac 在 2000 年成功建立了日处理 93 t 生物质原料的工业示范装置，但由于真空热解生物油产率较低，而且生物油黏度大，使用困难，缺乏相应的应用市场，在 2002 年之后，Pyrovac 终

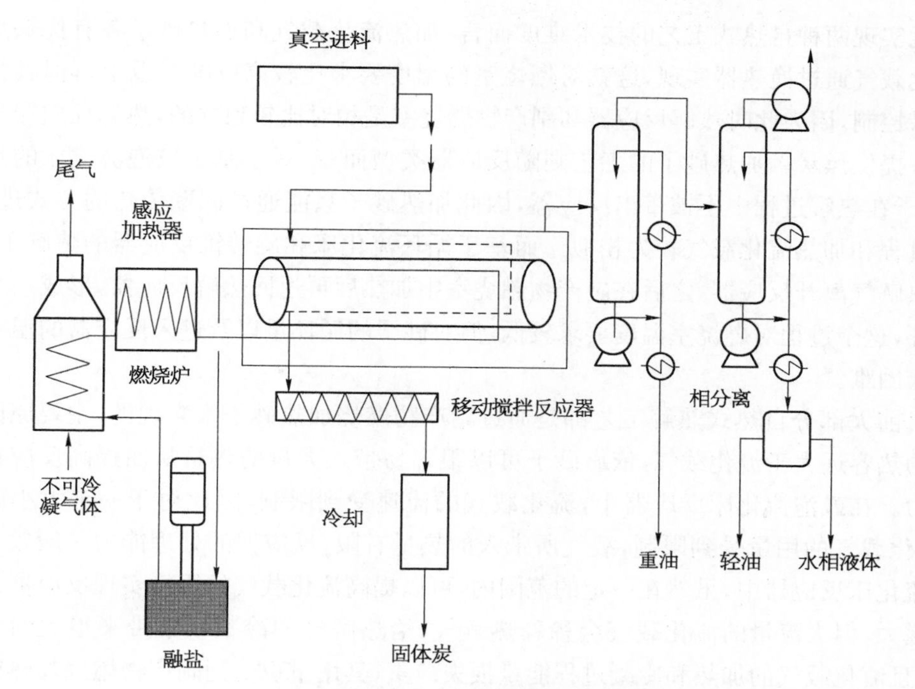

图 7-50 Pyrovac 开发的真空热解装置

止了这项技术的推广应用。

7.4.2 生物质热解液化辅助设备

生物质热解是一个吸热过程,需要源源不断地向反应器内提供热量。不同的研究表明,生物质热解所需的热量是比较少的,如 NREL 早期的研究表明生物质快速热解所需的能量仅为 230 kJ/kg;何芳等利用同步热分析仪确定小麦秸秆从 303 K 到 773 K 过程的升温和热解所需的总热量为 558 kJ/kg;其他的一些研究表明生物质热解所需热量都不超过 1 000 kJ/kg;Dynamotive 的流化床小试装置上的能量衡算表明,生产 1 kg 生物油所需提供的全部热量为 2.5 MJ。生物质快速热解一般得到 50%~75%的生物油,其余产物为焦炭和燃气,每千克生物油热解得到的焦炭和燃气的总能量大于其热解所需的热量。这表明完全可以利用热解副产物来为生物质热解提供能量,从而实现自热式的热解液化。

热解副产物燃烧向反应器供热的方式对热解过程有很大的影响,直接将副产物燃烧得到的高温烟气送入反应器供热是不太适宜的,主要原因如下:两种副产物燃烧都会产生水蒸气,水蒸气会最终随着热解气被冷凝到生物油中,从而对生物油的品质有很大的影响;燃烧尾气中一般都会有残留的氧气,氧气的存在会改变生物质的热解途径从而大大降低生物油的产率。因此,针对不同的热解反应器,自热式热解过程只能通过副产物燃烧首先加热载气(一般循环利用热解产生的燃气)、热载体砂子或者烧蚀式反应器的金属壁面,再由这些蓄热体将热量传递给生物质物料。在目前开展的研究中,只有前两种自热式工艺研究较多,因此下面主要对这两种工艺进行比较。

就实现两种自热式工艺的技术难度而言，加热流化载气和加热砂子各有优缺点。加热流化载气通过换热器实现，这就对燃烧室的温度要求比较高(800℃以上)，但其操作过程容易控制，因为此时热解反应器和副产物燃烧室是相对比较独立的，热解反应器只是向燃烧室提供焦炭。加热砂子的工艺则随反应器类型而变，对于基于鼓泡流化床的热解工艺，砂子在热解过程中不被带出反应器，因此加热砂子只能通过固壁传热的方式进行，其操作过程和加热流化载气较为相似。而基于循环流化床和旋转锥反应器的热解工艺，砂子随热解气离开反应器，之后在副产物燃烧室中加热后再返回热解反应器，形成一个完整的循环，这个过程对燃烧室温度要求较低，但对砂子的循环量以及进入反应器的温度控制都比较困难。

目前大部分自热式热解工艺都是通过副产物燃烧加热砂子来实现的，主要原因在于砂子的热容远大于流化载气，依靠砂子可以很容易带入大量的热量从而提高反应器的处理能力。在鼓泡流化床反应器中，流化载气的流速受到限制，因此对于一定大小的反应器，流化载气的用量受到限制，载气所带入的热量有限，反应器的处理能力一般较小。在循环流化床反应器中，虽然在一定的范围内，可以提高流化载气的用量实现反应器处理能力的增大，但大流量的流化载气会稀释热解气，给热解气的冷凝收集带来很大的负面影响，而且流化载气的加热和冷凝过程能量损失严重，其用量也受到副产物燃烧加热能力的限制。由于反应器的处理能力直接决定了热解液化的经济效益，因此通过砂子进行热量循环是实现自热式热解液化的一种有效手段。

虽然生物质热解所需的热量并不多，但自热式热解过程必须依靠砂子(或者载气和金属壁面)来实现热量的传递，能量利用效率较低。大部分研究都表明，单独采用副产物燃气为热解供热是不够的，而单独采用焦炭供热在部分热解工艺和装置上能够满足能量需求，也有部分热解工艺和装置需要同时使用焦炭和燃气来供热。

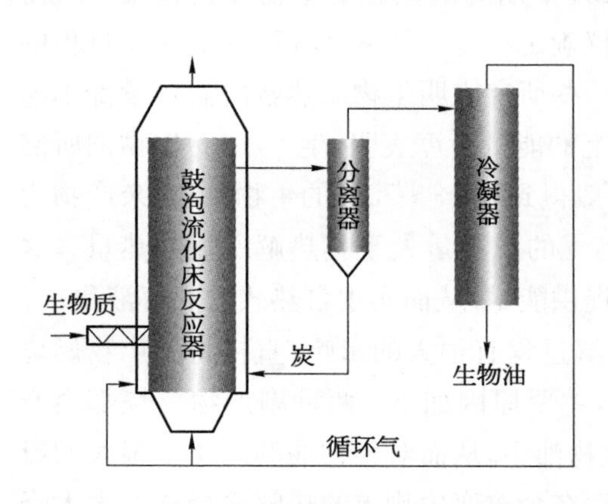

图7-51 基于鼓泡床反应器的自热式热解工艺

加拿大 DynaMotive 开发的基于鼓泡流化床反应器的热解工艺并不是完全自热式的，主要采用燃气并补充少量天然气作为热解热源，焦炭作为一种副产品出售。试验表明，燃气可以提供热解所需的75%的热量。采用气体燃烧的供热方式最大的优点在于燃烧的组织比较容易。最理想的供热方式则是利用焦炭和燃气共同燃烧提供能量，其工艺示意图如图7-51所示。荷兰BTG开发的基于旋转锥反应器的自热式热解工艺如下：将反应器底部的炭粒和砂子及时引出，导入一个流化床式燃烧室，砂子加热到所需要的温度后进行气固分离，然后再喂入到旋转锥反应器，从而构成热量循环，其工艺示意图如图7-52所示。基于循环流化床反应器的最佳自热式热解工艺为：砂子随同焦炭经旋风分离器后进入一个流化床式燃烧室，砂子加热到所需温度后送入液化反应器，其工艺示意图如图 7－53 所示。

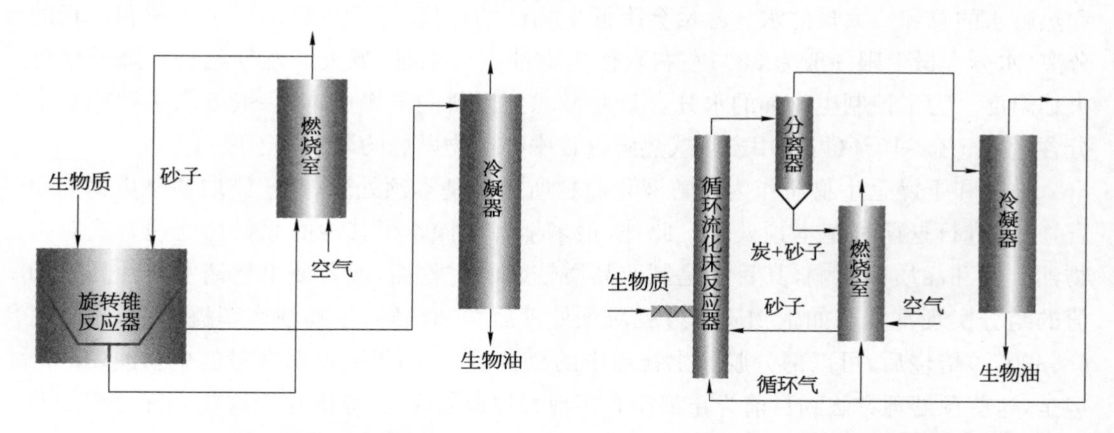

图 7－52 基于旋转锥反应器的自热式热解工艺

图 7－53 基于循环流化床反应器的自热式热解工艺

7.4.3 生物质热解液化典型工艺介绍

(1) 原料预处理

生物质是一种不良热导体[沿着纹理方向的传热系数约为 0.1 W/(m·K)，而垂直于纹理方向仅为 0.05 W/(m·K)]，而快速热解要求颗粒在反应过程中迅速升温，因此颗粒粒径越小，越有利于颗粒的快速升温；此外，生物质颗粒表面受热后首先生成炭，炭的存在会阻碍热量向颗粒内部传递，这是使用小颗粒原料的另一好处。但与此同时，原料破碎要求越严格，处理费用也越高。

不同热解反应器对原料粒径的要求有较大的差别。如前所述，在烧蚀式热解反应器中，由于生物质颗粒和高温金属壁面存在着较大的相对运动速度，摩擦作用可以及时地将热解生成的焦炭从颗粒表面剥落，因此烧蚀式热解反应器可以使用较大的生物质颗粒，一般而言，最大原料粒径达 2 cm。在流化床式反应器中，生物质颗粒在运动过程中自身以及与砂子之间都存在着碰撞，携带床反应器由于不使用砂子，碰撞剧烈程度最差，鼓泡流化床次之，循环流化床内的碰撞最强烈。然而研究表明，流化床式反应器内颗粒之间的碰撞对生物质表面焦炭的剥落效果远不及烧蚀式反应器。一般而言，携带床反应器要求生物质颗粒粒径不超过 2 mm，鼓泡流化床反应器适用的粒径一般为 2 mm 左右，而循环流化床反应器对原料的粒径要求相对较宽，一般允许的最大粒径达 6 mm。旋转锥反应器从其工作特性来看，对生物质颗粒有摩擦和碰撞作用，但为了缩短热解气的气相滞留时间并同时使生物质颗粒热解完全，一般使用极细的颗粒，约为 0.2 mm。真空热解由于并不是快速热解，一般使用较大的颗粒，适用的最大粒径可达 6 cm。

生物质原料中一般都含有一定量的水分，由于水分的气化潜热较大(2.3 MJ/kg)，对生物质颗粒的升温速率有很大的影响，因此水分含量越少，越有利于颗粒的快速升温。水分受热蒸发最后随着热解气被冷凝到生物油中，由于热解过程会发生大量的脱水反应，无水原料热解所获得的生物油水分含量一般为12%～15%，生物油最终水分含量为原料水和热解水的总和。大量的水分含量会降低生物油的热值、导致生物油出现水相和油相的分离（水分含量上限一般为30%左右）、使生物油点火困难、着火滞燃期延长并降低燃烧火焰温度。为了控制生物油的水分含量并考虑到原料的干燥成本，一般要求热解原料水分含量为5%～10%（可利用自热式热解过程中副产物燃烧的尾气来干燥）。

破碎和干燥是生物质作为热解液化原料所需的基本预处理，对于制取初级生物油而言，只需进行这两种基本预处理。此外，很多学者还探索了其他的原料预处理方式对生物油产率和品质的影响，其目的是制取品质较好的生物油，或者使生物油中某种高附加值的组分实现富集。如生物质经过脱灰预处理后快速热解，生物油产率提高；经过低温（＜300℃）焙烧后，可以部分脱除生物质中的氧含量，从而得到低氧含量的生物油；等等。但是，这些预处理方法到目前为止都没有实现大规模的应用，原因在于这些处理过程的费用过高并且会引起环境污染问题。

（2）进料

生物质的挥发分很高，受热后极易软化黏结从而堵塞进料系统。如前所述，生物质在150℃左右就开始有化学活性，到250℃时则发生热解反应，因此进料系统设计的关键问题是防止生物质物料受热软化。

螺旋进料器是最常用的进料装置，在早期的研究中，采用单级螺旋的进料方式一般有两种。第一种方法是螺旋进料器直接和反应器相连，螺旋出口设在反应器内部，然而这种进料方式很容易赌料而使实验无法连续进行，主要原因在于：螺旋受热后温度升高，而生物质物料在螺旋内的停留时间是由螺旋转速（也就是反应器的处理能力）所决定的，如果停留时间过长达到软化温度就会堵塞进料系统。第二种方法是螺旋进料器不直接和反应器相连，螺旋出口连接一个斜管或竖管，物料在惰性气体（如氮气或热解不可冷凝气体等）的吹扫下进入反应器，这种进料方式虽然避免了因为螺旋的升温而导致的堵料问题，但也存在很多问题：吹扫气体的使用使进料系统变得复杂；吹扫气体不仅会影响流化床反应器内的流化状态，还会影响反应器内的温度，而热解温度对生物油的产率有很大的影响；当生物质原料的流动性能较差时，如颗粒粒径大，形状不规则等，物料容易在管道中架桥而无法进入反应器；当反应器内压力变化时，会影响吹扫气的流量，导致进料不稳定。

近年来，国外一些研究单位以及中国科学技术大学生物质洁净能源实验室都独立研发了由两级螺旋进料器构成的进料系统，第一级为低速螺旋，主要用来控制生物质的进料速率；第二级为高速螺旋，主要是将第一级螺旋送来的物料在没有充分升温之前送入反应器，以克服生物质受热软化而带来的进料困难。大量的实验表明，反应器内工作压力正常，没有气体反串等问题，两级螺旋进料完全解决了生物质的进料问题。

（3）气固热解产物分离

从反应器出来的高温热解产物在快速冷凝之前必须要进行气固分离。热解产物中的固体颗粒主要是炭粒和砂子。根据所用原料不同，炭粒形态和大小各异。当使用林木生物质时，由于原料灰分低和炭粒机械强度较高，炭粒较重、较大，故而分离起来较为容易；

而当使用秸秆一类的生物质时，由于原料灰分较高和炭粒机械强度较弱，炭粒较轻、较细，故而分离起来相对较为困难一些。因此，应根据原料特点有针对性地设计热解产物气固分离设备。

热解产物离开反应器的温度一般为 400～500℃，在管道输送和气固分离过程中，温度一般总是要下降的，而热解气中有很多高冷凝点的组分，如果温度下降过多，或管壁和器壁温度梯度过大，则有机蒸气有可能在壁面冷凝，并进而与固体颗粒黏附形成结实的焦垢，严重时将会堵塞管道，且很难清除，另一方面也影响生物油的产收率。因此，热解产物在气固分离过程中如何不让有机蒸气出现凝结也至关重要。

最常用的气固分离装置是旋风分离器，一般而言，旋风分离器对 10 μm 以下颗粒的分离效率较差(<90%)，而且随着装置规模的扩大，旋风分离器的效率会逐渐下降。生物质物料在反应器内经历摩擦或碰撞，一般总会产生很多小颗粒的炭粒，摩擦或碰撞越剧烈，产生的小粒径炭粒也越多。因此只采用旋风分离器的热解系统，得到的初级生物油中必定含有一定量的固体颗粒(主要是炭粒)，最高含量可达 3%，炭粒的粒径一般为1～200 μm(绝大部分小于 10 μm)。此外，生物质原料中的灰分在热解过程中基本都浓缩在炭粒中，而灰分中含有多种金属元素，因此炭粒中的金属含量是生物质原料的 6～7 倍。炭粒的存在会给生物油的存储和燃烧带来很多不利的影响：炭粒在保存过程中逐渐联合并吸附一些木素裂解物形成沥青状的沉淀物，以催化剂的形式加速生物油的老化；炭粒在燃烧过程中会磨损雾化喷嘴，并且难以燃尽，使得烟气中颗粒排放物超标，此外灰分中的一些碱金属元素(如钾和钠等)在高温下会形成低沸点的化合物，以液态的形式黏附到锅炉和发动机等设备的部件上，从而腐蚀这些设备。

随着近代发动机等的供油系统越来越精密，对燃料的洁净性要求越来越高，必须严格控制生物油中的固体颗粒含量。然而由于炭粒对木素裂解物的吸附作用，使得常规冷态生物油过滤很难进行。解决方法一般有两个：一是在冷态过滤情况下，添加甲醇等助剂对生物油进行稀释，但该方法仍不可避免地会损失部分生物油组分；另一是直接对经过旋风分离器后的热解气进行高温气体过滤，高温热解气过滤器(类似于传统的袋式除尘器)和静电除尘器等仪器都显示出了很好的过滤效果，但是静电除尘由于投资和运行成本都比较昂贵，应用较少。高温热解气过滤器目前还有很多技术难题需要解决，将会在第 8 章中进行讨论。

(4) 热解气冷凝与生物油收集

生物质热解气并不是纯的气相组分，而是含有很多小粒径的胶质颗粒，类似于烟；热解气的组分非常复杂，与纯物质在一定压力下具有单一的冷凝温度不同，多组分气体冷凝是在一个温度范围内进行的；此外，热解气又是一种非热力学平衡产物，在冷凝过程中会发生一系列聚合和缩聚反应形成大分子物质。热解气的这些特性给其冷凝过程带来了很多困难：即使热解气的温度已经降至露点温度以下，胶质颗粒还需要在和固壁或液滴接触的情况下才能凝结收集，在流化床式热解系统中，大量流化载气的使用极大地稀释了热解气，给胶质颗粒的收集带来了更大的困难；冷凝速率对生物油的品质有很大的影响，在早期的研究中，仅采用降膜冷凝(即间壁式冷凝)的热解装置，由于降膜冷却速度较慢，所获得的生物油出现了水相和油相的分离，水相部分由于含有大量的水而基本无法应用，油相部分黏度太大也很难应用；热解气中含有很多低沸点的组分，如甲醛、乙醛、羟基乙酸、乙二醛、丙酮、甲醇等组分的沸点都低于 70℃，因此冷凝温度一定程度上决定了生物油的收率。

目前而言，最适合生物油冷凝的方式是喷雾冷凝与降膜冷凝相结合的冷凝方式，即：首先以成品生物油作为冷凝液，使之雾化后直接喷洒到高温热解气中，细微的冷凝液直接与热解气接触，胶质颗粒和生物油液滴相接触后被收集，热解气迅速降温从而抑制聚合和缩聚等反应的发生；然后再采用降膜冷却将冷凝产生的热量透过液膜被冷凝管另一侧的冷却水带出冷凝器，同时让低沸点的组分在液膜气液界面进一步发生冷凝。目前这种冷凝方式已经基本被确认并被大规模应用，对热解气中可冷凝部分的收率很高。

冷凝器设计的关键问题在于合理地匹配喷雾冷凝和降膜冷凝过程：首先，冷凝速度的快慢决定了热解气发生聚合和缩聚反应的程度，故一定程度上决定了生物油的收率与品质；其次，生物油本身也是一种不稳定的液体，其雾化液滴在与高温热解气接触之后升温会使老化反应加快。生物油的变性温度约为 80℃，而超过 100℃后生物油则迅速恶化。因此在喷雾冷凝过程中，增加冷凝液体的流量显然对快速降低热解气温度和控制成品油温度升高有利；但另一方面，过多冷凝液进入降膜冷凝阶段会增大降膜过程中的液膜厚度，从而增加降膜冷凝的负荷，如果降膜冷凝效果太差，不仅低沸点组分不能得到充分冷凝，生物油收率降低，而且用作冷凝液的生物油长时间处于较高温度也会导致老化加剧。

由于热解气组分的复杂性，对其冷凝过程的传热传质特性目前还少有研究，从而使得冷凝器的设计都是依据经验而定，缺乏理论的指导依据。对这一方面的研究，还需要加强，因为对热解气冷凝特性的了解，可以指导热解气的选择性冷凝(分级冷凝)。对于以得到液体燃料为目的的冷凝，如果能实现一部分水分和轻质组分从生物油中分离，生物油的品质将得到提高。如 VTT 在处理量为 20 kg/h 的流化床热解装置的试验中，通过调整冷凝器的温度(降膜冷凝的最终温度)为 45～55℃，最多可以去除 23%的水分并损失 9%的轻质组分，这些组分收集在下一级的除雾器中。在工业应用装置中，这部分物质可以送入燃烧炉中燃烧提供热解所需的热量。由此得到的生物油刺激性气味减弱，热值增加，闪点变大，安定性提高。

7.5 国内在生物质热解液化技术领域的发展现状

我国自 20 世纪 90 年代中期开始研究生物质热解液化技术以来，已有不少部门和单位在这方面开展了大量研究，如沈阳农业大学在科技部和联合国教科文组织的资助下，于 1996 年从荷兰 Twente 大学引进了一套处理能力为 50 kg/h 的旋转锥式热解反应器，在国内较早开展了生物质热解液化试验研究；山东理工大学在“十五”863 项目资助下，研制出了以陶瓷球为热载体的下降管式生物质热解液化试验装置；东北林业大学在“十五”863 和国家林业局 948 工程的资助下，研制出了旋转锥式生物质热解液化试验装置。

7.5.1　沈阳农业大学

（1）实验设备

沈阳农业大学从荷兰引进了旋转锥生物质热解装置，该装置包括以下三个主要部分。

① 进料系统：由 N_2喂入器、木屑喂料器和砂子喂入器组成。预先粉碎的木屑由送料器送到反应器中，一般在喂料器和反应器之间通一些 N_2以加速木屑的流动，防止木屑堵塞。与此同时，预先加热的砂子也被输送到反应器中。

② 反应器部分：喂入到旋转锥底部的木屑与预先加热的惰性热载体砂子一起沿着旋转的高温锥壁呈螺旋状上升，在上升过程中，炽热的砂子将其热量传给木屑，使木屑在高温下发生热解生成蒸气，这些蒸气迅速离开反应器以抑制二次裂解的发生。

③ 收集部分：由旋风分离器、冷凝器、热交换器和砂子及木炭收集箱组成。离开反应器的热解蒸气首先进入旋风分离器，在其中将固体炭粒分离，随后热解蒸气进入冷凝器中，其中可冷凝部分冷凝成生物油，产生的生物油在冷凝器和热交换器之间循环，其热量被冷却水带走，最后从循环管道中放出生物油。不可冷凝气体排空燃烧。

该装置能够测量或控制砂子加热温度、反应器温度、压力、旋转锥转速、木屑喂入量、N_2流量、砂子流量、冷却水流量等参数。此外，在实验中还采用了台秤和天平分别称出砂子、木屑和生物油质量，用 XMZ 型数字显示调节仪测量热交换器油管及冷却水管的温度，用转子流量计测量不可冷凝气体的流量，用 SQ－206 气相色谱仪分析不可冷凝气体成分。

（2）实验条件

实验条件如表 7－9 所示。反应在常压下进行，原料为松木木屑，其粒径小于 200μm，含水率为 5.8%，低位热值为 18 000 kJ/kg。实验前对砂子流量、冷却水流量、木屑流量进行了标定，然后进行实验。

表 7－9　热解实验条件

项目	旋转锥转速 (r/min)	反应器温度 (℃)	旋风温度 (℃)	氮流量 (kg/h)	砂子流量 (kg/h)	热交换器冷却水流量(kg/h)
实验 1	600	600	500	72	500	1 480
实验 2	600	600	500	72	720	1 480

两次典型的实验结果如表 7－10 所示，实验时间为 0.5 h，生物油的收率分别为 40.74%和 53.37%。

（3）三种产物

① 生物油：采用 GC－MS 对生物油成分进行分析，检测结果表明，生物油成分非常

复杂，主要由（苯）酚、多环芳香族化合物、糠醛、丁二酮、甲酸、左旋葡聚糖和其他中性含氧化合物组成，其低位热值为 16 595 kJ/kg，高位热值为 18 180 kJ/kg。

表 7-10 热解产物分布

项目	木屑		生物油		不可冷凝气体		木炭	
	消耗量（kg）	喂入率（kg/h）	产量（kg）	得率（%）	产量（kg）	得率（%）	产量（kg）	得率（%）
实验 1	9.4	18.80	3.83	40.74	2.797	29.76	2.773	29.5
实验 2	13.21	26.42	7.05	53.37	2.833	21.45	3.327	25.16

② 不可冷凝气体：不可冷凝气体是一种可燃气体，采用 GC 对其成分进行分离，结果列于表 7-11 中。

表 7-11 不可冷凝气体成分

项目	N_2	CO	CH_4	CO_2	O_2	H_2	H_2O 及其他
实验 1	47.01	26.06	5.79	8.80	0.94	2.75	8.65
实验 2	53.08	26.42	4.79	5.12	1.80	1.85	6.94

由表 7-10 可知，不可冷凝气体主要由 CO、CH_4、CO_2、H_2和水蒸气组成。N_2来自热解过程中使用的载气，O_2可能是气体采样时带入的空气。许多研究表明，不可冷凝气体含量主要受反应温度影响，而本研究两次实验反应器温度相同，因此不可冷凝气体中各组分含量变化不大。在实验过程中不可冷凝气体经燃烧器燃烧后排空，实验观察到，不可冷凝气体极易燃烧，其燃烧火苗达 1 m 以上，因此通过改进工艺可将其作为燃料用于加热砂子。

③ 木炭：木炭呈粉末状，可加工成活性炭用于化工、冶炼或环保。

7.5.2 浙江大学

（1）实验设备

浙江大学热能工程研究所自行设计制造了基于流化床反应器的快速热裂解装置，如图 7-54 所示。

反应器内径为 89 mm，高度有 700 mm 和 120 mm 两种。采用石英砂作为热载体，用作流化载气的氮气穿过流化床底部两层不锈钢筛网进入反应器，氮气进入反应器前首先预热。反应器、旋风分离器及连接管路的外壁均有硅酸铝纤维保温层。生物质物料由螺旋进料器和氮气吹扫送入反应器。生物质热解所需要的热量主要由绕在流化床反应器外围的螺纹管电炉丝（4 kW）提供。热解气体在反应器内的滞留时间主要由氮气流量和反应器的高度决定。热解产物首先进入旋风分离器对炭粒进行分离，然后进入间壁式冷凝器冷凝收集生物油，不可冷凝气体经棉绒过滤器过滤后排出。

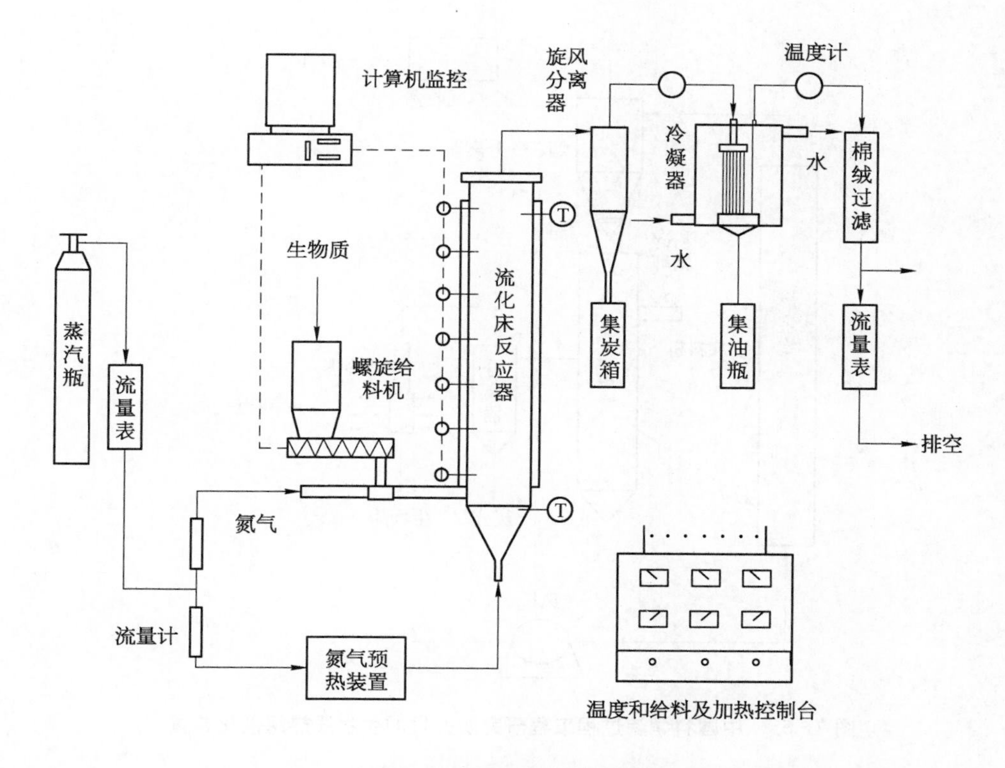

图7-54　浙江大学开发的生物质热解液化装置

(2) 实验结果

浙江大学热能工程研究所利用上述装置，对生物质快速热解进行了较全面的实验研究，得到了各运行参数对生物油产率及组成的影响效果，实验得到的最高生物油产率约为60%。实验人员根据实验结果总结出：

① 最佳热解制取生物油的反应温度为500℃左右。

② 生物质热解气体，越快速进入冷凝器越好，实现骤冷。否则，会发生二次裂解从而降低生物油的产率。

③ 不同生物质原料热解生物油产率不同，对四种原料的实验结果表明，生物油产率从高到低依次为：花梨木>杉木和水曲柳木>稻秆；原料中的灰分对生物油的生成是不利的。

④ 适合热解液化的最佳生物质颗粒粒径大小为1 mm左右。

⑤ 用作流化载气的氮气，其预热与否对热解的影响不大。

7.5.3　中国科学院过程工程研究所

中国科学院过程工程研究所开发的生物质快速热解装置如图7-55所示。热解所用的原料为玉米秸秆和锯末，以石英砂为热载体，该装置正常工作时采用生物质热解副产物焦炭燃烧供热。

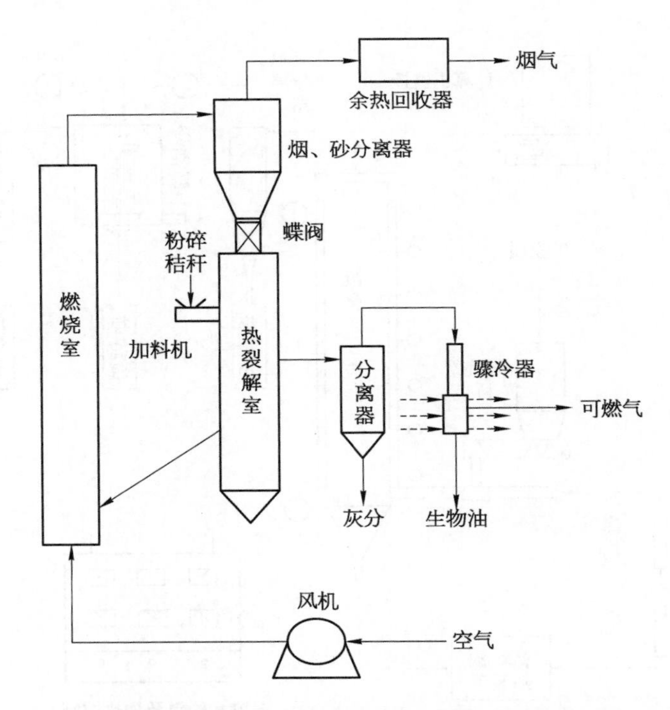

图 7-55 中国科学院过程工程研究所开发的生物质热解液化装置

来自风机的空气和来自热解反应器的焦炭和砂子的混合物一起进入燃烧室，焦炭燃烧释放的热量加热砂子，灼热的砂子经旋风分离后落入热解反应器，提供秸秆热解所需的热量。

7.5.4 山东理工大学

山东理工大学开发了载体加热下降管生物质热解装置，采用直径为 2～3 mm 的陶瓷球为热载体，在“之”字形下降反应管内实现生物质粉末快速加热裂解，利用分离装置终止热解反应并做到陶瓷球循环利用回收热能。如图 7-56 所示为热载体与生物质粉料在反应器内的流动状态。

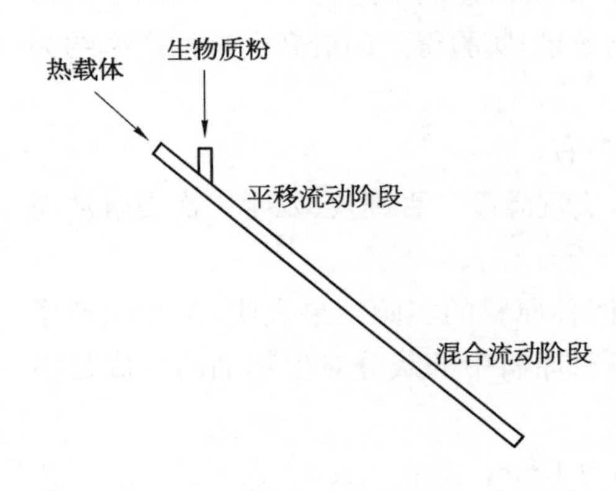

图 7-56 热载体与生物质粉料流动状态示意图

热解所需的能量由一个循环流化床生物质燃烧炉提供的，所使用的燃料为热解副产物焦炭和不可冷凝气体以及部分新加的生物质料。以玉米秸秆为原料进行热解时，生物油产率约为 45%。

实验研究了热解温度、载体喂料量、载体尺寸等参数对热解液化的影响，结果表明，热载体的升温速率影响最大，其次是载体喂入量，而陶瓷颗粒的影响最小。

7.5.5 华东理工大学

(1) 流化床生物质热解液化装置

华东理工大学开发的流化床生物质热解装置如图7-57所示。其中流化床反应器内径150 mm,总高度1 400 mm,其中分布板以上1 000 mm,以下预热区400 mm,进料口在分布板以上150 mm处,分布板采用单层不锈钢孔板,其上覆上3层110目不锈钢丝网,在分布板上下及上端的自由空间,分别有热电偶监控温度变化,并通过压差计显示反应器内流化情况。该装置以石英砂为流化介质,以CO_2和N_2为流化载气。生物质物料通过螺旋进料器和CO_2吹扫气送入反应器,热解气采用两级蛇管冷凝器进行冷凝,第一级分离出水分和重油,第二级分离出轻油。实验结果表明,木屑的最佳热解温度为470℃,在此温度下的生物油产率为70.3%。

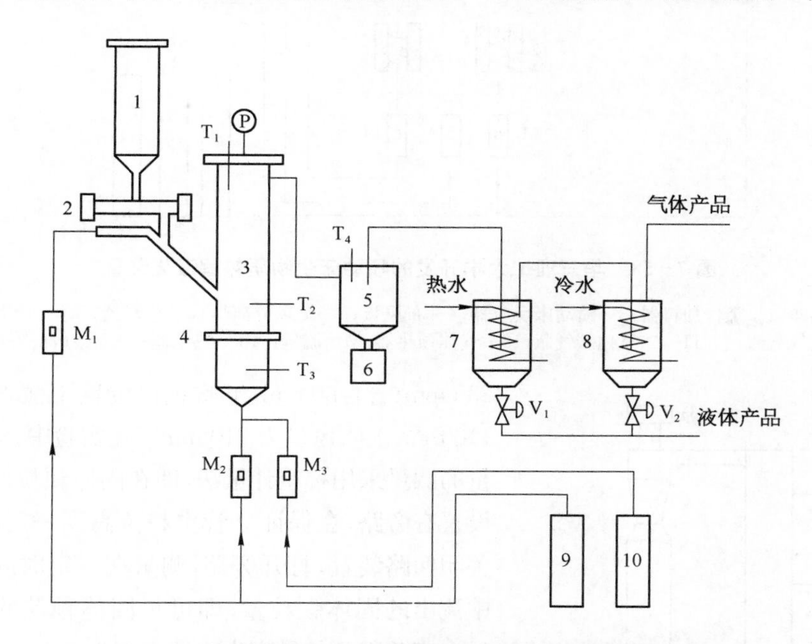

图7-57 华东理工大学开发的流化床生物质热解液化装置

1—进料斗;2—螺杆加料器;3—流化床反应器;4—布风板;5—旋风分离器;6—集炭器;7、8—冷凝器;9—氮气气瓶;10—二氧化碳气瓶;M—流量计;T—热电偶;V—阀

(2) 喷动床生物质热解液化装置

华东理工大学开发的喷动床生物质热解装置如图7-58所示,这套装置和上面一套装置的区别在于反应器不同。喷动床反应器内径150 mm、床高1 000 mm,下部为90°倒锥体的柱锥形导向管喷动流化床生物质热解反应器,内设导管尺寸ϕ45 mm×3 mm。以松木屑为原料,最佳热解温度为480℃,此时生物油产率最高为72.5%。

7.5.6 中国科学院广州能源研究所

中国科学院广州能源研究所开发的循环流化床生物质热解液化装置如图7-59所示。主床直径100 mm、高度3 m;回料采用L阀,其立管高度2.3 m、直径100 mm,横管长

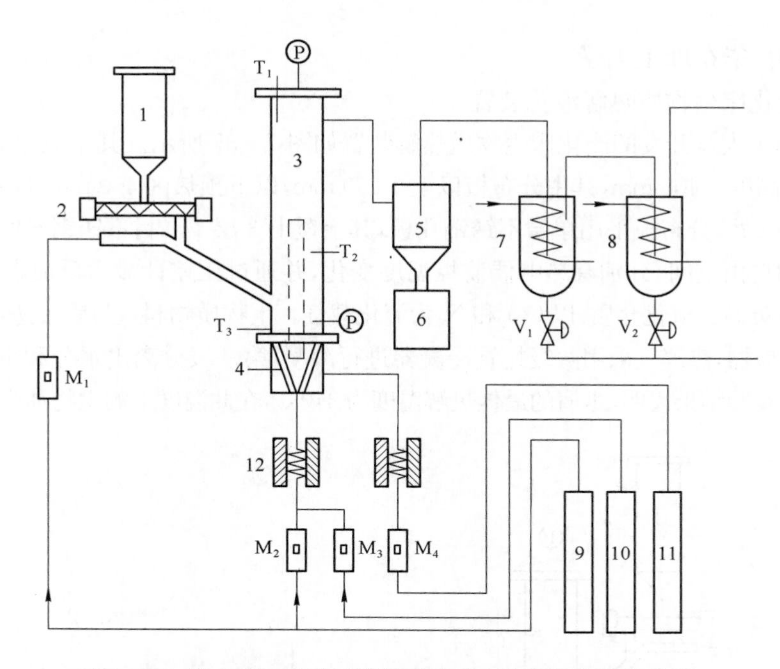

图 7-58　华东理工大学开发的喷动床生物质热解液化装置

1—料斗；2—螺杆加料器；3—喷动床反应器；4—布风板；5—旋风分离器；6—集炭器；7、8—冷凝器；9—氮气气瓶；10、11—二氧化碳气瓶；12—气体预热器；M—流量计；T—热电偶；P—压力表；V—阀

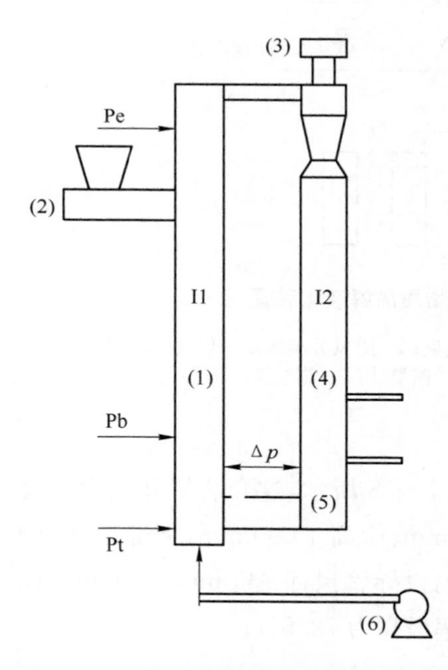

图 7-59　广州能源所开发的循环流化床生物质热解液化装置

(1)—循环流化床；(2)—料斗；(3)—旋风分离器；(4)—立管；(5)—阀；(6)—气泵

230 mm、管径60 mm；下吹风口位置距横管中心线为110 mm，上吹风口为 210 mm。在实验中，对颗粒循环量的测量采用称重计量法，即在固体颗粒循环回路上设置有旁路，在保证立管中料位高度一定的情况下，关闭回路装置，打开旁路，测量在一定时间内从旁路中流出的固体颗粒量，即可得固体颗粒的循环物料量。实验得到的最高生物油产率为 63%。

7.5.7　中国科学技术大学

(1) 实验室小试装置

中国科学技术大学生物质洁净能源实验室自 1998 年开始生物质热化学转化技术的研究，于 2004 年 8 月研制出时处理 20 kg 物料的电热式生物质热解液化工业小试装置，该装置的结构原理与实物照片如图 7-60 所示，其关键技术在于流化床反应器、进料系统和快速冷凝器的设计。

流化床反应器的特点是：布风均匀，只要热载体砂子加入量恰当，对各种物料均可实现散式流化；

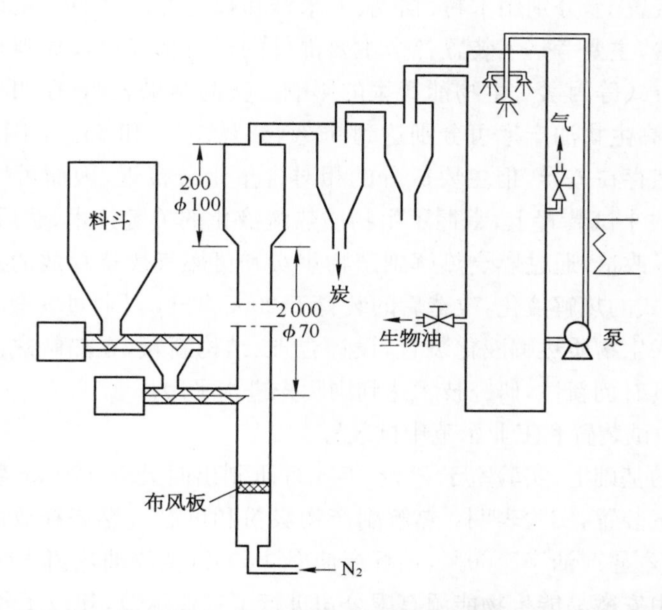

图7-60 中国科技大学开发的生物质热解液化实验室小试装置

床层高径比恰当,气相滞留时间在 0.7～1.5 s 变化时,均可实现良好的流化操作;反应器下部为密相段,气固混合剧烈,气相滞留时间较短,上部为稀相段,固相滞留时间较长,生物质半焦中的木素能够充分热解。

由料桶和螺旋送料器组成的进料系统的特点是:料桶采用特殊方法设计,生物质物料不会因其密度低而架桥,从而保证送料顺畅;螺旋送料由两级构成,第一级主要用来控制进料速率,第二级主要用来防止物料受热软化而堵塞进料通道。

快速冷凝器的特点是:采用大流量喷雾的方式对高温有机蒸气进行直接喷淋冷却,冷却介质是冷凝获得的生物油;为防止雾化喷嘴被生物油中的固体颗粒堵塞,在油泵入口处设置可以反吹的管道过滤器。

实验前首先将生物质物料加入到料桶中,并在流化床反应器中加入 4～5 kg 石英砂,然后以空气为介质对热解系统进行预热,当床层温度升至设定值时,将空气切换为氮气,待氮气将热解系统内的空气完全置换后开启螺旋进料系统,从而正式开始热解液化实验。

反应器内的温度由四个热电偶进行监控,其中距进料口上方 0.6 m 处的热电偶显示的温度最能反映热解温度。因此,本装置将该热电偶与继电器相连,成功实现了对热解反应温度进行设定和自动控制。反应器内的压力由 U 形压力计进行监控,通过观察压力变化即可获知床层内的流化状态和工作情况。与冷凝器配套的循环油泵出口管道装有一只压力表,通过观察压力变化即可获知喷淋系统的工作情况。

三种热解产物的测量方法分别是:通过液位计观察冷凝器内的液位变化计算获得生物油的产率;通过分别测量生物质原料和热解焦炭的灰分计算获得热解焦炭的产率;通过差减法计算获得热解气体的产率。

在这套小试装置上，分别用木粉、稻壳、玉米秆和棉花秆四种原料累计进行了数百小时的热解液化实验，主要考察了装置各个主要部件的运行情况以及原料种类、反应温度、滞留时间和冷凝方式等因素对生物油产率的影响。实验结果表明，在四种物料各自的最佳热解温度下，最高生物油产率可分别达到 63%、53%、57%和 56%，不同原料制取的生物油在组成上虽然存在差异，但主要成分的相对含量十分接近，因而可以容易地混合使用。在这套电热式小试装置上，掌握了生物质热解液化的关键技术，然后在此基础上，对装置的热源进行了改造，通过燃烧热解副产物焦炭和可燃气燃烧释放的热量为热解提供热源，实现了自热式的热解液化，改造后的装置于 2005 年 11 月通过安徽省科技厅组织的专家鉴定("自热式生物质热解液化装置，设计合理、结构新颖，在热解热源供给和生物油冷凝收集等方面具有创新性，研究技术达到国际先进水平")。

(2) 实验室中试装置和工业示范中试装置

在小试装置的基础上，实验室于 2006 年 3 月研制出时处理 120 kg 物料的自热式生物质热解液化中试装置，实验表明：热解副产物炭粉和可燃气燃烧释放的热量为热解提供热源绰绰有余；木屑产油率≥60%，秸秆产油率≥50%，生物油热值 16～17 MJ/kg。随后这项热解技术由安徽易能生物能源有限公司进行了工业示范，建成了年产 3 000 t 生物油的工业示范中试装置，该装置的结构原理如图 7-61 所示。

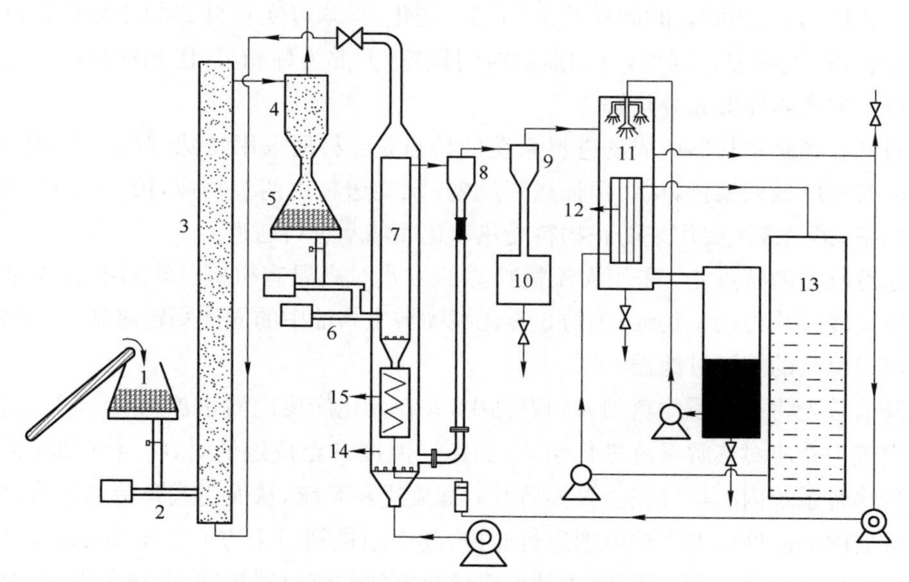

图 7-61 生物质热解液化工业示范中试装置

1—料斗；2—螺旋进料器；3—流化床干燥器；4—旋风分离器；5—料斗；6—两级螺旋进料器；7—流化床热解反应器；8—一级旋风分离器；9—二级旋风分离器；10—集炭器；11—喷雾冷凝器；12—换热器；13—水塔；14—焦炭燃烧室；15—换热器

7.5.8 其他研究单位

除了上述几个研究单位以外，还有很多单位进行了生物质热解液化装置的研发，如东北林业大学、中国科学院化工冶金研究所、清华大学、哈尔滨工业大学、河南农业大学、大连理工大学、安徽工业大学等，更多的单位则开展了生物油分析、精制以及应用等下游工作。在此不再一一做详细的介绍。

7.6 生物质热解液化技术的综合评价

7.6.1 生物质热解液化技术大规模应用的环境、安全和健康问题

7.6.1.1 生物油生产过程中可能引起的环境污染问题

自热式的热解液化过程以生物质为原料，最后得到产物生物油，以及焦炭燃烧剩余的灰分，同时可能还有部分剩余的副产物，如果生物油生产过程的各个技术环节都能很好地控制，整个过程不会引起任何环境污染。

在实际生产过程中，可能会引起污染的操作环节包括：

① 物料干燥过程的挥发分析出污染，采用副产物燃烧尾气对物料进行干燥，由于尾气的温度一般还较高，如果直接用来干燥物料，可能会引起局部温度过高，导致生物质析出挥发分，如半纤维素的稳定性较差，在250℃左右就会发生降解，析出的挥发分进入大气会引起环境污染，其解决方法是对尾气进行降温，如首先用来预热流化载气，或直接在尾气中混入空气。

② 炭粒燃烧后的固体颗粒物污染，由于热解过程会产生很多小颗粒的炭粒，在燃烧室中很难燃尽，而且炭粒燃烧后的灰分颗粒粒径较小，分离困难，因此在炭粒燃烧过程中，很容易产生小粒径的固体颗粒物进入大气，这对人体有很大的危害，如直径在0.2 μm以下的烟炱被人体吸入后不容易排出，在人体肺部积累起来，会引起多种疾病，其解决方法是采用高效的分离器(如袋式除尘器等)等对这些小粒径颗粒进行捕集。

③ 燃气中夹带的部分低沸点组分以及胶质颗粒物的污染，如果热解过程有燃气多余，这部分燃气可作为一种很好的气体燃料用于发电等场合，但是生物油冷凝过程很可能对部分低沸点组分特别是胶质颗粒的收集不完全，部分低沸点酸会对燃气应用设备产生腐蚀，而胶质颗粒具有毒性，对人体有很大的危害，其解决方法是在冷凝器后设立一个专门的除雾器，用以净化燃气。

7.6.1.2 生物油生产、存储、运输和使用过程中的安全操作和防护措施

生物油的毒性是其生产、存储、运输和使用过程首要关注的问题。生物油的毒性是由其化学组成所决定的，热解反应条件是影响生物油化学组成的关键因素。研究表明，随着反应温度和气相滞留时间的增加，生物质热解所得到的生物油的毒性越强，这是由于在越为严格的反应条件下，热解会产生更多的有毒的物质(如多环芳烃、苯类物质等)，但一般在获取最大生物油产率的反应条件下，生物油中的有毒物质含量较少。目前对生物油接触危险性的研究结果表明：生物油对眼睛有强烈的刺激性；吸入或摄入高浓度的生物油会对呼吸系统和消化系统有伤害；生物油不会渗透进入皮肤破坏组织，但长时间直接接触生物油会导致皮肤色素蜕变。根据现在已知的生物油的组分及其含量，以及部分实验结

果，得知生物油的毒理学信息为：LC_{50}（半数致死浓度）>3 100 mg/m^3；LD_{50}（半数致死量）>2 000 mg/kg（注射）；LD_{50}=700 mg/kg（摄入）。对生物油致突变、致癌、致畸胎、破坏免疫系统、诱导肿瘤等特殊毒性的研究目前还不明确，有研究显示生物油具有诱变性，也有研究表明生物油不会引起诱变或染色体的变化。

针对生物油的毒性，在和生物油接触过程中应该采取一定的基本保护措施，如戴手套、戴眼睛防护镜及穿工作服等。此外，由于生物油组分的多样性，很有可能有些人会对某些特定的组分过敏，这也是需要注意的问题之一。

生物油的腐蚀性和不稳定性是其存储所需要考虑的两个基本问题。生物油的 pH 值一般为 2～4，酸度为 50～100 mg KOH/g，会对一些普通的金属材料如铝、碳钢等产生强烈的腐蚀。耐生物油腐蚀的材料主要包括不锈钢等金属材料以及各种聚合物如聚乙烯、聚丙烯和聚酯等。生物油是一种非热力学平衡产物，稳定性较差，在保存过程中各组分之间会发生一系列聚合或缩聚反应，此外空气中的氧气也会参与生物油的老化反应。生物油的老化导致其黏度逐渐增大，最后出现水相和油相的分离，从而影响其使用。一般而言，生物油应该在室温下存储于密封的不锈钢或聚合物制成的容器中，避免阳光的直射。

由于生物油稳定性较差，一般要求生物油新制取后尽快使用，但如果需要长时间保存（如 3 个月以上），最好添加甲醇等助剂提高其存储的稳定性，添加量一般为 10%。甲醇可以在生物油新制取后立刻加入，也可以作为喷淋冷凝液对热解气进行降温，这有两大好处：甲醇的受热挥发有利于热解气的迅速降温；甲醇和热解气的高温接触过程中会和一些活性基团发生酯化等反应，从而得到一些比较稳定的组分。但由于甲醇的沸点比较低，其蒸气在降膜冷凝阶段的完全收集有一定的困难。

当采用含有提取物的各种农林废弃物为原料制取生物油时，由于提取物和生物质三种主要组分（纤维素、半纤维素和木素）裂解产物的性质完全不同，所得到的生物油容易发生相分离，提取物裂解物由于密度较小会形成上层液体，但这种相分离在室温下是不太彻底的，在存储过程中逐渐明显。因此对于含有提取物裂解物的生物油，在存储过程中还要注意生物油的相分离。

7.6.2 生物质热解液化技术大规模应用的经济、社会和环境效益

目前，国内还没有实现热解液化技术的产业化，而国外也仅有荷兰和加拿大两国进入了热解技术的工业示范阶段，所产的生物油是在政府的宏观调控下用于大型电站中燃烧发电。由于对生物油的应用还缺乏统一的燃料标准以及燃烧标准，生物油还没有真正地进入燃料油市场。然而，很多研究单位开展的大量实验都表明，初级生物油完全可以直接应用于现有的工业窑炉，经过简单的化学调制后即可用于工业锅炉。

我国是一个农业大国，各类秸秆资源非常丰富，且价格便宜，因此生产的生物油将具有很好的价格竞争优势。目前，生物油作为锅炉和窑炉燃料已经具备了比化石燃油更强的竞争力，考虑到当今全球范围内石油价格的节节攀升，生物油作为石油的替代燃料的市场前景将会更为广阔。

我国每年可利用的各类农作物秸秆多达7亿t，加上各类木质生物质在内，总量不低于10亿t，如其中20%被用来热解制取生物油，则一年至少可以获得1亿多吨生物油，约合4 000万t石油，由此每年可为国家减少4 000万t的石油进口，使我国石油对外依存度降低10%以上；并且每生产1 t生物油，农民出售2 t秸秆可获利500元、生物油毛利润为700元，可为国家减少石油进口约400 kg；每使用1 t生物油，与使用化石燃料相比可减少CO_2排放800 kg、SO_2排放5 kg、烟尘排放约20 kg，因此使用生物油具有良好的环保效益。

我国不仅是石油消费大国，而且还是石油进口大国。随着我国经济和社会的不断进步，石油消费需求在今后相当长时间内将保持强劲增长的势头。

在我国石油消费构成中，发动机燃料所占比例最大，其次是锅炉和窑炉等热力设备所消耗的燃料油，目前我国所消耗的燃料油中50%以上依赖进口。近年来，燃料油价格随着原油价格上涨而上涨，导致相关企业负担加重，一些燃用重油的企业已开始寻找价格相对低廉的替代品如煤焦油等。

生物油可直接作为工业窑炉燃料使用，经过化学调制可作为锅炉燃料使用，经过催化裂解或催化加氢处理还可作为发动机燃料使用，此外生物油作为一种复杂的含氧有机混合物，其中含有多种高附加值的化学物质，可以用于提取或制备各种化学产品。根据我国农村实际情况分析，只要秸秆价格不超过300元/t，采用自热式选择性热解液化技术规模化生产生物油（热值16～17 MJ/kg），其成本有望控制在1 000元/t以下，生物油替代重油作为工业窑炉燃料使用，即已具有价格上的竞争力；若生物油经过化学调制将热值提升至18～19 MJ/kg，并能与现有化石燃油互换使用，且调制成本能够控制在200元/t左右，则化学调制后的生物油作为锅炉燃料使用时的价格性能比将会更好。更进一步，从长远角度来看，生物油经过催化裂解或催化加氢处理后获得高品位的发动机燃料，以及生物油作为化工原料生产各种化学品，则生物质热解液化技术的市场前景将会更加广阔。

参考文献

[1] Bridgwater A V, Peacocke G V C. Fast pyrolysis processes for biomass. Renewable & Sustainable Energy Reviews, 2000, 4(1): 1-73.

[2] Bridgwater A V, Meier D, Radlein D. An overview of fast pyrolysis of biomass. Organic Geochemistry, 1999, 30(12): 1479-1493.

[3] Mohan D, Pittman C U, Steele P H. Pyrolysis of wood/biomass for bio-oil: a critical review. Energy & Fuels, 2006, 20(3): 848-889.

[4] Shafizadeh F. Introduction to pyrolysis of biomass. Journal of Analytical and Applied Pyrolysis, 1982, 3(4): 283-305.

[5] Shafizadeh F. Pyrolytic Reactions and Products of Biomass. Fundamentals of Thermochemical Biomass Coversion, 1985, 123-137.

[6] Evans R J, Milne T A. Molecular characterization of the pyrolysis of biomass. 1. fundamentals. Energy & Fuels, 1987, 1: 123-137.

[7] Soltes E J, Wiley A T, Lin S C K. Biomass pyrolysis — towards an understanding of its

versatibility and potentials. Biotech & Bioengineering symposium, 1981, 11: 125 - 136.

[8] 刘倩,王琦,王健,等. 纤维素热解过程中活性纤维素的生成研究. 工程热物理学报,2007,28(5): 897 - 899.

[9] Shen D K, Gu S. The mechanism for thermal decomposition of cellulose and its main products. Bioresource Technology, 2009, 100(24): 6496 - 6504.

[10] Lu Q, Yang X, Dong C, et al. Influence of pyrolysis temperature and time on the cellulose fast pyrolysis products: analytical Py-GC/MS study. Journal of Analytical and Applied Pyrolysis, 2011, 92: 430 - 438.

[11] Piskorz J, Radlein D S, Scott D. On the mechanism of the rapid pyrolysis of cellulose. Journal of Analytical and Applied Pyrolysis, 1986, 9(12): 121 - 137.

[12] Richards G N. Glycolaldehyde from pyrolysis of cellulose. Journal of Analytical and Applied Pyrolysis, 1987, 10(3): 251 - 255.

[13] Radlein D, Piskorz J, Scott D S. Fast pyrolysis of natural polysaccharides as a potential industrial process. Journal of Analytical and Applied Pyrolysis, 1991, 19: 41 - 63.

[14] 王树荣,廖艳芬,谭洪,等. 纤维素快速热裂解机理试验研究 II. 机理分析. 燃料化学学报,2003,31(4): 317 - 321.

[15] Fabbri D, Torri C, Baravelli V. Effect of zeolites and nanopowder metal oxides on the distribution of chiral anhydrosugars evolved from pyrolysis of cellulose: an analytical study. Journal of Analytical and Applied Pyrolysis, 2007, 80(1): 24 - 29.

[16] Patwardhan P R, Satrio J A, Brown R C, et al. Product distribution from fast pyrolysis of glucose-based carbohydrates. Journal of Analytical and Applied Pyrolysis, 2009, 86(2): 323 - 330.

[17] 吴逸民,赵增立,李海滨,等. 生物质主要组分低温热解研究. 燃料化学学报,2009,37(4): 427 - 432.

[18] 许洁,颜涌捷,李文志,等. 生物质裂解机理和模型(Ⅰ)—生物质裂解机理和工艺模式. 化学与生物工程,2007,24(12): 1 - 4.

[19] Ohnishi A, Kato K, Takagi E. Curie-point pyrolysis of cellulose. Polymer Journal, 1975, 7(4): 431 - 437.

[20] Furneaux R H M, Mason J J, Miller I. A novel hydroxylactone from the Lewis acid catalyzed pyrolysis of cellulose. Journal of the Chemical Society, Perkin Transactions 1, 1988(1): 49 - 51.

[21] Shafizadeh F, Fu Y L. Pyrolysis of cellulose. Carbohydrate Research, 1973, 29(1): 113 - 122.

[22] Shafizadeh F, Furneaux R H, Stevenson T T, et al. Acid-catalyzed pyrolytic synthesis and decomposition of 1,4: 3,6 - dianhydro - α - D-glucopyranose. Carbohydrate Research, 1978, 61(1): 519 - 528.

[23] Shafizadeh F, McGinnis G D, Philpot C W. Thermal degradation of xylan and related model compounds. Carbohydrate Research, 1972, 25(1): 23 - 33.

[24] Paine J B, Pithawalla Y B, Naworal J D. Carbohydrate pyrolysis mechanisms from isotopic labeling Part 4. The pyrolysis of D-glucose: the formation of furans. Journal of Analytical and Applied Pyrolysis, 2008, 83(1): 37 - 63.

[25] Shafizadeh F, Lai Y Z. Thermal degradation of 1,6 - anhydro - β - D-glucopyranose. Journal of

Organic Chemistry, 1972, 37: 278 - 284.

[26] Shin E J, Nimlos M R, Evans R J. Kinetic analysis of the gas-phase pyrolysis of carbohydrates. Fuel, 2001, 80(12): 1697 - 1709.

[27] Paine J B, Pithawalla Y B, Naworal J D. Carbohydrate pyrolysis mechanisms from isotopic labeling. Part 2. The pyrolysis of D-glucose: General disconnective analysis and the formation of C - 1 and C - 2 carbonyl compounds by electrocyclic fragmentation mechanisms. Journal of Analytical and Applied Pyrolysis, 2008, 82(1): 10 - 41.

[28] Paine J B, Pithawalla Y B, Naworal J D. Carbohydrate pyrolysis mechanisms from isotopic labeling. Part 3. The Pyrolysis of D-glucose: Formation of C - 3 and C - 4 carbonyl compounds and a cyclopentenedione isomer by electrocyclic fragmentation mechanisms. Journal of Analytical and Applied Pyrolysis, 2008, 82(1): 42 - 69.

[29] Dong C, Zhang Z, Lu Q, et al. Characteristics and mechanism study of analytical fast pyrolysis of poplar wood. Energy Conversion and Management, 2012, 57: 49 - 59.

[30] Ponder G R, Richards G N. Thermal synthesis and pyrolysis of a xylan. Carbohydrate Research, 1991, 218: 143 - 155.

[31] Garcia-Perez M, Wang S, Shen J, et al. Effects of temperature on the formation of lignin-derived oligomers during the fast pyrolysis of Mallee woody biomass. Energy & Fuels, 2008, 22(3): 2022 - 2032.

[32] Shen D K, Gu S, Bridgwater A V. Study on the pyrolytic behaviour of xylan-based hemicellulose using TG-FTIR and Py-GC-FTIR. Journal of Analytical and Applied Pyrolysis, 2010, 87(2): 199 - 206.

[33] Shen D K, Gu S, Bridgwater A V. Study on the pyrolytic behaviour of xylan-based hemicellulose using TG-FTIR and Py-GC-FTIR. 2010, 301 - 314.

[34] Pouwels A D, Tom A, Eijkel G B, et al. Characterisation of beech wood and its holocellulose and xylan fractions by pyrolysis-gas chromatography-mass spectrometry. Journal of Analytical and Applied Pyrolysis, 1987, 11: 417 - 436.

[35] Helleur R J. Characterization of the saccharide composition of heteropolysaccharides by pyrolysis-capillary gas chromatography-mass spectrometry. Journal of Analytical and Applied Pyrolysis, 1987, 11: 297 - 311.

[36] Pouwels A D, Boon J J. Analysis of beech wood samples, its milled wood lignin and polysaccharide fractions by curie-point and platinum filament pyrolysis-mass spectrometry. Journal of Analytical and Applied Pyrolysis, 1990, 17: 97 - 126.

[37] Antal M J, Leesomboon T, Mok W S, et al. Mechanism of formation of 2-furaldehyde from D-xylose. Carbohydrate Research, 1991, 217: 71 - 85.

[38] Oasmaa A, Kuoppala E, Gust S, et al. Fast pyrolysis of forestry residue. 1. Effect of extractives on phase separation of pyrolysis liquids. Energy & Fuels, 2003, 17(1): 1 - 12.

[39] Sipila K, Kuoppala E, Fagernas L, et al. Characterization of biomass-based flash pyrolysis oils. Biomass & Bioenergy, 1998, 14(2): 103 - 113.

[40] Garcia-Perze M, Chaala A, Pakdel H, et al. Characterization of bio-oil in chemical families. Biomass & Bioenergy, 2007, 31(4): 222 - 242.

[41] Scholze B, Hanser C, Meier D. Characterization of the water-insoluble fraction from fast pyrolysis liquids (pyrolytic lignin) Part II. GPC, carbonyl goups, and C - 13 - NMR. Journal of Analytical and Applied Pyrolysis, 2001, 58: 387 - 400.

[42] Bayerbach R, Meier D. Characterization of the water-insoluble fraction from fast pyrolysis liquids (pyrolytic lignin). Part IV: Structure elucidation of oligomeric molecules. Journal of Analytical and Applied Pyrolysis, 2009, 85: 98 - 107.

[43] Scholze B, Meier D. Characterization of the water-insoluble fraction from pyrolysis oil (pyrolytic lignin). Part I, PY-GC/MS, FTIR, and functional groups.. Journal of Analytical and Applied Pyrolysis, 2001, 60(1): 41 - 54.

[44] Bayerbach R, Nguyen V D, Schurr U, et al. Characterization of the water-insoluble fraction from fast pyrolysis liqiuds (pyrolytic lignin)-Part III. Molar mass characteristics by SEC, MALDI-TOF-MS, LDI-TOF-MS, and PyFIMS. Journal of Analytical and Applied Pyrolysis, 2006, 77(2): 95 - 101.

[45] Jiang G Z, Nowakowski D J, Bridgwater A V. Effect of the temperature on the composition of lignin pyrolysis products. Energy & Fuels, 2010, 24: 4470 - 4475.

[46] Hosoya T, Kawamoto H, Saka S. Secondary reactions of lignin-derived primary tar components. Journal of Analytical and Applied Pyrolysis, 2008, 83(1): 78 - 87.

[47] Miao X Q W C Y. Fast pyrolysis of microalgate to produce renewable fuels. Journal of Analytical and Applied Pyrolysis, 2004.

[48] Bridgwater A V. Biomass fast pyrolysis. Thermal Science, 2004, 8: 21 - 49.

第 8 章

生物油的组成、性质、应用以及精制

8.1 生物油的化学组成

8.1.1 生物油的化学组成概述

生物油在元素组成上和生物质原料较为接近，主要包括 C、O、H 以及少量的 N 和一些微量元素（如 S）和金属元素，生物油中 C、H、O 元素随水分含量的不同而变化很大。对于由木材原料制取的生物油，在干基状态下的元素组成如下：C%＝48.0%～60.4%，H%＝5.9%～7.2%，O%＝33.6%～44.9%，而木材生物油中 N 的含量一般在 0.1%以下。源于其他农作物秸秆和林业废弃物的生物油中 N 含量则比较高，一般在 0.2%～0.4%，硫含量一般在$(60\sim500)\times10^{-6}$。生物油中的金属元素主要来自生物质原料中的灰分，且随固体颗粒含量的增加而增加，另外也可能来自从热解反应器、冷凝器以及生物油存储容器等析出的金属（主要是 Fe 元素）。生物油和石油的最大区别在于生物油中的高氧含量（45%～60%，湿基），这也是导致生物油和石油在物理性质和化学组成上有着巨大差异的根本原因[1]。

源自不同生物质原料的生物油在化学组成上表现出一定的共性，但生物油中具体的化学组分及其含量则受到多种因素的影响。到目前为止，国内外各科研机构针对源于各种不同的农林生物质原料制备的生物油进行了大量的化学组成分析[2-3]，被检测出的物质已超过 400 种，有很多物质是大多数的生物油中都存在的，也有部分物质仅在某个特定的生物油中存在的。然而，即使综合利用现有的各种分析方法，还是很难对生物油的所有组分进行精确的测定，一般而言，干基状态下的生物油含有 50%（质量分数，下同）可被 GC－MS（气质联用）分析的组分、25%可被 HPLC－MS（液质联用）分析的组分（主要是糖类组分）以及 25%很难被检测的组分（主要是木素裂解物）。

生物质原料中的有机组分除了纤维素、半纤维素和木素以外，一般都还含有一定的提取物，由于提取物和生物质三种主要组分的化学构成差别很大，其裂解产物也有很大的性质差别。当生物质原料中的提取物含量较少时，提取物裂解物和不溶于水的木素裂解物一样，能够以微乳液的形式悬浮在生物油中。但是对于某些农林废弃物如各种树皮、树叶和秸秆、谷壳等，由于提取物含量较高，快速热解得到的液体产物会出现分层，提取物裂解物由于密度较小而形成上层液体，下层液体就是常规的生物油。然而，这种相分离在生物油制取过程可能并不彻底，随着生物油温度升高、保存时间的增长或添加某些助剂后可以加速这种相分离。上层液体最大可占整体生物油的 20%，上层液体不仅仅只包含有提取物裂解物，还有部分木素裂解物(约 30%)，以及一些水溶性组分(如水、糖类、羧酸等)。目前开展的研究表明，由不同林业废弃物热解得到的提取物裂解物含有基本相同的不饱和脂肪酸和饱和脂肪酸，如棕榈酸(C_{16})、硬脂酸($C_{18:0}$)、油酸($C_{18:1}$)、亚油酸($C_{18:2}$)、亚麻酸($C_{18:3}$)；而最主要的树脂酸主要包含松香酸、海松酸、左旋海松酸、长叶松酸、脱氢枞酸、新枞酸等。

8.1.2 生物油的分离与分析方法

生物油组分的复杂性使得直接对生物油进行组分分析很难获取其详尽的化学组成信息，根据生物油中各组分极性的不同，采用溶剂萃取或者柱色谱分离等方法可以将生物油分成各个性质不同的部分，从而有利于其化学分析。在以生物油为原料进行化学产品的提取的时候，有效的生物油分离手段是必需的。

(1) 水油两相分离与木素裂解物分析

最常用生物油分离方法是根据其组分亲水程度的不同，通过加水将生物油分为水相和油相两个部分，其中水相包括水以及纤维素、半纤维素以及部分木素裂解得到的所有水溶性物质，油相主要是不溶于水的高分子木素裂解物。由于木素裂解物结构复杂，反应活性强，且分析困难，通过加水分离出纯净的木素裂解物，有助于其化学分析。

Scholze 等[4-5]提出了一种分离木素裂解物的方法(图 8-1)，将生物油逐滴加入用冰冷却的水中，并不停地快速搅拌，生物油和水的比例为 1∶10，过滤得到沉淀，将沉淀物进行水洗以除去其中的水溶性组分，再次过滤后得到的沉淀在真空条件下进行干燥从而得到粉末状的木素裂解物。Scholze 等对几种由不同研究单位提供的生物油进行了分离，各生物油分离得到的木素裂解物含量、颜色以及元素组成列于表 8-1，表中还列出了几种磨制木素(Milled Wood Lignin, MWL)的元素组成。采用 Py-GC-MS(裂解-色谱-质谱联用)对裂解物分析发现，木素裂解物的基本单元和磨制木素的基本单元有很大的相似性，但是生物油中的木素裂解物中香草醛和丁香醛的含量比较低，反式松柏醇、松柏醛以

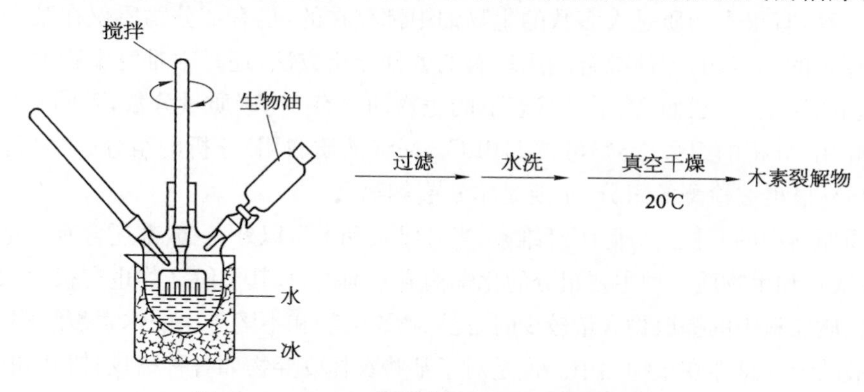

图 8-1 Scholze 等提出的分离木素裂解物的方法

及反式芥子醇、芥子醛则基本没有；GPC 分析结果显示木素裂解物的平均相对分子质量为 650～1 300，约为磨制木素的 1/10，木素裂解物主要是羟苯基、愈创木基、丁香基化合物的三聚体和四聚体。

表 8-1　木素裂解物和磨制木素的含量、颜色以及元素组成

生物油来源	含量(%)	颜　色	元素组成(%)			
			C	H	N	O
IWC	13.5	棕红色	66.91	6.19	0.27	26.63
Ensyn	24.1	浅褐色	66.18	6.02	0.23	27.57
Fenosa I	25.0	褐色	63.68	5.79	0.19	30.34
Fenosa II	16.5	浅褐色	65.22	6.13	1.02	27.63
Aston	24.0	浅褐色	66.03	6.11	0.21	27.65
NREL	23.0	褐色	66.60	6.24	0.34	26.82
BTG	27.7	浅褐色	67.43	6.19	0.24	26.14
VTT	19.0	深褐色	70.56	6.64	0.15	22.65
MWL(山毛榉)			58.84	5.92	0.00	35.24
MWL(桉木)			60.20	6.21	0.00	33.59
MWL(杨木)			58.92	5.73	0.00	35.35
MWL(松木)			63.46	5.74	0.00	30.80

注：木素裂解物含量是以干基生物油为基准；氧含量由差减法得到。

在 Scholze 等的研究基础上，Bayerbach 等[6]进一步采用尺寸排阻色谱法(SEC)、基质辅助激光解吸/电离飞行时间质谱(MALDI－TOF－MS)、激光解吸/电离飞行时间质谱(LDI－TOF－MS)和热解场电离质谱(Py－FIMS)四种方法分析了木素裂解物的相对分子质量，结果显示木素裂解物的平均相对分子质量为 560～840，最大偏差为 20%，其中的二聚物和单体的相对分子质量分别为 270～400 和 130～200。Ba 等[7]采用 Scholze 所提出的方法将由软木废料真空热解得到的生物油分离成了水相和油相，分析得到油相的相对分子质量约为磨制木素的 1/5。

(2) 溶剂萃取分离分析

仅仅通过加水将生物油分为水相和油相两个部分，对水相组分的分析还是远远不够的，不同的研究者提出了多种通过溶剂萃取对生物油进行分离的方法。Sipila 等[8]提出的生物油萃取分离方法如图 8－2 所示，首先将生物油分为水相和油相两部分，然后水相部分用乙醚萃取得

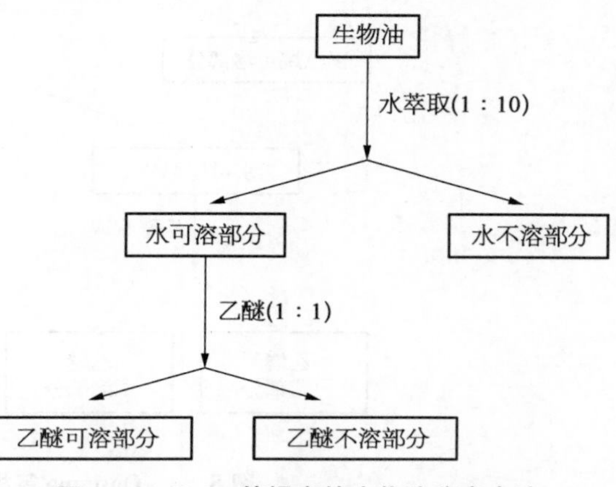

图 8－2　Sipila 等提出的生物油分离方法

到醚溶部分和醚不溶部分。生物油中所有可以从 GC 中洗脱的组分都在水相部分中，对水相中碳原子为 1～6 的羧酸经过苄基衍生后通过 GC 分析，发现甲酸和乙酸的含量很高，占有机酸总量的 80%～90%，其含量的多少是影响生物油 pH 值的主要因素。采用 GC－MS 对水相中的醚溶部分进行分析，确定了其中超过 45 种组分，而醚不溶部分能够通过 GC 洗脱的组分很少，主要是左旋葡聚糖和纤维二糖，还包括一些其他的糖类和羟酸，采用 Py－GC－MS 分析醚不溶部分，发现主要是多糖的降解产物，如水、丙酮、丁酮、糠醛以及其他各种脱水糖。

Oasmma 等[9]在 Sipila 提出的萃取分离方法的基础上，进一步提出了如图 8－3 所示的分离方案。首先将生物油分为水相和油相两个部分，然后水相采用乙醚和二氯甲烷萃取，油相采用二氯甲烷萃取，而提取物裂解物则直接采用正己烷对整个生物油进行萃取，另外对水相部分直接进行 GC/FID 分析可以定量确定小分子的酸、醇以及其他组分的含量。这样就可以将生物油中的有机组分萃取分离为六个不同的部分：提取物裂解物部分；小分子酸和醇类部分，主要是甲酸、乙酸和甲醇等组分；水溶醚溶部分，主要包含醛（直链醛、呋喃衍生物）、酮（直链酮和环酮）和木素单体（愈创木酚、邻苯二酚）；水溶醚不溶部分，其中大部分是 GC 不能洗脱的糖类，另外还有少量可被 GC 洗脱的脱水糖和羟基酸等物质；水不溶二氯甲烷可溶部分，一般称为低分子木素裂解物（LMM），主要是木素单体和二聚物，其中有少量的不溶于水但可被 GC 洗脱的单体（愈创木酚和邻苯二酚衍生物），这部分木素裂解物的平均相对分子质量一般为 400，聚合度为 1.7；水不溶二氯甲烷不溶部分，一般称为高分子木素裂解物（HMM），其中没有可被 GC 洗脱的物质，这部分物质的平均相对分子质量一般为 1 050，聚合度为 2.3。Oasmma 等利用几种不同的林业废弃物热解制取生物油，所获得的生物油都出现了分层（提取物裂解物引起的分层），并对整体生物油以及上层液体（占总生物油的 15%～20%）进行了分离，各萃取部分的含量如图 8－4 所示。

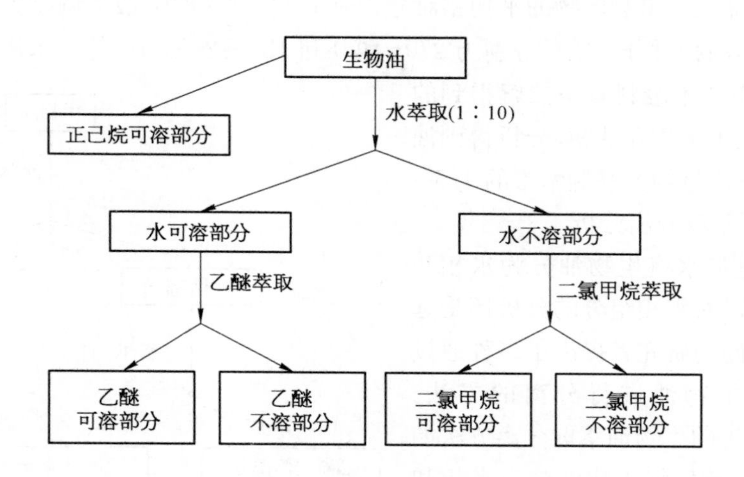

图 8－3　Oasmma 等提出的生物油分离方法

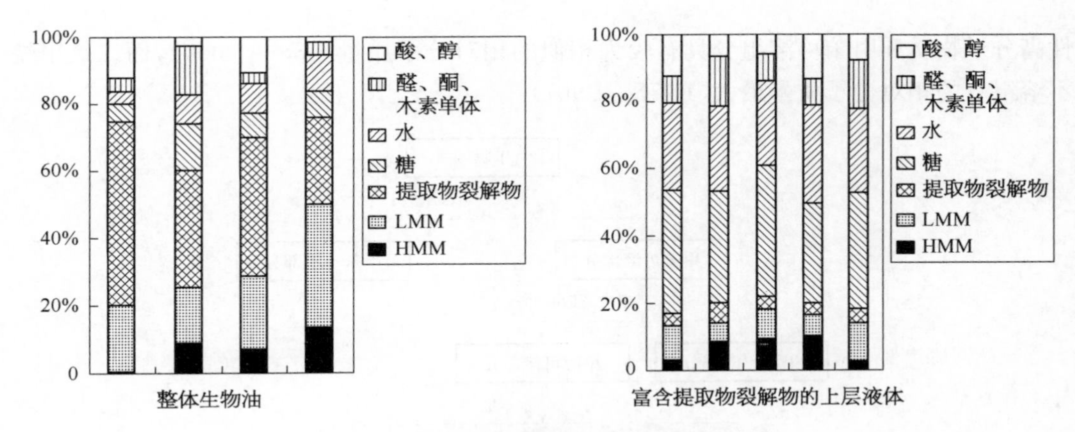

图 8-4　几种不同生物油各萃取部分的含量

Perez 等[10]提出了如图 8-5 所示的溶剂萃取分离方法：生物油首先用甲苯萃取，甲苯可溶部分就是提取物裂解物，甲苯不溶部分再用甲醇萃取；甲醇不溶部分是一些炭粒、非极性的蜡状物质和一些其他的低聚物，甲醇可溶部分再用水进行萃取；最后对水溶部分用乙醚萃取，水不溶部分用二氯甲烷萃取。对两种由废木料真空热解制取的分层生物油的下层部分进行分离得到的各萃取部分的含量如表 8-2 所示。对各萃取部分都进行 GC-MS 和 TGA(热重)分析，根据分析结果指出，生物油中的组分可以分为八个部分：

① 可挥发的非极性组分：溶于水且沸点在 60～220℃的组分，DTG 峰值为 116～153℃，主要的组分是乙苯和对二甲苯。

② 可挥发的极性组分：溶于水且沸点在 50～220℃的组分，DTG 峰值为 120～130℃，主要的组分为 2(5H)-呋喃酮、2-羟基-2-烯-环戊酮、3-甲基-1,2-环戊二酮、四氢糠醇、环丙基甲醇、环戊醇。

③ 木素单体：这部分组分的沸点在 100～300℃，DTG 峰值为 170～215℃，主要的组分为烷化和甲氧基化的酚类和苯类物质。

④ 具有一定挥发性的极性组分：这部分组分都溶于水，DTG 峰值为 178～198℃，主要组分是木素单体和一些其他的组分(如 5-甲基-2-糠醛)。

⑤ 糖类：DTG 峰值为 235～300℃，DTG 峰的产生是由一些单糖的挥发和一些多糖的裂解所引起的，GC-MS 分析只能检测到左旋葡聚糖。

⑥ 提取物裂解物：这部分组分的 DTG 峰值为 255～296℃，主要的组分是脂肪酸和树脂酸、石蜡、菲类等。

⑦ 高分子非极性组分：DTG 峰值在 350℃左右，这部分组分由于不具有挥发性而不能用 GC-MS 进行检测。

⑧ 高分子极性组分：DTG 峰值为 340～365℃，其热重曲线与木素的热重曲线非常相似。

此外，由于 GC-MS 只能对挥发组分进行分析，为了解生物油中不挥发组分的基本化学特性，对各组分进行了 GPC 分析，结果显示，多糖、乙醚可溶和不溶组分中的大分子物质的相对分子质量分别为 390～486、561～576、630～772，二氯甲烷可溶组分中的非极性高分子物质和甲苯可溶组分具有较为相似的相对分子质量(538～1 000)，而二氯甲烷不溶组分的相对分子质量最大(1 475～1 967)。

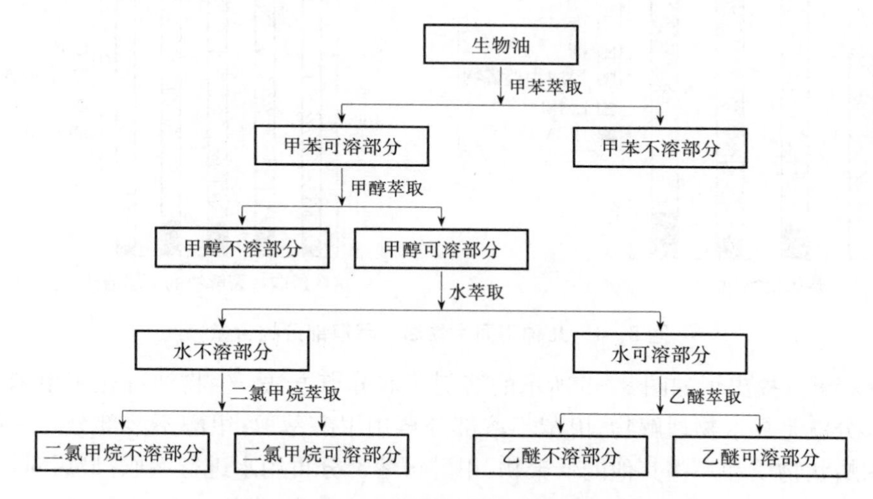

图 8-5 Perez 等提出的生物油分离方法

表 8-2 真空热解生物油下层部分各萃取组分的含量 (%)

萃 取 部 分	生物油(SWBR)	生物油(HWRF)
水	14.60	13.00
甲苯可溶部分	1.29	7.76
甲醇不溶部分	2.09	0.36
水溶部分	41.26	46.85
乙醚可溶部分	7.94	4.78
乙醚不溶部分	33.32	42.07
水不溶部分	25.51	20.86
二氯甲烷可溶部分	12.54	13.70
二氯甲烷不溶部分	12.97	7.16
挥发损失的组分(差减)	15.25	11.17

(3) 柱色谱分离分析

柱色谱分离是另外一种常用的生物油分离方法。Ba 等[11]提出依次采用五种极性不同的溶剂(戊烷、苯、二氯甲烷、乙酸乙酯和甲醇)将生物油分离为五个极性不同的部分。对一种软木废弃物真空热解制取的分层生物油的上、下层部分和整体进行分离得到的各部分的含量如表 8-3 所示。戊烷可溶部分主要是烷烃、烯烃、酮类、麦角固醇等组分；苯可溶部分含有一些多环芳烃(如萘、蒽、菲等)、醛类、脂肪酸酯、脂肪醇等物质；二氯甲烷可溶部分含有酚类衍生物、脂肪酸和树脂酸酯；乙酸乙酯可溶部分主要含有苯二酚、酚类物质以及部分脂肪酸和树脂酸；甲醇可溶部分包括一些高极性的组分(如糖类等)。

表8-3　真空热解生物油各萃取组分的含量　　　　（%，质量分数）

	戊　烷	苯	二氯甲烷	乙酸乙酯	甲　醇
上层生物油	4.0	11.4	7.2	63.3	14.1
下层生物油	0.2	1.4	3.0	49.4	46.0
整体	1.0	3.2	3.4	51.9	40.5

徐绍平等[12]对自由落下床快速热解杏核生物油进行了萃取—柱层析分离分析，从中分离出沥青烯、酸性分、C_1馏分、C_2馏分、C_3馏分和酚类化合物，并检测出38种有机物。此外，张素萍等应用萃取和柱层析的分离方法将生物油分为烷烃、芳烃、极性组分和难挥发性组分，并采用GC、GC-MS、NMR等分析方法对各分离组分分别进行了分析和鉴定，从而检测出了水相以及挥发分中的一些重要组分。

8.2　生物油的化工应用

8.2.1　分离或制备化学品

(1) 由生物油提取特定官能团组分

生物油的化学组成非常复杂，其中很多物质都具有很高的化工应用附加值。但由于目前生物油的分析和分离技术还远远没有达到成熟的地步，而且绝大多数物质的含量都非常低，因此现阶段很多研究都集中在从生物油中分离提取含特定官能团的某一大类组分，这也是最有可能率先实现的生物油作为化工原料的商业应用。根据生物油中各种化学类别组分的含量以及提取的难易程度，目前开展的提取工作主要是：将生物油水相部分作为熏液(Liquid Smoke)或从中提取食品添加剂；提取酚类物质用以制备酚醛树脂。

目前世界上唯一实现生物质热解液化技术商业应用的研究单位加拿大Ensyn将多套热解设备出售给了美国Red Arrow公司，该公司首先从生物油中提取食品添加剂(图8-6)，然后将残油作为燃料燃烧使用，这一商业运行模式的可行性已经得到了证实。为了富集生物油中有用组分的含量，热解原料一般使用木材，热解反应条件和常规的获得最大生物油产率的条件有所不同，主要是大大缩短了气相滞留时间(几百微秒)。由于食品添加剂的附加值比较高，影响经济效益的主要因素在于提取技术和相应的食品市场，而对热解设备的规模的要求不高。

图8-6　由生物油制取的熏液

将木材传统慢速热解得到的液体产物(如炭化产物木醋液等)作为熏液以及从中提取食品添加剂是一项早有研究的技术,熏液所包含的化学组分可以分为三类:有机酸类物质、羰基类物质和酚类物质,其中酚类物质是主要的食品调味料,羰基类物质起到染色作用,酸类物质则起到防腐剂作用,同时酸类和羰基类物质也具有一定的调味作用。生物油水相部分具备作为熏液所需的化学组分,因而也可以作为熏液。利用生物油替代传统熏液还具有一定的优势:传统慢速热解液体产物产率较低(约 30%),而且也只有水相部分才能作为熏液,因此产物的利用效率比较低,而采用快速热解工艺则能够大大提高熏液的产率;快速热解反应过程迅速,从而可以大幅提高热解装置的经济效益;慢速热解液体产物中苯并芘(一种致癌物质)含量较高(约 750×10^{-9}),因此必须对液体进行大量稀释才能降低其浓度,这就会使稀释后的熏液中有机组分的含量降低从而无法达到作为熏液的指标要求,而生物油中的致癌物质的含量则非常少(苯并芘含量一般只有 5×10^{-9}～50×10^{-9}),品质较好。表 8-4 列出了美国 Red Arrow 公司[13]采用两种不同快速热解工艺制取的生物油的水相部分作为熏液的化学组成和褐变指数。从表中可以看出,生物油水相部分中羰基物质的含量比传统熏液高 3～5 倍,其褐变指数是传统熏液的 4～6 倍,因此通过快速热解工艺制备的熏液染色性较好。

表 8-4 生物油水相部分和传统熏液的化学组成及褐变指数

熏液来源	羰基物质含量(%)	酚类物质含量(%)	酸含量(%)	褐变指数(/100 g 干木材)
流化床热解(500℃,0.5 s)	22.2	1.6	6.9	2 877
快速热解(600℃,0.2 s)	20.7～26.0	1.3～2.0	6.2～7.3	2 390～3 400
传统熏液	6.0	0.7	5.3	518

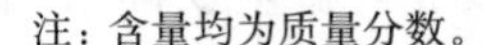
注:含量均为质量分数。

目前,这项工艺技术在 Ensyn 和 Red Arrow 公司实现了商业应用,但研究和掌握提取技术的单位比较少,目前仅能查到 Red Arrow 公司和 Hickory Specailitiesg 公司申请了从生物油中提取食品添加剂的专利。然而,需要说明的是,由于食品添加剂的市场容量有限,因此这项技术不太可能成为生物油作为化工原料大规模使用的主要方向。

图 8-7 酚醛树脂生产刨花板

从生物油中提取酚类物质的研究得到了广泛的关注,酚一般是生物油中含量最多的有机组分,酚可以直接用于制备酚醛树脂,酚醛树脂主要应用于生产定向结构刨花板(OSB)和胶合板等(图 8-7)。在生物油中加水可以将木素裂解物以沉淀的形式分离出来，这部分组分一般占生物油总量的 20%～40%，其中含有 30%～80%的酚，但是直接加水导致生物油的水相部分被严重稀释，后继应用或处理困难。针对此情况，很多研究者开展了使用可回收的溶剂从生物油中分离酚类物质，一些研究机构如 NREL、MRI、Ensyn 等都已经申请了从生物油中提取酚的专利，其方法基本都是基于利用酚和强碱反应生成酚盐溶于水而不与弱碱反应的特性将其从酸性体系中分开。如，Chum 等[14]首先用乙酸乙酯和水分别萃取生物油，再用碳酸氢钠的水溶液将水相组分的 pH 值调至 8～10，此时水相为有机羧酸盐，残余物即为酚，其工艺流程如图 8 - 8 所示。Gallivan 等[15]用氢氧化钠溶液萃取生物油得 pH 值为 12 左右的碱性水溶液，用二氯甲烷萃取中性组分，残液酸化至 pH 值为 8 左右，再用二氯甲烷溶液萃取即可得到酚类组分，其工艺流程如图 8 - 9 所示。

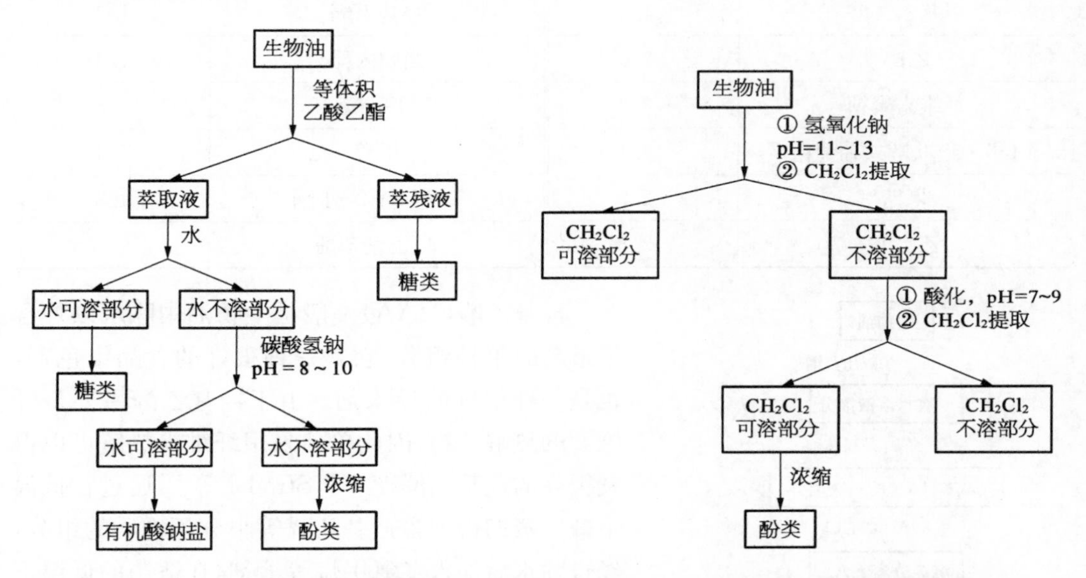

图 8 - 8　Chum 等从生物油中提取酚类物质的工艺路线

图 8 - 9　Gallivan 等从生物油中提取酚类物质的工艺路线

很多研究单位已经将由生物油中提取的酚类物质用以制备酚醛树脂，当生物油酚替代传统酚的比例不超过 40%时，所生产的酚醛树脂完全能够达到产品质量要求。到目前为止，无论是从生物油中分离酚的技术，还是酚醛树脂的制备以及产品质量，其技术都已经相对比较成熟，而且经济效益都得到了证实，但目前还没有单位对这项技术进行产业化。

(2) 由生物油提取特殊化学物质

从生物油中提取特殊化学物质的潜力是巨大的，有报道的生物油中各种物质的最高含量如表 8 - 5 所示。但在现阶段仅有少数物质的分离在技术上和经济上都是比较有前景的，主要是乙酸、羟基乙醛、左旋葡聚糖、左旋葡萄糖酮等。其中，乙酸的分离已经实现了商业应用，这项分离技术是早已成熟的。

表 8-5 生物油中含量较高的组分及其有报道的最高含量 （%，质量分数）

物　　质	含　量	物　　质	含　量
左旋葡聚糖	30.4	甲醛	2.4
羟基乙醛	15.4	苯酚	2.1
乙酸	10.1	丙酸	2.0
甲酸	9.1	丙酮	2.0
乙醛	8.5	2-羟基-5-酮-甲基环戊烯	1.9
糠基乙醇	5.2	乙酸甲酯	1.9
儿茶酚	5.0	对苯二酚	1.9
甲基乙二醛	4.0	羟基丙酮	1.7
乙醇	3.6	当归内酯	1.6
纤维素聚糖	3.2	丁香醛	1.5
1,6-苷-呋喃式葡萄糖	3.1	甲醇	1.4
果糖	2.9	1-羟基-2-丁酮	1.3
乙二醛	2.8	3-乙基苯酚	1.3

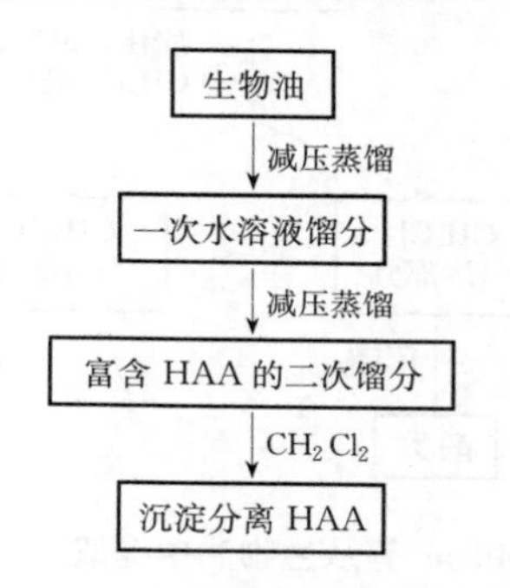

图 8-10 Stradal 等从生物油中分离羟基乙醛的工艺路线

羟基乙醛(HAA)一般是生物油中除水以外含量最高的单种组分，它是一种很好的食品染色剂，也是一种很好的导入剂。由于羟基乙醛主要是纤维素的热解产物，因此单独采用纤维素热解可以得到很高的羟基乙醛产率。Stradal 等[16]通过在低温下减压蒸馏得到含羟基乙醛等小分子物质的组分，经过除水后加入二氯甲烷等溶剂，在适当的低温下羟基乙醛就可以从溶液中结晶分离出来，其工艺过程如图 8-10 所示。

左旋葡聚糖是纤维素热解过程的中间产物，但是在较长的气相滞留时间或者灰分的催化作用下，左旋葡聚糖就会转化为其他产物，因此，如果采用纯的纤维素或经过脱灰处理的生物质在一定条件下热解，可以得到很高的产率。如 Dobele 等[17]对酸处理过的纤维素进行热解，左旋葡聚糖和左旋葡萄糖酮的产率分别为 46%和 24%。左旋葡萄糖酮的分离技术比较简单，目前的研究主要集中在提高其热解产率。然而左旋葡聚糖分离提取有一定难度，目前已有很多学者进行了相关的提取研究。如 Carlson 等[18]先蒸去生物油中的大部分水分，再用氯仿、丙酮分别萃取，最后从浓缩的丙酮溶液中重结晶出产物，其工艺流程如图 8-11 所示。Peniston 等[19]则先采用乙酸乙酯等脂肪族小分子溶剂除去生物油中的酚类和高分子木素裂解物，再加入碱金属氧化物除去长链羧酸，最后分别用阳离子和阴离子交换柱除去液体中残余的钙离子和小分子羧酸,从而得到含左旋葡聚糖的水溶液,通过浓缩、结晶后即可得到产物,其工艺流程如图 8 - 12 所示。Mones 等[20]用甲基异丁基酮除去生物油中的木素裂解物,然后加入过量的氢氧化钙,冷冻干燥后得到含有左旋葡聚糖的固体粉末,在索氏提取器中用乙酸乙酯提取产物,其工艺流程如图 8 - 13 所示。

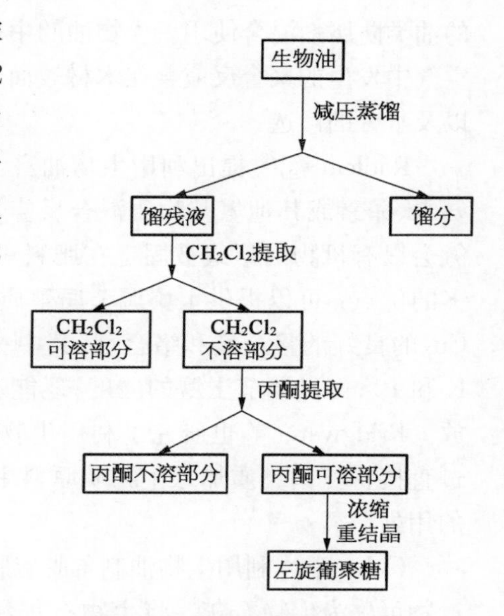

图 8 - 11 Carlson 等从生物油中分离左旋葡聚糖的工艺路线

随着研究的深入,生物油中越来越多的高附加值物质被发现进而分离提取,主要有麦芽酚(用作食品增香剂)、糠醛(用于生产四氢呋喃和丁二醇等)、5 -羟甲基糠醛(用于生产呋喃二酸、乙酰丙酸等)等。

当生物油作为液体燃料使用时,生物质快速热解过程一般以最大的液体产率为目的,不使用催化剂,由于热解途径的选择性较差,这就导致了生物油组分复杂而且各组分的含量比较低。从生物油化工提取的角度来考虑,可以通过改变反应条件或者使用催化剂等手段,在不以液体产率为目标的基础上尽可能在产物中富集特定的组分。如 Dobele 等[17]利用磷酸或 Fe^{3+} 处理生物质原料后热解以获取高产率的左旋葡聚糖和左旋葡萄糖酮。

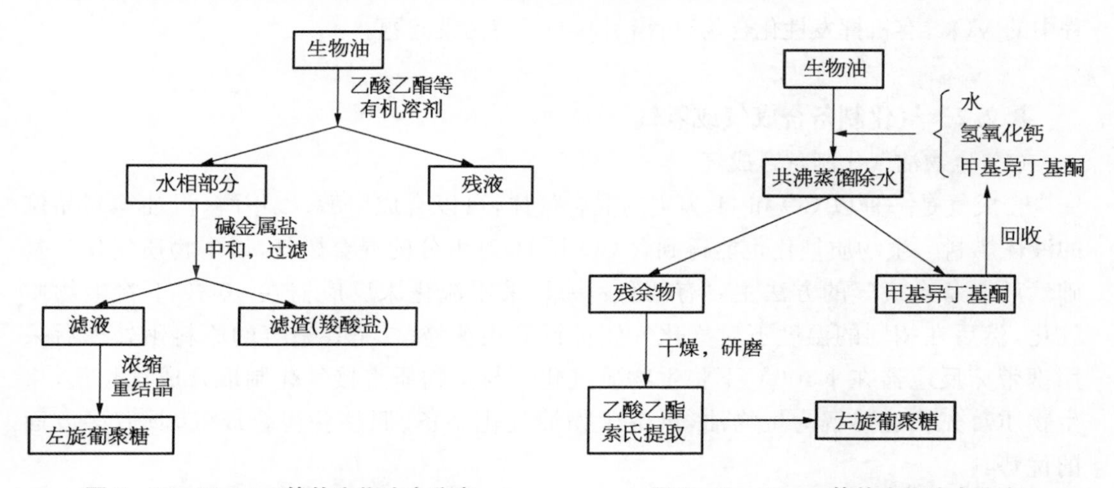

图 8 - 12 Peniston 等从生物油中分离左旋葡聚糖的工艺路线

图 8 - 13 Mones 等从生物油中分离左旋葡聚糖的工艺路线

(3) 由生物油制备化学品

生物油是一种非热力学平衡产物,其中很多物质的化学反应活性都较强,一些学者开展了直接利用生物油制备化学品的研究,避免了生物油分离提取等复杂的操作过程。

Freel 等[21]提出了利用生物油制备木材防腐剂,生物油可以单独使用,也可以和传统的油类防腐剂混合使用。生物油的中一些萜类和酚类物质具有杀虫功效,此外生物油在空气中发生的聚合反应会在木材表面形成一层有效的保护膜,从而防止防腐组分的丢失以及水分的渗透。

Radlein 等[22]提出利用生物油富含羰基的特性制备无毒害的氨基肥料,将生物油和氨水、尿素或其他氨基物质混合反应,然后加热除水固化就得到氨基肥料,大约 10%的氮会以有机物的形式被固定在肥料中。和普通的无机肥料相比,这种氨基肥料具有很多的优点:可以提供土壤调节腐殖质的来源;是很多微量元素(如 Mo、Fe、B、Zn、Mn 和 Cu)的良好的螯合剂和络合剂;其中一些官能团还能固定其他的一些营养元素(如 Ca、K 和 P);可以调节土壤的酸度;还能通过将炭质固定于土壤中从而降低二氧化碳的排放。Bridgwater 等也研究了利用生物油制备这种氨基肥料,并指出这种肥料也可以通过直接将氨基物质加入生物质原料中一起进行热解而制得,在不同的场合可以有不同的用处。

Oehr 等[23]利用生物油制备脱硫脱硝剂,将石灰和生物油反应后得到有机钙盐,这个产物可称为生物石灰。将生物石灰和含氮硫的燃料一起燃烧时,有机钙的脱硫效率比 $Ca(OH)_2$ 大幅提高,此外生物石灰中的一些有机物可以以催化剂的形式分解 NO_x。

Oehr 等[24]还利用生物油水相部分制备无污染的羧酸钙盐路面除冰剂,在碱性条件下使钙和生物油水相中的部分馏分反应,然后加热除水就可以得到羧酸钙盐,但是这个产品的制备成本远比现在大量使用的氯化钙除冰剂贵。

此外,还有学者提出了利用生物油制备乳化沥青,可望能够解决普通乳化沥青使用过程中的 VOC(有机挥发性化合物)析出引起的环境污染问题。

8.2.2 气化制备合成气或氢气

(1) 生物油气化制备合成气

合成气是一种以 CO 和 H_2 为主的混合气体,可以合成甲醇、二甲醚、汽油等高品位的液体燃料。生物质气化也能得到含 CO 和 H_2 等组分的混合燃气,以生物质气化为基础然后制备合成气的方法主要有两种:一是采用流化床反应器在 900℃下将生物质气化,然后在相同的温度下对气化气体进行催化重整;二是在适当的原料预处理后采用携带床反应器在 1 300℃下将生物质气化。与生物质直接气化制取合成气相比,将生物质首先快速热解为生物油,再由生物油气化制备、调整获得合成气,具有多方面的优势:

① 流化床生物质气化由于温度较低,气化气体中 H_2 含量较低,并且含量较多的焦油和甲烷,需要进行复杂的催化重整;而携带床反应器由于温度过高,对原料的预处理和反应器的材料要求都比较高,如生物质不经过脱灰处理就会发生灰分的熔融,而且该反应需要极细的原料颗粒;另外,如果气化过程中引入了氮气,产物气体就会被稀释。

② 生物油容易存储和运输,便于分散式热解液化再将生物油集中气化合成制取高品位的液体燃料,而直接将生物质气化再合成液体燃料,规模不易扩大。

③ 生物油气化反应器可以建立起统一的规范，而生物质气化反应器随原料不同需要有不同的设计。

④ 生物油加压气化较为容易实现，而生物质加压气化则非常困难。

(2) 生物油直接气化制备合成气

笔者等在无外部供氧的情况下对生物油进行了热解气化试验。实验所采用的生物油的元素组成如下：C%＝41.5%，H%＝7.6%，O%＝50.7%。生物油以 3.5 g/min 的速率喷入一根不锈钢反应器，反应温度 1 000℃，压力 3 000 Pa，气化气体的组成如表 8-6 所示。对整个气化过程的质量衡算表明，生物油中氢氧的转化率为 85%，而碳的转化率只有 55%。

表 8-6　生物油气化气体的组成　(%)

组分	H_2	O_2	N_2	CH_4	CO	CO_2	C_2H_4	C_2H_6	C_3H_6	C_3H_8
体积分数	31.51	0.00	0.20	16.92	37.73	9.38	4.00	0.12	0.09	0.05

Panigrahi 等[25]在常压和氮气氛围下对生物油进行热解气化试验，实验所采用的生物油的元素组成如下：C%＝43.6%，H%＝8.0%，O%＝47.9%。研究了氮气流量、气化温度对气化产物分布和气体组成的影响，在生物油进油量为 4.5～5.5 g/h，氮气流量为 30 ml/min，热解温度从 650℃升至 800℃时，生物油的转化率从 57%升至 83%，具体的气化产物分布以及气体产物组成如表 8-7 和表 8-8 所示，调节不同的气体流量和热解温度，可以得到不同的产物产率。Panigrahi 等[26]还进一步考察了不同的气相氛围对气化气体的影响，保持生物油进油量为 5 g/h，总气体流量为 30 ml/min，反应温度为 800℃，在 N_2 中添加 CO_2 后生物油转化率从 83%降为 68%；添加 H_2 后对生物油转化率基本没有影响；在 N_2 中加入一定的水蒸气(0～10 g/h)后，转化率在 67%～81%之间波动；在各种添加剂下，气化气体中 CO 和 H_2 的总含量都有大幅增加，分别如表 8-7 至表 8-9 所示。

表 8-7　不同温度和氮气流量下生物油气化产物分布

温度(℃)	N_2 流量(ml/min)	生物油(g)	气体			炭		液体		总和	
			(ml)	(g)	(%)	(g)	(%)	(g)	(%)	(g)	(%)
650	30	5.6	1 460	1.8	32	1.4	25	2.2	39	5.4	96
700	30	5.4	1 800	2.1	38	2.0	22	1.2	37	5.3	97
750	30	5.2	2 040	2.7	51	1.4	27	1.0	19	5.1	97
800	18	4.6	1 800	1.7	37	1.8	39	1.0	22	4.5	98
800	30	4.6	2 080	2.35	51	1.4	30	0.8	17	4.5	98
800	42	4.6	2 280	2.4	52	1.3	28	0.8	17	4.5	97
800	54	5.4	3 560	2.6	48	1.7	31	1.0	18	5.2	97

表 8-8 不同温度下生物油气化气体产物组成 (%)

产品气体组分	气体组分含量			
	650℃	700℃	750℃	800℃
H_2	12.8	16.3	9.3	12.8
CO	17.0	9.2	6.5	7.7
合成气(H_2+CO)	29.8	25.5	15.8	20.5
CO_2	2.5	3.4	2.1	2.6
CH_4	19.2	21.6	23.2	9.0
C_2H_4	20.8	23.0	26.4	31.1
C_2H_6	7.2	7.2	9.0	5.5
C_3H_6	9.4	9.1	10.2	3.1
C_3H_8	0.9	1.1	1.3	0.6
C_{4+}	10.1	9.1	12.0	9.0
总和	99.9	99.8	99.0	99.8

注：氮气流量 30 ml/min。

表 8-9 气相氛围中 CO_2 含量对气化气体组成的影响 (%)

组分	N_2流量：30 ml/min	N_2流量：24 ml/min；CO_2流量：6 ml/min	N_2流量：18 ml/min；CO_2流量：12 ml/min	N_2流量：12 ml/min；CO_2流量：18 ml/min
H_2	12.8±0.3	15.0	37.4	54.6
CO	7.7±0.1	51.9	25.2	23.6
CO_2	2.6±0.1	0.01	0.02	0.01
CH_4	27.4±1.6	15.2	17.1	12.5
C_2H_4	31.1±0.2	10.1	13.4	7.4
C_2H_6	5.5±0.4	2.2	2.8	1.0
C_3H_6	3.1±1.6	1.8	2.0	0.06
C_3H_8	0.6±0.2	0.1	0.5	0.0
C_{4+}	9.2±0.6	3.3	1.2	0.5
总计	100	100	100	100

注：总气体流量 30 ml/min，反应温度 800℃。

表 8-10 气相氛围中 H_2 含量对气化气体组成的影响 (%)

组分	N_2流量：30 ml/min	N_2流量：4 ml/min；H_2流量：6 ml/min	N_2流量：18 ml/min；H_2流量：12 ml/min	N_2流量：12 ml/min；H_2流量：18 ml/min
H_2	12.8	33.3	59.2	47.8
CO	7.7	29.0	24.6	32.1

（续表）

组分	N_2流量：30 ml/min	N_2流量：4 ml/min；H_2流量：6 ml/min	N_2流量：18 ml/min；H_2流量：12 ml/min	N_2流量：12 ml/min；H_2流量：18 ml/min
CO_2	2.6	4.9	3.4	4.0
CH_4	27.4	17.0	10.9	13.9
C_2H_4	31.1	14.0	1.3	1.6
C_2H_6	5.5	0.7	0	0.1
C_3H_6	3.1	0.2	0	0.1
C_3H_8	0.6	0.0	0	0
C_{4+}	9.2	0.9	0.6	0.4
总计	100	100	100	100

注：总气体流量 30 ml/min，反应温度 800℃。

表 8-11 气相氛围中添加水蒸气对气化气体组成的影响 （%）

组 分	水蒸气流量(g/h)				
	0	2.5	5	7.5	10
H_2	12.8	47.0	47.3	47.3	49
CO	7.7	26.6	27.0	29.5	30.2
CO_2	2.6	5.9	4.0	4.4	0.4
CH_4	27.4	16.2	13.6	12.8	13.4
C_2H_4	31.1	3.0	5.6	5.1	5.4
C_2H_6	5.5	0.2	0.3	0.2	0.2
C_3H_6	3.1	0	0	0	0
C_3H_8	0.6	0	0	0	0
C_{4+}	9.2	1.3	2.2	0.7	1.4
总计	100	100	100	100	100

注：总氮气流量 30 ml/min，反应温度 800℃。

Venderbosch 等[27]采用携带床反应器研究了生物油的气化特性，以空气为气化剂，在 1 000℃的反应温度下，将 ER（当量比）从 0.1 提高到 0.4，气化气体中 CO 和 H_2的总含量从 25%降为 15%，甲烷的含量从 10%降为零；将反应温度从 1 000℃升至 1 100℃，对减少甲烷含量的效果并不显著；当采用富氧或纯氧气化剂时，气化气体中 CO 和 H_2的含量可以大大提高，为了控制气化气体中甲烷含量不超过 1%，需要将气化温度提高至 1 200℃。

德国 Forschungszentrum Karlsruhe 对生物油和焦炭的浆状混合物采用 GSP 气化反应器进行了气化实验研究。实验所采用的生物油和焦炭浆状混合物的性质为：密度约

1 300 kg/m^3、低位热值约 21 MJ/kg、焦炭含量 23%～26%、焦炭粒径 10～1 000 μm；气化条件为：压力 2.6 MPa、温度 1 200～1 600℃、当量比 0.4～0.6、采用纯氧作气化剂并使用氮气作吹扫气。实验结果表明，当气化温度高于 1 000℃后，碳的转化效率可达 99%以上；当气化温度高于 1 200℃后，气化气体中基本不含焦油。表 8－12 所示为实验得到的气体产物组成。

表 8－12　生物油和焦炭混合物气化产物组成

ER(O_2)(%)	炭粒粒径<90%	CO(%)	H_2(%)	CO_2(%)	N_2(%)	CH_4(%)	焦油	温度(℃)
0.50	56 μm	47	22	16	15	<0.1	—	约 1 300
0.48	94 μm	47	21	18	15	<0.1	—	约 1 200

(3) 生物油催化气化制备合成气

在不使用催化剂的气化过程中，为了提高转化效率以及合成气中 CO 和 H_2 的含量(抑制甲烷的生成)，需要很高的气化温度，反应条件较为苛刻。为此，有学者提出了生物油催化气化制取合成气，从而降低反应温度。Rossum 等利用镍基催化剂在一个流化床反应器中进行了生物油催化气化研究，气化剂采用空气和水蒸气等的混合气。研究发现，在 800℃时就能够得到比较纯净的合成气，而且合成气中的 H_2 含量很高，是一种富氢合成气，但是实验过程中催化剂的失活速率很快，催化剂一旦失活，气化过程就会生成甲烷和 C_2～C_3 等杂质气体。为了避免催化剂结炭失活，Rossum 等对试验装置进行了改造，生物油首先在一个以砂子为流化介质的流化床反应器中气化，然后气化气体进入一个固定床催化气化反应器进行催化转化。对两种不同生物油常规气化和催化气化的实验结果如表 8－13 所示。结果表明，采用这种两段气化工艺得到的合成气中没有甲烷和 C_2～C_3 等杂质气体，仅含有少量的焦油(0.2 g/Nm^3)。

表 8－13　生物油常规气化和催化气化的产物组成

	1	2	3	4	5	6	7(两段反应器)
生物油	A	B	B	B	B	B	A
床料	砂子	砂子	FB	FB	K46	K46	砂子、K46＋23
温度(℃)	790	835	816	813	809	855	810
S/C	1.9	1.0	3.1	3.2	3.2	2.1	1.5
ER(%)	0	23	0	26	0	23	0
碳转化率(%)	65	87	78	88	76	91	85
H_2(%)	10	15	43	38	46	40	68
气体产物(Nm^3/kg)							
H_2	0.23	0.31	0.88	0.78	0.93	0.91	1.52
CO	0.38	0.40	0.17	0.27	0.32	0.40	0.58

（续表）

	1	2	3	4	5	6	7（两段反应器）
气体产物（Nm^3/kg）							
CH_4	0.13	0.12	0.15	0.10	0.09	0.08	0.00
CO_2	0.05	0.22	0.42	0.46	0.32	0.44	0.29
$C_2 \sim C_3$	0.06	0.04	0.02	0.02	0.02	0.02	0.00
气体组成（%）							
H_2	26.8	27.8	52.8	46.7	55.5	48.2	62.6
CO	44.7	36.5	10.2	16.2	19.3	21.2	23.9
CH_4	15.6	10.5	9.1	6.2	5.4	4.1	0.0
CO_2	5.6	20.1	25.1	27.4	19.0	23.1	11.9
$C_2 \sim C_3$	6.7	3.6	1.4	1.5	1.0	0.8	0.0

注：A—松木生物油；B—山毛榉生物油；FB、K46 和 K23 都是催化剂。

实际上，Rossum 等开展的工作类似于生物油水蒸气重整制氢，但气化过程中使用 S/C（水碳物质的量之比）较小，因此气化气体中还含有相当一部分的 CO，这种气体是一种富氢合成气。中国科学技术大学生物质洁净能源实验室就研究了利用这种富氢合成气经过费托合成制取汽油和柴油等液体燃料，以 100Fe/6Cu/16Al/6K 为催化剂，研究发现温度、压力、接触时间以及 $CO_2/(CO+CO_2)$（r 值）对费托合成有重要的影响，为实现最高的碳转化率和重质烃的选择性，最佳的合成条件为：温度 280～300℃、压力 1.0～2.0 MPa、$W/F>12.5\ g_{cat} \cdot h \cdot mol^{-1}$。此外，$r$ 值对碳转化率有显著影响，$r<0.5$ 时更适合费托合成。在温度 300℃、压力 1.5 MPa、$W/F=12.5\ g_{cat} \cdot h \cdot mol^{-1}$ 的反应条件下，总碳转化率达到 36%，重质烃（C_{5+}）的选择性达到 44%。

8.2.3　重整制备氢气

生物质制氢可分为热化学转换制氢和微生物法制氢[28]，其中热化学转换制氢包括生物质气化催化制氢、生物质热裂解制氢、生物质超临界转换制氢、生物油重整制氢等多种方式。虽然生物油重整制氢技术出现较晚，但显示出了良好的制氢效果，且氢气在价格上非常具有竞争力，更由于生物油易于存储和运输的特性，使得重整制氢技术将会成为生物质制氢的一个重要手段。

（1）生物油水蒸气重整制氢

生物油水蒸气重整制氢是一个两阶段反应，生物油首先在催化剂的作用下发生：

$$C_nH_mO_k + (n-k)H_2O \longrightarrow nCO + (n+m/2-k)H_2 \qquad (8-1)$$

然后 CO 和 H_2O 再进一步进行变换反应：

$$CO + H_2O \longrightarrow CO_2 + H_2 \tag{8-2}$$

NREL 在生物油水蒸气重整制氢方面进行了大量的研究工作，指出含氧有机物和碳氢燃料的水蒸气重整机理基本相同，可分为四个过程：有机物被催化剂中的金属(Ni)吸附；水蒸气被吸附到 Al 表面并羟化；有机物在金属的催化作用下发生脱氢反应，同时生成中间产物；羟基从 Al 表面扩散到金属表面，和中间产物反应最终生成氢气和碳氧化物。上述反应过程中也会发生副反应生成炭，粘在催化剂表面。

NREL 首先开展的模型化合物的研究证实了生物油中的含氧有机物可以在传统的 Ni 基催化剂上反应获得氢气[29]。随后他设计了一套固定床反应器，采用 Ni 基催化剂对生物油水相部分进行了重整实验，结果表明氢气产率(实际氢气产量和理论氢气产量之比)高达 85%，但采用固定床反应器，堵塞和催化剂结炭失活严重，实验无法连续进行。对失活催化剂的再生研究表明，失活的催化剂可以采用水蒸气或 CO_2 气化恢复活性。之后 NREL 开发了流化床生物油水蒸气重整反应器[30]，如图 8-14 所示。以生物油水相部分为原料，典型的重整条件为：800～850℃，S/C 为 7～9，G_{C1} HSV(等甲烷体积空速) 700～1 000 h^{-1}，氢气产率如表 8-14 所示。采用流化床反应器有效地减慢了催化剂的结炭速率，商业 Ni 基催化剂具有较好的催化效果，催化剂的再生也比较容易。

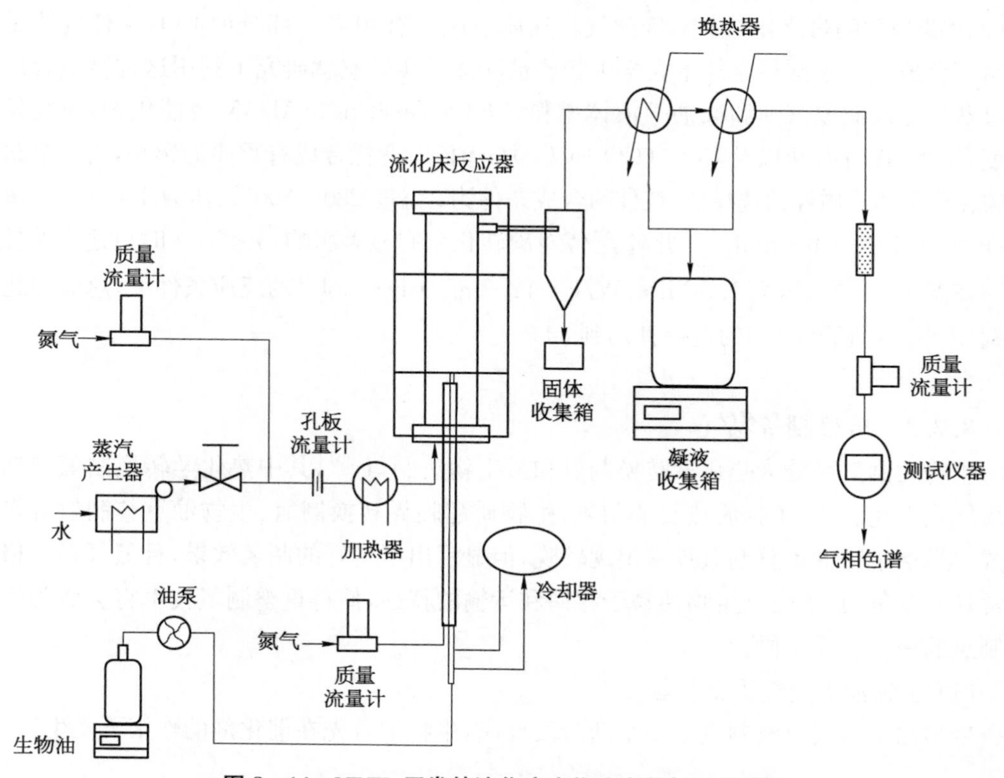

图 8-14 NREL 开发的流化床生物油水蒸气重整装置

表 8-14　生物油水相部分水蒸气重整氢气产率

温度 (℃)	S/C (mol/mol)	$G_{C1}HSV$ (h^{-1})	H_2含量 (g H_2/100 g 原料)	H_2产率(%)
800	7.0	770	2.6	77
850	8.6	820	2.7	77
850	9.0	830	3.0	89
850	7.1	1 000	3.3	78

Iordanidis 等[31]提出了自热式的生物油水蒸气重整制氢的方法，将生物油、热解气体或沼气等(CH_4 55%，CO_2 33%，N_2 10%，O_2 2%)和水蒸气输入一个含有催化剂和 CO_2 吸附剂(CaO)的流化床反应器，重整反应所需的热量可由 CO_2 吸附过程释放的热量来提供。研究表明，在 650℃和 1 MPa 的反应条件下，生物油气体产物主要是 H_2(95%，干基)，另外还有少量的没有参与反应的 CH_4 和 N_2，以及没有被吸附的 CO 和 CO_2。

Kinoshita 等[32]采用 ASPEN PLUS 软件模拟了采用 CaO 作为 CO_2 吸附剂的反应条件下生物油的水蒸气重整反应，设想的制氢系统如图 8-15 所示，模拟结果显示最佳重整反应温度为 600～850℃，催化剂再生温度约为 800℃，产物气体中 H_2 含量可在 95%以上，而在没有吸附剂的情况下 H_2 含量仅为 67%，H_2 产率为 0.07～0.08 kg H_2/kg 生物油。

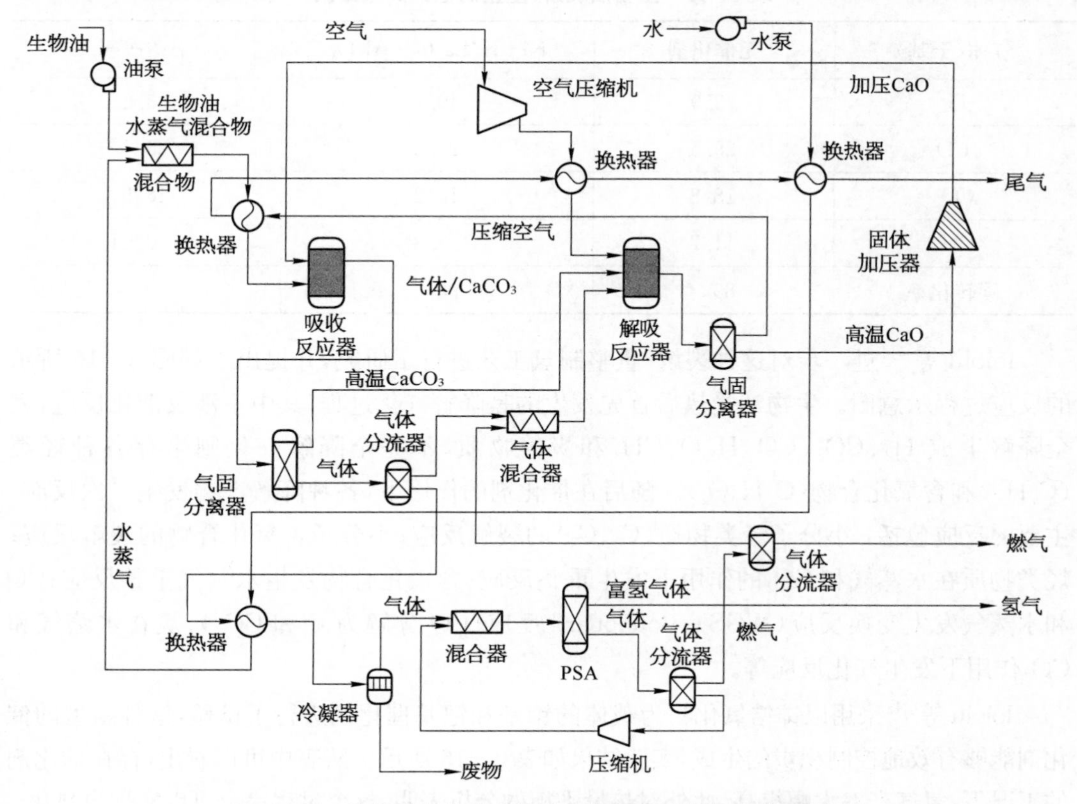

图 8-15　设想的自热式生物油水蒸气重整制氢系统示意图

(2) 生物油其他重整制氢方法

Davidian 等[33]将裂解制氢(不外加水蒸气)的工艺应用于生物油,以甲烷为例,裂解制氢过程可以表述为:

$$\text{甲烷裂解} \quad CH_4 \longrightarrow C + 2H_2 \tag{8-3}$$

$$\text{催化剂再生} \quad C + O_2 \longrightarrow CO_2 \tag{8-4}$$

甲烷首先降解为氢气和固体炭,这些炭以积炭的形式黏附在催化剂上,在催化剂的再生过程中被除去,由于制氢过程中不引入外加的水蒸气,有利于反应的控制和产物的分离。由于生物油含有一定的水分,当将这种制氢工艺应用于生物油时,这个过程实际上是一个裂解和水蒸气重整的混合过程。实验研究了采用两种 Ni 基催化剂(Ni/Al_2O_3 和 $Ni-K/La_2O_3-Al_2O_3$)的重整效果,实验结果如表 8-15 所示。从实验结果可以看出,这种制氢技术的氢气产率比水蒸气重整技术低,然而这种有序的制氢方法更适合处理催化剂的结炭问题。试验的两种催化剂上所结的炭有所不同,Ni/Al_2O_3 催化剂上的炭成丝状,粘连在这些炭丝上的 Ni 颗粒很容易在催化剂再生过程中损失,而 $Ni-K/La_2O_3-Al_2O_3$ 催化剂表面形成的是无定型的炭层,这种炭在较低的燃烧温度下就可以除去。

表 8-15 生物油裂解/重整制氢的实验结果 (%)

气体(干基)	无催化剂	$Ni-K/La_2O_3-Al_2O_3$	平衡产率
H_2	43.9	49.2	55.2
CO	25.5	25.2	25.1
CO_2	18.8	18.2	18.9
CH_4	11.7	7.3	0.01
碳转化率	80	95	

Iojoiu 等[34]进一步对这种裂解/重整制氢工艺进行了研究,并提出了如图 8-16 所示的反应过程示意图。生物油受热后首先发生的是降解气化过程,其中不涉及催化反应,完全降解生成 H_2、CO_2、CO、H_2O、CH_4 和炭等物质,不完全降解气化则生存各种烃类(C_nH_m)和含氧化合物($C_xH_yO_z$)。随后在催化剂的作用下,各种降解产物发生二次反应,主要的反应包括:小分子烃类物质(C_2、C_3)的裂解反应;小分子含氧化合物的裂解反应;烃类物质在水蒸气和 CO_2 的作用下发生重整反应;含氧化合物发生水蒸气重整反应;CO 和水蒸气发生变换反应(WGS);Boudouard 反应(CO 分解为 C 和 CO_2);炭在水蒸气和 CO_2 作用下发生气化反应等。

Iojoiu 等[34]采用以铈锆氧化物为载体的铂基和钯基催化剂进行了试验,这种新型的催化剂能够有效地控制积炭的生成,实验结果如表 8-16 所示。从表中可以看出,存在催化剂的工况下,氢气产率大幅提高,此外对热量平衡的分析表明,这个过程完全可以实现自热化。

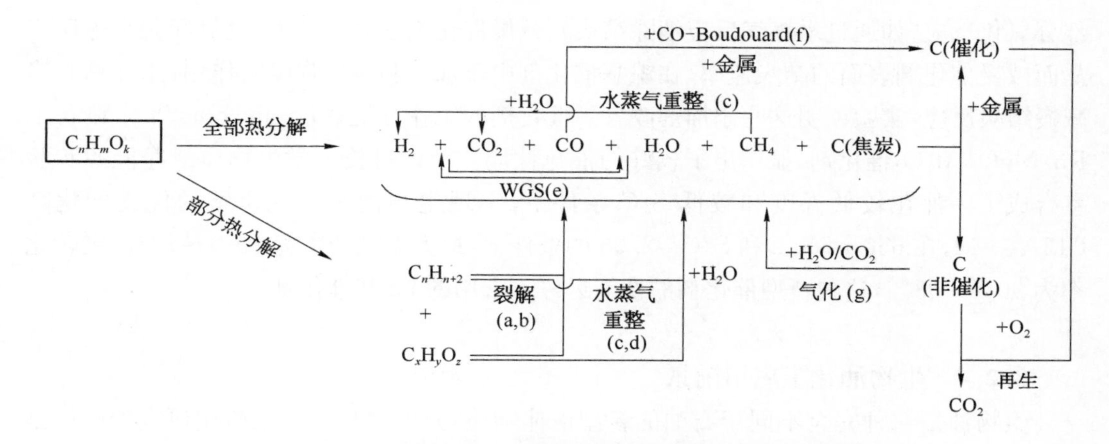

图 8-16　Iojoiu 等提出的生物油裂解/重整制氢反应过程图

表 8-16　生物油在贵金属催化剂上的裂解/重整制氢的实验结果

	气体组成(%,干基)				H_2产率(%)	H_2产量	
	H_2	CH_4	CO	CO_2		mmol H_2/$g_{生物油}$	mmol H_2/(min·$g_{催化剂}$)
平衡产率(700℃)	57	4	31	9	>53	>20	—
烧结不锈钢	43	11	26	20	28	11	—
堇青石蜂窝陶瓷载体	43	11	33	13	43	13	—
粉状催化剂(600 mg)							
$Pt/Ce_{0.5}Zr_{0.5}O_2$	50	7	16	27	49	16	2.6
$Rh/Ce_{0.5}Zr_{0.5}O_2$	51	7	24	18	52	16	2.6
颗粒状催化剂(以堇青石蜂窝陶瓷为载体)							
$Pt/Ce_{0.5}Zr_{0.5}O_2$	49	7	30	15	45	17	5.7
$Rh/Ce_{0.5}Zr_{0.5}O_2$	52	6	28	14	48	18	5.8

(3) 生物油重整制氢的影响因素以及工艺技术

影响生物油水蒸气重整氢气产率的因素主要包括原料特性、反应器类型、反应条件和催化剂特性。由于生物油中一些大分子物质如糖类和木素裂解物重整较为困难，NREL提出可以利用生物油的水相部分进行重整制氢，而将油相部分分离后直接以制备酚醛树脂的原料出售，这样每 100 kg 的木材经过热解、油相分离和水相重整后可得到 6kg 的氢气。在反应器方面，流化床反应器由于实现了催化剂的运动而大大地减慢了催化剂的结炭速率，循环流化床更是能够实现催化剂的连续再生和循环，将会是生物油重整制氢的理想反应器类型。影响制氢效率的反应条件主要是反应温度、G_{C1} HSV、S/C 和催化滞留时间，和天然气重整相比，生物油重整需要较小的空速和较高的 S/C。

催化剂的改进以及新型催化剂的开发是生物油重整制氢研究的重点内容。Garcia 等[35]进行了两方面的工作改善催化剂的性能：增强催化剂对水蒸气的吸附作用从而发生部分氧化反应(如通过水煤气反应消除结炭)、减慢催化剂表面的裂解、脱氧和脱水等反应从而减慢催化剂表面的结炭速率,在镍基催化剂中添加镁和镧增强吸附作用,添加钴和铬减慢结炭反应,实验证明这些添加剂改善了催化剂的工作性能。Basagiannis 等[36]制备了 $Ru/MgO/Al_2O_3$ 催化剂,显示出了较好的催化性能。中国科技大学生物质洁净能源实验室合成了一种在较低温度和较低 S/C 条件下,实现生物油水蒸气重整的优良催化剂 C12A7 - M,在 650～700℃和 S/C=2.03 的条件下,最大氢气产率为 60%～70%,碳转化率为 90%～98%,这种新型催化剂的性能远好于常用的 Ni 基催化剂。

8.2.4 生物油化工应用前景

生物油是一种完全不同于石油的新型液体物质,开展生物油化工应用研究的前提是对其化学组成有足够的了解,然而现阶段对生物油成分分析的研究还远远不够,特别是其中的一些高分子物质还没有有效的检测方法。

生物油成分的复杂性来源于热解过程很差的选择性,不同的学者通过对生物油的分析,发现其中含有很多高附加值的物质,还有很多难以通过常规手段进行合成的物质,这说明生物油将会是一种非常重要的化工原料,因为它将是很多物质的提取来源。然而现阶段,绝大多数研究单位制取生物油的目的是将其作为液体燃料使用,热解工艺的目标是最高的生物油产率,而对生物油具体的化学组成并不太关注。

获取最高的生物油产率和富集生物油中特定组分的浓度在大部分情况下都是不能兼顾的,现在已经有一些学者注意到了生物油化工应用的巨大前景,提出了选择性热解的概念,目的是对热解反应过程进行控制,促进某些反应同时抑制另外一些反应的发生。这种选择性热解过程的反应条件根据不同的产物需求而变,不以最高生物油产率为目标。如果通过选择性热解获得的特殊生物油中某些高附加值组分浓度能够大大提高,在市场需求和经济利益的驱使下,将会有更多的人研究生物油的化工应用,从而将会促进生物油化工产业的发展。

生物油的化工应用将是一个全新的领域,很少有可以直接借鉴的工艺和技术,因此生物油化工产业的构建将会是一个漫长的过程。生物油是一种高氧含量的液体,这对其作为燃料使用是一个很大的缺点,为了提高生物油的燃料品位,需要对生物油进行脱氧精制(催化裂解和催化加氢),在将生物油转化为烃类燃料的过程中,大量的 C、H 元素会随 O 元素以 CO_2 和 H_2O 的形式损失。然而在生物油化工应用中,当以生物油为原料合成或制备各种含氧物质时,正好可以发挥生物油自身的巨大优势。化石燃料总有枯竭的一天,以生物油为背景构建全新的化工产业一定会得到越来越多的关注。

8.3 生物油的燃料性质

(1) 微观多相性

生物油是一种具有微观多相性的液体,其多相性是由生物质原料、热解反应条件、冷凝过程以及保存条件和时间所决定的。生物油的复杂性，是由于其中存在固体颗粒、蜡状物质、水相颗粒和重质胶团。常规生物油从宏观上看是一种均相的液体，而实际上是一种两相液体。水和水溶性组分形成了连续相，不溶于水的木素裂解物以微乳液的形式悬浮于生物油中，一些水油两亲的组分以乳化剂的作用保持了生物油的这种两相稳定性。对生物油进行的显微观察证实了生物油这种两相共存的特点。

对于含有提取物裂解物的生物油，特别是由于相分离（注：生物油的相分离有两种不同的形式，一种是由于木素裂解物导致的相分离，分离后的两相在本书中称为上层液体和下层液体；另一种是由于水分导致的相分离，分离后的两相称为水相和油相）的不彻底性，生物油的微观结构更为复杂。如图8-17所示为Ba等通过显微镜观察到的生物油的微

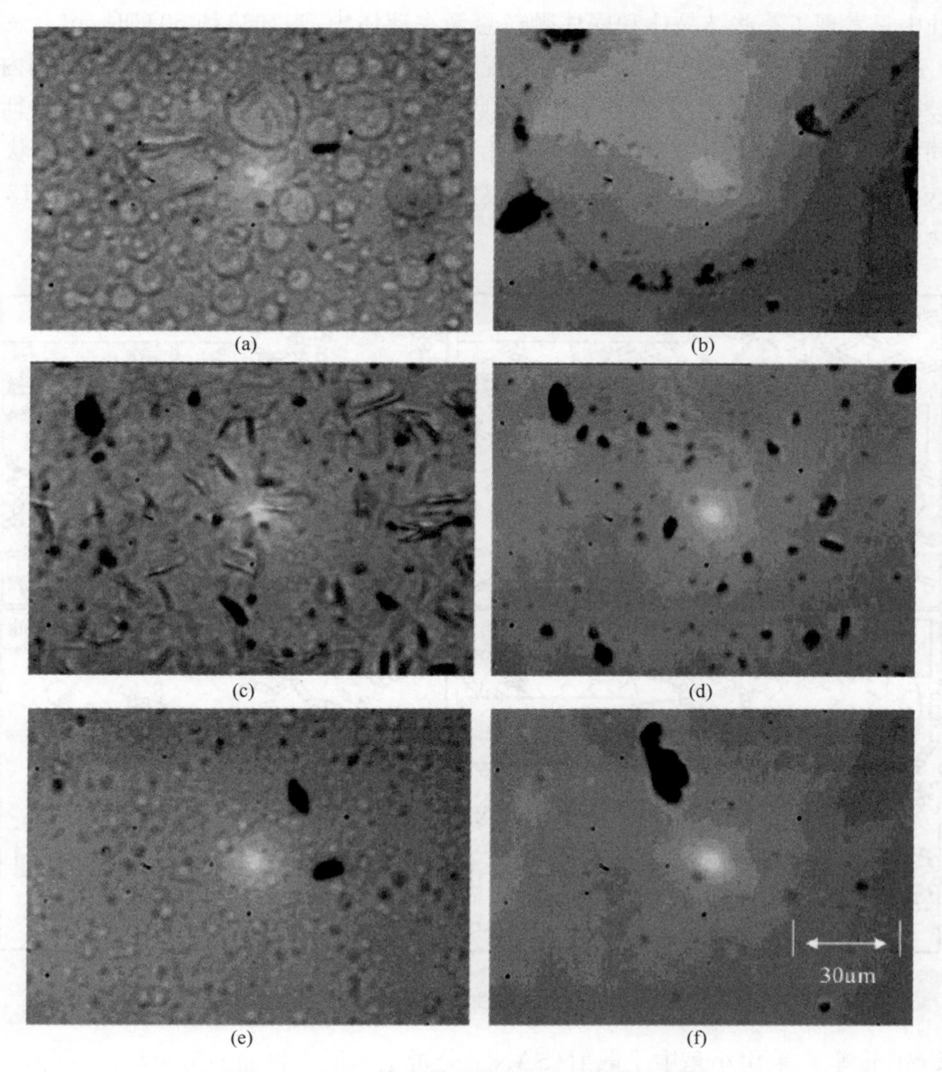

图8-17 Ba等观察到的生物油的微观多相性

(a) 整体生物油(25℃)；(b) 整体生物油(70℃)；(c) 上层液体(25℃)；
(d) 上层液体(70℃)；(e) 下层液体(25℃)；(f) 下层液体(70℃)

观结构，观察所用的生物油由软木废料制取，通过一定的方法将其分离为上层和下层液体。从图中可以清楚地看出，无论是上层液体、下层液体还是生物油整体，都存在着连续相和分散相(各种大小不同的微团)，随着温度的升高，分散相中部分物质能够重新溶回连续相中。

Perez 等[37]分析了两种分别由软木废料(SWBR)和富含硬木的纤维物质(HWRF)所制取的生物油的微观多相性，其中 SWBR 生物油自行出现了相分离，而 HWRF 生物油则是宏观上的均相液体。分析发现，在 25℃下，SWBR 生物油存在一些粒径为 20～80 μm 的颗粒，其中含有长约 20μm 的结晶体，还有一些粒径为 5～10 μm 的水相颗粒；当加热到 60℃时，粗滴乳化体可以被分离出来，而水相颗粒则会溶于连续相而消失不见。HWFR 生物油中只发现了一些结晶体和固体颗粒悬浮在液体中，当加热到 60℃时，也会发生相分离。采用差示扫描量热法(DSC)分析发现，生物油的上层液体在 0～60℃的范围内都存在着吸热现象，该现象是由于结晶体的熔解吸热而产生的。此外，对生物油流变特性的分析也同样证实了生物油在低温下存在着由重质胶团(Heavy Compounds)和蜡状物质(Waxy Materials)所形成的特定结构体。根据实验结果，Perez 等提出了如图 8-18 所示的生物油微观多相性的物理模型。

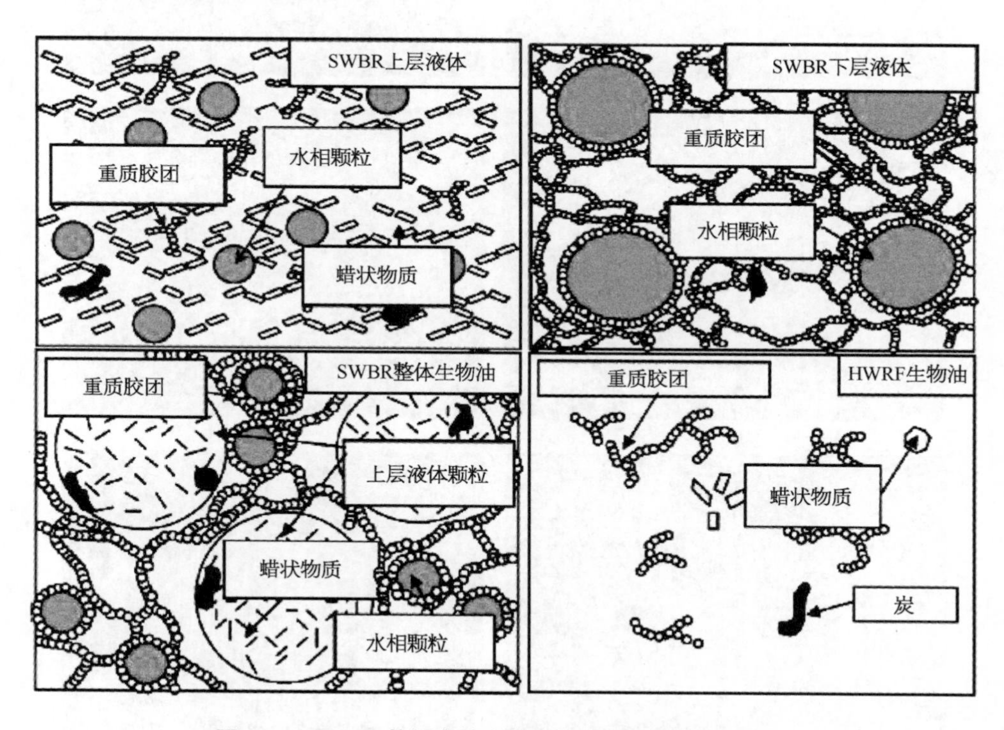

图 8-18　Perez 等提出的生物油微观多相性的物理模型

Fratini 等[38]采用小角中子散射(SANS)分析了木屑生物油的微观特性，指出生物油是一种具有纳米结构的流体，其中的木素裂解物通过结合形成纳米颗粒，这些颗粒具有分支结构，分形维数为 1.4～1.5，聚集数为 50～80。

（2）水分

水是生物油中含量最多的单个组分，主要来源于原料中水分和热解过程生物质发生缩合或缩聚反应所生成的水分，一般含量为15%～30%。生物油中水分含量的测量方法有卡尔费休法、甲苯夹带蒸馏法、气相色谱法和迪安斯塔克蒸馏法等多种方法，其中卡尔费休方法最为常用。滴定溶液一般采用甲醇和二氯甲烷的混合物，测量误差主要由生物油溶解不彻底、标定不准确和滴定终点判断有误等引起。在测量过程中一般采用已知的标准溶液加以标定，通过在生物油中加水以判断测定的准确性。IEA－EU循环测试中各个实验室对水分的测量结果均在实验误差范围以内，证实了卡尔费休方法可以作为分析生物油水分的标准方法。

与化石燃油不同，生物油中含有大量的水溶性有机物，因此水分是分散在生物油中的，但是这种存在形式并不是非常稳定的。如果生物油中水分含量增加，那么连续相对木素裂解物的溶解能力就会下降，最终导致生物油的这种乳化形式被破坏。木素裂解物以沉淀的形式析出生物油，从而生物油发生相分离形成水相和油相，如图8－19所示为采用Leica DM－LS生物荧光显微镜观察到的均相生物油和已经发生水油两相分离的生物油的微观照片。根据生物油中各类组分的亲水程度，一般而言，形成均相生物油所允许的最大水分含量为30%～35%，这个上限值是随生物油组成而变化的。例如，如果热解过程的温度提高，那么所获得的生物油中的轻质组分就会减少，保持生物油均相性的水分含量上限值也就随之降低。为了防止生物油出现水油两相的分离，一般需要控制热解原料的水分含量不超过10%。

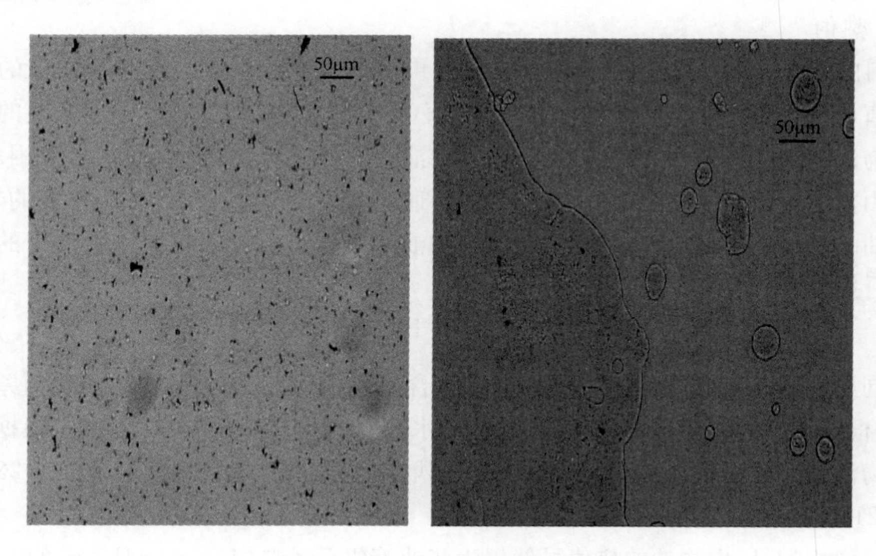

图8－19　生物油发生相分离前后的微观照片

生物油中的水分很难被除去，主要是由于生物油中含有较多的低沸点组分，而且生物油的热安定性较差，使得常规的加热除水方法对生物油不可行。大量的水分含量对生物油的应用有很大的影响：一方面水分降低了生物油的热值，诱使生物油发生水相和油相的分离，导致点火困难，降低燃烧的火焰温度，也限制了燃烧过程中的预热温度。另一方面，水分降低了生物油的黏度，从而有利于生物油的雾化；最重要的是水分的存在可以降低污染物的排放；水分虽然降低了燃烧火焰温度，但使得燃烧温度场更为均匀，从而有利于减少 NO_x 的生成；水分在燃烧过程中的微爆现象强化了燃烧的充分性；源于水分的 OH 基团可以有效的抑制炭黑的产生并加速其氧化。

(3) 相溶性

生物油是一种高极性的液体，因此和一些极性溶剂具有一定的相溶性。虽然生物油中含有大量的水，但对外加水的溶解性不一定好。不同的研究表明，有些生物油可以在一定范围内很好地溶解外加水，但也有些生物油在加水后会形成一种乳化相，如果不经过混合摇匀，就会形成沉淀。当加水量超过一定范围时，任何生物油都会发生水相和油相的分离，一般而言，在干基状态下，源于硬木的生物油的油相含量为 34%～35%，源于软木的生物油的油相含量为 32%～35%，源于各种秸秆的生物油的油相含量为 17%～28.5%。

生物油和其他溶剂的相溶性主要取决于溶剂的极性。和常规生物油相溶性最好的溶剂是小分子醇类物质，主要是甲醇和乙醇，这两种溶剂可以几乎将常规生物油全部溶解，不溶物仅为固体颗粒。此外，和常规生物油具有相溶性的溶剂还包括异丙醇、丙酮等溶剂(相溶性不如甲醇和乙醇)。常规生物油和烃类液体(如己烷和柴油等)则基本上完全不溶。提取物裂解物是非极性的液体，其溶解特性和常规生物油基本完全相反。因此，对于富含提取物裂解物的生物油，一般需要采用极性溶剂(甲醇或乙醇)和非极性溶剂(如二氯甲烷)的混合溶剂进行溶解。

(4) 热值

燃料的热值是指 1 kg 燃料完全燃烧后，再冷却至原始基准温度时释放出的全部热量。热值可分为高位热值(HHV)和低位热值(LHV)两种，其差别在于水蒸气的气化潜热。生物油的高位热值可用氧弹法测定，生物油中的大量水分可能会导致点火困难，这时可以采用棉线等易于引燃生物油的点火丝，再通过减去这部分点火丝燃烧生成的热量，得到生物油的高位热值，Oasmma 等[1]指出生物油的低位热值可以根据生物油中的氢元素含量进行换算：

$$\mathrm{LHV} = \mathrm{HHV} - 218.13 \times \mathrm{H}\%(\text{质量分数})\ (\mathrm{kJ/kg}) \tag{8-5}$$

不同原料和工艺制取的生物油中的水分含量差别很大，因此测量出的热值差别也很大，如果根据水分含量计算出生物油干基(无水)热值，计算结果则较为相似，根据不同原料的生物油的热值测定总结出，硬木和软木制取的生物油干基热值分别为 19～22 MJ/kg 和 18～21 MJ/kg。

值得说明的是，生物油的热值虽然仅为柴油等化石燃料(41～43 MJ/kg)的 2/5，但由于生物油的密度一般约为 1.2 g/ml，远高于柴油等化石燃料的密度(0.8～1.0 g/ml)，因此生物油的体积能量密度可以达到柴油的 50%～60%。

(5) 黏度和流变特性

黏度是流体微观分子内摩擦力的宏观表现，有动力黏度 μ 和运动黏度 γ 之分。黏度是燃油输送和雾化的重要影响因素，为了保证燃油的顺利输送和油泵的稳定工作，以及各种燃烧器喷嘴的良好雾化，对油品的黏度都有一定的要求。液体的流变特性可以表示为：

$$\tau = \tau_0 + \mu D^n \tag{8-6}$$

式中　τ——剪切应力；

τ_0——屈服应力；

D——剪切速率。

对于牛顿流体，$\tau_{0=0}$、$n=1$，在不同的剪切速率下，黏度保持不变，μ 和 γ 满足 $\mu=\rho\gamma$，其中 ρ 是流体的密度。对于非牛顿流体，黏度随着剪切速率而变化，根据不同的流动特性，非牛顿流体一般有假塑性流体、胀塑性流体和宾汉塑性流体等几种。

生物油的流变特性是由其微观结构所决定的，一般而言，不含提取物裂解物的均相生物油基本上都是牛顿流体。Leory 等[39]在 $10\sim10^3\,s^{-1}$ 的剪切应力范围内对几种生物油的研究表明它们都是牛顿流体。

对于富含提取物裂解物的生物油，由于在较低温度下一些蜡状物质以及木素裂解物会在生物油中形成三维结构体，从而导致生物油出现非牛顿流体特性。例如，Ba 等分析了由软木废料真空热解获得的生物油的稳态和动态流变特性，在 30～80℃的范围内采用 LDV－III$^+$ 数字黏度计测定了生物油的黏度 k，将黏度和温度按 $\ln k$ 和 $1/T$ 作图，可以得到两条斜率不同的直线，相交于 46℃，如图 8－20 所示，这个转折点可以视为生物油流动特性的转变点。在这个温度以下，生物油呈宾汉流体，超过这个温度后，生物油呈牛顿流体。宾汉型流体的特点是此流体具有三维结构，其坚固性可以经受一定值的剪切应力，当应力超过此值后，该三维结构被破坏。由于上层液体中的蜡状物质远多于下层液体，因此上层液体的转折点也更为明显。另外还采用 ARES 流变仪记录了生物油在 30～80℃期间的弹性模量、黏性模量和复数黏度，发现生物油呈现弹性模量损失占主导的特性，从而证实了生物油中确实存在着三维结构体。

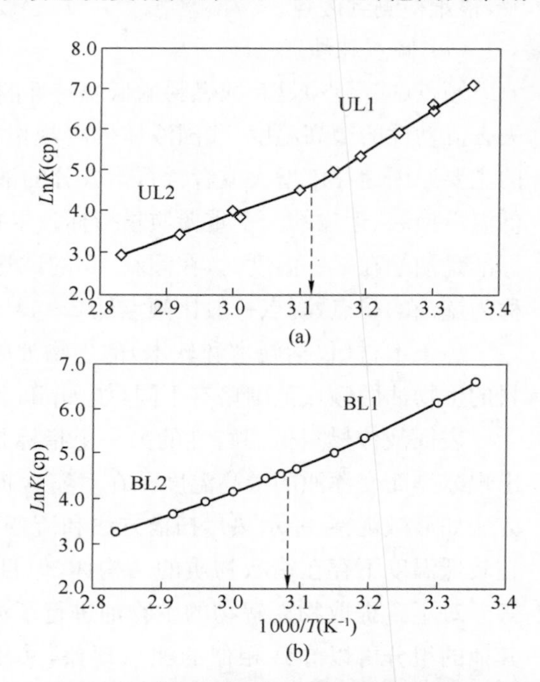

图 8－20　富含提取物裂解物的生物油的流变特性

(a) 上层液体；(b) 下层液体

室温下均相稳定的生物油的黏度可以采用多种仪器进行测量，如毛细管玻璃黏度计测量动力黏度、旋转式黏度计测量动力黏度。对于已经发生水相和油相分离的生物油，就不能再采用毛细管黏度计进行测量，可以采用旋转式黏度计测量其动力黏度。另外生物油在较高温度下可能产生气泡等干扰黏度测量的因素，Radovanovic 等[40]提出了在采用落球法测量生物油黏度时克服该问题的方法，在气泡产生温度以上时，落球时间在实验的重复过程变化非常大，可以采用最短的落球时间来计算生物油的黏度。

生物油的黏度随水分、原料和热解工艺等因素而变化，不同的生物油的黏度差别很大(40℃时 10～100 mm^2/S，对于少数由真空热解得到的生物油，黏度可能更大)，总的来说，生物油的黏度较大，雾化燃烧之前需要经过预热降低黏度。随着温度升高，生物油黏度迅速下降，但由于生物油安定性差，温度升高时各种老化反应也随之加剧，导致生物油变性而失去牛顿流体特性，一般生物油的变性温度为 80℃或更高一些。

(6) 闪点

闪点是液体燃料加热到一定的温度后，液体燃料蒸气与空气混合接触火源而闪光的最低温度。闪点是燃油使用中防止发生火灾的安全指标，测量方法有闭口杯法和开口杯法两种，其中闭口杯法是在封闭的容器内进行加热测量，一般测定闪点较低的燃料，同一种样品，闭口杯法的测定的闪点要比开口杯法低，生物油的闪点一般用闭口杯法测量。

生物油中的闪点与水分和挥发分的含量密切相关，由于生物油中水分含量较多，生物油的闪点范围一般在 40～70℃或大于 100℃，在此范围之间，由于生物油水分的大量蒸发，很难检测到闪点。

(7) 倾点和浊点

倾点(或凝点)是表征燃料的低温特性的，是液体能够流动的最低温度，而凝点是液体失去流动性的最高温度，我国液体燃料规格采用凝点这一指标。在低温下液体不能流动的主要原因是黏度增大或者含石蜡成分的液体中石蜡发生结晶，倾点(或凝点)是燃料在低温下换装、运输的一个重要质量指标。生物油的倾点采用降温法测定，我国的凝点测量标准是油品在某一温度时，在倾斜 45°的试管内，油面经 5～10 s 尚保持不变，这时的温度称为燃油的凝点，凝点一般比倾点低 2～4℃。

源于木材(包括硬木和软木)的生物油的倾点一般在－12～－33℃，源于其他各种原料的生物油的倾点范围略有不同，如 Sipila 等[8]测得稻草生物油倾点为－36℃。

表征液体燃料低温特性的另一个指标是浊点，浊点是液体燃料在降温过程中液体中出现冰晶而变浑浊的最高温度。在对富含提取物裂解物生物油的分析过程中，各种分析方法如显微观察、差示热量扫描方法和流变特性测试等都直接或间接证实了这种生物油在较低温度下存在蜡状物质的结构体，但目前还很少有直接测量浊点的报道。Oasmma 等[1]对不含提取物裂解物的生物油进行了浊点的测量，目的是为了了解生物油中是否有其他的组分可以导致相似的浊点现象，采用 ASTMD2500 测试方法在对生物油降温到－21℃时，生物油已经失去了流动性，还是没能观察到浊点现象，但是不能判定到底是生物油不会出现浊点现象还是由于生物油的颜色很深而没有观察到。

(8) 固体颗粒和灰分

生物油中的固体颗粒主要是炭，如果反应器中采用了流化介质，固体颗粒还可能包含一些流化介质。生物油中的固体颗粒以多种形式存在于生物油中，如和电荷相反的离子吸附在一起，吸附到有机物上，或者以沉淀的形式存在。生物油中的固体颗粒源于热解过程中生成的炭而未被气固分离器所分离干净，如果热解装置中只有旋风分离器一种气固分离设备，那么由此得到的生物油中就会有相当一部分的固体炭颗粒，最高含量可达3%，一般炭粒的粒径为 1～200 μm(大部分小于 10 μm)。生物质原料中的灰分在热解过程中基本都留在炭粒中，而灰分中含有多种金属元素，因此生物油炭粒中的金属含量是生物质原料的 6～7 倍[41]，这些固体颗粒以及金属元素对污染物的生成以及发动机等的腐蚀都有一定的影响。

固体颗粒的含量一般采用溶剂溶解法测定，对于各种不含提取物的生物油，甲醇和乙醇基本上可以溶解生物油中的所有有机物，对于含有提取物的生物油，需要采用甲醇和二氯甲烷的混合溶液作为溶剂。固体颗粒中的一些大颗粒可能会导致雾化喷嘴的堵塞，因此需要对颗粒的粒径分布进行测定。Agblevor 等[42]采用衍射的方法进行了测定，而芬兰VTT[1]则采用了粒子计数和图像分析两种方法测定了固体颗粒的粒径分布。生物油的灰分采用焚烧的方法进行测定，将生物油在有氧的条件下加热到 775℃进行充分地燃烧，最后的残余物即为灰分。值得注意的是，由于生物油中含有大量的水，直接快速加热会导致生物油产生大量泡沫并溢出坩埚，所以可先将生物油加热至 105℃并恒温以去除其中的水分再加热到 775℃。生物油中的金属元素含量可以用原子发射光谱或原子吸收光谱仪测定。

固体颗粒的存在会给生物油的保存和燃烧带来很多不利的影响：

① 固体颗粒一般沉积在生物油的底部，并吸附一些木素裂解物形成沥青状的沉淀物，即使通过过滤的方式除去了其中的一些较大的固体颗粒，剩余的小颗粒在保存过程中还会慢慢聚集形成大颗粒[43]。

② 固体颗粒增大了生物油的表观黏度，给应用带来一定的困难。

③ 固体颗粒会磨损并腐蚀喷嘴，一些生物油的燃烧实验都发现了雾化喷嘴的严重磨损。

④ 固体颗粒以催化剂的形式加速生物油老化反应，从而使生物油黏度增加、质量恶化并最终导致生物油水油两相分离。

⑤ 固体颗粒在燃烧过程中难以燃尽，使得烟气中颗粒排放物超标。颗粒物对人体有很大的危害，如直径在 0.2 μm 以下的烟炱被人体吸入后不容易排出，在人体肺部积累起来，会引起多种疾病。

⑥ 灰分中的一些碱金属元素具有强烈的高温腐蚀性，钾、钠等元素在高温下会形成低沸点的化合物，以液态的形式黏附到锅炉、发动机等设备的部件上，从而腐蚀这些设备。

由于固体颗粒对生物油中木素裂解物的吸附作用，使得常规的过滤方法对生物油不太适用，必须采用高温有机蒸气过滤等方法，才能实现有效的过滤，一般由此得到的生物油中的灰分含量小于 0.01%，碱金属含量不超过 10×10^{-6}。

(9) 挥发降解特性

由于热解气并不是纯的气相组分，其中含有很多小粒径的胶质颗粒以及炭粒，因此热解气一旦冷凝成为生物油，生物油就不能再完全转化为蒸气。Evans 等[44]采用分子束质谱(MBMS)研究发现生物质热解气气相组分中相对分子质量超过 200 的分子很少，但是冷凝为生物油后，生物油的平均相对分子质量超过 500。康拉逊残炭值(CCR)就是用来表征油品在加热条件下的残炭含量，一般源于木材的生物油的 CCR 值为 18%～23%，源于林业废弃物和秸秆的生物油的 CCR 值为 17%～18%，经过高温有机蒸气过滤的生物油的 CCR 值会比较小。

生物油在常压蒸馏所能够收集到的馏分的量会比真空蒸馏少很多，主要是因为生物油的安定性差，在加热过程中会发生很多缩聚或聚合等反应，从而形成不具挥发性的物质。如 Boucher 等[45]对由软木废料真空热解得到的生物油(水分含量 5.3%、热值 32.4 MJ/kg)的常压蒸馏实验发现，只有在 140℃前才能收集到馏分，而且所得到的馏分只占生物油总量的 11.7%。Elliott 等[46]对一水分含量为 24%的生物油进行蒸馏，在 225℃前共收集到的馏分为 44%，其余为残炭。Bakhshi 等[47]测定了由 Ensyn 制取的生物油在常压和真空(172 Pa)条件下的蒸馏特性，常压蒸馏共收集到馏分 34.10%，而真空蒸馏表明生物油中的不挥发组分含量为 27.7%。

热重分析(TGA)是一种有效的分析液体挥发降解特性的方法，它可以测量试样的质量在不同的加热速率下(一般为 1～30℃/min)随温度的变化关系，从而可以分析试样的热降解机理，并获得试样的降解动力学方程。Ba 等[7,11]对由林业废弃物真空热解得到的生物油以及生物油通过两种相分离得到的分离部分(上层液体、下层液体、水相和油相)在氮气氛围下进行了热重分析，测定了各试样的起始挥发温度(定义为 1%质量损失时的温度)和中止温度(定义为残余物质量达到最终残炭量的 99%)，结果表明，各试样的热重分析得到的残炭量都与其 CCR 值相对应。以整个生物油为例，其热重 TG 和 DTG 曲线如图 8-21 所示，TG 曲线没有明显的峰，而 DTG 曲线上在三个不同的温度段各出现了不同强度的峰，第一个峰出现在 179℃，对应了生物油中的一些小分子物质和不稳定的物质挥发和降解；第二个峰出现在 237℃，对应了半纤维素裂解物的降解；另外在 320～475℃范围内出现了一些强度较小的峰，对应了生物油的油相组分的降解。

Branca 等[48]分析了几种分别得自于 BTG、Dynamotive、Ensyn 和 Pyrovac 的生物油的化学组分和它们在空气中的热重特性的内在关系，热重分析结果如图 8-22 所示。各研究单位制备的生物油的热重特性有较大的差别，但各生物油在各个温度范围内的挥发分释放量是和它们各自在此温度范围内的挥发分总量密切相关的。根据质量损失随时间变化的一阶和二阶导数的极值点可以将生物油的挥发过程分为六个阶段。

生物油的热重特性曲线还和其所在的气相氛围相关，Ba 等[7]对整个生物油、水相部分和油相部分在氮气和空气下的热重特性进行了对比，发现在约 160℃之前，生物油在空气下的质量损失速率较快，随后生物油在氮气氛围下的质量损失速率较快，如图 8-21 所示。氧气对生物油加热过程的影响主要在于：在较高温度下，氧气和生物油的反应速度加快，在液滴表面生成一层氧化膜从而降低了液体内部低沸点组分的挥发速度。陈明强等[49]对由喷动床制取的生物油分别在氮气和氧气氛围下进行了热重分析，发现在 200℃

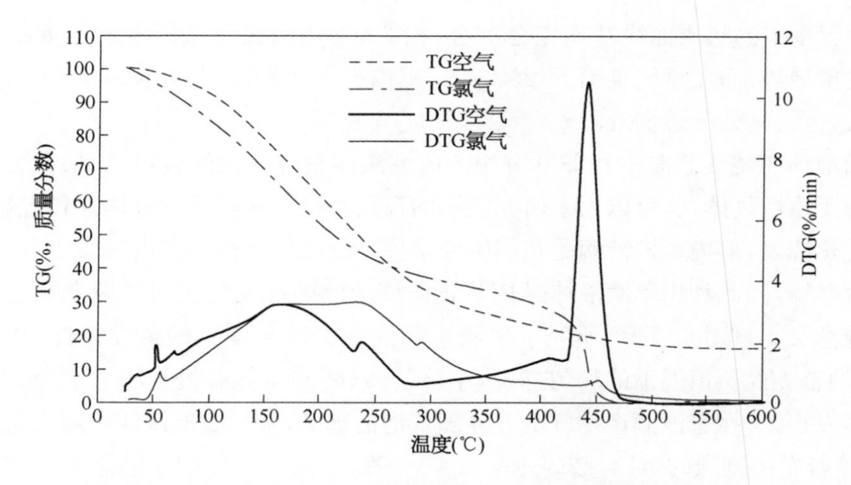

图 8-21　Pyrovac 的生物油在氮气和空气氛围下的热重特性

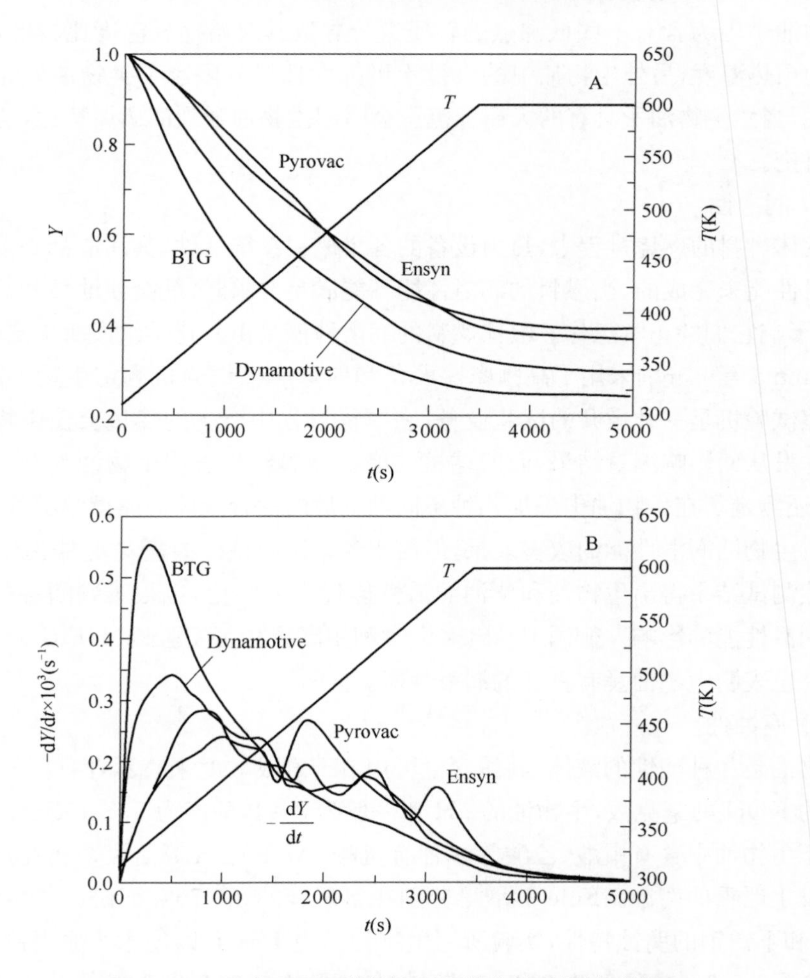

图 8-22　几个不同研究单位制取的生物油的热重特性

Y—质量损失；dY/dt—质量损失速率

之前两种氛围下的热重曲线基本完全重合，在 200℃之后氮气氛围下的热重曲线表现为平缓的失重趋势；而在氧气氛围下，200～400℃内失重比较微弱，在 400～430℃失重速率迅速增大，也就是处于燃烧阶段。

单滴液体燃烧装置是一种非常有用的研究液体燃烧特性的装置，如果在装置的燃烧炉膛内使用惰性气体，就可以用来研究液滴的挥发特性。在实际的液体雾化燃烧过程中，液滴群受热挥发，群内很多液滴是在周围液滴挥发形成的惰性氛围内挥发，而不是直接和氧气接触燃烧，因此利用单滴液体燃烧装置研究液滴的挥发特性对实际燃烧过程具有重要的指导意义。Hallett 等[50]研究了单滴生物油在氮气氛围下的挥发特性，在加热过程中，生物油首先经历恒温下的均匀挥发，小分子酸、醛和酮等有机物随同水分在此阶段中一起被蒸发出来，接着液滴产生气泡并伴随气泡的破裂，随后是液滴体积增大至原体积的 2 倍，紧接着发生剧烈的破碎，破碎速率为 4～5 次/s，最后液体归于静态并发生一系列的缩聚反应直至最后形成残炭。

生物油中因为含有一些低沸点的轻质组分导致其起始挥发温度比较低，因而会限制生物油的预热温度，另外生物油中的大量不可挥发性组分限制了生物油先完全气化后燃烧的模式，当然生物油所具有的大馏程范围会引起生物油强烈的微爆特性，这个将会在下面进行讨论。

(10) 润滑性

在液体燃料的燃烧过程中，热力设备的各个燃料系统活件，其润滑都必须依靠燃料自身的润滑性能来完成的，当燃料的润滑性能不能满足要求时，就会使油泵和雾化喷嘴的磨损加大，影响它们的正常工作。液体燃料的润滑性能是由其化学组成所决定的。

Oasmma 等[1]分别采用了高频摩擦设备和四球摩擦试验机测定生物油的润滑性能，高频摩擦试验机是一种敞开的试验设备，在摩擦过程中产生的热量会使生物油中轻质组分大量挥发从而影响测量结果，而四球机的摩擦试验结果表明生物油具有一定的润滑性能；此外还测定了在生物油中添加几种不同助剂后的混合液体的摩擦学特性，以考察这些添加剂对生物油润滑性能的改善效果，但由于各个试验试样的黏度差别很大，不能简单地根据摩擦测试结果得出生物油和柴油润滑性能优劣的结论，也很难判断各种常用助剂对生物油润滑性能的影响。德国 Rostock 大学利用高频往复实验机(HFRR)对生物油润滑性的研究也表明生物油具有良好的润滑性能。

(11) 腐蚀性

生物油是一种酸性的液体，其酸含量可用 pH 值或酸度来表示，酸度是中和 1 g 生物油所需的 KOH 的毫克数，生物油的 pH 值一般为 2～4，酸度为 50～100 mg KOH/g。

由于生物油中含有甲酸、乙酸等多种有机酸，Al、Fe、Zn 等活泼金属在这种酸性介质中都会发生严重的腐蚀。Fuleki 等[51]分别在室温、50℃和 70℃下研究了生物油对铝、黄铜、碳钢和不锈钢的腐蚀特性，实验所用生物油是由 Ensyn 以硬木为原料制取的，生物油的水分含量为 19%，pH 值为 2.4。实验结果表明，在任何温度下黄铜和不锈钢都不受影响，但铝和碳钢却会被严重腐蚀，且腐蚀效果随温度升高而加剧，如在 360 h 的实验时间和 70℃的温度下，铝和碳钢的质量损失分别为 17.81%和 15.80%，碳钢表面还会积累大量的沉积物，如果在实验过程中及时将这些沉积物除去，腐蚀速率还会加快。

Darmstadt 等[52]采用 X 射线电子谱(XPS)和俄歇电子谱(AES)研究了金属经生物油腐蚀后的表面元素的化学状态，所用生物油为软木废料真空热解得到的富含提取物裂解物的生物油，首先在 80℃下测试了生物油对铝、铜和奥氏体不锈钢(SS316)腐蚀性，实验发现铝的腐蚀最严重，铜次之，奥氏体不锈钢没有被腐蚀，生物油下层液体的腐蚀能力远远大于上层液体，进一步分析金属腐蚀表面的元素特性，发现这三种金属表面都生成了氧化层或氢氧化层，但铝和铜表面生成的物质并不能起到保护作用，而奥氏体不锈钢表面能够形成致密的 Cr_2O_3 保护层，隔绝了生物油和 Fe 元素的接触，从而有效地防止腐蚀。

初步研究结果表明耐生物油腐蚀的材料主要有不锈钢和各种聚合物如聚乙烯、聚丙烯和聚酯等，需要指出的是，在生物油的应用过程中(如燃烧等)，生物油往往是在流动、高温或高压的状态下和一些部件接触，因此必须要对腐蚀的试验条件进行延展才能最终确定耐生物油腐蚀的材料。

(12) 安定性

液体燃料在存储和使用条件下保持原有质量不变的性能称为安定性。在生物质快速热解过程中，热解产物在没有达到热力学平衡的条件下就被冷凝为生物油，因此生物油是一种非热力学平衡产物，含有大量不稳定的组分，在保存和使用的各种不同条件下会继续发生各种反应，在宏观上表现为生物油黏度和平均相对分子质量的增大，并最终发生水油两相的分离，这个过程称为生物油的老化过程。生物油较差的安定性可以归结为：在保存过程中黏度缓慢增加；在加热过程中黏度迅速增加；发生轻质组分的挥发或和氧气接触发生氧化反应。

醛类组分是引起生物油安定性差的最大根源，醛类在生物油老化过程中所发生的反应包括：醛可以和水反应生成水合物；和醇反应生成半缩醛、缩醛和水；和酚反应生成酚醛树脂和水；和蛋白质反应生成二聚物；自身之间反应生成各种低聚物和酯。其他的老化反应包括酸和醇反应生成酯和水；硫醇之间反应生成二聚物；烃类之间聚合形成各种低聚物和高聚物。此外，空气中的氧气还可以和多种有机物发生反应，而生物油的中固体炭粒则能起到催化剂的作用。

生物油老化过程中的黏度增加以及水油两相分离都是由这些老化反应所引起的。例如，高极性的有机酸和醇分子经过酯化反应后形成了极性较弱的酯和极性很强的水，而这两类组分的互溶性较差，导致生物油出现水油两相分离；各种缩聚反应产生了很多大分子物质，导致生物油黏度增大。

Czernik 等[53]在 37℃、60℃和 90℃下分别对生物油的安定性进行了研究，发现在保存过程中生物油仍可以保持均相的液体，pH 值不变，水分、黏度和平均相对分子质量均变大。Oasmma 等[54]发现生物油在存储过程中的老化反应主要发生在前 6 个月，相应的化学组分变化主要是醛、酮和木素单体减少，高分子木素裂解物增加，如图 8-23 所示；主要的物理特性变化是黏度、密度、闪点和倾点增加，热值降低。Meier 等[55]观察了生物油中已鉴定出的 70 种组分在 32 周的保存时间内的含量的变化，采用了三种不同的实验条件：有光照的室温保存、无光照的室温保存和无光照的冰箱冷藏保存，发现大部分组分的含量仅发生了微小的变化，含量发生很大变化的组分主要有乙烯基愈创木酚、乙烯基髓洞酚、3-羟基-5,6二氢吡喃-4-酮等，降低生物油的保存温度并不能抑制这些聚合反应的发生。

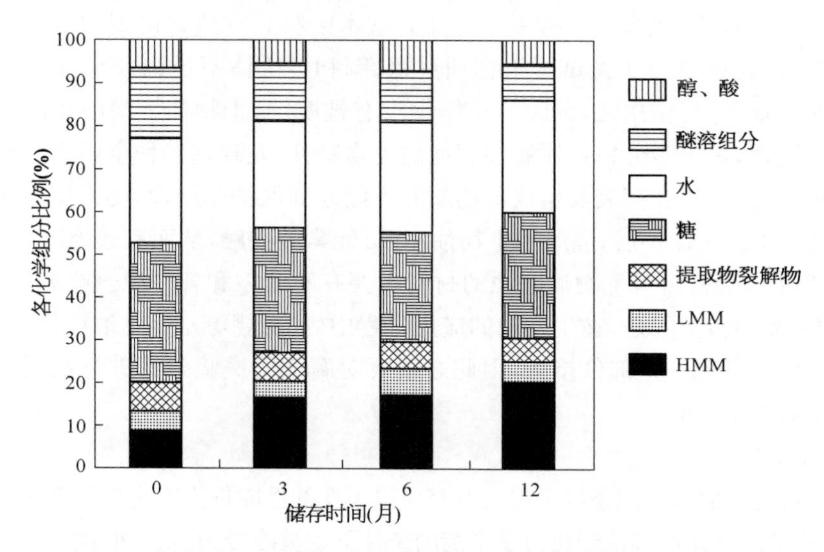

图 8-23 VTT 制取的生物油在 9℃下存储安定性

随着温度的升高，一些在室温下就会发生的老化反应加速，同时还会引发其他的老化反应。在加热生物油的过程中，可以观察到四个过程：生物油轻质组分挥发并逐渐浓缩、两相分离、形成黏稠状的物质(140℃)、形成残炭。Boucher 等[56]对生物油进行的热安定性分析显示当把生物油加热到 80℃时，其性质会发生根本性的变化，而加热到 50℃对生物油基本没有影响，往生物油中加入水相液体会导致生物油两相分离的加速，而加入甲醇则可以提高生物油的安定性。Chaala 等[57]对富含提取物裂解物的生物油在 50℃和 80℃下的安定性研究得到了类似的结论，还发现生物油上层溶液的安定性好于下层溶液；另外由生物油的流变特性可知，生物油在低温下存在结晶体导致其流变特性曲线出现拐点，这种非牛顿流体特性在经过 80℃保存处理的生物油上表现得更为明显；此外还发现，在 80℃下保存生物油 1 周导致的黏度增量相当于在室温下保存生物油 1 年的效果，所以如果采用高温处理的方法，可以迅速测得生物油的老化特性。Perez 等[58]考察了在生物油中放置不锈钢和铜的情况下，生物油在 80℃下的热安定性，发现不锈钢和铜的存在对生物油的安定性基本没有影响。

(13) 毒性

生物油的毒性是由其化学组成所决定的，热解反应条件是影响生物油化学组成的关键因素。研究表明，随着反应温度和气相滞留时间的增加，生物质热解所得到的生物油的毒性越强，这是由于在越为严格的反应条件下，热解会产生更多的有毒的物质(如多环芳烃、苯类物质等)，但一般在获取最大生物油产率的反应条件下，生物油中的有毒物质含量较少。从生物油生产、运输、存储和使用过程中接触生物油的操作工人的安全角度出发，必须开展生物油对眼睛、皮肤等的危险性测试。另外从生物油对人体的毒害影响出发，必须测定生物油的毒理学信息，具体包括两大类：第一类是综合毒性，包括急性毒性、亚极性毒性和慢性毒性；第二类是特殊毒性，包括致突变、致癌、致畸胎、破坏免疫系统、诱导肿瘤等。

Gartson 等[59]研究了 NREL 制备的两种生物油的毒性，试验包括了对眼睛和皮肤的刺激、吸入的影响以及 Ames 实验（基因突变快速筛选实验），结果显示生物油直接和眼睛接触会导致严重的损伤，但生物油不会渗透进入皮肤破坏组织，吸入高浓度的生物油会对胃产生损害，Ames 实验显示生物油具有一定的诱导性。Diebold 等[60]总结了生物油中的一些已检测出的组分和它们的毒性参数，根据各组分的含量，引起生物油急性毒性的主要是醛类、不饱和氧化物和呋喃类物质（如甲醛、糠醇、丙烯醛、糠醛、乙醛、苯酚、2，3－二甲基苯酚、甲酸、1，4－二羟基苯酚等物质）；由于生物油安定性差，组分之间的老化反应会使生物油的毒性随保存时间而逐步降低，根据现在已知的生物油的组分及其在生物油中的浓度，生物油的毒理学信息为：LC_{50}（半数致死浓度）$>$3 100 mg/m^3；LD_{50}（半数致死量）$>$2 000 mg/kg（注射）；LD_{50}＝700 mg/kg（摄入）。因此如果在进食过程中不小心摄入少量黏在手上的生物油，对人的影响不是很大；生物油对皮肤的影响较小，但对眼睛和胃有强烈的刺激性；对生物油的慢性毒性影响还不清楚，一个结果显示生物油具有诱变性，而另一个结果显示生物油不会引起诱变或染色体的变化；生物油中多环芳烃（PAH）和苯并芘（BaP）的含量非常少，甲醛和乙醛的存在可能会引起一些慢性中毒，但由于醛类的不稳定性，这种效应是否会产生还有待于进一步考证。Girard 等[61]提出了一个完整的生物油毒性测试工作计划，研究不同条件下的生物油的毒性和降解性，得到全面的生物油的毒性特性、相应的安全保护措施（MSDS）、以毒性为依据指导生物油的生产过程、政府对此的重视。现在已经开展了部分测试工作，选择了 21 种由不同原料、热解工艺、热解条件所制取的生物油进行了测试，初步实验结果显示生物油不会引起生态毒理效应，但可能会有一定的诱变效应，总的来说，生物油的对人体和环境的毒性效应比柴油小。

（14）降解性

在液体燃料的运输过程中，不可避免地存在着泄漏的危险。Piskorz 等[62]研究了生物油在土壤和水体中的降解性能，采用取自于废旧报纸处理厂的含菌种的污泥进行降解，发现生物油中部分组分比较容易降解，而部分组分则比较难降解，用石灰将生物油调成中性后可大大提高其降解速率，总的来说，生物油的降解速率比柴油要快一些。Blin 等[63]采用改进的 OECD 301B 降解性测试方法研究了 9 种不同生物油的降解特性，发现所有生物油的降解曲线基本相同，经过 28 d 的降解后，各生物油的降解率都在 41％～50％，而柴油仅为 24％。

（15）小结

生物油是一种非常初级的液体燃料和化工原料，不同的研究单位采用各自的热解工艺制取的生物油在化学组成上有一定的差别，这就导致了不同生物油性质之间的差别。由于目前对生物油的研究工作还开展得比较少，对生物油的认识还较浅，上面仅简单介绍了生物油的一些主要性质，在今后的研究中，还必须采用更多更新的研究方法对生物油进行分析。此外，由于生物油是一种不同于化石燃油的全新液体燃料，针对石油产品建立起来的燃料性质以及相应的测试方法对生物油都不能完全适用，因此非常有必要针对生物油的特性建立起一套能够很好地描述生物油性质的特性参数。

8.4 生物油的燃烧应用

8.4.1 生物油的基本燃烧特性

研究生物油基本燃烧特性的方法主要有热重分析和单滴生物油燃烧试验。热重分析的结果表明，生物油的受热过程可分为三个阶段：轻质组分的挥发、不稳定组分的降解以及残炭的生成和燃烧。然而，由于热重分析过程中的升温速率比较慢（一般为1～30℃/min），和实际液滴燃烧过程中的迅速受热燃烧有很大的差别，因此热重分析仅仅只能作为一种初步了解生物油中组分的挥发、降解和成焦的手段。

单滴液体燃烧技术的最大优点是它能够通过照相获得液滴在燃烧过程中粒径和形态的变化特性，从而了解液滴的整个燃烧过程。根据使用试验装置的不同，目前有两种单滴生物油燃烧方法：第一种是将液滴悬挂在石英丝（不需测量液滴温度）或热电偶丝（需要测量液滴温度）上；第二种是让液滴在携带气流反应器中自由降落。液滴悬挂法的优点是可以获得液滴在整个燃烧过程中的温度变化，也可以测试高压下液滴的燃烧特性；缺点是由于石英丝（或者热电偶丝）的使用，对液滴的最小粒径有一定的要求，而且会影响液滴的燃烧过程。液滴自由降落法相比于液滴悬挂法，更接近于实际的燃烧过程，对液滴的粒径没有要求，但不能实时地测定液滴的温度变化。

意大利 Istituto Motori CNR 采用液滴悬挂法研究了单滴生物油的燃烧特性，试验设备如图 8-24 所示，液滴在加热过程中的温度变化如图 8-25 所示，形貌变化如图 8-26

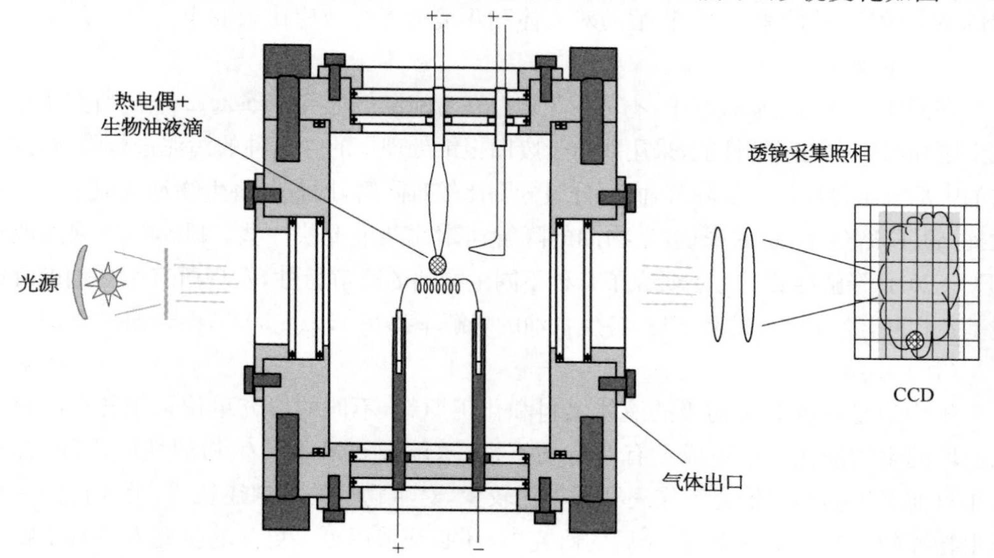

图 8-24 意大利 Istituto Motori CNR 的单滴液体燃烧装置

所示。在加热过程中，生物油液滴首先经历恒温下的均匀挥发，小分子酸、醛和酮等有机物随同水分在此阶段中一起被蒸发出来；紧接着液体体积增大(体积最大增至为原体积的 2 倍)，产生气泡并伴随着剧烈的气泡破裂；最后残炭着火直至燃尽。图 8-25 中显示生物油的着火温度为 580℃，由此可以看出生物油的燃烧性能较差：液滴在 580℃之前都只发生有机组分的挥发和降解，直到 580℃才着火，随后残炭在快速燃烧释放出大量的热量，使其温度迅速升高(>1 100℃)。

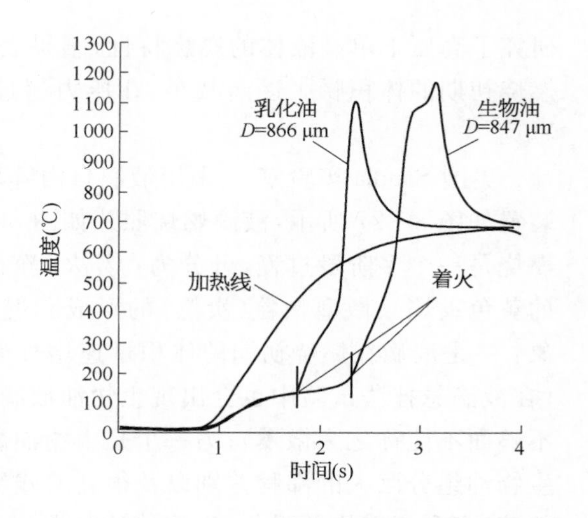

图 8-25　液滴在加热过程中的温度变化

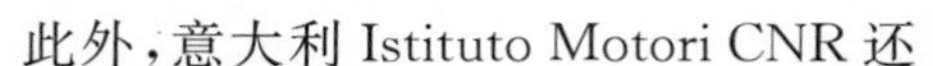
此外，意大利 Istituto Motori CNR 还

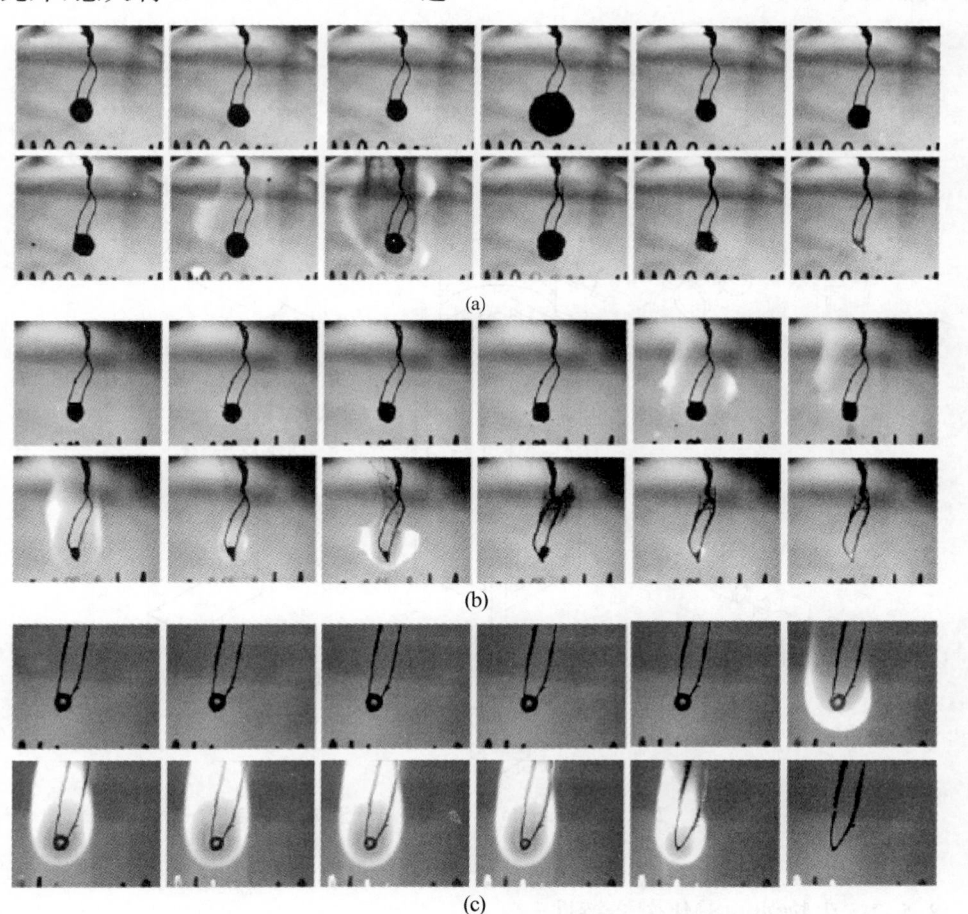

图 8-26　液滴燃烧过程中的形貌变化

(a) 生物油；(b) 生物油和柴油乳化油；(c) 柴油

研究了高压下单滴液体的燃烧特性，结果表明，随着燃烧室压力的升高，生物油液滴燃烧初期的体积膨胀逐渐减小，在压力超过 2 MPa 时，液滴体积膨胀的现象则消失不见。

美国 Sandia 实验室[64]采用液滴自由降落法研究了单滴生物油的燃烧特性，试验装置如图 8－27 所示，液滴燃烧照片如图 8－28 所示。结果表明，生物油在常压下的燃烧是一个多阶段过程，可分为：着火、静态燃烧（蓝色火焰）、微爆、碎片燃烧（明亮的黄色火焰）、微型颗粒（炭黑）的形成和燃烧。生物油燃烧过程中有两个显著的现象：一是液滴在燃烧初期的体积迅速增加并进而破碎，这个过程称为生物油的微爆（在液滴悬挂法试验中也会出现生物油液滴体积膨胀并破碎的现象，但由于剧烈程度不够而不能称之为微爆）；另一个是生物油燃烧非常容易形成炭黑粒子。这分别是由生物油组分巨大的沸程差别以及很高的残炭含量所决定的。微爆可以将生物油再次粉碎，有利于燃烧的强化，生物油的微爆程度对燃烧热量释放速率、液滴完全燃尽时间和炭黑粒子的形成都有着重要的影响。

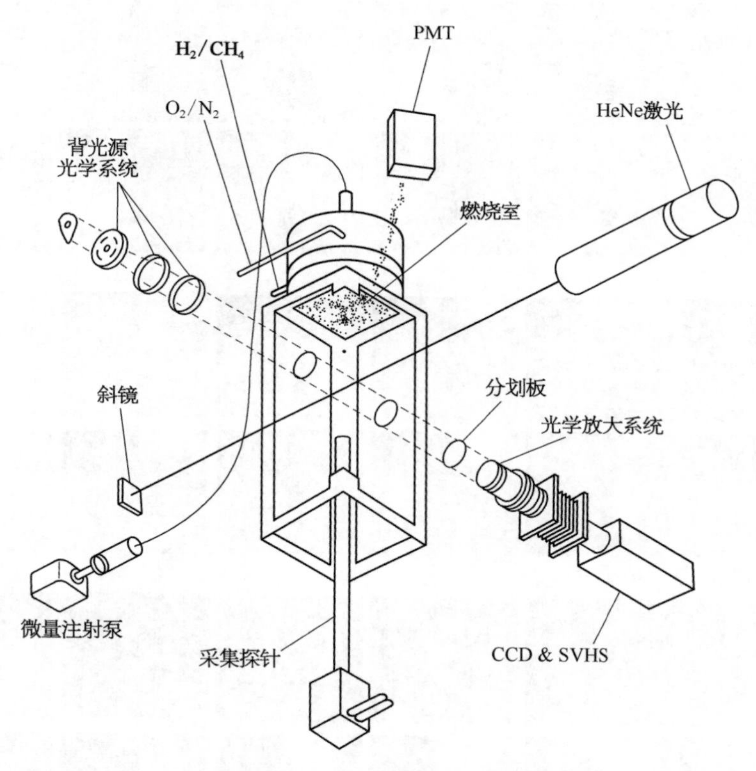

图 8－27　美国 Sandia 实验室的单滴液体燃烧装置

8.4.2　生物油的雾化燃烧特性

生物油的雾化燃烧可以分为两个过程，首先是油料的雾化，接着是细小雾滴在燃烧室中的燃烧。雾化质量直接影响燃烧特性，影响雾化颗粒粒径大小的因素包括雾化条件、油料性质和喷嘴结构，其中的油料性质主要是黏度和表面张力。生物油的黏度一般介于柴油和重油之间，不同生物油的黏度差别比较大，随着温度升高，黏度迅速下降，但生物油的变性温度约为80℃，超过80℃后，生物油的老化反应加剧，老化的结果是导致生物油黏度增加直至发生水相和油相的分离。所以对生物油预热可以降低其黏度，从而改善雾化质量，但预热温度不能超过变性温度。生物油的表面张力一般为28～40 mN/m(高于柴油)，随温度升高而缓慢下降，但是对于以树皮等原料制取的含有提取物的生物油，Perez等[58]发现在45℃时表面张力存在一个比较大的降幅，这是由于生物油中的结晶状物质在此温度下溶解所导致的。

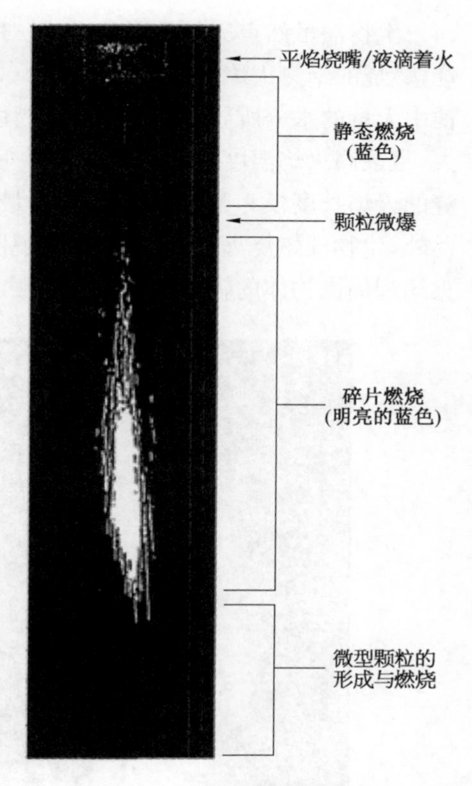

图8-28 生物油液滴燃烧照片

针对生物油较大的黏度和表面张力，一些研究者通过调整雾化条件以及喷嘴结构获得较好的雾化质量。Chiaramonti等[65]采用常规雾化喷嘴对生物油雾化特性进行了研究，发现当把生物油预热到80℃，在0.6 MPa的压力下雾化颗粒的Sauter平均粒径(SMD)可以控制在50 μm以下，并总结出了生物油雾化颗粒SMD的经验关系式：

$$\mathrm{SMD} = 599.2FN^{-0.393} \cdot \Delta P^{-0.418} \cdot \gamma^{0.251} \cdot \alpha^{0.277} \tag{8-7}$$

式中 FN——流量系数；

P——压力；

γ——动力黏度；

α——表面张力。

实验实际测得的SMD数据和由经验公式预测的数据吻合较好。荷兰BTG针对生物油的性质，开发了新型的雾化燃烧器，在生物油和煤、天然气的共燃试验中，90%以上雾化液滴的粒径都小于60 μm。

与汽油、柴油相比，生物油的着火特性很差。表征液体燃料着火特性的参数是十六烷值，十六烷值越高，表明燃料油越容易点火，着火滞燃期越短。然而由于生物油在传统的测量柴油等燃料的十六烷值的仪器中很难被点燃，因此无法直接测得其十六烷值。Ikura等将生物油和柴油乳化后测量不同生物油含量的乳化油的十六烷值，由此推知生物油的十六烷值约为5.6。而高速柴油机燃料一般要求十六烷值达到40～50。针对生物油较差的点火特性，在各种热力设备中，不同的学者提出了多种点火方式，包括提供外部辅助点火源、采用高能点火器、预热燃烧炉膛、预热空气、在生物油中添加各种醇类助剂或十六烷值改进剂等。

生物油虽然点火较为困难,但是对于性质较好的生物油,一旦点燃,就可以稳定地燃烧,燃烧的绝热火焰温度为 1 700～2 000 K,而化石燃油为 2 200～2 300 K,这主要是生物油中大量的水分所导致的。和柴油燃烧相比,生物油雾化燃烧的火焰长度较短,但宽度较大,且最高火焰温度较低,如图 8－29 所示。德国 Rostock 大学[66]的研究表明,生物油燃烧的火焰长度仅为柴油的 1/3 左右,最高火焰温度比柴油低 50℃左右,如图 8－30 所示。此外,生物油燃烧火焰比柴油明亮,说明生物油燃烧过程中产生了大量炭黑粒子,增强了火焰和周围物体的辐射换热。

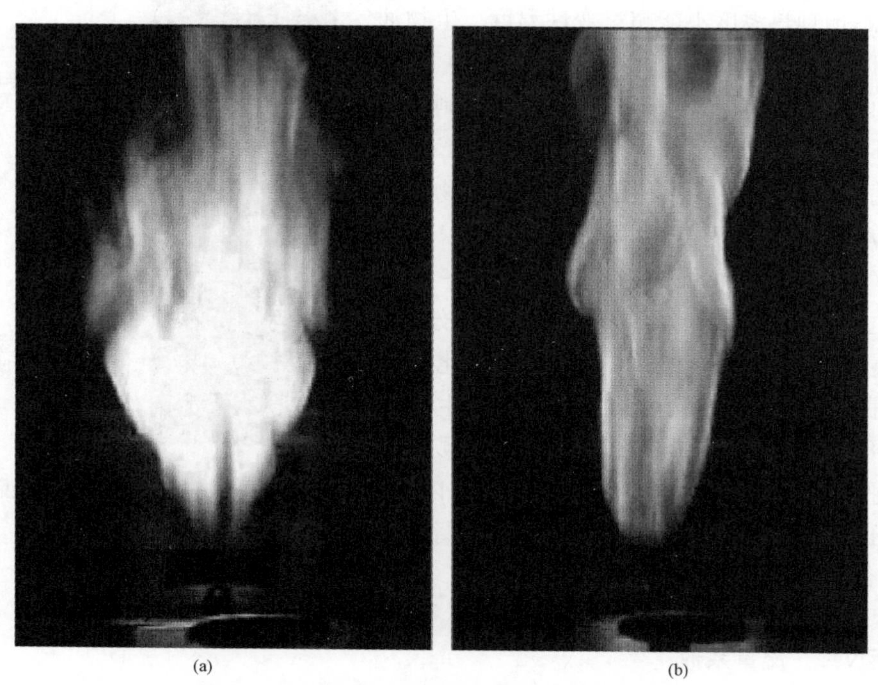

图 8－29　生物油和柴油燃烧的火焰形状比较

(a) 生物油;(b) 柴油

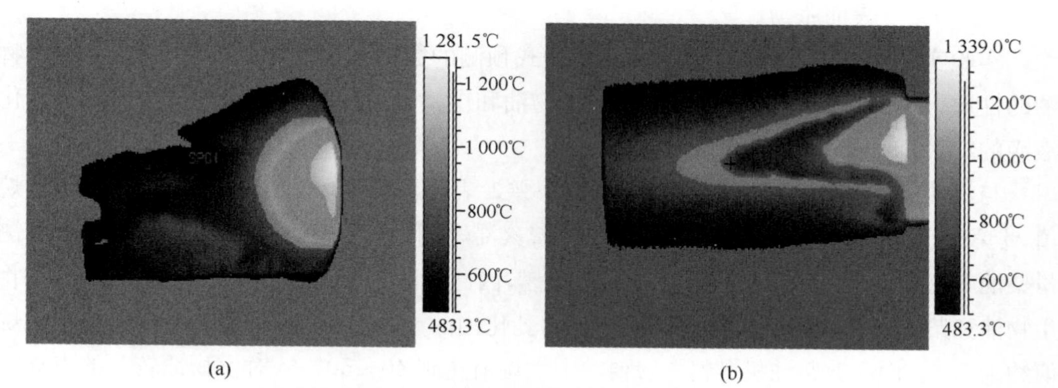

图 8－30　生物油和柴油燃烧的火焰温度比较

(a) 生物油;(b) 柴油

8.4.3　生物油的燃烧应用

(1) 生物油和化石燃料的共燃应用

共燃是将生物油作为一种辅助燃料替代部分煤、天然气、重油等燃料用于各种大型热力设备，是生物油直接应用的一种较为简单的方式。共燃对生物油品质要求较低、燃烧技术相对简单，并且对现有热力设备的改造较少。

目前世界上唯一实现生物质热解技术商业应用的研究单位是加拿大 Ensyn，它将多套热解装置出售给了美国 Red Arrow 公司，但 Red Arrow 公司不是直接利用该装置生产生物油作为燃料使用，而是从生物油中提取高附加值的食品添加剂，经过化工提取后的残油作为燃料燃烧使用。在美国马尼托沃克一发电厂将燃低硫煤的 20 MWe 的锅炉进行改造以实现煤和生物油的共燃，仅在燃煤锅炉上新增了输油管路，将生物油直接雾化喷射到燃烧炉中，提供 5%的总能量，相当于 1 MWe 的能量输出，生物油燃烧火焰如图 8-31 所示，在 370 h 的燃烧试验中，对燃烧尾气的检测表明，生物油和煤共燃没有增加污染物的排放，反而还减少了 5%的硫化物的排放量，对锅炉本身也没有任何有害的影响，不需要额外的维护和保养。

图 8-31　生物油和煤共燃中的燃烧照片

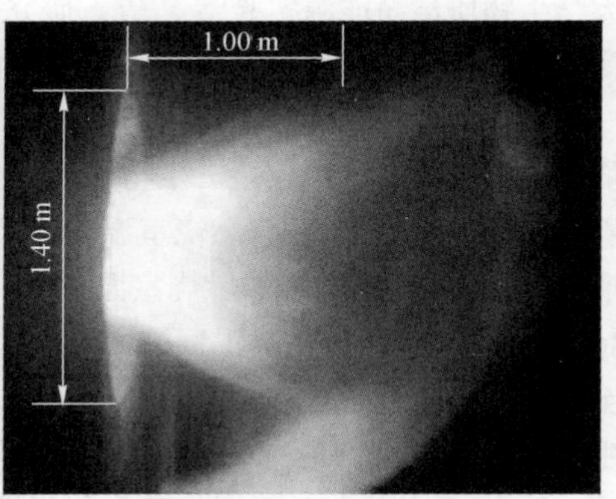

图 8-32　生物油和天然气共燃中的燃烧照片

荷兰 BTG[67] 目前已在马来西亚建成了日处理 50 t 棕榈壳的生物质热解液化工业示范装置，也对生物油共燃技术进行了研究，在功率为 600 MWe 的燃煤发电厂和 251 MWe 的天然气发电站中分别成功实现了生物油和煤、天然气的共燃，在和天然气的共燃试验中，两天的试验总计运行了 8 h，进油量为 1.9 t/h，相当于输入能量为 8 MWth，生物油燃烧照片如图 8-32 所示，油喷油枪在没有任何冷却措施的情况下没有发生堵塞，燃烧尾气检测表明 NO_x 的排放量只增加了 3×10^{-6}，这是由于生物油含有 0.3%的氮。此外，BTG 还将生物油和石灰混合制备成液体状的石灰生物油(CEB)，CEB 中含有 13%的钙并具有多孔特性，将 CEB 和含硫重油(1.34%)在一个功率为 25 kWth 的炉中混合燃烧，发现在 Ca：S=1 时，脱硫效率达到 60%以上，当 Ca：S=2 时，脱硫效率可达 100%，CEB 的脱硫效果远比 $Ca(OH)_2$ 好。

目前已开展的一些共燃试验表明无论是燃烧过程的控制还是污染物的排放都比较理

想。然而从燃料价格考虑，由于煤的能量比价比生物油便宜，生物油只有和天然气、柴油和重油等燃料共燃时才会具有一定的经济效益；从热力设备的必要改造（如使用双燃料系统）和节约燃料费用考虑，生物油的共燃只有应用于大型的热电厂时才会有比较明显的经济效益。对于各种中小型的燃油燃气锅炉和窑炉来说，复杂的双燃料系统限制了共燃模式的应用，在这些热力设备中，必须单独使用生物油替代油气等燃料。

（2）生物油在锅炉和窑炉中的燃烧应用

锅炉和窑炉等热力设备对燃料的要求比较低，开发生物油作为锅炉和窑炉燃料的燃烧技术难度相对较小，能在短时间内实现。Brammer 等[68]对生物油燃烧供热、发电和热电联供三种应用方式在欧洲的市场应用前景研究发现，燃烧供热是最具竞争力的，因此集中精力对燃烧技术开发有利于生物质热解液化技术的产业化。

美国 Red Arrow 公司在一个 6 MWth 锅炉上使用生物油作为燃料，这是目前生物油作为液体燃料唯一的商业化应用。除此之外，很多研究机构都开展了生物油的雾化燃烧试验，如加拿大 Colorado 大学[69]，美国 MIT 大学[70]、Sandia 实验室[71]、NREL 实验室，希腊 ENEL[72]，芬兰 VTT 和 Oilon's R&D center[73]，德国 Rostock 大学以及中国科学技术大学生物质洁净能源实验室[74]等。研究内容包括生物油燃烧特性、燃烧技术的改进以及污染物的控制等。经过多年的发展，生物油的锅炉窑炉燃烧技术已经比较成熟。

生物油在锅炉和窑炉上雾化燃烧的一大关键技术是点火，生物油不仅点火困难，而且燃烧初期的火焰稳定性较差。生物油中含有大量的水分，水分的蒸发增加了着火热，延迟了着火时间。在点火初期，燃烧室温度较低，火焰散热损失严重，容易熄灭。生物油的点火取决于多方面的因素，如燃烧室温度、是否有辅助火源、雾化颗粒的粒径、喷雾速度、喷雾特性（如雾化锥角等）、高温回流区大小、燃烧空气温度等。合理地组织生物油的点火过程至关重要，这可以通过多方面的协同操作来实现。首先，炉膛预热和使用辅助点火源是使生物油顺利点火的最有效方法，特别是在窑炉燃烧中，这是普遍采用的方法。其次，提高雾化质量（预热生物油或者提高雾化压力）或者预热燃烧空气也有利于生物油的点火，但从工业应用角度考虑，这些操作会使燃烧工艺复杂并增加费用投入。再次，调节合适的燃烧工况对点火过程也至关重要，由于生物油中很多组分燃烧的火焰传播速度都较慢，如果可燃混合物的前进速度大于生物油燃烧的火焰传播速度，火焰就会被吹熄，因此在点火期间，在保证雾化质量的前提下，可降低喷雾速度，从而有利于火焰稳定。最后，喷雾特性和喷嘴结构的影响也很重要，如采用旋流雾化喷嘴，能够在炉膛中形成高温的回流区，着火就能够更为稳定。除了点火以外，生物油雾化燃烧还有一些需要注意的问题：初级生物油中一般都含有一定的固体颗粒，一些较大的颗粒物可能会堵塞喷嘴，因此含固体颗粒较多的生物油必须经过过滤后才能使用；生物油安定性差，受热后容易变性结焦，从而堵塞雾化喷嘴，可以利用空气冷却喷嘴，并在启动和停止阶段用乙醇等燃料清洗油路。

随着生物质热解液化技术以及生物油雾化燃烧技术的逐渐成熟，生物油将会首先作为一种液体燃料应用于锅炉和窑炉等热力设备，污染物的排放将会是一个重要的问题。由于生物油基本不含硫，所以需要考虑的燃烧污染物主要是 CO、NO_x 和固体颗粒物。就目前而言，由于各个研究单位使用的生物油性质各不相同，污染物的排放也不尽相同，然而大量的实验结果都表明，采用性质较好的生物油，在合适的燃烧条件下，各种污染物的排放都完全能够达到各个国家的排放标准，如美国和加拿大几个研究单位利用 Ensyn 制取的生物油开展了不同的燃烧试验，尾气排放如表 8-17 所示。芬兰 VTT 在 Oilon's R&D center 的一个工业锅炉上开展的生物油燃烧试验的尾气排放如表 8-18 所示。

表 8-17 几个研究单位利用 Ensyn 制取的生物油开展的燃烧试验的尾气排放

单位	燃料	尾气排放			
		颗粒物 (mg/Nm³)	CO ($\times10^{-6}$)	SO_x ($\times10^{-6}$)	NO_x ($\times10^{-6}$)
WWFB	生物油	0.7	44	—	<50
CANMET	生物油	34	26	4	164
	重油	76	37	952	268
	轻油	5	43	118	89
MIT	生物油	<5	38	—	108
	轻油	<1		—	80
BROCK	生物油	—	40	—	88
	轻油	—	2	—	69

注：WWFB 锅炉上尾气中颗粒物的含量是经过袋式除尘后的值。

表 8-18 芬兰 VTT 开展的生物油燃烧试验的尾气排放

燃料	O_2(%,体积分数)	NO_x(mg/MJ)	CO(mg/MJ)	颗粒物(mg/MJ)
生物油	3.5	88	4.6	86
重 油	3.5	193	3	23
轻 油	3.5	70	1	2
天然气	3.5	55	1	0

和柴油燃烧相比，在较低的过量空气系数下，生物油燃烧会形成大量的 CO，提高过量空气系数（一般保证尾气中氧气含量高于 3%）能够有效地抑制 CO 的生成。NO_x 的组成主要是 NO，NO_x 大部分来源于空气中的 N_2，也有部分来源于燃料中的氮；温度对 NO_x 的生成有很大的影响，生物油中大量的水分不仅降低了火焰温度，而且使燃烧温度场更为均匀，这对减少 NO_x 的排放是有利的。然而，由于生物油热值较低，要达到同样的热效率，生物油燃烧的进油量一般是化石燃油的 2.5 倍，这就大大增加了燃料氮的输入量。研究表明，高氮含量生物油（0.5%～0.6%）燃烧尾气中 NO_x 的含量最高可达 600×10^{-6}。生物油燃烧最大的缺点是极易形成炭黑，大大增加了颗粒物的排放，减少颗粒物排放的一个方法是对初级生物油进行过滤，更重要的方法是提高雾化质量并合理地组织燃烧过程，延长

颗粒在燃烧室内的停留时间，使燃烧更为充分。

(3) 生物油在柴油机中的燃烧应用

内燃机(包括汽油机、柴油机和燃气轮机)具有热效率高、经济性好、使用范围广等优势，但对液体燃料的品质要求也比较高。由于目前可以替代汽油、柴油和煤油等的燃料较少，如果能够实现生物油作为内燃机燃料的应用，将会具有重要的意义。

在各种柴油机中，低速和中速的柴油机对燃料的要求比较低，比较适合初级生物油的燃烧试验。早在20世纪90年代初，芬兰VTT和Wartsila就开展了生物油在柴油机中的燃烧试验，先后分别利用4.8 kWe单缸高速柴油机、60 kWe的四缸中速柴油机以及410 kWe的18缸柴油机中的一缸进行了试验。试验发现，由于生物油点火性能差，冷起动非常困难，必须生物油中添加硝化醇点火助剂或采用柴油辅助点火。生物油一旦着火，燃烧较为稳定，热效率可达44.9%。但试验过程还是发现了很多问题，如进油系统难以调整、喷嘴磨损和腐蚀严重、CO排放多等。美国Kansas大学Suppes等[75]在生物油中添加了甲醇和十六烷值增进剂，发现这个混合燃料的燃烧效果和柴油相当，而且随着压缩比的提高，混合燃料的燃烧效果更佳。意大利Istituto Motor的Bertoli等[76]利用生物油和二甘醇二甲醚的混合物(生物油最高含量为56.8%)在一个小型柴油机上进行了燃烧试验。和柴油相比，混合燃料燃烧的HC和NO_x的排放都较低，CO排放相当，着火滞燃期随生物油含量的升高而升高。试验发现，喷嘴雾化针上有固体沉积物，柴油机的其他部件则都没有产生明显的损害。美国MIT大学Shihadeh等[70]利用一个单缸高速柴油机研究了生物油的点火滞燃和燃烧热量释放速率的特性，发现生物油的点火活化能较大，必须对空气预热到55℃才能实现点火，点火滞燃期较长；与一般的化石燃料不同，虽然生物油点火滞燃期较长，但汽缸中压力上升平缓(低于柴油)，并不会引起敲缸等问题；生物油燃烧热量释放速率较慢，表明生物油燃烧速率较慢，并由此指出生物油燃烧过程受燃烧化学反应速率控制，而柴油燃烧过程受燃料和空气混合速率的控制。进一步分析比较两种不同的生物油(分别来自美国NREL和加拿大Ensyn)的点火特性，发现生物油的点火滞燃并不仅仅是由水分引起的，还取决于生物油的平均相对分子质量，平均相对分子质量越小，越有利于生物油的点火；生物油燃烧过程的热效率和柴油相当。英国Ormrod Diesels[77]公司将生物油用于一个250 kWe的双油路柴油机，在启动阶段用柴油将气缸预热，其余阶段主油路中使用生物油，并用5%的柴油作为辅助燃料，生物油燃烧的热效率为32.4%(柴油为34.3%)，燃烧尾气检测表明NO_x含量较低，但CO的含量非常高。

经过多年的研究和发展，虽然生物油作为柴油机燃料的燃烧技术还不成熟，但是基本可以确定，通过对现有中速至低速柴油机的结构和材质进行必要的改动，生物油完全有可能作为柴油机燃料使用。目前一些研究机构和柴油机企业已经开始联手开发以生物油为燃料的柴油机系统，并进行大规模生物油燃烧试验，以解决生物油燃烧的一些关键技术难题。

(4) 生物油在燃气轮机中的燃烧应用

燃气轮机一般以石油馏分或天然气为燃料，如果对燃气轮机的结构进行一定的改进，完全可以应用各种低品位的燃料包括生物油。

早在 20 世纪 80 年代，就有学者将生物质热解过程中得到的液体产物在燃气轮机上开展了燃烧试验，由于油品的质量原因，试验都不太成功。自 1995 年，加拿大 Orenda Aerospace[78]公司开始致力于将生物油应用于燃气轮机的研究，选用了一个能够燃用低品位燃料的 OGT2500 型燃气轮机(2.5 MWe)，对供油系统和雾化喷嘴等部件的结构进行了改进以适应生物油的性质，并在所有的高温部件上都涂上了防护层以防止高温下碱金属引起的腐蚀作用。燃烧试验结果表明，经柴油点火之后，生物油可以单独稳定地燃烧，其燃烧特性和柴油燃烧时基本相同，燃烧 CO 和固体颗粒的排放高于柴油，但 NO_x 的排放仅为使用柴油的一半，SO_2 基本检测不到。近年来，Orenda 公司开始将以生物油为燃料的燃气轮机推向市场，这说明他们对生物油的燃烧技术已经比较有信心。其他一些研究单位也开展了大量的研究工作，德国 Rostock 大学的 Strenziok 等[79]在一个 75 kWe 的双油路 T216 型燃气轮机上进行了生物油燃烧试验，生物油提供输出总能的 40%，总输出功率是完全使用柴油时的 73%。试验后发现，燃烧室中沉积有像漆一样的积垢，且只能通过机械的方法除去；燃烧尾气和柴油燃烧相比，CO 和 HC 排放大大增加，NO_x 排放略有减少。西班牙的 Juste 等[80]利用一个未经改动的燃气轮机进行了燃烧试验，生物油不能单独直接使用，在生物油中加入 20%的乙醇后，并在燃烧室预热的情况下，混合燃料可以在点火塞下引燃；燃烧生成的 CO 和 NO_x 量、燃烧效率以及燃烧温度等运行特性与使用 JP-4 航空燃油相近，但是以生物油为燃料时的可调节范围较小。

鉴于这些研究结果，特别是 Orenda 公司的成功经验，可以确定，生物油作为燃气轮机的燃料使用也是完全可行的。

(5) 生物油和柴油的乳化油在内燃机中的燃烧应用

意大利 Istituto Motori CNR 采用液滴悬挂法对单滴乳化油(生物油含量为 10%和 30%)的燃烧特性进行了研究，结果如图 8-25 和 8-26 所示。乳化油的燃烧特性介于生物油和柴油之间，其微爆程度和其中离散相的粒径分布有关，乳化油和柴油的燃尽时间差不多。该单位的 Bertoli 等[76]对含 30%生物油的乳化油在一个小型柴油机中进行了燃烧试验，和柴油相比，乳化油燃烧过程中出现了较大的热量释放速率的峰值，而峰值的大小则和生物油的性质有关。意大利 Florence 大学的 Baglioni 等[81]制备了生物油含量从 10%到 75%不等的各种乳化油，并将这些乳化油在多个功率不等的柴油机上进行了大量的试验，试验结果表明，柴油机完全可以应用乳化油这一燃料，目前还需要进行的工作是对这些初步的试验结果进行进一步验证。德国 Pytec 已经成功地将只含少量柴油(4%)的乳化油应用于一个 12 缸柴油机上。

由于乳化油的性质比初级生物油大幅提高，燃烧技术的开发相对简单，但由于目前还缺乏相应的乳化标准，因此对乳化油燃烧技术的开发显得无章可循。

8.4.4 生物油燃烧应用前景

(1) 生物油燃烧应用对热力设备的影响

对油品终端用户来说，生物油作为液体燃料的商业应用必须要达到的一个基本要求是：生物油在热力设备中使用必须具有和原来化石燃料相似的运行稳定性，并且不会对热力设备产生有害的影响。因此，除了要开发成熟的燃烧技术以外，还必须研究生物油的应用对热力设备的影响（主要是磨损和腐蚀）。针对这些问题，从燃料性质、热力设备结构和材质等方面共同改进，从而延长热力设备的使用寿命。

燃料润滑性直接影响了热力设备中各个燃料系统活件的磨损程度，现今开展的很多研究都证实了在常规热力设备中应用生物油时，油泵、喷油针等部件都会有严重的损坏，但由这些结果还不能得到明确的磨损结论，主要是由于生物油还具有腐蚀性。由生物油的腐蚀引起的破坏作用可以分为两个方面：一方面，生物油中的有机酸（含量 5%～10%）引起的腐蚀，现有常规热力设备的材质都不能耐生物油的腐蚀，开发新型生物油热力设备的过程中需要重新测试并规范恰当的材质。另一方面，生物油中固体颗粒中的金属元素（主要是碱金属元素）在高温条件下的腐蚀。研究表明，钾、钠等元素在高温下会形成低沸点的化合物，以液态的形式黏附到锅炉的金属壁面、燃气轮机的涡轮叶片等部件，从而腐蚀这些部件，特别是在含硫的情况下，碱金属形成的硫酸盐会具有强烈的腐蚀性，但一般而言，生物油中硫含量很低（60×10^{-6}～500×10^{-6}）。

部分学者在内燃机试验中还发现了积炭等问题，积炭的存在也会引起腐蚀。积炭的生成，可能是由于使用的生物油性质较差，也可能是由于燃烧技术和内燃机结构不恰当。鉴于有些研究单位已经比较成功地将生物油应用于内燃机中，因此可以确认，积炭问题是完全可以避免的。

（2）生物油燃料标准的建立

无论是生物油燃烧技术的开发，还是热力设备结构和材质等的改进，都依赖于稳定的生物油性质，这就需要建立生物油燃料标准，对生物油的品质进行规范。任何生物油生产者都必须按照这个要求生产生物油；热力设备制造者在此基础上开发合适的生物油热力设备。燃料标准的具体准则由生物油生产者和燃烧技术开发者之间互相协调而确立。

目前，几个热解技术较为成熟的单位已经开始大规模地制取生物油，纷纷建立了各自的生物油燃料标准，但一直都没有能够建立一个统一标准，主要原因如下：一是各个研究单位制取的生物油性质差别较大；二是生物油性质分析（主要是化学组成）的准确性还有待提高，各个不同的研究单位即使对同一种生物油进行分析，分析结果也可能会有一定的差异，这就需要首先建立一套准确的生物油分析方法；三是缺乏大规模的生物油工业应用，由于目前生物油的来源受到限制，仅决定于少数几个研究单位，这就限制了生物油的各种可能的应用试验，更缺乏长时间的连续试验，这个因素直接导致了生物油燃料标准迟迟不能建立。

由于目前各个研究单位生产的生物油性质差别较大，从生物油生产者的角度来考虑，应该尽可能挑选一些对热力设备的设计非常关键的特性，如热值、水分、黏度、固体颗粒和灰分含量等建立初级燃料标准。生物油初级燃料标准的建立，还有助于维持生物油的品质。如目前已经知道了炭粒对生物油的各种不利影响，生物油生产者就必须根据生物油用途以及不同热力设备的要求控制相应的固体颗粒含量。另外，生物油的安定性差，如果生物油不是在新制取后的短时间之内使用，生产者就必须在生物油中添加甲醇等助剂后保存，防止生物油因老化而达不到燃料标准。从长远角度考虑，生物油的燃料标准不应该是单一的，而是可以根据不同的特性（如热值或者黏度）建立多系列的标准。

8.5　生物油的精制

生物油是一种低品位的液体燃料，其较差的燃料特性主要表现为：水分含量高、氧含量高、热值低、具有酸性和腐蚀性、热安定性和化学安定性差、不能和化石燃油互溶等。因此，生物油直接替代石油燃料在现有的热力设备（特别是内燃机）中使用会有一定困难，需要进行精制提炼以提高其品位。生物油品质改良的目的是要使其更方便地应用于各种热力设备，因此品质改良的程度和要求要根据热力设备对燃料的要求而定。在各种热力设备中，窑炉对燃料的品质要求最低，初级生物油可以直接燃烧使用；锅炉对燃料的品质要求也较低，初级生物油经过简单的化学调制后也可以直接使用；从燃烧性能以及环境角度而言，如果能够对生物油经过一定的改良，主要是降低生物油的水分、固体颗粒和酸性，生物油作为窑炉和锅炉燃料的适用性就更好。然而内燃机对燃料的要求较高，初级生物油很难直接使用，对生物油品质改良的关键是脱氧，改变生物油高含氧的特性。

不同的学者提出了多种物理和化学方法对生物油进行品质改良，物理方法包括过滤去除炭粒、和柴油乳化、添加助剂等；化学方法包括催化酯化、催化裂解、催化加氢等。

8.5.1　生物油的物理精制

（1）高温热解气过滤

生物油中的固体颗粒降低了其燃料品位，然而直接对生物油过滤以去除固体颗粒有一定的困难，主要是由于生物油的黏度较大给过滤带来一定的困难，而且生物油中的一些高分子木素裂解物吸附在固体颗粒上，因此而被分离出来，从而导致有机组分的损失。因此，一些学者提出，热解产物经旋风分离后，在热解气冷凝之前对其过滤，常用的方法有高温有机蒸气过滤（类似于袋式除尘）和静电除尘，其中静电除尘由于投资和运行成本都比较昂贵，一般使用较少。

热解气过滤器一般以烧结金属或多孔陶瓷为材料，影响过滤效果的最重要的两个参数是过滤温度和气相滞留时间。过滤温度的选择以热解气不在过滤器中发生冷凝的最低温度（露点）为最佳值，过高的温度会导致热解气发生二次裂解反应而减少生物油的产率。生物质热解气是一种复杂的多相多组分混合物，对其露点的预测非常困难，一般只能通过实验确定。然而，热解气的化学组成随热解反应条件而变，而且在流化床式热解反应器中，热解气还受到流化载气的稀释，这些因素都会影响过滤温度的选择。气相滞留时间的选择由过滤效率决定，过长的气相滞留时间会导致热解气的二次裂解严重，同样也降低生物油的产率。

美国NREL在涡流反应器上开展了高温有机蒸气过滤的研究，试验了由两种不同材料制成的过滤器的过滤效果。一系列的实验结果表明，经高温热解气过滤后的生物油的金属含量可以控制在 10×10^{-6} 以下，过滤器可以正常工作的最佳工作温度为370～390℃。对生物油分析发现，经过高温过滤后，生物油中的水分含量略有增加，但氧含量却略有减少，因此生物油的热值也略有提高。试验总结出，高温热解气过滤工艺最大的问题在于如何除去过滤材料表面的积炭，运行时间越长，结炭越多，积炭也就越难去除，另外积炭燃烧后残留的灰分很难彻底清除，灰分留在过滤材料中会加速热解气的结炭。芬兰VTT对高温热解气开展的过滤实验，也发现由此得到的生物油中灰分含量低于0.01%，碱金属含量低于 10×10^{-6}，生物油产率减少约10%（质量分数）。虽然生物油的产率减少，但由于有机蒸气的裂解反应减小了生物油的平均相对分子质量，使得生物油的品质得到了提高，如黏度减小、燃烧速率增大、着火滞燃期降低。

目前，高温热解气过滤还没有实现大规模应用，主要存在两大问题：

① 如何有效移除过滤器中的积炭　传统的袋式除尘器，一般采用振动或反吹等方式使固体灰尘脱落移除。而热解气过滤器中存在的物质较为复杂，炭粒及其吸附的一些木素裂解物，连同热解气发生二次裂解形成的产物，共同在过滤器内形成积炭。这种积炭很难通过振动或反吹等方式清除，而且随着运行时间增长，积炭越多，清除也越困难。现在各研究单位一般都是通过燃烧的方式清除积炭，但积炭燃烧后会残留灰分在过滤器中，灰分的存在会加速过滤器的结炭。

② 如何降低热解气的二次裂解避免生物油产率大幅下降　热解气在过滤器中不可避免地会发生二次裂解，而且随着过滤器内部积炭的增多，炭粒特别是灰分中的一些金属元素会对热解气的二次裂解起催化作用，不仅降低了生物油的产率，而且二次裂解生成的大分子物质会进一步加剧过滤器的结炭，从而导致过滤器的清理更为困难。

（2）选择性热解气冷凝

在常规热解过程中，为提高生物油的收率，可冷凝气体需要快速淬冷至室温，这样热解气中所有可冷凝部分都保留到了生物油中。大量的水分给生物油的应用带来了很多不利的影响，且在生物油中以连续相的形式存在，不能通过蒸馏的方法除去。低沸点的轻质组分降低了生物油的闪点，且一些组分如酸、醛、酮等都参与生物油的老化反应，降低了生物油的安定性。如果选择性地冷凝热解气（分级冷凝），就能够实现组分之间的分开收集，对于以得到液体燃料为目的的冷凝，如果能实现将一部分水分和轻质组分从生物油中分离出去，就能提高生物油的品质，且对生物油的收率也没有太大的影响。

传统的间壁式冷凝就是一种典型的分级冷凝，但这种冷凝方式基本上完全将热解气冷凝成了分离的水油两相，水相部分水分含量太多而无法应用，油相部分黏度太大也基本无法应用。以生产液体燃料为目的的分级冷凝，在兼顾生物油品质的同时不能产生太多的冷凝废液，目前对热解气分级冷凝的研究还很少，其主要原因在于热解气的复杂性和较差的安定性，喷雾冷凝和降膜冷凝的匹配不当，就会导致生物油收率低、冷凝器堵塞等问题。

VTT 提出了通过提高降膜冷凝温度的方法选择性地冷凝热解气，以除去生物油中的过量水分同时损失一部分轻质组分。在处理量为 20kg/h 的流化床热解装置的试验中，通过调整冷凝器的温度(也就是降膜冷凝的温度)实现选择性的蒸气冷凝。试验发现，当冷凝温度为 45℃时，分级效果不明显；当冷凝温度为 55℃时，冷凝器中的生物油保存几天后就出现了相分离。原因是生物油在此温度下老化速度加快，缩聚反应产生了大量的水分和高分子憎水性物质促使了生物油出现相分离。在 45～55℃的冷凝温度范围中，最多可以去除 23%的水分并损失 9%(质量分数)的轻质组分，这些组分收集在下一级的除雾器中。在工业应用装置中，这些组分可以送入燃烧炉中燃烧为热解提供热量。水分的损失使得生物油的黏度增大，这可由添加醇类来弥补。总的来说，提高冷凝器温度制取的生物油刺激性气味减弱，热值增加，闪点变大，安定性提高。

(3) 添加助剂

添加和生物油互溶的助剂是目前生物油品质改善最为简单和有效的方法，小分子的有机溶剂如甲醇、乙醇等是最常用的助剂。在生物油中添加醇类，不仅可以提高热值、降低黏度、改善着火和燃烧特性，更重要的是醇类组分可以和生物油中的一些不稳定组分，如醛类组分等发生可逆反应，从而抑制老化反应的发生而提高生物油的安定性，有利于生物油的存储。

Diebold 等[60]以及 Oasmma 等[9]的研究发现，在常用的助剂中，甲醇对提高生物油安定性的效果最好，而且添加 10%(质量分数)的甲醇能够较长时间地保持生物油的稳定。

添加醇类虽然改善了生物油的品质，但甲醇、乙醇等燃料的自燃性都很差，有较高的抗爆性，低温蒸发性差，蒸发潜热高，不利于低温冷启动，而生物油本身的十六烷值很低，在内燃机中应用时需要添加十六烷值高的物质缩短着火滞燃期，因此添加醇类的生物油作为内燃机燃料应用可能有一定的困难。

(4) 和柴油乳化

随着生物质热解液化技术逐步成熟，生物油生产成本不断下降，生物油的应用研究变得非常迫切。多个研究单位都进行了生物油的内燃机燃烧实验，并得到了基本相同的结论：能够燃用生物油的内燃机对燃料的品质要求都比较低，如低速柴油机等；即使应用于这些内燃机，初级生物油也必须经过一定的物理精制以满足热值、水分、固体颗粒含量等基本要求；而且还必须对内燃机的结构进行改动，如使用双油路系统，在启动和停止阶段使用柴油和乙醇清洗油路，这样就需要对现有的柴油机都进行较大的改动。鉴于上述这些问题，一些学者提出将生物油和柴油混合制备乳化油，由于乳化油的性质比初级生物油大幅提高，可望直接应用于现有的柴油机上。

生物油和柴油是不能相溶的，通过添加表面活性剂降低液体的表面能可以使其中一种液体均匀地分散在另一种液体中，比例高的液体呈连续相，比例低的液体呈离散相，乳化油的性质和离散相的粒径及其分布有关。

Chiaramonti 等[82]对不同混合比例的生物油和柴油进行了乳化试验，试验了约 100 种表面活性剂，包括阳离子、阴离子、两性离子和非离子表面活性剂。根据实验结果总结到：由于生物油组分复杂，相对分子质量跨度大，使得表面活性剂的选择非常困难，一般只能靠经验选择合适的乳化剂；乳化油的安定性远好于生物油，在70℃下保存3 d不发生变性。Ikura等[83]分别采用Hypermer商业表面活性剂和CETC自行开发的表面活性剂，研究了乳化过程中的温度、滞留时间、生物油浓度、表面活性剂浓度和输入能量这五个因素对乳化油安定性的影响，发现后三个是主要因素，并指出制取稳定的乳化油所需的乳化剂的量为0.8%～1.5%，随生物油含量和输入能量而变，另外使用CETC自行开发的表面活性剂，可以大大降低乳化油的制取成本。

将生物油和柴油乳化后部分地替代柴油应用于柴油机是现阶段避免生物油应用新技术的开发所需的大量资金投入和漫长时间的一个有效的过渡手段，但乳化技术以及乳化油的应用目前还存在一些问题：乳化油成本过高，主要来自表面活性剂的成本和乳化过程中的能量输入；乳化油容易分层，因而不能长期放置；乳化油的黏度一般远大于柴油，不能满足部分内燃机的要求。

8.5.2 生物油的化学精制

1）催化裂解

催化裂解是在催化剂的作用下将生物油或热解气进一步裂解成较小的分子，其中的氧元素以H_2O、CO和CO_2的形式除去。

（1）生物油或热解气的深度脱氧催化裂解

早先的催化裂解研究是对生物油进行的，一般都是采用沸石类催化剂，如HZSM-5等。这类催化剂具有较好的脱氧功效，反应条件一般为常压、350～600℃的反应温度和2 h^{-1}左右的质量空速。经催化裂解后，可以得到高品位的液态烃类产物，但存在着较多的问题，如烃类产物的产率较低，反应器内积炭严重，催化剂极易积炭失活，失活的催化剂再生较为困难等。这些问题可以归结为以下两个原因：一是生物油的热稳定性差，在加热过程中会发生大量的缩聚、缩合等反应而形成焦炭；二是沸石类催化剂都是微孔催化剂，孔径小于2 nm，而生物油中含有很多大分子物质(低聚糖和木素裂解物)，这些大分子物质无法进入微孔分子筛的孔道内，而且它们极不稳定，容易在催化剂表面积碳，导致催化剂的失活。

（2）热解气深度脱氧催化裂解

更好的催化裂解方式则是直接对热解气开展，从而可避免热解气冷凝和生物油升温过程中的能量损失，也避免了生物油升温过程中热效应所导致的催化剂结炭的问题，且热解气的平均相对分子质量较小，更适合进行催化裂解。要实现气相状态下的催化裂解，热解过程和催化过程可以同时进行——将催化剂和生物质原料一起输入反应器，或将催化剂和流化介质混合使用，还可以将催化剂作为独立的流化介质使用；催化过程也可以在热解之后进行。

和生物油直接催化裂解相比，对热解气进行催化裂解，虽然具有一定的优势，但在生物油直接催化裂解中存在的一些问题也依旧存在。

(3) 热解气温和催化裂解

上述研究都是采用分子筛型催化剂进行高度脱氧，从而直接获得液体烃类产物。除此之外，还有很多其他的学者采用了各种不同的催化剂进行了催化热解的研究。如，Nokkosmaki 等[84]发现 ZnO 是一种性质温和的催化剂，经其对热解气温和催化裂解后，对生物油产率的减少以及油相组分的影响都不大，但由此得到的生物油的安定性提高。

(4) 介孔类催化剂的应用

近年来，介孔类催化剂逐渐被应用到生物油或热解气的催化裂解研究中，由于介孔材料独特的性能——比表面积大、孔径较大而且均匀，在石油加工过程，特别是有大分子参加的催化反应中显示出特别优异的催化性能。Adam 等研究了四种硅铝比为 20 的 Al-MCM-41型催化剂对热解气催化裂解的效果，发现生物油中的纤维素热解产物左旋葡聚糖彻底消失，木素裂解的高分子酚类物质含量大大减少，乙酸、糠醛、呋喃以及烃类含量都有所增加，增大催化剂的孔径和在催化剂中添加 Cu 都使得高分子酚类物质减少程度和乙酸、糠醛等物质含量增加程度减小。进一步对七种介孔催化剂的催化性能的研究发现，所有的催化剂都可以增加产物中的有用组分(烃和酚类产物)，但 PAH 也不可避免的随之产生了，各种不同的催化剂得到的产物组成各不相同。Antonakou 等[85]研究了六种 MCM-41 介孔催化剂的催化特性，发现硅铝比低的催化剂催化后的产物性质较好，Fe-Al-MCM-41 和 Cu-Al-MCM-41 催化剂可以得到较高的酚产率。Triantafyllidis 等[86]研究了两种硅铝酸盐介孔催化剂(MSU-S_{BEA})的催化裂解效果，并和 Al-MCM-41 催化剂以及没有催化剂情况下的结果进行了比较。结果显示，MSU-S 催化后有机相产率很低，结焦现象严重，有机相中 PAH 和高分子组分含量较多，基本没有酸、醇和羰基类物质，酚的含量也非常少。

(5) 需要解决的问题

生物质快速热解继而催化裂解得到的液体以芳香烃当量为基准，典型的质量产率为 20%，能量转化效率为 45%。目前，大部分催化裂解研究都是以沸石类分子筛为催化剂，虽然这类催化剂可以对生物油或热解气进行深度脱氧从而获得烃类产物，但实际过程中，为了避免严重的催化剂结炭失活，很多研究都通过使用较为温和的反应条件，对生物油或热解气进行部分脱氧，这个过程可以称之为温和催化裂解。

催化裂解是一种非常有效地获得高品位燃料的方法，但目前还需要解决以下几个问题：

① 反应机理的研究　一些研究者已经采用模型化合物开展了相应的研究，然而催化裂解过程的反应途径是和催化剂的种类息息相关的，因此反应机理的研究和催化剂的选择是紧密联系的。

② 催化剂的选择　催化剂的选择对反应过程至关重要，Nokkosmaki 等[84]设计了一种测试催化剂性能的方法，将热解装置连接到一个气相色谱上，气相色谱的入口段设计为一个固定床反应器来放置催化剂，并测试了 ZnO、MgO、白云石、石灰石以及各种沸石类分子筛的反应活性以及热解气经催化后的组分变化。在目前的研究中，使用最多的催化

剂为 HZSM－5 分子筛，ZSM－5 类催化剂有强的酸性、高活性和择形性，但这类催化剂又存在着结炭严重、寿命短、再生性能不好等缺点，新型催化剂的开发是目前研究的一个重要方向。

③ 催化剂的失活　催化剂失活是影响生物油催化裂解连续进行的最大问题，Gayubo 等[87]研究了 HZSM－5 催化剂在不同的反应条件下的失活特性，指出催化剂的失活有两种形式，由结炭引起的可逆失活（将炭燃烧后即可恢复活性）和由脱铝作用导致催化剂酸性减弱的不可逆失活。可逆失活中结炭的来源主要有两种，一是由于催化反应产生的，二是由于生物油的热安定性差产生的，生物油中的一些醛、羟酚、呋喃类物质以及它们的衍生物都容易产生结炭。在催化剂再生过程中，超过 450℃的操作温度会导致催化剂的活性迅速降低，从而加快催化剂的不可逆失活。

④ 灰分引起的催化剂的失活　灰分中一些金属元素对一些催化剂有毒害作用，另外在催化剂再生过程中，随着结炭被烧掉，灰分可能会留在催化剂孔隙中从而降低催化剂的活性。

⑤ 有机相产率低且品质差　最理想的催化裂解是能够完全将氧元素以 H_2O、CO_2 的形式脱除，但大量结炭的生成就大大减少了有机相的产率，此外催化裂解得到的烃类产物一般都有较多的 PAH。Williams 等[88]发现 PAH 主要含有萘、菲、蒽以及它们的一些的同系物，这些物质都具有一定的致癌作用。此外，随着催化剂的不断再生，其活性不断降低，产物的品质也随之下降，Williams 等[89]研究了采用新鲜催化剂和再生催化剂（HZSM－5）催化后的液体产物的组成，发现随着催化剂的不断再生，有机相的氧含量和平均相对分子质量不断增加，芳香烃和 PAH 含量则降低。Vitolo 等[90]也发现了催化剂的不断再生降低了它将生物油转化为芳香烃的效率，而催化剂活性的降低可以归结为其活性中心的逐渐丢失。

⑥ 温和催化裂解中的水相产物处理　由于烃类和水不具有互溶性，常规深度催化裂解获得的液体烃类产物和水分会自然分离；但是温和催化裂解只是对生物油或热解气进行部分脱氧，一般而言，如果有机物中氧含量超过 10％的话，一些水分就会溶解到有机相中，这对反应产物作为燃料使用是非常不利的，因此在温和催化裂解研究中，必须注意产物的分离。

2） 催化加氢

催化加氢是在高压（7～20 MPa）和存在供氢溶剂的条件下，生物油在催化剂的作用下发生加氢、脱氧和重整等多种反应，其中的氧元素以水的形式脱除，从而得到高碳氢含量的液体燃料。和催化裂解相比，催化加氢过程的运行费用大大增加，除了苛刻的反应条件以外，加氢过程还会消耗大量的氢气，每千克生物油完全脱氧需要消耗 600～1 000 L 的氢气。但催化加氢也具有一定的优势，主要表现为液体产物产率较高、产物的 H/C 比较高、且产物的品质较好（深度催化裂解的产物中含有较多的多环芳烃）。

（1） 生物油两段催化加氢过程

如果对生物油直接采用和传统石油化工中催化加氢一样的反应条件，催化剂的结炭失活就会非常严重，所以生物油的催化加氢一般需要两段反应：首先在较低的反应温度下对生物油进行温和催化加氢处理(稳定阶段,200～300℃),除去其中一些安定性差的组分;然后再采用常规的加氢条件对温和加氢产物进行深度脱氧(加氢阶段,350～400℃)。和催化裂解一样,催化加氢强度不同,得到的产物也随之而变:深度加氢可以比较完全地脱除生物油中的氧,从而得到类似于轻油的烃类产物,但其运行成本较高;温和催化加氢只是部分地脱除生物油中的氧,使生物油的燃料性质得到大幅的提高,所需的反应条件比较温和,相对运行成本也较低。

生物油催化加氢过程中稳定阶段和加氢阶段的匹配非常关键。如果稳定阶段的反应温度过高,就会直接导致严重的催化剂结炭失活;反之,稳定阶段的效果不明显,使第二阶段的加氢过程难以实现。Gagnon 等[91]采用钌基催化剂,在 80℃和约 4.1 MPa 的温和条件下对生物油进行稳定催化加氢,发现加氢后的生物油虽然元素组成和原生物油基本相同,但安定性却大大提高,可以直接用于第二阶段的加氢过程。但是 Scholoze 等[4]的研究则表明即使反应温度达到 110℃,氢气压力到 2 MPa,经过几种催化剂(商业镍基、钯基催化剂)稳定加氢后的生物油的安定性依然没有明显提高。Mahfud 等[92]对生物油水相部分进行了稳定催化加氢实验,采用 $RuCl_2(PPh_3)_3$ 催化剂,反应温度为 90℃,氢压 4 MPa,反应时间 5 h,发现加氢后的生物油中的醛类组分大大减少,因而生物油的安定性得到了大幅提高。Samolada 等[93]提出了生物油温和加氢和加氢产物催化裂解的精制方式,在温和加氢过程中不使用催化剂,加氢产物为分离的轻油和重油,然后将重油和一种芳香烃物质混合进行催化裂解,裂解结果表明催化剂的结炭量少于 1%(质量分数),烃类产率达到 23%～25%。Elliott 等[41]研究了温和催化裂解中反应温度、空速的影响特性,发现降低反应温度和提高空速都会导致脱氧效率的下降,当产物中的氧含量超过 10%～15%后,水相和有机相产物就不能自行分离。从液体燃料应用的一个重要指标——黏度来考虑,有机相的氧含量越高,其黏度也越大,氧含量为 5%时,产物可以直接使用;当氧含量为 10%时,将产物预热到 50℃后也可以使用。

Elliott 等[46]采用硫化的 Co－Mo 催化剂在一个上行式反应器中对生物油进行了深度加氢的实验,反应器的下部温度控制在 300℃左右,上部温度控制在 400℃左右,用以实现生物油的两段加氢过程,加氢后有机相中氧含量为 1.5%,烃类产率为 30%～35%,以生物质原料和最后得到的烃类产物的能量来计算,整个过程的转化效率为 34.4%。Piskorz 等[62]使用硫化的 Co－Mo 催化剂对生物油中的木素裂解物进行了加氢处理,控制不同的反应器下部和上部温度以实现两段加氢过程,选用两种不同的反应条件:进出口温度分别为 230～415℃、240～400℃,质量空速为 0.51 h^{-1}和 1.0 h^{-1},从而得到的有机相产率分别为 64.1%和 60.5%,有机相的氧含量为 0.5%左右,反应过程中的催化剂可以持续使用 6 h。Zhang 等[94]使用硫化的 Co-Mo-P 催化剂,将生物油油相部分在一个反应釜中进行加氢,反应温度 360℃,氢压 2 MPa,选用四氢萘作为溶剂,油相部分加氢后有机相产率超过 50%,其氧含量为 3%。

(2) 热解气催化加氢

和催化裂解一样,催化加氢过程也可以在热解气冷凝之前完成。Pindoria 等[95]采用一个两段式的固定床反应器，首先在 4 MPa 的氢压下进行生物质的加氢热解（500℃），然后在同样的氢压下以 HZSM－5 为催化剂，对热解气进行催化加氢，但 H－ZSM5 催化剂更多地起到了催化裂解的作用，对降低氧含量的作用并不明显。Putun 等[96]对一种大戟属植物在固定床反应器中进行加氢热解，氢压 15 MPa，反应温度 550℃，加热速率300 K/min，得到了超过了 40%的有机产物，其氧含量为 9.2%（质量分数），热值 41.0 MJ/kg。Rocha 等[97]采用单段和两段反应器，分别研究了几种生物质原料在是否存在催化剂情况下的加氢热解特性，结果表明，采用单段反应器在 10 MPa 的氢压下得到的液体有机产物的氧含量仅为 20%（质量分数）（不到常规热解生物油氧含量的一半），如果在反应器中加入 FeS 催化剂，可以提高整个热解过程的转化效率并进一步降低生物油的氧含量；而采用两段反应器的脱氧效果更佳，在 Ni/Mo 催化剂和 10 MPa 的氢压下，得到的液体有机产物的氧含量低于 10%。

（3）需要解决的问题

生物油快速热解继而催化加氢可以得到低氧含量的液体燃料，转换为石油当量计算，典型的质量产率为 25%（质量分数），能量转化效率为 55%。由于催化加氢的反应条件较为苛刻、催化加氢这一处理过程的氢用量较多（700 L/kg 生物油）、氢气价格较高以及催化剂的失活等问题仍使催化加氢的应用前景并不明朗。催化裂解和催化加氢是生物油非常重要的两种精制方式，需要解决的很多问题是相同的，如反应机理的研究、催化剂的选择、催化剂的失活、加氢产物的品质提高、水相产物处理等，催化加氢要实现工业应用还需要解决的一些特定问题包括：

① 新型的催化剂的开发　目前研究中使用较多的催化剂为硫化的 Co－Mo 催化剂，并且也显示出了一定的加氢效果，然而催化剂的选择对整个加氢过程至关重要，新型高效催化剂的开发始终是一个非常重要的问题。

② 稳定加氢和常规加氢反应条件的匹配　早先的稳定加氢研究采用的反应温度一般都在 200℃以上，但近期开展的研究都使用较低的反应温度（约 100℃），反应温度的降低对实现稳定加氢阶段的连续操作、降低催化剂的失活速率等都是有利的，但稳定加氢的反应条件选择要根据常规加氢（或催化裂解）对原料的要求而定，这就需要对两个加氢过程进行很好地匹配。

③ 反应装置的建立　为避免催化剂的结炭失活，工业应用的反应装置一般只能采用流化床式反应器；由于催化加氢需要两段反应，反应装置中必须采用两级流化床式反应器；为了实现催化剂的连续再生，最好采用循环流化床反应器。

3）催化酯化

催化酯化是在生物油中加入醇类助剂，在催化剂的作用下发生酯化等反应，从而将生物油的羧基等组分转化为酯类物质，改善生物油的性质。不同学者所采用的催化剂包括硫酸、固体酸、固体碱、离子液体等，都能够成功将羧酸转化为相应的酯。然而，酯化过程存在的一个最大的问题是，羧酸发生酯化反应会形成水，而且这些水分很难移除，大量的水分会给生物油的应用带来不利的影响。总的来说，酯化反应一般需要消耗较多的醇类助剂，只能处理羧酸这一类组分，而且反应会形成很多的水分，使其应用价值不高。目前，很多学者致力于开发多功能的催化剂，在对生物油催化加氢的同时，也实现催化酯化，而不单独对生物油进行酯化处理。

参考文献

[1] Oasmaa A, Leppamaki E, Koponen P, et al. Physical characterisation of biomass-based pyrolysis liquids. Application of standard fuel oil analyses. VTT Publications, 306, 1997,

[2] Pütün A E, Özcan A, Pütün E. Pyrolysis of hazelnut shells in a fixed-bed tubular reactor: yields and structural analysis of bio-oil. Journal of Analytical and Applied Pyrolysis, 1999, 52(1): 33-49.

[3] Branca C, Giudicianni P, Di Blasi C. GC/MS characterization of liquids generated from low-temperature pyrolysis of wood. Industrial & Engineering Chemistry Research, 2003, 42(14): 3190-3202.

[4] Scholze B, Hanser C, Meier D. Characterization of the water-insoluble fraction from fast pyrolysis liquids (pyrolytic lignin) Part II. GPC, carbonyl goups, and C-13-NMR. Journal of Analytical and Applied Pyrolysis, 2001, 58: 387-400.

[5] Scholze B, Meier D. Characterization of the water-insoluble fraction from pyrolysis oil (pyrolytic lignin). Part I. PY-GC/MS, FTIR, and functional groups. Journal of Analytical and Applied Pyrolysis, 2001, 60(1): 41-54.

[6] Bayerbach R, Nguyen V D, Schurr U, et al. Characterization of the water-insoluble fraction from fast pyrolysis liquids (pyrolytic lignin) — Part III. Molar mass characteristics by SEC, MALDI-TOF-MS, LDI-TOF-MS, and Py-FIMS. Journal of Analytical and Applied Pyrolysis, 2006, 77(2): 95-101.

[7] Ba T Y, Chaala A, Garcia-Perez M, et al. Colloidal properties of bio-oils obtained by vacuum pyrolysis of softwood bark. Characterization of water-soluble and water-insoluble fractions. Energy & Fuels, 2004, 18(3): 704-712.

[8] Sipila K, Kuoppala E, Fagernas L, et al. Characterization of biomass-based flash pyrolysis oils. Biomass & Bioenergy, 1998, 14(2): 103-113.

[9] Oasmaa A, Kuoppala E, Solantausta Y. Fast pyrolysis of forestry residue. 2. physicochemical composition of product liquid. Energy & Fuels, 2003, 17(2): 433-443.

[10] Pérez P, Aznar P M, Caballero M A, et al. Hot gas cleaning and upgrading with a calcined dolomite located downstream a biomass fluidized bed gasifier operating with steam — oxygen mixtures. Energy & Fuels, 1997, 11(6): 1194-1203.

[11] Ba T Y, Chaala A, Garcia-Perez M, et al. Colloidal properties of bio-oils obtained by vacuum pyrolysis of softwood bark storage stability. Energy & Fuels, 2004, 18(1): 188-201.

[12] 徐绍平，刘娟，李世光，等. 杏核热解生物油萃取-柱层析分离分析和制备工艺. 大连理工大学学报，2005，45(4)：505-510.

[13] Underwood G, Graham R. Method of using fast pyrolysis liquids as liquid smoke. 1989, US4876108.

[14] Chum H L, Kreibich R E. Process for preparing phenolic formaldehyde resole resin products derived from fractionated fast-pyrolsis oils. U S Patent, 1991, 5(91): 499.

[15] Gallivan G C, Matschei P K. Fraction of oil obtained by pyrolysis of lignocellulosic materials of recover a phenolic fraction for use in making phenol-formaldehyde resins. U S Patent, 1980, 4 (209): 647.

[16] Stradal J A, Underwood G L. Process for producing hydroxyacetaldehyde. 1995, US5393542.

[17] Dobele G, Rossinskaja G, Telysheva G, et al. Levoglucosenone—a product of catalytic fast pyrolysis of cellulose. Progress in Thermochemical Biomass Conversion, Blackwell Science, Oxford, 2001.

[18] Carlson J L. Process for preparation of levoglucosan. U S Patent, 1966, 3(235): 541.

[19] Peniston P Q. Separating levoglucosan and carbohydrate derived acids from aqueous mixtures containing the same by treatment with metal compounds. U S Patents, 1968, 3: 374,222.

[20] Moens L. Isolation of levoglucosan from lignocellulosic pyrolysis oil derived from wood or waste newsprint. U S Patent, 1995, 5: 432,276.

[21] Freel B, Graham R G. Bio-oil preservatives. 2002, US6485841.

[22] Radlein D, Piskorz J, Majerski P. Method of producing slow-release nitrogenous organic fertilizer from biomass. 1997, US5676727.

[23] Oehr K H, Simons G A, Zhou J. Reduction of acid rain and ozone depletion precursors. 1997, US5645805.

[24] Oehr K H, Scott D S, Czernik S. Method of producing calcium salts from biomass. 1993, US5264623.

[25] Panigrahi S, Chaudhari S T, Bakhshi N N, et al. Production of synthesis gas/high-Btu gaseous fuel from pyrolysis of biomass-derived oil. Energy & Fuels, 2002, 16(6): 1392 - 1397.

[26] Panigrahi S, Dalai A K, Chaudhari S T, et al. Synthesis gas production from steam gasification of biomass-derived oil. Energy & Fuels, 2003, 17(3): 637 - 642.

[27] Venderbosch R H, van de Beld L, Prins W. Entrained flow gasification of bio-oil for synthesis gas. 2001, 15(3): 128 - 132.

[28] Ni M, Leung D Y C, Leung M K H, et al. An overview of hydrogen production from biomass. Fuel Processing Technology, 2006, 87(5): 461 - 472.

[29] Wang D, Czernik S, Montane D, et al. Biomass to hydrogen vai fast pyrolysis and catalytic steam reforming of the pyrolysis oil or its fractions. Industrial & Engineering Chemistry Research, 1997, 36: 1507 - 1518.

[30] Czernik S, French R, Feik C, et al. Hydrogen by catalytic steam reforming of liquid byproducts from biomass thermoconversion processes. Industrial & Engineering Chemistry Research, 2002, 41: 4209 - 4215.

[31] Iordanidis A A, Kechagiopoulos P N, Voutetakis S S, et al. Autothermal sorption-enhanced steam reforming of bio-oil/biogas mixture and energy generation by fuel cells: concept analysis and process simulation. International Journal of Hydrogen Energy, 2006, 31(8): 1058 - 1065.

[32] Kinoshita C M, Turn S Q. Production of hydrogen from bio-oil using CaO as a CO_2 sorbent. International Journal of Hydrogen Energy, 2003, 28: 1065 - 1071.

[33] Davidian T, Guilhaume N, Iojoiu E, et al. Hydrogen production from crude pyrolysis oil by a sequential catalytic process. Applied Catalysis B-Environmental, 2007, 73(1-2): 116-127.

[34] Iojoiu E E, Domine M E, Davidian T, et al. Hydrogen production by sequential cracking of biomass-derived pyrolysis oil over noble metal catalysts supported on ceria-zirconia. Applied Catalysis a-General, 2007, 323: 147-161.

[35] Graça I, Fernandes A, Lopes J M, et al. Bio-oils and FCC feedstocks co-processing: impact of phenolic molecules on FCC hydrocarbons transformation over MFI. Fuel, 2011, 90(2): 467-476.

[36] Basagiannis A C, Verykios X E. Steam reforming of the aqueous fraction of bio-oil over structured Ru/MgO/Al_2O_3 catalysts. Catalysis Today, 2007, 127(1-4): 256-264.

[37] Perez M G, Chaala A, Pakdel H, et al. Multiphase structure of bio-oils. Energy & Fuels, 2006 (20): 364-375.

[38] Fratini E, Bonini M, Oasmaa A, et al. SANS analysis of the microstructural evolution during the aging of pyrolysis oils from biomass. Langmuir, 2006, 22(1): 306-312.

[39] Leroy J, Choplin L, Kallaguime S. Rheological characterization of pyrolytic wood derived oils: Existence of a compensation effect. Chem Eng Comm, 1988(71): 157-176.

[40] Radovanovic M, Venderbosch R H, Prins W, et al. Some remarks on the viscosity measurement of pyrolysis liquids. Biomass and Bioenergy, 2000, 18(3): 209-222.

[41] Elliott D C. Water, alkali and char in flash pyrolysis oils. Biomass and Bioenergy, 1994, 7(1-6): 179-185.

[42] Agblevor F A, Murden A, Hames B R. Improved method of analysis of biomass sugars using high-performance liquid chromatography. Biotechnology Letters, 2004, 26(15): 1207-1210.

[43] Agblevor F A, Besler S, Montane D, et al. Influence of inorganic compounds on char formation and quality of fast pyrolysis oils. ACS 209th National Meeting, Anaheim, 1995.

[44] Evans R J, Milne T A. Molecular characterization of the pyrolysis of biomass. 2. applications. Energy & Fuels, 1987, 1: 311-319.

[45] Boucher M E, Chaala A, Roy C. Bio-oils obtained by vacuum pyrolysis of softwood bark as a liquid fuel for gas turbines. Part I: Properties of bio-oil and its blends with methanol and a pyrolytic aqueous phase. Biomass & Bioenergy, 2000, 19(5): 337-350.

[46] Elliott D C, Baker E G, Piskorz J, et al. Production of liquid hydrocarbons fuels from peat. Energy & Fuels, 1988, 2: 234-235.

[47] Bakhshi N N, Adjaye J D. Properties and characteristics of ENSYN bio-oil. Biomass Pyrolysis Oil Properties and Combustion Meeting, Estes Park, Colorado, 1994.

[48] Branca C, Di Blasi C, Elefante R. Devolatilization and heterogeneous combustion of wood fast pyrolysis oils. Industrial & Engineering Chemistry Research, 2005, 44(4): 799-810.

[49] 陈明强,王君,王新运,等.喷动流化床生物质裂解液体产物的燃烧特性.安徽理工大学学报(自然科学版),2005,25(4): 69-73.

[50] Hallett W L H, Clark N A. A model for the evaporation of biomass pyrolysis oil droplets. Fuel, 2006, 85(4): 532-544.

[51] Fuleki D. Bio-fuel system materials tesing. PyNe newsletter, 1999: 75.

[52] Darmstadt H, Garcia-Perez M, Adnot A, et al. Corrosion of metals by bio-oil obtained by vacuum pyrolysis of softwood bark residues. An X-ray photoelectron spectroscopy and auger electron spectroscopy study. Energy & Fuels, 2004, 18(5): 1291 - 1301.

[53] Czernik S, Johnson D K, Black S. Stability of wood fast pyrolysis oil. Biomass and Bioenergy, 1994, 7: 187 - 192.

[54] Oasmaa A, Kuoppala E. Fast pyrolysis of forestry residue. 3. Storage stability of liquid fuel. Energy & Fuels, 2003, 17(4): 1075 - 1084.

[55] Meier D, Zuniga V, Ramirez F, et al. Conversion of technical lignin into slow-release fertilizers by ammoxidation in liquid phase. Bioresource Technology, 1994, 49: 121 - 128.

[56] Boucher M E, Chaala A, Pakdel H, et al. Bio-oils obtained by vacuum pyrolysis of softwood bark as a liquid fuel for gas turbines. Part II: Stability and ageing of bio-oil and its blends with methanol and a pyrolytic aqueous phase. Biomass & Bioenergy, 2000, 19(5): 351 - 361.

[57] Chaala A, Ba T, Garcia-Perez M, et al. Colloidal properties of bio-oils obtained by vacuum pyrolysis of softwood bark: aging and thermal stability. Energy & Fuels, 2004, 18(5): 1535 -1542.

[58] Perez M G, Chaala A, Pakdel H, et al. Evaluation of the influence of stainless steel and copper on the ageing process of bio-oil. Energy & Fuels, 2006(20): 786 - 795.

[59] D A G. Results of toxicological testing of whole wood oils derived from the fast pyrolysis biomass. Biomass Pyrolysis Oil Properties and Combustion Meeting, Estes Park, Colorado, 1994.

[60] Diebold J P. A review of the chemical and physical mechanisms of the storage stability of fast pyrolysis bio-oils. NRTL/SR - 570 - 27613, 2000.

[61] Girard P, Blin J. Assessment of bio-oil toxicity for safe handling and transportation. Pyrolysis and Gasification of Biomass and Waste, CPL Press, 2003.

[62] Piskorz J, Majerski P, Radlein D, et al. Conversion of lignins to hydrocarbon fuels. Energy & Fuels, 1989, 3: 723 - 726.

[63] Blin J, Volle G, Girard P, et al. Biodegradability of biomass pyrolysis oils: comparison to conventional petroleum fuels and alternatives fuels in current use. Fuel, 2007, 86(17 - 18): 2679 - 2686.

[64] Shaddix C R, Hardesty D R. Combustion properties of biomass flash pyrolysis oils. Final Project Report, 1999.

[65] Chiaramonti D, Riccio G, Baglioni P, et al. Sprays of biomass pyrolysis oil emulsions: modeling and experimental investigation. Preliminary results and modeling. 14th European Biomass Conference, Paris, 2005.

[66] Hansen U, Strenziok R, Wickboldt P. Investigation of flame characteristics and emission of bio-oil in a modified flame tunne. 4th Biomass Conference of the Americas, 1999.

[67] Wagenaar B M, Gansekoele E, Florijn J H. Bio-oil as natural gas substitute in a 350MWe power station. 2nd World Conference on Biomass for Energy, Industry and Climate Protection, 2004.

[68] Brammer J G, Lauer M, Bridgwater A. Opportunities for biomass-derived "bio-oil" in European heat and power markets. Energy Policy, 2006, 34(17): 2871 - 2880.

[69] Daily J W. Sprays and spray combustion. Biomass Pyrolysis Oil Properties and Combustion Meeting, Estes Park, Colorado, 1994.

[70] Shihadeh A, Lewis P, Manurung R. Combustion characterization of wood-derived flash pyrolysis oils in industrial-scale turbulent diffusion flmaes. Biomass Pyrolysis Oil Properties and Combustion Meeting, 1994.

[71] Baxter L, Jenkins J. Baseline NO_x emissions during combustion of wood-derived pyrolysis oils. Biomass Pyrolysis Oil Properties and Combustion Meeting, Estes Park, Colorado, 1994.

[72] Rossi, C. Bio-oil combustion tests at ENEL. Biomass Pyrolysis Oil Properties and Combustion Meeting, Estes Park, Colorado, 1994.

[73] Oasmaa A, Kyto M. Pyrolysis oil combustion test in an industrial boiler. Progress in Thermochemical Biomass Conversion, 2001.

[74] 朱锡锋,郭涛,陆强,等. 生物油雾化燃烧特性试验. 中国科学技术大学学报,2005,35(6):856 - 860.

[75] Suppes G J, Natarajan V P, Chen Z. Autoignition of select oxygenated fuels in a simulated diesel engine environment. AIChE National Meeting, 1996.

[76] Bertoli C, Alessio J, Giacomo N. Running light-duty diesel engines with wood pyrolysis oil. Journal of Fuels & Lubricants, 2001, 109: 3090 - 3096.

[77] Ormrod D, Webster A. Progress in utilization of bio-oil in diesel engines. PyNe newsletter, 2000, 10 15.

[78] Andrews R G, Patnaik P C, Liu Q, et al. Firing fast pyrolysis oil in turbines. Biomass Pyrolysis Oil Properties and Combustion Meeting, Estes Park, Colorado, 1994.

[79] Strenziok R, Hansen U, Kunstner H. Combustion of bio-oil in a gas turbine. Progress in Thermochemical Biomass Conversion, 2001.

[80] Juste G L, Monfort J J S. Preliminary test on combustion of wood derived fast pyrolysis oils in a gas turbine combustor. Biomass & Bioenergy, 2000, 19: 119 - 128.

[81] Basagiannis A C, Verykios X E. Catalytic steam reforming of acetic acid for hydrogen production. International Journal of Hydrogen Energy, 2007, 32(15): 3343 - 3355.

[82] Chiaramonti D, Bonini A, Fratini E, et al. Development of emulsions from biomass pyrolysis liquid and diesel and their use in engines — Part 2: tests in diesel engines. Biomass & Bioenergy, 2003, 25(1): 101 - 111.

[83] Ikura M, Stanciulescu M, Hogan E. Emulsification of pyrolysis derived bio-oil in diesel fuel. Biomass & Bioenergy, 2003, 24(3): 221 - 232.

[84] Nokkosmaki M I, Kuoppala E, Leppamaki E, et al. Catalytic conversion of biomass pyrolysis vapours with zinc oxide. Journal of Analytical and Applied Pyrolysis, 2000, (55): 119 - 131.

[85] Antonakou E V, Lappas A A, Nilsen M H, et al. Evaluation of various types of Al - MCM - 41 materials as catalysts in biomass pyrolysis for the production of bio-fuels and chemicals. Fuel, 2006(85): 2202 - 2212.

[86] Triantafyllidis K S, Iliopoulou E F, Antonakou E V, et al. Hydrothermally stable mesoporous aluminosilicates (MSU - S) assembled from zeolite seeds as catalysts for biomass pyrolysis. Microporous and Mesoporous Materials, 2006.

[87] Gayubo A G, Aguayo A T, Atutxa A, et al. Deactivation of a HZSM-5 zeolite catalyst in the transformation of the aqueous fraction of biomass pyrolysis oil into hydrocarbons. Energy & Fuels, 2004, 18(6): 1640-1647.

[88] Williams P T, Horne P A. The influence of catalyst regeneration on the composition of zeolite-upgraded biomass pyrolysis oils. Fuel, 1995, 74(12): 1839-1851.

[89] Williams P T, Horne P A. The influence of catalyst type on the composition of upgraded biomass pyrolysis oils. Journal of Analytical and Applied Pyrolysis, 1995, 31: 39-61.

[90] Vitolo S, Bresci B, Seggiani M, et al. Catalytic upgrading of pyrolytic oils over HZSM-5 zeolite: behaviour of the catalyst when used in repeated upgrading-regenerating cycles. Fuel, 2001, 80(1): 17-26.

[91] Gagnon J, Kaliaguine S. Catalytic hydrotreatment of vacuum pyrolysis oils from wood. Industrial & Engineering Chemistry Research, 1988, 27: 1783-1788.

[92] Mahfud F H, Ghijsen F, Heeres H J. Hydrogenation of fast pyrolyis oil and model compounds in a two-phase aqueous organic system using homogeneous ruthenium catalysts. Journal of Molecular Catalysis a-Chemical, 2007, 264(1-2): 227-236.

[93] Samolada M C, Baldauf W, Vasalos I A. Production of a bio-gasoline by upgrading biomass flash pyrolysis liquids via hydrogen processing and catalytic cracking. Fuel, 1998, 77: 1667-1675.

[94] Zhang S P, Yan Y J, Li T C, et al. Upgrading of liquid fuel from the pyrolysis of biomass. Bioresource Technology, 2005, 96(5): 545-550.

[95] Pindoria R V, Lim J-Y, Hawkes J E, et al. Structural characterization of biomass pyrolysis tars/oils from eucalyptus wood waste: effect of H_2 pressure and sample configuration. Fuel, 1997, 76(11): 1013-1023.

[96] Putun A E, Gercel H F, Kockar O M, et al. Oil production from an arid-land plant: fxied-bed pyrolysis and hydropyrolysis of Euphorbia rigida. Fuel, 1996, 11 1307-1312.

[97] Rocha J D, Coutinho A R, Luengo C A. Biopitch produced from eucalyptus wood pyrolysis liquids as a renewable binder for carbon electrode manufacture. Brazilian Journal of Chemical Engineering, 2002, 19(2): 127-132.